Autodesk 官方标准教程系列

精于心 美于形

AutoCAD 2021

官方标准教程

Autodesk,Inc. 主编

王建华 程绪琦
张文杰 孙凯文 编著

電子工業出版社
Publishing House of Electronics Industry
北京•BEIJING

内 容 简 介

本书是 AutoCAD 2021 官方标准教程，主要讲解 AutoCAD 2021 的基本功能及实际应用。

本书内容主要包括 AutoCAD 入门、创建和编辑二维图形对象、对象特性与图层、图纸布局、文字与表格、尺寸标注、图案填充、块的使用、创建复杂对象、打印出图、创建三维模型。通过对本书的学习，读者能够理解 AutoCAD 2021 的精髓，全面精通 AutoCAD 2021，并能融合 AutoCAD 2021 的设计与管理思想，成为真正的 AutoCAD 2021 设计高手。

本书可作为 AutoCAD 2021 培训的通用标准教材，也可作为高等院校相关专业的教材。

图书在版编目（CIP）数据

AutoCAD 2021 官方标准教程 / 王建华等编著. —北京：电子工业出版社，2021.1

Autodesk 官方标准教程系列

ISBN 978-7-121-40158-9

Ⅰ. ①A… Ⅱ. ①王… Ⅲ. ①AutoCAD 软件—教材 Ⅳ. ①TP391.72

中国版本图书馆 CIP 数据核字(2020)第 245272 号

责任编辑：高丽阳

印　　刷：北京天宇星印刷厂

装　　订：北京天宇星印刷厂

出版发行：电子工业出版社

北京市海淀区万寿路 173 信箱　　　邮编：100036

开　　本：787×1092　1/16　印张：24.75　字数：633.6 千字

版　　次：2021 年 1 月第 1 版

印　　次：2025 年 3 月第 8 次印刷

定　　价：89.00 元

凡所购买电子工业出版社图书有缺损问题，请向购买书店调换。若书店售缺，请与本社发行部联系，联系及邮购电话：（010）88254888，88258888。

质量投诉请发邮件至 zlts@phei.com.cn，盗版侵权举报请发邮件到 dbqq@phei.com.cn。

本书咨询联系方式：010-51260888-819，faq@phei.com.cn。

前　言

AutoCAD 是世界领先的计算机辅助设计软件提供商 Autodesk 公司的产品，它拥有数以百万计的用户，作为 CAD 工业的旗舰产品和工业标准，一直凭借其独特的优势而被全球的设计工程师特别是机械工程师所采用。AutoCAD 在机械制图上有着相当完善的解决方案。AutoCAD 2021 是目前最新的软件版本，也是功能最强的软件版本，随着版本的不断升级和功能的增强，AutoCAD 将快速创建图形、轻松共享设计资源、高效管理设计成果等功能不断地进行扩展和深化。

本书作者是 Autodesk 公司授权培训中心的资深教师，书中的实用见解、方法和技巧介绍都是作者多年的教学与实践经验。本书结合了机械、建筑制图的特点，参照 Autodesk 公司 AutoCAD 初级工程师级及工程师级认证考试的教学大纲，参考借鉴众多培训机构的教学实践，有针对性地介绍与讲解软件的主要功能和制图方面的应用，培养读者利用软件功能解决典型应用问题的能力。

本书的编写突出了如下特点。

（1）介绍 AutoCAD 软件的使用，以设置环境、绘制图形、添加注释标注、创建块及打印出图为主线，循序渐进地介绍制图与 AutoCAD 的知识。

（2）以设计实例为线索，将整个设计过程贯穿全书，详细介绍制图流程、所涉及的规范和标准，以及在设计过程中所应用的命令和技巧。随书附带的配套资源包含本书中大量的实例文件，便于读者使用，是培训和教学的宝贵资源，且大大降低了学习本书的难度，增强了学习的趣味性。

（3）注意贯彻我国 CAD 制图有关标准，指导读者有效地将 AutoCAD 的丰富资源与国标相结合，进行规范化设计。

本书共分为 12 章，其中第 1、2、3、4、8、10 章由王建华、张文杰共同撰写，第 5、6、7、9、11、12 章由程绪琦、孙凯文共同撰写。

作　者

目　　录

第 1 章　AutoCAD 入门

AutoCAD 是世界领先的计算机辅助设计软件提供商 Autodesk（欧特克）公司的产品，该软件作为CAD工业的旗舰产品，一直凭借其独特的优势而为全球的设计工程师所采用。它拥有数以百万计的用户，多年来积累了无法估量的设计数据资源。作为一个工程设计软件，它为工业设计人员提供了强有力的二维和三维工程设计与绘图功能。随着版本的不断升级和功能的增强，又将快速创建图形、轻松共享设计资源、高效管理设计成果等功能进行了扩展和深化。

AutoCAD 开创了绘图和设计的新纪元。如今，AutoCAD 经过了十几次版本升级，已成为一个功能完善的计算机辅助设计软件，广泛应用于机械、电子、土木、建筑、航空、航天、轻工、纺织等行业。因其具有庞大的基础用户群，拥有大量的设计资源，而受到世界各地数以百万计的工程设计人员的青睐。

开始使用本软件之前，必须熟悉它的主要功能及常用的操作界面，以及其特色功能和快捷用法。

完成本章的练习，可以学习到以下知识。

- AutoCAD 的工作界面及功能。
- 新建图形文件、保存图形文件及打开图形文件。
- 显示图形对象。
- AutoCAD 2021 中坐标的含义与用法。

1.1　AutoCAD 的主要功能

Autodesk 公司于 2020 年 3 月推出了 AutoCAD 2021 系列产品。作为一款辅助绘图软件，AutoCAD 强大的绘图功能在 CAD 领域享有较高的口碑。

AutoCAD 2021 的主要特点与功能如下。

1. 基本绘图功能

- 提供绘制各种二维图形的工具，如直线、圆、多边形、椭圆、填充图案等。
- 提供测量图形和标注各种尺寸的工具。
- 具备对图形进行修改、删除、移动、旋转、复制、偏移、修剪、圆角等多种强大的编辑功能。
- 具备缩放、平移等动态观察功能，并具有透视、投影、轴测、着色等多种图形显示方式。
- 提供栅格、正交、极轴、对象捕捉及追踪等多种辅助工具，保证精确绘图。
- 提供图块及属性等功能，便于制作图形数据库，大大提高绘图效率。

2．辅助设计功能

- 利用参数化设计功能，约束图形几何特性和尺寸大小。
- 利用测量工具，可以查询图形的长度、面积、体积、力学特性等。
- 提供了样板图技术、CAD 标准、设计中心、外部参照、光栅图像、链接与嵌入、电子传递等功能，以规范和协调设计，并共享 AutoCAD 图形数据。
- 提供在三维空间中的各种绘图和编辑功能，具备三维实体和三维曲面造型的功能，便于用户对设计进行直观的了解和认识。
- 提供图纸集功能，可方便地管理设计图纸，进行批量传递和打印等。
- 提供多种软件的接口，可方便地将设计数据和图形在多个软件中共享，进一步发挥各个软件的特点和优势。

3．开发定制功能

- 具备强大的用户定制功能。用户可以方便地将图形界面、快捷键、工具选项板、简化命令、菜单、工具栏、填充图案、线型等改造得更易于使用。
- 具有良好的二次开发性。AutoCAD 提供多种方式，可以使用户按照自己的思路去解决实际问题；AutoCAD 开放的平台使用户可以用 AutoLISP、ARX、VBA、.NET 等语言开发适合特定行业使用的 CAD 产品。

1.2　启动 AutoCAD 2021

启动 AutoCAD 2021 有两种方法。

- 双击桌面上的快捷图标 A。
- 选择“开始”→“所有程序”→“Autodesk”→“AutoCAD 2021 – 简体中文（Simplified Chinese）”命令。

1.3　AutoCAD 2021 工作环境

用户在熟悉一款软件之前，必须了解其工作环境与操作界面上的各个功能。学习完本节内容，用户将了解 AutoCAD 2021 工作界面包含的主要内容，以及如何输入 AutoCAD 命令、如何响应 AutoCAD 命令、如何使用 AutoCAD 的系统帮助。

AutoCAD 2021 采用了深色主题界面，结合传统的深色模型空间，可最大程度上降低绘图区域和周围工具之间的对比。打开 AutoCAD 2021，直接进入“开始”界面，如图 1-1 所示。

从“创建”页面中，可以访问“快速入门”和“最近使用的文档”。使用“开始绘制”工具，可以从默认样板开始一个新图形，或从可用样板列表中进行选择。在“最近使用的文档”中，可以查看和打开最近使用的图形，还可以将图形固定到列表中。

在“了解”页面中，提供了针对 AutoCAD 2021 的入门视频、提示和其他联机学习资源。

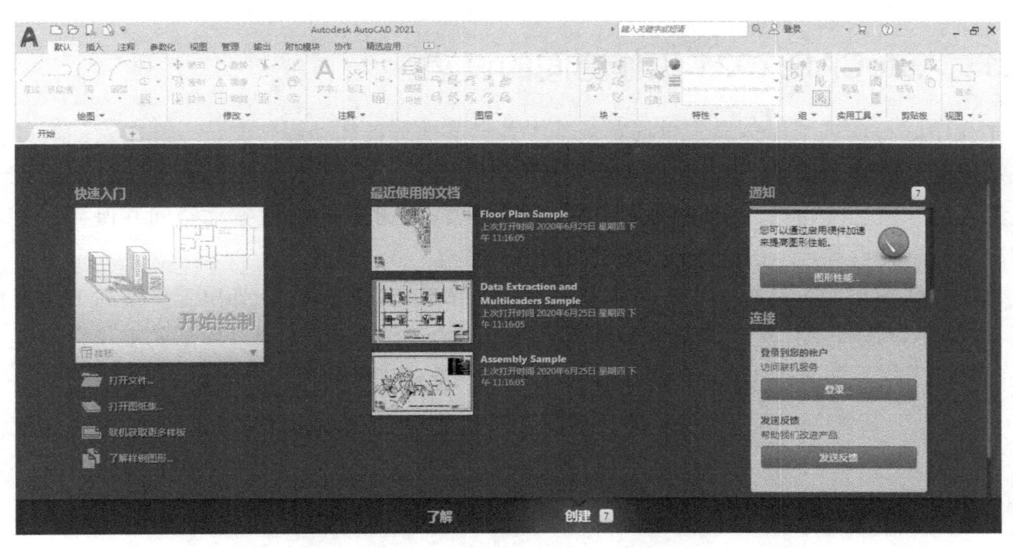

图 1-1 “开始”工作界面

单击“开始绘制”按钮，选择默认样板，进入“草图与注释”工作界面。该界面显示了二维绘图特有的工具，如图 1-2 所示。

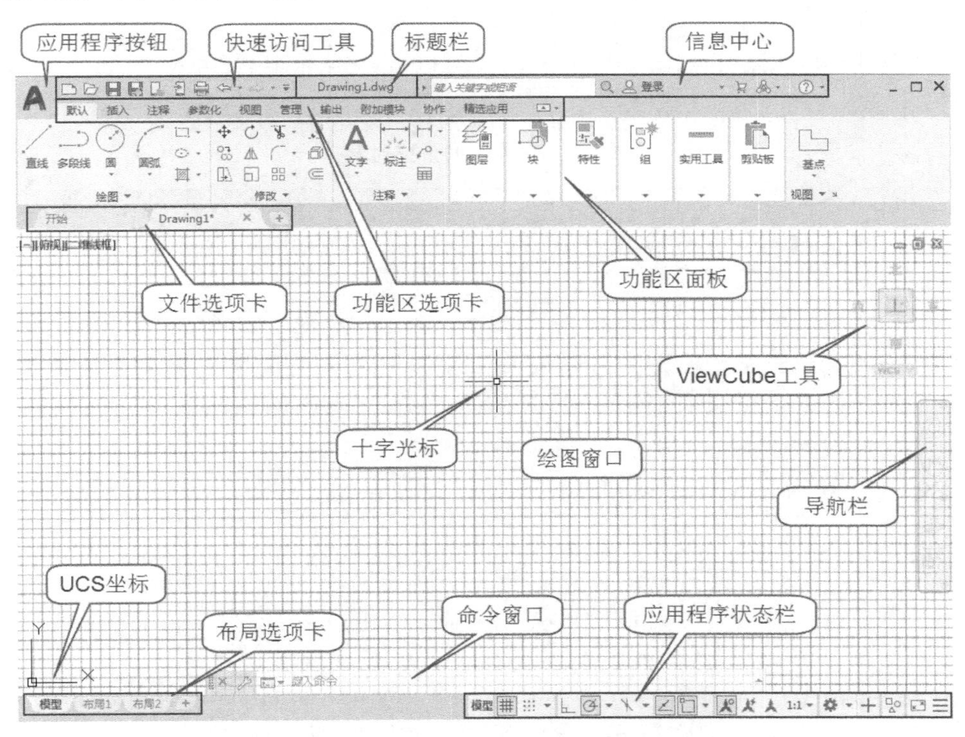

图 1-2 “草图与注释”工作界面

1.3.1 AutoCAD 2021 工作空间的设置

工作空间也称为工作环境，包括菜单、工具栏、选项板和功能区面板，利用它们可以创建一个基于任务的绘图环境。AutoCAD 2021 为用户提供了 3 种工作空间，分别为“草图与注释”“三维基础”“三维建模”。同时，用户还可以根据自己的需要设置工作空间并保存。学习软件前，需要学会设置合适的工作环境及其相应的功能。

单击“快速访问工具栏”中的工作空间控件，弹出工作空间下拉列表，如图 1-3 所示，选择工作空间名称就可以切换到相应的工作空间。图 1-4 所示的工作空间是“三维基础”的工作界面，图 1-5 所示的工作空间是“三维建模”的工作界面。

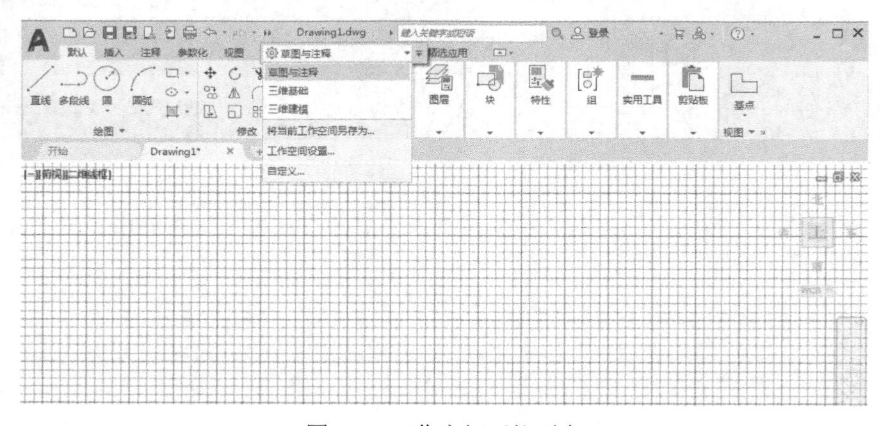

图 1-3　工作空间下拉列表

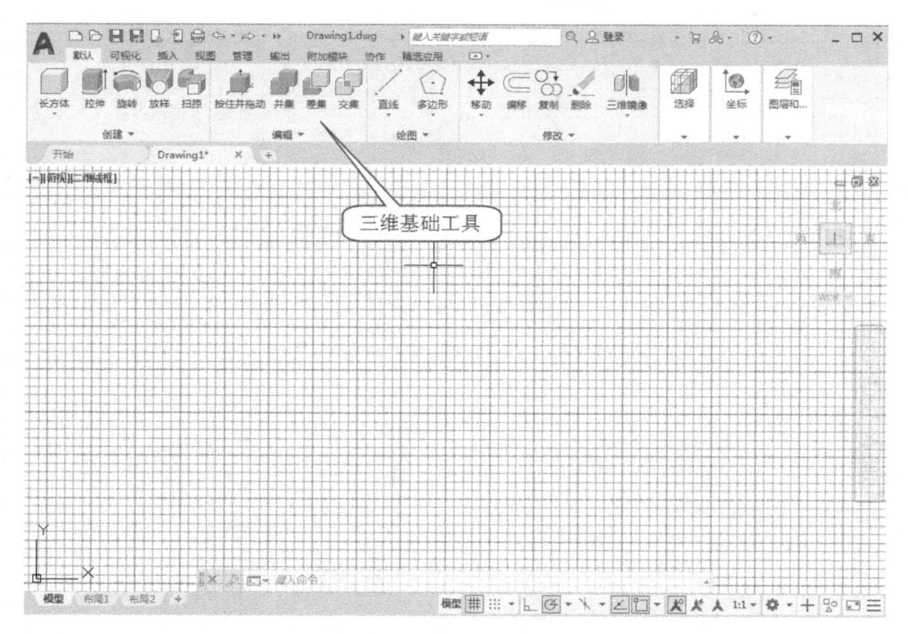

图 1-4　“三维基础”工作界面

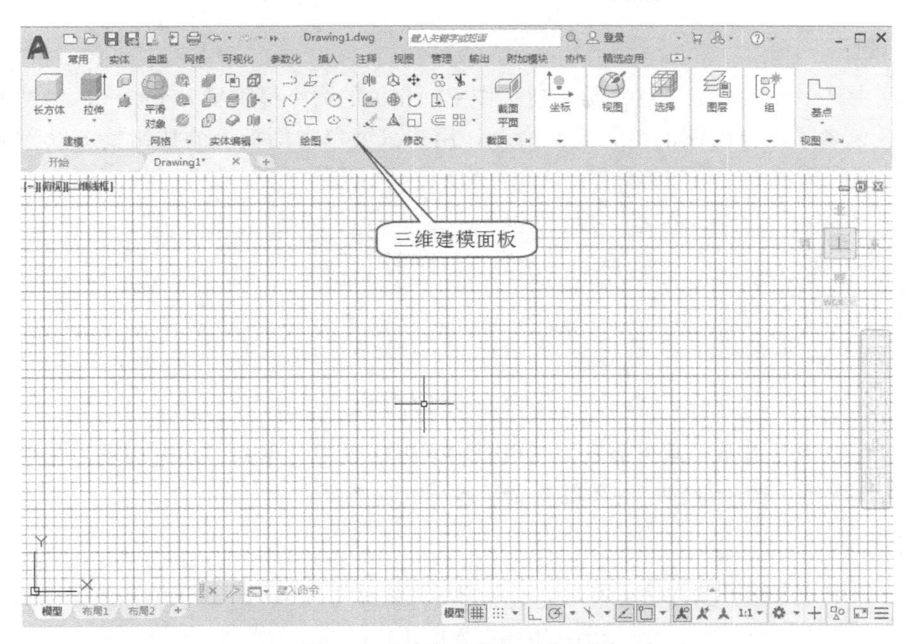

图 1-5　“三维建模”工作界面

1.3.2　AutoCAD 2021 的工作界面

1. 标题栏

如同 Windows 的其他应用软件一样，在界面的最上面中间位置是文件的标题栏，如图 1-6 所示，显示当前打开的文件名称，最右侧是“最小化”“还原恢复窗口大小”和“关闭”按钮 – □ ×。

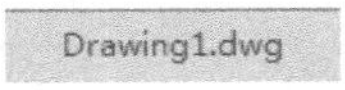

Drawing1.dwg

图 1-6　标题栏

2. 快速访问工具栏

快速访问工具栏位于应用程序窗口顶部左侧。它提供了对定义的命令集的直接访问。用户可以添加、删除和重新定位命令和控件。默认状态下，快速访问工具栏包括新建、打开、保存、另存为、从 Web 和 Mobile 中打开、保存到 Web 和 Mobile、打印、放弃、重做命令，如图 1-7 所示。

图 1-7　快速访问工具栏

3．功能区

功能区由许多面板组成。它为与当前工作空间相关的命令提供了一个单一、简洁的放置区域。功能区包含了设计绘图的绝大多数命令，用户只要单击面板上的按钮就可以激活相应命令。切换功能区选项卡上不同的标签，AutoCAD 显示不同的面板，如图 1-8 所示。

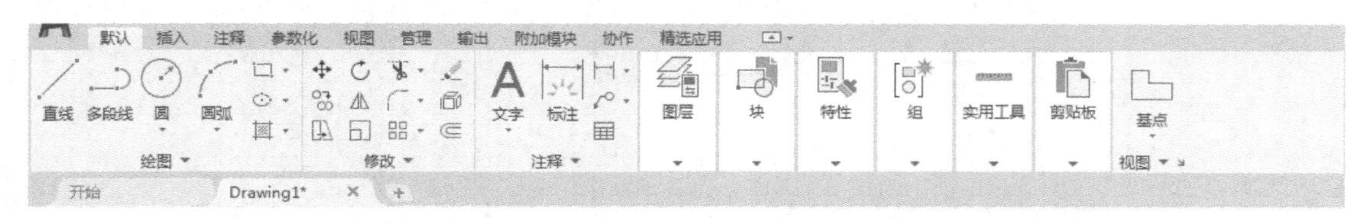

图 1-8　功能区面板

功能区可以水平显示、垂直显示，也可以将功能区设置显示为浮动选项板。创建或打开图形时，默认情况下，在图形窗口的顶部将显示水平的功能区。

4．绘图窗口

软件窗口中最大的区域为绘图窗口。它是图形观察器，类似于照相机的取景器，从中可以直观地看到设计的效果。绘图窗口是绘图、编辑对象的工作区域，绘图区域可以随意扩展，在屏幕上显示的可能是图形的一部分或全部，用户可以通过缩放、平移等命令来控制图形的显示。

在绘图区域移动鼠标光标，会看到一个十字光标在移动，这就是图形光标。绘制图形时图形光标显示为十字形“+”，选择对象时图形光标显示为拾取框“▫”。

绘图窗口左下角是 AutoCAD 的直角坐标系显示标志，用于指示图形设计的平面。绘图窗口是用户在设计和绘图时最为关注的区域，因为所有的图形都在这里显示，所以要尽可能保证绘图窗口大一些。利用全屏显示命令，可以使屏幕上只显示标题栏、应用程序状态栏和命令窗口，从而扩大绘图窗口。单击应用程序状态栏右下角的“全屏显示”按钮或按“Ctrl+0”组合键，激活全屏显示命令，AutoCAD 图形界面如图 1-9 所示。再次单击“全屏显示”按钮或按“Ctrl+0”组合键，恢复原来的界面设置。

若应用程序状态栏中未找到“全屏显示”按钮，可通过在应用程序状态栏中单击“自定义”按钮☰，打开自定义选项卡后选择“全屏显示”选项，即可在应用程序状态栏中显示对应的全屏显示按钮。

5．命令窗口

在绘图窗口下面是一个输入命令和反馈命令参数提示的区域，称为命令窗口，默认设置显示两行命令，如图 1-10 所示。

AutoCAD 中所有的命令都可以在命令窗口实现，比如需要画圆，单击功能区“绘图”面板中的“圆”按钮可以激活画圆命令。直接在命令行输入 CIRCLE 或者圆命令的简化命令 C，一样可以激活画圆命令，如图 1-11 所示。

命令窗口本身很重要，它除了可以激活命令外，还是 AutoCAD 软件中最重要的人机交互的地方。在输入命令后，命令窗口会提示用户一步一步地进行选项的设定和参数的输入。命令执行过程中，命令窗口总会给出下一步要如何做的提示，因而这个窗口也被称为“命令提示窗口”。所有的操作过程都会记录在命令窗口中。

Drawing1.dwg
全屏显示
模型
布局1
布局2

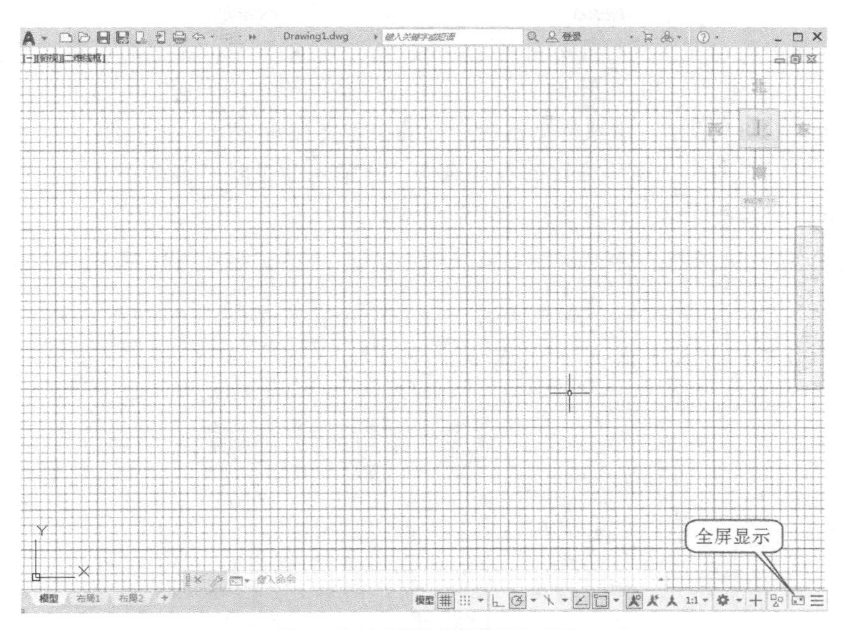

图 1-9　全屏显示的图形界面

命令: 指定对角点或 [栏选(F)/圈围(WP)/圈交(CP)]: *取消*
命令: *取消*
键入命令

图 1-10　命令窗口

命令: C
CIRCLE
CIRCLE 指定圆的圆心或 [三点(3P) 两点(2P) 切点、切点、半径(T)]:

图 1-11　执行画圆命令时的命令状态行

命令窗口显示的命令行数可以调节，将光标移至命令窗口和绘图窗口的分界线时，光标会变为≑，这时拖动光标可以调节显示行数。

如果想查看命令窗口中已经运行过的命令，可以按功能键“F2”进行切换，AutoCAD 将弹出文本窗口，如图 1-12 所示，其中记录了命令运行的过程和参数设置，默认文本窗口一共有 500 行。

AutoCAD 文本窗口 - Drawing1.dwg
编辑(E)
命令: _CleanScreenON
命令: _CleanScreenOFF
命令: _CleanScreenON
命令: _CleanScreenOFF
命令: _circle
指定圆的圆心或 [三点(3P)/两点(2P)/切点、切点、半径(T)]: *取消*
命令:

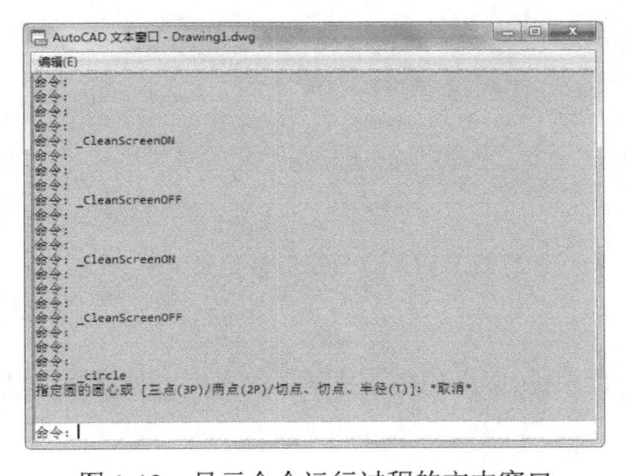

图 1-12　显示命令运行过程的文本窗口

可以选择命令窗口左侧的标题处并拖动，使其成为浮动窗口，并且可以将其放置在图形界面的任意位置。AutoCAD 2021 浮动的命令行比以往更加简洁，半透明的提示显示历史记录可多达 50 行，如图 1-13 所示。用鼠标单击命令行的自定义按钮，弹出如图 1-14 所示的菜单。该菜单中显示可以对命令行窗口进行的各种操作。在输入命令时，自动完成命令输入首字符、中间字符搜索、同义词建议、自动更正错误命令等。

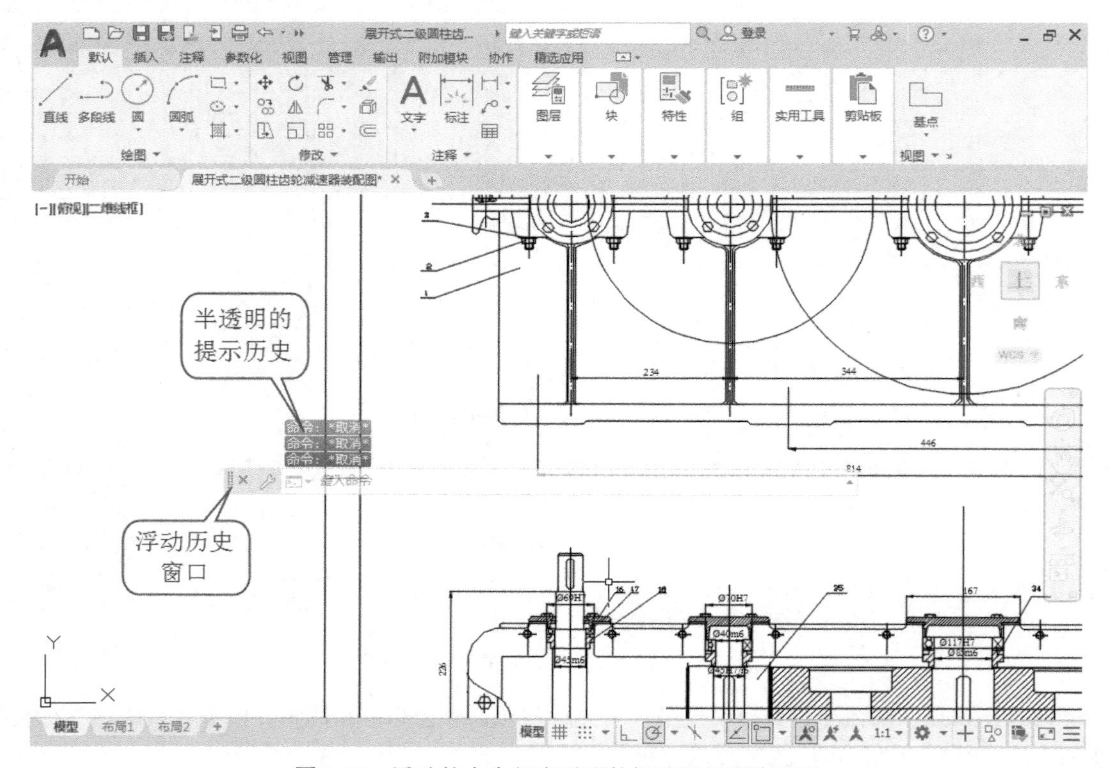

图 1-13　浮动的命令行半透明的提示显示历史记录

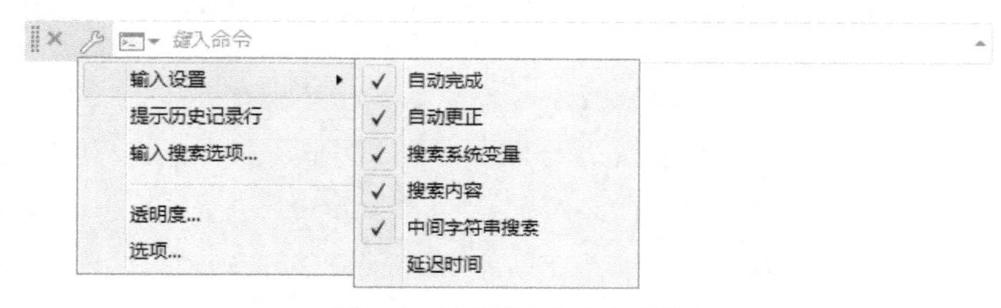

图 1-14　命令窗口自定义菜单

6. 应用程序状态栏

命令窗口下面有一个反映操作状态的应用程序状态栏，如图 1-15 所示。

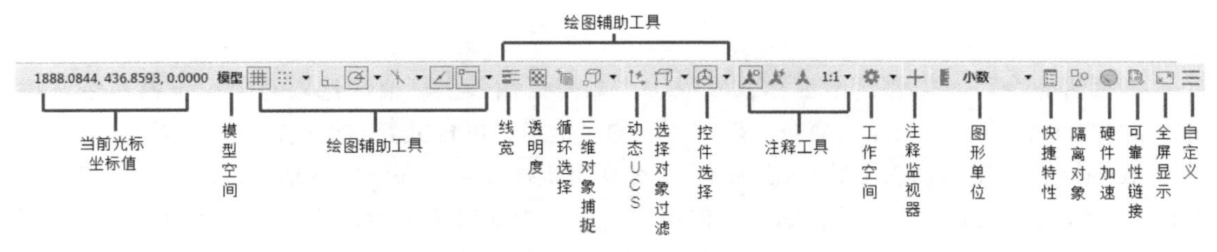

图 1-15　应用程序状态栏

左侧的数字显示为当前光标的 *X*、*Y*、*Z* 坐标值；模型与布局用来控制当前图形设计是在模型空间还是布局空间；绘图辅助工具是用来帮助快速、精确地作图；中间的线宽、透明度、循环选择、三维对象捕捉、动态 UCS、选择对象过滤、控件选择等均是用于快速开关相对应的显示或选择功能；注释工具可以显示注释比例及可见性；工作空间菜单方便用户切换不同的工作环境界面；注释监视器用于显示或关闭注释；图形单位用于设置当前图形的单位量级；快捷特性用于显示或关闭对象特性信息；隔离对象是控制对象在当前图形上是否显示；硬件加速用于改善软件使用性能；最右侧是“全屏显示”按钮和“自定义”按钮。

在应用程序状态栏的左侧有一个模型标签按钮和一个以上的布局标签按钮 模型 布局1 布局2 +，在 AutoCAD 中有两个设计空间，模型代表模型空间，布局代表图纸空间，单击这两个标签按钮可在这两个空间中进行切换。

7. 信息中心

信息中心设置在 AutoCAD 界面右上方的标题栏中，如图 1-16 所示。使用信息中心的搜索功能，只需要输入相关文字或问题，就会按照不同的分类，快速地为用户处理问题。在信息中心工具条上，用户还可以进入到 AutoCAD 的关联网站，得到技术支持和帮助，如 AutoCAD 360、Autodesk Exchange 应用程序，与 AutoCAD 连接的 Autodesk Subscription Center、AutoCAD 产品中心、AutoCAD 网站等。

图 1-16　信息中心

1.3.3　使用 AutoCAD 2021 的命令

在 AutoCAD 中，所有的操作都使用命令，可以通过命令来告诉 AutoCAD 要进行什么操作，AutoCAD 将对命令做出响应，并在命令行中显示执行状态或给出执行命令需要进一步选择的选项。

1. 命令的激活

在 AutoCAD 2021 中，命令可以通过多种方式进行激活。

- 用鼠标单击相应的命令按钮。
- 在命令窗口中输入命令。
- 在右键快捷菜单中选择相应的命令。

2．命令的响应

在激活命令后，需要给出坐标或参数，比如需要输入坐标值、选取对象、选择命令选项等，要求用户做出回应来完成命令，这时可以通过键盘、鼠标或者右键快捷菜单来响应。

AutoCAD 的动态输入工具，使得响应命令变得更加直接。在绘制图形时，动态输入可以不断给出几何关系及命令参数的提示，以便用户在设计中获得更多的设计信息，使得界面变得更加友好。

- 在给出命令后，屏幕上出现动态跟随的提示小窗口，可以在小窗口中直接输入数值或参数，也可以在“指定下一点或”的提示下使用键盘上的“↓”键调出菜单进行选择。动态指针输入会在光标落在绘图区域时不断提示光标位置的坐标，如图 1-17 所示。

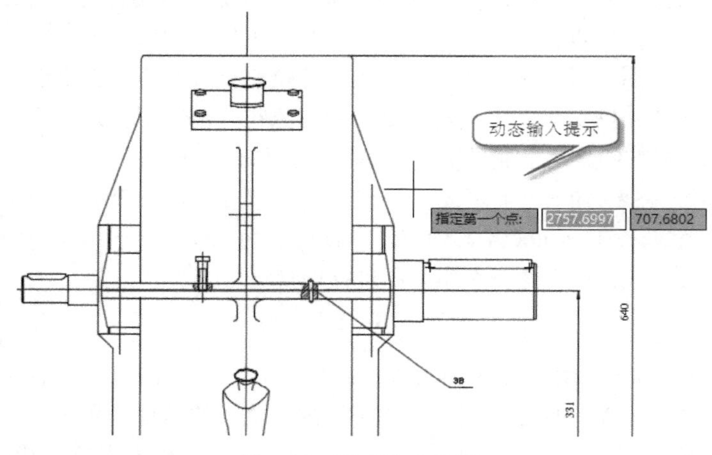

图 1-17　动态输入提示

- 在动态输入的同时，在命令行出现提示，需要输入坐标或参数。在提示输入坐标时，可以直接用键盘输入坐标值，也可以用鼠标在绘图窗口拾取一个点，这个点的坐标便是用户响应的坐标值。
- 在提示选取对象时，可以直接用鼠标在绘图窗口选取。
- 在有命令选项需要选取时，可以直接用键盘响应，提示文字后方括号“[ ]”内的内容便是命令选项。

如图 1-18 所示，当执行圆角命令时，命令行的提示如下。

命令：_fillet

当前设置：模式 ＝ 修剪，半径 ＝0.0000

FILLET 选择第一个对象或[放弃(U)/多段线(P)/半径(R)/修剪(T)/多个(M)]:

图 1-18　执行圆角命令时的命令行显示

对所需的选择项，用键盘输入其文字后面括号中的字母来响应，然后按回车键或空格键来确认。例如，此时需要设置圆角半径，直接在命令行输入“R”，然后按回车键确认。

另外一种方式是使用“↓”键响应。在命令执行过程中，按键盘上的“↓”键，弹出快捷菜单，如图 1-19 所示，用鼠标直接选择即可。

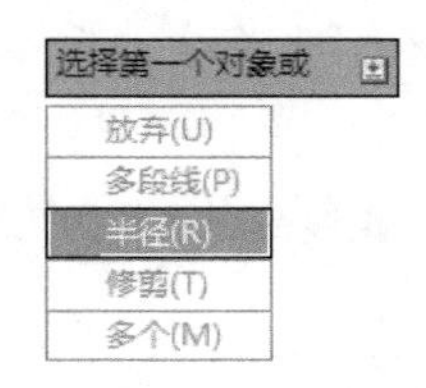

图 1-19　执行圆角命令时的快捷菜单

AutoCAD 的命令使用过程中还需要注意以下问题。

- 如果已激活某一个命令，在绘图窗口中单击鼠标右键，AutoCAD 弹出快捷菜单，用户在快捷菜单中进行相应的选择。对于不同的命令，快捷菜单显示的内容不同。
- 除了在绘图区域单击鼠标右键可以弹出快捷菜单外，在状态栏、命令行、工具栏、模型和布局标签上单击鼠标右键，也都会激活相应的快捷菜单。
- 如果要终止命令的执行，一般可以按键盘左上角的“Esc”键，有时需要多按几次才能完全从某个命令中退出来。
- 如果要重复执行刚执行过的命令，按回车键或空格键均可。

1.3.4　绘制简单的二维对象和保存文件

1．绘制简单的二维对象图形

在 AutoCAD 中将所有的图形元素称为“对象”，一张工程图就是由多个对象构成的。下面介绍如何绘制简单的直线对象，绘制直线对象过程如下。

（1）依次单击功能区“默认”选项卡→“绘图”面板→“直线”按钮，此时命令区提示如下。

_LINE 指定第一个点:

绘图窗口光标显示如图 1-20 所示。

（2）拾取一点后，命令行提示。

LINE 指定下一点或 [放弃(U)]:

拖动鼠标，光标显示如图 1-21 所示。

图 1-20　单击“直线”按钮后的光标显示

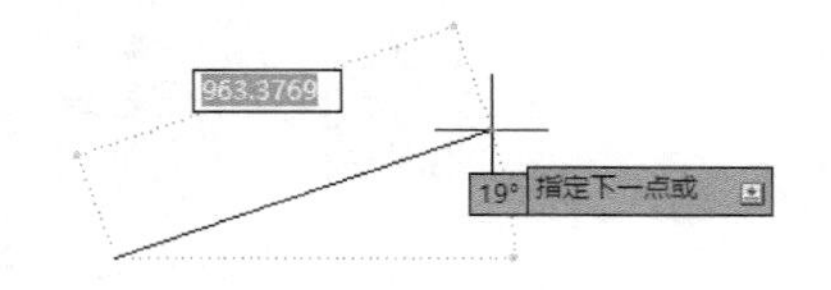

图 1-21　拾取点后的光标显示

（3）用鼠标在绘图窗口连续单击，画出简单的形状，按回车键就可以结束命令，如图 1-22 所示。

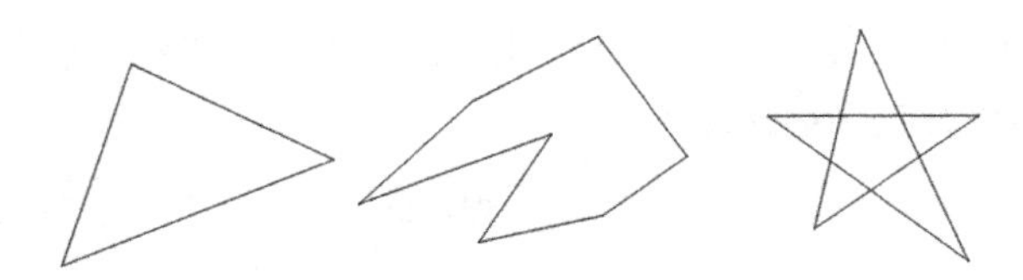

图 1-22　直线命令绘制的简单图形

2. 保存文件

当图形创建好以后，如果用户希望把它保存到硬盘上，可以保存文件。操作 SAVE 命令保存图形文件，第一次保存时，会弹出“图形另存为”对话框，如图 1-23 所示。

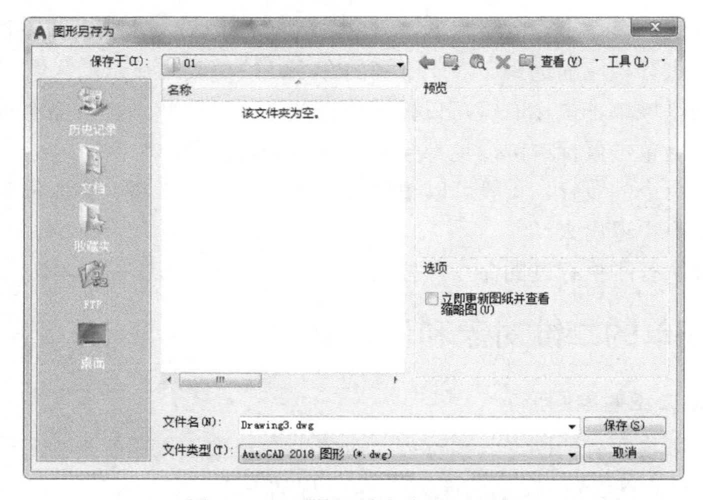

图 1-23　“图形另存为”对话框

选择保存文件的位置，输入文件名，单击“保存”按钮，文件以扩展名为.dwg 格式存储。若要以不同的文件名保存文件，则选择“另存为”命令。默认文件保存类型为 AutoCAD 2018 图形（*.dwg）格式。可以通过选择“文件类型”列表框，在弹出的列表中选择其他文件类型格式来存盘，如图 1-24 所示。

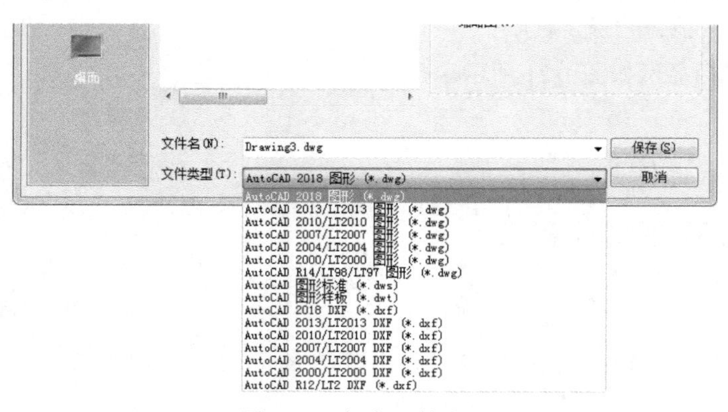

图 1-24　保存文件类型

具体操作方式有以下 3 种。

- 命令区：输入 SAVE 或 QSAVE（或另存为 SAVEAS），并按回车键确认。
- 工具栏：单击快速访问工具栏中的“保存”按钮 或“另存为”按钮 ，如图 1-25 所示。

图 1-25　快速访问工具栏中的“保存”或“另存为”按钮

- 菜单：选择应用程序菜单中的“保存”或“另存为”命令，如图 1-26 所示。

图 1-26　应用程序菜单中的“保存”或“另存为”命令

1.3.5　调用 AutoCAD 2021 软件的帮助系统

在今后学习和使用 AutoCAD 2021 的过程中，肯定会遇到一系列的问题，AutoCAD 2021 中文版提供了详细的中文在线帮助，使用这些帮助可以快速地解决设计中遇到的各种问题。

调用帮助系统有以下 3 种方法。

- 单击“信息中心”→“帮助”按钮 。
- 按功能键“F1”。
- 命令区：输入“help”或者“?”并按回车键确认。

1. “Autodesk AutoCAD 2021-帮助”在线帮助系统

按功能键“F1”，打开“Autodesk AutoCAD 2021-帮助”在线帮助系统，如图 1-27 所示。在该界面中通过选择“教程”或“命令”等选项，逐级进入并查到相关命令的定义、操作方法等详细解释；在搜索框中输入要查询的命令或相关词语的中文、英文，Autodesk 将显示检索到的相关命令的说明。

图 1-27 Autodesk AutoCAD 2021 帮助界面

2．命令帮助提示

AutoCAD 为工具面板中的每个按钮都设置了图文并茂的说明，需要时将鼠标指针在按钮上停留片刻即可。如图 1-28 所示，当鼠标指针悬停在“多段线”按钮上时，会弹出关于多段线命令的帮助提示。

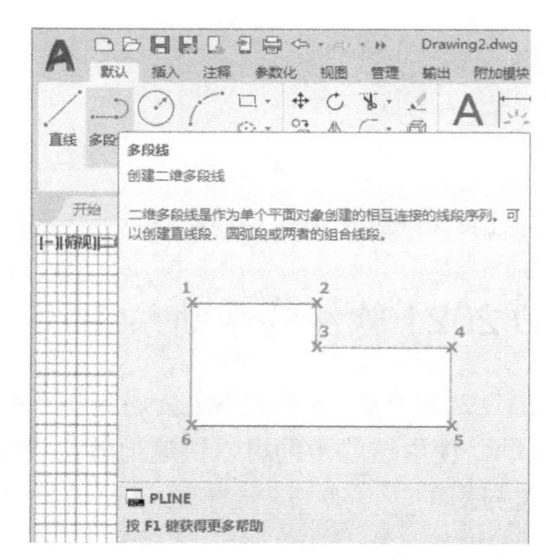

图 1-28 命令详细说明

3．定位帮助

按快捷键“F1”只能启动帮助界面，却不能定位到具体要查询的问题。对于某一个具体命令，还要通过“目录”或“搜索”手动定位到该命令的解释部分才行。下述方法可以方便地对具体命令进行定位查找。

首先激活需要获取帮助的命令，如画圆命令，此时命令区提示如下。

命令：_CIRCLE 指定圆的圆心或 [三点(3P)/两点(2P)/切点、切点、半径(T)]:

在此状态下直接按“F1”键，激活在线帮助界面，系统直接定位在圆命令的解释位置，非常方便用户查看，省去了检索操作，如图 1-29 所示。

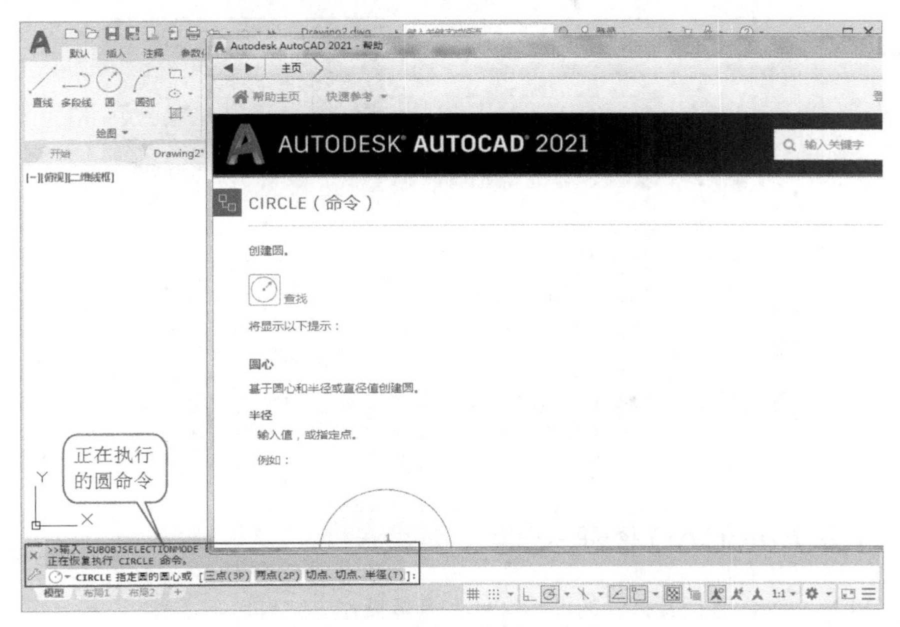

图 1-29　定位“帮助”界面

1.4　AutoCAD 文件管理

本节描述如何新建图形文件，以及如何打开已有的 AutoCAD 图形文件。用户通过本节内容可以学习到如何运用 AutoCAD 2021 软件提供的多种方式新建、打开图形文件。

1.4.1　新建 AutoCAD 图形文件

使用 NEW 命令，选择一个适合的样板文件，建立新文件。样板文件即初始绘图环境，是以*.dwt 格式保存的，样板文件中可以包含标题、图层设置、字型样式、标注样式、CAD 标准，以及任何用户所需要的功能设置。

新建文件的具体操作方式有以下 3 种。

- 命令区：输入 NEW 并按回车键确认。
- 工具栏：在快速访问工具栏中单击“新建”按钮。
- 菜单：在应用程序菜单中选择“新建”命令。

单击快速访问工具栏的“新建”按钮，AutoCAD 弹出“选择样板”对话框，如图 1-30 所示。选择一个样板文件，单击“打开”按钮，新的图形文件就创建好了，AutoCAD 自动为其命名为“Drawing××.dwg”，××按当前进程新建文件的个数自动编号。

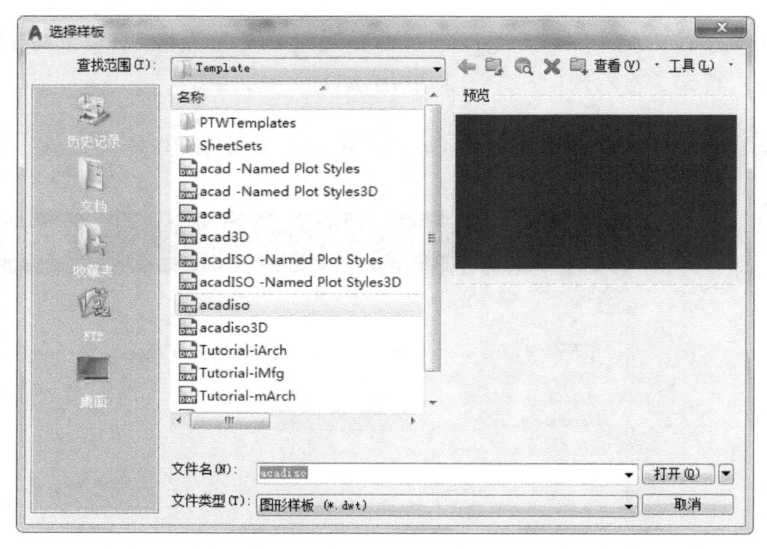

图 1-30 “选择样板”对话框

1.4.2 打开 AutoCAD 图形文件

使用 OPEN 命令，选择要打开的图形文件。具体操作方式有以下 3 种。

- 命令区：输入 OPEN 并按回车键确认。
- 工具栏：在快速访问工具栏单击“打开”按钮 。
- 菜单：在应用程序菜单中选择“打开”命令 。

单击“标准”工具栏中的“打开”按钮，AutoCAD 弹出“选择文件”对话框，如图 1-31 所示。选择其中的一个文件，单击“打开”按钮或双击文件名，便可打开该文件。

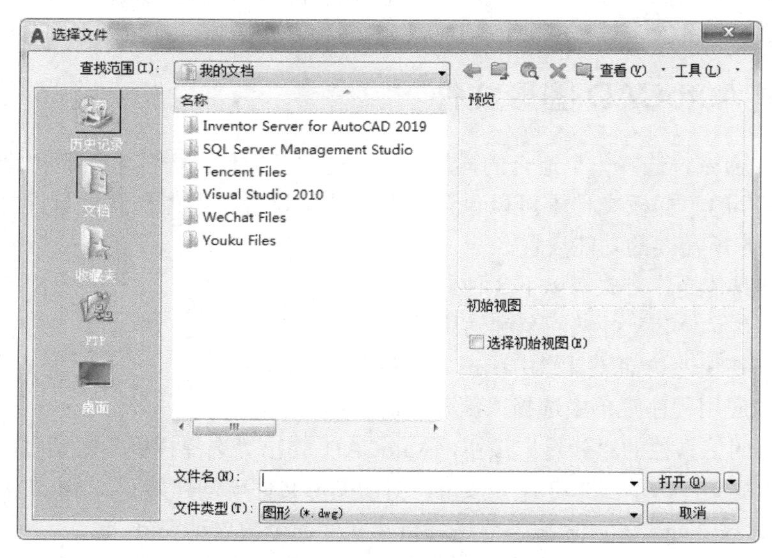

图 1-31 “选择文件”对话框

1.5　显示对象

当用户操作软件时，界面经常需要移动或放大范围，有时用户需要看到整个界面，有时又只需要看到某个局部区域。使用实时缩放和平移工具，可以方便用户看到不同的界面范围。

在本节中，用户可以学习操作这些工具的各种方式，增加用户对界面的熟悉程度。

完成本节学习后，用户可以使用缩放和平移命令任意显示界面范围，也可以使用鼠标滚轮执行界面的平移或缩放。

1.5.1　缩放与平移工具

大部分时间都是使用鼠标滚轮控制绘图界面的显示，在 AutoCAD 2021 中，用户也可以使用绘图区右侧的导航栏平移、缩放图形，如图 1-32 所示。

图 1-32　导航栏

1. 平移

用户可以使用PAN命令改变视图中心的位置，将图形放置在界面适当的位置。具体操作方式有以下 3 种。

- 命令区：输入 PAN 或 P 并按回车键确认。
- 导航栏：单击“平移”按钮。
- 单击鼠标右键，在弹出的快捷菜单中选择“平移”命令。

单击鼠标右键，弹出快捷菜单，如图 1-33 所示。选择“平移”命令时，屏幕上会出现一个小手的标志，用户可以上、下、左、右拖动图形，将窗口移到图形新的位置。平移图形前的显示如图 1-34 所示的图形，观察图形不同位置时，可以使用平移功能调整到需要的显示位置，平移图形后的显示如图 1-35 所示。

图 1-33　快捷菜单

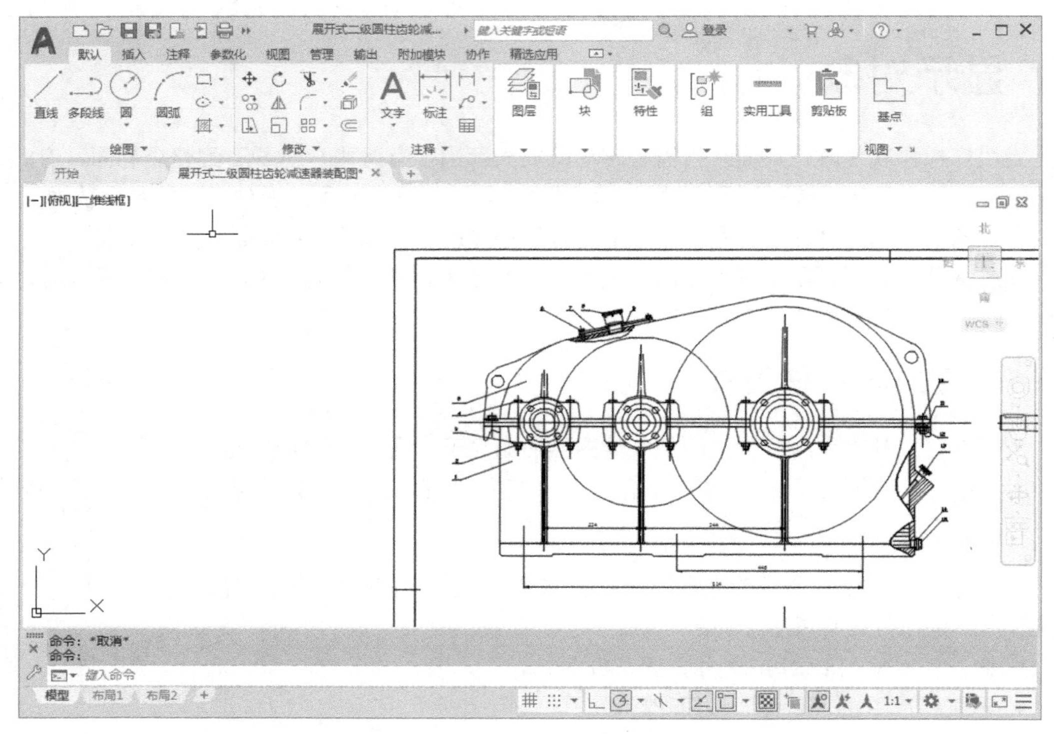

图 1-34　平移图形前的显示

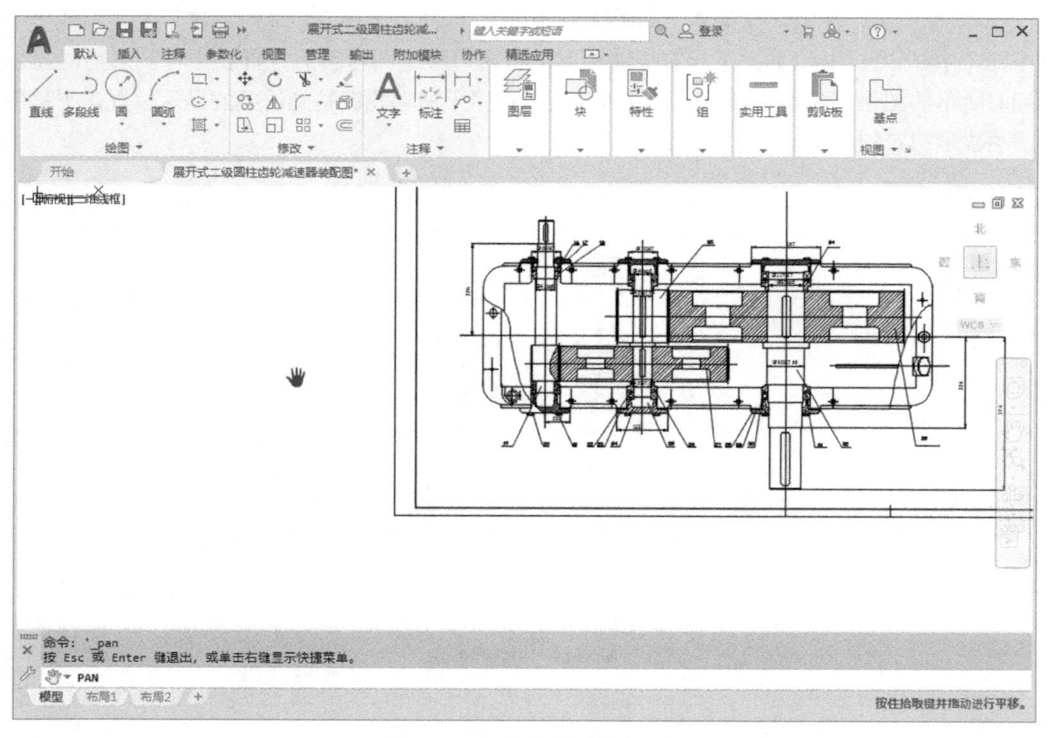

图 1-35　平移图形后的显示

在平移过程中，任意时刻单击鼠标右键都可弹出快捷菜单，如图 1-36 所示，可以切换到其他缩放选项。

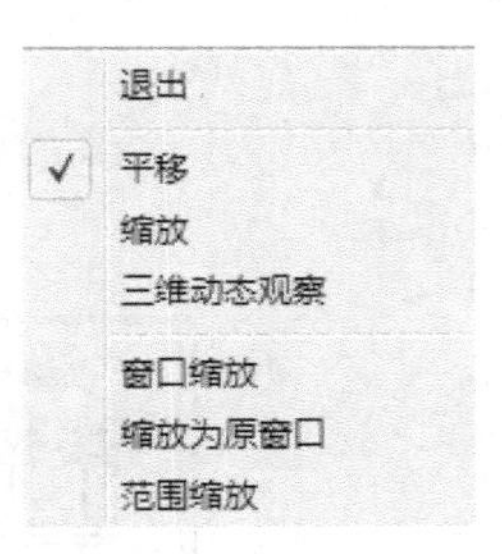

图 1-36　快捷菜单

按“Esc”键或回车键也可以结束平移命令。

注意

在使用平移命令时：

- 在界面上操作实时平移功能与滑动水平、竖直的滚动条效果相同。
- 当用户平移界面时，实际上并没有移动对象，只是改变了界面的显示位置。

2．实时缩放

当使用实时缩放工具时，光标上的图标也会跟着改变，按住鼠标左键并拖曳，向上放大图形；反之，向下缩小图形。

操作步骤如下：

（1）依次单击导航栏“缩放”下拉列表→“实时缩放”按钮。

（2）按住鼠标左键并向上拖曳，使显示界面放大。

（3）按住鼠标左键并向下拖曳，使显示界面缩小。

（4）根据需要调整缩放大小。

（5）按“Esc”键或回车键结束实时缩放。

3．范围缩放

范围缩放是使图形中所有的对象最大化地显示在屏幕上。例如，绘制的图形仅占屏幕的一小部分，如图 1-37（a）所示，或图形放大仅部分显示，如图 1-37（b）所示。单击“范围”按钮，AutoCAD 将所有的图形对象尽量地放大到整个屏幕，而不考虑图形界限的影响，如图 1-37（c）所示。

4．窗口缩放

窗口缩放是在当前图形中选择一个矩形区域，将该区域的所有图形放大到整个屏幕。操作步骤如下：

（1）依次单击导航栏“缩放”下拉列表→“窗口缩放”按钮。

（2）确定窗口缩放区域。如图 1-38（a）所示，用鼠标拾取矩形图框的左上角和右下角，拖出一个矩形，则 AutoCAD 将矩形窗口内的对象尽量地放大到整个屏幕，如图 1-38（b）所示。

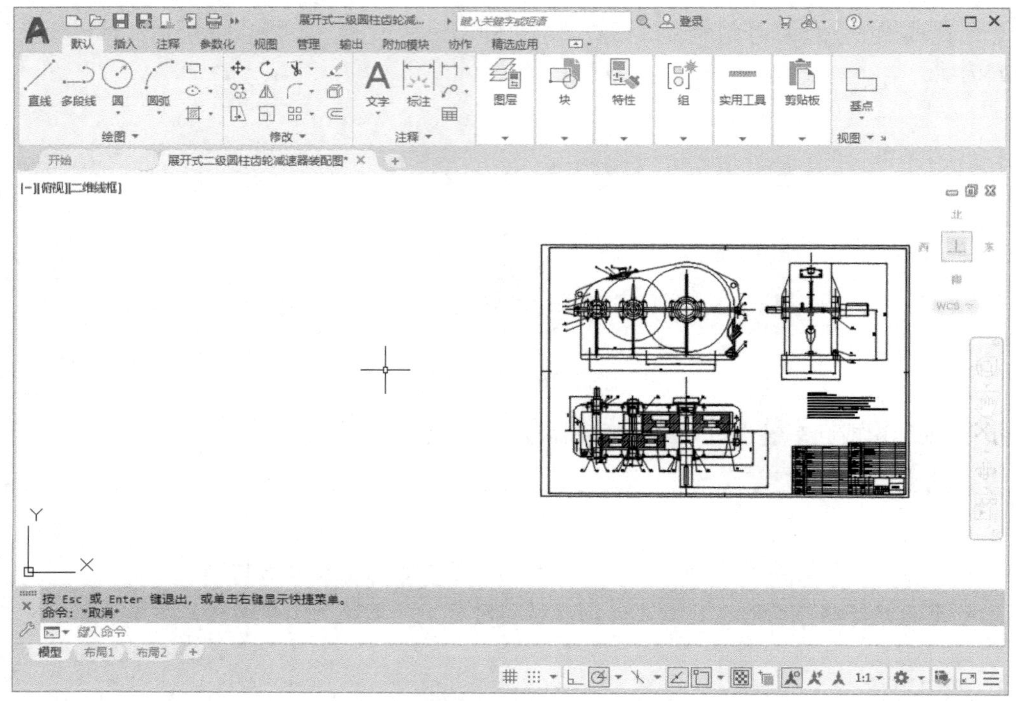

（a）图形仅占绘图窗口一部分

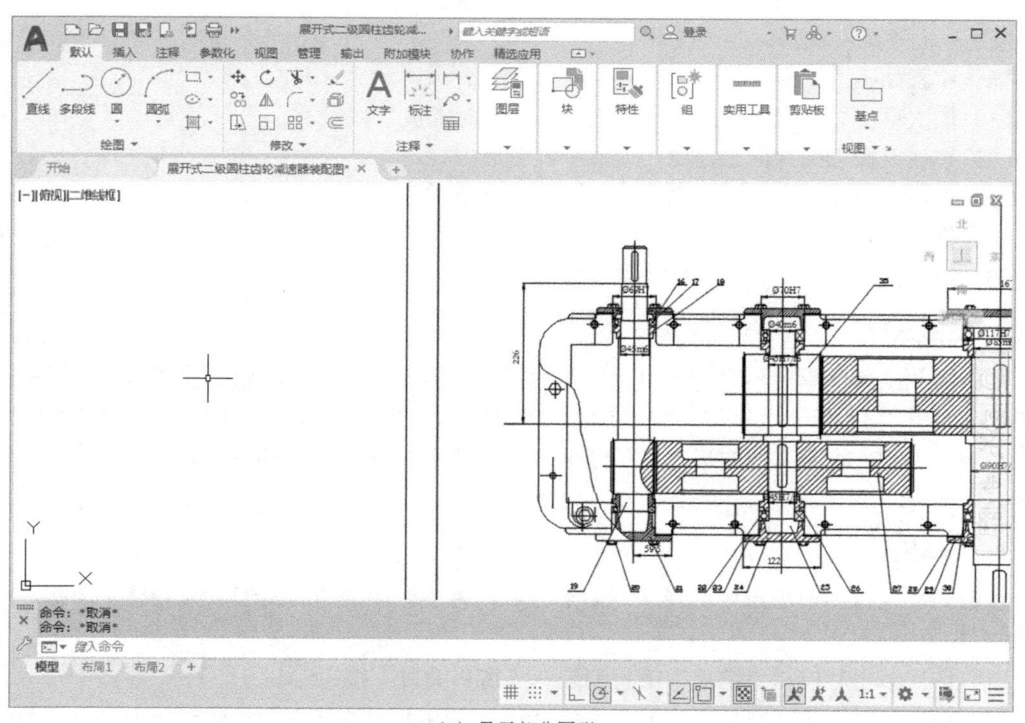

（b）显示部分图形

图 1-37　范围缩放

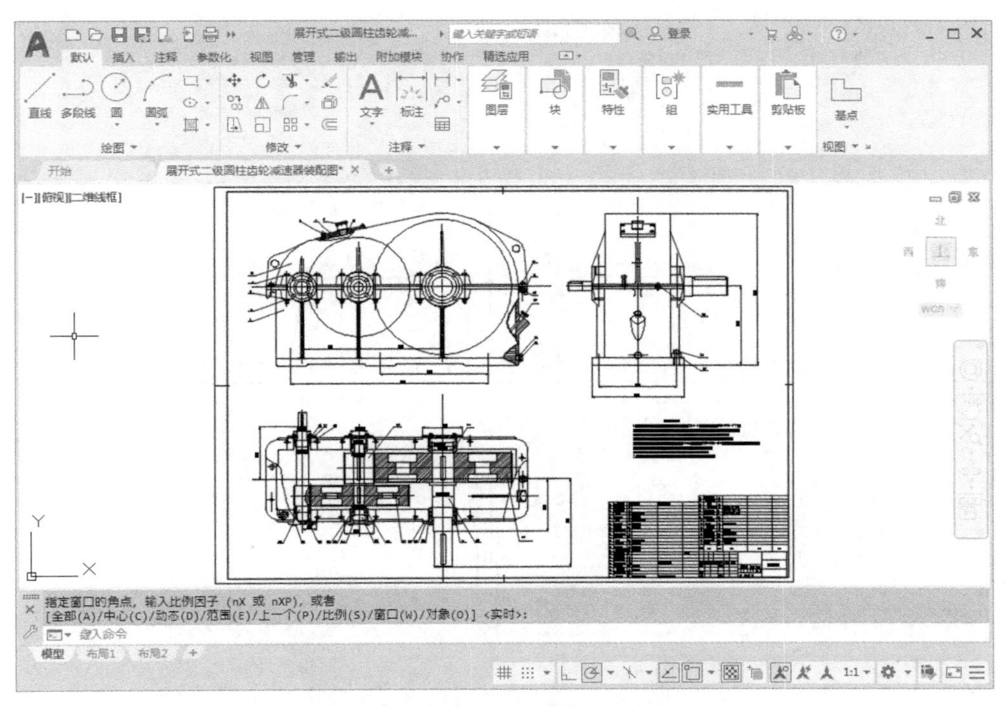

（c）范围缩放后全部图形显示

图 1-37　范围缩放（续）

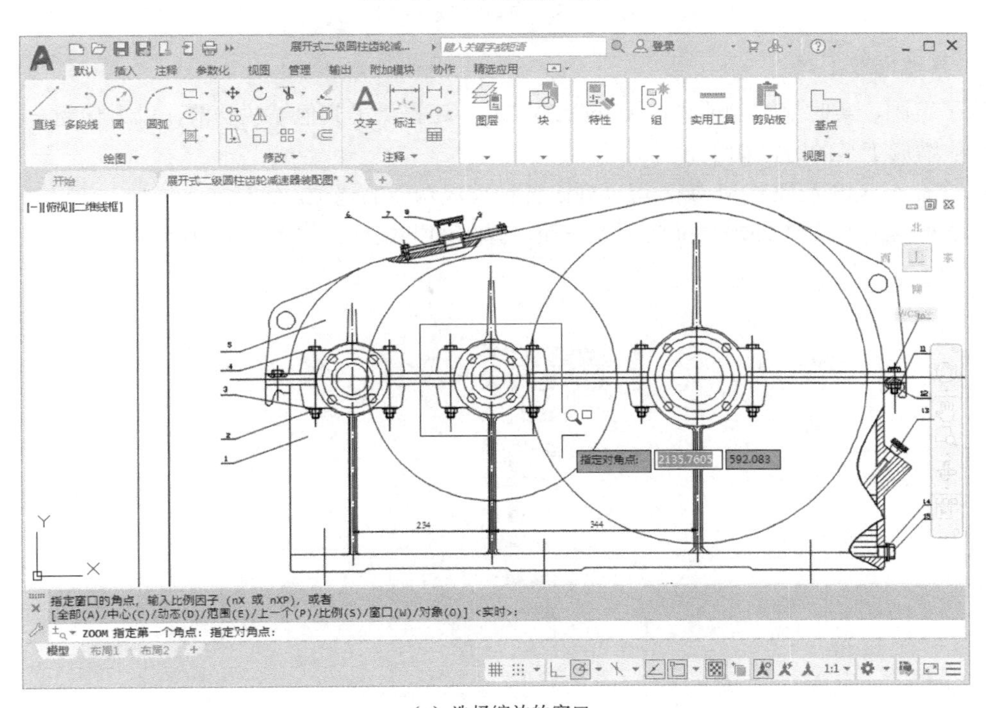

（a）选择缩放的窗口

图 1-38　窗口缩放

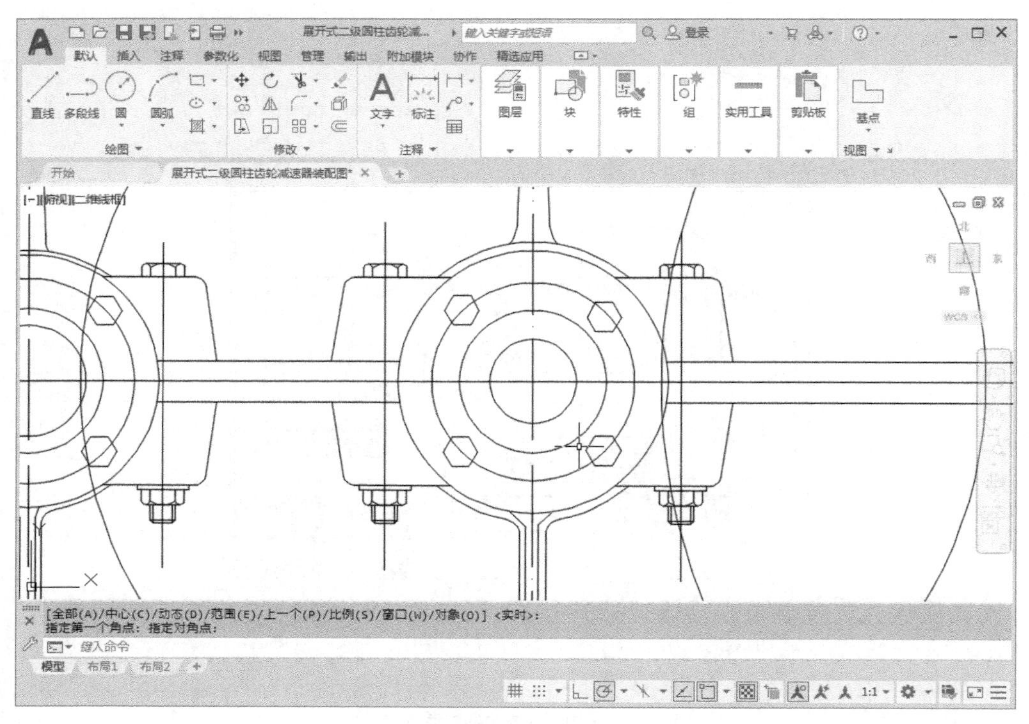

（b）屏幕显示的图形

图 1-38　窗口缩放（续）

5. 其他缩放工具

除了范围、实时缩放功能外，AutoCAD 2021 还提供了其他缩放功能，以方便用户使用。调用其他缩放工具的方法如下。

- 在命令区输入 ZOOM 或 Z 可以列出各种缩放功能的选项。
- 在导航栏中单击缩放功能的下拉按钮，弹出的下拉列表如图 1-39 所示。

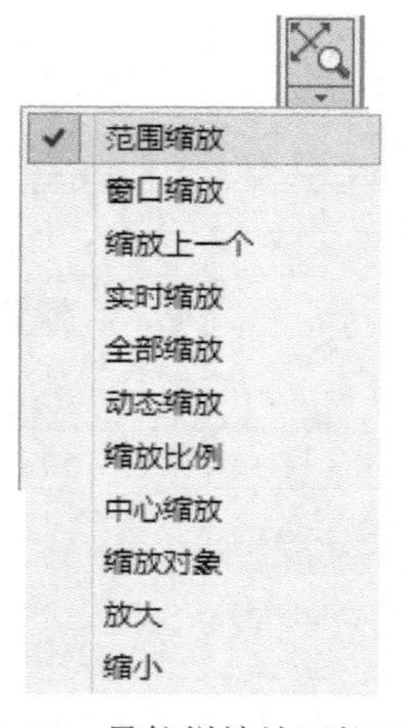

图 1-39　导航栏缩放下拉列表

1.5.2　鼠标滚轮的应用

鼠标滚轮在输入设备中是极为便利的。它位于鼠标左右键中间，滚动滚轮可以做细微的实时缩放，也可以单独使用鼠标执行平移功能，而不需要其他命令。

ZOOMFACTOR 参数可以控制鼠标滚轮在向前或向后时的缩放倍率。无论向前或向后，数值越大，缩放界面的倍率越大。滚轮的动作与相应功能如表 1-1 所示。

表 1-1　滚轮的动作与功能

动　作	功　能
滚轮向前滚动	放大显示界面
滚轮向后滚动	缩小显示界面
双击滚轮	等同于范围缩放，整个图形充满绘图区域
按住滚轮并拖曳	平移界面
按住“Shift”键及滚轮并拖曳	旋转界面
按住“Ctrl”键及滚轮并拖曳	动态平移

AutoCAD 用系统变量 MBUTTONPAN 来控制滚轮的行为，其数值不同，可以设置不同的操作方式。

- 当 MBUTTONPAN 设置为 1 时，按住滚轮即为平移功能。
- 当 MBUTTONPAN 设置为 0 时，按住滚轮即打开对象捕捉菜单。

注意

在某些情况下使用鼠标滚轮执行平移功能或实时缩放功能时，界面可能会没有任何变化，如用户只能缩小到某些区域，当此情况发生时，用户可以使用下面讲到的重新生成功能来解决。

1.6　理解 AutoCAD 使用的坐标概念

在绘制图形时，只要激活命令，就需要输入点的坐标，在 AutoCAD 中采用笛卡儿坐标系（直角坐标）和极坐标系两种方式确定坐标。

当用户绘制平面对象时，无论是以笛卡儿坐标(X,Y)的方式还是极坐标(R,θ)的方式，都是将数据输入到图形中。用户可以通过手动的方式输入坐标或直接在图形上指定输入点。

1. 笛卡儿坐标系

笛卡儿坐标系显示一个点坐落的位置，就是此点与原点的水平距离和垂直距离。在笛卡儿坐标系中，X 轴为水平方向，Y 轴为垂直方向。创建的图形都是基于 XY 平面的，原点坐标为(0,0)，X 轴右方向为正方向，Y 轴上方向为正方向。平面中的点都用(X,Y)坐标值来指定，两个坐标值之间采用逗号“,”来分隔。如图 1-40 所示的 A 点坐标为(6,5)，表示该点在 X 正方向与原点相距 6 个单位，在 Y 正方向与原点相距 5 个单位；B 点坐标为(−7,−3)，表示该点在 X 负方向与原点相距 7 个单位，在 Y 负方向与原点相距 3 个单位。

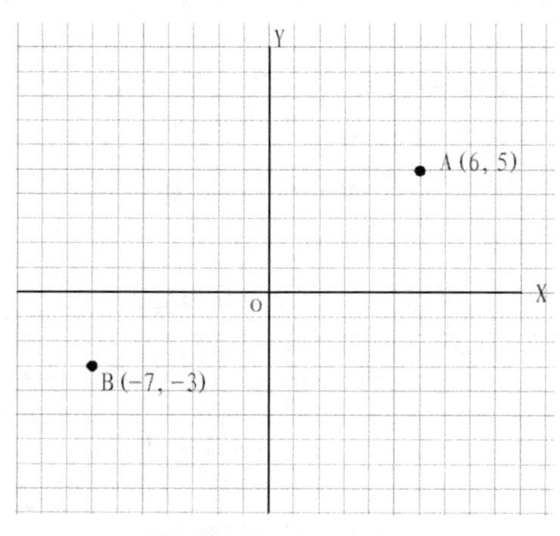

图 1-40　笛卡儿坐标系

2．极坐标

极坐标是通过某点到原点(0,0)的连线的长度和其与 X 轴正方向的夹角来描述该点的坐标位置的坐标系统。极坐标的角度是以指南针的东方为 0°，以逆时针方向为正方向来计量角度。极坐标的表示方法为(距离<角度)，距离和角度之间用小于号“<”分隔。图 1-41 中的 A 点坐标为(4<30)，表示该点距离原点 4 个单位，且该点和原点的连线与 0°方向的夹角为 30°；B 点坐标为(4<225)，表示该点距离原点 4 个单位，且该点和原点的连线与 0°方向的夹角为 225°。

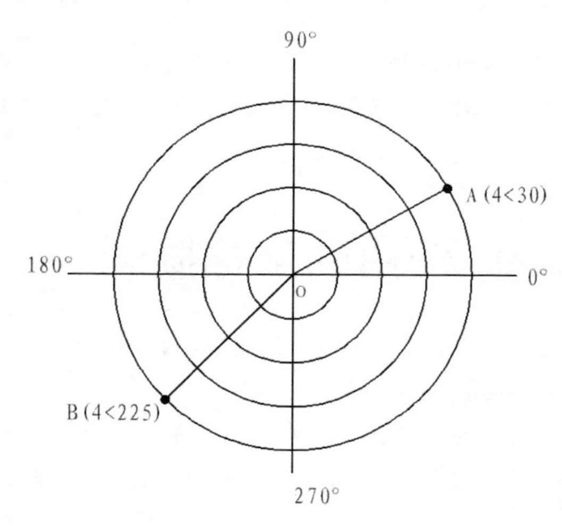

图 1-41　极坐标

3．绝对坐标与相对坐标

当输入坐标时，用户可以使用绝对坐标或相对坐标。

使用绝对坐标系统时，图形上任何一点的坐标位置就代表与原点(0,0)之间的距离，如绝对笛卡儿坐标(15,30)，绝对极坐标(15<45)。

使用相对坐标系统时，图形上任意一点的坐标都是根据与之前一点之间的相对位置所设置的，输入相对坐标必须先指定一点的位置，之后再输入的坐标值才可以使用相对坐标。相对坐标前需加上“@”符号，如相对笛卡儿坐标(@15,30)，相对极坐标(@15<45)。

4. 绝对坐标与相对坐标练习

绘制如图 1-42 所示的图形，根据此图练习绝对坐标和相对坐标的使用。

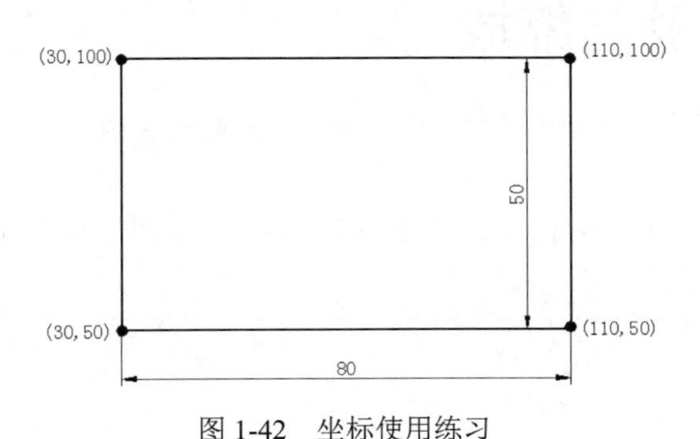

图 1-42　坐标使用练习

1）绝对坐标绘制图形

操作过程如下：

（1）关闭应用程序状态栏中的“动态输入”按钮。

（2）依次单击功能区“默认”选项卡→“绘图”面板→“直线”按钮。依据命令区给出的选项提示依次操作。

命令：_LINE

指定第一点：（输入“30,50”，按回车键确认）

指定下一点或 [放弃(U)]:（输入“110,50”，按回车键确认）

指定下一点或 [放弃(U)]: （输入“110,100”，按回车键确认）

指定下一点或 [闭合(C)/放弃(U)]:（输入“30,100”，按回车键确认）

指定下一点或 [闭合(C)/放弃(U)]:（输入“C”，按回车键确认结束直线命令）

2）相对坐标绘制图形

操作步骤如下：

（1）关闭应用程序状态栏中的“动态输入”按钮。

（2）依次单击功能区“默认”选项卡→“绘图”面板→“直线”按钮。依据命令区给出的选项提示依次操作。

命令：_LINE

指定第一点：（拾取任意点）

指定下一点或 [放弃(U)]:（输入“@80,0”，按回车键确认）

指定下一点或 [放弃(U)]:（输入“@80,50”，按回车键确认）

指定下一点或 [闭合(C)/放弃(U)]:（输入“@0,50”，按回车键确认）

指定下一点或 [闭合(C)/放弃(U)]:（输入“C”，按回车键确认，结束直线命令）

本例实践操作视频：视频 1-1

1.7　练习：平移与缩放

在这个练习中，用户可以利用缩放及平移命令去观察现有图形文件的不同区域的对象。步骤如下：

（1）打开练习文件“1-1.dwg”，忽略字体缺失提示，如图 1-43 所示。

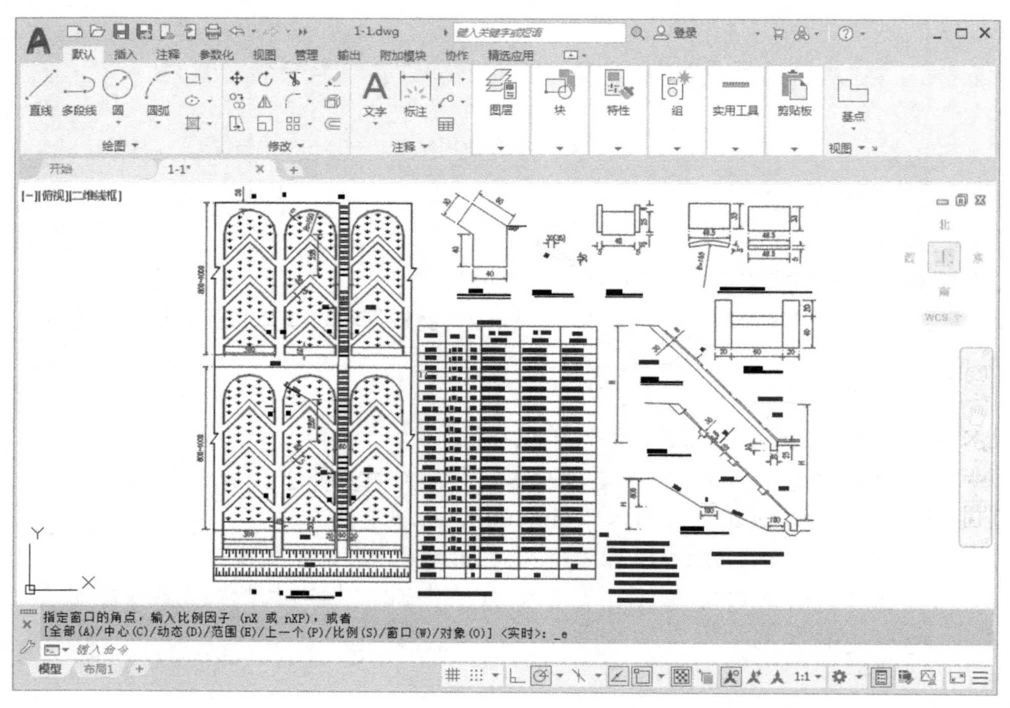

图 1-43　平移、缩放练习

（2）依次单击屏幕右侧“导航栏”→“平移”按钮，或在绘图区单击鼠标右键，在弹出的快捷菜单中选择“平移”命令。

（3）按住鼠标左键进行平移，或跳过步骤（2）按住鼠标滚轮进行平移。

（4）按住“Shift”键，再按住鼠标左键，进行水平方向或竖直方向的平移。

（5）按“Esc”键，或在绘图区单击鼠标右键，在弹出的快捷菜单中选择“退出”命令，结束平移命令。

（6）在命令区输入“ZOOM”并按回车键确认，再输入 E 并按回车键结束，进行范围缩放。

（7）滚动鼠标滚轮，进行实时缩放。

（8）单击屏幕右侧“导航栏”→“缩放”下拉列表→“窗口”选项。

（9）在绘图区选择一矩形区域，对该区域进行范围缩放。

（10）根据需要再通过平移或缩放对显示界面进行调整。

本例实践操作视频：视频 1-2

第 2 章　创建和编辑二维图形对象（一）

所有的图形都是由基本的几何对象绘制而成的，每张完整的工程图都是从新建基本的几何对象开始，如点、线、圆、弧和矩形等。

学习绘制基本的几何对象是学习 AutoCAD 软件过程中非常重要的一环，只有熟悉了基本对象的创建方式，用户才能学习更深入的课程。通常不止一种方式可以完成对象的创建，当用户学习更多功能、命令后，可以选择最适合自己的方式完成。本书的所有章节都是设置使用二维线框草图与注释的工作空间，并且功能区都是在 AutoCAD 屏幕的上方。

完成本章的练习，可以学习到以下知识。

- 直线的绘制。
- 圆的绘制。
- 圆弧的绘制。
- 正多边形的绘制。
- 矩形的绘制。
- 点的绘制。
- 选择集的构造方式。
- 修剪和延伸对象。
- 图形对象的复制和删除。

2.1　基本图形的绘制

2.1.1　直线的绘制

执行直线（LINE）命令，可以从起点到终点，绘制单一线段或连续线段。

1．命令操作

启用绘制直线命令，可以采用如下方法。

- 命令区：输入 LINE（或 L，本书中其他命令旁括弧内的字母均为简化命令）并按回车键确认。
- 功能区：依次单击“默认”选项卡→“绘图”面板→“直线”按钮。

2．命令选项

在启用绘制直线命令之后，在命令区会依次出现如下所示的命令选项。

命令：_LINE

指定第一个点：（用于指定直线的第一点）

指定下一点或 [放弃(U)]：（用于指定直线的下一点以绘制一条线段；若输入 U 或通

过右键快捷菜单选择“放弃(U)”命令，则在不结束 LINE 命令的前提下，放弃前一个绘制的线段）

指定下一点或 [闭合(C)/放弃(U)]:（在绘制第二条线后才会出现。用于指定直线的下一点，以绘制下一条线段；若输入 C 或通过右键快捷菜单选择“闭合(C)”命令，则把线段连接到起点，闭合形成一个封闭的区域；若输入 U 或通过右键快捷菜单选择“放弃(U)”命令，则在不结束 LINE 命令的前提下，放弃前一个绘制的线段）

3．LINE 命令的重点分析

- LINE 命令可以创建一条或多条线段。
- 如果执行 LINE 命令，提示指定第一点时，不指定任何点而直接按回车键，此时会自动选取上一次图形最后的点，当成线段起点而继续绘制。
- “放弃（U）”命令若连续多次使用，则按绘制线段次序的逆序逐个删除所绘制的线段，直到离开 LINE 命令。
- “闭合（C）”命令可以将线段接回起点，形成封闭的区域。
- 线段绘制完毕之后可以通过按回车键或者“Esc”键结束 LINE 命令，也可通过右键快捷菜单选择“确认（E）”命令来结束 LINE 命令。
- 线段虽然是连接在一起的，但是彼此是没关联且独立的对象。

4．练习：LINE 命令

通过下列练习，用户可以学会操作 LINE 命令，完成如图 2-1 所示的图形。

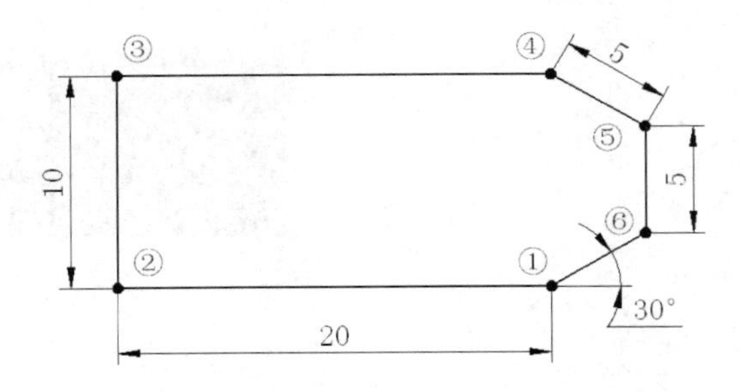

图 2-1　LINE 命令练习

（1）创建新文件。

（2）在“选择样板”对话框中选择 acadiso.dwt 文件，单击“打开”按钮，如图 2-2 所示。

（3）确认应用程序状态栏处的“极轴追踪”已经打开，如图 2-3 所示。

（4）执行 LINE 命令绘制图形。

❶ 启用 LINE 命令。

❷ 依据命令区给出的选项提示依次绘制各条线段。

命令：_LINE

指定第一点：（输入“100,100”，按回车键确认，输入绝对直角坐标，指定图中的点①作为线段的起点）

指定下一点或 [放弃(U)]:（向左拖曳光标，极轴显示 180°，输入“20”，按回车键确认，直接输入距离，向要绘制线段的方向拖曳后直接给出距离值，给出点②）

指定下一点或 [放弃(U)]:（向上拖曳光标，极轴显示 90°，输入“10”，按回车键确认，给出点③）

指定下一点或 [闭合(C)/放弃(U)]:（向右拖曳光标，极轴显示 0°，输入“20”，按回车键确认，给出点④）

指定下一点或 [闭合(C)/放弃(U)]:（输入“@5<-30”，按回车键确认，输入相对极坐标及距离。以点④作为坐标原点向-30°的方向上绘制长度为 5 的线段，给出点⑤）

指定下一点或 [闭合(C)/放弃(U)]:（向下拖曳光标，极轴显示 270°，输入“5”，按回车键确认，给出点⑥）

指定下一点或 [闭合(C)/放弃(U)]:（输入“C”，按回车键确认，闭合图形并结束命令）

完成图形的绘制。

本例实践操作视频：视频 2-1

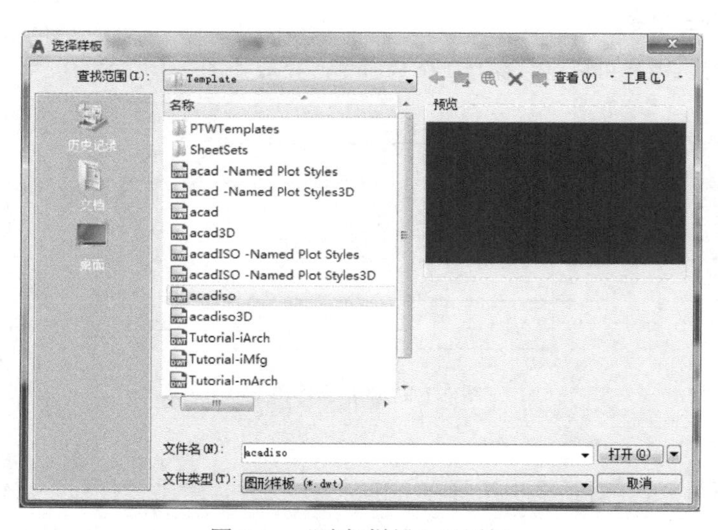

图 2-2 “选择样板”对话框

模型 1:1

极轴追踪

图 2-3 确认“极轴追踪”打开

2.1.2 圆的绘制

执行圆（CIRCLE）命令，可以指定圆心、半径、直径、圆周上的点和其他对象上的点的不同组合来创建圆。AutoCAD 2021 提供了 6 种创建圆的方式。

1. 命令操作

启用绘制圆命令可以采用如下方法。

- 命令区：输入 CIRCLE（C）并按回车键确认。
- 功能区：依次单击“默认”选项卡→“绘图”面板→“圆”按钮。

此时命令区会给出如下选项提示。

指定圆的圆心或 [三点(3P)/两点(2P)/切点、切点、半径(T)]:

若不输入其他选项则以默认的指定圆心和半径的方式开始圆的绘制；若要使用其他方式创建圆，则输入相应的选项代码并确认。

也可通过功能区直接单击不同的圆按钮来启用相应的命令。

依次单击“默认”选项卡→“绘图”面板→“圆”下拉按钮，在弹出的“圆”组合下拉列表（见图 2-4）中选择相应的命令按钮。

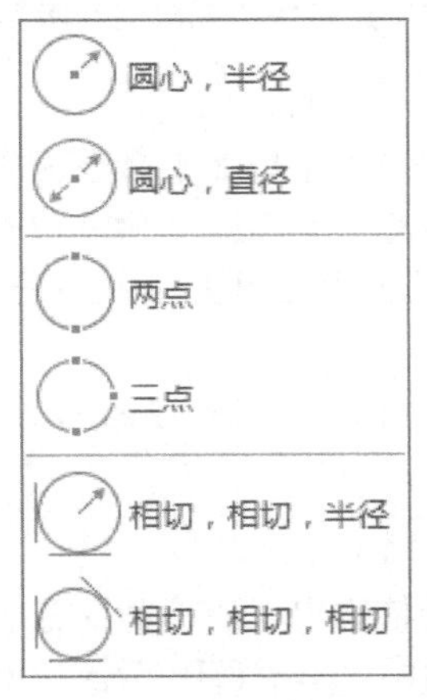

图 2-4 “圆”组合下拉列表

2. 命令选项

启用不同的绘制圆命令，在命令区会出现不同的命令选项。

1）以圆心和半径创建圆：（见图 2-5（a））

以此种方式创建圆，在命令区会依次出现如下命令选项。

命令：_CIRCLE

指定圆的圆心或 [三点(3P)/两点(2P)/切点、切点、半径(T)]:（用于指定圆的圆心，可以直接输入圆心的坐标值或在屏幕上指定）

指定圆的半径或 [直径(D)]:（确定圆心后，用于指定圆的半径，可以直接输入半径值或在屏幕上指定另外一点）

2）以圆心和直径创建圆：（见图 2-5（b））

以此种方式创建圆，在命令区会依次出现如下命令选项。

命令：_CIRCLE

指定圆的圆心或 [三点(3P)/两点(2P)/切点、切点、半径(T)]:（用于指定圆的圆心，可

以直接输入圆心的坐标值或在屏幕上指定）

指定圆的半径或 [直径(D)]：_d

指定圆的直径：（确定圆心后，用于指定圆的直径，可以直接输入直径值）

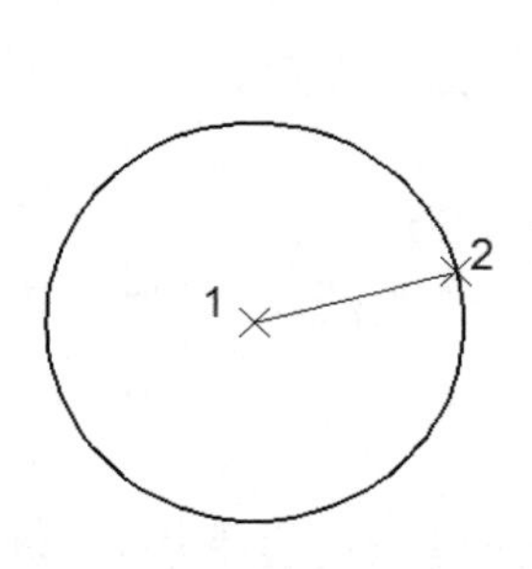

（a）以圆心和半径创建圆

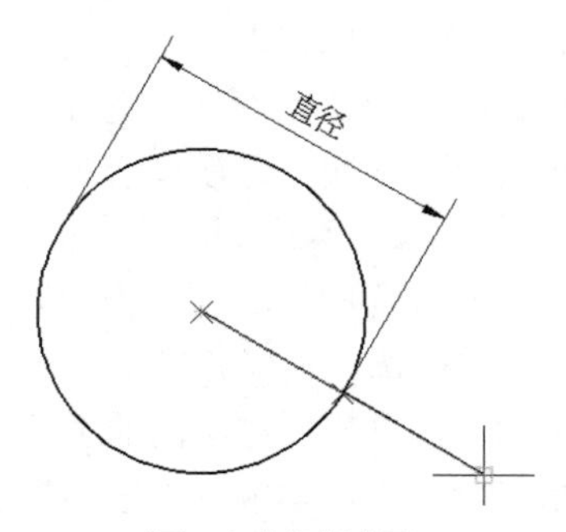

（b）以圆心和直径创建圆

图 2-5　通过圆心创建圆的两种方式

3）以直径的两个端点创建圆：（见图 2-6）

以此种方式创建圆，在命令区会依次出现如下命令选项。

命令：_CIRCLE 指定圆的圆心或 [三点(3P)/两点(2P)/切点、切点、半径(T)]：_2p

指定圆直径的第一个端点：（用于指定圆直径的第一个端点，可以直接输入坐标值或在屏幕上指定）

指定圆直径的第二个端点：（用于指定圆直径的第二个端点，可以直接输入直径值或在屏幕上指定另外一点）

4）以圆周上的三个点创建圆：（见图 2-7）

以此种方式创建圆，在命令区会依次出现如下命令选项。

命令：_CIRCLE 指定圆的圆心或 [三点(3P)/两点(2P)/切点、切点、半径(T)]：_3p

指定圆上的第一个点：（用于指定圆周上的第一个点，可以直接输入坐标值或在屏幕上指定）

指定圆上的第二个点：（用于在屏幕上指定圆周上的第二个点）

指定圆上的第三个点：（用于在屏幕上指定圆周上的第三个点）

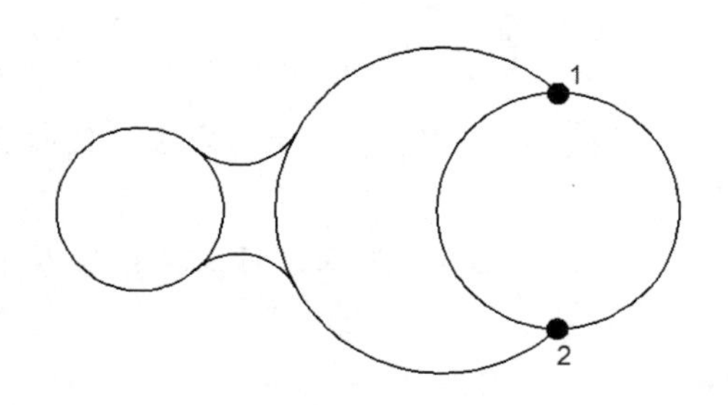

图 2-6　以直径的两个端点创建圆

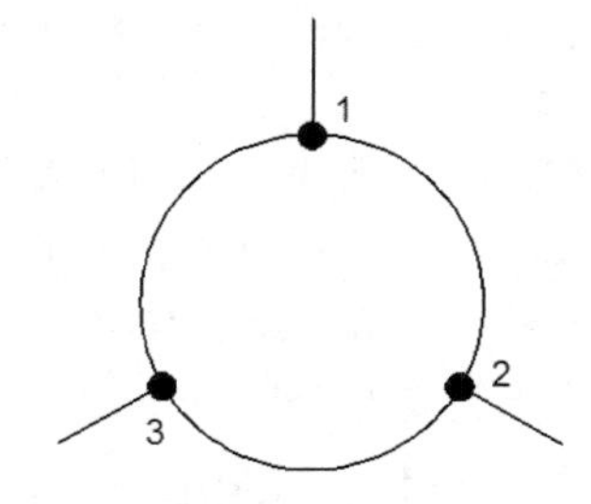

图 2-7　以圆周上的三个点创建圆

5）以指定半径创建相切于两个对象的圆：（见图 2-8）

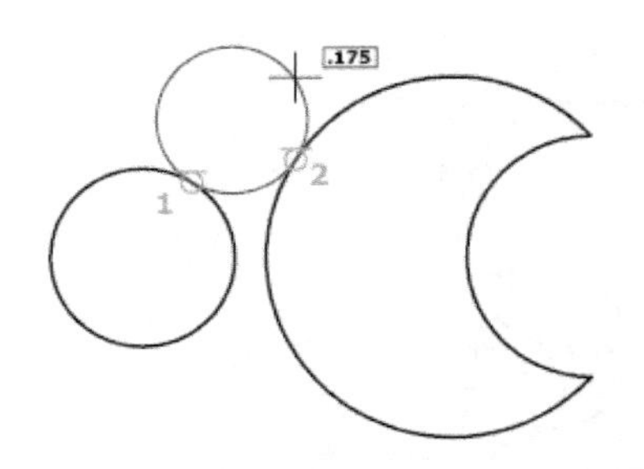

图 2-8　以指定半径创建相切于两个对象的圆

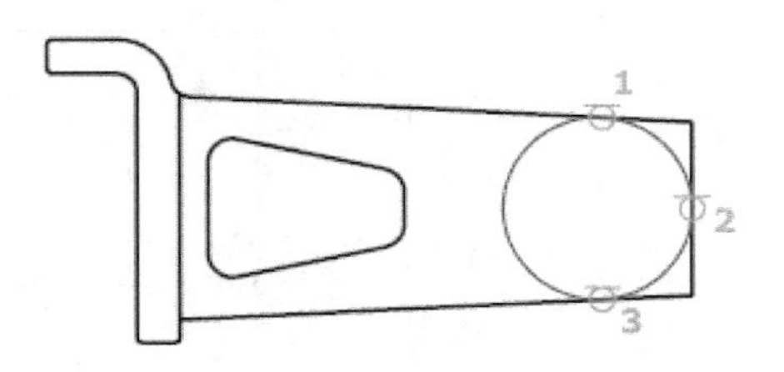

图 2-9　创建相切于三个对象的圆

以此种方式创建圆，在命令区会依次出现如下命令选项。

命令：_CIRCLE 指定圆的圆心或 [三点(3P)/两点(2P)/切点、切点、半径(T)]: _ttr

指定对象与圆的第一个切点：（用于指定圆与其他对象的第一个切点）

指定对象与圆的第二个切点：（用于指定圆与其他对象的第二个切点）

指定圆的半径：（用于输入圆的半径值）

6）创建相切于三个对象的圆：（见图 2-9）

以此种方式创建圆，在命令区会依次出现如下命令选项。

命令：_CIRCLE 指定圆的圆心或 [三点(3P)/两点(2P)/切点、切点、半径(T)]: _3p

指定圆上的第一个点：_tan 到（用于指定圆与其他对象的第一个切点）

指定圆上的第二个点：_tan 到（用于指定圆与其他对象的第二个切点）

指定圆上的第三个点：_tan 到（用于指定圆与其他对象的第三个切点）

注意

通过以上两种给定切点方式创建圆时，若设置的切点位置或圆的半径不规范，则容易产生圆无法创建的情况。此时会在命令区给出“圆不存在”的提示。

3．CIRCLE 命令的重点分析

- 执行 CIRCLE 命令时，系统默认以指定圆心和半径的方式绘制圆。
- 当用户从功能区的下拉列表中指定圆的选项时，指定的选项图标就会显示在面板上。
- CIRCLE 命令会记忆最后绘制的圆的半径或直径值，并以半径的形式保存下来，当再次绘制圆时，命令区的提示类似：〖指定圆的半径或 [直径(D)] <20>：〗，其中“<20>”就为记忆下来的半径值 20。
- 如果要绘制与前一个同样半径的圆，只需在指定圆心后，直接按回车键即可。

4．练习：CIRCLE 命令

通过下列练习，用户可以学会操作 CIRCLE 命令的选项，分别用圆的半径及用相切、相切、半径（T）和两点（2P）方式绘制圆，完成如图 2-10 所示的图形。

（1）创建新文件。

（2）在“选择样板”对话框中选择 acadiso.dwt 文件，单击“打开”按钮。

（3）确认状态栏处的极轴追踪、对象捕捉已经打开。

（4）执行 LINE 命令绘制如图 2-10 所示的图形。

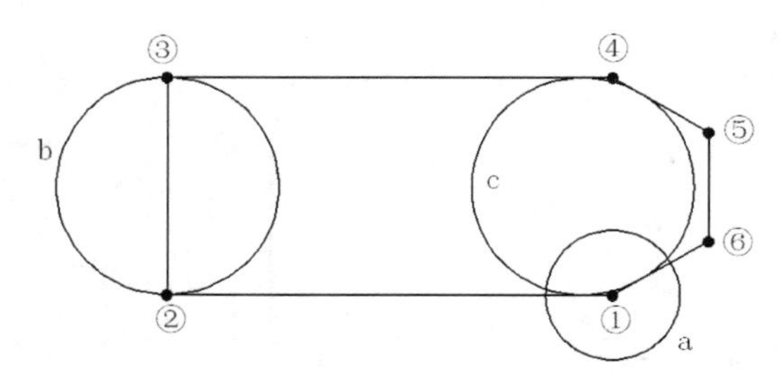

图 2-10　CIRCLE 命令练习

（5）执行 CIRCLE 命令以圆心和半径的方式创建圆 a。

❶ 依次单击“绘图”面板→“圆、半径”按钮。

❷ 依据命令区给出的选项提示依次操作。

指定圆的圆心或 [三点(3P)/两点(2P)/切点、切点、半径(T)]：（选择点①，指定图中的点①作为圆心）

指定圆的半径或 [直径(D)] <5.0000>：（输入“3”，按回车键确认，给出半径值）

完成图形的绘制。

（6）执行 CIRCLE 命令以直径的两个端点创建圆 b。

❶ 依次单击“绘图”面板→“两点”按钮。

❷ 依据命令区给出的选项提示依次操作。

指定圆直径的第一个端点：（选择点②）

指定圆直径的第二个端点：（选择点③）

完成图形的绘制。

（7）执行 CIRCLE 命令创建相切于 3 个对象的圆 c。

❶ 依次单击“绘图”面板→“相切、相切、相切”按钮。

❷ 依据命令区给出的选项提示依次操作。

指定圆上第一个点：（在点③、④组成的线段上选一点）

指定圆上第二个点：（在点④、⑤组成的线段上选一点）

指定圆上第三个点：（在点①、②组成的线段上选一点）

完成图形的绘制。

本例实践操作视频：视频 2-2

2.1.3　圆弧的绘制

执行圆弧（ARC）命令，可以通过多种不同的方式来创建圆弧。在 AutoCAD 2021 中共提供了 11 种创建圆弧的方式。

1．命令操作

启用绘制圆弧命令可以采用如下方法。

- 命令区：输入 ARC（A）并按回车键确认。
- 功能区：依次单击“默认”选项卡→“绘图”面板→“圆弧”按钮。

此时命令区会给出如下选项提示。

指定圆弧的起点或 [圆心(C)]:（若不输入其他选项则以默认的三点绘制圆弧的方式开始圆弧的绘制）

若要使用其他方式创建圆弧，则输入相应的选项代码并确认，也可通过功能区单击选择不同的圆弧按钮来启用相应的命令。

依次单击“默认”选项卡→“绘图”面板→“圆弧”下拉按钮，在弹出的“圆弧”组合下拉列表中（见图 2-11）选择相应的命令按钮。

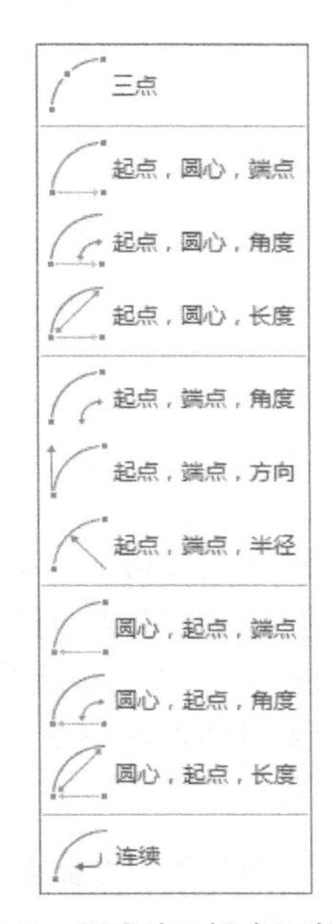

图 2-11　“圆弧”组合下拉列表

2．命令选项

启用不同的绘制圆弧命令，在命令区会出现不同的命令选项。由于圆弧绘制的方法较多，此处仅讨论几种较常用的方法，其余的方法可以根据命令区的提示自己尝试。

1）以三点创建圆弧：（见图 2-12）

以此种方式创建圆弧，在命令区会依次出现如下命令选项。

命令：_ARC

指定圆弧的起点或 [圆心(C)]:（用于指定圆弧的起点，可以直接输入起点的坐标值或在屏幕上指定）

指定圆弧的第二个点或 [圆心(C)/端点(E)]:（用于指定圆弧的第二个点，可以通过输入弦长值让系统自动确定第二个点或在屏幕上指定）

指定圆弧的端点：(用于指定圆弧的端点，可以通过输入弦长值让系统自动确定端点或在屏幕上指定)

2）以圆心、起点和包含角创建圆弧：（见图 2-13）

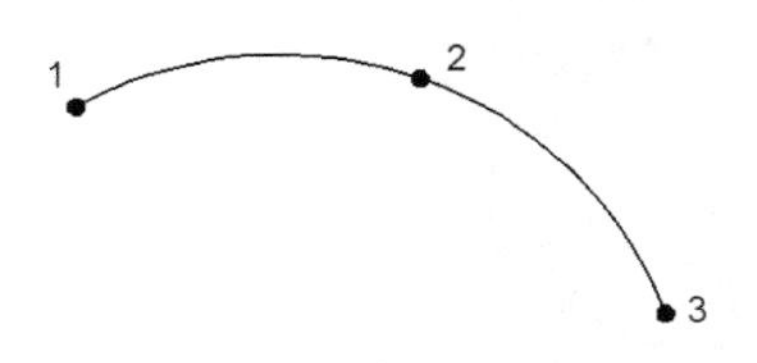

图 2-12　以三点创建圆弧

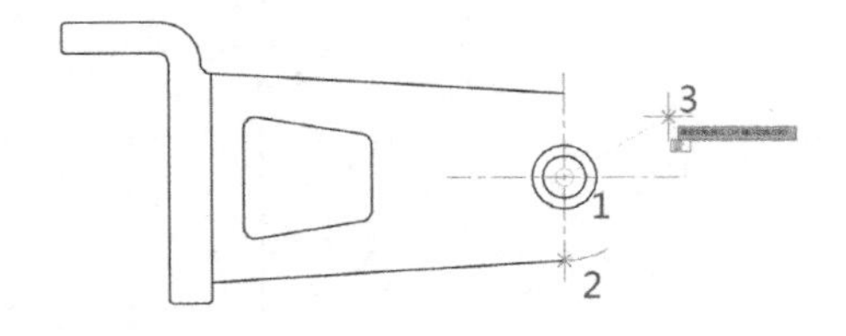

图 2-13　以圆心、起点和包含角创建圆弧

以此种方式创建圆弧，在命令区会依次出现如下命令选项。

命令：_ARC 指定圆弧的起点或 [圆心(C)]: _c

指定圆弧的圆心：(用于指定圆弧的圆心，可以直接输入圆心的坐标值或在屏幕上指定)
指定圆弧的起点：(用于指定圆弧的起点。可以输入起点的极坐标值或在屏幕上指定)
指定圆弧的端点或 [角度(A)/弦长(L)]: _a
指定包含角：(用于指定圆弧包含的角度，可以直接输入角度值或在屏幕上指定)

3）创建相切于上一次绘制的直线或圆弧的圆弧：（见图 2-14）

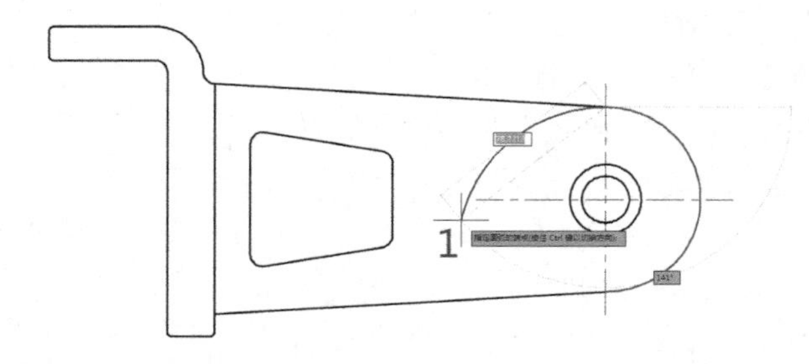

图 2-14　创建圆弧相切于上一次绘制的直线或圆弧

此种方式会自动以上一次绘制的直线或圆弧的结束点作为新圆弧的起点及两者的切点来创建新圆弧，此时在命令区会出现如下命令选项。

命令：_ARC 指定圆弧的起点或 [圆心(C)]:
指定圆弧的端点：(用于指定圆弧端点，可以直接输入弦长值让系统自动确定端点或在屏幕上指定)

3．ARC 命令的重点分析

- 执行 ARC 命令时，系统默认以三点创建圆弧方式绘制圆弧。
- 除了三点模式以外，弧的绘制都是以逆时针方向来完成的。
- 当用户从功能区的下拉列表中指定圆弧的选项时，指定的选项图标就会显示在面板上。
- 通常在实际绘图过程中，由于圆弧的起点、端点、圆心、弦长等参数都较难获得，故一般都是通过修剪圆的方式来获得需要的圆弧。

4．练习：ARC 命令

通过下列练习，用户可以学会操作 ARC 命令的选项，完成如图 2-15 所示的图形。

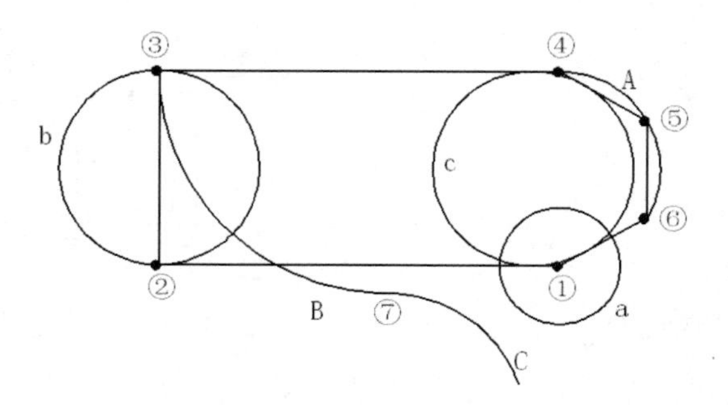

图 2-15　ARC 命令练习

（1）创建新文件。

（2）在“选择样板”对话框中选择 acadiso.dwt 文件，单击“打开”按钮。

（3）确认状态栏处的极轴追踪、对象捕捉已经打开。

（4）执行 LINE 命令及 CIRCLE 命令绘制如图 2-15 所示的图形。

（5）执行 ARC 命令，以三点方式创建圆弧 A。

❶ 依次单击“绘图”面板→“三点”按钮。

❷ 依据命令区给出的选项提示依次操作。

命令：_ARC

指定圆弧的起点或 [圆心(C)]：（选择点④）

指定圆弧的第二个点或 [圆心(C)/端点(E)]：（选择点⑤）

指定圆弧的端点：（选择点⑥）

完成图形的绘制。

（6）执行 ARC 命令，以圆心、起点和包含角的方式创建圆弧 B。

❶ 依次单击“绘图”面板→“圆心、起点、角度”按钮。

❷ 依据命令区给出的选项提示依次操作。

命令：_ARC 指定圆弧的起点或 [圆心(C)]: _c

指定圆弧的圆心：（在点③、④组成的线段上选一点作为圆弧的圆心）

指定圆弧的起点：（选择点③）

指定圆弧的端点或 [角度(A)/弦长(L)]: _a

指定包含角：（输入“90”，按回车键确认，注意此种方式创建的圆弧的角度方向逆时针为正，顺时针为负）

完成图形的绘制。

（7）执行 ARC 命令创建相切于上一次绘制的圆弧的圆弧 C。

❶ 单击“绘图”面板→“连续”按钮，此命令只能通过功能区启用。启用之后会自动将上一次绘制的圆弧 B 的端点⑦作为两者的切点开始圆弧 C 的绘制。

❷ 依据命令区给出的选项提示依次操作。

命令：_ARC 指定圆弧的起点或 [圆心(C)]:

指定圆弧的端点：（输入“8”，按回车键确认，输入弦长值让系统自动确定端点）

完成图形的绘制。

本例实践操作视频：视频 2-3

2.1.4　正多边形的绘制

执行多边形（POLYGON）命令，可以依据指定的圆心、设想的圆半径，或是多边形任何一边的起点和终点创建等边闭合多线段。用此命令可以很方便地绘制正方形、等边三角形、正八边形等图形。

1. 命令操作

启用绘制正多边形命令，可以采用如下方法。

- 命令区：输入 POLYGON（或 POL）并按回车键确认。
- 功能区：依次单击“默认”选项卡→“绘图”面板→“矩形”按钮旁的下拉按钮→“多边形”按钮。

2. 命令选项

在启用绘制多边形命令之后，根据使用的绘制方法的不同在命令区会出现不同的命令选项，在 AutoCAD 2021 中提供了两种绘制多边形的方式。

1）以默认的圆心和半径的方式创建多边形

以此种方式创建多边形，在命令区会依次出现如下命令选项。

命令：_POLYGON

输入侧面数 <4>:（用于指定多边形的边数，可以输入 3~1024 之间的任意整数。“<4>”表示默认的边数为 4）

指定正多边形的中心点或 [边(E)]:（用于指定多边形的圆心。可以直接输入圆心的坐标值或在屏幕上选取）

输入选项 [内接于圆(I)/外切于圆(C)] <C>:（用于指定所创建的多边形是在指定的半径内还是在指定的半径外。“<C>”表示此时默认的方式为“外切于圆”）

指定圆的半径:（用于指定多边形的半径大小。可以直接输入半径值或在屏幕上选取）

2）以多边形一条边的长度和位置创建多边形

以此种方式创建多边形，在命令区会依次出现如下命令选项。

命令：_POLYGON

输入侧面数 <4>:（用于指定多边形的边数，可以输入 3~1024 之间的任意整数。“<4>”表示默认的边数为 4）

指定正多边形的中心点或 [边(E)]:（输入 E 或通过右键快捷菜单选择“边(E)”命令，启用指定多边形一条边的长度和位置的方式创建多边形）

指定边的第一个端点:（用于指定多边形一条边的起点。可以直接输入坐标值或在屏幕上选取）

指定边的第二个端点:（用于指定多边形一条边的终点和位置。可以直接输入坐标值或在屏幕上选取）

3. POLYGON 命令的重点分析

- 执行 POLYGON 命令时，系统默认以圆心和半径的方式绘制多边形。
- 多边形的边数为 3～1024 之间的整数。
- 多边形的每一条边一定是等长的。
- POLYGON 命令会记忆最后一次确认的多边形的边数，以及其外切于圆或内接于圆的状态。

- 多边形的性质是多段线对象。

4．练习：POLYGON 命令

通过下列练习，用户可以学会操作 POLYGON 命令的选项，完成如图 2-16 所示的图形。

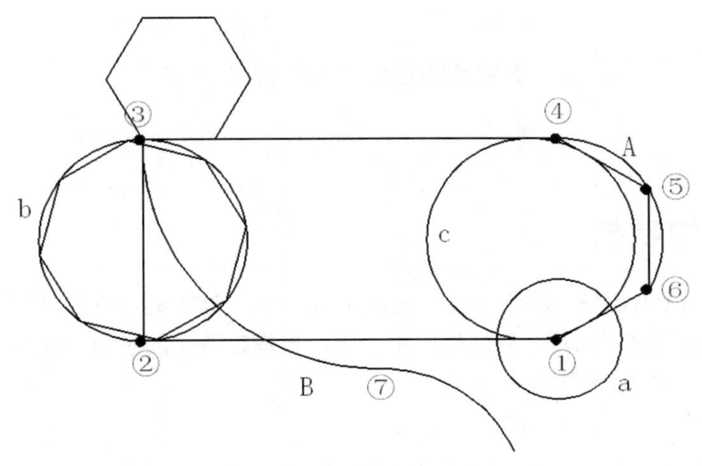

图 2-16　POLYGON 命令练习

（1）创建新文件。

（2）在“选择样板”对话框中选择 acadiso.dwt 文件，单击“打开”按钮。

（3）确认状态栏处的极轴追踪、对象捕捉已经打开。

（4）执行 LINE 命令、CIRCLE 命令及 ARC 命令绘制如图 2-16 所示的图形。

（5）执行 POLYGON 命令以圆心和半径的方式创建八边形。

❶ 启用 POLYGON 命令。

❷ 依据命令区给出的选项提示依次操作。

命令：_POLYGON

输入侧面数 <4>：（输入“8”，按回车键确认，确定创建的多边形的边数）

指定正多边形的中心点或 [边(E)]：（选择圆 b 的圆心）

输入选项 [内接于圆(I)/外切于圆(C)] <I>：（输入“I”，按回车键确认，确定多边形与圆的关系）

指定圆的半径：（在圆 b 的边上选择一点，将圆 b 的半径作为多边形的半径）

完成八边形的绘制。

（6）执行 POLYGON 命令，以一条边的长度和位置创建六边形。

❶ 启用 POLYGON 命令。

❷ 依据命令区给出的选项提示依次操作。

命令：_POLYGON

输入侧面数 <8>：（输入“6”，按回车键确认）

指定正多边形的中心点或 [边(E)]：（输入“E”，按回车键确认，选择使用边来创建六边形）

指定边的第一个端点：（选择点③）

指定边的第二个端点：（在点③、④组成的线段上选择一点）

完成六边形的绘制。

本例实践操作视频：视频 2-4

2.1.5 矩形的绘制

执行矩形（RECTANG）命令，可以创建矩形。矩形对象是一条多段线，是一个独立的对象。矩形最简易的创建方式是，只要指定第一点，再指定该点的对角点即可。也可以根据不同的选项来创建有一定特色的矩形。

1．命令操作

启用绘制矩形命令，可以采用如下方法。

- 命令区：输入 RECTANG（或 REC）并按回车键确认。
- 功能区：依次单击“默认”选项卡→“绘图”面板→“矩形”按钮▭。

2．命令选项

在启用绘制矩形命令之后，在命令区会依次出现如下所示的命令选项。

命令：_RECTANG

指定第一个角点或 [倒角(C)/标高(E)/圆角(F)/厚度(T)/宽度(W)]：（用于指定矩形的第一个角点）

- 若输入“C”或通过右键快捷菜单选择“倒角（C）”命令，则用于设置矩形的倒角尺寸。
- 若输入“E”或通过右键快捷菜单选择“标高（E）”命令，则用于设置矩形的标高尺寸。
- 若输入“F”或通过右键快捷菜单选择“圆角（F）”命令，则用于设置矩形的圆角尺寸。
- 若输入“T”或通过右键快捷菜单选择“厚度（T）”命令，则用于设置矩形的厚度尺寸。
- 若输入“W”或通过右键快捷菜单选择“宽度（W）”命令，则用于设置矩形的边宽尺寸。

设置完选项尺寸之后会自动返回到指定矩形第一角点的步骤，并且系统会自动记忆以上所有选项最后一次设置的数值。

指定另一个角点或 [面积(A)/尺寸(D)/旋转(R)]：（用于指定矩形的另一对角点）

- 若输入“A”或通过右键快捷菜单选择“面积（A）”命令，则通过指定矩形的面积及长度或宽度来创建矩形。
- 若输入“D”或通过右键快捷菜单选择“尺寸（D）”命令，则通过指定矩形长度和宽度来创建矩形。

- 若输入“R”或通过右键快捷菜单选择“旋转（R）”命令，则用于指定矩形旋转的角度。

系统会自动记忆以上所有选项最后一次设置的数值。

3. RECTANG 命令的重点分析

- 因为矩形是一个多段线的独立对象，所以选取任何一条线段都会选取整个矩形。
- 使用尺寸（D）或面积（A）选项指定矩形尺寸时，提示中的“长度”是指水平距离，“宽度”是指垂直距离。如果使用旋转（R）选项，“长度”是指沿着角度旋转的距离，宽度是指和旋转角度成垂直的距离，旋转角度以逆时针方向为正方向。
- 使用尺寸（D）选项输入长度、宽度数值之后，还要通过鼠标往上、下、左、右方向移动来指定矩形绘制的方向，确定了方向之后单击即可。
- 绘制矩形时，在指定完第一点后，可以使用相对坐标指定对角点的坐标位置。例如，选定一个点之后，输入“@10,20”则可以绘制一个 10×20 的矩形。若输入“@-10,-20”，则绘制的矩形在第一个点的左下方，即坐标值有正负之分。

4. 练习：RECTANG 命令

通过下列练习，用户可以学会操作 RECTANG 命令的选项，完成如图 2-17 所示的图形。

（1）创建新文件。

（2）在“选择样板”对话框中选择 acadiso.dwt 文件，单击“打开”按钮。

（3）确认状态栏处的极轴追踪、对象捕捉已经打开。

（4）执行 RECTANG 命令，以面积的方式创建带有圆角的矩形①。

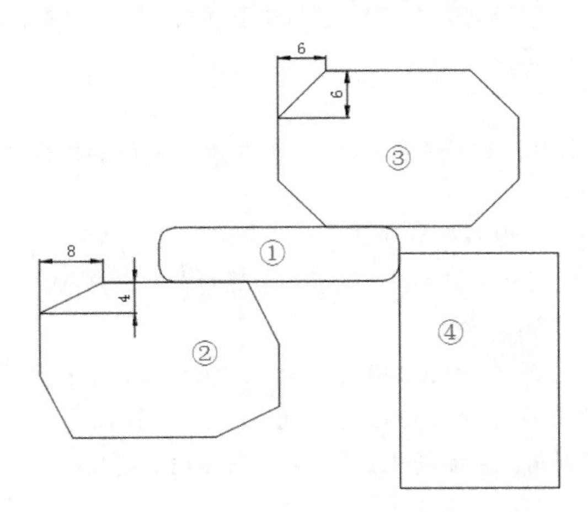

图 2-17　RECTANG 命令练习

❶ 启用 RECTANG 命令。

❷ 依据命令区给出的选项提示依次操作。

命令：_RECTANG

指定第一个角点或 [倒角(C)/标高(E)/圆角(F)/厚度(T)/宽度(W)]:（输入“F”，按回车键确认，确定创建的矩形的圆角尺寸）

指定矩形的圆角半径 <0.0000>：（输入“2”，按回车键确认）

指定第一个角点或 [倒角(C)/标高(E)/圆角(F)/厚度(T)/宽度(W)]：（输入“50,50”，按回车键确认，以直接输入坐标值的方式确定矩形的第一个角点）

指定另一个角点或 [面积(A)/尺寸(D)/旋转(R)]：（输入“A”，按回车键确认，以指定矩形面积的方式创建矩形）

输入以当前单位计算的矩形面积 <100.0000>：（输入“200”，按回车键确认）

计算矩形标注时依据 [长度(L)/宽度(W)] <长度>：（输入“L”，按回车键确认，确定计算面积时，长度数值固定）

输入矩形长度 <10.0000>：（输入“30”，按回车键确认，确定矩形的长度值）

完成矩形①的绘制。

（5）执行 RECTANG 命令，以相对坐标的方式创建带倒角的矩形②。

❶ 启用 RECTANG 命令。

❷ 依据命令区给出的选项提示依次操作。

指定第一个角点或 [倒角(C)/标高(E)/圆角(F)/厚度(T)/宽度(W)]：（输入“C”，按回车键确认，确定创建的矩形的倒角尺寸）

指定矩形的第一个倒角距离 <2.0000>：（输入“8”，按回车键确认）

指定矩形的第二个倒角距离 <2.0000>：（输入“4”，按回车键确认，注意倒角尺寸的设定顺序，具体效果如图 2-17 所示）

指定第一个角点或 [倒角(C)/标高(E)/圆角(F)/厚度(T)/宽度(W)]：（选择矩形①下边的中点）

指定另一个角点或 [面积(A)/尺寸(D)/旋转(R)]：（输入“@-30,-20”，按回车键确认，以相对坐标的方式指定另一角点）

完成矩形②的绘制。

（6）执行 RECTANG 命令，以相对坐标的方式创建带倒角的矩形③。

❶ 启用 RECTANG 命令。

❷ 依据命令区给出的选项提示依次操作。

指定第一个角点或 [倒角(C)/标高(E)/圆角(F)/厚度(T)/宽度(W)]：（输入“C”，按回车键确认，确定创建的矩形的倒角尺寸）

指定矩形的第一个倒角距离 <8.0000>：（输入“6”，按回车键确认）

指定矩形的第二个倒角距离 <4.0000>：（输入“6”，按回车键确认）

指定第一个角点或 [倒角(C)/标高(E)/圆角(F)/厚度(T)/宽度(W)]：（选择矩形①上边的中点）

指定另一个角点或 [面积(A)/尺寸(D)/旋转(R)]：（输入“@30,20”，按回车键确认，以相对坐标的方式指定另一角点）

完成矩形③的绘制。

（7）执行 RECTANG 命令，以指定尺寸的方式创建常规的矩形④。

❶ 启用 RECTANG 命令。

❷ 依据命令区给出的选项提示依次操作。

指定第一个角点或 [倒角(C)/标高(E)/圆角(F)/厚度(T)/宽度(W)]:（输入“C”，按回车键确认，将已保存的倒角尺寸设置为 0）

指定矩形的第一个倒角距离 <6.0000>:（输入“0”，按回车键确认）

指定矩形的第二个倒角距离 <6.0000>:（输入“0”，按回车键确认）

指定第一个角点或 [倒角(C)/标高(E)/圆角(F)/厚度(T)/宽度(W)]:（选择矩形①右边的中点）

指定另一个角点或 [面积(A)/尺寸(D)/旋转(R)]:（输入“D”，按回车键确认，以指定尺寸的方式确定另一角点）

指定矩形的长度 <30.0000>: （输入“20”，按回车键确认）

指定矩形的宽度 <60.0000>: （输入“30”，按回车键确认）

指定另一个角点或 [面积(A)/尺寸(D)/旋转(R)]: （移动鼠标，在合适位置处确认，以明确矩形的另一角点）

完成矩形④的绘制。

本例实践操作视频：视频 2-5

2.2　点的绘制

点（POINT）也称为节点，在绘图中通常起辅助作用，可以在屏幕上通过捕捉特殊点（如交点）或输入坐标值确定点的位置。

1．命令操作

启用绘制点命令，可以采用如下方法。

- 命令区：输入 POINT（或 PO）并按回车键确认。
- 功能区：依次单击“默认”选项卡→“绘图”面板→“多点”按钮。

2．命令选项

在启用绘制点命令之后，在命令区会出现如下命令选项。

命令：_POINT

当前点模式：PDMODE=0　PDSIZE=0.0000

指定点：（用于指定要绘制的多个点，可以在屏幕上通过捕捉直接选取或通过坐标值输入）

3．POINT 命令的重点分析

- 一个点就是一个独立的对象。
- 执行一次 POINT 命令可以绘制多个点，要取消命令时只能按“Esc”键。

2.2.1 点样式的设置

默认情况下，点对象是以一个小点的形式表现的，不便于识别，如图 2-18（a）中圆圈中的黑点所示。可以通过点样式的设置，使点清楚地显示在屏幕上，如图 2-18（b）所示。

（a）默认的点样式　　（b）设置之后的点样式

图 2-18　点的样式

1．命令操作

启用点样式设置命令，可以采用如下方法。

- 命令区：输入 DDPTYPE 并按回车键确认。
- 功能区：依次单击“默认”选项卡→“实用工具”面板→“点样式”按钮 点样式...。

2．命令选项

在启用点样式命令之后，会弹出“点样式”对话框，如图 2-19 所示。

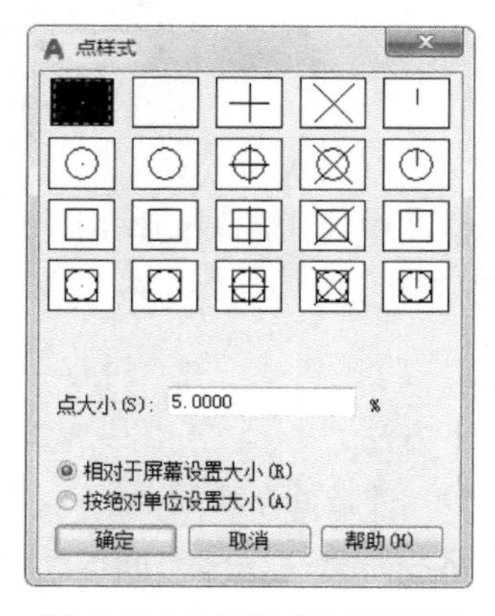

图 2-19 “点样式”对话框

通过在“点样式”对话框中的不同选择可以改变点在屏幕上的显示样式，同时可以设置点的大小是根据屏幕大小而改变，还是固定为一个绝对大小。

2.2.2 对象的定数等分

定数等分（DIVIDE）命令会创建沿对象的长度或周长等间隔排列的点对象或块。定数等分命令并不是将原对象拆分成多个对象，而是根据用户的设置在对象上添加一个或多个点对象或块。如图 2-20 所示，将一个曲线段定数分为 6 等分，并不是将对象变成 6 条小线段，而是在对象上添加了 5 个点。

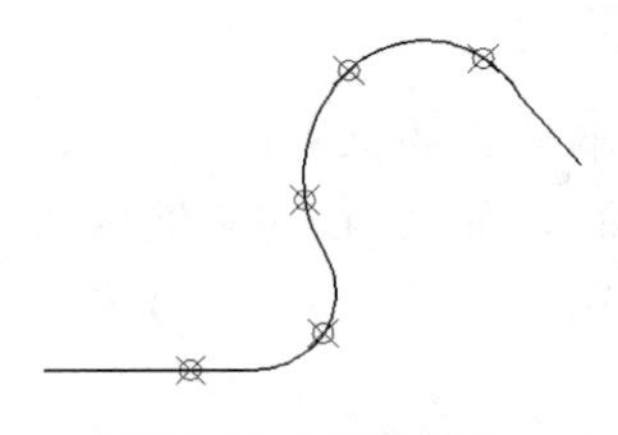

图 2-20　定数等分

1．命令操作

启用定数等分命令，可以采用如下方法。

- 命令区：输入 DIVIDE 并按回车键确认。
- 功能区：依次单击“默认”选项卡→“绘图”面板→“定数等分”按钮。

2．命令选项

在启用定数等分命令之后，在命令区会出现如下命令选项。

命令：_DIVIDE

选择要定数等分的对象：（用于指定将要进行等分的对象，可以是直线或曲线等）

输入线段数目或 [块(B)]：（用于指定对象等分的数目。若输入“B”或通过右键快捷菜单选择“块(B)”命令，则可以用某一个块对象来代替点完成对所选择对象的等分）

3．DIVIDE 命令的重点分析

- 定数等分只是在被等分的对象上添加一个或多个新的对象，并不是将等分对象拆分。
- 若选择用块对象来完成对对象的等分，则首先需要创建块对象。
- 将块添加到对象上后还要进行块放置角度的设置，可以选择块是否与对象对齐。若选择对齐，则块将围绕其插入点旋转，使其水平线与定数等分对象对齐并相切；若选择不对齐，则将始终使用零旋转角度插入块。

4．练习：DIVIDE 命令

通过下列练习，用户可以学会操作 DIVIDE 命令的选项。

（1）打开本书的练习文件“2-1.dwg”，如图 2-21 所示。

图 2-21　文件“2-1.dwg”中的地板图形

（2）确认状态栏处的极轴追踪、对象捕捉已经打开。

（3）依次单击“默认”选项卡→“实用工具”面板→“点样式”按钮，执行“点样式”设置，将点样式设置为可见样式。

（4）执行 DIVIDE 命令，将座椅均布在地板上。

❶ 启用 DIVIDE 命令。

❷ 依据命令区给出的选项提示依次操作。

命令：_DIVIDE

选择要定数等分的对象：（选取地板的上表面）

输入线段数目或 [块(B)]：（输入“6”，按回车键确认，在地板的上表面上添加 5 个等分点，如图 2-22 所示）

图 2-22　定数等分命令执行完成后

本例实践操作视频：视频 2-6

5. 练习：DIVIDE 命令中的“块”选项

通过下列练习，用户可以学会操作 DIVIDE 命令的“块”选项，直接将绘制好的图块分布到需要的位置。

（1）打开练习文件“2-1.dwg”，如图 2-21 所示。

（2）确认状态栏处的极轴追踪、对象捕捉已经打开。

（3）依次单击“默认”选项卡→“实用工具”面板→“点样式”按钮，执行“点样式”设置，将点样式设置为可见样式。

（4）执行 DIVIDE 命令，将座椅直接均布在地板上。

❶ 启用 DIVIDE 命令。

❷ 依据命令区给出的选项提示依次操作。

命令：_DIVIDE

选择要定数等分的对象：（选取地板的上表面）

输入线段数目或 [块(B)]：（输入“B”，按回车键确认，选择用块来等分对象）

输入要插入的块名：（输入块名“CHAIR”，按回车键确认）

是否对齐块和对象？[是(Y)/否(N)] <Y>：（输入“Y”，按回车键确认）

输入线段数目：（输入“6”，按回车键确认，在地板的上表面上直接添加 5 把椅子，如图 2-23 所示）

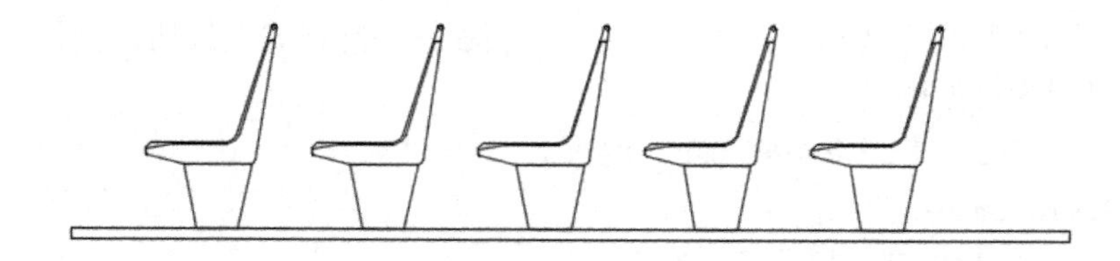

图 2-23　定数等分命令的“块”选项执行完成后

本例实践操作视频：视频 2-7

2.2.3　对象的定距等分

定距等分（MEASURE，测量）命令会沿对象的长度或周长按指定的间隔创建点对象或块。定距等分命令并不是将原对象拆分成多个对象，而是根据用户的设置在对象上添加一个或多个点对象或块。如图 2-24 所示，将一个曲线段定距等分，并不是将对象变成多条小线段，而是根据用户设定的长度，从对象的某一端点开始在对象上按指定的长度添加了 5 个点。

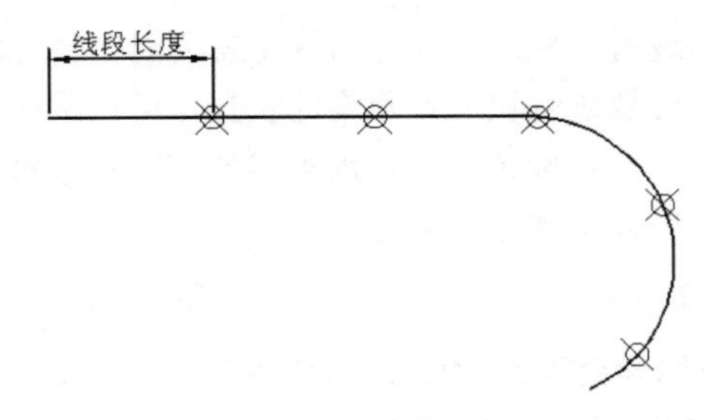

图 2-24　定距等分

1. 命令操作

启用定距等分命令，可以采用如下方法。

- 命令区：输入 MEASURE 并按回车键确认。
- 功能区：依次单击“默认”选项卡→“绘图”面板→“定距等分”按钮。

2. 命令选项

在启用定距等分命令之后，在命令区会出现如下命令选项。

命令：_MEASURE

选择要定距等分的对象：（用于指定将要进行等分的对象，可以是直线或曲线等）

指定线段长度或 [块(B)]：（用于指定用来等分对象的长度。若输入“B”或通过右键快捷菜单选择“块(B)”命令，则可以用某一个块对象来代替点完成对所选择对象的等分）

3. MEASURE 命令的重点分析

- 定距等分只是在被等分的对象上添加一个或多个新的对象，并不将等分对象拆分。
- 若指定的定距等分的线段长度大于被等分对象自身的长度，则在命令区会给出“对象不是该长度”的错误提示。
- 由于指定的等分长度的不同，等分的最后一段通常不为指定距离。
- 定距等分时离直线或曲线对象的拾取点近的一端视为测量的起始点；闭合多段线对象的

定距等分从它们的初始顶点（绘制的第一个点）处开始；圆的定距等分从设定为当前捕捉旋转角的自圆心的角度开始。如果捕捉旋转角为零，则从圆心右侧的圆周点开始定距等分圆，如图 2-25 所示。

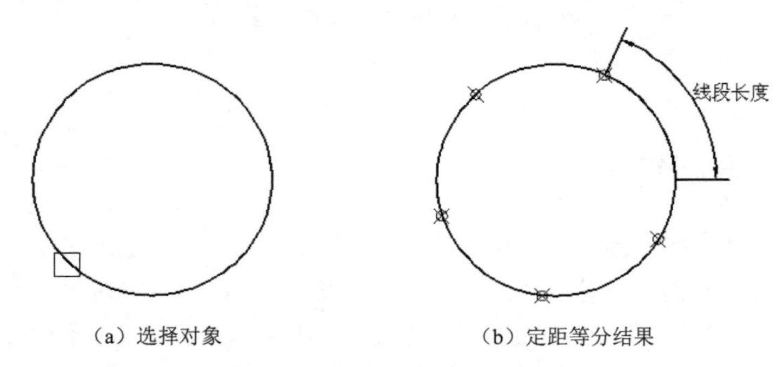

（a）选择对象　　（b）定距等分结果

图 2-25　定距等分起始点示例

- 若选择用块对象来完成对对象的等分，则首先需要创建块对象。
- 将块添加到对象上后还要进行块放置角度的设置，可以选择块是否与对象对齐。若选择对齐，则块将围绕其插入点旋转，使其水平线与定距等分对象对齐并相切；若选择不对齐，则将始终使用零旋转角度插入块。

4．练习：MEASURE 命令

通过下列练习，用户可以学会操作 MEASURE 命令的选项。

（1）打开练习文件“2-1.dwg”，如图 2-21 所示。

（2）确认状态栏处的极轴追踪、对象捕捉已经打开。

（3）依次单击“默认”选项卡→“实用工具”面板→“点样式”按钮，执行“点样式”设置，将点样式设置为可见样式。

（4）执行 MEASURE 命令，将座椅以 800 的间距排布在地板上。

❶ 启用 MEASURE 命令。

❷ 依据命令区给出的选项提示依次操作。

命令：_MEASURE

选择要定距等分的对象：（选取地板的上表面）

指定线段长度或 [块(B)]：（输入“800”，按回车键确认，确认等分对象的线段长度，在地板上生成了 5 个定距等分点，等分点间的间距是 800，如图 2-26 所示）

图 2-26　定距等分命令执行完成后

本例实践操作视频：视频 2-8

5．练习：MEASURE 命令中的“块”选项

通过下列练习，用户可以学会操作 MEASURE 命令的“块”选项，直接将绘制好的图块按固定间距排布到需要的位置。

（1）打开练习文件“2-1.dwg”，如图 2-21 所示。

（2）确认状态栏处的极轴追踪、对象捕捉已经打开。

（3）依次单击“默认”选项卡→“实用工具”面板→“点样式”按钮，执行“点样式”设置，将点样式设置为可见样式。

（4）执行 MEASURE 命令，将座椅直接以 800 的间距排布在地板上。

❶ 启用 MEASURE 命令。

❷ 依据命令区给出的选项提示依次操作。

命令：_MEASURE

选择要定距等分的对象：（选取地板的上表面的左侧）

指定线段长度或 [块(B)]：（输入“B”，按回车键确认，选择用块来等分对象）

输入要插入的块名：（输入块名“CHAIR”，按回车键确认）

是否对齐块和对象？[是(Y)/否(N)]<Y>:（输入“Y”，按回车键确认）

指定线段长度：（输入“800”，按回车键确认，在地板的上表面上直接以 800 的间距排布了 5 把椅子，如图 2-27 所示）

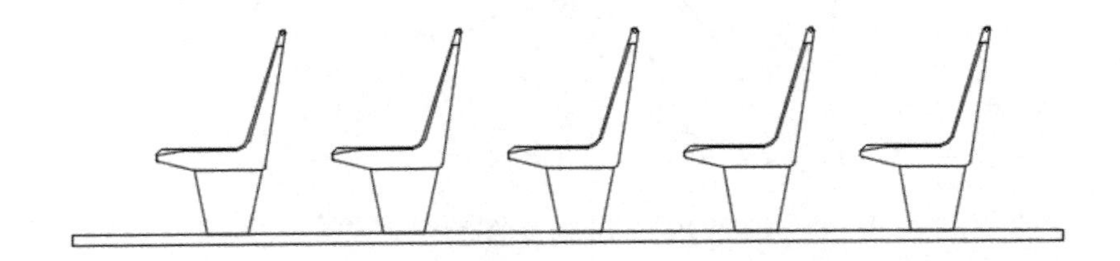

图 2-27　定距等分（测量）命令的“块”选项执行完成后

注意

在选择定距等分对象时，选择点的位置会影响到等分的结果。如果选择左侧，则从左侧开始计算距离；如果选择右侧，则从右侧开始计算距离。

本例实践操作视频：视频 2-9

2.3 构造选择集

2.3.1 构造选择集的基本方法

在 AutoCAD 中，要创建复杂的对象仅仅靠一些基本的绘图命令是无法完成的，此时就需要对相应对象进行编辑修改操作。在进行操作之前一般均需要先选择操作的对象，然后再进行实际的编辑修改操作。所选择的一个或多个图元便构成了一个集合，称之为选择集。

在输入编辑（如移动、镜像）命令之后，系统提示“选择对象：”，用户可以在执行命令的前、后选择对象。如果用户所要选择的是单个对象，只需要单击此对象即可。用户也可以继续添加对象，对象在被选择的状态下呈亮显的状态，如图 2-28 所示。

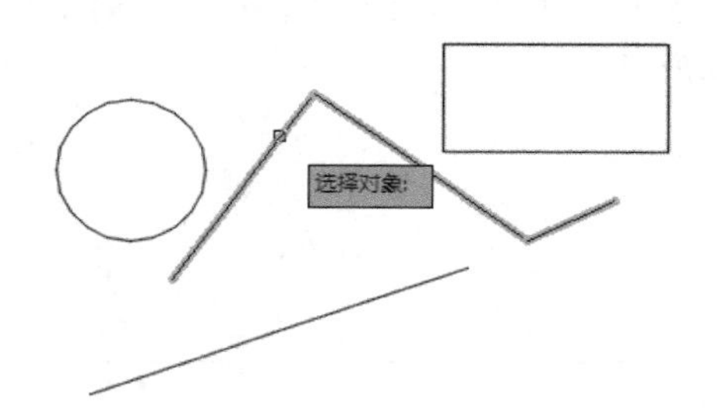

图 2-28　单个对象的选择集

2.3.2 向选择集添加或删除对象

在命令区“选择对象：”的提示下，用户可以采用多种方式向选择集中添加或删除对象。

1. 使用窗选框选择对象

1）直接窗口选择

直接窗口选择的方式是创建一个窗口穿越要选择的对象。使用直接窗口选择是在空白的区域单击第一个角点，拖曳光标由左到右，然后单击另一个对角点，形成一个矩形实线范围。而对象完全包含在矩形内才会被选中，如图 2-29 所示。

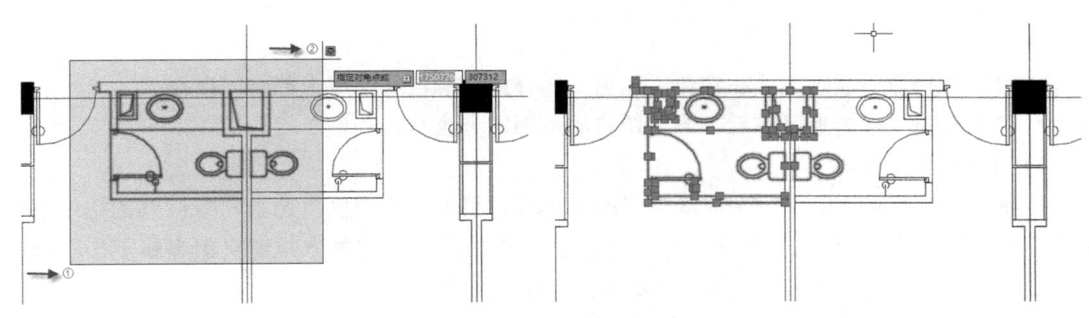

图 2-29　直接窗口选择

直接窗口选择的操作要点如下。

- 对象完全在实线矩形的窗口框范围内才会被选择。
- 如果有任何一部分在窗口框范围外，该对象将不会被选择。
- 拖曳窗选动作必须是由左至右。在图形上，由左下往右上或由左上往右下拖曳光标。图 2-29 所示为由左下往右上拖曳光标的做法。
- 窗口框显示为实线和蓝色。
- 把光标拖曳成矩形区域后，颜色覆盖的范围即为窗口选择框。

2）手动窗口选择

当使用这种模式去定义一个矩形窗口选择框时，只要在命令区“选择对象：”的提示下输入“W”，并按回车键确认，拖曳光标的方向就不用受限了。用这种方式定义的矩形区域，不论由左至右还是由右至左，结果都会是窗口选择。只有完全处于选择框内的对象才会被放入选择集内。

3）直接窗交选择

直接窗交选择是直接用鼠标单击对角点，形成一个选择对象的虚线矩形范围。在图形区域内，在空白处指定第一个角点，再拖曳光标由右到左，在对角的方位单击第二点，成为一个封闭的窗交选择范围，如图 2-30 所示。

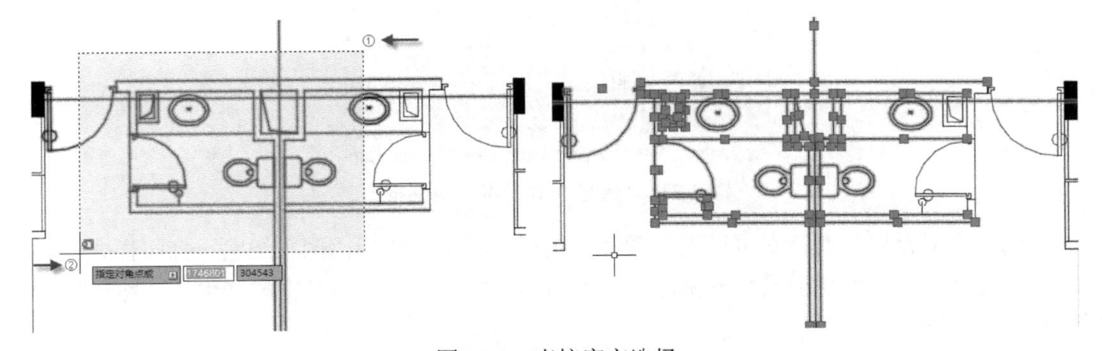

图 2-30　直接窗交选择

直接窗交选择的操作要点如下。

- 所有对象在虚线矩形框选择范围内或接触到选择框范围，都会被包含在选择集内。
- 拖曳动作必须由右至左。用户可以在图形上，从右边往左上或左下拖曳光标到另一个对角点。

- 窗交选择窗口显示虚线和绿色，和窗口选择框在颜色和线型上都有所区别。
- 把光标拖曳成矩形区域后，颜色覆盖的范围即为窗交选择框。

4）手动窗交选择

当使用这种模式去定义一个虚线矩形选择框时，只要在命令区“选择对象：”的提示下输入“C”，并按回车键确认，拖曳光标的方向就不用受限。用这种方式定义的虚线矩形区域，不论由左至右还是由右至左，结果都会是窗交选择。

2. 选择类似对象

根据指定的符合的性质（如颜色或图块名称）选择类似对象，而被选择的对象必须首先符合相同类型的性质。用这种方式选择相同的对象会比大部分的选择方法更为简单快速。

1）通过右键快捷菜单

在不执行任何命令时，先选择某一个对象，然后在绘制区单击鼠标右键，在弹出的快捷菜单中选择“选择类似对象”命令，则系统会自动将图形中与所选择对象类型相同的对象全部选中。

2）通过 SELECTSIMILAR 命令

在命令区输入“SELECTSIMILAR”，并按回车键启动选择类似对象命令。此时命令区会给出“选择对象或 [设置(SE)]:”的提示，若直接选择某一个对象，再按回车键，系统会自动将图形中与所选择对象类似的对象全部选中；若输入“SE”，则会弹出“选择类似设置”对话框，如图 2-31 所示。

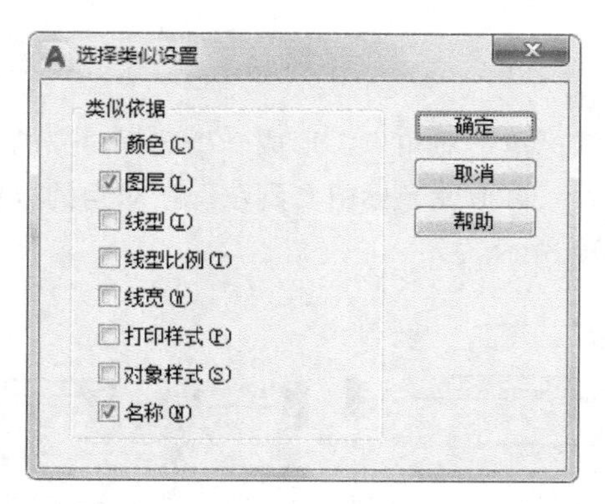

图 2-31 “选择类似设置”对话框

“选择类似设置”对话框可以设定颜色、图层、线型、线型比例、线宽、打印样式、对象样式（如文字形式、标注形式和表格形式）或名称（如图块、外部参考和影像），将相符的对象作为类似对象。

3. 选择对象的选项

在命令区“选择对象：”的提示下，有多个选项供用户选择，但这些选项在默认情况下是不会显示出来的，用户可以记住几个常用的选项代码。当用户输入错误的字母或问号时，如“？”（这不是一个有效的选项），系统就会在命令区中显示出所有支持的选项。

选择对象：?

需要点或窗口(W)/上一个(L)/窗交(C)/框(BOX)/全部(ALL)/栏选(F)/圈围(WP)/圈交(CP)/编组(G)/添加(A)/删除(R)/多个(M)/前一个(P)/放弃(U)/自动(AU)/单个(SI)/子对象(SU)/对象(O)

（1）窗口（W）选择方式：是手动窗口选择的方式。

（2）上一个（L）选择方式：将选择最后一次创建的可见对象。

（3）窗交（C）选择方式：是手动交叉窗口选择的方式。

（4）框（BOX）选择方式：将选择矩形（由两点确定）内部或与之相交的所有对象。如果该矩形的点是从右向左指定的，框选与窗交选择等价；否则，框选与窗口选择等价。

（5）全部（ALL）选择方式：用于选择图形文件中创建的所有对象，包含关闭的图层上的对象都会被选中。

（6）栏选（F）方式：绘制一条多段的折线，所有与多段折线相交的对象都被选中，通常在狭窄区域内选择对象时采用此方式。

（7）圈围（WP）与圈交（CP）选择方式：圈围选择方式类似于窗口方式，区别在于指定一系列点围成任意封闭的多边形，所有位于多边形窗口内的对象都将被选中，如图 2-32 所示。圈交选择方式类似于窗交，区别在于指定一系列点围成任意多边形，所有位于多边形内部或与之相交的对象都将被选中，如图 2-33 所示。

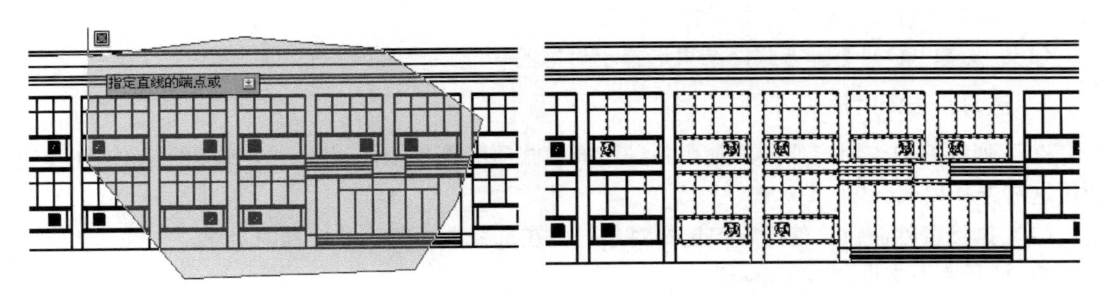

图 2-32　圈围方式构造的选择集

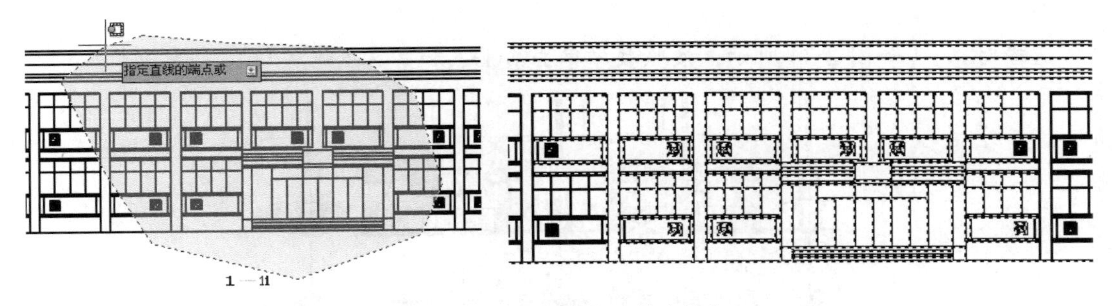

图 2-33　圈交方式构造的选择集

（8）编组（G）选择方式：将选择指定组中的全部对象。

（9）添加（A）和删除（R）选择方式：可以将对象加入选择集中或从选择集中移出对象。在创建一个选择集后，可以从选择集中移走某些对象。尤其是当图形对象十分密集，数量比较多时，先创建选择集，然后从选择集中将不需要的对象移走，这样会提高选择对象的效率。在删除选择方式时，如果又需要向选择集中添加对象，可以再执行添加选择方式。

默认情况下，在 AutoCAD 中选择对象时，如果按住“Shift”键再选择对象，会将对象从选择集中去除；不按“Shift”键时选择对象，会向选择集中添加对象，这是最方便的增减选择集对象的方法。

（10）多个（M）选择方式：将指定多次选择而不高亮显示选择对象，从而加快对复杂对象的选择过程。如果两次指定相交对象的交点，“多选”也将选中这两个相交对象。

（11）前一个（P）选择方式：选择最近创建的选择集。从图形中删除对象将清除“前一个”选项设置。

（12）放弃（U）选择方式：放弃选择最后加到选择集中的对象。

（13）自动（AU）选择方式：自动选择方式时，指向一个对象即选择该对象。指向对象内部或外部的空白区中时，将形成窗选方法定义的选择框的第一个角点。“自动”和“添加”这两种选择方式为系统默认模式。

（14）单个（SI）选择方式：将仅选择指定的一个或一组对象，而不是连续提示进行更多的选择。

（15）子对象（SU）选择方式：使用户可以逐个选择原始形状，这些形状是复合实体的一部分或三维实体上的顶点、边和面。可以选择这些子对象的其中之一，也可以创建多个子对象的选择集。选择集可以包含多种类型的子对象。

（16）对象（O）选择方式：结束选择子对象的功能。

4．练习：选择对象

在下列练习中，用户要学习使用各种选择模式删除图形上的对象。在其他的图形中也可以使用这些选择模式。

（1）执行删除命令，使用窗口选择对象，并在选择集中移除被选择的对象。

❶ 打开练习文件“2-2a.dwg”。

❷ 执行 ERASE 命令，依据命令区给出的选项提示依次操作。

命令：_ERASE

选择对象：（如图 2-34 所示，按照顺序单击第①点和第②点）

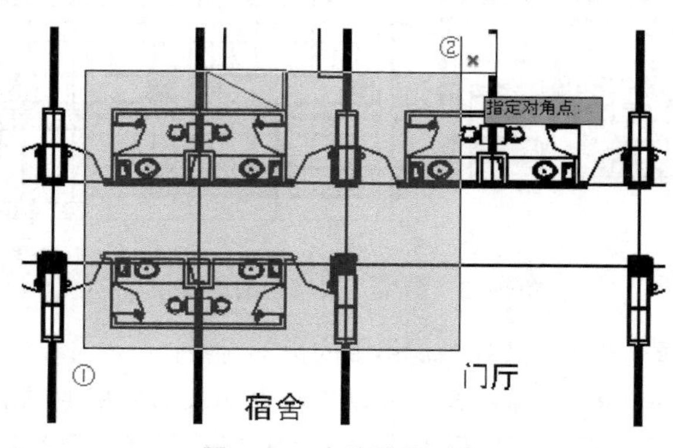

图 2-34　窗选选择对象

只有全部在窗口范围内的几何对象才会被选择，且被选择的对象会被亮显。

❸ 从已有的选择集中移除多余的对象：按住“Shift”键，再单击如图 2-35 所示的 3 条线，就可以从已有的选择集中移除。

❹ 按回车键删除被选择的对象。

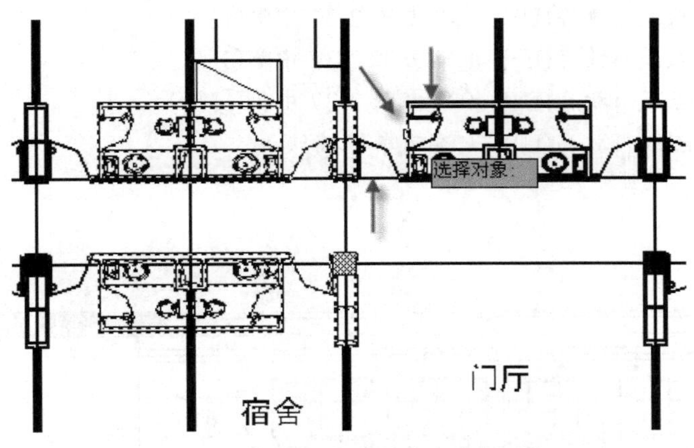

图 2-35　从选择集中移除多余的对象

（2）利用窗交删除图形上的对象。

❶ 执行 ERASE 命令，依据命令区给出的选项提示依次操作。

命令：_ERASE

选择对象：（如图 2-36 所示，按照顺序单击第①点和第②点）

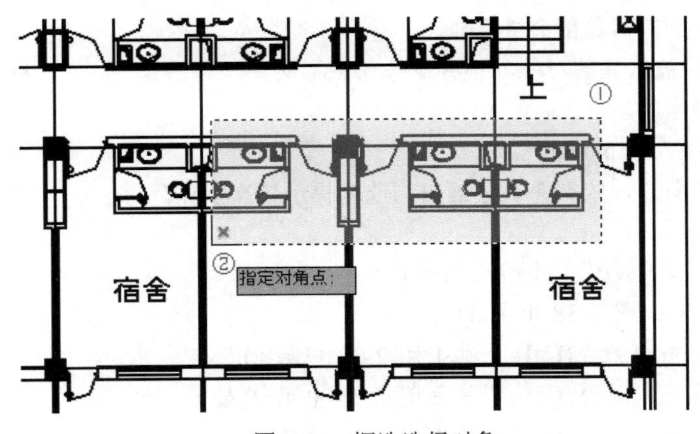

图 2-36　框选选择对象

所有被框选到的对象都会被亮显。

❷ 按回车键删除被选择的对象。

（3）利用圈交删除图形上的对象。

❶ 打开本书练习文件“2-2b.dwg”。

❷ 执行 ERASE 命令，依据命令区给出的选项提示依次操作。

命令：_ERASE

选择对象：（输入“CP”，按回车键确认）
第一圈围点：（单击图 2-37 中第①点）
指定直线的端点或 [放弃(U)]：（单击图 2-37 中第②点）
指定直线的端点或 [放弃(U)]：（单击图 2-37 中第③点）
指定直线的端点或 [放弃(U)]：（单击图 2-37 中第④点）
指定直线的端点或 [放弃(U)]：（单击图 2-37 中第⑤点）
指定直线的端点或 [放弃(U)]：（单击图 2-37 中第⑥点）
指定直线的端点或 [放弃(U)]：（按回车键确认）
找到 21 个
选择对象：

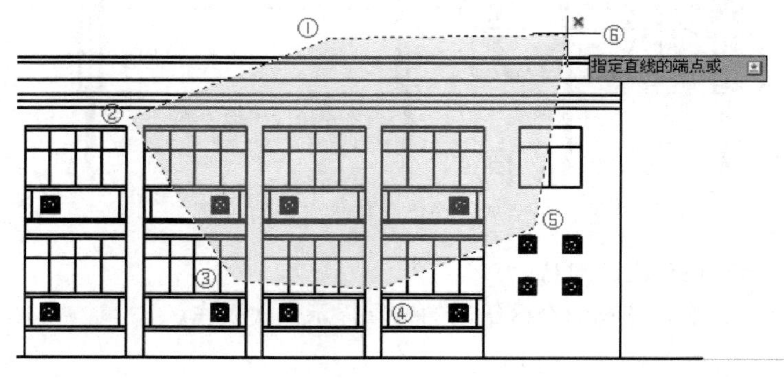

图 2-37　圈交选择对象

此时所有被圈交到的对象都会被亮显。

❸ 按回车键删除被选择的对象。不存盘关闭图形文件。

（4）使用圈围删除对象。

❶ 打开练习文件“2-2b.dwg”。

❷ 执行 ERASE 命令，依据命令区给出的选项提示依次操作。

命令：_ERASE
选择对象：（输入“WP”，按回车键确认）
第一圈围点：（单击图 2-38 中第①点）
指定直线的端点或 [放弃(U)]：（单击图 2-38 中第②点）
指定直线的端点或 [放弃(U)]：（单击图 2-38 中第③点）
指定直线的端点或 [放弃(U)]：（单击图 2-38 中第④点）
指定直线的端点或 [放弃(U)]：（单击图 2-38 中第⑤点）
指定直线的端点或 [放弃(U)]：（单击图 2-38 中第⑥点）
指定直线的端点或 [放弃(U)]：（单击图 2-38 中第⑦点）
指定直线的端点或 [放弃(U)]：（按回车键确认）
找到 17 个
选择对象：

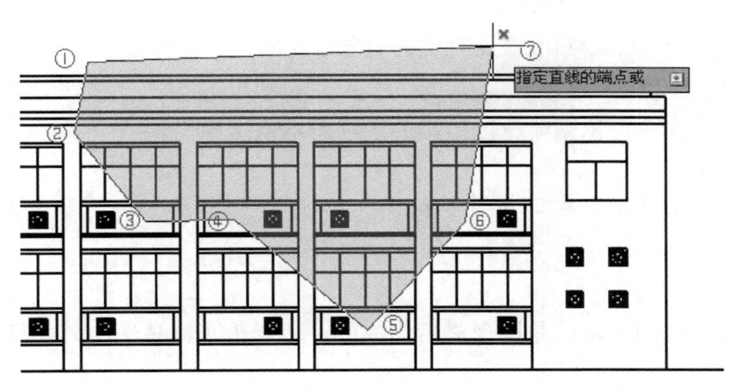

图 2-38　圈围选择对象

此时所有被圈围的对象都会被亮显。

❸ 按回车键删除被选择的对象。不存盘关闭图形文件。

（5）利用栏选功能选择对象。

❶ 打开练习文件“2-2b.dwg”。

❷ 执行 ERASE 命令，依据命令区给出的选项提示依次操作。

命令：_ERASE
选择对象：（输入“F”，按回车键确认）
指定第一个栏选点：（单击图 2-39 中第①点）
指定下一个栏选点或 [放弃(U)]：（单击图 2-39 中第②点）
指定下一个栏选点或 [放弃(U)]：（单击图 2-39 中第③点）
指定下一个栏选点或 [放弃(U)]：（单击图 2-39 中第④点）
指定下一个栏选点或 [放弃(U)]：（单击图 2-39 中第⑤点）
指定下一个栏选点或 [放弃(U)]：（单击图 2-39 中第⑥点）
指定下一个栏选点或 [放弃(U)]：（按回车键确认）
找到 14 个
选择对象：

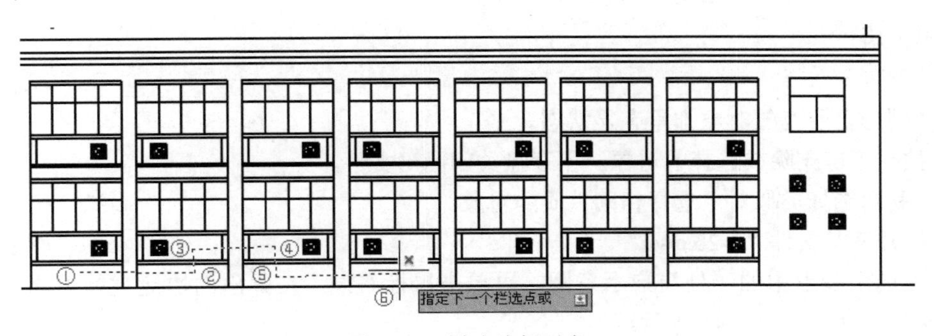

图 2-39　栏选选择对象

❸ 此时所有与栏选线相交的对象都会被亮显。

按回车键删除被选择的对象。不存盘关闭图形文件。

（6）使用上一个选项删除图形最后完成的对象。

❶ 打开练习文件“2-2b.dwg”。

❷ 执行 ERASE 命令，依据命令区给出的选项提示依次操作。

命令：_ERASE

选择对象：（输入“L”，按回车键确认）

找到 1 个

选择对象：

因为图形中比例尺的下画线是图形最后完成的，所以下画线被选中，并呈亮显状态，如图 2-40 所示。

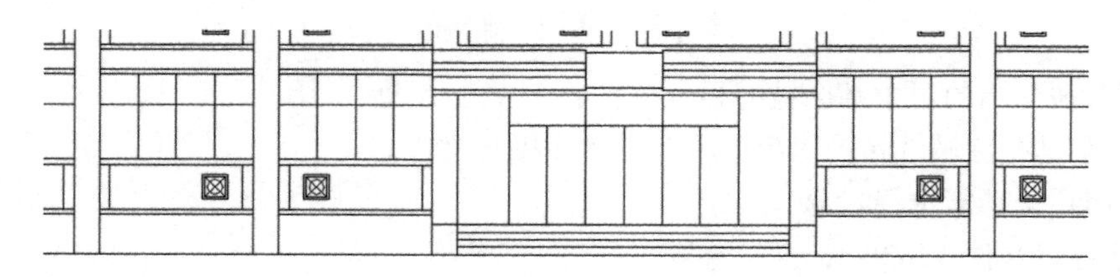

①—⑪ 立面图　1：100

图 2-40　使用上一个选项选择图形中最后绘制的对象

❸ 按回车键删除被选择的对象。不存盘关闭图形文件。

（7）显示图形的所有实际范围，并删除图形上的所有对象。

❶ 打开练习文件“2-2b.dwg”。

❷ 在命令区输入“Z”，按回车键确认，依据命令区给出的选项提示，输入“E”，按回车键确认，执行缩放实际范围功能，显示全部的图形。

❸ 执行 ERASE 命令，依据命令区给出的选项提示依次操作。

命令：_ERASE

选择对象：（输入“ALL”，按回车键确认）

找到 410 个

选择对象：

此时图形上所有的对象都呈亮显状态。

❹ 按回车键删除被选择的对象。不存盘关闭图形文件。

（8）利用选择类似对象选择相同性质的对象。

❶ 打开练习文件“2-2b.dwg”。

❷ 先选中图形中的一处窗户示意圆，再单击鼠标右键，在弹出的快捷菜单中选择“选择类似对象”命令，如图 2-41 所示。

图形中所有相同性质的图形都会呈亮显状态，如图 2-42 所示。

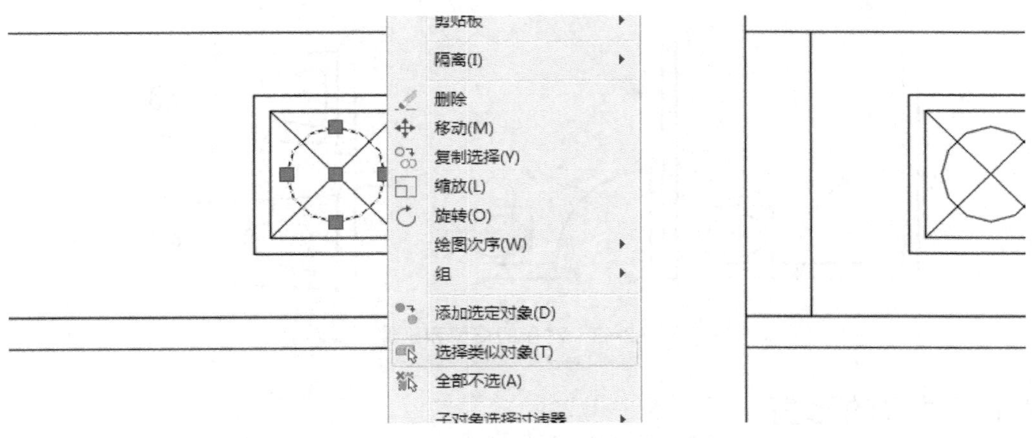

图 2-41　选择“选择类似对象”命令

图 2-42　所有类似对象都被选中

❸ 按“Del”键删除被选择的对象。不存盘关闭图形文件。

本例实践操作视频：视频 2-10

2.4　修剪和延伸对象

在设计过程中，按照图形需要常常会把几何对象缩减或延长到不同的长度，在 AutoCAD 2021 以前的版本中使用修剪命令后，系统会提示选择剪切边，选择剪切边并回车后，系统提示选择要修剪的对象，这时我们选择对象即可修剪图形，如图 2-43 所示。从 AutoCAD 2021 开始，默认情况下，“快速”模式会选择所有的潜在边界，而不必先为“修剪”命令选择边界。

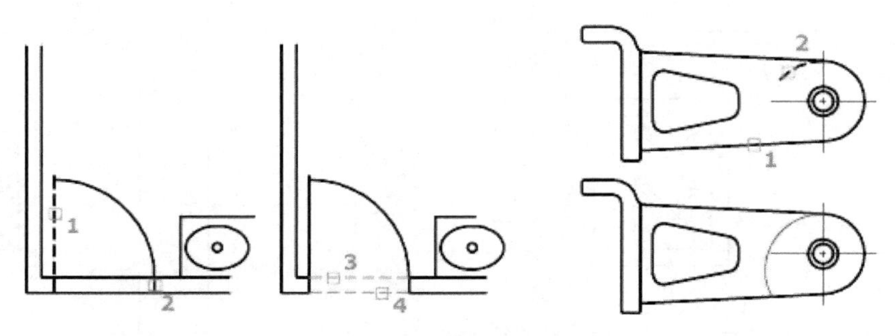

图 2-43 对象的修剪和延伸

2.4.1 对象的修剪

如图 2-44 所示，箭头指出的线段即为要修剪的线段。

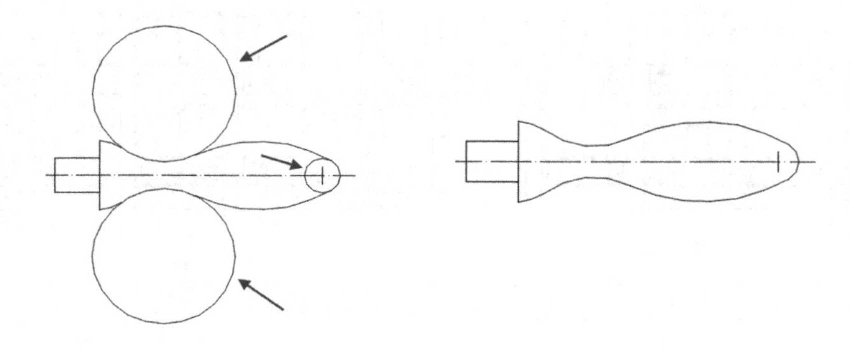

图 2-44 对象修剪前与修剪后

1. 命令操作

启用修剪命令，可以采用如下方法。

- 命令区：输入 TRIM（TR）并按回车键确认。
- 功能区：依次单击“默认”选项卡→“修改”面板→“修剪”按钮。

2. 命令选项

在启用修剪命令之后，在命令区会依次出现如下命令选项。

命令：_TRIM

当前设置：投影=UCS，边=无，模式=快速

选择要修剪的对象，或按住 Shift 键选择要延伸的对象，或[剪切边(T)/窗交(C)/模式(O)/投影(P)/删除(R)]:（此时可直接选择实际要进行修剪的对象，哪里不要就点选哪里）

1）“按住 Shift 键选择要延伸的对象”选项

用户在选择要修剪对象的同时按住“Shift”键，则可以将修剪功能切换成延伸功能，所选择的对象将会延伸到用户定义的修剪边界处。

2）“剪切边（T）”选项

“剪切边（T)”选项用于指定其他选定对象来定义对象修剪到的边界。

3）“窗交（C）”选项

“窗交（C）”选项是构造选择集的方式。在修剪模式下，除了可以用鼠标拾取对象以外，还可以通过窗交的方式构造选择集来选择对象。

4）“模式（O）”选项

“模式（O）”选项用于修改修剪命令的默认模式，可设置为“快速”或“标准”模式。“快速”模式使用所有对象作为潜在剪切边；“标准”模式将提示选择剪切边。

5）“投影（P）”选项

“投影（P）”选项用于指定修剪对象时所使用的投影方法。以三维空间中的对象在二维平面上的投影边界作为修剪边界，可以指定 UCS 或视图为投影平面，默认状态下修剪命令将操作对象投影到当前用户坐标系（UCS）的 *XY* 平面上。

6）“删除（R）”选项

“删除（R）”选项用于删除图形中的对象。

3．TRIM 命令的重点分析

- 执行 TRIM 命令时，如果单击对象则为单独选择；如果按住左键不放，即为徒手选择，拖到哪里就能删除哪里；如果单击左键后松开，再次移动光标至下一点，即为两点栏选，直线经过的对象被删除。
- 使用窗交选项时，某些要修剪的对象的窗交选择不确定。TRIM 将沿着矩形窗交窗口从第一个点以顺时针方向选择遇到的第一个对象。
- 对包含图案填充的边界使用 TRIM 时，“快速”模式下的“修剪”和“Shift+修剪”操作仅使用图案填充的边界，而不会使用图案填充几何图形本身。
- 如果要恢复之前的默认修剪行为，可使用 TRIMEXTENDMODE 系统变量。TRIMEXTENDMODE 值为 0，则为 AutoCAD 2021 以前的模式；TRIMEXTENDMODE 值为 1，则为 AutoCAD 2021 的快速修剪模式。

4．练习：TRIM 命令

通过下列练习，用户可以学会操作 TRIM 命令，完成如图 2-45 所示的图形。

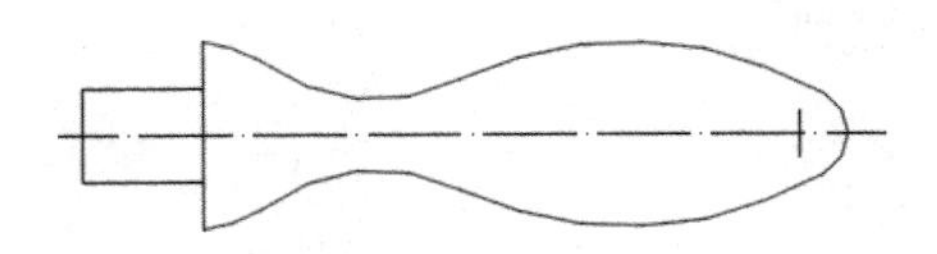

图 2-45　TRIM 命令练习

（1）打开练习文件“2-3.dwg”。

（2）通过缩放，将图形摆放至合适的显示位置，如图 2-46 所示。

（3）执行 TRIM 命令对图形进行修剪。

启用 TRIM 命令，依据命令区给出的选项提示依次操作。

命令：_TRIM

当前设置：投影=UCS，边=无，模式=快速

选择要修剪的对象，或按住 Shift 键选择要延伸的对象，或[剪切边(T)/窗交(C)/模式(O)/投影(P)/删除(R)]:（通过鼠标左键依次选择图 2-47 中箭头所示的 4 条需要修剪掉的对象）

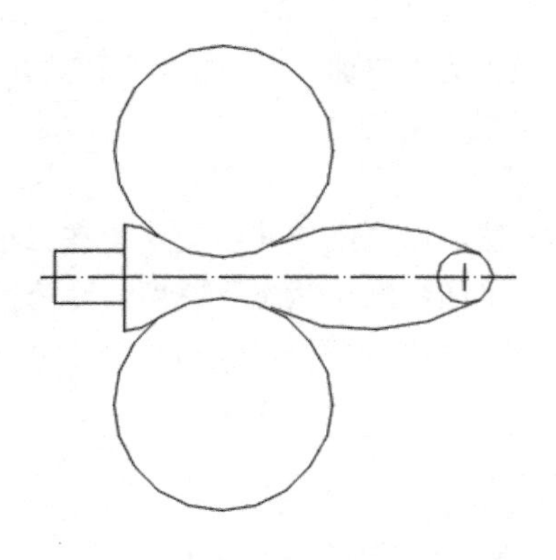

图 2-46　选择修剪边界

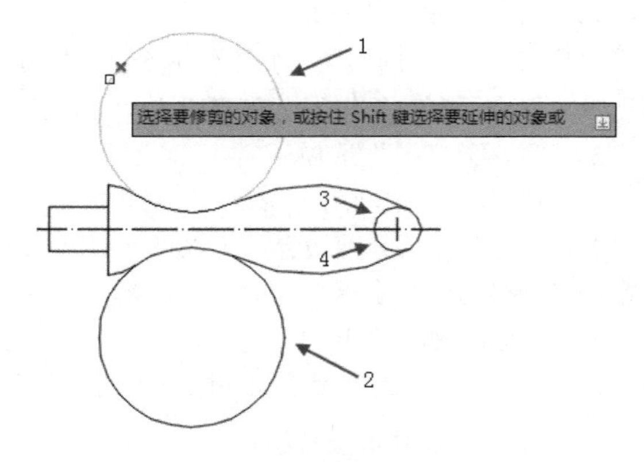

图 2-47　选择修剪对象

选择要修剪的对象，或按住 Shift 键选择要延伸的对象，或[剪切边(T)/窗交(C)/模式(O)/投影(P)/删除(R)]:（按回车键确认）

完成图形的修剪，如图 2-45 所示。

本例实践操作视频：视频 2-11

2.4.2 对象的延伸

使用延伸功能，用户选择对象作为延伸边界，并且延伸几何图形到边界。如图 2-48 所示，箭头指出的线段即为要延伸的线段。

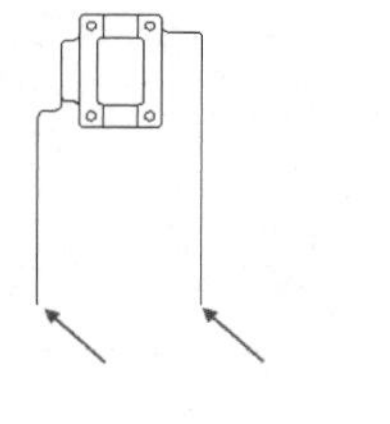

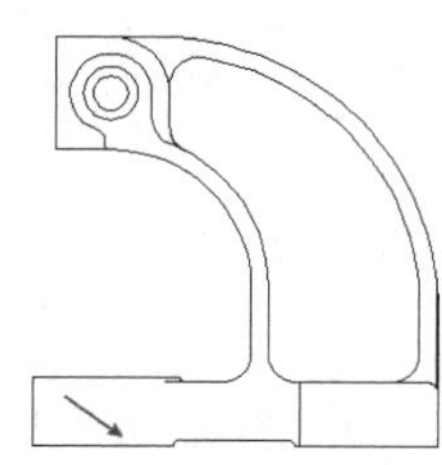

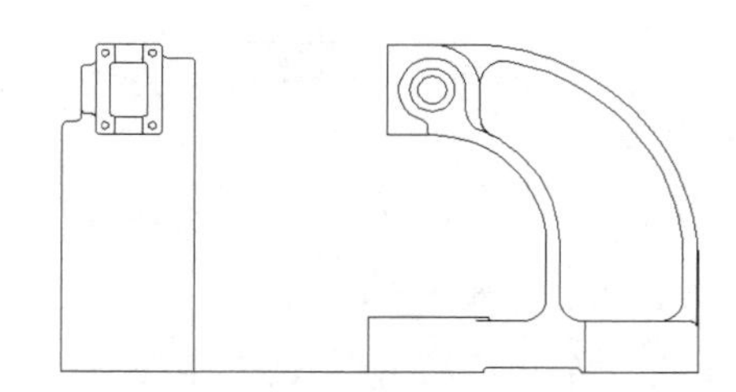

图 2-48　对象延伸前与延伸后

1. 命令操作

启用延伸命令，可以采用如下方法。

- 命令区：输入 EXTEND（EX）并按回车键确认。
- 功能区：依次单击“默认”选项卡→“修改”面板→“修剪”按钮旁的下拉按钮→“延伸”按钮。

2. 命令选项

在启用延伸命令之后，在命令区会依次出现如下命令选项。

命令：_EXTEND

当前设置：投影=UCS，边=无，模式=快速

选择要延伸的对象，或按住 Shift 键选择要修剪的对象，或 [边界边(B)/窗交(C)/模式(O)/投影(P)]:（直接选择实际要进行延伸的对象）

1）“按住 Shift 键选择要修剪的对象”选项

用户在选择要延伸对象的同时按住“Shift”键，则可以将延伸功能切换成修剪功能，所选择的对象将会以用户定义的延伸边界作为修剪边界对所选对象进行修剪操作。

2）“边界边（B）”选项

“边界边（B）”选项用于指定其他选定对象来定义对象延伸到的边界。

3）“窗交（C）”选项

“窗交（C）”选项是构造选择集的方式。在延伸模式下，除了可以用鼠标拾取对象以外，还可以通过栏选或窗交的方式构造选择集来选择对象。

4）“模式（O）”选项

“模式（O）”选项用于修改延伸命令的默认模式，可设置为“快速”或“标准”。“快速”模式使用所有对象作为潜在延伸边界；“标准”模式将提示选择延伸边界。

5）“投影（P）”选项

“投影（P）”选项用于指定延伸对象时所使用的投影方法。以三维空间中的对象在二维平面上的投影边界作为延伸边界，可以指定 UCS 或视图为投影平面，默认状态下延伸命令将延伸边界和待延伸的对象投影到当前用户坐标系（UCS）的 *XY* 平面上。

3. EXTEND 命令的重点分析

- 执行 EXTEND 命令时，如果单击对象则为单独选择；如果按住左键不放，即为徒手选择，拖到哪里就延伸哪里；如果单击左键后松开，再次移动光标至下一点，即为两点栏选，直线经过的对象自动延伸。
- 使用窗交选项时，某些要延伸的对象的窗交选择不明确，可通过沿矩形窗交窗口以顺时针方向从第一点到遇到的第一个对象，将 EXTEND 融入选择。
- 如果要恢复之前的默认延伸行为，可使用 TRIMEXTENDMODE 系统变量。TRIMEXTENDMODE 值为 0，则为 AutoCAD 2021 以前的模式；TRIMEXTENDMODE 值为 1，则为 AutoCAD 2021 的快速延伸模式。

4. 练习：EXTEND 命令

通过下列练习，用户可以学会操作 EXTEND 命令，完成如图 2-49 所示的图形。

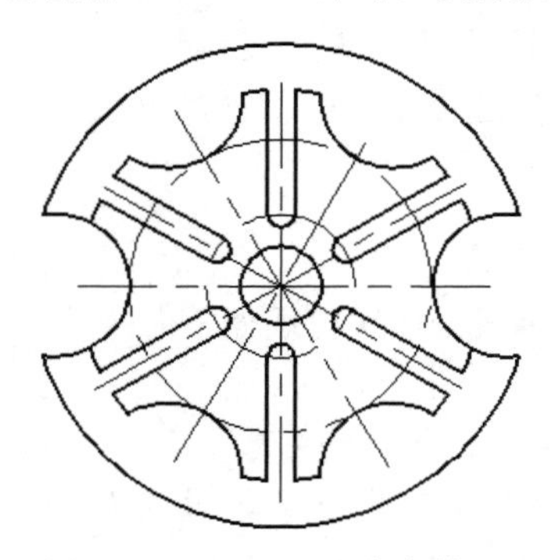

图 2-49　EXTEND 命令练习

（1）打开练习文件“2-4.dwg”。

（2）通过缩放，将图形摆放至合适的显示位置。

（3）执行 EXTEND 命令，对图形对象进行部分延伸。

启用 EXTEND 命令，依据命令区给出的选项提示依次操作。

命令：_EXTEND

当前设置：投影=UCS，边=无，模式=快速

选择要延伸的对象，或按住 Shift 键选择要修剪的对象或[边界边(B)/窗交(C)/模式(O)/投影(P)]:（输入“O”或通过右键快捷菜单选择“模式(O)”，按回车键确认）

输入延伸模式选项 [快速(Q)/标准(S)] <快速(Q)>:（输入“S”或通过右键快捷菜单选择“标准(S)”命令，按回车键确认）

选择要延伸的对象，或按住 Shift 键选择要修剪的对象或 [边界边(B)/栏选(F)/窗交(C)/模式(O)/投影(P)/边(E)/放弃(U)]:（输入“E”或通过右键快捷菜单选择“边(E)”，按回车键确认）

输入隐含边延伸模式 [延伸(E)/不延伸(N)] <不延伸>:（输入“E”或通过右键快捷菜单选择“延伸(E)”命令，按回车键确认后退出 EXTEND 命令，再重新启用 EXTEND 命令）

命令：_EXTEND

当前设置：投影=UCS，边=延伸，模式=标准

选择边界边...

选择对象或 [模式(O)] <全部选择>:（通过鼠标左键选择图 2-50 中箭头所指的边作为延伸边界）

选择对象:（单击鼠标右键或按回车键确认边界选择完毕，进入选择延伸对象的步骤）

选择要延伸的对象，或按住 Shift 键选择要修剪的对象或 [边界边(B)/栏选(F)/窗交(C)/模式(O)/投影(P)/边(E)]:（通过鼠标左键选择图 2-51 中箭头所示的两条需要延伸的圆弧的各个边缘处）

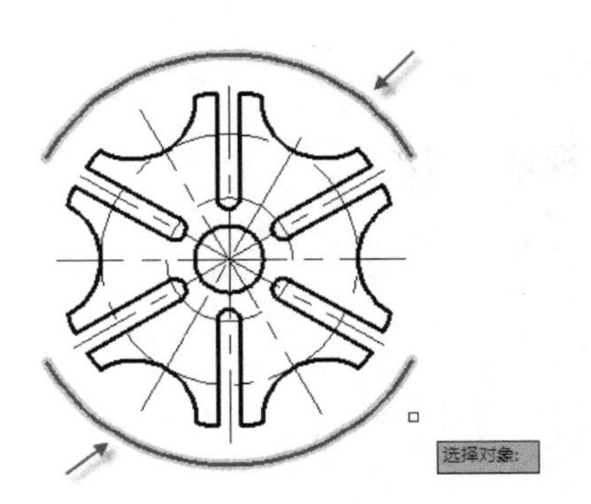

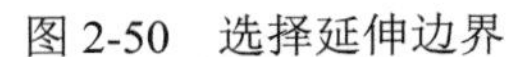
图 2-50　选择延伸边界

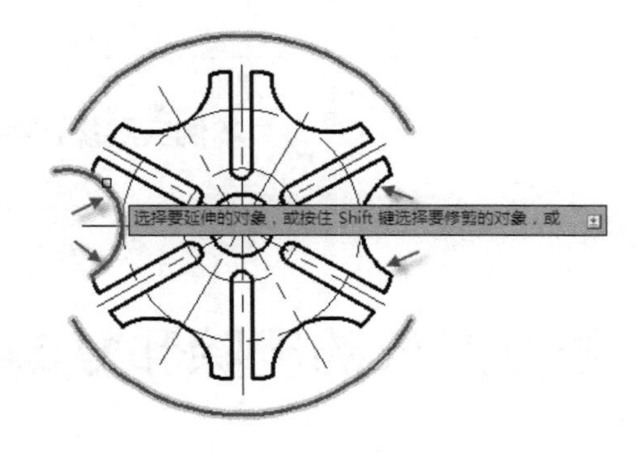

图 2-51　选择延伸对象

选择要延伸的对象，或按住 Shift 键选择要修剪的对象或 [边界边(B)/栏选(F)/窗交(C)/模式(O)/投影(P)/边(E)]:（按回车键确认）

完成图形对象的部分延伸。

（4）执行 EXTEND 命令对图形对象进行剩余部分延伸。

启用 EXTEND 命令，依据命令区给出的选项提示依次操作。

命令：_EXTEND

当前设置：投影=UCS，边=延伸，模式=标准

选择边界边...

选择对象或 [模式(O)] <全部选择>:（通过鼠标左键选择图 2-52 中箭头所示的圆弧作为延伸边界）

选择对象:（单击鼠标右键，在弹出的快捷菜单中选择相应的命令或按回车键确认，进入选择延伸对象的步骤）

选择要延伸的对象，或按住 Shift 键选择要修剪的对象，或 [边界边(B)/栏选(F)/窗交(C)/模式(O)/投影(P)/边(E)]:（通过鼠标左键选择图 2-53 中箭头所指的需要延伸的对象）

选择要延伸的对象，或按住 Shift 键选择要修剪的对象，或 [边界边(B)/栏选(F)/窗交(C)/模式(O)/投影(P)/边(E)]:（按回车键确认）

完成图形对象剩余部分的延伸，最终图形如图 2-49 所示。

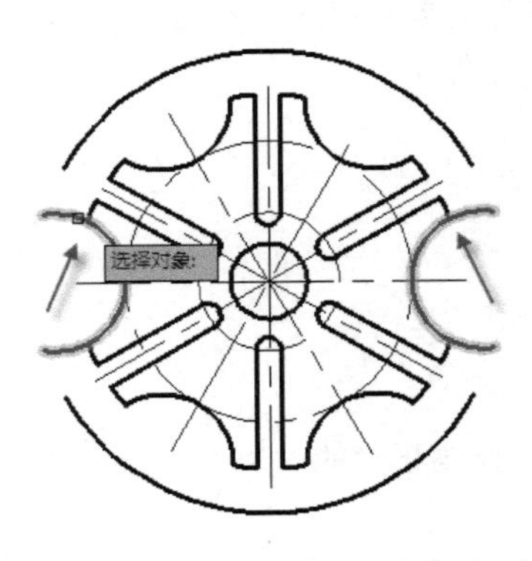

图 2-52　选择延伸边界

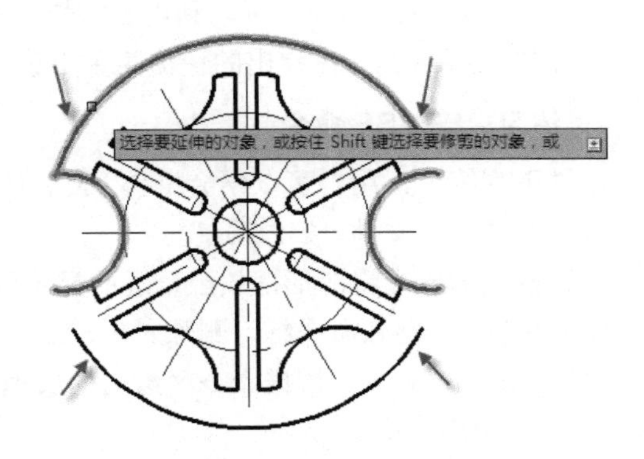

图 2-53　选择延伸对象

本例实践操作视频：视频 2-12

2.5 图形对象的删除和复制

2.5.1 图形对象的删除

使用删除（ERASE）命令，用户可以直接单击对象、框选或是窗选，移除图形的几何对象。

1. 命令操作

启用删除命令，可以采用如下方法。

- 命令区：输入 ERASE（E）并按回车键确认。
- 功能区：依次单击“默认”选项卡→“修改”面板→“删除”按钮。

2. 命令选项

在启用删除命令之后，在命令区会出现如下命令选项。

命令：_ERASE
选择对象：（用于选择要删除的对象）

3. ERASE 命令的重点分析

- 删除命令的使用顺序不用固定，可以先启用删除命令之后再选择要删除的对象，也可以先将要删除的对象全部选中之后再启用删除命令，两者得到的效果是一样的。
- 使用右键快捷菜单可以使得设计更为快速，在将要删除的对象全部选中之后直接单击鼠标右键，在弹出的快捷菜单中选择“删除”命令，可以快速完成删除命令。
- 将要删除的对象全部选中之后直接按“Del”键也可以达到删除对象的效果。
- 执行 ERASE 命令，可以利用右键快捷菜单。在选择对象并显示夹点时，在图形任意处单击鼠标右键，在弹出的快捷菜单中选择“删除”命令。

4. 练习：ERASE 命令

通过下列练习，用户可以学会操作 ERASE 命令。

（1）打开练习文件“2-5.dwg”。

（2）通过缩放，将图形摆放至合适的显示位置。

（3）执行 ERASE 命令练习删除对象。

启用 ERASE 命令，依据命令区给出的选项提示依次选择要删除的对象。

命令：_ERASE
选择对象：（通过鼠标左键依次选择图 2-54 中箭头所示的 4 个图形作为删除对象）

选择对象：找到 1 个，总计 2 个

……

选择对象：找到 1 个，总计 4 个

选择对象：（按回车键确认删除对象）

完成后如图 2-55 所示。

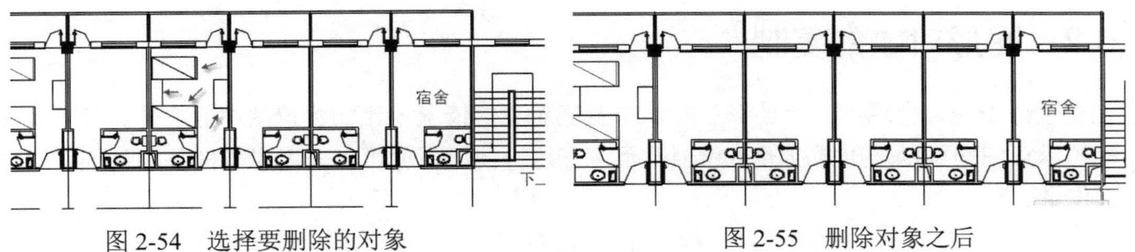

图 2-54　选择要删除的对象　　　　图 2-55　删除对象之后

（4）删除图形中所有的马桶对象。

❶ 先构造要删除的对象的选择集，选中图形中的一个马桶对象。

❷ 单击鼠标右键，在弹出的快捷菜单中选择“选择类似对象”命令，如图 2-56 所示。

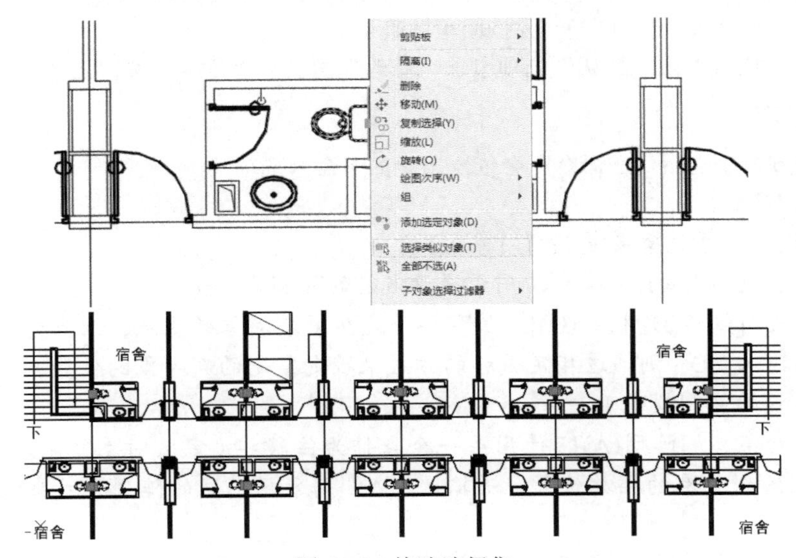

图 2-56　构造选择集

❸ 启用 ERASE 命令，删除选择集，如图 2-57 所示。

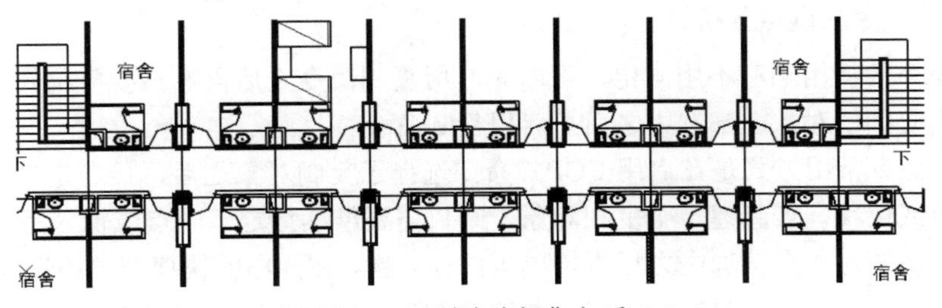

图 2-57　删除选择集之后

本例实践操作视频：视频 2-13

2.5.2 图形对象的复制

在设计中经常会遇到一个图形中有多个重复对象的情况，比如建筑图中的桌子、椅子、沙发等的示意图均可以采用同样的对象来表示，在这种情况下就可以采用对象的复制功能，以减轻工作量。

使用复制（COPY）命令，用户可以快速地创建相同的图形，并且可以定义与原始图形之间的距离。

1. 命令操作

启用复制命令，可以采用如下方法。

- 命令区：输入 COPY（CO）并按回车键确认。
- 功能区：依次单击“默认”选项卡→“修改”面板→“复制”按钮。

2. 命令选项

在启用复制命令之后，在命令区会依次出现如下命令选项。

命令：_COPY

选择对象：（用于选择要复制的对象）

当前设置：复制模式 = 多个（用于提示当前的复制模式）

指定基点或 [位移(D)/模式(O)] <位移>：（定义复制对象的基点，此点为对象复制前的起始点；若输入“D”则通过指定位移的方式来确定复制的新对象的位置；若输入“O”则用于改变当前的复制模式）

指定第二个点或 [阵列(A)] <使用第一个点作为位移>：（定义对象复制后的目的点，用于指定复制的新对象的摆放位置；若输入“A”则采用不同的阵列方式来摆放复制的对象）

指定第二个点或 [阵列(A)/退出(E)/放弃(U)] <退出>：（用于继续新建多个复制对象，只需要继续指定下一点或输入距离值即可）

3. COPY 命令的重点分析

- 复制命令的使用顺序不用固定，可以先启用复制命令之后再选择要复制的对象，也可以先将要复制的对象全部选中之后再启用复制命令。
- COPY 命令常用方式是在启用 COPY 命令选择了复制对象之后，接着定义基点，再单击第 2 点或位移。若新建多个复制对象，则只需要继续指定下一点或输入距离值即可。
- 将要复制的对象全部选中之后直接单击鼠标右键，在弹出的快捷菜单中选择“复制选择”命令，可以快速启用复制命令。需要注意的是，此种复制方式与快捷菜单中剪贴板的复制命令不同，后者是将对象复制到剪贴板中，供给其他的 Windows 软件使用，使得此对象可以贴在其他图形上。

- 执行 COPY 命令，可以利用快捷菜单。在选择对象并显示夹点时，在图形任意处单击鼠标右键，在弹出的快捷菜单中选择“复制选择”命令。

4．练习：COPY 命令

通过下列练习，用户可以学会操作 COPY 命令。

打开练习文件“2-5.dwg”。

（1）通过缩放，将图形摆放至合适的显示位置。

（2）执行 COPY 命令练习复制对象。

启用 COPY 命令，依据命令区给出的选项提示依次操作。

命令：_COPY

选择对象：（通过鼠标左键选择图 2-58 中的床铺和柜子等，按回车键确认）

当前设置：复制模式 = 多个

指定基点或 [位移(D)/模式(O)] <位移>：（选择图 2-59 中内墙的端点作为复制对象的基点）

指定第二个点或 [阵列(A)] <使用第一个点作为位移>：（选择图 2-60 中旁边宿舍内墙的端点作为新对象的放置点）

指定第二个点或 [阵列(A)/退出(E)/放弃(U)] <退出>：（按回车键结束命令）

完成对象的复制。若要继续新建多个复制对象，则可以继续选择放置点直到满意为止。

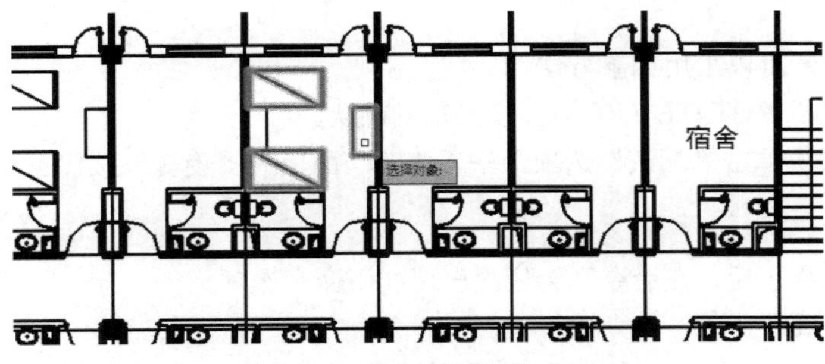

图 2-58　选择要复制的对象

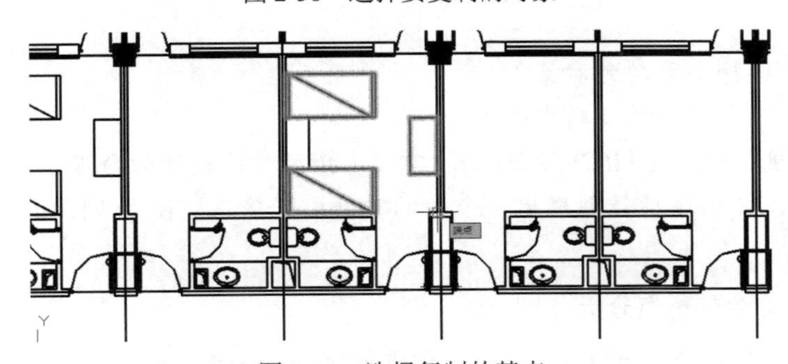

图 2-59　选择复制的基点

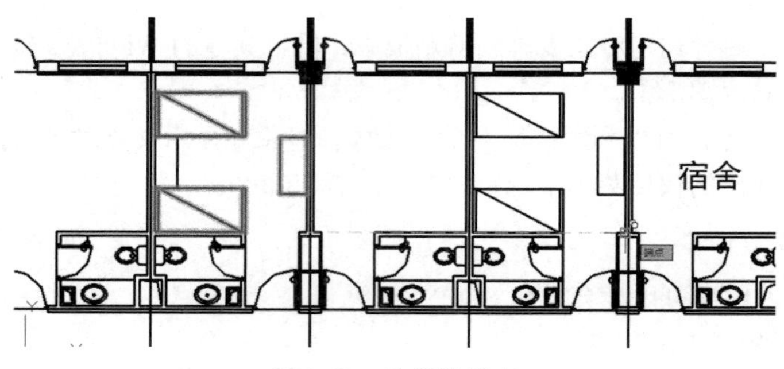

图 2-60　选择放置点

本例实践操作视频：视频 2-14

2.5.3　旋转复制对象

使用旋转（ROTATE）命令，用户可以输入旋转角度值或定义参考角度，配合新角度就可以轻松地旋转对象。如果用户需要在旋转命令中复制新对象，则可以指定复制选项。当复制选项被选择时，会复制一个对象到新的角度，而原始对象会留在当前位置。

1. 命令操作

启用旋转命令，可以采用如下方法。

- 命令区：输入 ROTATE（RO）并按回车键确认。
- 功能区：依次单击“默认”选项卡→“修改”面板→“旋转”按钮。

2. 命令选项

在启用旋转命令之后，在命令区会依次出现如下命令选项。

命令：_ROTATE

UCS 当前的正角方向：ANGDIR=逆时针　ANGBASE=0（用于指示当前旋转命令的选项状态）

选择对象：（选择要旋转的对象）

指定基点：（确定对象的旋转中心）

指定旋转角度，或 [复制(C)/参照(R)] <0>：（指定对象旋转的角度值。若输入“C”则启动复制选项，会通过旋转创建出一个新的对象；若输入“R”，则用于设置对象旋转的参照角度）

3. ROTATE 命令的重点分析

- 使用 ROTATE 命令，可以通过复制选项再复制一个原始对象。
- 指定旋转的基点是非常重要的，因为被选择的对象会沿着基点做旋转运动。

- 在适当时候配合使用极轴追踪可加快定义旋转角度的速度。
- 使用参考选项，可参照对象的角度，并改变为用户希望的新角度。用户可以输入参考角度值或单击两个点指定角度方向，再给予目的角度。
- 执行 ROTATE 命令，可以利用右键快捷菜单。在选择对象并显示夹点时，在图形任意处单击鼠标右键，在弹出的快捷菜单中选择“旋转”命令。

4．练习：ROTATE 命令

通过下列练习，用户可以学会操作 ROTATE 命令复制对象。

（1）打开练习文件“2-6.dwg”。

（2）通过缩放，将图形摆放至合适的显示位置。

（3）执行 ROTATE 命令练习旋转复制对象。

启用 ROTATE 命令，依据命令区给出的选项提示依次操作。

命令：_ROTATE

UCS 当前的正角方向：ANGDIR=逆时针　ANGBASE=0

选择对象：（通过鼠标左键选择图 2-61 中的椅子，按回车键确认）

指定基点：（选择图 2-61 中所示的圆心作为对象的旋转中心）

指定旋转角度，或 [复制(C)/参照(R)] <0>：（输入“C”，按回车键确认）

旋转一组选定对象

指定旋转角度，或 [复制(C)/参照(R)] <0>：（输入“120”，按回车键确认）

完成对象的旋转复制，如图 2-62 所示。

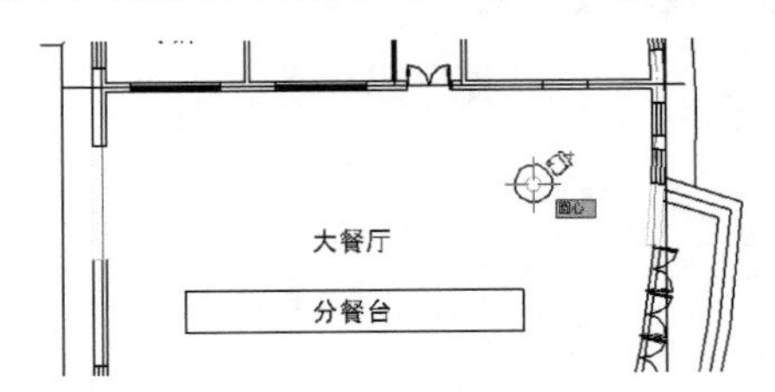

图 2-61　选择要旋转的对象

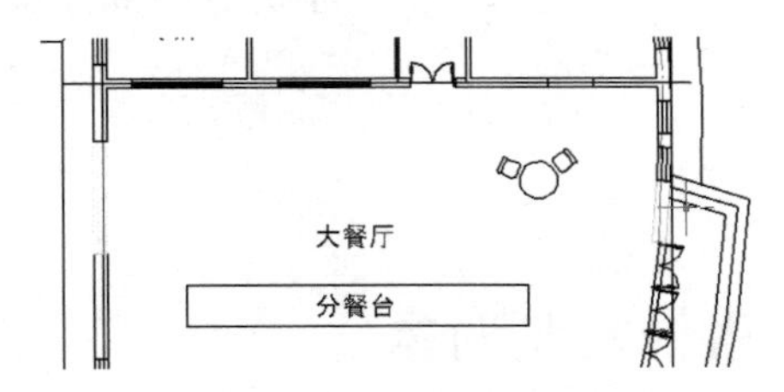

图 2-62　旋转复制对象

（4）通过右键快捷菜单旋转复制椅子对象。

❶ 同时选择图形中的两个椅子对象，如图 2-63 所示。

❷ 在选择集内部单击鼠标右键，在弹出的快捷菜单中选择“旋转”命令，如图 2-63 所示。

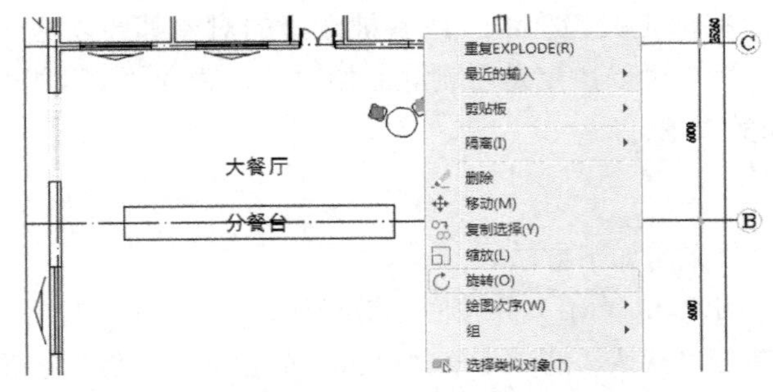

图 2-63　通过右键快捷菜单启用“旋转”命令

❸ 依据命令区给出的选项提示依次操作。

命令：_ROTATE

UCS 当前的正角方向：ANGDIR=逆时针　ANGBASE=0

找到 2 个

指定基点：（选择图 2-62 中所示的圆心作为对象的旋转中心）

指定旋转角度，或 [复制(C)/参照(R)] <0>：（输入“C”，按回车键确认）

旋转一组选定对象

指定旋转角度，或 [复制(C)/参照(R)] <0>：（输入“180”，按回车键确认）

完成对象的旋转复制，如图 2-64 所示。

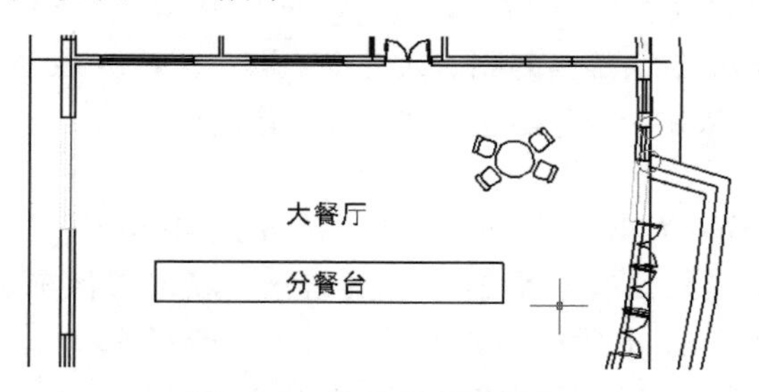

图 2-64　旋转复制选择集

本例实践操作视频：视频 2–15

2.5.4　镜像复制对象

使用镜像（MIRROR）命令，根据图形上现有对象做镜像创建新的对象。用户可以在设计图形上产生对称或有间隔的对象。无论是在单一的消费性产品或公寓建筑物相邻的对称的地板平面，都是根据对称原理再加以变化设计的。

运行 MIRROR 命令，用户可以创建对称的几何对象。当用户执行 MIRROR 命令后，可以选择要做镜像的对象，接着定义镜像线。所有被选择的对象都会以这一条镜像线进行镜像操作。定义镜像线之后，用户可以决定是否删除原始对象，输入“Y”即删除，按回车键或输入“N”即镜像后保留原始对象。

1. 命令操作

启用镜像命令，可以采用如下方法。

- 命令区：输入 MIRROR（MI）并按回车键确认。
- 功能区：依次单击“默认”选项卡→“修改”面板→“镜像”按钮。

2．命令选项

在启用镜像命令之后，在命令区会依次出现如下命令选项。

命令：_MIRROR

选择对象：（用于选择要做镜像的对象）

指定镜像线的第一点：（用于定义镜像线的起点）

指定镜像线的第二点：（用于定义镜像线的终点）

要删除源对象吗？[是(Y)/否(N)] <N>：（定义是否删除原始对象）

3．MIRROR 命令的重点分析

- 使用 MIRROR 命令，用户可以使用 MIRRTEXT 系统变量，在执行镜像动作时，设定文字是否做镜像。MIRRTEXT 值默认为 0，指文字在执行镜像命令时，不做镜像。如果用户需要文字做镜像操作，将 MIRRTEXT 值设定为 1 即可。
- 定义镜像线的时候可以是图形本身的线，也可以是图形外的其他线或任意拾取的两点。

4．练习：MIRROR 命令

通过下列练习，用户可以学会操作 MIRROR 命令复制对象。

（1）打开练习文件“2-7.dwg”。

（2）通过缩放，将图形摆放至合适的显示位置。

（3）执行 MIRROR 命令练习镜像复制对象。

启用 MIRROR 命令，依据命令区给出的选项提示依次操作。

命令：_MIRROR

选择对象：（通过鼠标左键框选图中所有图形，如图 2-65 所示，按回车键确认）

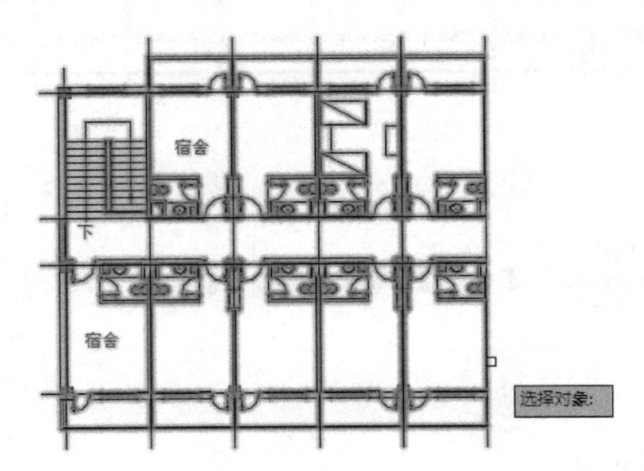

图 2-65　选择要镜像的对象

指定镜像线的第一点：（选择图 2-66 中所示图形右侧边的上端点作为镜像线的起点）

指定镜像线的第二点：（选择图 2-66 中所示图形右侧边上另一点作为镜像线终点）

要删除源对象吗？[是(Y)/否(N)] <N>：（输入“N”，按回车键确认或选择右键快捷菜单中的“否”命令）

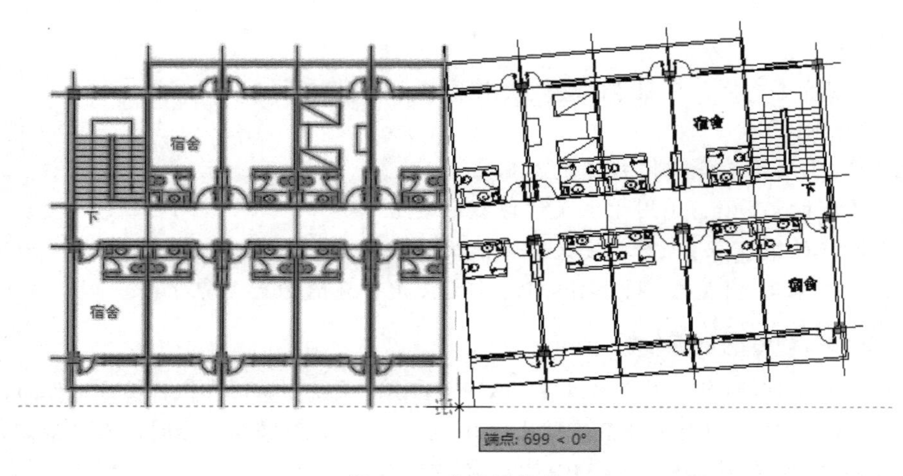

图 2-66　定义镜像线

完成对象的镜像复制，如图 2-67 所示。

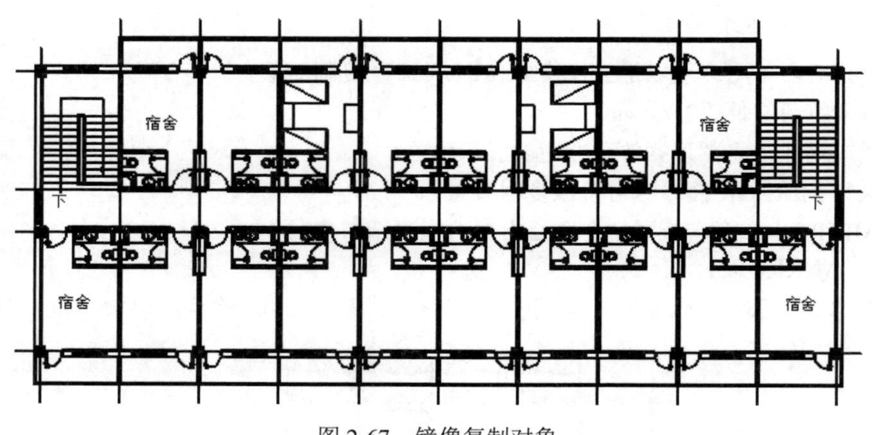

图 2-67　镜像复制对象

本例实践操作视频：视频 2-16

2.5.5　阵列复制对象

在设计图中，经常使用矩形和环形的方式排列对象，用户可以使用阵列（ARRAY）命令将同样的对象重复排列，做复制阵列。在 AutoCAD 2021 中，用户可以选择矩形、路径或环形的阵列形式。指定圆心、距离和每一种形式所需求的方式，以完成阵列操作。

1．命令操作

启用不同形式的阵列命令，可以采用如下方法。

- 命令区：输入 ARRAY（AR）并按回车键确认，在选择了阵列对象之后根据提示选择采用的阵列方式，即矩形、路径、环形。
- 功能区：依次单击“默认”选项卡→“修改”面板→“矩形阵列”按钮或下拉列表中的“路径阵列”按钮、“环形阵列”按钮。

2．命令选项

在启用不同的阵列命令之后，在命令区会依次出现相应的命令选项。

- 矩形阵列：最常使用的命令选项是定义阵列的行数、列数、行偏移值、列偏移值及起始角度。
- 路径阵列：需要定义的命令选项是定义阵列的路径曲线，以及沿着路径阵列的方向、项目数、间距等。
- 环形阵列：首先需要定义阵列的圆心，再根据需要定义项目数、环形阵列角度或各项目之间的角度等。

3．ARRAY 命令的重点分析

- 创建多个排列规则的对象，使用 ARRAY 命令比 COPY 命令速度更快。
- 操作矩形阵列，用户可以控制行、列的数值和每一个对象间的距离。
- 在环形阵列中可指定复制的数量、填充角度及复制是否旋转。
- 环形阵列可以沿逆时针或顺时针的方向做阵列，阵列方向由用户输入的角度为正数或负数决定。
- 若要对已经确认的阵列对象进行再编辑，可以直接双击任意一个阵列对象，此时会出现“阵列”选项卡，通过修改选项卡中的阵列参数可以达到直接修改阵列的目的。

4．练习：ARRAYPOLAR 环形阵列命令

通过下列练习，用户可以学会操作 ARRAYPOLAR 命令复制对象。

打开练习文件“2-8a.dwg”。

（1）通过缩放，将图形摆放至合适的显示位置。

（2）执行 ARRAYPOLAR 命令练习环形阵列复制对象。

依次单击功能区中的“默认”选项卡→“修改”面板→“环形阵列”按钮，启用环形阵列命令，依据命令区给出的选项提示依次操作。

命令：_ARRAYPOLAR

选择对象：（选择图 2-68 所示的沉头孔作为阵列对象，按回车键确认）

类型 = 极轴　关联 = 是

指定阵列的中心点或 [基点(B)/旋转轴(A)]：（选择图 2-69 中所示的圆心作为环形阵列的中心）

选择夹点以编辑阵列或 [关联(AS)/基点(B)/项目(I)/项目间角度(A)/填充角度(F)/行(ROW)/层(L)/旋转项目(ROT)/退出(X)] <退出>：（按回车键确认，以默认的阵列数目“6”，

阵列角度“360”完成对象的 360°环形阵列）

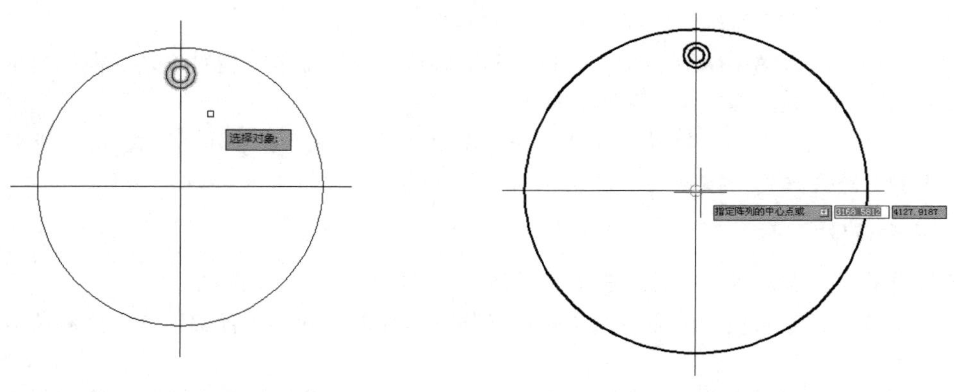

图 2-68　选择要阵列的对象　　　　图 2-69　选择环形阵列的中心点

若要设置各阵列对象之间的关联关系，则可以通过输入相应的选项代码来完成，或通过在阵列图形内部单击鼠标右键，在弹出的快捷菜单中选择相应的命令来完成，如图 2-70 所示。

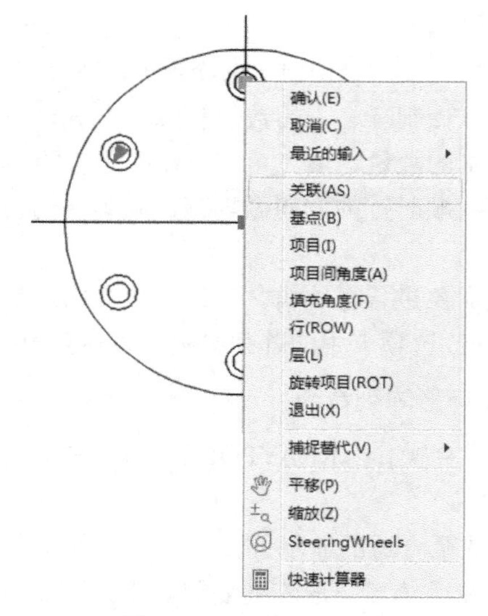

图 2-70　完成环形阵列

也可以通过自动弹出的“阵列创建”选项卡来完成阵列对象之间的关联关系的设置，如图 2-71 所示。

默认　插入　注释　参数化　视图　管理　输出　附加模块　协作　精选应用　阵列创建

类型	项目		行		层级		特性	关闭
极轴	项目数:	6	行数:	1	级别:	1	关联　基点　旋转项目　方向	关闭阵列
	介于:	60	介于:	150	介于:	1		
	填充:	360	总计:	150	总计:	1		

图 2-71　“阵列创建”选项卡

5．练习：ARRAYRECT 矩形阵列命令

通过下列练习，用户可以学会操作 ARRAYRECT 命令复制对象。

（1）打开练习文件“2-8b.dwg”。

（2）通过缩放，将图形摆放至合适的显示位置。

（3）执行 ARRAYRECT 命令练习矩形阵列复制对象。

依次单击功能区中的“默认”选项卡→“修改”面板→“矩形阵列”按钮，启用矩形阵列命令，依据命令区给出的选项提示依次操作。

命令：_ARRAYRECT

选择对象：（选择图 2-72 所示的两套卫生间布置图形作为阵列对象，按回车键确认）

类型 = 矩形　关联 = 是

选择夹点以编辑阵列或 [关联(AS)/基点(B)/计数(COU)/间距(S)/列数(COL)/行数(R)/层数(L)/退出(X)] <退出>:

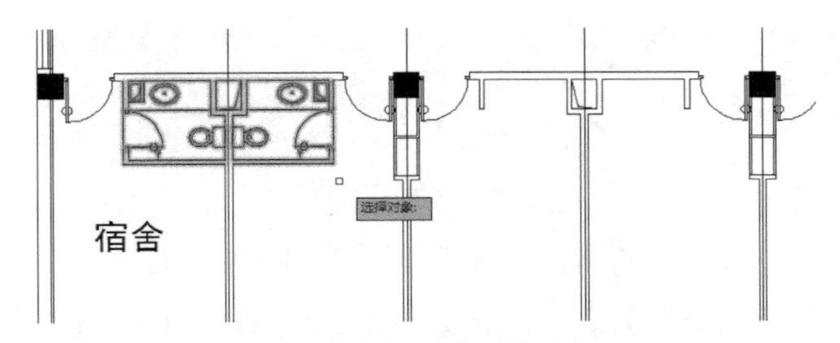

图 2-72　选择要阵列的对象

此时被选中的阵列对象会以默认的行、列数将矩形阵列呈现出来，如图 2-73 所示。可以通过输入相应的选项代码或通过在阵列图形内部单击鼠标右键，在弹出的快捷菜单中选择相应的命令来设置矩形阵列的行数及列数，如图 2-74 所示。也可以通过自动弹出的“阵列创建”选项卡面板来完成矩形阵列的行数及列数的设置，如图 2-75 所示。

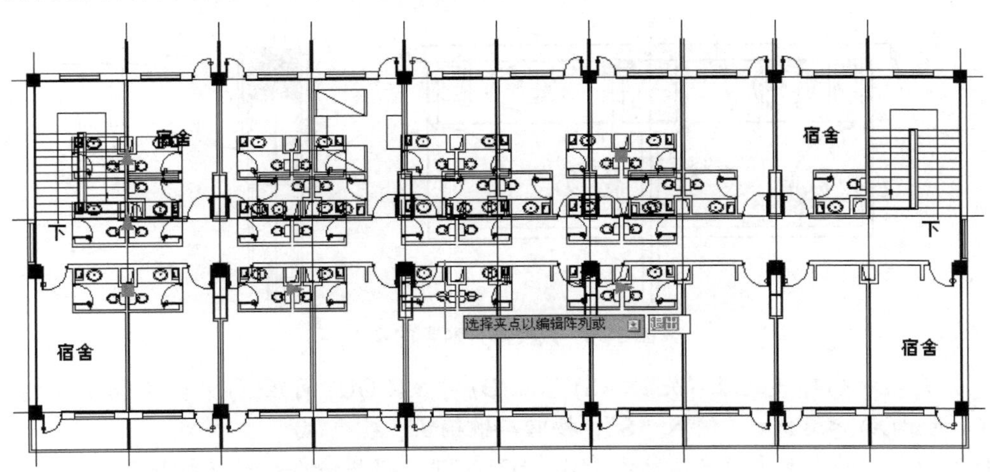

图 2-73　默认形式的矩形阵列

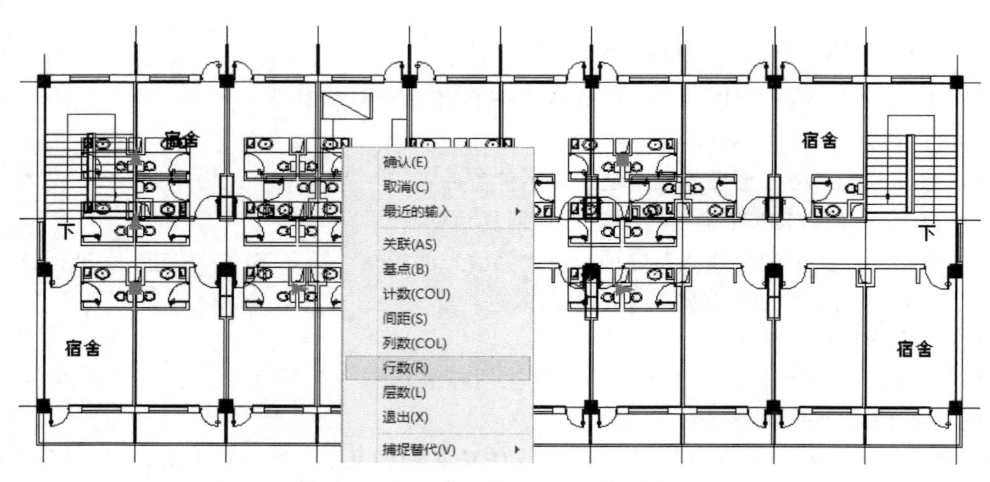

图 2-74　矩形阵列执行中右键快捷菜单

图 2-75　“阵列创建”选项卡面板

完成了矩形阵列行列数的设置之后，继续依据命令区给出的选项提示依次操作。

选择夹点以编辑阵列或 [关联(AS)/基点(B)/计数(COU)/间距(S)/列数(COL)/行数(R)/层数(L)/退出(X)] <退出>:（输入“B”，按回车键确认）

指定基点或[关键点(K)] <质心>:（选择图 2-76 所示的两套卫生间中间的墙角处作为阵列对象的基点，将默认的阵列对象基点调整到两套卫生间中间的墙角处，便于后续确定其他阵列对象的位置）

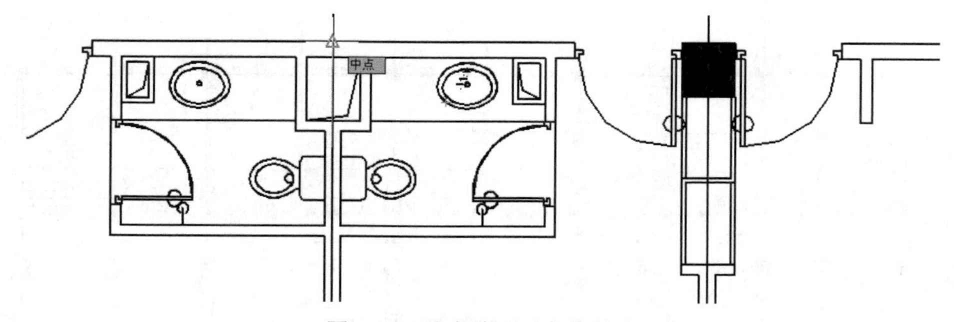

图 2-76　改变阵列对象的基点

选择夹点以编辑阵列或 [关联(AS)/基点(B)/计数(COU)/间距(S)/列数(COL)/行数(R)/层数(L)/退出(X)] <退出>:（输入“S”，按回车键确认）

指定列之间的距离或 [单位单元(U)] <1621.875>:（根据命令提示选择阵列对象的基点作为指定距离的第 1 点，再按照图形中已有的布局格式，选择本行第 2 列两套卫生间中

间的墙角处作为指定距离的第 2 点，如图 2-77 所示，完成矩形阵列对象列间距的设置）

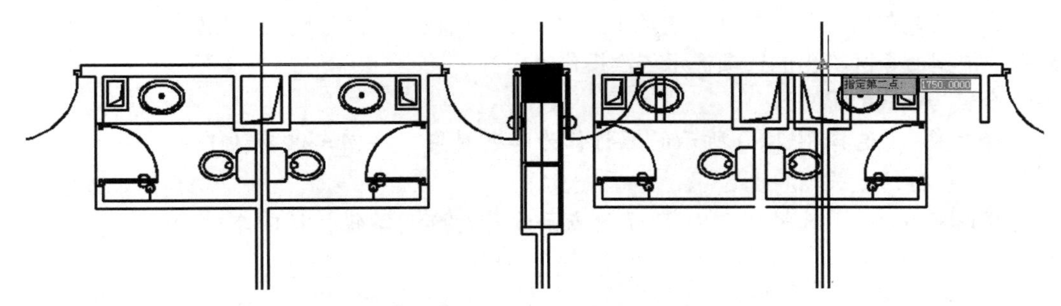

图 2-77　改变阵列对象的列间距

指定行之间的距离 <637.5>:（按回车键确认）

选择夹点以编辑阵列或 [关联(AS)/基点(B)/计数(COU)/间距(S)/列数(COL)/行数(R)/层数(L)/退出(X)] <退出>:（按回车键确认，完成矩形阵列，如图 2-78 所示）

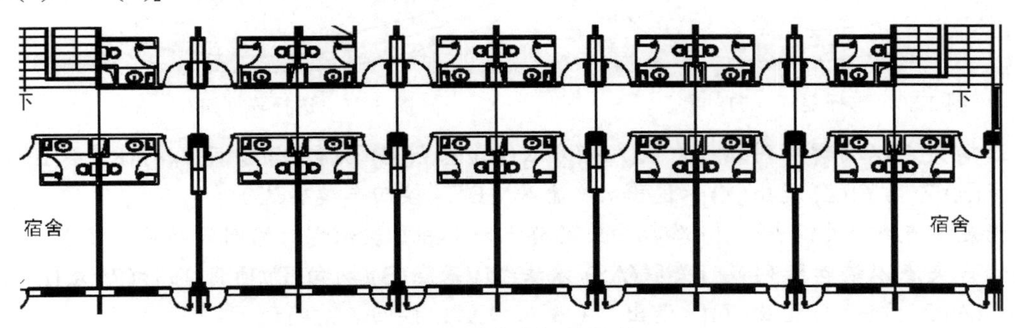

图 2-78　完成矩形阵列

完成对象矩形阵列后，若要修改阵列对象之间的关联关系，则可以通过单击阵列对象，在自动弹出的“阵列”选项卡中来完成阵列对象之间的关联关系的修订，如图 2-79 所示。

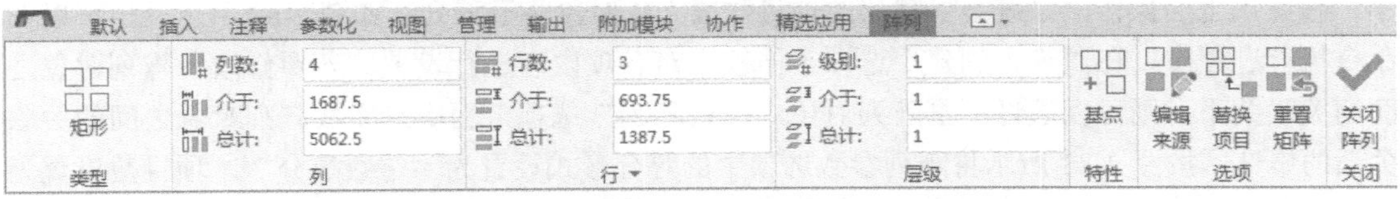

图 2-79　“阵列”选项卡

本例实践操作视频：视频 2-17

6．练习：ARRAYPATH 路径阵列命令

通过下列练习，用户可以学会操作 ARRAYPATH 命令复制对象。

（1）打开练习文件“2-9.dwg”。

（2）执行 ARRAYPATH 命令练习路径阵列复制对象。

依次单击功能区中的“默认”选项卡→“修改”面板→“路径阵列”按钮，启用路径阵列命令，依据命令区给出的选项提示依次操作。

命令：_ARRAYPATH

选择对象：（选择图 2-80 所示的螺钉作为阵列对象，按回车键确认）

类型 = 路径　关联 = 是

选择路径曲线：（选择图 2-81 所示的点画线作为阵列路径，按回车键确认）

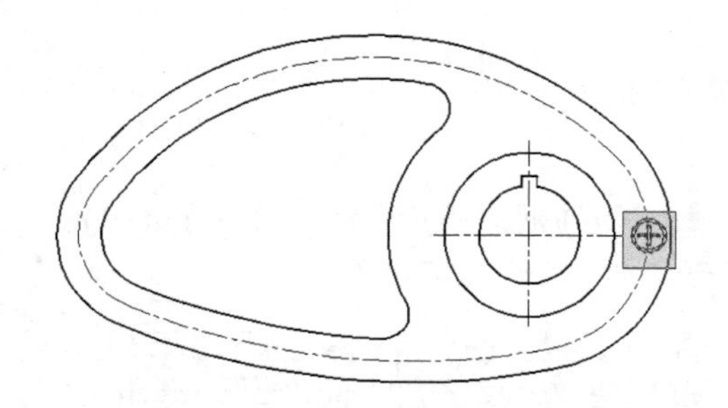

图 2-80　选择要阵列的对象

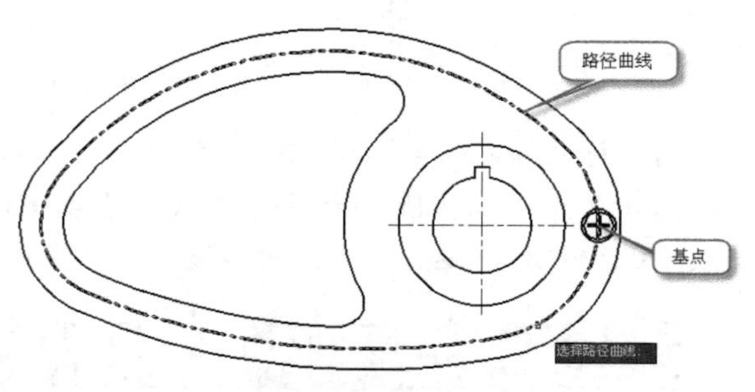

图 2-81　选择阵列路径

选择夹点以编辑阵列或 [关联(AS)/方法(M)/基点(B)/切向(T)/项目(I)/行(R)/层(L)/对齐项目(A)/Z 方向(Z)/退出(X)] <退出>:（输入“B”，按回车键确认）

指定基点或 [关键点(K)] <路径曲线的终点>:（拾取表示螺钉的圆的圆心为基点）

选择夹点以编辑阵列或 [关联(AS)/方法(M)/基点(B)/切向(T)/项目(I)/行(R)/层(L)/对齐项目(A)/Z 方向(Z)/退出(X)] <退出>:（输入“A”，按回车键确认）

是否将阵列项目与路径对齐？[是(Y)/否(N)] <是>:（输入“N”，按回车键确认）

选择夹点以编辑阵列或 [关联(AS)/方法(M)/基点(B)/切向(T)/项目(I)/行(R)/层(L)/对齐项目(A)/Z 方向(Z)/退出(X)] <退出>:（按回车键确认）

按照以上的操作，系统会以默认的项目数来完成对象路径阵列，如图 2-82 所示。也可以在命令执行过程中，在“阵列创建”选项卡面板上对各项内容进行设置。若要修改各阵列对象之间的关联关系，则可以通过单击阵列对象，在“阵列”选项卡面板来完成阵列对象之间的关联关系的修订。按图 2-83 所示将阵列参数选项中的等分形式设置为“定数等分”，项目数设置为“18”之后，能够重新得到如图 2-84 所示的路径阵列。

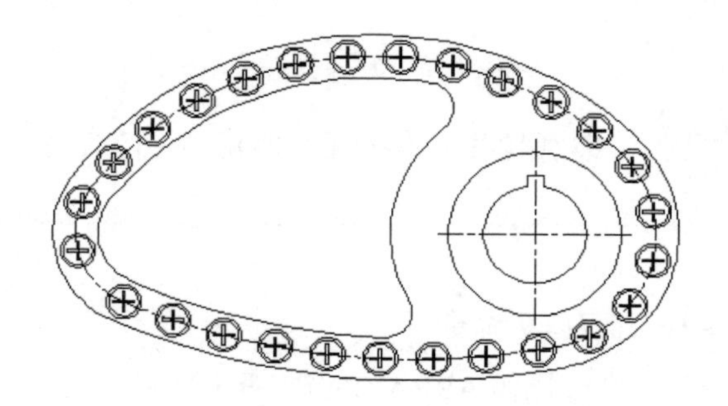

图 2-82　默认项目数的路径阵列

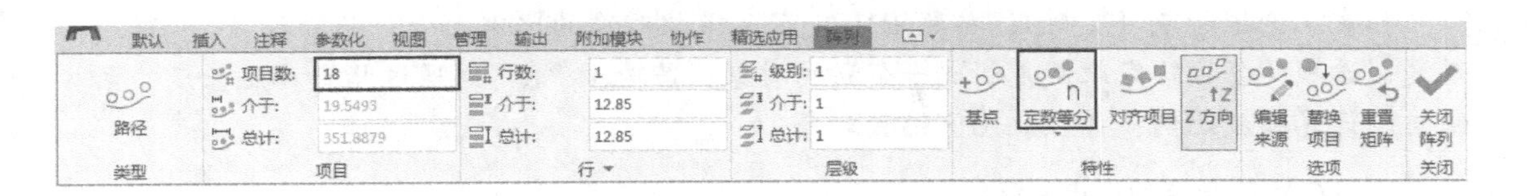

图 2-83　路径阵列选项卡

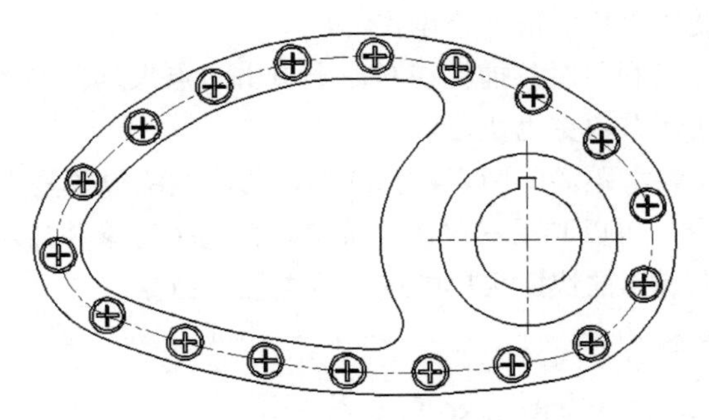

图 2-84　完成路径阵列

本例实践操作视频：视频 2-18

2.5.6　比例缩放复制对象

使用比例缩放（SCALE）命令可以帮助用户快速地编辑现有对象的尺寸，而不需要重新绘制对象达到需要的尺寸。用户可以使用 SCALE 命令或夹点控制改变目前图形上对象的尺寸大小。比例功能可以缩放整个图形，或是用户所选择的对象。用户也可以选择几何图形后，再使用 SCALE 命令。比例功能内的复制选项可以复制已选择的几何图形。如果用户选择复制选项，则新的对象会按照比例系数缩放，且原始图形不做任何改变。

1．命令操作

启用缩放命令，可以采用如下方法。

- 命令区：输入 SCALE（SC）并按回车键确认。
- 功能区：依次单击“默认”选项卡→“修改”面板→“缩放”按钮。

2．命令选项

在启用缩放命令之后，在命令区会依次出现如下命令选项。

命令：_SCALE

选择对象：（用于选择要缩放的对象）

指定基点：（用于指定对象缩放的基准点）

指定比例因子或 [复制(C)/参照(R)]：（定义缩放对象的比例大小；若输入“C”则启动复制选项，会按给定比例复制出一个新的对象；若输入“R”则通过指定参照长度，系统自动计算缩放比例，并以此比例缩放对象。）

3．SCALE 命令的重点分析

- 若输入的比例因子小于 1，则对象将被缩小；反之，对象将被放大。
- 比例因子默认会使用用户的前一个设置。
- 使用参考的选项可以利用对象捕捉在对象上单击两点来定义参考比例。这样的方式比用距离计算正确的比例系数更为快速。
- 使用参考选项定义参考距离的两点是独立的，与比例缩放的基点可以不同。
- 执行 SCALE 命令，可以利用右键快捷菜单。在选择对象并显示夹点时，在图形任意处单击鼠标右键，在弹出的快捷菜单中选择“缩放”命令。

4．练习：SCALE 命令

通过下列练习，用户可以学会操作 SCALE 命令。

（1）打开练习文件“2-10.dwg”。

（2）通过缩放，将图形摆放至合适的显示位置。

（3）执行 SCALE 命令练习缩放复制对象。

启用 SCALE 命令，依据命令区给出的选项提示依次操作。

命令：_SCALE

选择对象：（通过框选图形中的所有对象进行比例缩放，包含尺寸，按回车键确认）

指定基点：（选择图 2-85 所示的大圆的圆心作为缩放基点）

指定比例因子或 [复制(C)/参照(R)]：（输入“C”，启动复制选项，按回车键确认）

指定比例因子或 [复制(C)/参照(R)]：（输入比例因子“1.5”，按回车键确认）

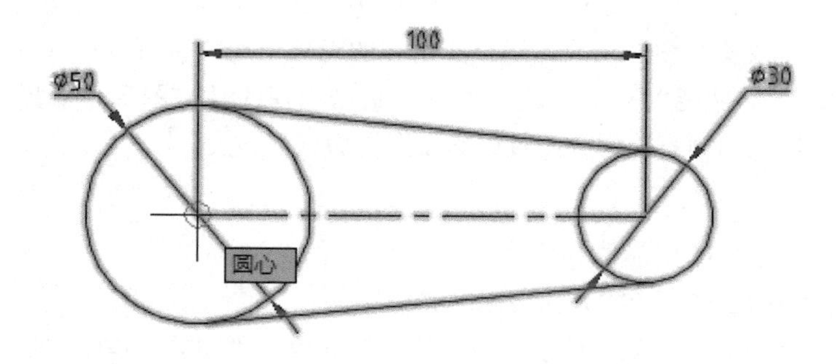

图 2-85　选择要复制的对象

完成比例缩放，源对象保留，新对象为源对象的 1.5 倍，如图 2-86 所示。

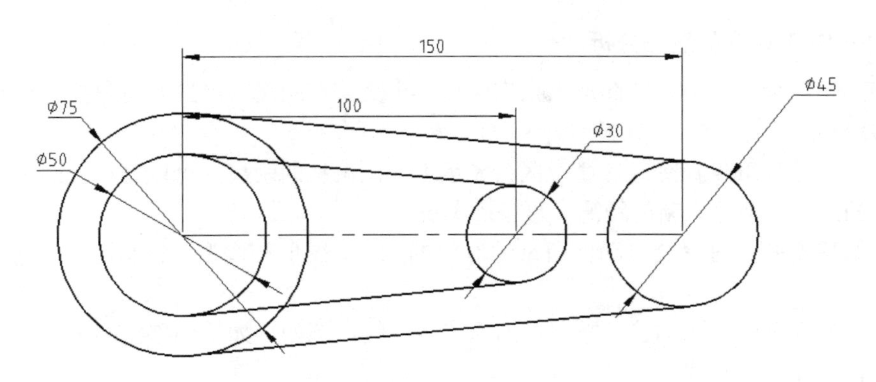

图 2-86　比例缩放对象

本例实践操作视频：视频 2-19

2.5.7　建立偏移或平行的对象

在常见的图形中，通常会有几个对象和其他对象平行，这时用户就可以使用偏移（OFFSET）命令在图形上建立新的对象，提高绘图的效率。

1. 命令操作

启用偏移命令，可以采用如下方法。

- 命令区：输入 OFFSET（O）并按回车键确认。
- 功能区：依次单击“默认”选项卡→“修改”面板→“偏移”按钮。

2. 命令选项

在启用偏移命令之后，在命令区会依次出现如下命令选项。

命令：_OFFSET

当前设置：删除源=否　图层=源　OFFSETGAPTYPE=0（用于显示当前偏移命令选项参数）

指定偏移距离或 [通过(T)/删除(E)/图层(L)] <通过>:（用于指定对象偏移的距离；选项“通过（T）”偏移复制选择的对象，并指定通过另一个点上；选项“删除（E）”使用偏移复制的动作，并删除原始的对象；选项“图层（L）”设置新对象的图层，用户可以选择偏移创建对象的图层与来源对象图形相同，或是当前的图层）

选择要偏移的对象，或 [退出(E)/放弃(U)] <退出>:（选择进行偏移的对象）

指定要偏移的那一侧上的点，或 [退出(E)/多个(M)/放弃(U)] <退出>:（指定偏移对象的偏移方向；选项“多个（M）”用于连续地偏移复制对象，最后新建的对象会成为下一个偏移复制的来源对象）

3．OFFSET 命令的重点分析

- OFFSET 命令也可以在图形上指定两点，定义偏移距离，或搭配对象捕捉准确地指定偏移距离。
- 当执行 OFFSET 命令时，命令区会显示上一次偏移的距离，可以直接按回车键，使用同样的距离，或输入新的距离，再按回车键。
- 被偏移复制的对象会自动保留来源对象的颜色、图层和线型，除非把图层选项改为“当前”。
- 有些情况可能无法偏移复制圆、圆弧或多段线。例如，如果偏移距离大于圆半径，就无法往内偏移复制圆。

4．练习：OFFSET 命令

通过下列练习，用户可以学会操作 OFFSET 命令。

（1）打开练习文件“2-11.dwg”。

（2）通过缩放，将图形摆放至合适的显示位置。

（3）执行 OFFSET 命令练习偏移复制对象。

启用 OFFSET 命令，依据命令区给出的选项提示依次操作。

命令：_OFFSET

当前设置：删除源=否　图层=源　OFFSETGAPTYPE=0

指定偏移距离或 [通过(T)/删除(E)/图层(L)] <通过>：（输入偏移数值“7.5”，按回车键确认）

选择要偏移的对象，或 [退出(E)/放弃(U)] <退出>：（选择图 2-87 中的小圆）

指定要偏移的那一侧上的点，或 [退出(E)/多个(M)/放弃(U)] <退出>：（在小圆外任何一处单击，如图 2-88 所示）

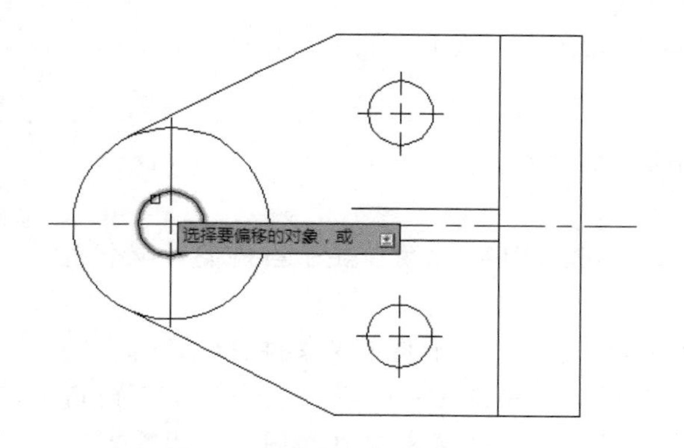

图 2-87　选择要偏移的对象

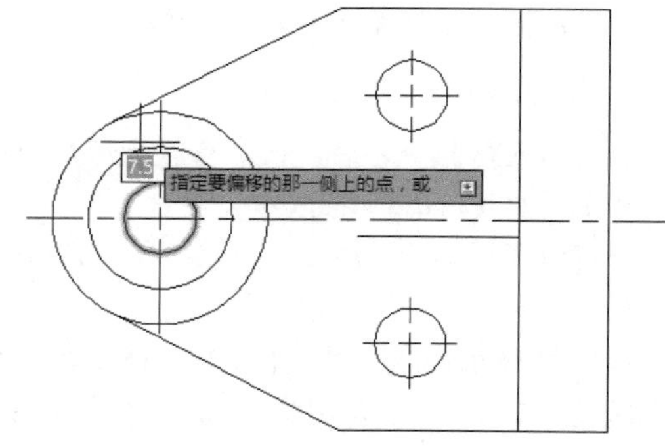

图 2-88　指定偏移方向

选择要偏移的对象，或 [退出(E)/放弃(U)] <退出>：（紧接着选择图像上面外侧的边）

指定要偏移的那一侧上的点，或 [退出(E)/多个(M)/放弃(U)] <退出>：（在上面外侧的边的下方任意处单击）

选择要偏移的对象，或 [退出(E)/放弃(U)] <退出>：（选择图像下面外侧的边）

指定要偏移的那一侧上的点，或 [退出(E)/多个(M)/放弃(U)] <退出>：（在下面外侧的边的上方任意处单击）

选择要偏移的对象，或 [退出(E)/放弃(U)] <退出>：（按回车键确认）

（4）执行 TRIM 命令对图像进行修剪。

启用 TRIM 命令，依据命令区给出的选项提示依次操作。

命令：_TRIM

当前设置：投影=UCS，边=无，模式=快速

选择要修剪的对象，或按住 Shift 键选择要延伸的对象，或[剪切边(T)/窗交(C)/模式(O)/投影(P)/删除(R)]:（通过鼠标左键依次选择图 2-89 所示的需要修剪的对象中的线段 1、2、3、4）

选择要修剪的对象，或按住 Shift 键选择要延伸的对象，或[剪切边(T)/窗交(C)/模式(O)/投影(P)/删除(R)]:（按回车键确认）

修剪后的结果如图 2-90 所示。

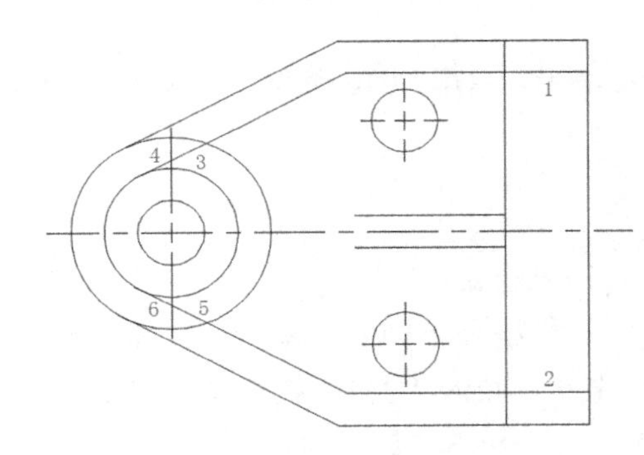

图 2-89　选择修剪边界

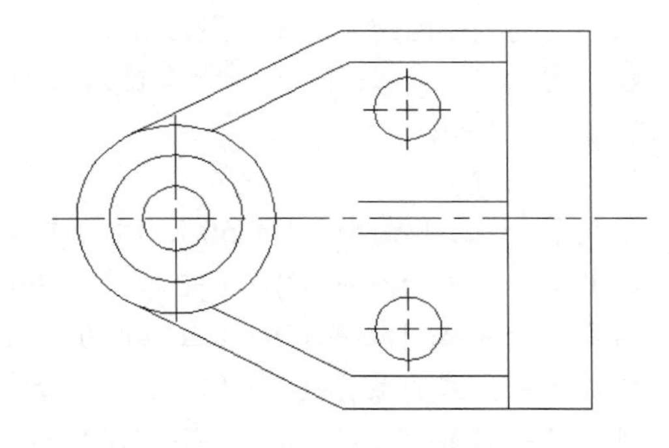

图 2-90　完成修剪对象

本例实践操作视频：视频 2-20

2.6　综合练习

通过此练习，用户可以使用基本的几何命令，如 LINE、CIRCLE、ARC、RECTANG 和 POLYGON 绘制一个简易的机械固定架，如图 2-91 所示。

绘制图形步骤如下：

（1）创建新文件。

（2）在“选择样板”对话框中选择 acadiso.dwt 文件，单击“打开”按钮。

（3）确认状态栏处的极轴追踪、对象捕捉已经打开。

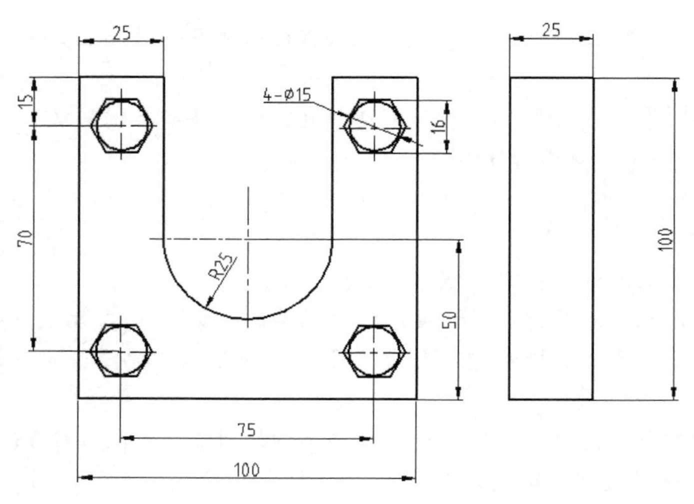

图 2-91　固定架

（4）绘制机械固定架的主视图。

❶ 从固定架左下角开始绘制 4 条线段，如图 2-92 所示。启用 LINE 命令，依据命令区给出的选项提示依次操作。

命令：_LINE

指定第一点：（输入“100,50”，按回车键确认）

指定下一点或 [放弃(U)]：（输入“@100,0”，按回车键确认）

指定下一点或 [放弃(U)]：（往 90°的方向拖曳光标，输入“100”，按回车键确认）

指定下一点或 [放弃(U)]：（往 180°的方向拖曳光标，输入“25”，按回车键确认）

指定下一点或 [放弃(U)]：（往 270°的方向拖曳光标，输入“50”，按回车键确认，再次按回车键确认）

结束 LINE 命令，完成后如图 2-92 所示。

图 2-92　固定架主视图一侧

❷ 从固定架左下角开始绘制 3 条线段，并练习“放弃”命令，如图 2-93 所示。启用 LINE 命令，依据命令区给出的选项提示依次操作。

命令：_LINE

指定第一点：（选择图 2-92 中固定架的左下角点）

指定下一点或 [放弃(U)]：（往 90°的方向拖曳光标，输入“100”，按回车键确认）

指定下一点或 [放弃(U)]:（往 0°的方向拖曳光标，输入“35”，按回车键确认）

指定下一点或 [放弃(U)]:（单击鼠标右键，在弹出的快捷菜单中选择“放弃”命令，因为直线命令正在执行，所以只有最后一条线段被放弃）

指定下一点或 [放弃(U)]:（往 0°的方向拖曳光标，输入“25”，按回车键确认）

指定下一点或 [放弃(U)]:（往 270°的方向拖曳光标，输入“50”，按回车键确认，再次按回车键确认）

结束 LINE 命令，完成后如图 2-93 所示。

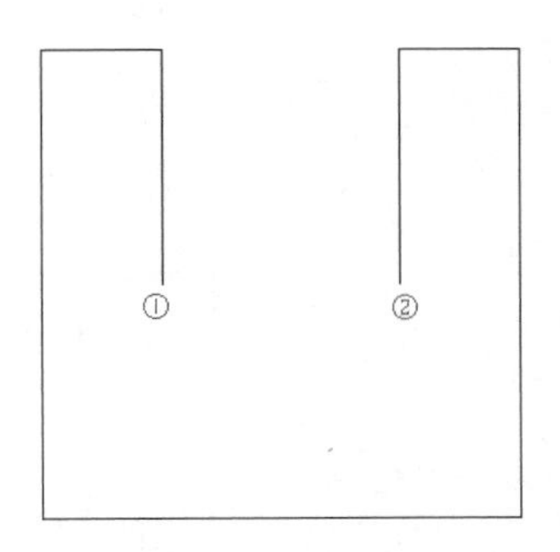

图 2-93　固定架主视图另一侧

❸ 绘制主视图上的圆弧，如图 2-94 所示。启用 ARC 命令，依据命令区给出的选项提示依次操作。

命令：_ARC

指定圆弧的起点或 [圆心(C)]:（选择图 2-93 中的点①）

指定圆弧的第二个点或 [圆心(C)/端点(E)]:（输入“E”，按回车键确认）

指定圆弧的端点:（选择图 2-93 中的点②）

指定圆弧的圆心或 [角度(A)/方向(D)/半径(R)]:（输入“R”，按回车键确认）

指定圆弧的半径:（输入“25”，按回车键确认，完成后如图 2-94 所示）

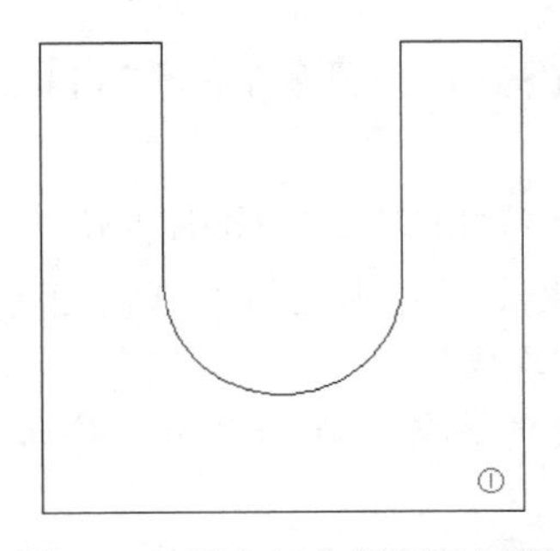

图 2-94　固定架主视图的圆弧

（5）绘制固定架的侧视图，如图 2-95 所示。启用 RECTANG 命令，依据命令区给出的选项提示依次操作。

命令：_RECTANG

指定第一个角点或[倒角(C)/标高(E)/圆角(F)/厚度(T)/宽度(W)]:（将鼠标指针移动到

图 2-94 中的点①位置的角点处，但不要拾取该点，拖曳光标向着点①正右方移动，在适当的距离处单击，该点为矩形的第一角点）

指定另一个角点或 [面积(A)/尺寸(D)/旋转(R)]：（单击鼠标右键，在弹出的快捷菜单中选择“尺寸”命令）

指定矩形的长度<0.0000>：（输入“25”，按回车键确认）

指定矩形的宽度 <0.0000>：（输入“100”，按回车键确认）

指定另一个角点或 [面积(A)/尺寸(D)/旋转(R)]：（单击出现的矩形图形的右侧，以确定矩形向右侧生成）

完成侧视图的绘制，如图 2-95 所示。

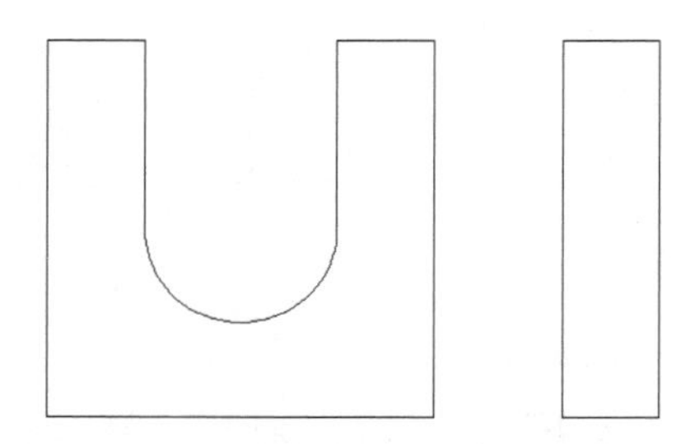

图 2-95　固定架主、侧视图

（6）绘制固定架主视图上的圆和正六边形。

❶ 绘制圆。启用 CIRCLE 命令，依据命令区给出的选项提示依次操作。

命令：_CIRCLE

指定圆的圆心或 [三点(3P)/两点(2P)/切点、切点、半径(T)]：（输入“112.5,65”，按回车键确认）

指定圆的半径或 [直径(D)]：（输入“7.5”，按回车键确认）

❷ 绘制矩形。启用 RECTANG 命令，依据命令区给出的选项提示依次操作。

命令：_RECTANG

指定第一个角点或 [倒角(C)/标高(E)/圆角(F)/厚度(T)/宽度(W)]：（选择前一步创建的圆的圆心）

指定另一个角点或 [面积(A)/尺寸(D)/旋转(R)]：（输入“@75,70”，按回车键确认）

❸ 通过矩形阵列，在前一步绘制的矩形的另外 3 个角点绘制圆。启用 ARRAYRECT 命令，依据命令区给出的选项提示依次操作。

选择对象：（选择第一步创建的圆作为阵列对象，按回车键确认）

类型 = 矩形　关联 = 是

选择夹点以编辑阵列或 [关联(AS)/基点(B)/计数(COU)/间距(S)/列数(COL)/行数(R)/层数(L)/退出(X)] <退出>：（输入“COL”，按回车键确认）

输入列数或 [表达式(E)] <4>：（输入“2”，按回车键确认）

指定 列数 之间的距离或 [总计(T)/表达式(E)] <24.3726>：（输入“75”，按回车键确认）

选择夹点以编辑阵列或 [关联(AS)/基点(B)/计数(COU)/间距(S)/列数(COL)/行数(R)/

层数(L)/退出(X)] <退出>:（输入“R”，按回车键确认）

输入行数或 [表达式(E)] <3>:（输入“2”，按回车键确认）

指定 行数 之间的距离或 [总计(T)/表达式(E)] <39.5292>:（输入“70”，按回车键确认）

指定 行数 之间的标高增量或 [表达式(E)] <0>:（按回车键确认）

选择夹点以编辑阵列或 [关联(AS)/基点(B)/计数(COU)/间距(S)/列数(COL)/行数(R)/层数(L)/退出(X)] <退出>:（按回车键退出，完成矩形阵列，如图 2-96 所示）

❹ 启用删除命令。选择图 2-96 中的辅助矩形，单击鼠标右键，在弹出的快捷菜单中选择“删除”命令。

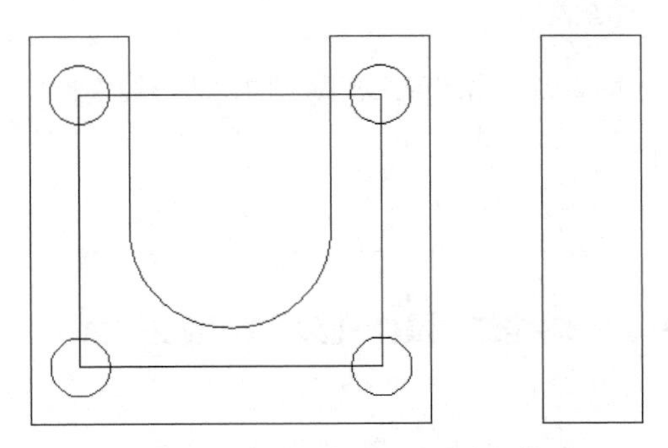

图 2-96　绘制固定架主视图上的圆

❺ 绘制正六边形。启用 POLYGON 命令，依据命令区给出的选项提示依次操作。

命令：_POLYGON

输入侧面数<0>:（输入“6”，按回车键确认）

指定正多边形的中心点或 [边(E)]:（选择图 2-96 中一处圆的圆心）

输入选项 [内接于圆(I)/外切于圆(C)] <C>:（输入“C”，按回车键确认）

指定圆的半径:（输入“8”，按回车键确认）

❻ 复制正六边形。选中前一步绘制好的正六边形后单击鼠标右键，在弹出的快捷菜单中选择“复制选择”命令。

命令：_COPY 找到 1 个

当前设置：复制模式=多个

指定基点或[位移(D)/模式(O)] <位移>:（选择圆心）

指定第二个点或 [阵列(A)] <使用第一个点作为位移>:（选择另外三个圆中的一个圆的圆心）

指定第二个点或 [阵列(A)/退出(E)/放弃(U)] <退出>:（选择另外两个圆中一个圆的圆心）

指定第二个点或 [阵列(A)/退出(E)/放弃(U)] <退出>:（选择最后一个圆的圆心）

指定第二个点或 [阵列(A)/退出(E)/放弃(U)] <退出>:（按回车键退出）

完成图形绘制，如图 2-97 所示。

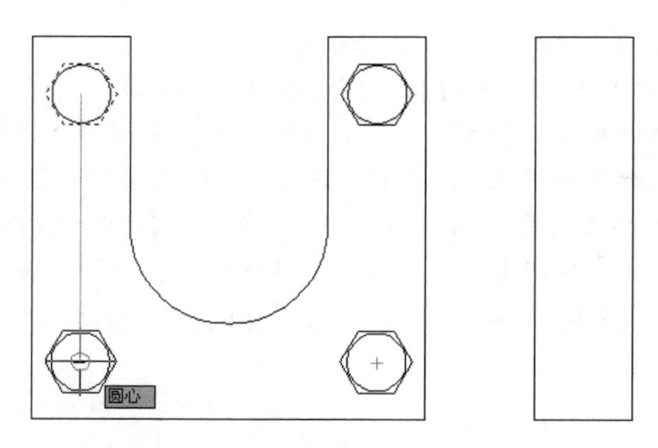

图 2-97　固定架主视图上的六边形的绘制

❼ 保存图形后关闭文件。

本例实践操作视频：视频 2-21

第 3 章　创建和编辑二维图形对象（二）

本章将在第 2 章的基础上，继续介绍二维图形对象的创建和编辑功能。

完成本章的练习，可以学习到以下知识。

- 对象捕捉。
- 极轴追踪和极轴捕捉。
- 对象追踪。
- 夹点功能。
- 图形的移动和编辑。
- 边、角、长度的编辑。
- 创建边界与面域。

3.1　精确绘图工具

3.1.1　对象捕捉

创建的每一个对象均有多个可供选取的点，用户可以利用这些点绘制其他对象。每当创建一个对象时，必须定义一个点或位置，而这些点必须是准确的，否则会影响图形的正确性。如图 3-1 所示，当绘图人员在不使用对象捕捉的情况下，绘制一条垂直线，其端点与水平线的端点相接。在没缩放窗口的情况下，此线段看上去是与水平线连接的；但是，当放大相交的区域时，可以看见垂直线并没有与水平线连接。因此，在绘图中使用对象捕捉是保证绘制出的图形精准的必要条件。

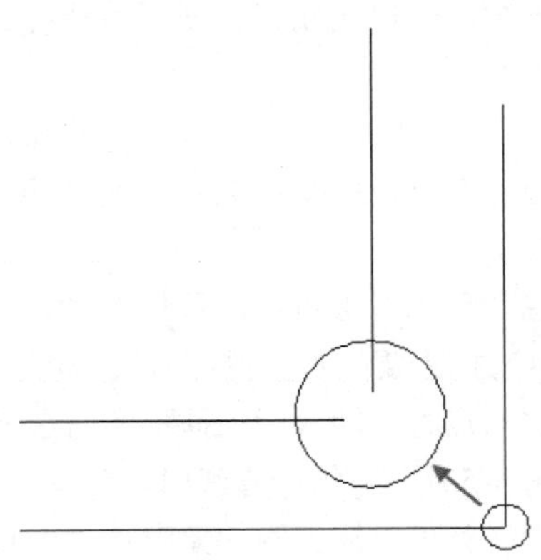

图 3-1　未使用对象捕捉的结果

1. 启用对象捕捉功能

启用对象捕捉功能，可以采用如下方法。

- 命令区：输入 OSNAP，在弹出的“草图设置”对话框中的“对象捕捉”选项卡中勾选“启用对象捕捉（F3）”复选框，如图 3-2 所示。

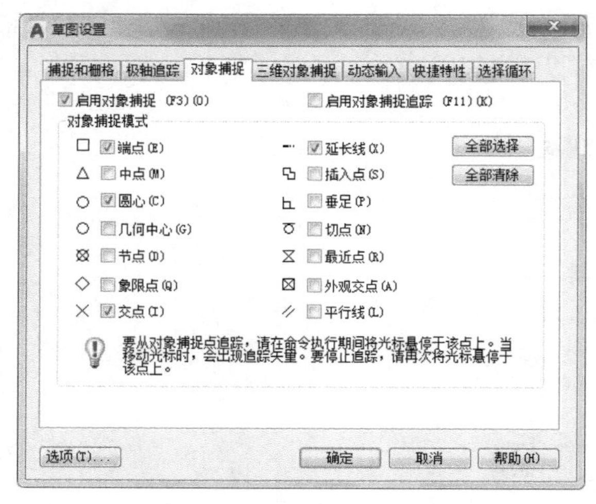

图 3-2 “草图设置”对话框

- 快捷键：F3，如果对象捕捉功能处于关闭状态，则打开对象捕捉功能；反之，关闭对象捕捉功能。
- 状态栏：单击应用程序状态栏中的“对象捕捉”按钮，如图 3-3 所示。

模型 1:1

图 3-3 应用程序状态栏

2. 对象捕捉的方式

使用对象捕捉有几种不同的方式，可以关闭或打开对象捕捉，也可以使用手动临时对象捕捉选取对象上的点，但只能使用一次。

1）临时对象捕捉

临时的对象捕捉，用户可以通过右键快捷菜单或命令区执行。这时对象捕捉会作用在用户所指定的下一点，但只能使用一次。

- 快捷菜单：在绘图区，按住“Shift”键再单击鼠标右键，会弹出对象捕捉快捷菜单，如图 3-4 所示，通过快捷菜单选择需要的对象捕捉方式即可。
- 命令区：在状态栏提示指定一点时，输入对象捕捉的前 3 个字母，并按回车键确认（如 MID、INT、QUA 等）。如图 3-5 所示，绘制直线时，当提示指定下一点的时候输入“qua”并按回车键确认，绘制的直线就可以捕捉圆的象限点作为直线端点。
- 捕捉图标还没有出现或者单击点之前，单击两次对象捕捉按钮，则手动模式对象捕捉会取消。

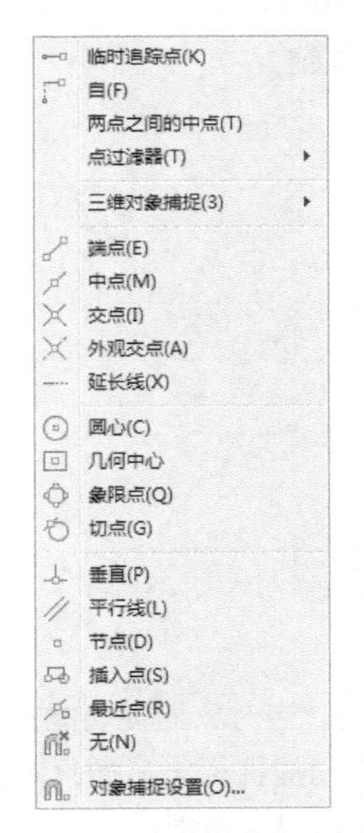

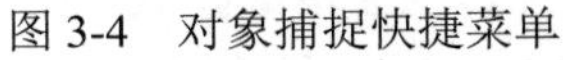
图 3-4　对象捕捉快捷菜单

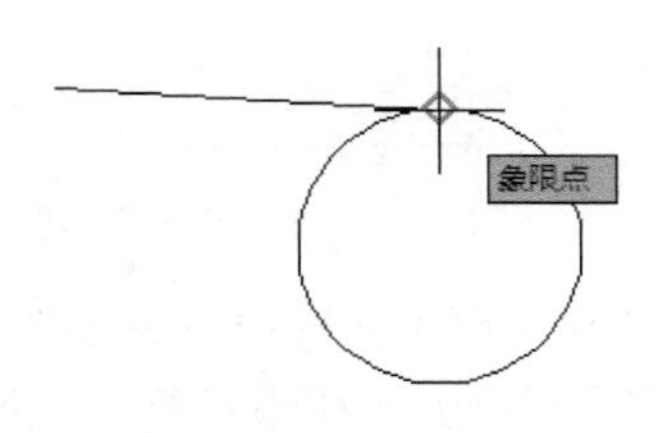

图 3-5　临时捕捉象限点

2）自动对象捕捉

如果用户要多次使用同一个对象捕捉，可以把它设置为自动对象捕捉，使用到用户关闭捕捉功能为止。并且自动对象捕捉方式的另一个特点是，可以同时设置多个对象捕捉。

- 在应用程序状态栏中的“对象捕捉”按钮上单击鼠标右键，或者单击“对象捕捉”按钮下拉菜单，在弹出的快捷菜单中选择相关命令可以快速打开或关闭自动对象捕捉功能，如图 3-6 所示。
- 通过命令区 OSNAP 命令或在图 3-6 中的快捷菜单中选择“对象捕捉设置”命令可以调出“草图设置”对话框，根据用户的需求选择相应的对象捕捉选项，鼠标光标停靠在某选项上方时，系统会显示该选项的定义，如图 3-7 所示。

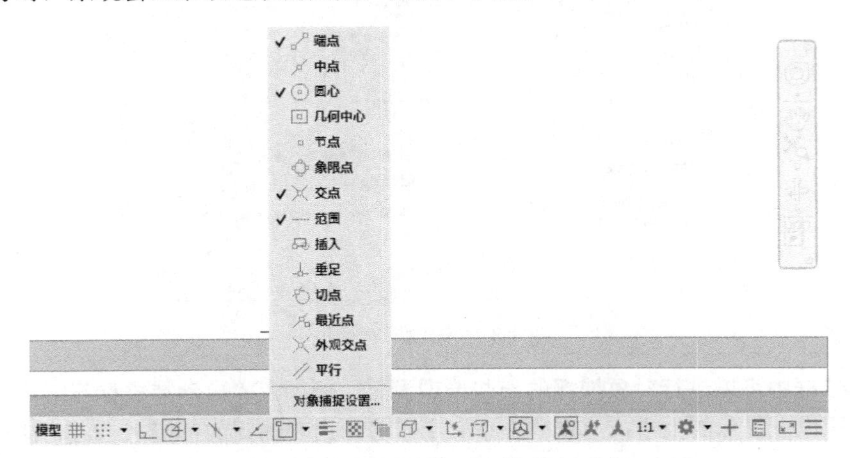

图 3-6　打开或关闭自动对象捕捉功能

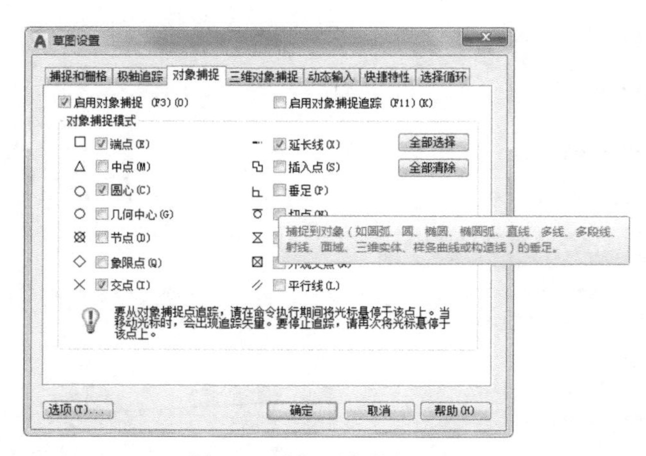

图 3-7　选择对象捕捉选项

- “草图设置”对话框中的选项与快捷菜单中的选项相同。当对象捕捉功能打开时，其相关的对象捕捉图标会显示在该对象上，此图标被称为自动捕捉标志。如果对象捕捉是打开状态，则每一次用户移动鼠标指针靠近捕捉时，此标志也会跟着显示。也可以按“Tab”键循环对象捕捉，但最好不要同时打开所有的对象捕捉选项，只选取几个常用的选项（如端点、圆心和交点）即可，之后再根据需求逐一增加选项，或是使用手动模式选取。

3. 对象捕捉的选项设置

选择“草图设置”对话框中的“对象捕捉”选项卡，单击选项(T)...按钮，可以弹出“选项”对话框，如图 3-8 所示。

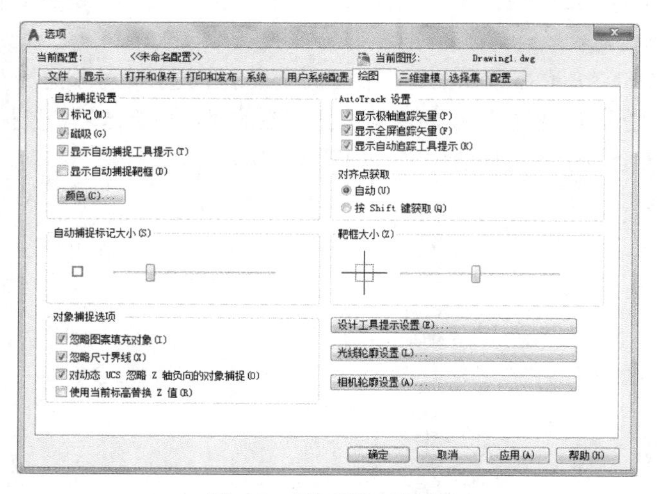

图 3-8　“选项”对话框

在该对话框中可以进行对象捕捉的一些选项设置。例如，“自动捕捉标记大小”用于设置捕捉标记在图像上显示的大小；“靶框大小”用于告知用户捕捉的范围，当自动捕捉靶框的任何一部分触碰到对象的有效捕捉时，自动捕捉标志将会显现，提示被选取的捕捉类型。

4．练习：用对象捕捉创建图形

通过下面练习，用户可以利用自动对象捕捉或临时对象捕捉创建几何图形。

（1）打开本书的练习文件“3-1.dwg”。

（2）通过缩放，将图形摆放至合适的显示位置。

（3）确认对象捕捉功能已经打开。

（4）设置对象捕捉：调出“草图设置”对话框，在“对象捕捉”选项卡上设置要使用的对象捕捉，如图 3-9 所示。

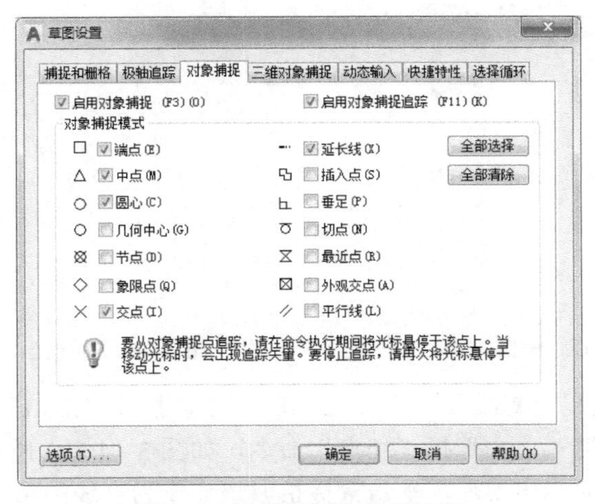

图 3-9　设置需要的对象捕捉

（5）进行几何图形的创建，操作过程如下。

❶ 绘制一条线段，如图 3-10 所示，在提示拾取点时，选取两边端点，注意对象捕捉的显示。

❷ 按回车键重复 LINE 命令，使用所捕捉的对象的中点再绘制一条线段，如图 3-11 所示。

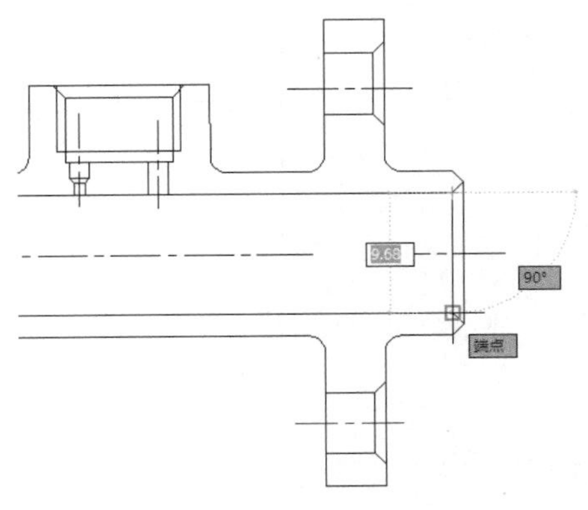

图 3-10　捕捉端点绘制线段

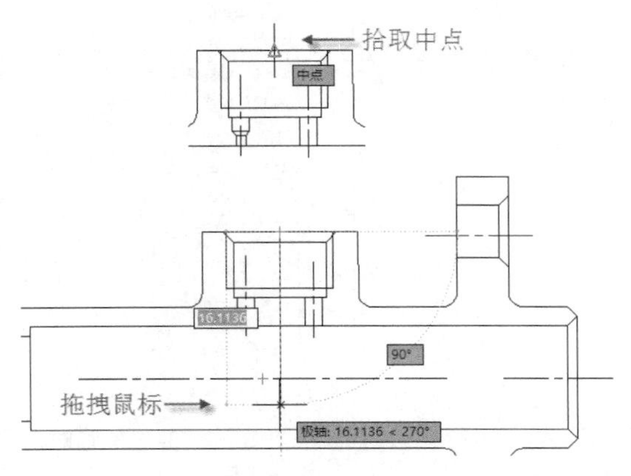

图 3-11　捕捉中点绘制线段

❸ 绘制一个圆，在提示指定圆心时，如图 3-12 所示，将鼠标光标放在圆周上，当用户看到显示出捕捉圆心图标时拾取，此点将作为新绘制圆的圆心，再输入“2.42”作为半径，完成圆的绘制。

❹ 重复以上步骤，完成与之对称的圆的绘制。

❺ 继续绘制圆，圆心拾取两条线的交点，如图 3-13 所示，输入“11”作为半径，完成圆的绘制。

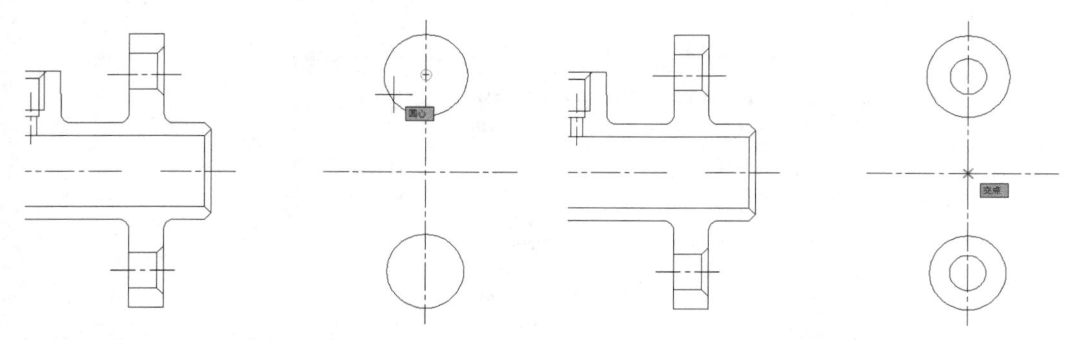

图 3-12　捕捉圆心绘制圆　　　　图 3-13　捕捉交点绘制圆

❻ 利用临时对象捕捉绘制线段。启用 LINE 命令，按住“Shift”键或“Ctrl”键并单击鼠标右键，在弹出的快捷菜单中选择“切点”命令，如图 3-14（a）所示，再将鼠标光标放置在上面圆的左侧，切点光标出现后，单击鼠标拾取该点作为直线的第一点，如图 3-14（b）所示。

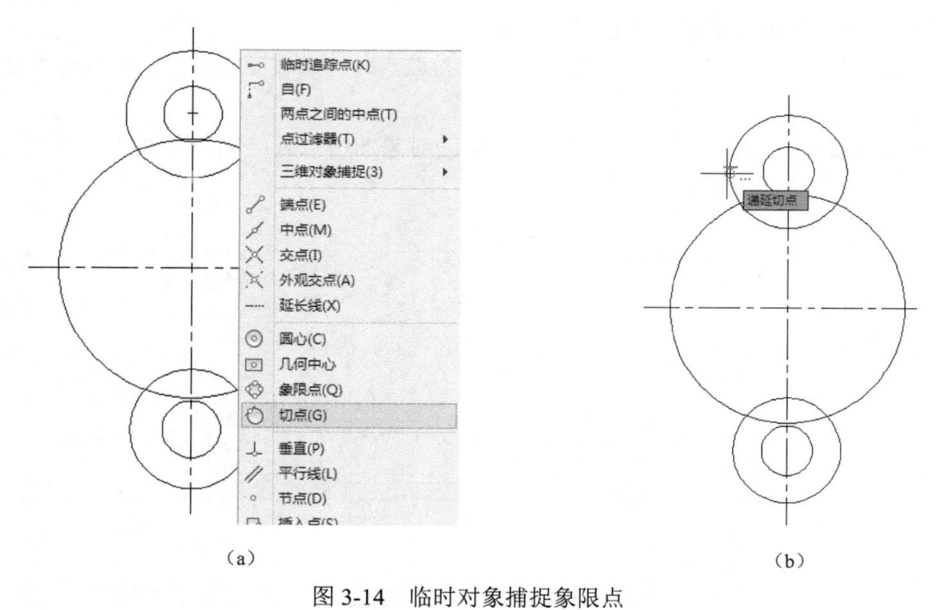

（a）　　　　（b）

图 3-14　临时对象捕捉象限点

❼ 按住“Shift”键或“Ctrl”键并单击鼠标右键，在弹出的快捷菜单中再次选择“切点”命令，在中间大圆上捕捉切点作为直线的第二点，完成线段的绘制，如图 3-15 所示。

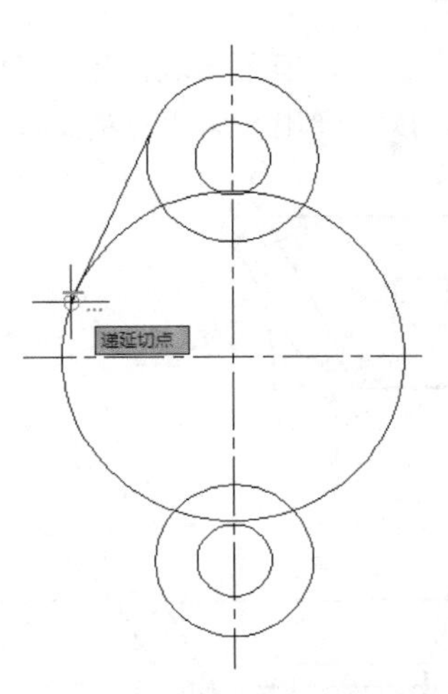

图 3-15　临时对象捕捉切点

❽ 重复上述步骤，完成另外 3 条切线的绘制。

本例实践操作视频：视频 3-1

5．练习：对象捕捉绘制斜视图

（1）打开本书的练习文件“3-2.dwg”，利用对象捕捉绘制斜视图。

（2）设置对象捕捉：调出“草图设置”对话框，在“对象捕捉”选项卡中设置要使用的对象捕捉，捕捉“端点”“交点”“延长线”“垂足”“平行线”，如图 3-16 所示。

（3）进行几何图形的创建，操作过程如下。

❶ 绘制线段，将鼠标光标放在图形右下角点处，不拾取，拖动鼠标，如图 3-17 所示，在合适位置拾取点。

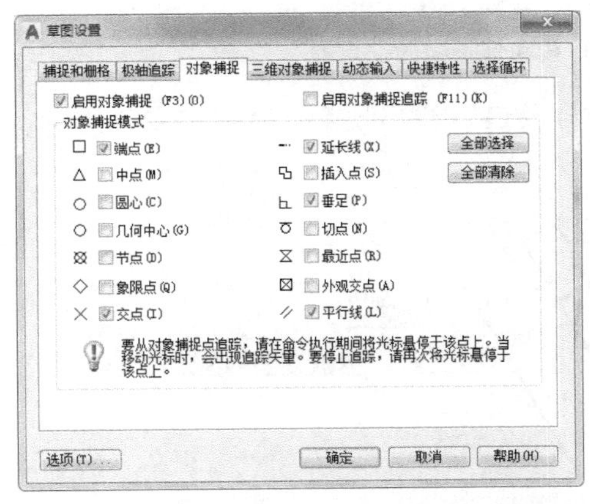

图 3-16　在“对象捕捉”选项卡中设置要使用的对象捕捉

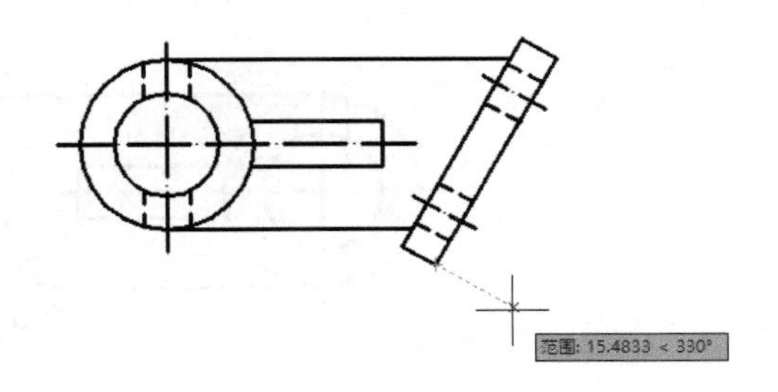

图 3-17　对象捕捉延长线

❷ 将鼠标光标放在直线 AB 上移动，但不拾取，等待“平行”符号出现后，回到与要平行的对象接近平行的位置时，AutoCAD 会弹出一条平行的追踪线，如图 3-18 所示。

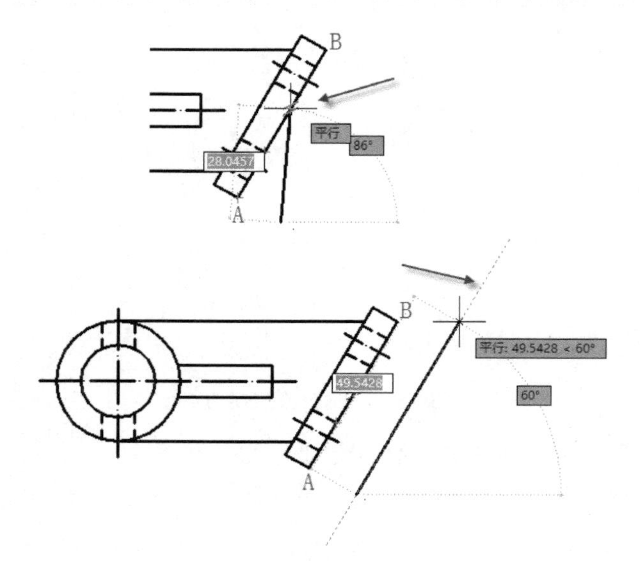

图 3-18 对象捕捉平行线

❸ 将鼠标光标放在 B 点，不拾取，等待延长线出现后，回到平行线上，如图 3-19 所示，拾取两追踪线的交点，确定线段第二点。

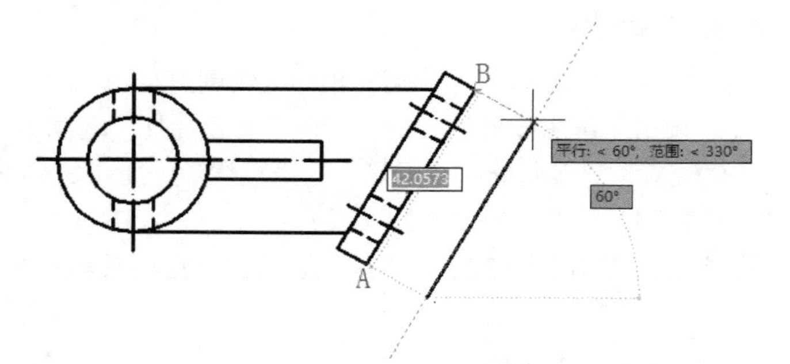

图 3-19 对象捕捉平行线和延长线的交点

❹ 将鼠标向右下方拖动，待“垂直”符号及追踪线出现后，如图 3-20 所示，输入“20”。

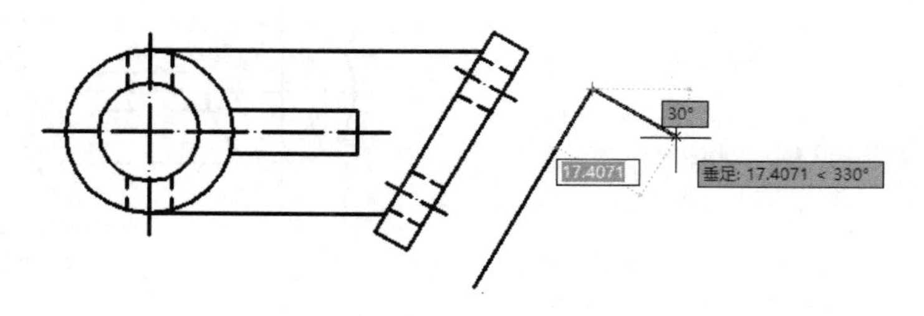

图 3-20 对象捕捉垂直线

❺ 继续用捕捉“平行”“延长线”“垂直”方式，完成其余线段的绘制，结果如图 3-21 所示。

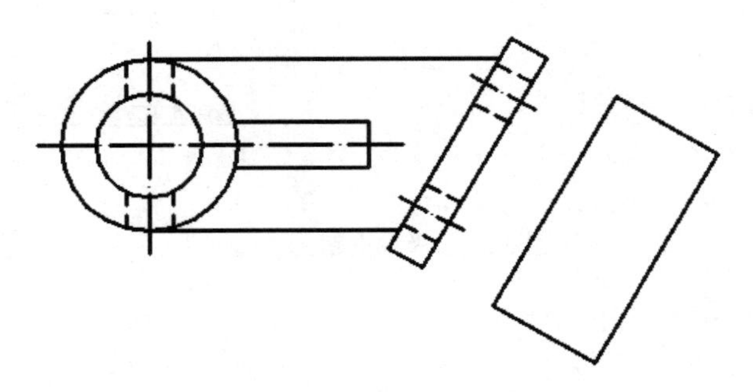

图 3-21　对象捕捉完成斜视图

本例实践操作视频：视频 3-2

3.1.2　极轴追踪和极轴捕捉

在创建一些对象时需要一些相同的角度，学习使用极轴创建对象方式，有助于精确绘图，并且可以增加绘图的效率。使用极轴追踪和极轴捕捉创建对象，具备与使用坐标输入法同样的精确度且效率更高。

1. 启用极轴追踪功能

启用极轴追踪功能，可以采用如下方法。

- 快捷键：F10，如果极轴追踪功能处于关闭状态，则打开极轴追踪功能；反之，关闭极轴追踪功能。
- 状态栏：单击状态栏中的“极轴追踪”按钮，如图 3-22 所示。

模型 1:1

图 3-22　状态栏

2. 极轴追踪的方式

如图 3-23 所示，使用极轴追踪与极轴捕捉会显示极轴的追踪轨迹。由光标坐落的位置，显示出虚线路径，平直且无限延伸。此极轴的追踪轨迹显示当前光标所处的位置与最后选取点的关系。

图 3-23（a）路径是采用绝对角度测量法使用极轴追踪，图 3-23（b）路径则是相对于最后绘制的线段。同时使用极轴追踪与极轴捕捉可以如图 3-23 所示一样不需要输入复杂的坐标位置，即可准确地绘制几何对象。

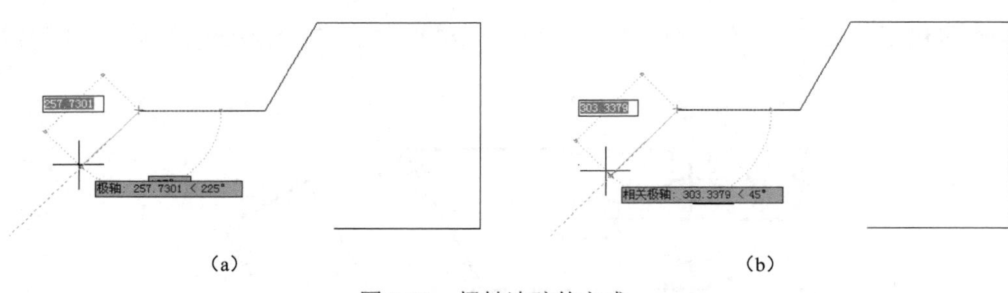

（a） （b）

图 3-23　极轴追踪的方式

3. 极轴追踪的选项设置

具体操作步骤如下。

（1）在应用程序状态栏中的“极轴追踪”按钮上单击鼠标右键，在弹出的快捷菜单中选择角度值，即可设置相应的极轴追踪角度，如图 3-24 所示。

（2）在如图 3-24 所示的快捷菜单中选择“正在追踪设置”命令可以调出“草图设置”对话框，根据用户的需求在“极轴追踪”选项卡中设置相应的选项，如图 3-25 所示。

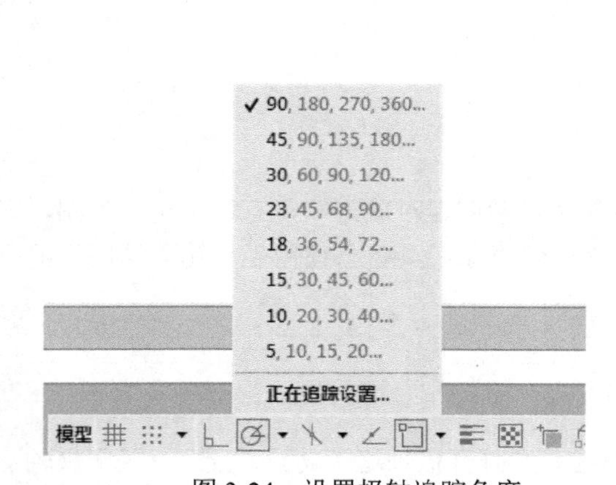

图 3-24　设置极轴追踪角度

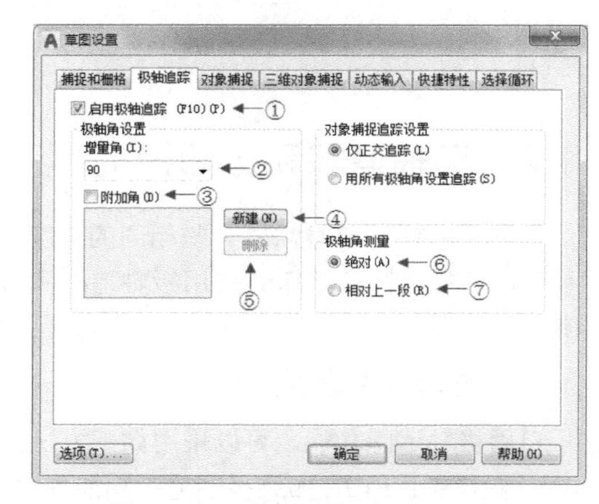

图 3-25　设置极轴追踪选项

❶ 启用极轴追踪：选择是否打开极轴追踪。

❷ 增量角：设置极轴增量角度，当光标接近此角度或此角度的倍数时，就会显示极轴追踪的路径。

❸ 附加角：勾选此复选框，可以使用自定义的其他极轴角度。

❹ 新建：单击“新建”按钮，新增极轴追踪的其他角度。

❺ 删除：单击“删除”按钮，可删除不用的角度。

❻ 绝对：选中此单选按钮，使用极轴追踪时，角度追踪采用绝对角度显示。

❼ 相对上一段：选中此单选按钮，使用极轴追踪时，角度追踪采用相对于上一个线段绘制。

（3）在“草图设置”对话框中选择“捕捉和栅格”选项卡，用户可以自己设置极轴追踪时光标的移动距离，如图 3-26 所示。

❶ PolarSnap：打开极轴捕捉时，使光标沿着极轴追踪路径，以自己设置的极轴距离值捕捉。

❷ 极轴距离：输入一个距离值，使光标沿着极轴追踪路径，移动该距离倍数。此选项仅在打开极轴捕捉功能时可以使用。

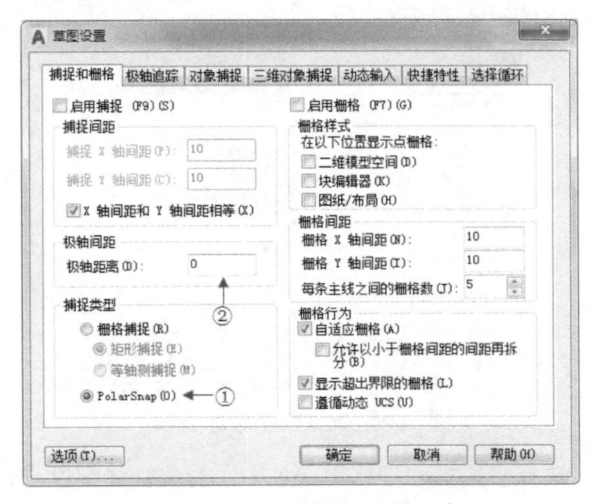

图 3-26　设置光标移动的距离

4．练习：极轴追踪与捕捉

绘制如图 3-27 所示的图形。通过此练习，用户可以学习利用极轴追踪与对象捕捉创建几何图形。

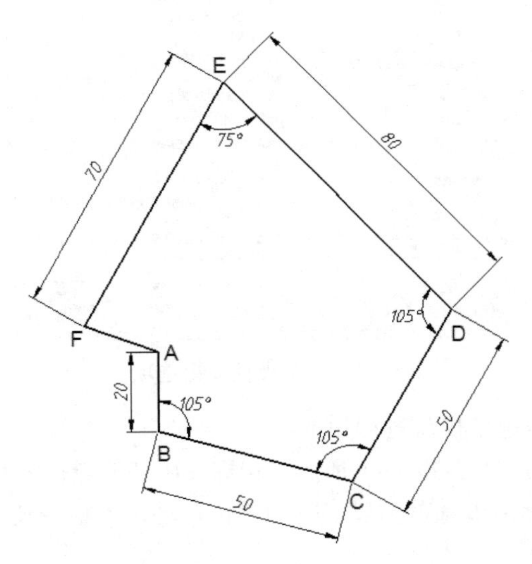

图 3-27　极轴追踪与捕捉练习

（1）新建文件。

（2）确认极轴追踪与捕捉功能已经打开。

（3）设置极轴追踪：调出“草图设置”对话框，在“极轴追踪”选项卡中对极轴追踪进行设置，如图 3-28 所示，增量角为“15”，即追踪 15°及 15°倍数角度方向，极轴角测量选择“相对上一段”。

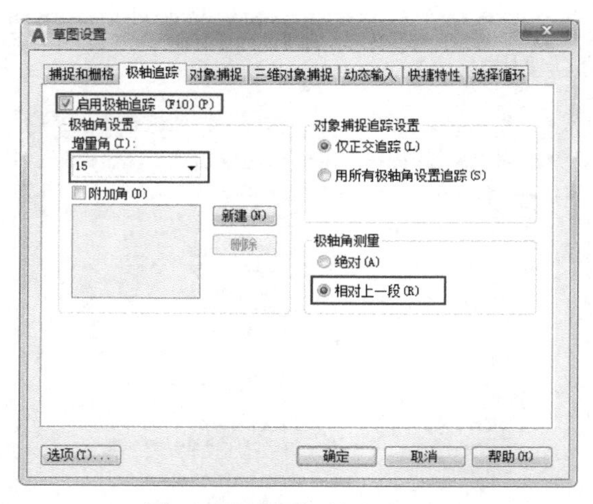

图 3-28　设置极轴追踪选项

（4）设置极轴捕捉：选择“捕捉和栅格”选项卡，对极轴捕捉进行设置，如图 3-29 所示，捕捉类型选择“PolarSnap”，捕捉极轴距离为“10”。

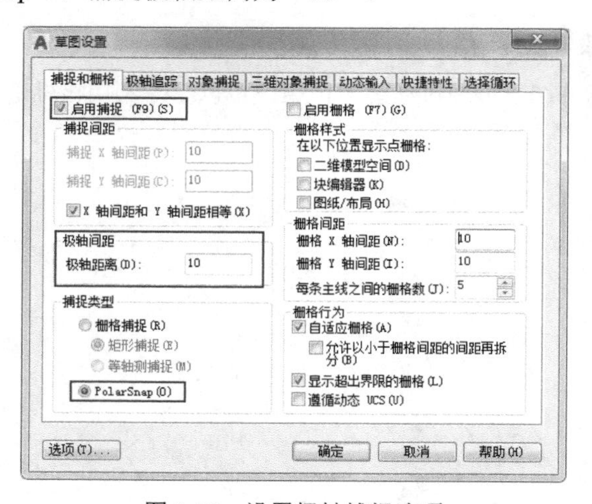

图 3-29　设置极轴捕捉选项

（5）进行几何图形的创建，操作过程如下。

❶ 绘制第一条线段，如图 3-30（a）所示，选取图中任意点作为线段的起始点，并向下拖曳鼠标，可以看到十字光标沿极轴方向以 10 为单位跳动，当极轴追踪显示“20.0000<270°”时，单击鼠标确定线段终点。

❷ 绘制下一点，向右下角移动鼠标，当极轴追踪显示“50.0000<75°”时，如图 3-30（b）所示，单击鼠标拾取。

❸ 绘制下一点，向右上角移动鼠标，当极轴追踪显示“50.0000<75°”时，如图 3-30（c）所示，单击鼠标拾取。

❹ 绘制下一点，向左上角移动鼠标，当极轴追踪显示“80.0000<75°”时，如图 3-30（d）所示，单击鼠标拾取。

❺ 绘制下一点，向左下角移动鼠标，当极轴追踪显示“70.0000<105°”时，如图 3-30（e）所示，单击鼠标拾取。

❻ 绘制下一点，拾取第一条线段起点，待端点符号出现后，如图 3-30（f）所示，单击鼠标拾取，按回车键确认，完成图形的绘制。

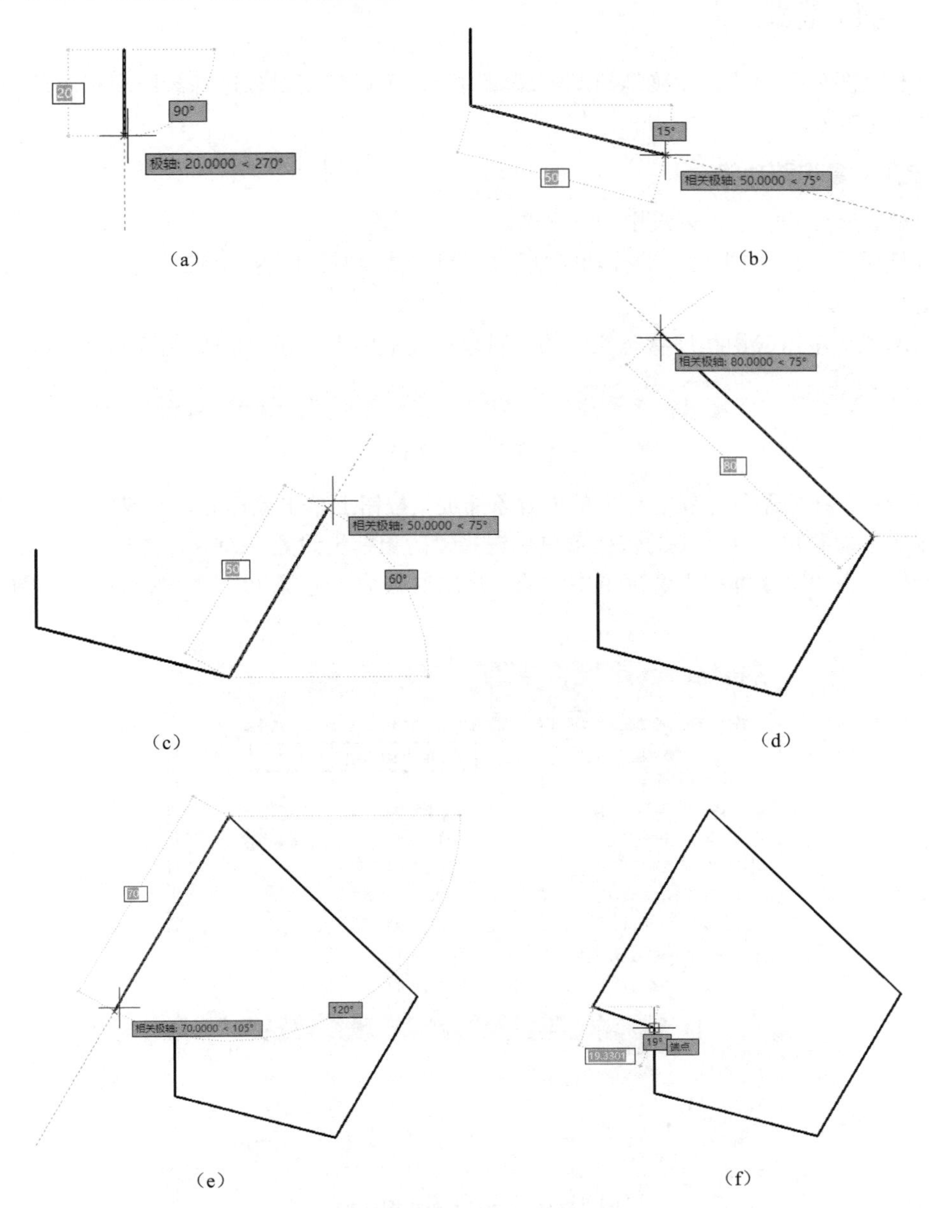

图 3-30　极轴追踪捕捉线段端点

本例实践操作视频：视频 3-3

3.1.3 对象追踪

如果要在图形上快速、精确地绘制或编辑对象，可以使用对象追踪参照现有对象创建有相对位置的几何对象。

1．启用对象追踪功能

启用对象追踪功能，可以采用如下方法。

- 快捷键：F11，如果对象追踪功能处于关闭状态，则打开对象追踪功能；反之，关闭对象追踪功能。
- 状态栏：单击应用程序状态栏中的“对象捕捉追踪”按钮，如图 3-31 所示。

模型 ⋯ 1:1

图 3-31 状态栏

- 对话框：在应用程序状态栏中的“对象捕捉”按钮上单击鼠标右键，或单击“对象捕捉”按钮下拉菜单，在弹出的快捷菜单中选择“对象捕捉设置”命令，弹出“草图设置”对话框，在“对象捕捉”选项卡中勾选“启用对象捕捉追踪（F11）”复选框，如图 3-32 所示。

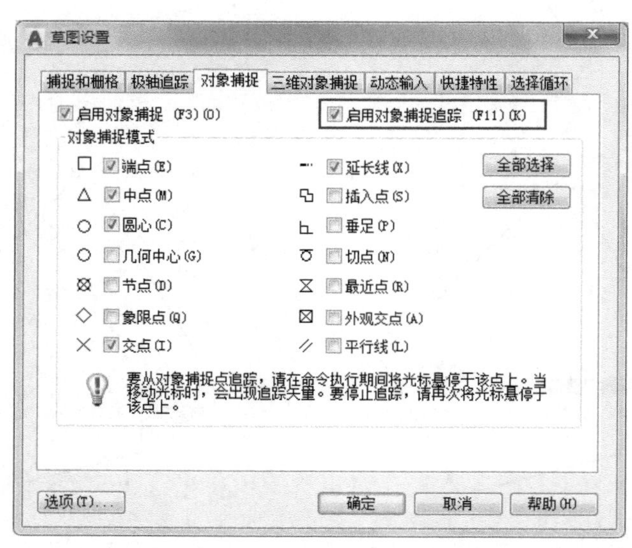

图 3-32 启用对象捕捉追踪

2．对象追踪的方式

如图 3-33 所示，在矩形中心位置绘制圆。如果不利用对象追踪，则需要分别通过矩形长和宽的中点绘制两条与其平行的辅助直线，利用辅助直线的交点找到矩形的中心即圆心，再绘制圆，之后再将作图线擦除或隐藏。使用对象追踪则可以简化过程：设置对象捕捉中点并打开对象捕捉，在绘制圆的时候，首先捕捉矩形长度方向的中点和宽度的中点（只捕捉不拾取）。当光标移到矩形中心附近时，会显示两个三角形的图标及参考追踪路径，并显示相交点，此点就为矩形中心点，再拾取该点作为圆心，指定半径，完成圆的绘制。

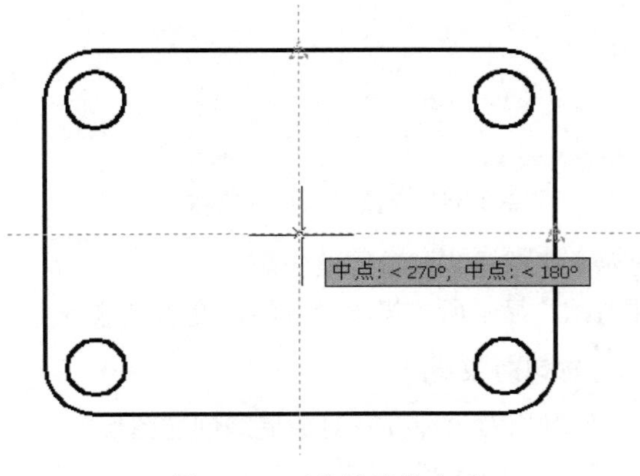

图 3-33　对象追踪的方式

3．对象追踪的重点分析

- 对象追踪必须结合对象捕捉功能，在图形上获得最多 7 个临时参考追踪点，再由这些参考追踪点提供水平、垂直或是增量角度方向的追踪。
- 如果参考点设置超过 7 个，则参考点会依选取顺序自动以新设置的点替代，原始的参考点会消失，维持 7 个参考点。
- 使用对象追踪可以加快创建几何对象的速度。
- 可以使用对象追踪得到非圆形对象（如矩形或多边形）的中心。
- 同时使用动态输入及对象追踪，动态输入会显示与指定点相关的位置信息。
- 当用户使用对象追踪配合对象捕捉，并且在图形上取得一个参考点时，被指定的点就会显示一个加号（+），表示这一个点是对象追踪的参考点。
- 获得参考点只能以接触的方式将光标移动到指定点上，不能单击。如果该点有显示捕捉的符号，则表示此点已经被设置为参考点。

4．对象追踪的选项设置

调出“草图设置”对话框，根据用户的需求在“极轴追踪”选项卡中设置相应的选项，如图 3-34 所示。

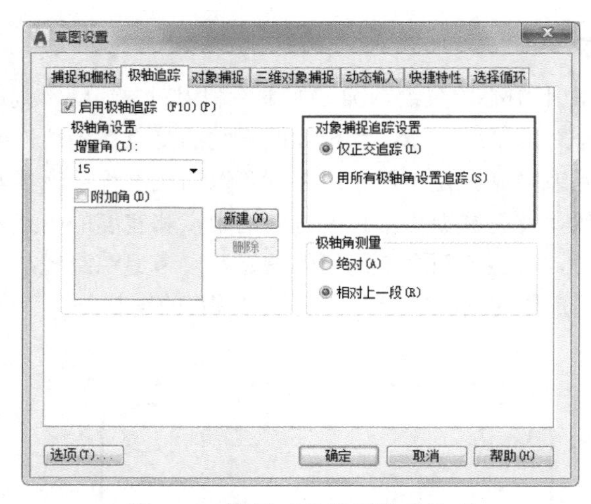

图 3-34　设置对象捕捉追踪选项

- 仅正交追踪：只显示水平或垂直的追踪路径。
- 用所有极轴角设置追踪：显示所有极轴设置的角度的追踪路径。

5. 练习：配合对象捕捉练习对象追踪

通过下列练习，用户可以利用对象捕捉及对象追踪创建图形。

（1）打开本书的练习文件“3-3.dwg”。

（2）通过缩放，将图形摆放至合适的显示位置。

（3）确认极轴追踪、对象捕捉与对象追踪功能已经打开。

（4）设置对象追踪：调出“草图设置”对话框，在“极轴追踪”选项卡中进行对象追踪设置，如图 3-35 所示。

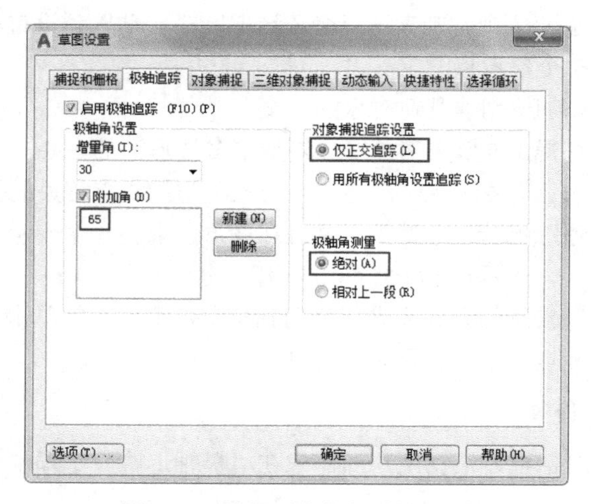

图 3-35　设置对象捕捉追踪选项

（5）确认开启了“端点”和“中点”的对象捕捉功能。

（6）进行几何图形的创建，操作过程如下。

❶ 绘制直线，如图 3-36 所示，接触右下角的端点，不拾取鼠标，沿着追踪线拖动光标，输入“40”，按回车键确认。继续将光标向正右方向移动，输入“20”，按回车键确认。完成第一条线段的绘制。

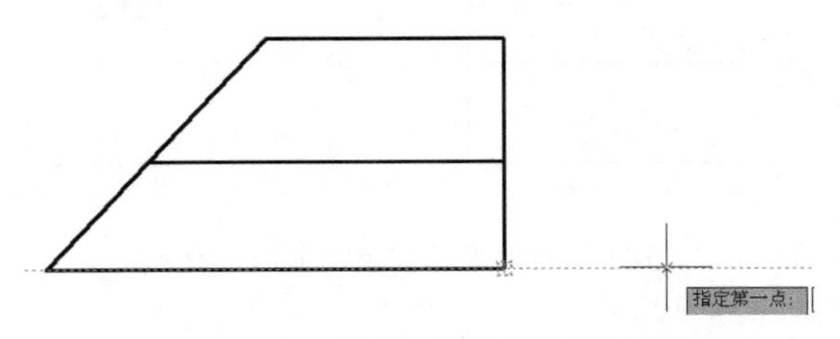

图 3-36　对象追踪捕捉线段端点

❷ 向 90°方向拖曳鼠标，再将光标移动到如图 3-37 所示的点 1 的位置，不拾取，向右移动鼠标，追踪回到与当前线段的相交点，单击交点，作为当前线段的终点，完成第二条线段的绘制。

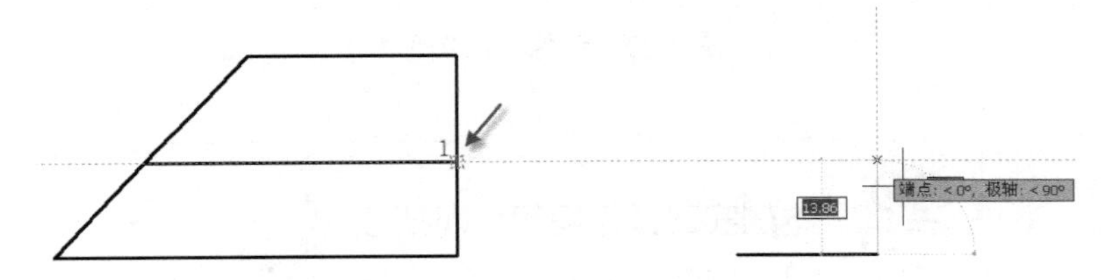

图 3-37　对象追踪捕捉交点

❸ 向左拖动鼠标，待 180°水平追踪线出现后，输入“12”，按回车键确认，完成第三条线段的绘制。

❹ 将光标移动到如图 3-38 所示的点 2 的位置，不拾取，待水平追踪线出现后，向右移动鼠标，待 65°追踪线出现后，单击两条追踪线的交点，完成第四条线段的绘制。

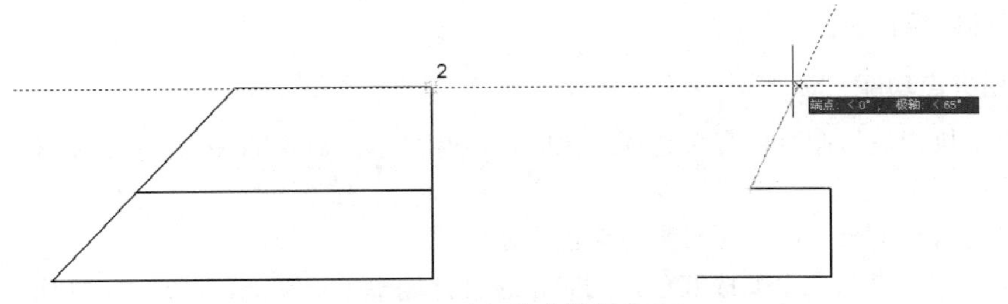

图 3-38　对象追踪捕捉交点

❺ 将光标移动到如图 3-39 所示的点 3 的位置，不拾取，待 90°垂直追踪线出现后，将光标上移，待水平追踪线出现后，单击两条追踪线的交点，完成第五条线段的绘制。

❻ 利用镜像命令，完成另一半图形绘制。如图 3-40 所示，刚绘制的 5 条线段为镜像对象，P1 和 P2 为镜像线，镜像后保留原对象，完成图形的绘制。

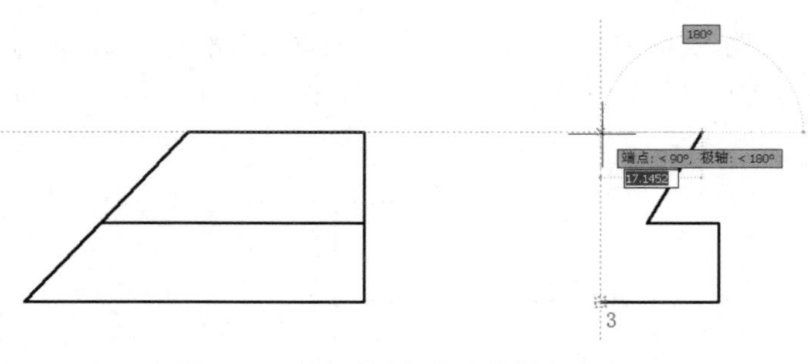

图 3-39　对象追踪捕捉当前线段交点

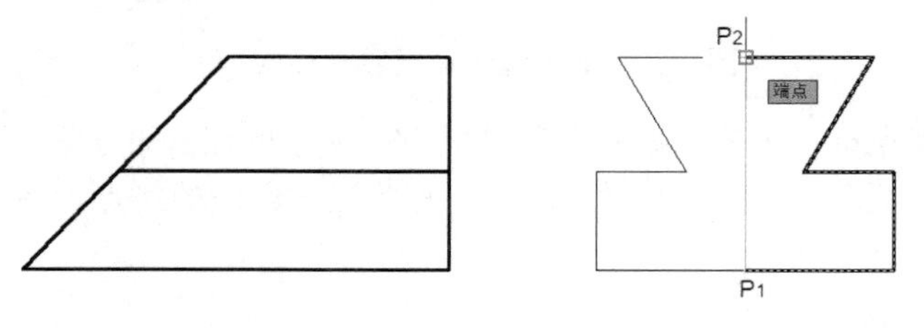

图 3-40　镜像完成图形

本例实践操作视频：视频 3-4

3.2　夹点功能

利用夹点功能可快速地实现对象的拉伸、移动、修改等，夹点功能是 AutoCAD 提供的一种非常灵活的编辑功能。

1．启用夹点功能

当用户不执行任何命令而直接选择对象时，就会显示出对象的夹点。在选择对象时，夹点会显示不同的颜色框。

- 没有选择任何夹点时，预设夹点颜色为蓝色。
- 单击夹点，夹点框会变成红色，同时也会打开编辑夹点功能，用户可以利用夹点功能对对象进行编辑，如拉伸、移动、比例等，如图 3-41（a）所示。
- 将光标移动到没有被选择的夹点上方，该夹点会变成浮动夹点，颜色会变成粉红色，同时显示对该夹点所能够进行操作的列表供用户选择。打开动态输入，在浮动夹点的状态下可以显示尺寸的信息，如图 3-41（b）所示。

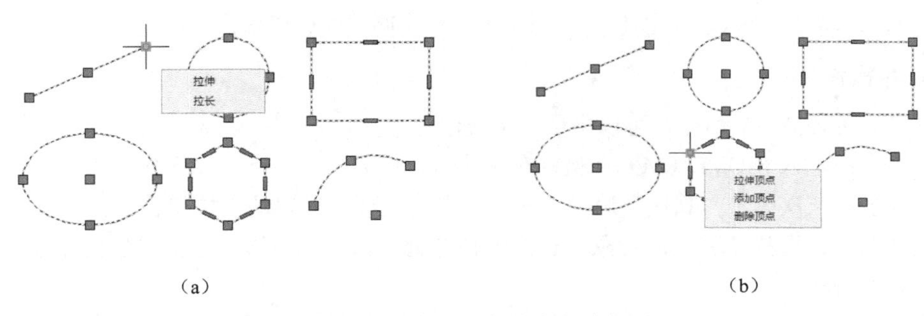

（a）　　　　（b）

图 3-41　各种对象的夹点功能

2．显示夹点编辑选项

启用夹点后单击鼠标右键，将会显示夹点的编辑菜单。夹点编辑的系统默认为拉伸，用户并不需要执行任何命令就可以利用快捷菜单执行编辑功能。

3．夹点编辑的重点分析

- 用户可以先单击对象，启用夹点，再选择一种编辑命令（如移动、删除、复制）编辑对象。
- 启用夹点之后会出现动态输入接口，用户可以在动态输入接口上输入新的数值，可以调整对象的尺寸，如长度、角度、半径，或是在输入字段上输入坐标值。
- 用户可以将夹点编辑和夹点内的复制选项结合起来执行。当启用夹点后，在图形上任何位置单击鼠标右键，在弹出的快捷菜单中选择“复制”命令，就可以将原对象保留。再用编辑命令产生新增的多个对象。
- 当产生多个新对象时，要保持在原始对象的正交模式方向，可以按住“Shift”键进行操作。
- 用户可以选择对象后单击鼠标右键，执行剪贴板内的剪切、复制，与基点一起复制或粘贴等功能。
- 用户也可以改变夹点的基点，在任意处单击鼠标右键，在弹出的快捷菜单中选择“基点”命令，就可以改变夹点编辑中对象的基点。
- 当使用夹点编辑旋转或缩放时，在任意处单击鼠标右键，可以使用参考功能。
- 按“Esc”键可以取消夹点选择，如果再按“Esc”键，就可以取消选择集。如果只想取消选择集内的单一对象，按“Shift”键，再单击选择即可。

3.3　图形的移动和编辑

3.3.1　改变对象的位置

在绘制图形时，经常需要调整对象的位置，MOVE 命令可以帮助用户精确地把对象移动到不同的位置。使用MOVE命令，用户必须选择基点移动图形上的对象。此基点是对象移动前指定的起始位置，再将此点移动到目的位置。用户可以单击两点或使用指定位移的方式。

1．命令操作

启用移动（MOVE）命令，可以采用如下方法。

- 命令区：输入 MOVE（M）并按回车键确认。
- 功能区：依次单击“默认”选项卡→“修改”面板→“移动”按钮。
- 快捷菜单：选择要移动的对象，在图形任意处单击鼠标右键，在弹出的快捷菜单中选择“移动”命令。

2．命令选项

在启用移动命令之后，在命令区会依次出现如下命令选项。

命令：_MOVE

选择对象：（用于选择要移动的对象）

指定基点或 [位移(D)] <位移>：（用于指定移动对象时采用的基准点，即对象移动前的起始点。若输入 D 或通过右键快捷菜单选择“位移(D)”命令，则可以通过输入坐标值来指定对象移动的基点）

指定第二个点或 <使用第一个点作为位移>：（用于定义对象的目的地点）

3．移动命令的重点分析

- 用户也可以利用夹点功能移动对象。单击对象夹点，启用夹点编辑模式。根据系统默认，此夹点内定为基点。在图像任意处单击鼠标右键，在弹出的快捷菜单中选择“移动”命令即可。
- 用户可以在对象上或是靠近对象指定移动的基点，也可以定义其他对象作为移动的参照。
- 系统默认选项内的“先选择后执行”是打开的，此功能让用户可以先选择移动的对象，再执行移动命令。

4．练习：改变对象位置

通过下列练习，用户可以学会操作 MOVE 命令。

（1）打开本书的练习文件“3-4.dwg”。

（2）通过缩放，将图形摆放至合适的显示位置。

（3）确认对象捕捉、极轴追踪和对象追踪功能已经打开。

（4）执行移动命令，将相关对象移动到对应的位置。

❶ 将单人床移到次卧中，放大图形的上部，让次卧居中。

❷ 在没有执行命令的情况下选择整个单人床图块。此时会显示出图块可以操作的夹点，单击单人床右上角的夹点，此时系统会直接将该夹点作为对象移动的基点，如图 3-42 所示。接着直接移动单人床到次卧内墙的右上角点处，如图 3-43 所示。

❸ 将沙发移到客厅中去，调整图形显示，将客厅居中。

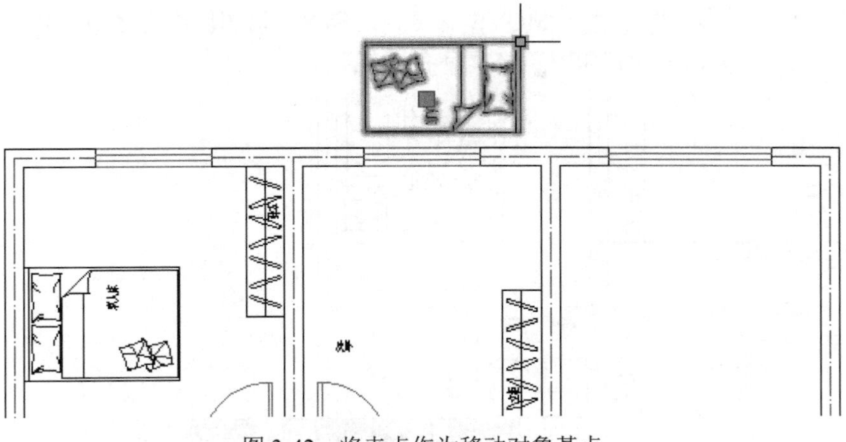

图 3-42　将夹点作为移动对象基点

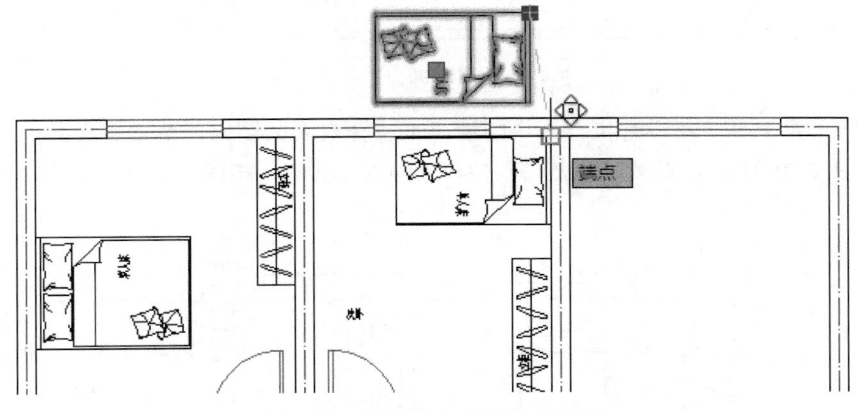

图 3-43　利用夹点功能移动对象

❹ 在没有执行命令的情况下选择沙发图块。此时会显示出图块可以操作的夹点，单击右下角夹点，并移动到客厅内墙的中点位置处，如图 3-44 所示。

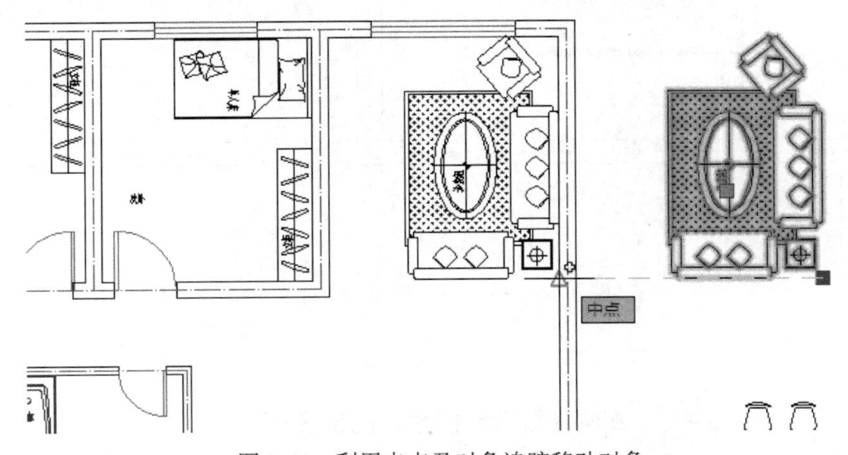

图 3-44　利用夹点及对象追踪移动对象

❺ 将餐桌椅移到客厅中，执行 MOVE 命令，选择餐桌椅图块作为移动对象，单击桌子中心附近作为基点，将桌椅移动到如图 3-45 所示的位置。

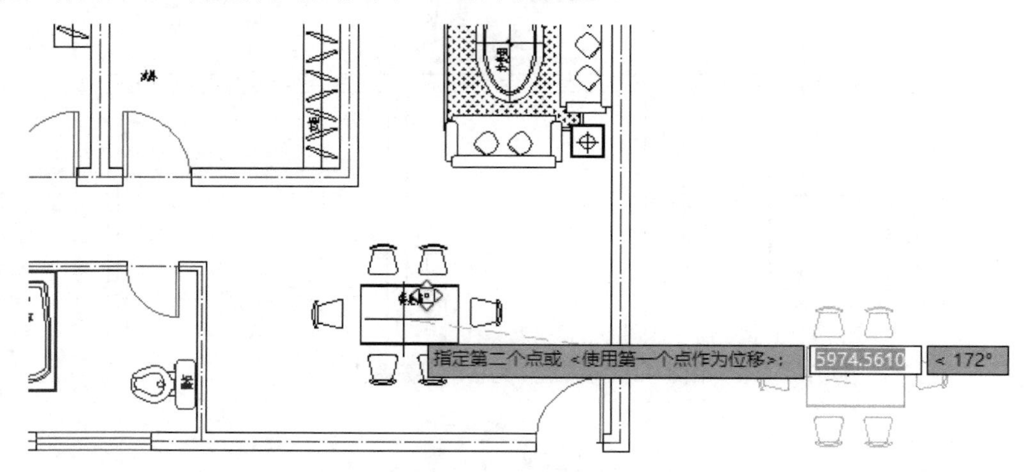

图 3-45　使用移动命令移动对象

❻ 重新布置主卧，在没有执行命令的情况下选择双人床图块，单击夹点并沿着墙的正上方拖曳，如图 3-46 所示，直接在动态输入接口处输入“50”，按回车键确认，将对象向上移动 50 的距离。

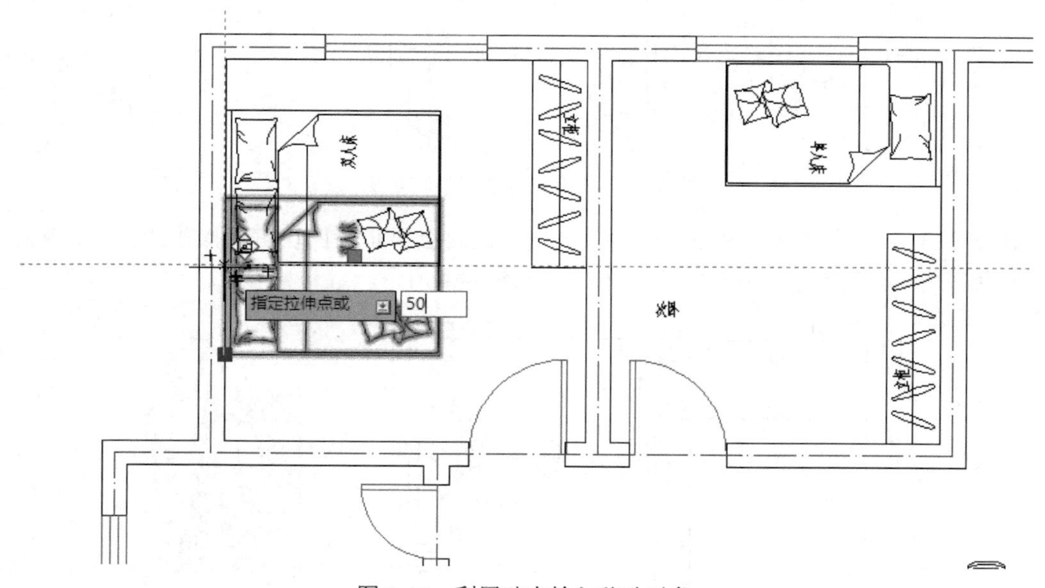

图 3-46　利用动态输入移动对象

本例实践操作视频：视频 3-5

3.3.2　拉伸对象

当用户绘制设计图时，经常需要改变对象的外形，或是从其他图形加载对象，而这个对象可能也需要改变长度或外形。用户可以使用STRETCH命令轻易地编辑该对象。使用STRETCH命令改变对象的外形时，必须要使用框选或多边形框选工具定义拉伸的区域。在用户定义拉伸范围后，如同移动命令，定义第一基准点和第二点做拉伸动作。

1．命令操作

启用拉伸（STRETCH）命令，可以采用如下方法。

- 命令区：输入 STRETCH（S）并按回车键确认。
- 功能区：依次单击“默认”选项卡→“修改”面板→“拉伸”按钮。

2．命令选项

在启用拉伸命令之后，在命令区会依次出现如下命令选项。

命令：_STRETCH

以交叉窗口或交叉多边形选择要拉伸的对象...

选择对象：（用于指定需要拉伸的对象）

指定基点或 [位移(D)] <位移>：（用于指定拉伸对象时采用的基准点，即对象拉伸前的起始点。若输入 D 或通过右键快捷菜单选择“位移(D)”命令，则可以通过输入坐标值来指定对象拉伸的基点）

指定第二个点或 <使用第一个点作为位移>：（用于定义对象的拉伸目的地点）

3．拉伸命令的重点分析

- 使用拉伸对象的功能，关键在于选择对象要用框选或多边形框选去定义拉伸区域，只有以框选模式选择范围，对象才会被拉伸。如果用户使用系统默认的框选，则必须由右至左，新建选择范围。
- 若对象被完全框选，即框选时由左至右，则对象会执行移动动作。
- 用户也可以使用夹点功能拉伸图形的对象：先选中拉伸对象，使夹点亮显。接着选择其中的任何一个夹点（按住“Shift”键可以选择多个夹点），单击并拖曳夹点到新的位置即可。

4．练习：拉伸对象

通过下列练习，用户可以学会操作 STRETCH 命令。

（1）打开本书的练习文件“3-5.dwg”。

（2）通过缩放，将图形摆放至合适的显示位置。

（3）在状态栏关闭对象捕捉。

（4）执行拉伸命令加大房间的平面范围。

❶ 将建筑物的宽度增加 1000 个单位，调整图形的显示。

❷ 执行拉伸命令，并定义点①和点②，确定拉伸框选范围，如图 3-47 所示，注意不要包

括门，按回车键确认。

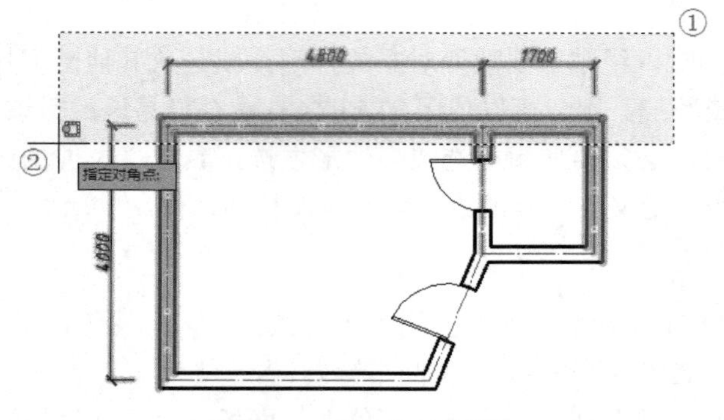

图 3-47　定义拉伸范围

❸ 单击右上角点作为拉伸基点，接着往上 90°方向拖曳鼠标，并输入拉伸距离“1000”，如图 3-48 所示，按回车键确认。

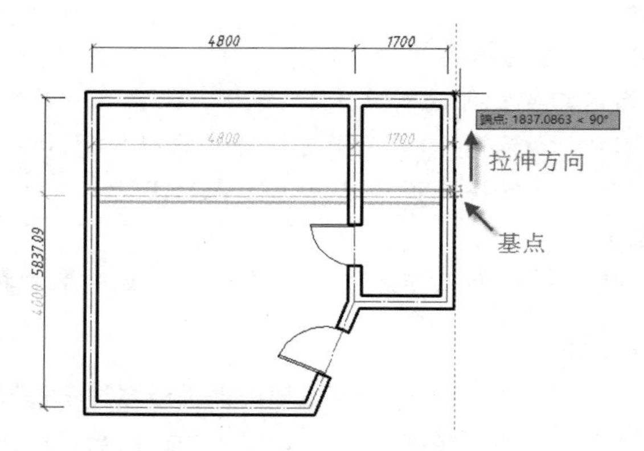

图 3-48　定义拉伸方向、基点及距离

❹ 使用框选，在小房间长度增加 1000 个单位，直接按回车键重复拉伸命令，定义框选范围，如图 3-49 所示，按回车键完成对象的选择。

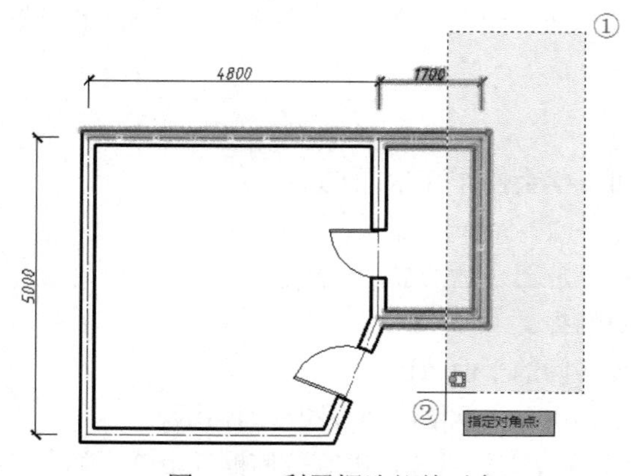

图 3-49　利用框选拉伸对象

❺ 单击右下角点作为基点，往右 0°方向拖曳鼠标，并输入拉伸距离“1000”，按回车键确认，结果如图 3-50 所示，注意图形中随着拉伸图形的变化，尺寸自动更新。

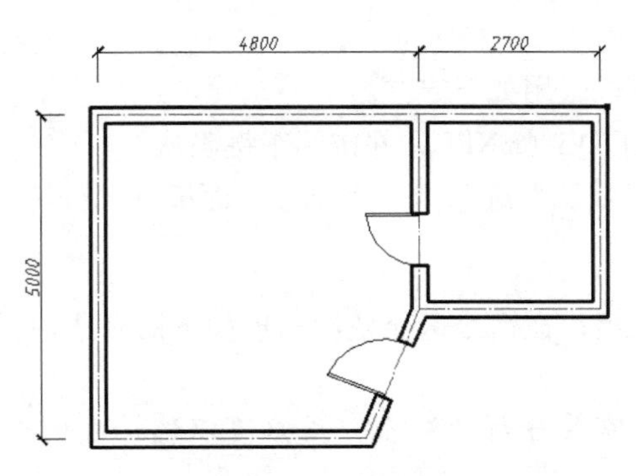

图 3-50　拉伸后的图形及自动更新的尺寸

本例实践操作视频：视频 3-6

3.3.3　分解对象

有许多对象，如矩形、圆环、多边形、多段线、标注、图案填充、面域、块等，均属于组合对象，即这些对象是一个整体的对象，只要选中了对象中的某一个点或某一条边就会选中整个对象。因此，若需要对这些对象中的某些部位或元素进行进一步的修改，需要将它们分解为各个层次的组成对象，使得用鼠标光标可以直接拾取对象中的某个个体。通常分解后在图形外观上看不出任何变化，但通过鼠标去选择就可以发现其中的不同之处，如图 3-51 所示。

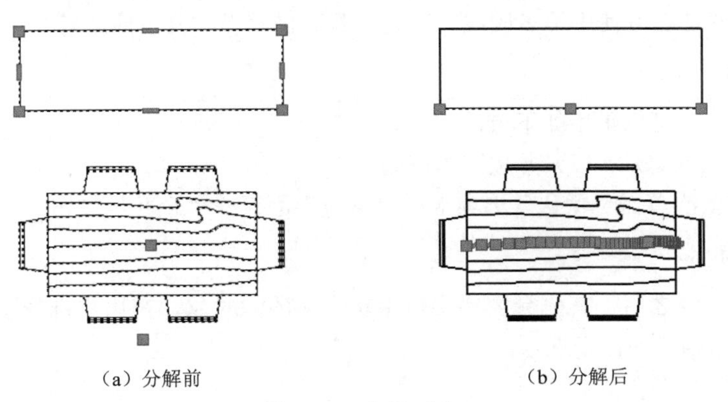

（a）分解前　　（b）分解后

图 3-51　分解对象

针对图 3-51（a）中矩形和桌椅图块分别是一个整体的组合对象，单击矩形或桌椅图形上任何一处都会将整个矩形或桌椅图块选中；图 3-51（b）中通过分解命令将图形对象分解了，外形看上去没有任何变化，但用鼠标在矩形或桌椅上单击时，通过夹点的显示可以发现图形构成发生了变化。

1. 命令操作

启用分解对象命令，可以采用如下方法。

- 命令区：输入 EXPLODE（EXPL）并按回车键确认。
- 功能区：依次单击“默认”选项卡→“修改”面板→“分解”按钮。

2. 命令选项

在启用分解对象命令之后，在命令区会依次出现如下命令选项。

命令：_EXPLODE

选择对象：（用于指定需要分解的对象，用户可以选择任何形式的组合对象作为分解对象，如矩形、多边形等）

3. 分解命令的重点分析

- 分解命令只能用于组合对象。
- 可以先启用分解命令再去选择要分解的对象，也可以先选中要分解的对象再启用分解命令。
- 对于标注的尺寸及图案填充等对象，分解功能应该慎用或根本不用。

3.4 边、角、长度的编辑

3.4.1 合并对象

有时编辑图形会制造一些多余的对象，这不仅会增加图形文件的大小，也容易使图形过于复杂。使用 JOIN 命令，将性质相同的独立对象结合为一个对象，可以简化图形文件大小，提高图形质量。合并功能可使用于多段线、线段、弧、椭圆弧和样条曲线等。

1. 命令操作

启用合并命令，可以采用如下方法。

- 命令区：输入 JOIN（J）并按回车键确认。
- 功能区：依次单击“默认”选项卡→“修改”面板→“合并”按钮。

2. 命令选项

在启用合并命令之后，首先会需要用户指定合并的源对象，在用户选择了不同的源对象之后会在命令区给出相应的命令选项。

命令：_JOIN

选择源对象或要一次合并的多个对象：（选择对象，让其他对象与此图形合并）

选择要合并到源的直线：（在前一步选择的源对象为直线的时候出现，让用户选择对象，这些对象会合并到前一步选择的来源对象）

选择要合并到源的弧或[关闭(L)]:（在前一步选择的源对象为圆弧的时候出现，让用户选择对象，这些对象会合并到前一步选择的来源对象；若输入 L 或通过右键快捷菜单选择“关闭(L)”命令，则会将圆弧封闭成一个完整的圆）

选择要合并到源的椭圆弧或[关闭(L)]:（在前一步选择的源对象为椭圆弧的时候出现，让用户选择对象，这些对象会合并到前一步选择的来源对象；若输入 L 或通过右键快捷菜单选择“关闭(L)”命令，则会将椭圆弧封闭成一个完整的椭圆）

3．JOIN 命令的重点分析

- 当用户要合并成直线时：线段必须在同一条直线上；线段可以重叠；线段在两个对象之间可以有缝隙。
- 当用户要合并多段线和样条曲线时：二者必须在共同平面；必须共享一个端点；线段不可重叠；线段和弧不可与多段线做合并动作，但是如果多段线是源对象时则可以。
- 当用户要合并弧时：弧必须在同一个圆的路径上；弧可以重叠；弧在两个对象之间可以有缝隙。
- 当用户要合并椭圆弧时：弧必须在同一个椭圆路径上。
- 当用户要合并弧和椭圆弧时：来源对象会以逆时针方向延伸。

4．练习：JOIN 命令

通过下列练习，用户可以学会操作 JOIN 命令。

（1）打开本书的练习文件“3-6.dwg”。

（2）通过缩放，将图形摆放至合适的显示位置。

（3）确认对象捕捉功能已经打开。

（4）执行 JOIN 命令完成对图形的编辑。

❶ 合并直线，启用合并命令，依据命令区给出的选项提示依次操作。

命令：_JOIN

选择源对象或要一次合并的多个对象:（选择水平中心线，按回车键确认，结果如图 3-52 所示）

选择要合并到源的直线:（选择其右侧的两段中心线线段，按回车键确认，如图 3-53 所示）

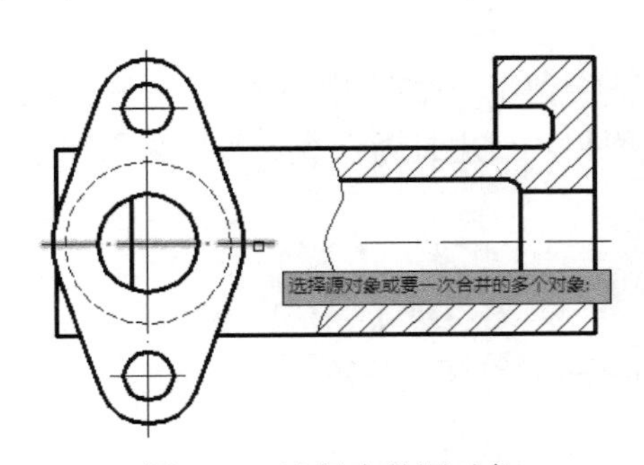

图 3-52　选择合并源对象

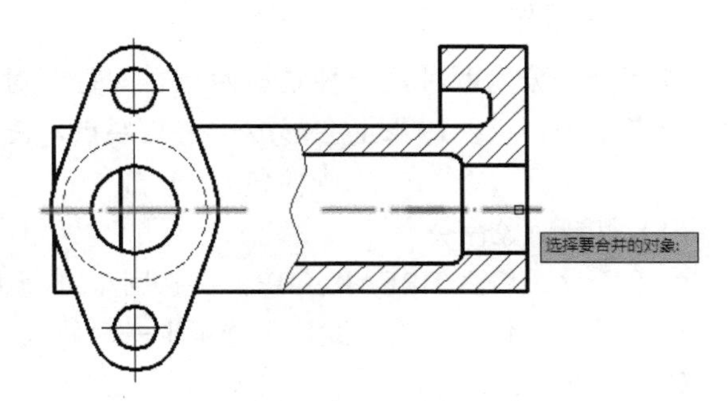

图 3-53　选择要合并的水平中心线

完成中心线的合并。

❷ 执行合并命令，将左侧圆弧修整为圆。启用合并命令，依据命令区给出的选项提示依次操作。

命令：_JOIN

选择源对象或要一次合并的多个对象：（选择图形左上方的圆弧，按回车键确认）

选择圆弧，以合并到源或进行 [闭合(L)]：（输入“L”，按回车键确认）

直接将圆弧合并成完整的圆，如图 3-54 所示。

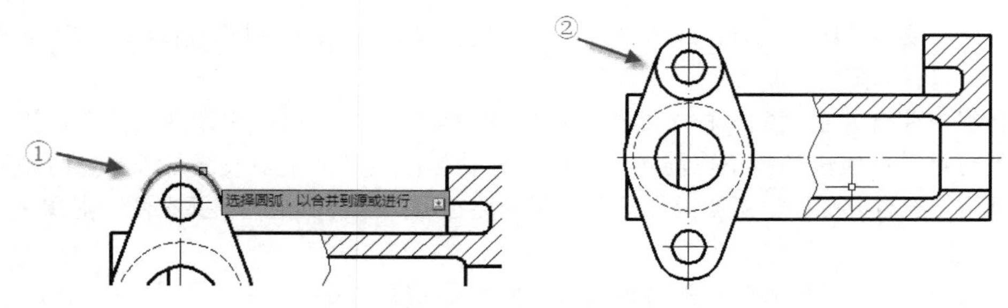

图 3-54　通过关闭选项合并圆弧

❸ 重复合并命令，完成左下方圆的合并。

本例实践操作视频：视频 3-7

3.4.2　打断对象

使用 BREAK 命令可以打断单一对象，成为两个独立的对象，而且两个对象也都具有相同的性质，同时也可以单独编辑其性质。使用 BREAK 命令可以不需要有打断的边界，对象的端点也可以用来打断。

1. 命令操作

打断命令分为两种，一种是在两点之间打断对象，会留下一个断裂缝隙；另一种是执行打断于点命令，仅在对象上会形成一个断裂点，没有间隙。启用打断命令，可以采用如下方法。

（1）打断对象命令

- 命令区：输入 BREAK（BR）并按回车键确认。
- 功能区：依次单击“默认”选项卡→“修改”面板→“打断”按钮。

（2）打断于点命令

- 命令区：输入 BREAK（BR）并按回车键确认。
- 功能区：依次单击“默认”选项卡→“修改”面板→“打断于点”按钮。

2．命令选项

在启用打断命令之后，命令区会依次给出如下的命令选项。

命令：_BREAK

选择对象：（选择需要进行打断的对象）

指定第二个打断点 或 [第一点(F)]：（在 AutoCAD 2021 中，打断命令选择对象的点会被默认定义为打断对象的第一点，因此在选择了打断对象之后也就选定了第一个打断点，故直接再确定第二个打断点即可；若输入 F 或通过右键快捷菜单选择“第一点(F)”命令，则可以根据需要重新定义第一个打断点的位置，再紧接着定义第二个打断点的位置；若在状态栏输入“@”并按回车键，将使用第一点的位置作为第二点，此时打断效果就与打断于点的效果一致）

3．BREAK 命令的重点分析

- 用户可以使用 BREAK 命令，打断线、圆、弧、多段线和样条曲线等。
- 如果用户不特别指定第一个打断点，则在选择对象时的点就会被作为第一个打断点。
- 如果用户要打断的点是与其他对象的交点，必须正确地指定打断的对象。
- 圆以逆时针方向打断，打断部分会根据用户单击的顺序产生变化。
- 如果要打断的第一点和第二点相同，则可以使用打断于点命令，或者在打断命令指定第二点时在状态栏输入“@”，并按回车键，这样产生的打断点就在同一个点上。

4．练习：BREAK 命令

通过下列练习，用户可以学会操作 BREAK 命令。

（1）打开本书的练习文件“3-7.dwg”。

（2）通过缩放，将图形摆放至合适的显示位置。

（3）确认对象捕捉功能已经打开。

（4）在图形中标注尺寸后，尺寸文字与中心线重合，此时应使用 BREAK 命令打断中心线，以清楚地显示尺寸文字。

❶ 关闭捕捉功能。

❷ 启用 BREAK 命令，依据命令区给出的选项提示依次操作。

命令：_BREAK

选择对象：（如图 3-55 所示，选取需要打断的对象，并以此作为打断的第一个点）

指定第二个打断点 或 [第一点(F)]：（拾取第二点，如图 3-56 所示，按回车键确认，将两个视图之间的一条中心线断开，如图 3-57 所示）

❸ 打开对象捕捉，缩放图形如图 3-58 所示。

❹ 启用打断命令，依据命令区给出的选项提示依次操作。

命令：_BREAK

选择对象：（如图 3-59 所示，选取需要打断的对象）

指定第二个打断点或[第一点(F)]：（输入“F”，按回车键确认）

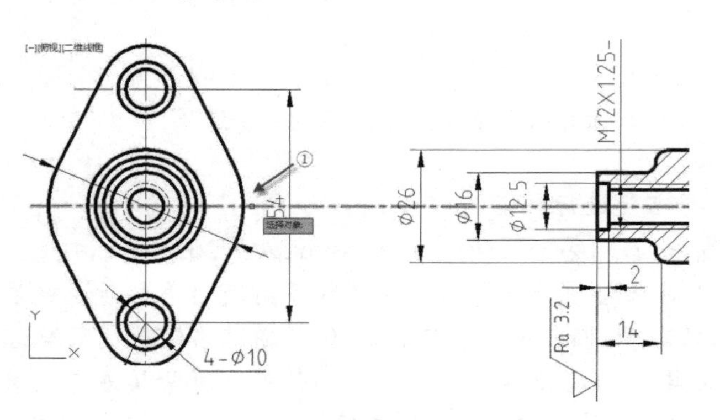

图 3-55　选择要打断的对象

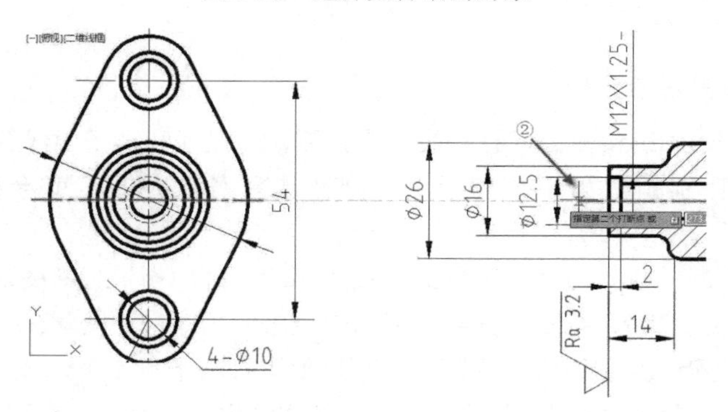

图 3-56　选择要打断对象的第二点

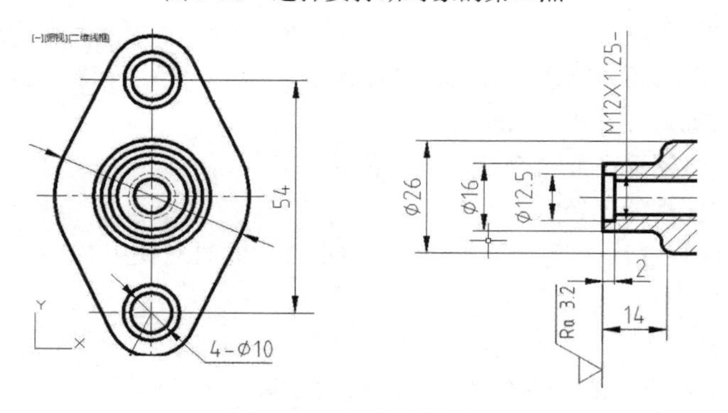

图 3-57　完成打断对象

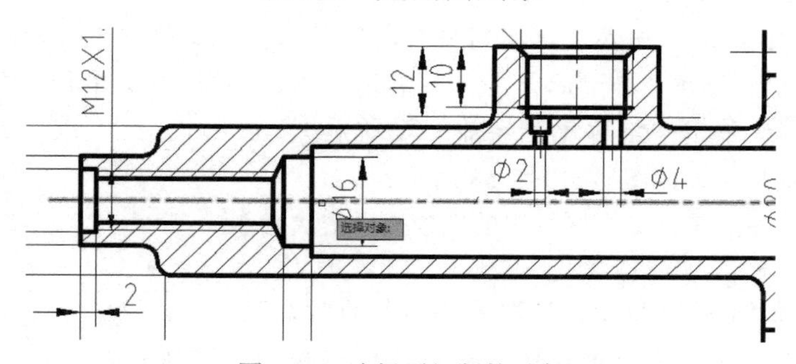

图 3-58　选择要打断的对象

指定第一个打断点:（选择图 3-59 所示的交点作为第一个打断点）

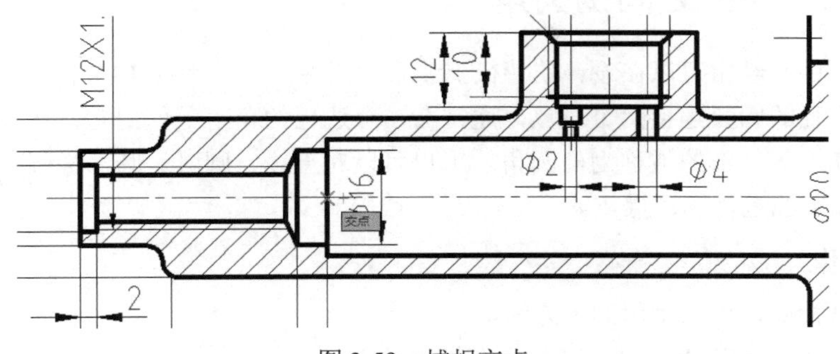

图 3-59　捕捉交点

指定第二个打断点:（选择图 3-60 所示的交点；则删除中间线段，尺寸文字清楚显示出来，结果如图 3-61 所示。用同样的方法编辑图形其余部分，使整个图形尺寸标注清晰）

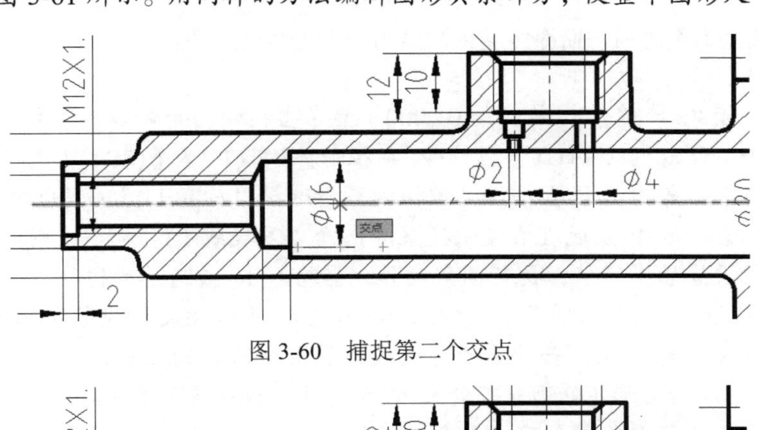

图 3-60　捕捉第二个交点

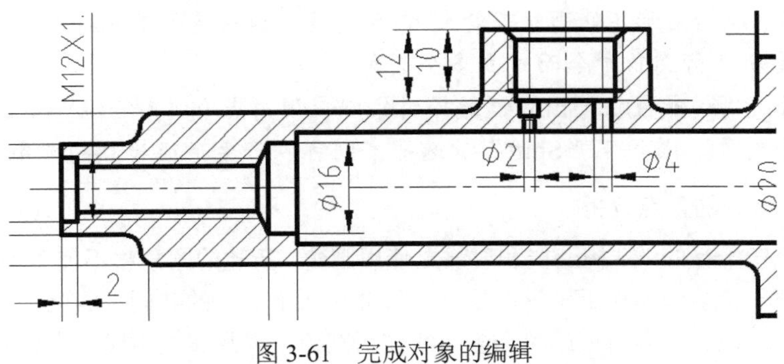

图 3-61　完成对象的编辑

本例实践操作视频：视频 3-8

3.4.3 在两个对象之间倒圆角

在机械制图中，经常可以在设计的特征上看到圆角图形。使用 FILLET 命令可以快速地用一个平滑且有半径的圆弧连接两个对象，通常在一个边界的角落上使用它；在角落内部的被称为内圆角，而在角落外部的被称为外圆角。用户可以对直线、圆弧、圆、椭圆、多段线、构造线、样条曲线和射线进行圆角操作。

1. 命令操作

启用倒圆角命令，可以采用如下方法。

- 命令区：输入 FILLET（F）并按回车键确认。
- 功能区：依次单击“默认”选项卡→“修改”面板→“圆角”按钮。

2. 命令选项

在启用倒圆角命令之后，命令区会依次给出如下的命令选项。

命令：_FILLET

当前设置：模式 = 修剪，半径 =0.0000（显示当前倒圆角命令的参数）

选择第一个对象或 [放弃(U)/多段线(P)/半径(R)/修剪(T)/多个(M)]:（选择将要进行倒圆角的第一个对象。若输入 U 或通过右键快捷菜单选择“放弃(U)”命令，则可以恢复上一个圆角命令；若输入 P 或通过右键快捷菜单选择“多段线(P)”命令，则会将多段线所有的端点，使用设置的半径值，执行圆角动作；若输入 R 或通过右键快捷菜单选择“半径(R)”命令，则可以设置新的圆角半径值；若输入 T 或通过右键快捷菜单选择“修剪(T)”命令，则可以开关修剪模式，若开启修剪模式，图形会修剪到相切圆角，若关闭修剪模式，绘制圆角后，原始图形不修剪；若输入 M 或通过右键快捷菜单选择“多个(M)”命令，则用户可以不重新执行圆角命令而建立多个圆角）

选择第二个对象，或按住 Shift 键选择对象以应用角点或 [半径(R)]:（选择将要进行倒圆角的第二个对象。若按下“Shift”键选择，则可以产生半径为 0 的圆角）

3. FILLET 命令的重点分析

- 用户可以在平行的线、构造线和射线上使用圆角。新建的圆角将不使用当前的圆角半径，而是新建一个半圆相切于平行对象上，且会在两个对象的共同平面上。
- 用户也可以在整个多边形或整个多段线使用圆角，或从整个多段线上移除圆角。
- 如果两个要执行圆角的对象在同一图层上，则新建的圆角也会在此图层。若两对象在不同图层，则新建的圆角将会在当前图层。
- 当输入的圆角半径值为 0 时，则系统会将两个直线连接起来。
- 多段线无法与弧线制作圆角，必须先炸开多段线，才可以完成圆角的创建。
- 在倒圆角的时候，系统默认单击的部分是将要保留下来的部分，因此根据用户所单击的位置不同，在两线之间可能会形成多种不同的圆角形式。

4．练习：FILLET 命令

通过下列练习，用户可以学会操作 FILLET 命令。

（1）打开本书的练习文件“3-8.dwg”。

（2）通过缩放，将图形摆放至合适的显示位置。

（3）执行 FILLET 命令及相关命令对图形完成编辑。

❶ 新建两平行线段的闭合圆角，启用 FILLET 命令，依据命令区给出的选项提示依次操作。

命令：_FILLET

当前设置：模式 = 修剪，半径 = 0.0000

选择第一个对象或 [放弃(U)/多段线(P)/半径(R)/修剪(T)/多个(M)]：(输入“M”，按回车键确认，选择在多个对象间进行圆角)

选择第一个对象或 [放弃(U)/多段线(P)/半径(R)/修剪(T)/多个(M)]：(选择图 3-62 所示的两条平行直线中的某一条直线)

选择第二个对象，或按住 Shift 键选择对象以应用角点或 [半径(R)]：(选择图 3-62 所示的两条平行直线中的另一条直线。由于两条直线平行，故系统新建的圆角将不使用当前的圆角半径，而是新建一个半圆相切于平行对象上)

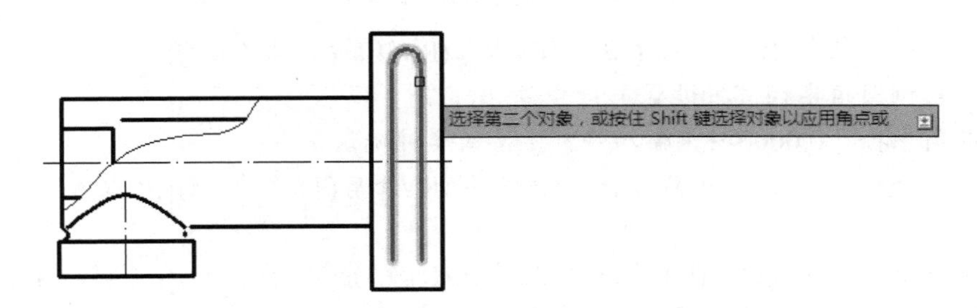

图 3-62　选取进行倒圆角的对象

选择第一个对象或 [放弃(U)/多段线(P)/半径(R)/修剪(T)/多个(M)]：(因为已经设置了圆角的模式为“多个”，故可以紧接着选择下一个倒圆角的第一条边)

选择第二个对象，或按住 Shift 键选择对象以应用角点或 [半径(R)]：(选择倒圆角的第二条边，如图 3-63 所示)

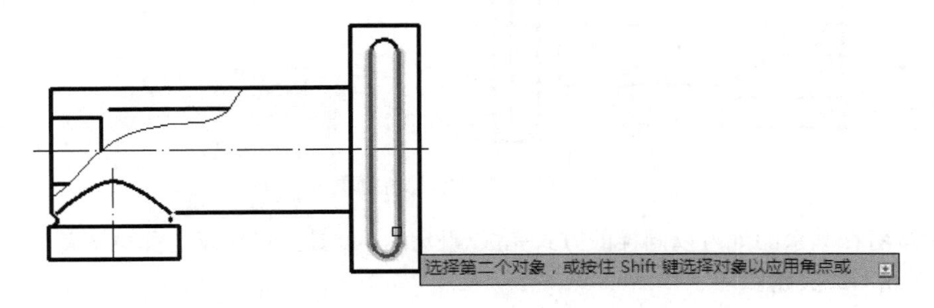

图 3-63　连续进行对象的倒圆角

选择第一个对象或 [放弃(U)/多段线(P)/半径(R)/修剪(T)/多个(M)]:（按回车键确认，结束倒圆角命令）

❷ 建立外圆角连接，启用 FILLET 命令，依据命令区给出的选项提示依次操作。

命令：_FILLET

当前设置：模式 = 修剪，半径 = 0.0000

选择第一个对象或 [放弃(U)/多段线(P)/半径(R)/修剪(T)/多个(M)]:（输入“T”，按回车键确认，对倒圆角参数进行设置，如图 3-64 所示，将倒圆角时是否对原始对象进行修剪设置为不修剪）

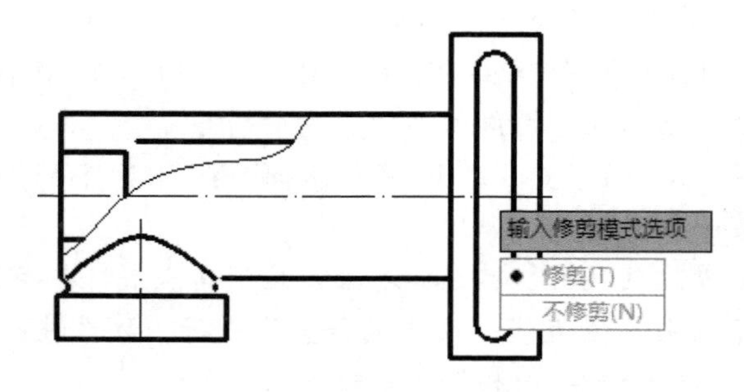

图 3-64　设置倒圆角的参数

选择第一个对象或 [放弃(U)/多段线(P)/半径(R)/修剪(T)/多个(M)]:（输入“R”，按回车键确认，对倒圆角半径进行设置）

指定圆角半径 <0.0000>:（输入“2”，按回车键确认）

选择第一个对象或 [放弃(U)/多段线(P)/半径(R)/修剪(T)/多个(M)]:（输入“M”，按回车键确认）

选择第一个对象或 [放弃(U)/多段线(P)/半径(R)/修剪(T)/多个(M)]:（如图 3-65 所示，选择水平线作为第一个需要倒圆角的对象）

选择第二个对象，或按住 Shift 键选择对象以应用角点或 [半径(R)]:（如图 3-65 所示，选择垂直线作为第二个需要倒圆角的对象）

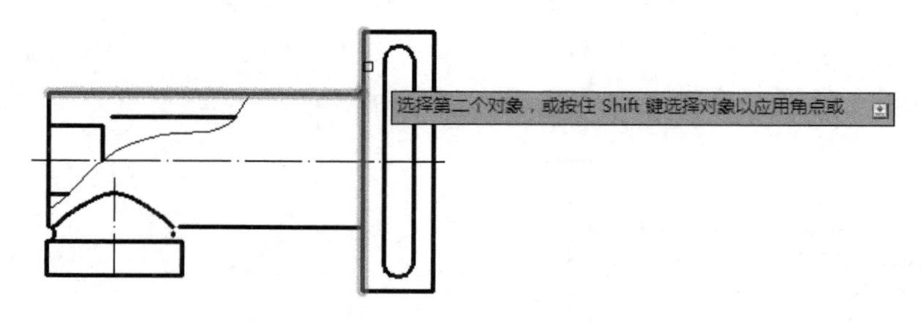

图 3-65　选择倒圆角对象

❸ 紧接着在其余的地方以同样的方式完成倒圆角，如图 3-66 所示，如果圆角半径值为 0，则延伸两直线形成尖角。

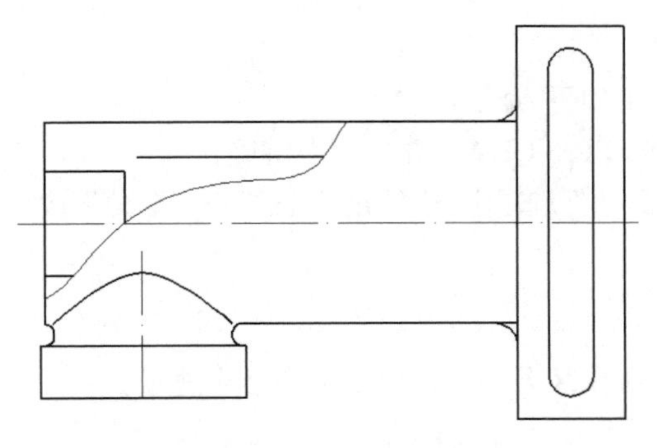

图 3-66　直线倒圆角

❹ 在两对象之间新建尖角，启用 FILLET 命令，依据命令区给出的选项提示依次操作。

命令：_FILLET

当前设置：模式 = 修剪，半径 = 2.0000

选择第一个对象或 [放弃(U)/多段线(P)/半径(R)/修剪(T)/多个(M)]:（如图 3-67 所示，选择水平线段）

选择第二个对象，或按住 Shift 键选择对象以应用角点或 [半径(R)]:（如图 3-67 所示，按住 Shift 键的同时再选择垂直的线段，则会以 0 作为半径，新建一个尖角，结果如图 3-68 所示）

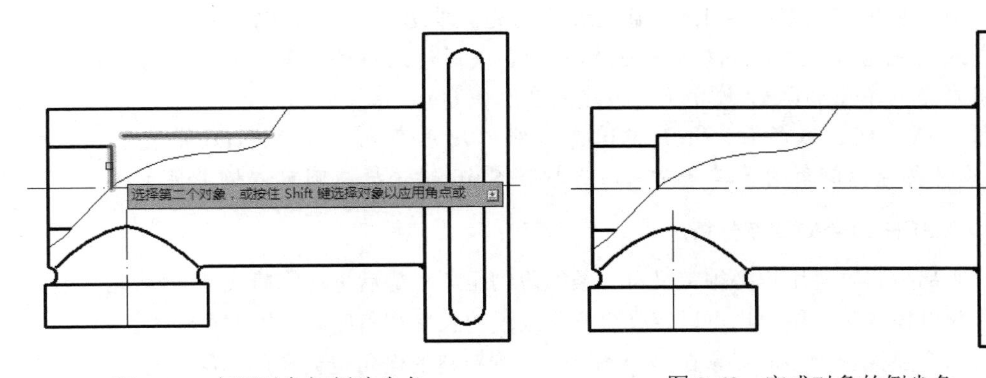

图 3-67　在两对象间新建尖角　　图 3-68　完成对象的倒尖角

本例实践操作视频：视频 3-9

3.4.4　在两个对象之间做倒角

用户可以使用 CHAMFER 命令在两条同性质的线段之间快速地新建一条表示倒角的斜线。用户可以在线、多段线、构造线和射线上做倒角，它通常代表在顶点上的一个斜面边。

1. 命令操作

启用倒角命令，可以采用如下方法。

- 命令区：输入 CHAMFER（CHA）并按回车键确认。
- 功能区：依次单击“默认”选项卡→“修改”面板→“圆角”按钮旁的下拉按钮→“倒角”按钮。

2. 命令选项

在启用倒角命令之后，命令区会依次给出如下的命令选项。

命令：_CHAMFER

(“修剪”模式) 当前倒角距离 1 = 0.0000，距离 2 = 0.0000（显示当前倒角命令的参数）

选择第一条直线或 [放弃(U)/多段线(P)/距离(D)/角度(A)/修剪(T)/方式(E)/多个(M)]:(选择将要进行倒角的第一个对象。若输入 U 或通过右键快捷菜单选择“放弃(U)”命令，则可以恢复上一个倒角命令；若输入 P 或通过右键快捷菜单选择“多段线(P)”命令，则会根据目前设置的距离和角度，在所有 2D 多段线的顶点处执行倒角动作；若输入 D 或通过右键快捷菜单选择“距离(D)”命令，则可以设置倒角距离 1 和距离 2 的数值；若输入 A 或通过右键快捷菜单选择“角度(A)”命令，则用第一条线的倒角距离和第二条线的角度设定倒角距离；若输入 T 或通过右键快捷菜单选择“修剪(T)”命令，则可以开关修剪模式，若开启修剪模式，图形会修剪原来执行倒角的线段，若关闭修剪模式，绘制倒角后，原始图形不修剪；若输入 E 或通过右键快捷菜单选择“方式(E)”命令，则用户可以方便地在距离或角度模式之间转换；若输入 M 或通过右键快捷菜单选择“多个(M)”命令，则用户可以不重新执行倒角命令而建立多个倒角)

选择第二条直线，或按住 Shift 键选择直线以应用角点或 [距离(D)/角度(A)/方法(M)]:（选择将要进行倒角的第二个对象。若按下 Shift 键选择，则可以倒尖角）

3. CHAMFER 命令的重点分析

- 执行距离模式时，用户必须定义每一条线段的距离，最后进行修剪或延伸操作。
- 执行角度模式时，用户也可以定义第一条线段的长度和角度来使用倒角动作。
- 如果两个要执行倒角的对象在同一图层上，则新建的倒角也会在此图层。若两对象在不同图层，则新建的倒角将会在当前图层。
- 如果倒角距离输入 0 时，将延伸或修剪两条直线，以使它们终止于同一点。
- 设置相同的倒角距离，将绘制出 45°的夹角线。
- 闭合的多段线会以逆时针方向制作倒角。
- 选择对象制作倒角时，按住 Shift 键，无论距离设置为多少，都会建立尖角。
- 在倒角时，系统默认单击的部分是将要保留下来的部分，因此根据用户所单击的位置不同，在两线之间可能会形成多种不同的倒角形式。

4. 练习：CHAMFER 命令

通过下列练习，用户可以学会操作 CHAMFER 命令。

（1）打开本书的练习文件“3-9.dwg”。

（2）通过缩放，将图形摆放至合适的显示位置。

（3）执行 CHAMFER 命令及相关命令对图形完成编辑。

❶ 用指定距离的方式新建倒角，启用 CHAMFER 命令，依据命令区给出的选项提示依次操作。

命令：_CHAMFER

(“修剪”模式) 当前倒角距离 1 = 0.0000，距离 2 = 0.0000

选择第一条直线或 [放弃(U)/多段线(P)/距离(D)/角度(A)/修剪(T)/方式(E)/多个(M)]:（输入“T”，按回车键确认）

输入修剪模式选项 [修剪(T)/不修剪(N)] <不修剪>:（输入“T”，按回车键确认，如图 3-69 所示，选择了修剪模式）

选择第一条直线或 [放弃(U)/多段线(P)/距离(D)/角度(A)/修剪(T)/方式(E)/多个(M)]:（输入“D”，按回车键确认）

指定第一个倒角距离 <0.0000>:（输入“2”，按回车键确认）

指定第二个倒角距离 <0.0000>:（输入“2”，按回车键确认）

选择第一条直线或 [放弃(U)/多段线(P)/距离(D)/角度(A)/修剪(T)/方式(E)/多个(M)]:（输入“M”，按回车键确认）

❷ 依次选择需要倒角的直线，如图 3-70 所示，全部完成之后按回车键结束倒角命令。

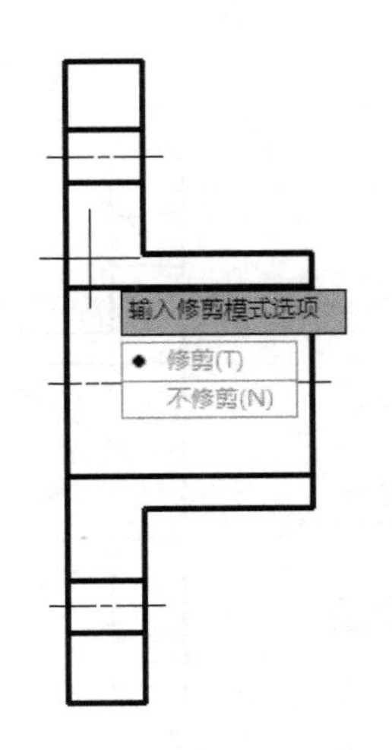

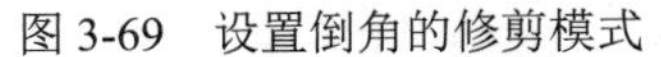
图 3-69　设置倒角的修剪模式

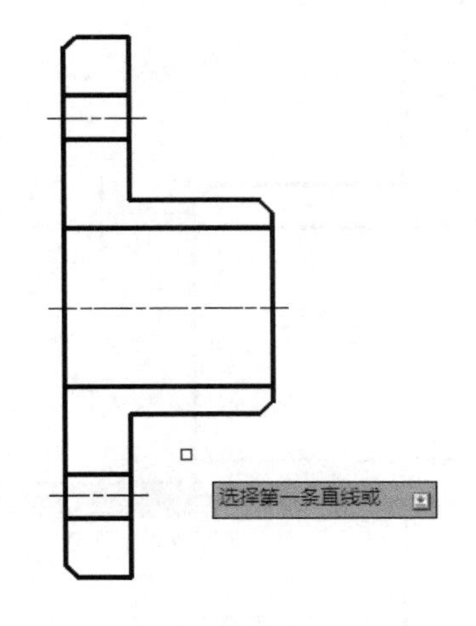

图 3-70　连续进行对象的倒角

❸ 使用角度模式新建倒角，启用 CHAMFER 命令，依据命令区给出的选项提示依次操作。

命令：_CHAMFER

(“修剪”模式) 当前倒角距离 1 = 2.0000，距离 2 = 2.0000

选择第一条直线或 [放弃(U)/多段线(P)/距离(D)/角度(A)/修剪(T)/方式(E)/多个(M)]:（输入“A”，按回车键确认）

指定第一条直线的倒角长度 <0.0000>：（输入数字“1.5”，按回车键确认）

指定第一条直线的倒角角度 <0>：（输入“60”，按回车键确认）

选择第一条直线或 [放弃(U)/多段线(P)/距离(D)/角度(A)/修剪(T)/方式(E)/多个(M)]：（输入“T”，按回车键确认）

输入修剪模式选项 [修剪(T)/不修剪(N)] <不修剪>：（输入“N”，按回车键确认）

选择第一条直线或 [放弃(U)/多段线(P)/距离(D)/角度(A)/修剪(T)/方式(E)/多个(M)]：（输入“M”，按回车键确认）

❹ 依次选择需要倒角的直线，如图 3-71 所示，全部完成之后按回车键结束倒角命令。

此处需要注意的是，采用角度模式倒角时，设置的距离及角度值与进行倒角时选择的对象的顺序有关。如图 3-71 所示，先选择的直线①将作为倒角距离及角度尺寸的基准。

❺ 不使用当前的倒角参数值，新建一个尖角，启用 CHAMFER 命令，依据命令区给出的选项提示依次操作。

命令：_CHAMFER

(“修剪”模式) 当前倒角长度 = 1.0000，角度 = 60

选择第一条直线或 [放弃(U)/多段线(P)/距离(D)/角度(A)/修剪(T)/方式(E)/多个(M)]：（如图 3-72 所示，选择箭头所指线段之一）

选择第二条直线，或按住 Shift 键选择直线以应用角点或 [距离(D)/角度(A)/方法(M)]：（如图 3-72 所示，按住 Shift 键的同时再选择箭头所指线段之二，则会以 0 作为半径，新建一个尖角，结果如图 3-72 所示）

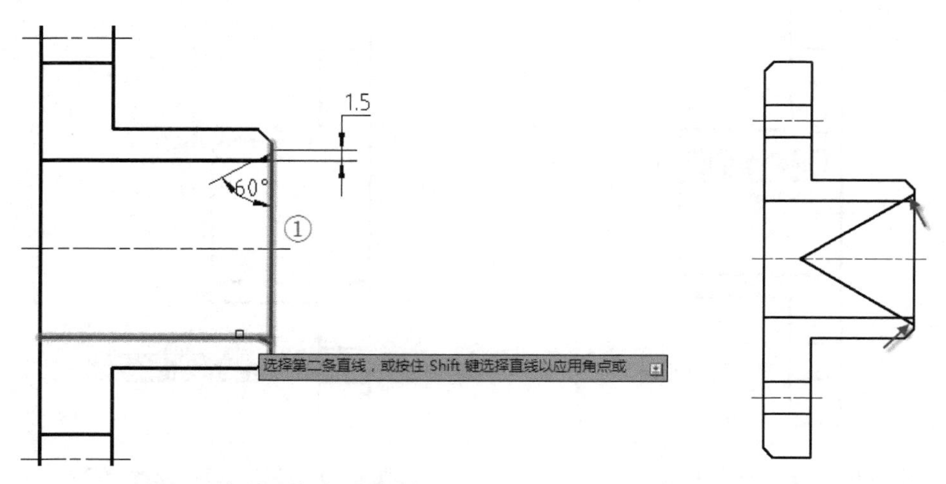

图 3-71　采用角度的模式倒角　　　图 3-72　完成对象的倒尖角

本例实践操作视频：视频 3-10

由于前面已经用过了倒角命令，系统会自动记录最近一次倒角命令的设置参数，故可以直接利用前面的倒角参数。为了不受前面参数的影响，可以在倒角的时候按住 Shift 键再选择倒角对象，则会新建一个尖角，实现对象的延伸功能。

3.4.5　在两个对象之间创建光顺曲线

如果用户想要将对象的端点用光顺的样条曲线连接起来，则可以使用 BLEND 命令。用户可以在直线、圆弧、椭圆弧、螺旋、开放的多段线和开放的样条曲线之间创建光顺曲线，它通常会以默认的相切形式在对象之间创建样条曲线。

1. 命令操作

启用光顺曲线命令，可以采用如下方法。

- 命令区：输入 BLEND 并按回车键确认。
- 功能区：依次单击“默认”选项卡→“修改”面板→“圆角”按钮旁的下拉按钮→“光顺曲线”按钮。

2. 命令选项

在启用光顺曲线命令之后，命令区会依次给出如下的命令选项。

命令：_BLEND

连续性 = 相切

选择第一个对象或 [连续性(CON)]:(选择创建样条曲线所要参考的第一个对象。若输入 CON 或通过右键快捷菜单选择“连续性(CON)”命令，则可以设置所创建的样条曲线与参考对象之间的过渡类型)

选择第二个点:(选择创建样条曲线所要参考的第二个对象)

3. BLEND 命令的重点分析

- 执行 BLEND 命令创建样条曲线与参考对象之间的过渡类型有相切和平滑两种：相切过渡类型会创建一条 3 阶样条曲线，在选定对象的端点处具有相切连续性；平滑过渡类型会创建一条 5 阶样条曲线，在选定对象的端点处具有曲率连续性。
- BLEND 命令的两个参考端点可以来自不同对象，也可以来自同一个对象。而当参考端点来自同一个对象时，所创建的样条曲线会与参考对象构成一个封闭的图形。
- 在使用 BLEND 命令时，当要选择的两个参考端点能够创建样条曲线时，则会自动地将样条曲线预显出来，否则需要改变参考端点到合适的位置。
- 使用 BLEND 命令只是创建了一个新的样条曲线对象，而作为参考对象的属性不会发生任何改变。
- 创建的样条曲线并不是固定的，可以在后续操作中进行编辑。

4. 练习：BLEND 命令

通过下列练习，用户可以学会操作 BLEND 命令。

（1）打开本书的练习文件“3-10.dwg”。

（2）通过缩放，将图形摆放至合适的显示位置。

（3）执行 BLEND 命令来熟悉光顺曲线的用法。

❶ 启用 BLEND 命令，依据命令区给出的选项提示依次操作。

命令：_BLEND

连续性 = 相切

选择第一个对象或 [连续性(CON)]：（选择图中任意一个对象，如图 3-73 所示）

选择第二个点：（选择图中任意对象单击鼠标确定即完成样条曲线的创建）

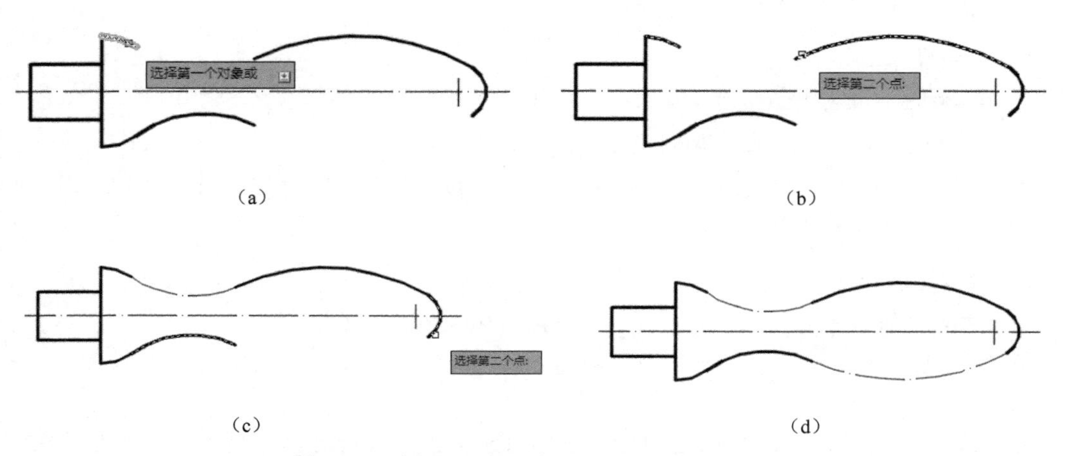

图 3-73　选择不同的对象形成不同的样条曲线

❷ 通过显示控制点对样条曲线进行编辑。

在用 BLEND 命令创建完样条曲线之后，还可以对样条曲线进行适当的编辑。当选中样条曲线时，会显示出样条曲线的控制点，如图 3-74（a）所示。此时，若单击倒三角的模式控制点会弹出“拟合/控制点”切换选项，可以对样条曲线的显示模式进行切换，如图 3-74（b）所示。若将鼠标光标悬停在圆形的顶点处时会弹出顶点操作选项，可以对样条曲线进行顶点的拉伸、添加、优化、删除等操作，如图 3-74（c）所示，通过对顶点的操作能够实时改变样条曲线的样式。

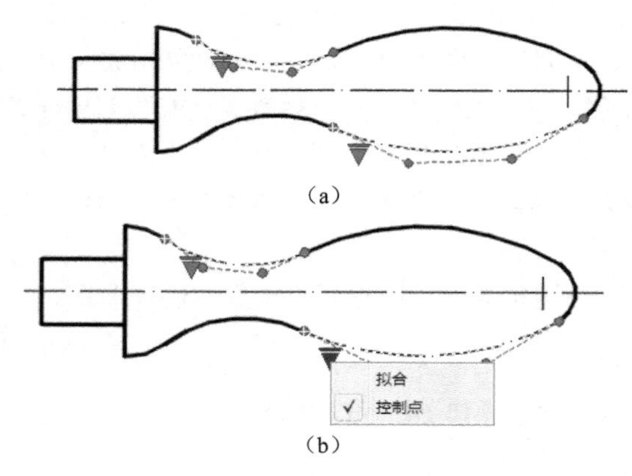

图 3-74　样条曲线的编辑

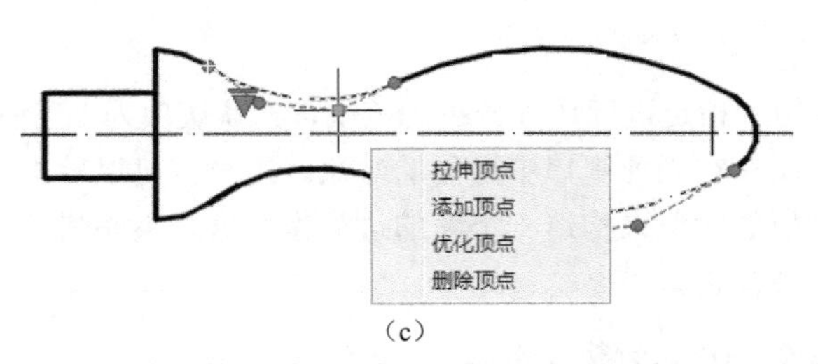

（c）

图 3-74　样条曲线的编辑（续）

此处需要注意的是，如果使用“平滑”选项创建的样条曲线，请勿将显示从控制点切换为拟合点，否则会将样条曲线更改为 3 阶，这会改变样条曲线的形状。

本例实践操作视频：视频 3-11

3.5　创建边界与面域

所谓边界就是某个封闭区域的轮廓。使用边界命令（BOUNDARY）能根据封闭区域内的任意一个指定点来自动分析该区域的轮廓，并能以多段线或面域的形式保存下来。

3.5.1　创建边界

用户可以通过直线、圆弧、圆、多段线等多种图形对象来构成一个封闭的区域，再通过边界命令将该区域以多段线或面域的形式保存下来，并进行后续的编辑、创建三维对象等操作。

1. 命令操作

启用边界命令，可以采用如下方法。

- 命令区：输入 BOUNDARY（BO）并按回车键确认。
- 功能区：依次单击“默认”选项卡→“绘图”面板→“图案填充”按钮旁的下拉按钮→“边界”按钮。

2. 命令选项

在启用边界命令之后，会弹出“边界创建”对话框，如图 3-75 所示。

图 3-75　“边界创建”对话框

- 拾取点：用于用户拾取封闭区域。只要用户在封闭区域内的任何一处单击，系统就会自动将包含该点的封闭区域读取出来。
- 孤岛检测：用于指定是否把封闭区域的内部对象包括为边界对象。
- 对象类型：该下拉列表中包括“Polyline（多段线）”和“Region（面域）”两个选项，用于指定边界的保存形式。

- 边界集：该选项用于指定进行边界分析的范围，其默认项为“当前视口”，即在定义边界时，系统会分析所有在当前视口中可见的对象。用户也可以单击“新建”按钮回到绘图区，选择需要分析的对象来构造一个新的边界集。这时系统将放弃所有现有的边界集，并用新的边界集替代它。

3. BOUNDARY 命令的重点分析

- 边界命令可以创建多段线，也可以创建面域。
- 边界集对于边界的创建比较重要，选择不同的边界集而单击同一个拾取点，所取得的封闭区域可能不同。

4. 练习：BOUNDARY 命令

通过下列练习，用户可以学会操作 BOUNDARY 命令。

（1）打开本书的练习文件“3-11.dwg”。

（2）通过缩放，将图形摆放至合适的显示位置。

（3）执行 BOUNDARY 命令及相关命令创建边界。

❶ 启用 BOUNDARY 命令。

❷ 在“边界创建”对话框中将对象类型设置成多段线，如图 3-76 所示。

❸ 单击“确定”按钮，在状态栏提示捕捉拾取点时，在“文化活动室”的内部任意位置单击，确定拾取点的区域，如图 3-77 所示，按回车键确认，则系统会自动将亮显部分整个封闭作为边界并以多段线的形式保存，供以后查询面积等使用。

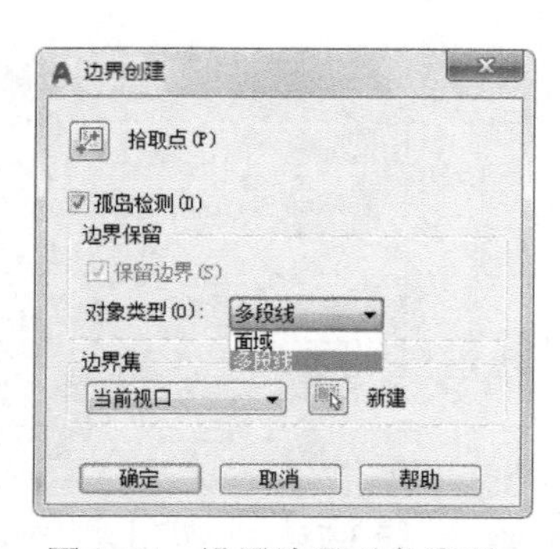

图 3-76　设置边界对象类型

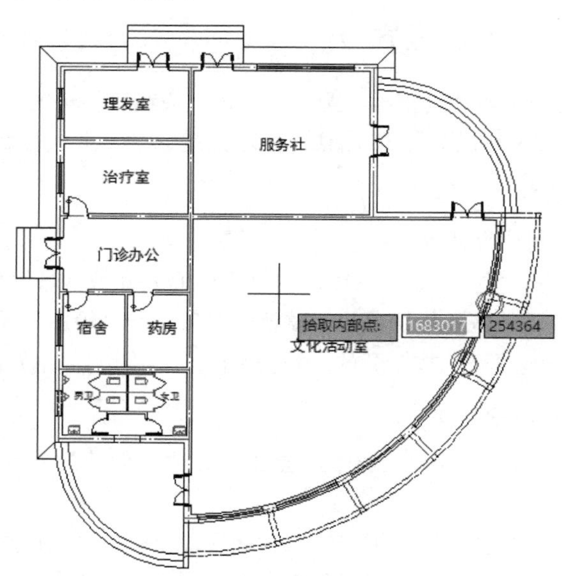

图 3-77　拾取封闭区域

此处若不是在封闭的图形内部拾取点，则系统会弹出如图 3-78 所示的“边界-边界定义错误”对话框进行提示，用户可重新进行选择。

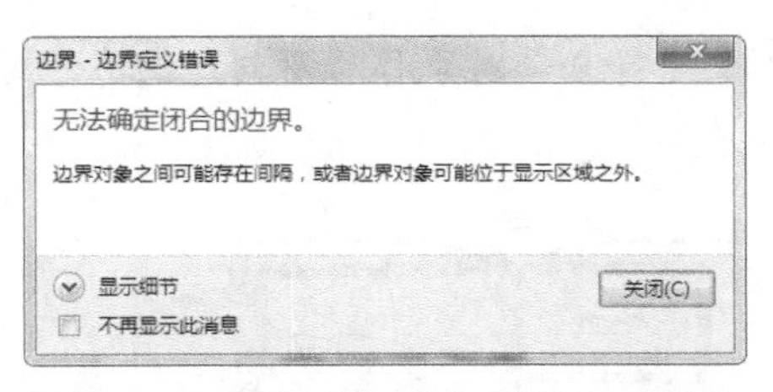

图 3-78　“边界-边界定义错误”对话框

本例实践操作视频：视频 3-12

3.5.2　创建面域

创建面域与创建边界类似，在创建边界的时候如果选择的对象类型是面域，则创建出来的边界直接就作为面域保存了。而创建面域命令相当于创建边界的简化形式，用户直接选择一个封闭的区域产生一个面域即可。

1．命令操作

启用面域命令，可以采用如下方法。

- 命令区：输入 REGION（REG）并按回车键确认。
- 功能区：依次单击“默认”选项卡→“绘图”面板→“面域”按钮。

2．命令选项

在启用面域命令之后，会在状态栏提示用户选择对象以构成面域，此时用户只需要依次选择构成封闭区域的对象即可，并按回车键确认，则系统会按照用户的选择将封闭区域划分成一个或多个面域。

3．REGION 命令的重点分析

- 创建面域时所选择的对象必须至少能构成一个封闭区域。
- 根据用户选择的对象不同，有可能创建不出面域，也有可能创建出多面域。

4．练习：REGION 命令

通过下列练习，用户可以学会操作 REGION 命令。

（1）打开本书的练习文件“3-12.dwg”。

（2）通过缩放，将图形摆放至合适的显示位置。

（3）将鼠标光标放置在表示墙体的线段上，可以看到这些都是“直线”对象。

（4）执行 REGION 命令及相关命令创建面域。

启用 REGION 命令，依据命令区给出的选项提示依次操作。

命令：_REGION

选择对象：（输入“All”，选择全部对象作为要创建面域的对象，并按回车键确认）

结果如图 3-79 所示。

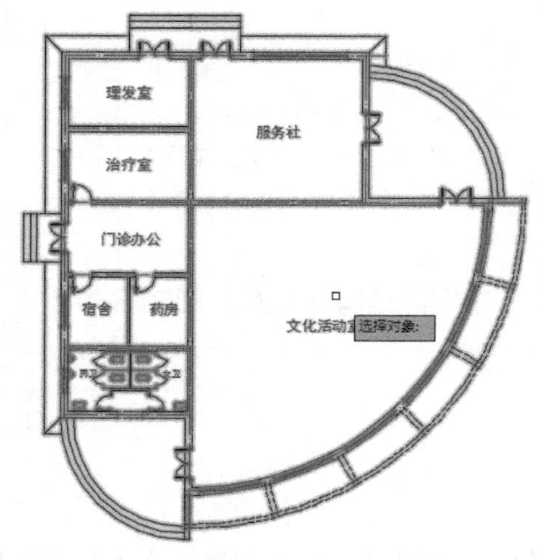

图 3-79　选取全部对象作为要创建面域的对象

图 3-79 中所选择的对象构成了多个封闭区域，系统会自动分析可以构成的封闭区域的数目，且会同时创建多个面域，并在状态栏中提示用户创建的面域的数量，如图 3-80 所示。从图形中看不出变化，将鼠标光标放在表示墙体的直线上，通过亮显的对象及 AutoCAD 提示可知创建了面域对象，如图 3-81 所示。面域对象可以查询其面积、体积，可用于从二维图形生成三维图形。

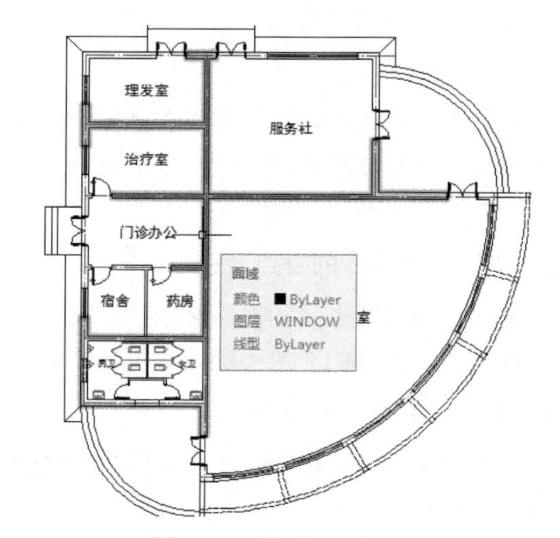

已拒绝 47 个闭合的、退化的或未支持的对象。
已提取 15 个环。
已创建 15 个面域。
键入命令

图 3-80　创建结果显示

图 3-81　创建的面域对象

本例实践操作视频：视频 3-13

第 4 章　对象特性与图层

利用计算机管理获取图形文件的相关信息，胜过任何使用人工方式管理。学习完本章内容，用户可以了解到使用计算机比人工方式管理图形更方便、更实用。

本章会介绍如何设置图形对象的特性，如何使用图层来管理图形文件中的对象，如何查看、获取图形文件中对象的相关信息。

完成本章的练习，可以学习到以下知识。

- 设置对象的特性。
- 改变对象的特性。
- 复制对象的特性。
- 使用“特性”选项板修改对象特性。
- 使用图层管理对象。
- 使用查询命令（距离、半径、角度、面积、列表和点坐标），获取图形上几何对象的信息。

4.1　对象特性

本节讲解图形上对象的特性，以及如何设置和改变对象的特性。每个在图形上建立的对象都具有其关联的特性。例如，一条直线关联的有图层、颜色、线型和长度等特性。

功能区中的“图层”和“特性”面板，是设置和改变对象特性最快捷的方式，也可以用手动的方式来改变颜色、线型等特性。还可以利用“特性”选项板提供的众多选项来查看和改变对象的特性。

4.1.1　设置对象的特性

一般对象的特性包括图层、颜色、线型、线宽和透明度。绘制大部分对象时，利用图层设置对象的颜色、线型、线宽和透明度。除此之外，用户也可以利用“特性”面板设置、查看或改变对象特性。“特性”面板如图 4-1 所示。

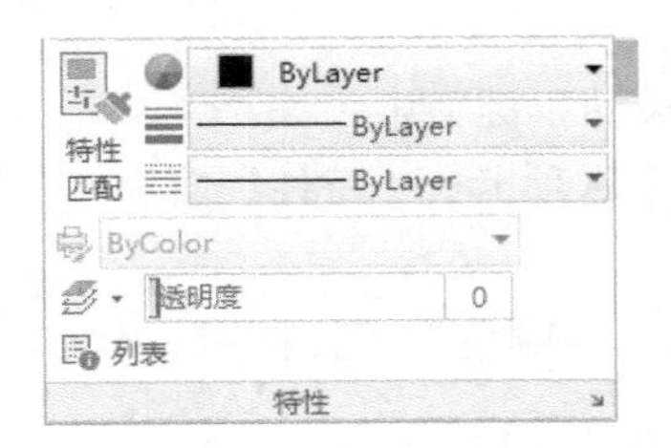

图 4-1　“特性”面板

默认的“特性”面板有 4 个下拉列表，分别控制对象的颜色、线宽、线型和打印样式。颜色、线型、线宽的默认设置都是“ByLayer”，即“随层”，表示当前的对象特性跟随图层特性，通常采用此设置。

透明度用来控制对象的显示特征，不影响图形打印。在默认状态下，透明度随图层为不透明。

打印样式的当前设定为“随颜色”，但是此列表为灰显，也就是说，在此状态下不能进行设置。打印样式有两种选择，即颜色相关和命名相关，一般情况下都是用默认的颜色相关打印样式。

1. 定义对象特性意义

“特性”面板可以控制对象在屏幕上的显示和打印的状态，可以进行对象的线型、线宽和颜色等特性设置。在机械制图中，不同的线型表示不同的含义，一般将隐藏面或隐藏的部分使用 Hidden 线型，对称线或轴线用 Center 线型。用户也会在复杂的图形上用颜色区分对象，不同的颜色代表不同的对象。如图 4-2 所示，可见轮廓使用 Continuous 线型，圆孔中心线使用 Center 线型，隐藏线使用 Hidden 线型，且不同线型使用不同的颜色来表示，通过定义对象的特性，使图形清晰易读。

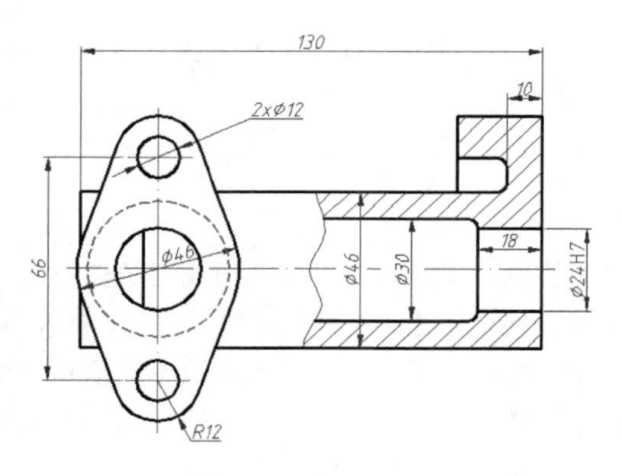

图 4-2　零件图

2. 设置颜色

可以为对象设置颜色，一旦颜色设置后，以后创建的对象皆采用此颜色，直至选择新的颜色为止。

1）命令操作

调用颜色命令的方法如下。

- 命令区：输入 COLOR 并按回车键确认。
- 功能区：依次单击“默认”选项卡→“特性”面板→“颜色”下拉按钮。

2）设置对象颜色操作步骤

（1）依次单击“特性”面板→“颜色”下拉按钮，AutoCAD 弹出“颜色”下拉列表，如图 4-3（a）所示。

（2）用户可以在“颜色”下拉列表中选择一种颜色，或选择“更多颜色...”选项，AutoCAD 弹出“选择颜色”对话框，如图 4-3（b）所示。

（3）在“选择颜色”对话框中，选择一种颜色作为当前颜色，如“红色”。

设置颜色后，在图形窗口绘制对象，此时这些对象的颜色特性均为“红色”。

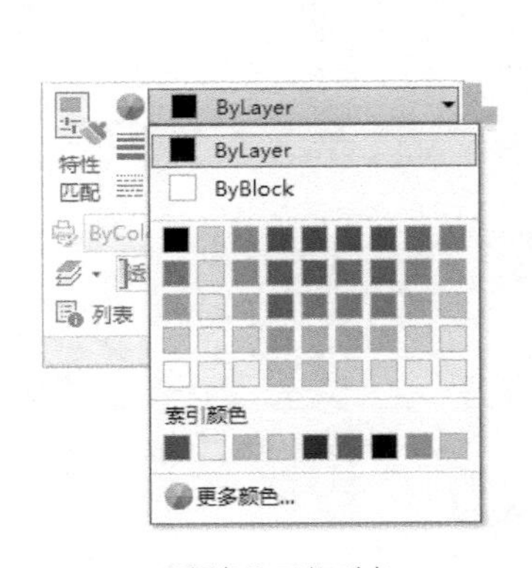

（a）“颜色”下拉列表

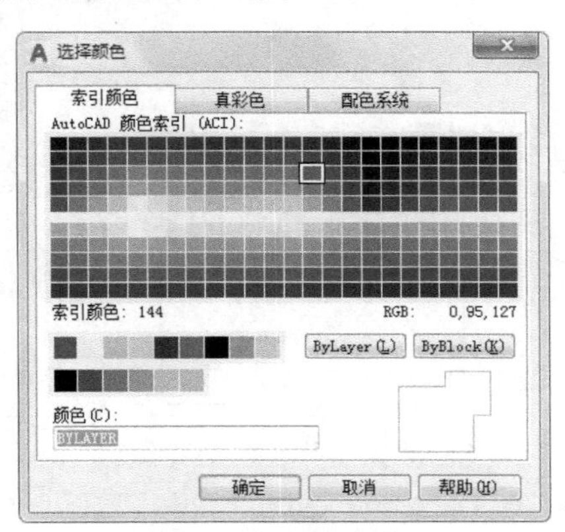

（b）“选择颜色”对话框

图 4-3　选择颜色

3）颜色列表说明

从颜色列表中可以看到，除了有“红”“黄”“蓝”等众所周知的颜色，还包含“ByLayer”和“ByBlock”两项。这两项属于逻辑特性，在线型、线宽特性列表中都有这两项。“ByLayer”的意思就是对象的颜色特性由图层的颜色特性确定，而“ByBlock”表示对象的颜色特性由图块的颜色特性确定。

3．设置线型

绘图时，用户会发现线型和对象有许多关联性。虽然整体线型种类多样化，但是原则上与对象之间是有迹可循的，线型和对象的相互关联使其分辨起来更容易，也让图形更易理解与阅读。

用户可以根据需要为对象设置线型。一旦线型设置后，以后创建的对象皆采用此线型，直至选择新的线型为止。

1）命令操作

调用线型命令的方法如下。

- 命令区：输入 LINETYPE 并按回车键确认。
- 功能区：依次单击“默认”选项卡→“特性”面板→“线型”下拉按钮。

2）设置对象线型操作步骤

（1）依次单击“特性”面板→“线型”下拉按钮，弹出“线型”下拉列表，如图 4-4（a）所示。

（2）用户在“线型”下拉列表中选择一种线型，或选择“其他...”选项，AutoCAD 弹出“线型管理器”对话框，如图 4-4（b）所示。

（3）从“线型”下拉列表和“线型管理器”对话框中可以看到，默认的图形中只加载了 3 种线型，其中两种是逻辑线型特性“ByLayer”和“ByBlock”，另外一种是 Continuous 线。

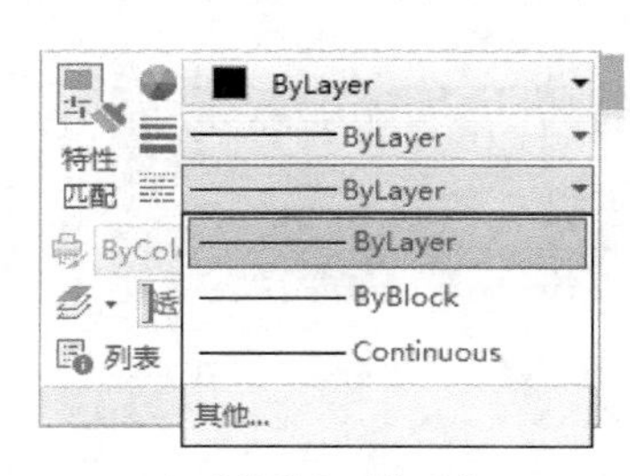

（a）“线型”下拉列表

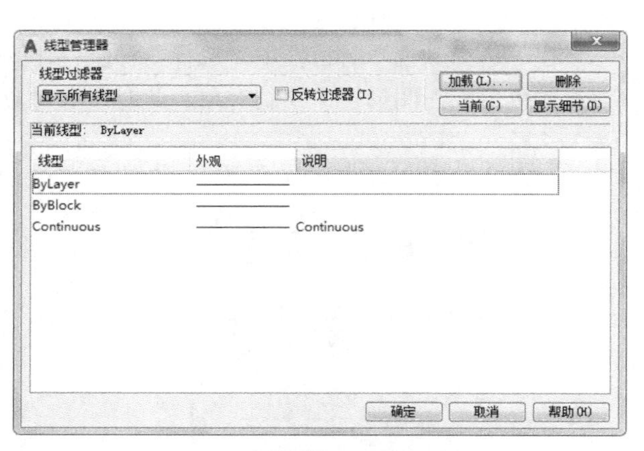

（b）“线型管理器”对话框

图 4-4　选择线型

（4）加载其他线型。单击“线型管理器”对话框中的“加载”按钮 加载(L)... ，AutoCAD 弹出“加载或重载线型”对话框，如图 4-5 所示。

（5）在“加载或重载线型”对话框中选择要加载的线型，或在列表中单击鼠标右键，在弹出的快捷菜单中选择“全部选择”选项，单击“确定”按钮，选择的线型就被添加到“线型管理器”对话框的“线型”列表中了。

（6）设置线型比例。如果绘制的线条不能正确反映线型，如虚线、中心线等显示仍为实线，则需要调整线型比例。

（7）在“线型管理器”对话框中单击“显示细节”按钮 显示细节(D) ，可以打开“详细信息”选项组，如图 4-6 所示。修改“全局比例因子”，可以设置整个图形中所有对象的线型比例。选择一种线型，修改“当前对象缩放比例”，可以设置当前新创建对象的线型比例。

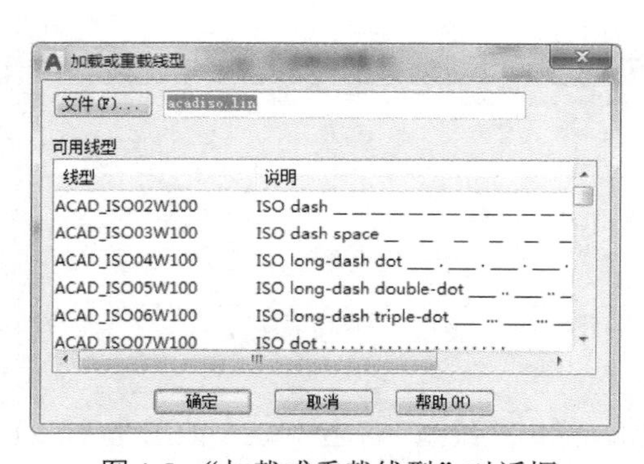

图 4-5　“加载或重载线型”对话框

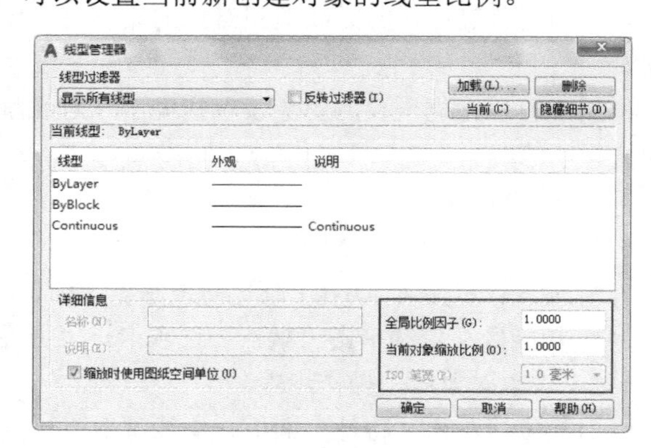

图 4-6　“线型管理器”对话框中的“详细信息”选项组

4．练习：用指定线型绘制图形

在建筑物内的热水管可以使用 HW 线型表示，而煤气管线可以使用 GAS 线型表示。使用指定线型绘制图形，操作步骤如下。

（1）新建图形文件。

（2）依次单击“特性”面板→“线型”下拉按钮，在弹出的下拉列表中选择“其他...”选项，在弹出的“线型管理器”对话框中单击“加载”按钮加载(L)...，在弹出的“加载与重载线型”对话框中单击鼠标右键，在弹出的快捷菜单中选择“全部选择”选项，加载全部线型。

（3）选择“HOT-WATER-SUPPLY”为当前线型。

（4）依次单击“绘图”面板→“直线”按钮，绘制如图 4-7 所示的图形。

（5）依次单击“特性”面板→“线型”下拉按钮，在弹出的下拉列表中选择“GAS-LINE”为当前线型。

（6）依次单击“绘图”面板→“直线”按钮，绘制如图 4-8 所示的图形。

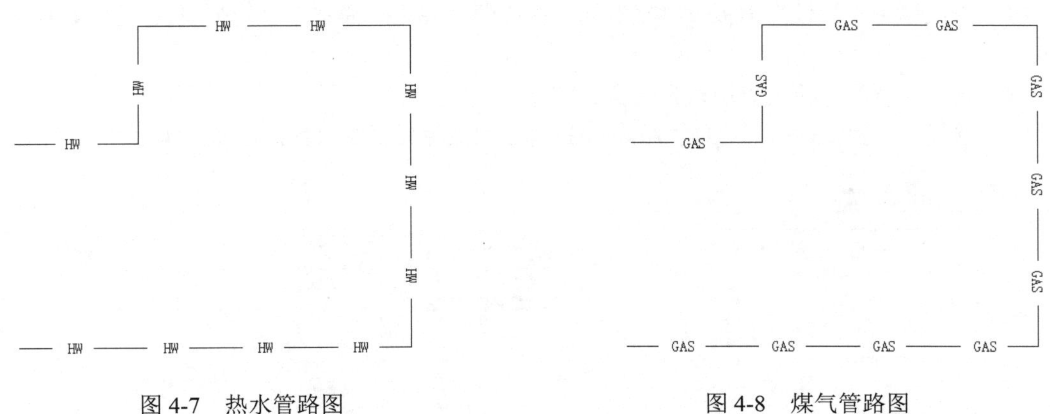

图 4-7　热水管路图　　图 4-8　煤气管路图

线型管理器重点提示：

- 在默认设置中，线型只包含 Continuous 线。
- 在图形中只需加载需要的线型。
- 无论从线型管理器中删除或使用 PURGE 命令，都可以删除还没有被使用的线型。
- 已经使用的线型无法删除。
- 若第一次使用其他线型，必须先加载才可以使用。
- 用户可使用 LTSCALE 改变整体线型比例系数，如 LTSCALE 比例设为 10，图形中所有的线型比例都会放大 10 倍。
- 可以利用“特性”选项板，针对单一对象改变线型比例。改变 LTSCALE 系数会影响图形文件中所有对象的线型。
- 有某些线型还会包含 1/2 和 2 两种不同的比例，如 HIDDEN、HIDDEN2（.5x）和 HIDDEN2（2x）。
- 在默认系统中，所用对象的线型都按图层（ByLayer）设置，用户可以手动改变设置，或是在“特性”面板的“线型”下拉列表中选择要使用的线型。

5．设置线宽

线宽是指线条在打印输出时的宽度，这种线宽可以显示在屏幕上，并输出到图纸。一旦线宽设置后，以后创建的对象皆采用此线宽，直至选择新的线宽为止。

1）命令操作

调用线宽命令的方法如下。

- 命令区：输入 LWEIGHT 并按回车键确认。
- 功能区：依次单击“默认”选项卡→“特性”面板→“线宽”下拉按钮。

2）设置对象线宽操作步骤

（1）依次单击“特性”面板→“线宽”下拉按钮，弹出“线宽”下拉列表，如图 4-9（a）所示。

（2）在“线宽”下拉列表中选择线宽。

（3）选择“线宽设置...”选项，AutoCAD 弹出“线宽设置”对话框，如图 4-9（b）所示。

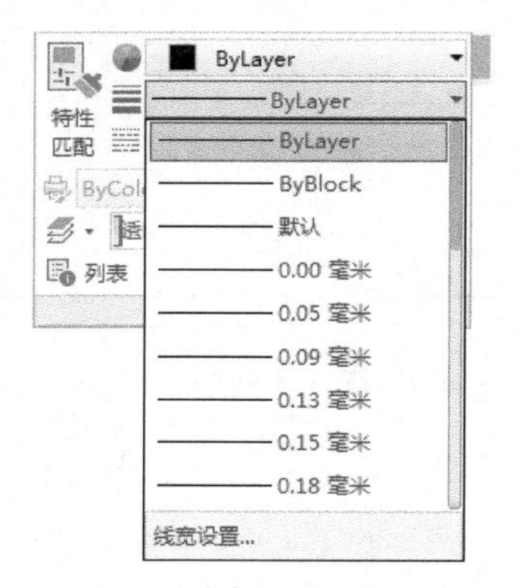

（a）“线宽”下拉列表

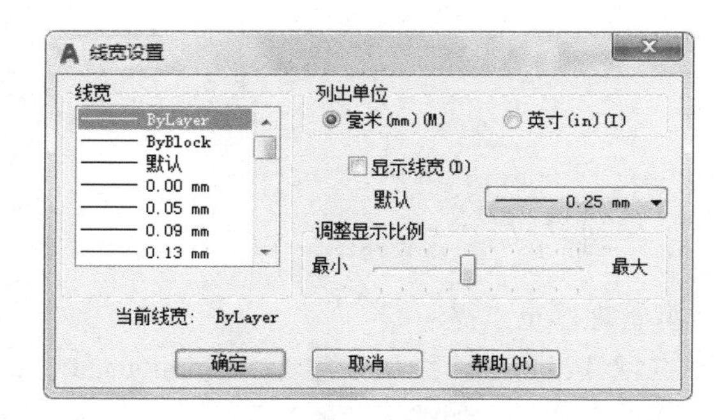

（b）“线宽设置”对话框

图 4-9　选择线宽

（4）在“线宽设置”对话框中可以设置对象的线宽，可以选择是否在屏幕上“显示线宽”，还可以调整线宽的默认宽度和显示比例。

（5）如图 4-10 所示，状态栏的“线宽”按钮用来控制屏幕上是否显示线宽。若在应用程序状态栏中未找到“线宽”按钮，可通过在应用程序状态栏中单击“自定义”按钮，打开自定义选项卡后选择“线宽”选项，即可在应用程序状态栏中显示对应的“线宽”按钮。

图 4-10　应用程序状态栏

6．练习：应用指定线型和线宽绘制图形

绘制如图 4-11 所示的图形，绘图步骤如下。

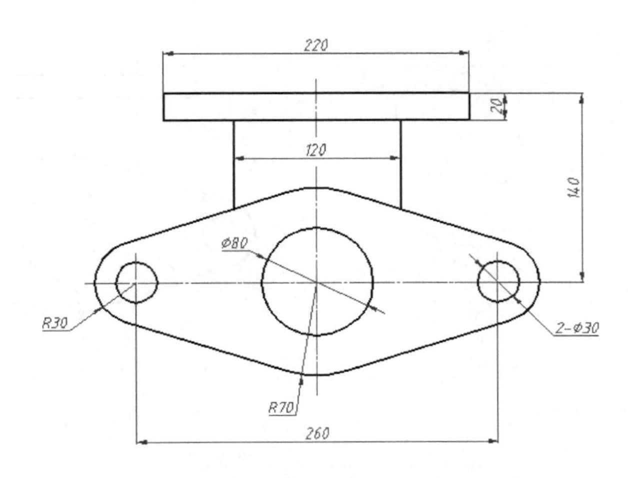

图 4-11　应用指定线型和线宽绘制的图形

（1）新建图形文件，并加载所有线型。

（2）绘制对称线。

❶ 依次单击“特性”面板→“线型”下拉按钮，在弹出的下拉列表中选择“CENTER”为当前线型。

❷ 依次单击“特性”面板→“颜色”下拉按钮，在弹出的下拉列表中选择“红色”为当前颜色。

❸ 依次单击“特性”面板→“线宽”下拉按钮，在弹出的下拉列表中选择“0.2”为当前线宽。

❹ 依次单击“绘图”面板→“直线”按钮，绘制对称线及孔的中心线。

（3）绘制图形轮廓。

❶ 依次单击“特性”面板→“线型”下拉按钮，在弹出的下拉列表中选择“Continuous”为当前线型。

❷ 依次单击“特性”面板→“颜色”下拉按钮，在弹出的下拉列表中选择“白色”为当前颜色。

❸ 依次单击“特性”面板→“线宽”下拉按钮，在弹出的下拉列表中选择“0.5”为当前线宽。

（4）用“圆”“直线”命令绘制图形，并用“修剪”命令修整图形，完成后如图 4-11 所示。

（5）线宽的显示控制。

❶ 单击“应用程序状态栏”的“线宽”按钮，关闭线宽显示，如图 4-12（a）所示。

❷ 再次单击“应用程序状态栏”的“线宽”按钮，打开线宽显示，如图 4-12(b)所示。

❸ 依次单击“特性”面板→“线宽”下拉列表，选择“线宽设置...”选项，如图 4-9（b）所示，在弹出的“线宽设置”对话框中，调整显示比例滑块，观察图形线宽的变化。当比例滑块调到最大值时，显示的线宽最粗；而比例滑块调到最小值时，不显示线宽。比例滑块的调整仅影响显示，不影响打印出图。

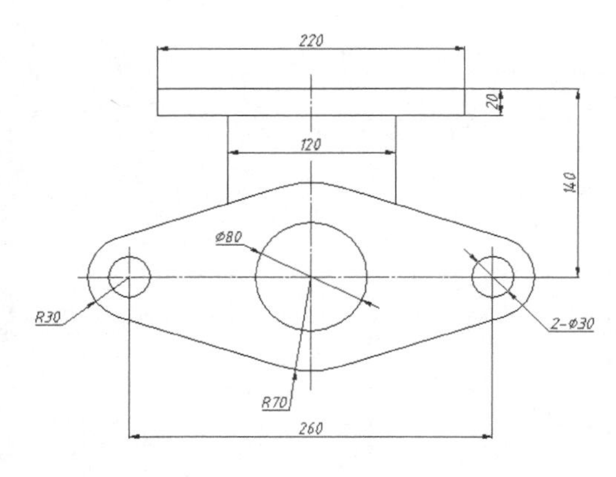

（a）未激活“线宽”按钮

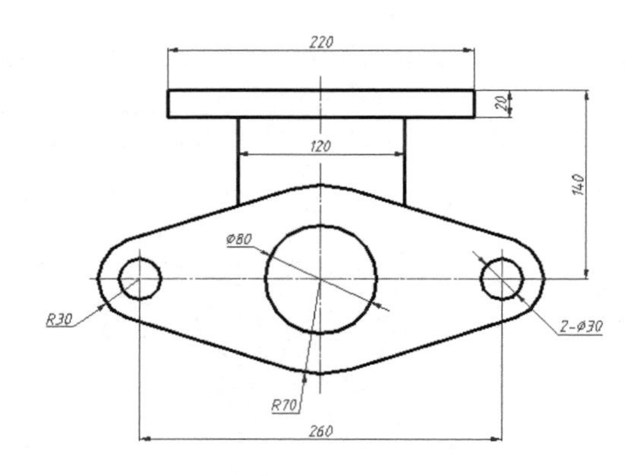

（b）激活“线宽”按钮

图 4-12　关闭/打开线宽显示

本例实践操作视频：视频 4-2

7. 设置透明度

用户可以根据需要为对象设置透明度。通过拖动“透明度”滑块或直接输入数值来改变对象的透明度。透明度取值范围为 0～90，0 表示完全不透明，值越大对象显示越浅，背景越清晰。一旦透明度设置后，以后创建的对象就皆采用此透明度，直至选择新的透明度为止。

1）命令操作

调用透明度命令的方法如下。

- 命令区：输入 CETRANSPARENCY 并按回车键确认。
- 功能区：依次单击“默认”选项卡→“特性”面板→“透明度”滑块。

2）设置对象线宽操作步骤

（1）拖动“特性”面板的“透明度”滑块，或直接在“透明度”文本框中输入数值来设置当前透明度值，如图 4-13 所示。

（2）绘制图形，则当前绘制对象皆采用此透明度。

（3）“应用程序状态栏”中的“透明度”按钮，如图 4-14 所示，能控制透明度是否在屏幕上显示。若在应用程序状态栏中未找到“透明度”按钮，则可通过在应用程序状态栏中单击“自定义”按钮☰，打开自定义选项卡后选择“透明度”选项，即可在应用程序状态栏中显示对应的“透明度”按钮。

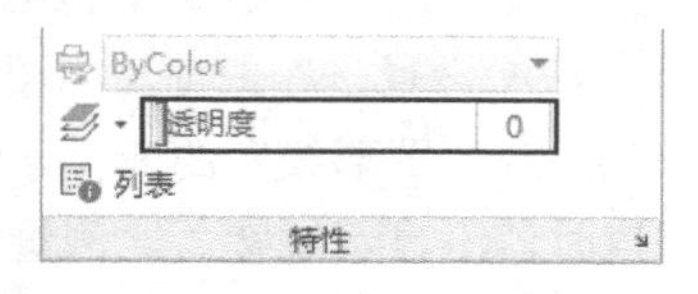

图 4-13　设置“透明度”

图 4-14　应用程序状态栏中的“透明度”按钮

8．练习：设置透明度

在图 4-15（a）（b）（c）中，透明度分别设置为 0、45、90 时，在图形上绘制实心圆环。可以看到显示情况是截然不同的，透明度数值越大，背景对象越清晰。

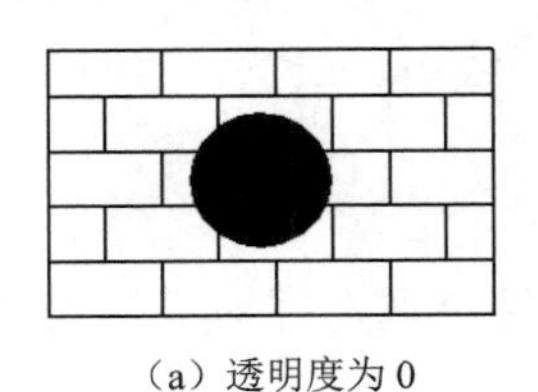
（a）透明度为 0

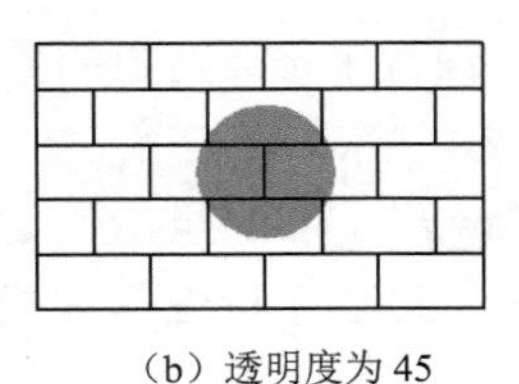
（b）透明度为 45

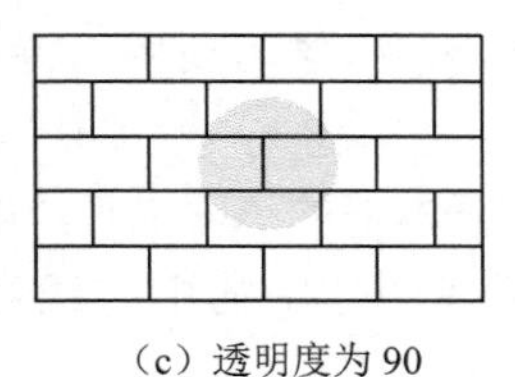
（c）透明度为 90

图 4-15　透明度设置效果

操作步骤如下。

（1）打开本书练习文件“4-1.dwg”。

（2）绘制简单图形并执行 CETRANSPARENCY 命令。

❶ 依次单击“默认”选项卡→“绘图”面板→“圆环”按钮，依据命令区给出的选项提示依次操作。

- 在提示“指定圆环的内径 <0.5>:”后输入“0”，按回车键确认。
- 在提示“指定圆环的外径 <1.0>:”后输入“100”，按回车键确认。
- “指定圆环的中心点或 〈退出〉:”后按如图 4-15 所示位置拾取一点，按回车键确认结束圆环命令，结果如图 4-15（a）所示。

❷ 拖动“特性”面板的“透明度”滑块，设置透明度为 45。重复步骤（2）绘制圆环，结果如图 4-15（b）所示。

❸ 拖动“特性”面板的“透明度”滑块，设置透明度为 90。重复步骤（2）绘制圆环，结果如图 4-15（c）所示。

（3）完成图形的绘制。

本例实践操作视频：视频 4-3

4.1.2　改变对象的特性

在功能区“默认”选项卡的“特性”面板中，不仅可以显示当前图形上建立的对象特性，而且还可以直接修改图形对象的特性。

1．改变对象特性的步骤

（1）不执行命令，选择图形对象。

（2）在功能区“特性”面板中的“颜色”“线型”“线宽”的下拉列表中查看当前图形对象的特性。

（3）在功能区“特性”面板中的“颜色”“线型”“线宽”的下拉列表和透明度中选择想要的特性。

2．练习：改变对象特性

通过此练习，学习使用“特性”面板来修改对象的颜色、线型、线宽、透明度等特性。操作步骤如下。

（1）打开本书的练习文件“4-2.dwg”，如图 4-16（a）所示。

（2）选择图形中的中心线对象，此时“特性”面板上显示被选择对象的特性，全部为“ByLayer”。

（3）单击功能区“特性”面板中的“颜色”下拉按钮，在弹出的下拉列表中选择“洋红色”作为中心线对象的当前颜色。

（4）单击功能区“特性”面板中的“线宽”下拉按钮，在弹出的下拉列表中选择“0.20 毫米”作为中心线对象的当前线宽。

（5）单击功能区“特性”面板中的“线型”下拉按钮，在弹出的下拉列表中选择“CENTER”作为中心线对象的当前线型。

（6）单击功能区“特性”面板的“透明度”按钮，将透明度数值改为 30。此时图形及“特性”面板如图 4-16（b）所示。

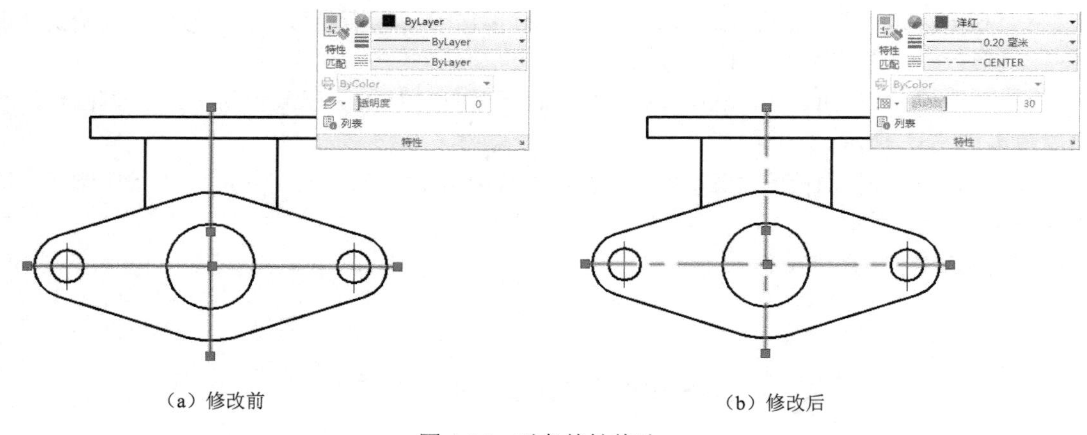

（a）修改前　　　　（b）修改后

图 4-16　对象特性修改

本例实践操作视频：视频 4-4

3．改变特性的重点提示

- 确定命令区没有执行命令，选择一个或多个对象，改变特性。
- 如果用户选择了多余的对象，只要按住 Shift 键，再选择对象就能从选择集中移除该对象。
- 如果用户选择一个以上不同特征的对象，特性的选项段会变为空白，因为一次只能显示一个特性名称。

- 用户可以同时选择一个以上的对象，且指定一个特性赋予所有的对象。
- 无论何时，对象都最好设置为“ByLayer”。
- 可以选择不同的线型到图形中使用。
- 确认状态栏中的线宽为打开状态，并且在“线宽设置”对话框中调整显示线宽的比例。

4.1.3　复制对象的特性

使用 MATCHPROP 命令指定一个源对象的特性，给予另一个或多个目标对象。可以复制的特性类型包括：颜色、图层、线型、线型比例、线宽、透明度、打印样式和厚度等。

1. 命令操作

- 命令区：输入 MATCHPROP 并按回车键确认。
- 功能区：依次单击“默认”选项卡→“特性”面板→“特性匹配”按钮。

2. “特性设置”对话框

利用特性匹配功能中的“特性设置”对话框，可以指定要复制源对象的特性，并指定给相应的目标对象。执行 MATCHPROP 命令，选定源对象后，在图形任意处单击鼠标右键，在弹出的快捷菜单中选择“设置”命令，则 AutoCAD 弹出“特性设置”对话框，如图 4-17 所示。

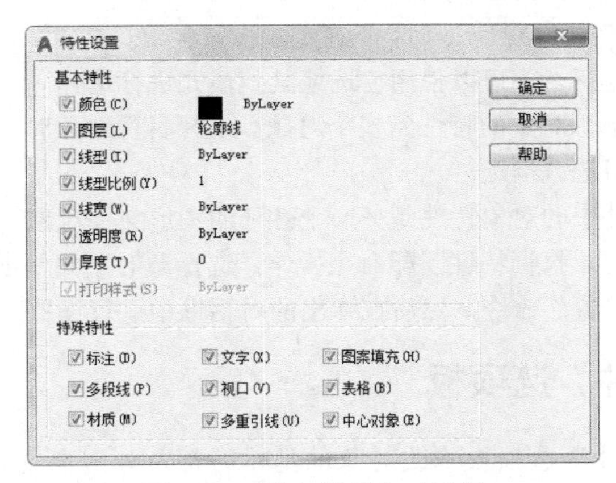

图 4-17　“特性设置”对话框

“特性设置”对话框分为两个区域，即基本特性和特殊特性。

- 基本特性：可设置一般对象的特性选项。勾选相应的复选框，则该特性将从源对象复制给目标对象。
- 特殊特性：特性选项定义几种特定对象。例如，如果用户勾选“文字”复选框，则源文字特性如字高等，会复制到目标的文字对象。在一些特殊状况下，若不复制文字特性到目标的文字对象上，则不勾选“文字”复选框。

3. 复制对象特性的步骤

使用 MATCHPROP 命令，指定源对象的特性给予目标对象。具体步骤如下。

（1）在功能区中依次单击“默认”选项卡→“特性”面板→“特性匹配”按钮。

（2）选择源对象。如图 4-18 所示，选择垂直中心线作为源对象。

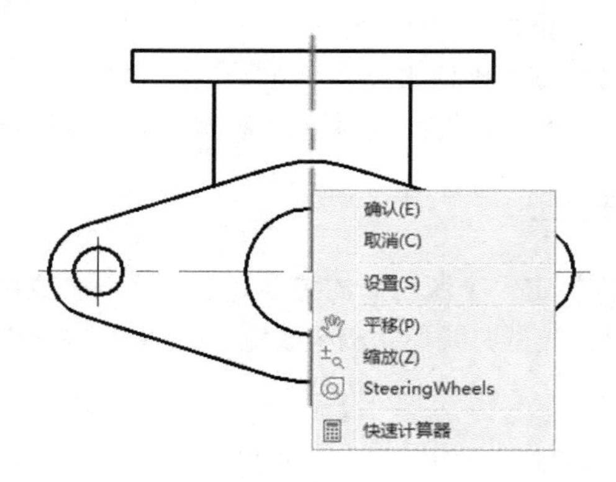

图 4-18　选择源对象

（3）在图形任意处单击鼠标右键，在弹出的快捷菜单中选择“设置”命令。在弹出的“特性设置”对话框中选择要复制目标对象的特性。

（4）选择目标对象，如水平中心线，给予指定的特性。

4．特性匹配的重点提示

- 当用户使用 MATCHPROP 命令时，只能选择一个对象。
- 源对象只能直接选择，不可以使用窗选或其他模式进行选择。
- 用户可以复制一个源对象的特性到多个对象。选择目标对象时，用户可以使用任何一种选择模式，包括窗选或框选。
- 可以复制图形文件中的对象特性到另一个打开的图形文件对象。
- 调整特性匹配设置，执行特性匹配命令操作。选择源对象并单击鼠标右键，在弹出的快捷菜单中选择“设置”命令，然后在弹出的对话框中进行设置。

4.1.4　使用“特性”选项板

可以使用对象“特性”选项板修改对象的基本特征，如对象的颜色、线型、线宽、透明度及图层等，还可以修改对象的几何特性。“特性”选项板中的内容只显示选择对象的特性。

1．“特性”选项板

在“特性”选项板中将同类特性进行归类，如常规、三维效果、几何图形和其他等。单击标题栏右侧的三角图标，可以关闭或展开同类内容。

“特性”选项板中有些特性字段会呈现灰色背景，表示其只能查看而不能修改。其余的特性字段都可以修改参数。当参数修改后，图形上的对象特性会立即更新。在某些字段中，用户可以展开列表、输入文字或输入数值加以修改或设置。

2．命令操作

- 命令区：输入 PROPERTIES 并按回车键确认。
- 功能区：依次单击“默认”选项卡→“特性”面板→“对话框启动器”按钮。
- 功能区：依次单击“视图”选项卡→“选项板”面板→“特性”按钮。
- 快捷键：Ctrl+1。

3．使用“特性”选项板修改对象特性

使用“特性”选项板修改对象特性的步骤如下。

（1）在功能区中依次单击“默认”选项卡→“特性”面板→“对话框启动器”按钮，打开“特性”选项板，如图 4-19 所示。

（2）选择要调整的特性对象。

（3）用户可以改变字段的任何数值，并且会同时更新图形上的对象。

（4）按 Esc 键结束对象选择。此时“特性”选项板中只显示默认的项目。

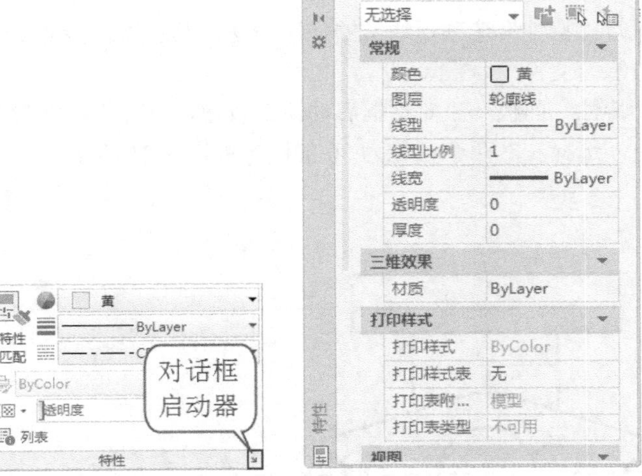

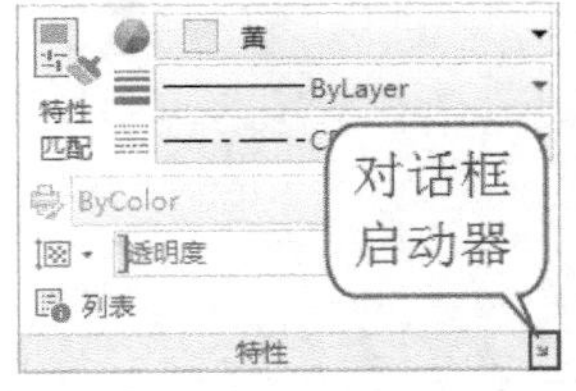

图 4-19　“特性”选项板

4．使用对象类型列表选择对象

当在图形中同时选择多个对象时，“特性”选项板中仅会显示选择的所有对象共同的特性，可以从对象列表中选择用户要修改特性的某类对象。

如图 4-20 所示，对象列表中显示 31 个对象被选择，包含转角标注、直线、圆弧、直径标注及半径标注。可以选择某类对象，如“直线”，则“特性”选项板中仅显示直线类对象的特性。

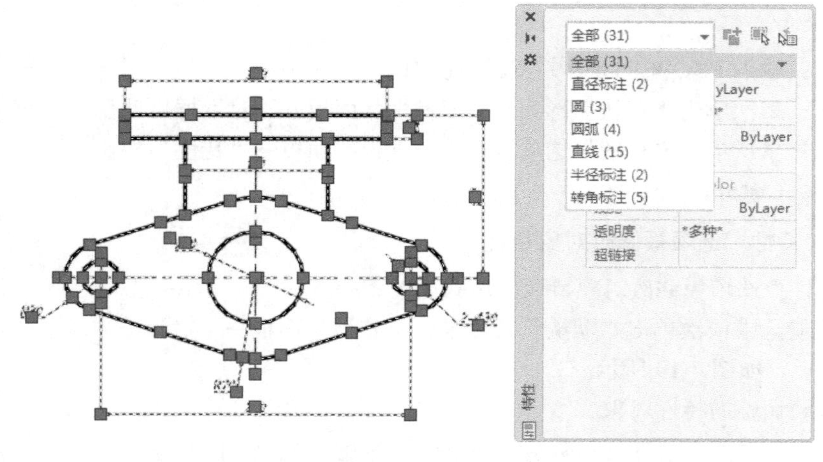

图 4-20　对象列表显示对象

5. 练习："特性"选项板

通过此练习，学习"特性"选项板通常的使用方法。具体操作步骤如下。

（1）打开本书的练习文件"4-3.dwg"。

（2）依次单击"特性"面板→"对话框启动器"按钮，打开"特性"选项板。

（3）不执行命令，选择左右两个直径为 30 的圆，如图 4-21 所示。

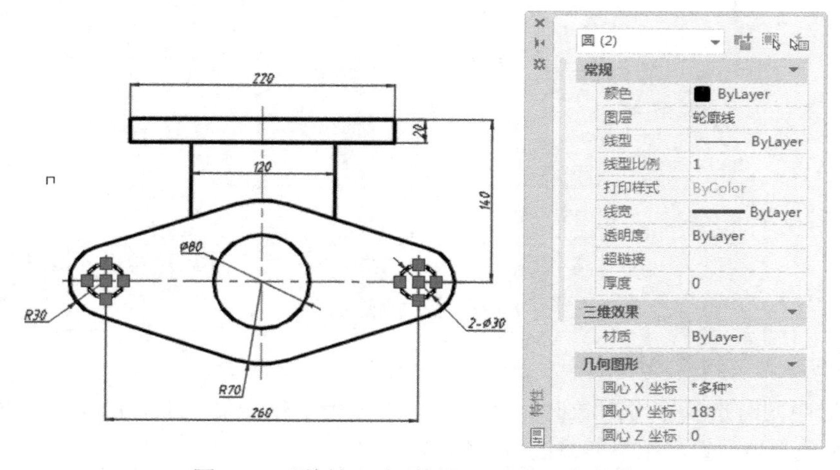

图 4-21　"特性"选项板显示选择对象的特性

（4）在"特性"选项板中修改参数，将颜色改为"红"，线型改为"CENTER"，线宽改为"0.5mm"，直径改为"45"。可以看到，在修改"特性"选项板上的相关参数时，图形在实时更新。修改结果如图 4-22 所示。

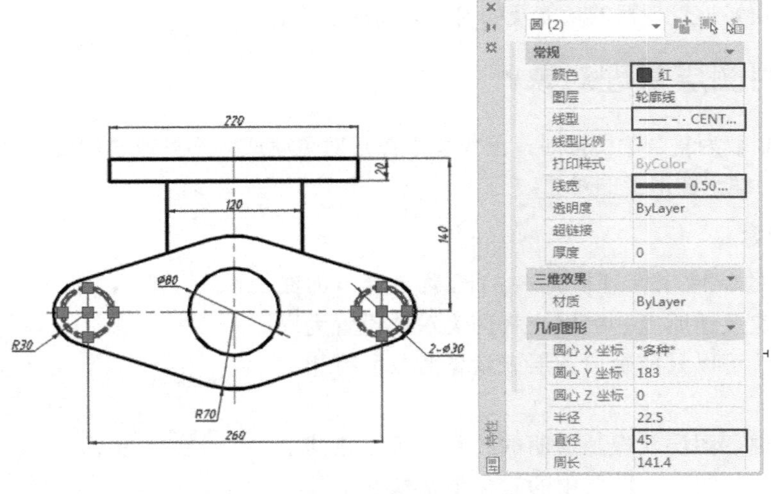

图 4-22　在“特性”选项板中修改选择对象的特性

本例实践操作视频：视频 4-5

6. “特性”选项板的重点提示

- “特性”选项板和传统的对话框不同，当用户操作其他命令时，“特性”选项板会一直打开。
- 虽然也有其他方式可以编辑对象特征，但是“特性”选项板提供了一个多样化的方法，可以同时编辑不同形式的对象。
- 单击“特性”选项板中的“自动隐藏”按钮，当鼠标光标离开此面板后，“特性”选项板就会自动隐藏。

4.2　图层的应用

本节讲解如何使用图层管理图形上的对象。在一般的设计图中，都是由许多不同类型的对象来表现的。例如，几何对象、文字、标注和图框等，可以使用图层的逻辑特性，依照对象不同的功能、外观、颜色、线型或是深浅来加以区分与管理。大多数公司和设计者都拥有自己的一套标准管理图层方式。最重要的是，用户可以建立一套完整的图层模式来管理图形上的对象。

完成本节的练习，用户将学习到以下功能。

- 利用图层管理图形上的对象。
- 了解 0 图层的功能特性。

- 了解图层特性管理器的功能及如何管理图形上的对象。

4.2.1 使用图层管理对象

当用户绘制较为复杂的图形时，组织管理图形对象就成为不可或缺的要素，可以使用图层的特性来管理、编组图形上的对象。

1. 图层概念

使用图层的特性来管理图形中的同类要素，如线型、颜色、线宽及透明度。当用户将同类对象设置为同一个图层时，就可以只控制该图层来设置对象所有相关的属性。

形象化地说，图层就像是透明的胶片，可以在其上绘制不同的对象，同一个图层中的对象默认情况下都具有相同的颜色、线型、线宽等对象特征，可以透过一个或者多个图层看到下面其他图层上绘制的对象，如图4-23所示，而每个图层还具备控制图层可见和锁定等的控制开关，可以很方便地进行单独控制，而且运用图层可以很好地组织不同类型的图形信息，使得这些信息便于管理。

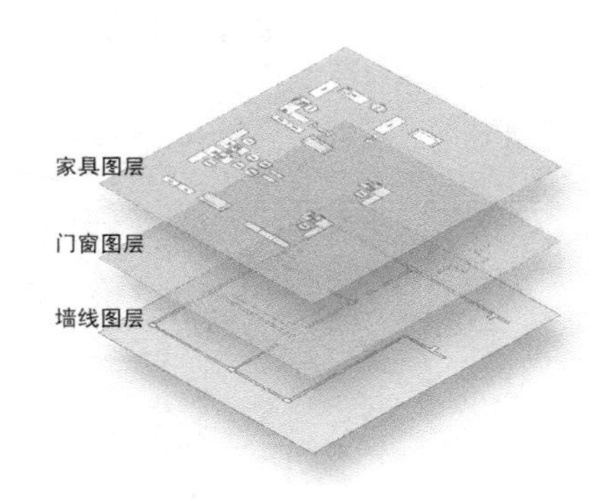

图 4-23　图层的概念

使用图层如同使用设计草图环境，其中清楚地说明了设计图内相关联的对象，还可以轻松地了解设计图上的每一个对象，甚至可以编辑、移除同一类型的对象。

2. 标准图层设置

在一般的绘图过程中，会将同类对象放在一个图层中，以方便图形的设计及管理。图层的数量、命名与设计的图形密切相关。通常用户根据图层的名称就可以知道该图层上对象表现的意义。例如，在建筑绘图过程中，使用图层组织对象可以参考表 4-1 中的方式。在一般的机械绘图过程中，使用图层组织对象可以参考表 4-2 中的方式。

表 4-1　建筑图图层名称及图层对象

图 层 名 称	图 层 对 象
墙面（Walls）	用于绘制墙面线
电路（Electrical）	用于绘制电路线
隐藏线（Hidden）	用于绘制不可见对象
基地（Landscape）	用于绘制基地的对象
建筑物（Construction）	用于绘制建筑物的图形
标注（Dimensions）	用于标注图形尺寸
文字（Text）	用于输入注释文字
填充线（Hatching）	用于放置填充图形、填充颜色、渐变色
标题图块（Title block）	用于放置图框、标题图块和图框文字信息等

表 4-2　机械图图层名称及图层对象

图 层 名 称	图 层 对 象
轮廓线（Outline）	用于绘制零件的可见轮廓
中心线（Center）	用于绘制零件的对称线或回转体轴线
隐藏线（Hidden）	用于绘制不可见对象
标注（Dimensions）	用于图形标注尺寸
文字（Text）	用于输入注释文字
填充线（Hatching）	用于放置填充图形、填充颜色、渐变色
标题图块（Title block）	用于放置图框、标题图块和图框文字信息

3. 图层作用

- 使用图层管理图形对象。
- 可以利用图层特性，设置该图层上对象的颜色、线型、线宽及透明度。
- 使用图层特性管理器新建和管理图层。
- 每个图形都包含 0 图层。
- 根据对象的功能、外观、材料、用途或是其他因素，利用图层加以分类、管理。
- 可以自定义一套符合公司或个人标准的图层分类模式。
- 当图形上的对象都使用图层管理时，用户可以轻松地控制图形上的同类对象。

4.2.2　0 图层的含义及特点

每个图形都有预设置的图层，名称为“0”。0 图层确保图形上至少有一个基本图层。

1. 系统默认的图层

当使用样板建立新的图形时，可能会有许多图层在图形上，但无论如何都会有一个 0 图层，这是系统预先设置的。

0 图层既不能删除，又不能重新命名。如图 4-24 所示，若新建图形文件选择的样板是 acadiso.dwt，则在图层特性管理器中只有 0 图层。

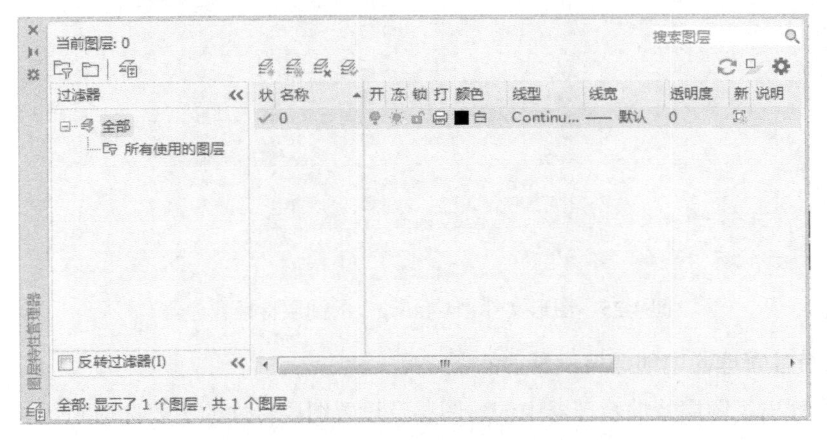

图 4-24　样板文件 acadiso.dwt 的图层

2. 0 图层的特点

0 图层的特性如下。

- 0 图层无法删除或重命名，但可以修改其颜色、线型等特性。
- 可以使用图层特性管理器新增除 0 图层以外的图层，除非公司使用的样板已经设置好标准图层。
- 在默认情况下，绘制的图形对象都在 0 图层上。用户可以在绘图时先设置某一图层为当前图层，之后绘制的对象都会在该图层上，而不会在 0 图层上。
- 如果用户绘制图形在 0 图层，也可以随时将对象修改到其他图层中。

4.2.3 图层特性管理器

利用图层特性管理器，可以创建新的图层、指定图层的各种特性、设置当前图层、选择图层和管理图层。图层特性管理器是一种无模式工具，能够在使用其他命令的同时维持其显示状态，并且在其上所做的修改可以实时地应用于图形中。

1. 命令操作

调用图层特性管理器的方法如下。

- 命令区：输入 LAYER 或 LA 并按回车键确认。
- 功能区：依次单击“默认”选项卡→“图层”面板→“图层特性”按钮。

2. 图层特性管理器

图层特性管理器是管理图层的主要工具，它可以增加图层、设置图层特性及管理图层。打开本书的练习文件“4-4.dwg”，依次单击“默认”选项卡→“图层”面板→“图层特性”按钮，AutoCAD 打开图层特性管理器，如图 4-25 所示。

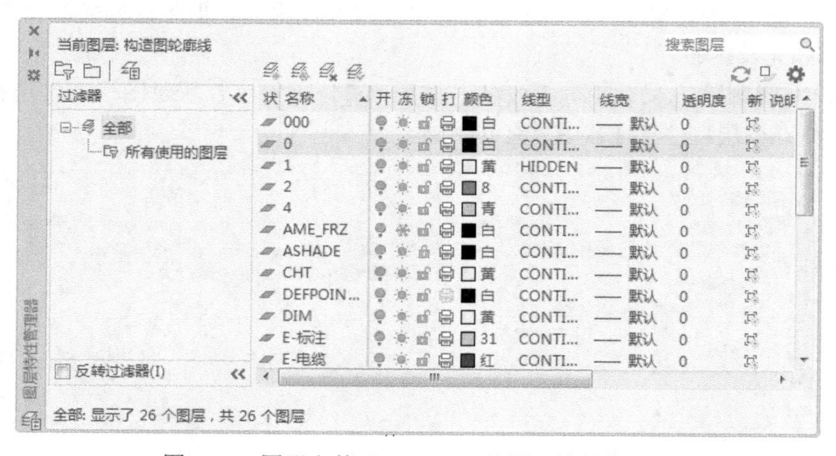

图 4-25　图形文件“4-4.dwg”的图层特性管理器

3. 图层特性管理器中创建与设置功能

表 4-3 中列出了图层特性管理器中创建图层及设置图层特性的主要选项和功能。

表 4-3　图层特性管理器创建及设置图层功能

选　　项	功 能 描 述
	“新建图层”按钮。单击此按钮可以建立新图层，在“名称”栏中，输入图层名称可为新图层命名，对于已命名的图层，单击两次名称，可重新为图层命名
	“删除图层”按钮。单击此按钮可以删除图层，但不可以删除 0 图层、当前图层或已有对象的图层
	“置为当前”按钮。双击此按钮，可将所选择的图层设置为当前图层
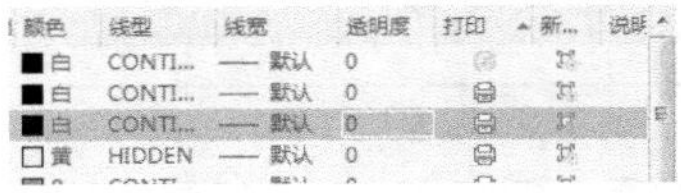	“图层视图”列表。单击某列中的一项，可以指定或改变其图层特性，包括颜色、线型、线宽、透明度和是否设置打印
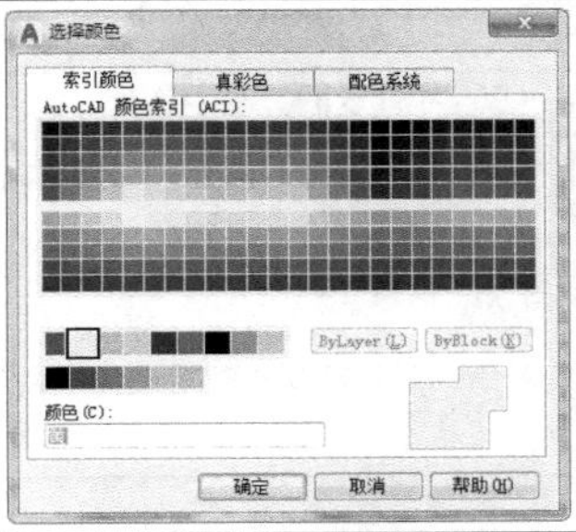	单击“图层视图”列表中某图层的颜色，可以从 AutoCAD 弹出的“选择颜色”对话框中选择颜色，从而确定该图层颜色特性
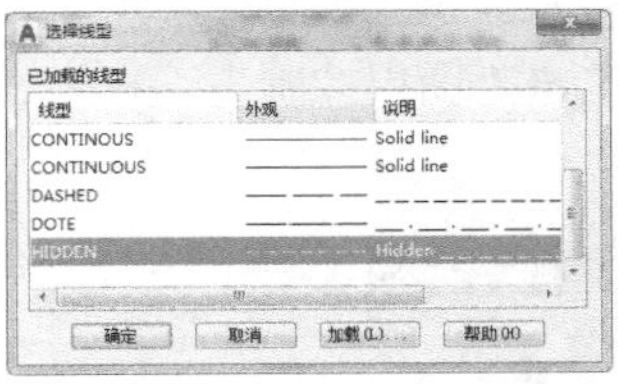	单击“图层视图”列表中某图层的线型，可以从 AutoCAD 弹出的“选择线型”对话框中选择线型。每个全新的图形都包含 Continuous 线型，单击“加载”按钮，加载其他的线型。选择的线型为该图层线型特性
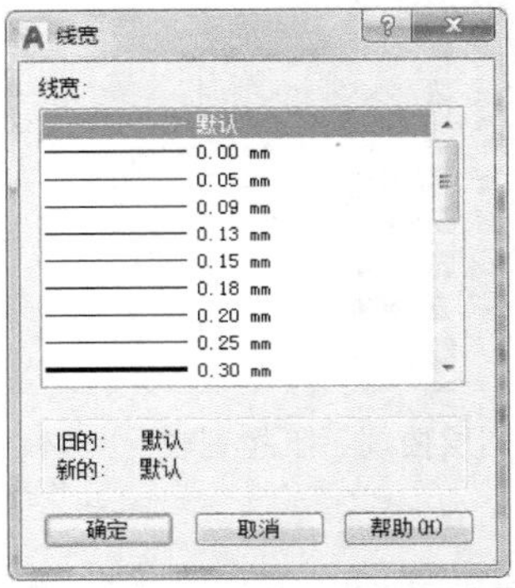	单击“图层视图”列表中某图层的线宽，可以从 AutoCAD 弹出的“线宽”对话框中选择线宽，选择的线宽为该图层线宽特性。系统内默认线宽是 0.01 英寸或 0.25 厘米。 如果没有打开状态栏中的显示线宽功能，则图形上将不会显示线宽
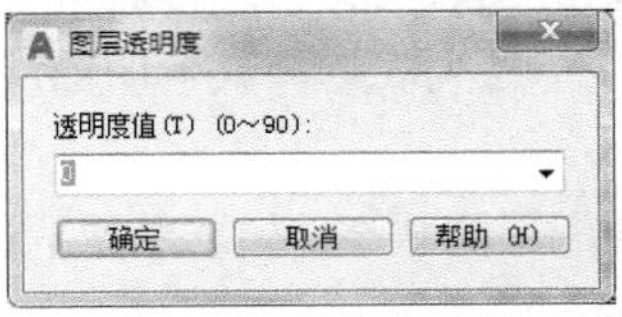	单击“图层视图”列表中某图层的透明度，可以从 AutoCAD 弹出的“图层透明度”对话框中输入透明度数值，确定该图层的透明度特性。 透明度值为 0 表示正常模式，数值越大则颜色表现越淡。透明度值的范围为 0～90

4．图层特性管理器中图层状态控制功能

可以利用图层管理功能调整对象的状态，如可见性和可编辑性。表 4-4 所示为图层特性管理器中控制图层状态各控件的功能。

表 4-4　图层特性管理器控制功能

功　能　键	功　　能
打开 关闭	打开：图层处于“打开”状态时，其上的对象可见。 关闭：图层处于“关闭”状态时，其上的对象不可见，但是图层上的对象会受重生成影响。当前工作的图层可以被关闭
解冻 冻结	解冻：图层处于“解冻”状态时，其上的对象可见。 冻结：图层处于“冻结”状态时，其上的对象不可见，但是图层上的对象不会受重生成影响。当前工作的图层不可以被冻结
布局视口解冻 布局视口冻结	当前布局视口解冻：此功能在布局空间中使用，布局视口处于“解冻”状态时，其上对象可见。 当前布局视口冻结：此功能在布局空间中使用，布局视口处于“冻结”状态时，其上对象不可见，也不可以打印或是被选择
解锁 锁定	解锁：图层处于“解锁”状态时，用户可以选择、编辑其上的对象。 锁定：图层处于“锁定”状态时，用户不可选择、编辑其上的对象，但是可以在锁定图层中创建对象

5．“图层控制”下拉列表

“图层控制”下拉列表在“图层”面板上，如图 4-26 所示。单击“图层控制”下拉列表，将显示图形文件中的图层，如图 4-27 所示。

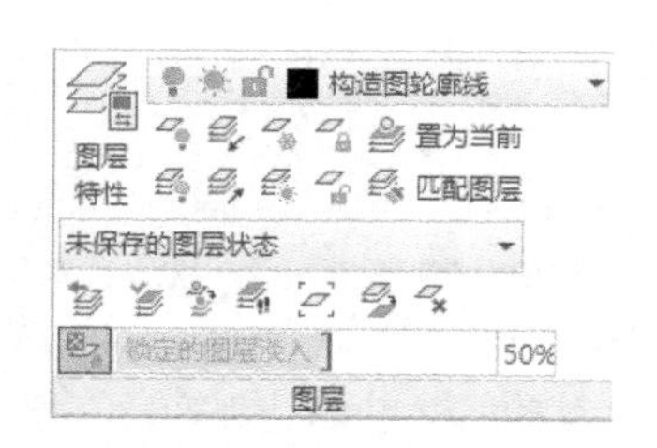

图 4-26　“图层”面板

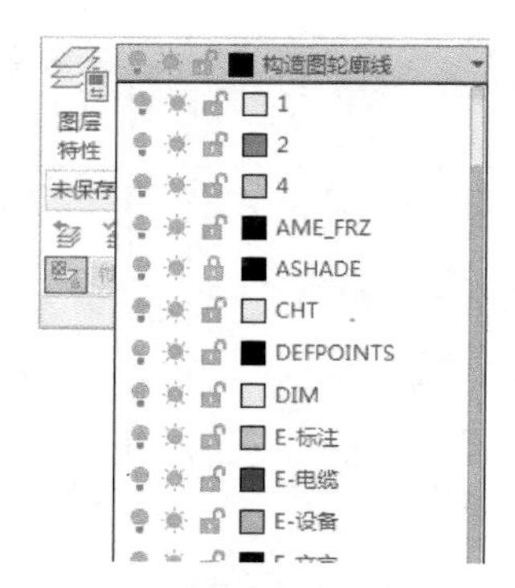

图 4-27　“图层控制”下拉列表

“图层控制”下拉列表提供了以下功能。

- 不执行命令时选择对象，则图层控制列表将显示该对象所属的图层名称。这样就可以清楚地知道对象属于哪个图层，用户也可以利用“图层控制”下拉列表选择其他的图层，或是将选择对象转换到其他图层。
- 在用户新增图层之后，可以设置当前的工作图层，或是改变图层的状态，如冻结或解冻、锁定或解锁、打开或关闭。

6．练习：新建图层

创建如图 4-28 所示的图层，并设置每层的特性。

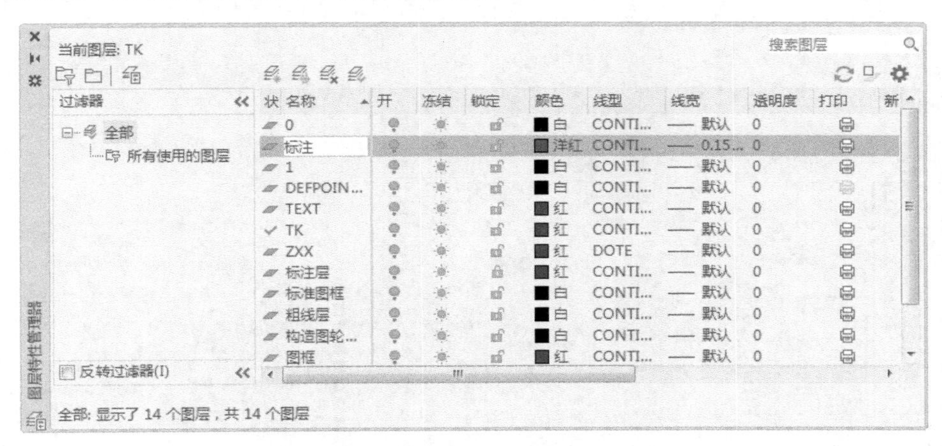

图 4-28　创建图层

操作过程如下。

（1）新建图形文件。

（2）依次单击“图层”面板→“图层特性”按钮，打开图层特性管理器。

（3）在图层特性管理器中单击“新建”按钮，新的图层以临时名称“图层 1”显示在列表中，并采用默认设置的特性。

（4）为新建图层命名，如“标注”。单击图层的颜色、线型、线宽等特性，可以修改该图层上对象的基本特性。例如，单击颜色，将颜色改为“洋红色”；单击线宽，将线宽改为“0.15”。

（5）再次单击“新建”按钮，重复上步，创建其他图层。

本例实践操作视频：视频 4-6

7．练习：图层状态控制

通过此练习学会图层特性管理器中图层状态控件的使用方法。

操作过程如下。

（1）打开本书练习文件“4-5.dwg”。

（2）依次单击“图层”面板→“图层特性”按钮，打开图层特性管理器。

（3）将鼠标光标放在“图层特性管理器”对话框的标题处，按住并拖动对话框，调整到如图 4-29 所示的位置，以便能清楚地观察到图形。

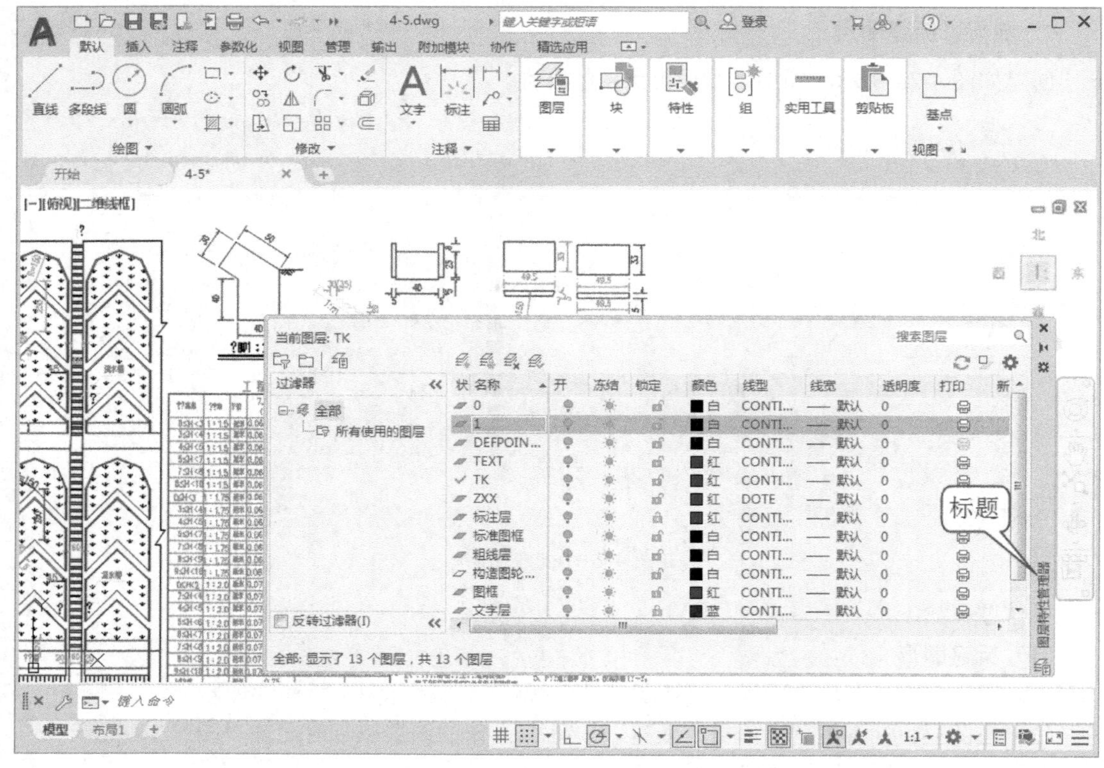

图 4-29　图层状态控制练习

（4）图层的打开与关闭。

❶ 关闭“文字层”图层，可以看到图形的变化，所有文字层上的对象从屏幕上消失，如图 4-30 所示。

❷ 移动图形对象。单击“绘图”面板→“移动”按钮，在“选择对象”的提示下，输入“ALL”，将选择全部图形对象，然后移动到新的位置。

❸ 打开“文字层”，如图 4-31 所示。从图形中可知，关闭图层中的对象，当用“ALL”选择对象时，可以被选择上并且参与图形移动。

❹ 关闭当前图层，然后用直线命令在绘图窗口绘制对象，可以发现绘图窗口没有绘制的对象。打开当前图层，可以看到刚绘制的对象。

（5）图层的解冻与冻结。

❶ 冻结“文字层”图层，可以看到图形的变化，所有文字层上的对象从屏幕上消失，与图 4-30 类似。注意，当前图层不可以被冻结。

❷ 移动图形对象。依次单击“绘图”面板→“移动”按钮，在“选择对象”的提示下，输入“ALL”，选择全部图形对象，然后移动到新的位置。

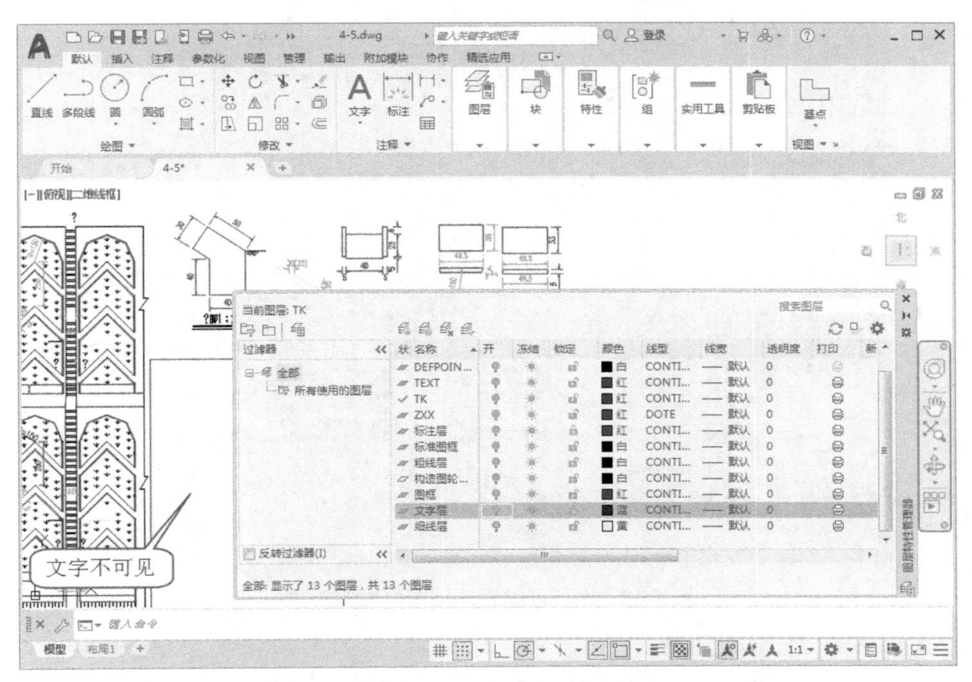

图 4-30　关闭“文字层”图层

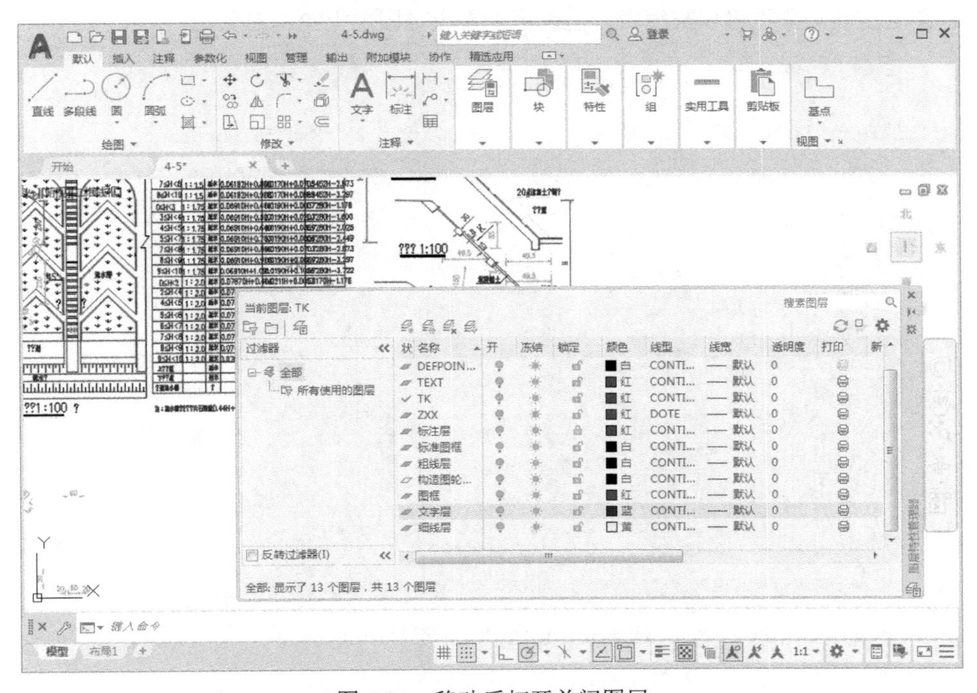

图 4-31　移动后打开关闭图层

❸ 解冻“文字层”，如图 4-32 所示。从图形中可知，冻结图层中的对象，当用“ALL”选择对象时，不能被选择，所以冻结图层上的对象不可以被编辑。

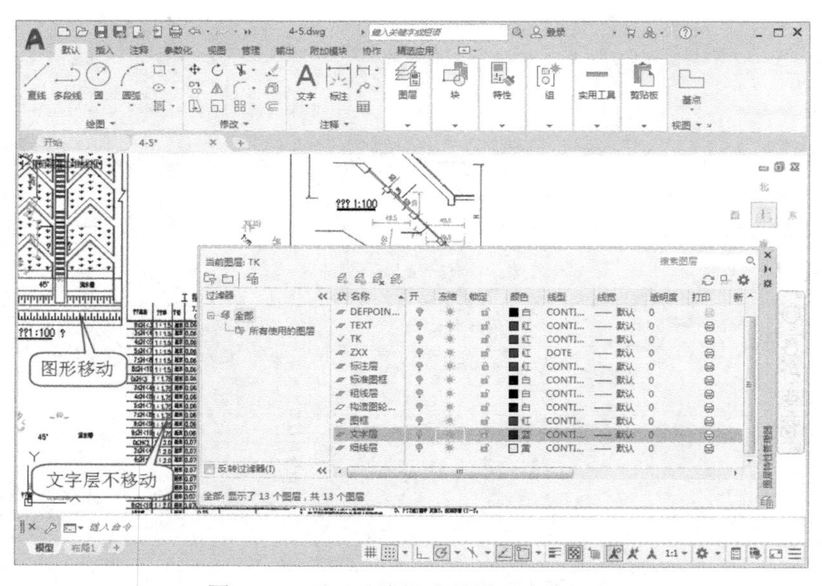

图 4-32　不可以编辑冻结图层中的对象

（6）图层的锁定与解锁。

锁定“文字层”图层，如图 4-33 所示。可以看到该图层的对象暗显，不能被选择，也就是说，锁定图层上的对象不可以被编辑，但是可以在锁定图层上绘制对象。

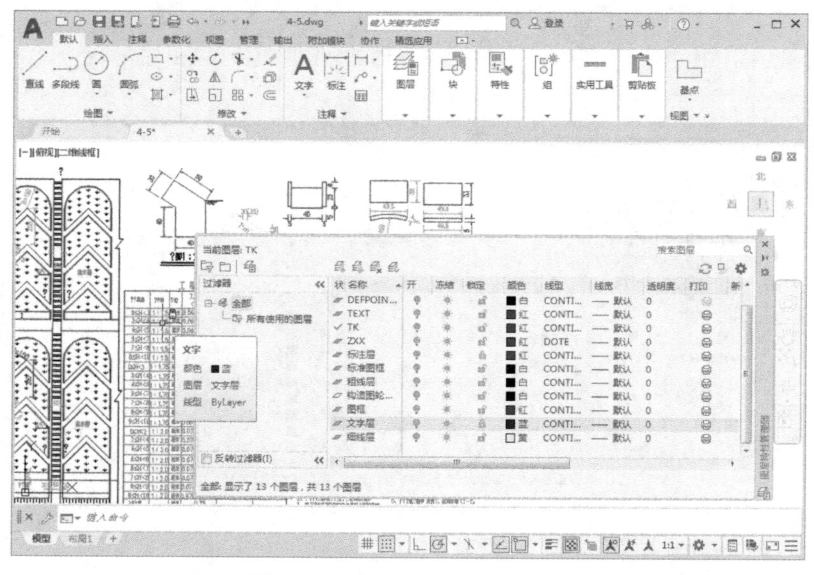

图 4-33　锁定“文字层”图层

本例实践操作视频：视频 4-7

8．练习：“图层控制”下拉列表

利用“图层控制”下拉列表可以打开/关闭、冻结/解冻、锁定/解锁图层，同时还可以设置当前图层、修改图层颜色，以及修改选定对象的图层。操作过程如下。

（1）打开本书练习文件“4-6.dwg”。

（2）依次单击“图层”面板→“图层控制”下拉按钮，弹出下拉列表如图 4-34 所示。

（3）选择“标注”层，进行关闭/打开、冻结/解冻、锁定/解锁操作，观察图形变化。

（4）在“图层控制”下拉列表中单击某图层，则该层为当前图层。如单击“轮廓线”层，则“轮廓线”层为当前图层，此时“图层控制”下拉列表如图 4-35 所示。

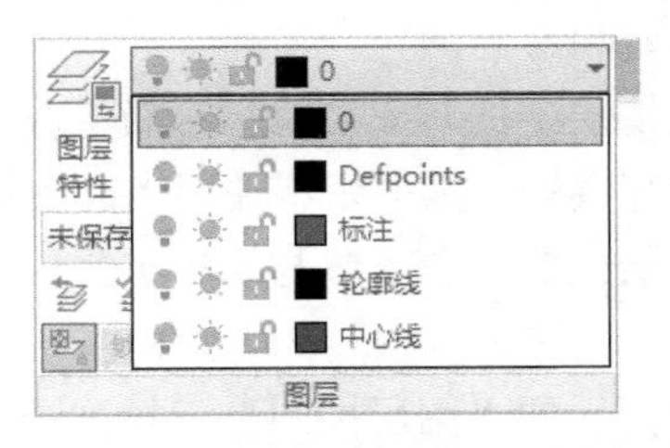

图 4-34　“图层控制”下拉列表

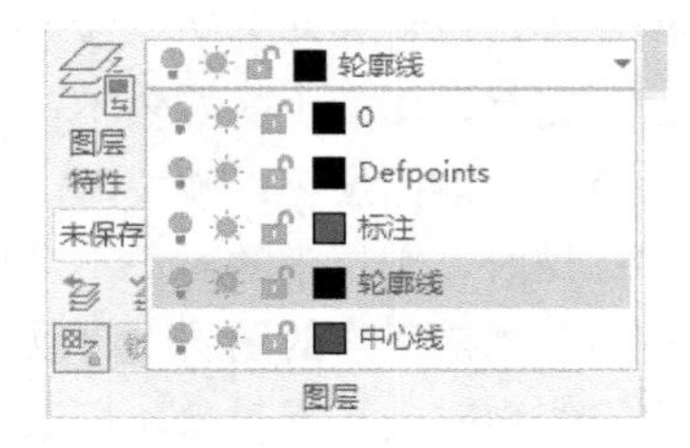

图 4-35　设置当前图层

❶ 单击“轮廓线”层的颜色框，则弹出“选择颜色”对话框，选择“蓝色”，则“轮廓线”层全部对象显示为蓝色，如图 4-36 所示。

❷ 不执行命令，选择图形中某一个或几个对象，然后在“图层控制”下拉列表中选择图层，则修改了被选择对象的图层。如选择图形中 4 个半径标注尺寸，再选择 0 图层，则半径标注尺寸变为 0 图层上的对象，如图 4-37 所示。

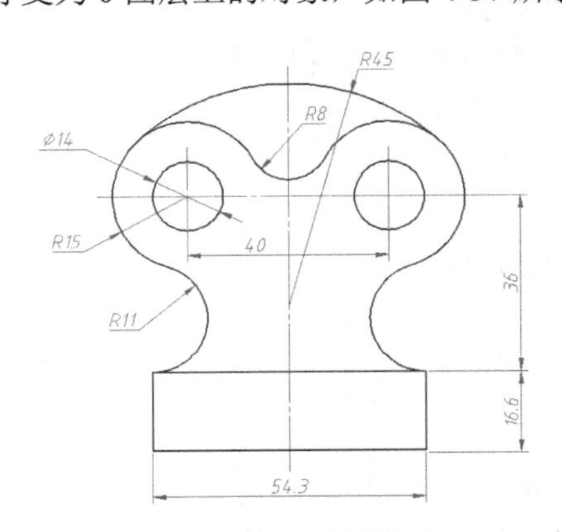

图 4-36　修改图层颜色

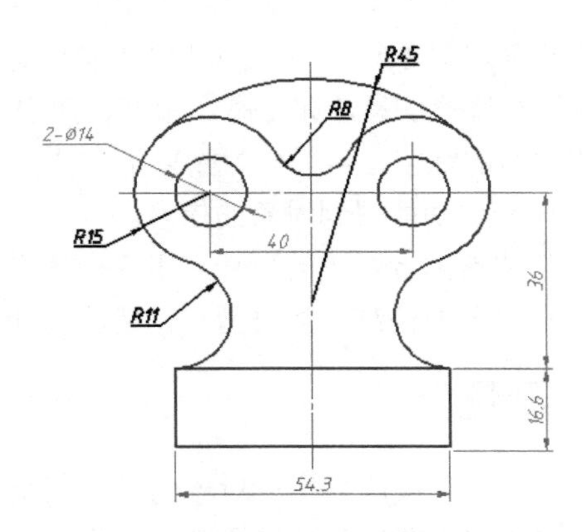

图 4-37　修改半径标注到 0 图层

本例实践操作视频：视频 4-8

9. 图层工具的重点提示

- 新建和管理图层，最重要的功能是图层特性管理器和“图层”面板中的“图层控制”下拉列表。
- 管理图层最主要的工具就是图层特性管理器，可以使用它新建和管理图层。
- 在图层建立后，若图层为目前正在使用、该图层上有对象或为外部参考图层，则无法删除该图层。
- 0 图层无法删除或重命名。
- 图层特性包含颜色、线型、线宽、透明度和该图层是否可以打印出图。
- 每个图层都可以打开和关闭、冻结和解冻、锁定和解锁。
- 当图层关闭时，图层上的对象不可见。但是该图层上的对象可执行重新生成命令并参与编辑命令。若前图层可以被关闭，但为了不引起误解，则最好不关闭当前图层。
- 当图层冻结时，图层上的对象不可见。冻结图层上的对象不参与执行重生成命令，不可以被编辑。当前工作的图层不可以被冻结。
- 当命令区空白时，选择对象，可以从“图层”面板的“图层控制”下拉列表中看到对象所属的图层。
- 可以在“图层控制”下拉列表中改变图层的状态。

4.3 查询对象的几何特征

本节讲解如何使用查询命令获得图形文件中对象的信息。

当用户新建对象时，对象的几何和非几何特性都存储在图形文件的数据库中，可以使用查询命令得到对象的信息，如距离、角度、面积、对象类型和其他对象相关的重要信息。

完成本节的练习，可以学习到以下功能。

- 使用查询功能得到对象的信息。
- 如何快速测量对象的尺寸、距离、角度、面积及特性。
- 获得对象的信息，如类型、位置、尺寸和特性。

4.3.1 测量

通过选择对象或选择构成对象的点来测量对象，可以查询出对象的尺寸及详细数据，得到对象精确的几何信息和非几何信息，如建筑物面积及三维实体体积。这些信息通常也是确认对象精准和表达细节所必需的资料。测量的过程可能是单一命令，也可能是几种不同的命令结合。所有查询命令都是使用当前图形设置的单位。

查询命令在功能区“默认”选项卡的“实用工具”面板中，如图 4-38 所示。

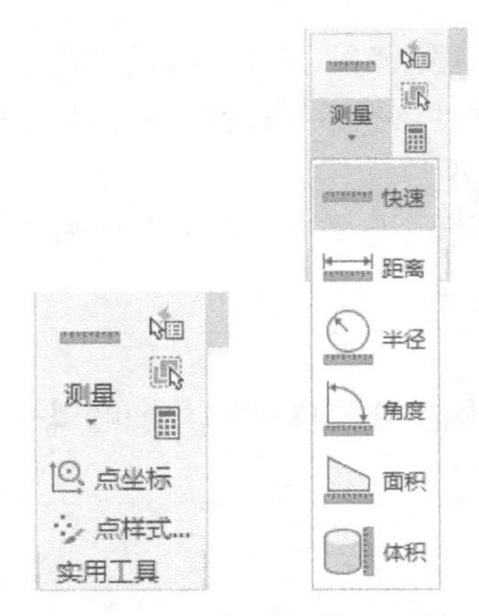

图 4-38　“实用工具”面板

4.3.2　查询点坐标

查询点坐标是查询特殊位置点的绝对坐标值。

1．命令操作

调用查询点坐标命令的方法如下。

- 命令区：输入 ID 并按回车键确认。
- 功能区：依次单击“默认”选项卡→“实用工具”面板→“点坐标”按钮。

2．查询点坐标的操作步骤

（1）依次单击“实用工具”面板→“点坐标”按钮。

（2）在“指定点:”提示下，使用对象捕捉，准确地选择特定点。

（3）在命令窗口，系统列出该点的绝对坐标。

3．练习：查询点坐标

通过本练习用户学会查询点坐标的方法，具体步骤如下。

（1）打开本书的练习文件“4-7.dwg”，如图 4-39 所示，查询 A 点坐标。

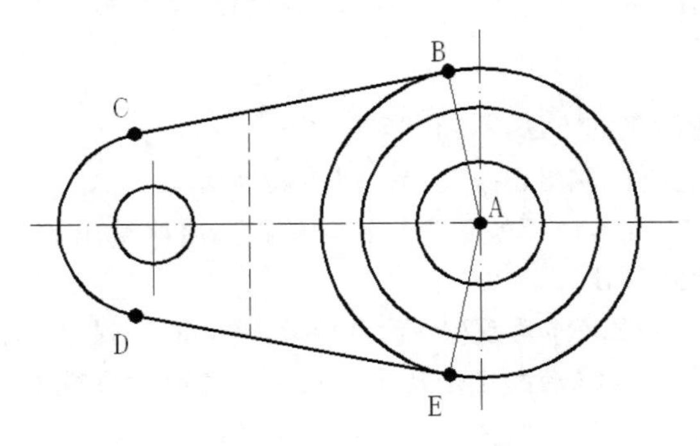

图 4-39　练习文件“4-7.dwg”

（2）设置捕捉“交点、圆心、端点”，打开应用程序状态栏的“对象捕捉”按钮。

（3）单击“实用工具”面板→“点坐标”按钮，依据命令区给出的选项提示依次操作。

命令：'_id 指定点:（拾取点 A）

X = -98.4101　　Y = 77.1676　　Z = 0.0000（系统显示 A 点的绝对坐标值）

本例实践操作视频：视频 4-9

4.3.3　快速测量

当在对象之间移动其上方的光标时，将动态显示图形的尺寸、距离和角度。

1. 命令操作

调用快速测量命令的方法如下。

- 命令区：输入 MEASUREGEOM 并按回车键确认。
- 功能区：依次单击“默认”选项卡→“实用工具”面板→“快速”按钮。

2. 快速测量的操作步骤

（1）单击“实用工具”面板→“快速”按钮。

（2）在“移动光标或[距离(D)/半径(R)/角度(A)/面积(AR)/体积(V)/快速(Q)/模式(M)/退出(X)] <退出>:”提示下，在对象之间移动其上方的光标时，将动态显示尺寸、距离和角度。

（3）在“移动光标或[距离(D)/半径(R)/角度(A)/面积(AR)/体积(V)/快速(Q)/模式(M)/退出(X)] <退出>:”提示下，在几何对象包围的空间内单击会以绿色亮显，并在命令窗口和动态工具提示中显示计算值。如果按住 Shift 键并单击以选择多个区域，将计算累计面积和周长。还包括封闭孤岛的周长。

（4）在“移动光标或[距离(D)/半径(R)/角度(A)/面积(AR)/体积(V)/快速(Q)/模式(M)/退出(X)] <退出>:”提示下，输入对应的功能代码，则会触发相应具体的测量功能。

3. 练习：快速测量

通过此练习学习快速测量的方法，操作步骤如下。

（1）打开本书的练习文件“4-8.dwg”，如图 4-40 所示。

（2）单击“实用工具”面板→“快速”按钮，依据命令区给出的选项提示依次操作。

命令：_MEASUREGEOM

移动光标或[距离(D)/半径(R)/角度(A)/面积(AR)/体积(V)/快速(Q)/模式(M)/退出(X)] <退出>:（移动光标至图形内，将动态显示尺寸、距离和角度，如图 4-41 所示）

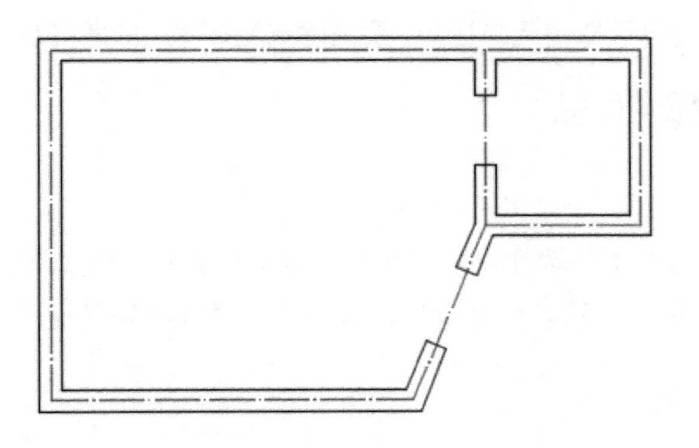

图 4-40　快速测量

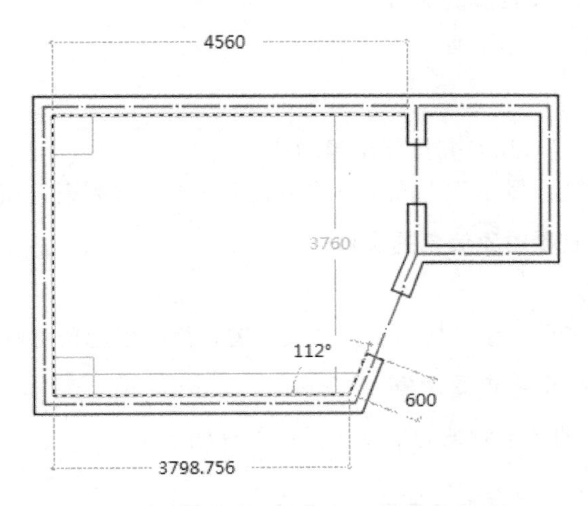

图 4-41　动态显示尺寸、距离和角度

使用快速测量，可以在平面图中快速查看图形的尺寸、距离和角度。在电脑屏幕上，显示在图中左侧的橙色方块精确地表示角度为 90 度。

在几何对象包围的空间内单击会以绿色亮显，并在命令窗口和动态工具提示中显示计算值。如果按住 Shift 键并单击以选择多个区域，将计算累计面积和周长。还包括封闭孤岛的周长，如图 4-42 所示。

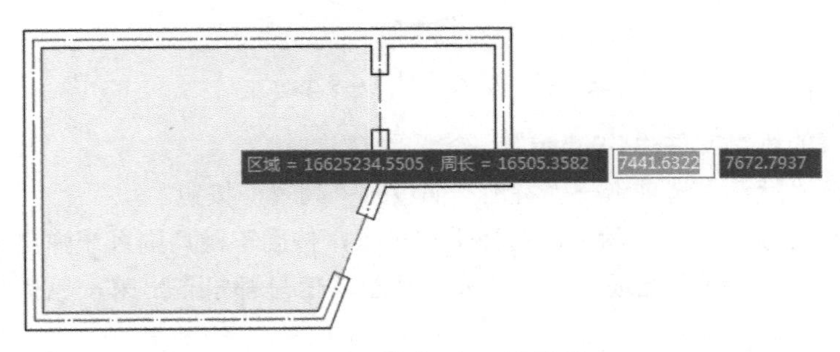

图 4-42　动态显示计算值

按住 Shift 键并单击也可取消选择区域。要清除选定区域，只需将鼠标光标移动一小段距离。

4.3.4 查看对象的信息

1. LIST 命令

使用 LIST 命令查询图形上选择对象的信息，该信息会显示在文本窗口中。使用 LIST 命令得到的所有对象信息，都是在建立对象时设置的，用户选择对象时可以看到下列信息。

- 对象类型。
- 空间（模型或图纸）。
- 图层。
- 处理码（在图形数据库是默认的）。
- 几何数值（位置、尺寸等）。

2. 命令操作

- 命令区：输入 LIST（LI）并按回车键确认。
- 功能区：依次单击“默认”选项卡→“特性”面板→“列表”按钮。

3. 使用 LIST 命令查看对象信息的步骤

（1）执行 LIST 命令。

（2）选择一个或是多个对象，按回车键，文本窗口会列出选择对象的相关信息。

4. 练习：使用 LIST 命令查看对象

查询如图 4-43 所示的图形对象的信息，操作过程如下。

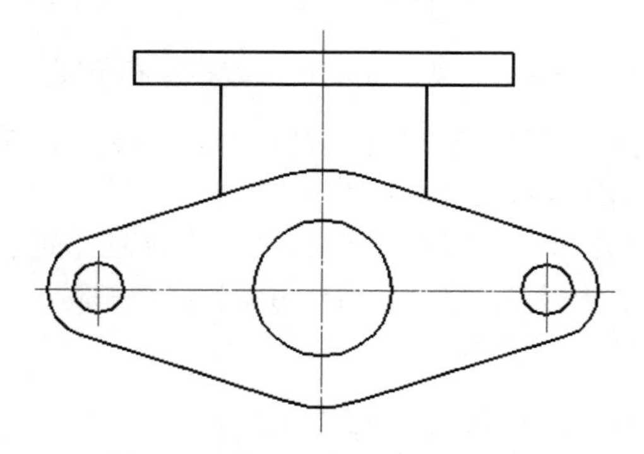

图 4-43　练习文件“4-9.dwg”

（1）打开本书的练习文件“4-9.dwg”。

（2）依次单击“默认”选项卡→“特性”面板→“列表”按钮。

（3）在“选择对象：”的提示下，选择全部对象，按回车键，则系统弹出文本框显示查询结果。如图 4-44 所示，列表把选择对象的属性和基本信息都报告出来，包括面积、周长等信息。

```
AutoCAD 文本窗口 - 4-11.dwg
编辑(E)
选择对象:

                  LWPOLYLINE 图层: "0"
                            空间: 模型空间
                   透明度: 89
                    句柄 = 16a5
            闭合
        固定宽度        0.0
            面积    4400.0
         周长    480.0

          于端点  X=     494.5  Y=     323.0  Z=       0.0
          于端点  X=     384.5  Y=     323.0  Z=       0.0
          于端点  X=     274.5  Y=     323.0  Z=       0.0
          于端点  X=     274.5  Y=     303.0  Z=       0.0
          于端点  X=     494.5  Y=     303.0  Z=       0.0

                  LWPOLYLINE 图层: "0"
                            空间: 模型空间
                   透明度: 89
                    句柄 = 16a4
            闭合
        固定宽度        0.0
按 ENTER 键继续:
```

图 4-44　文本框显示列表查询的结果

本例实践操作视频：视频 4-10

第 5 章　图纸布局

在同一张工程图中包含很多种不同类型的信息，有设计草图，也有各类专业图纸，AutoCAD 甚至允许设计人员将整个项目的设计图纸都放在同一个文件中。通过布局和视图，可以局部聚焦在某一部分或某些图层的设计图上，设置打印不同类型的设计图。也就是说，一个文件中可以保存多个打印布局，以对应多张设计图。

完成本章的练习，可以学习到以下知识。

- 模型空间与图纸空间。
- 使用布局。
- 创建并使用视口。

5.1　模型空间与图纸空间

在 AutoCAD 中有两个工作空间，分别是模型空间和图纸空间。通常在模型空间以 1∶1 的比例进行设计绘图。为了与其他设计人员交流、生产加工，需要输出图纸，这就需要在图纸空间规划视图的位置与大小，将不同比例的视图安排在一张图纸上并对它们标注尺寸，给图纸加上图框、标题栏、文字注释等内容，然后打印输出。可以这么说，模型空间是设计空间，而图纸空间是表现空间。

5.1.1　模型空间

模型空间中的“模型”是指在 AutoCAD 中用绘制与编辑命令生成的代表现实世界物体的对象，而模型空间是建立模型时所处的 AutoCAD 环境，可以按照物体的实际尺寸绘制、编辑二维或三维图形，也可以进行三维实体造型，还可以全方位地显示图形对象，它是一个三维环境。因此，人们使用 AutoCAD 首先是在模型空间工作。

当启动 AutoCAD 后，默认处于模型空间，绘图窗口下面的“模型”选项卡是激活的，而图纸空间是未被激活的，如图 5-1 所示。

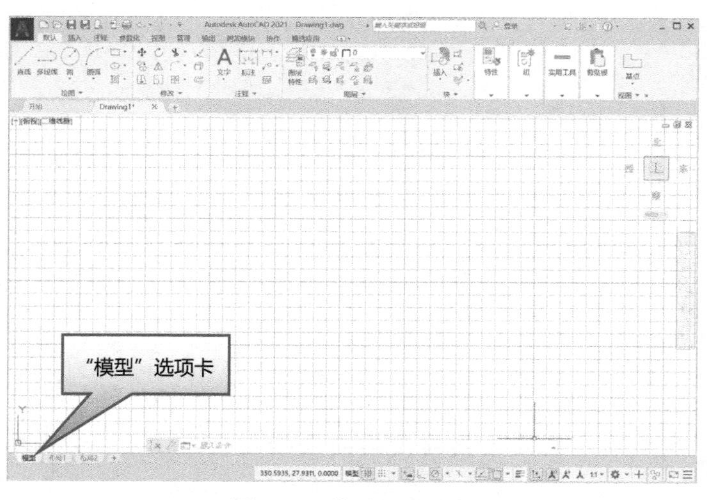

图 5-1　“模型”选项卡

5.1.2　图纸空间

图纸空间的“图纸”与真实的图纸相对应，图纸空间是设置、管理视图的 AutoCAD 环境。在图纸空间可以按模型对象不同方位地显示视图，按合适的比例在“图纸”上表示出来，还可以定义图纸的大小、生成图框和标题栏。模型空间中的三维对象在图纸空间中是用二维平面上的投影来表示的，因此，它是一个二维环境。

5.1.3　布局

所谓布局，相当于图纸空间环境。一个布局就是一张图纸，并提供预置的打印页面设置。在布局中，所显示的是真实的图纸尺寸，可以创建和定位视口，并生成图框、标题栏等。利用布局可以在图纸空间方便、快捷地创建多个视口来显示不同的视图，而且每个视图都可以有不同的显示缩放比例、冻结指定的图层。

在一个图形文件中，模型空间只有一个，而布局可以设置多个。这样就可以用多张图纸布局，多侧面地反映同一个实体或图形对象；或者将建筑图形的不同专业的图纸放置在不同的布局上，如图 5-2 所示。

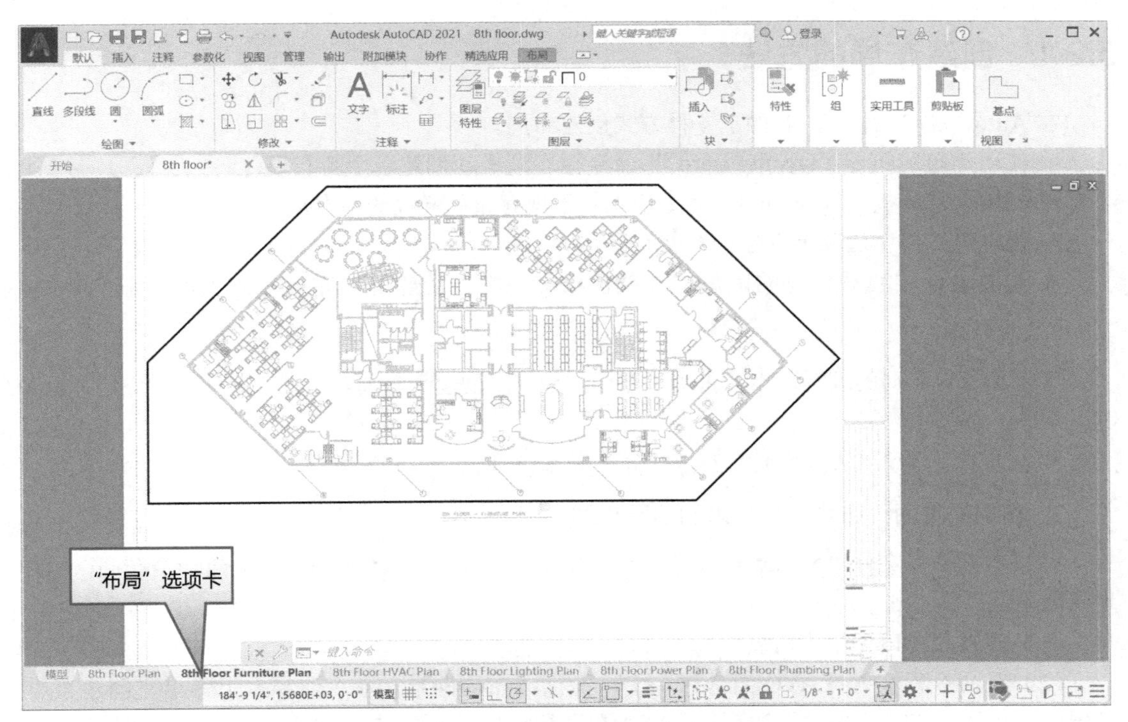

图 5-2　一个文件中的多个布局

在布局中可以设置打印出图的各种参数，并保存到页面设置管理器中。可以保存的参数如下。

- 打印机。

- 图纸大小。
- 打印范围。
- 打印偏移量。
- 打印样式表。
- 图纸方向。
- 打印比例。

5.1.4　模型空间与图纸空间的切换

在实际工作中，常需要在图纸空间与模型空间之间进行相互切换。切换方法很简单，选择绘图区域下方的“布局”及“模型”选项卡即可。

5.2　使用布局

图纸空间在 AutoCAD 中的表现形式就是布局，想要通过布局输出图形，首先要创建布局，然后在布局中打印出图。

5.2.1　创建布局的方法

在 AutoCAD 2021 中，有如下 4 种方式创建布局。

- 使用“布局向导（layoutwizard）”命令循序渐进地创建一个新布局。
- 使用“从样板…（layout）”命令插入基于现有布局样板的新布局。
- 通过“布局”选项卡创建一个新布局。
- 通过设计中心从已有的图形文件或样板文件中把已建好的布局拖入当前图形文件中。

1．命令操作

为了加深对布局的理解，本节采用“布局向导”来创建新布局。激活“布局向导”的方法如下。

- 命令行：输入 LAYOUTWIZARD 并按回车键确认。

2．练习：使用“布局向导”来创建新布局

打开本书练习文件“5-1.dwg”，如图 5-3 所示。下面以此图形为例来创建一个布局，操作步骤如下。

（1）设置“视口”为当前层。

（2）在命令行输入 LAYOUTWIZARD，激活“布局向导”命令，屏幕上弹出“创建布局-开始”对话框，在对话框的左边列出了创建布局的步骤，如图 5-4 所示。在“输入新布局的名称”文本框中输入“零件图”，然后单击“下一步”按钮。

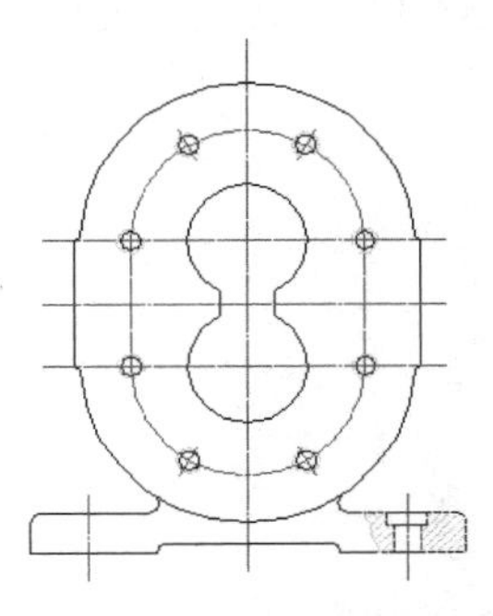

图 5-3　文件“5-1.dwg”中的零件图

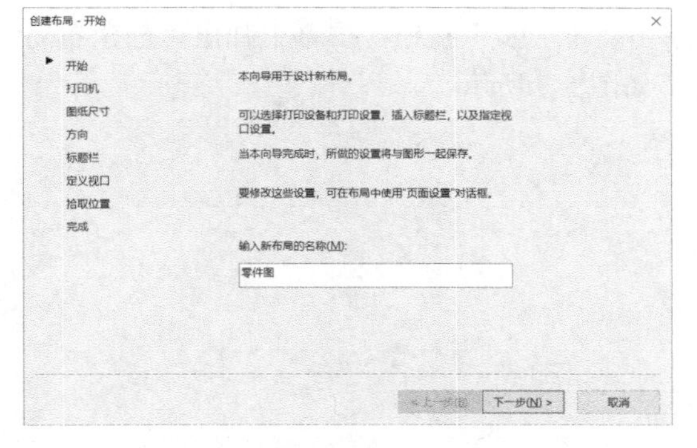

图 5-4　“创建布局-开始”对话框

（3）屏幕上弹出“创建布局-打印机”对话框，为新布局选择一种已配置好的打印设备，在此选择电子打印机“DWF6 ePlot.pc3”，如图 5-5 所示。

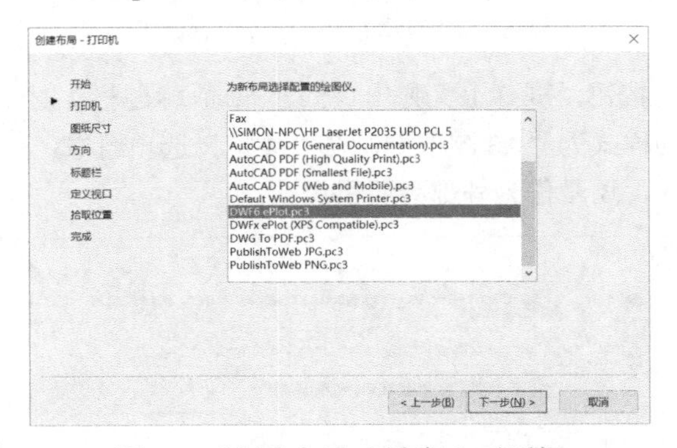

图 5-5　“创建布局-打印机”对话框

注意

在使用“布局向导”创建布局之前，必须确认已安装了打印机。如果没有安装打印机，则选择电子打印机“DWF6 ePlot.pc3”。

（4）单击“下一步”按钮，屏幕上弹出“创建布局-图纸尺寸”对话框，选择图形所用的单位为“毫米”，选择打印图纸为“ISO full bleed A3（420.00×297.00 毫米）”，如图 5-6 所示。

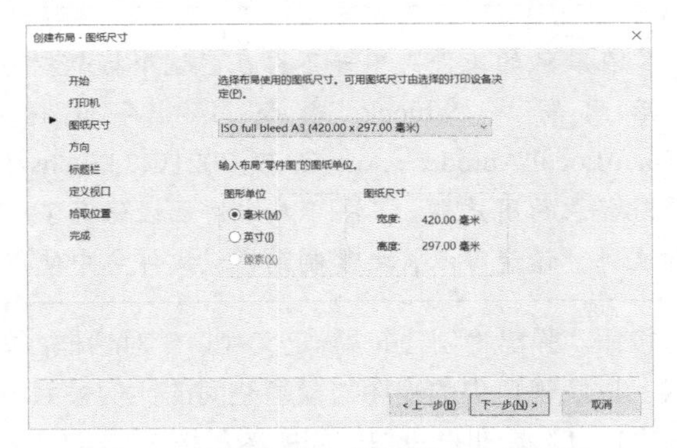

图 5-6　“创建布局-图纸尺寸”对话框

（5）单击“下一步”按钮，屏幕上弹出“创建布局-方向”对话框，确定图形在图纸上的方向为横向，如图 5-7 所示。

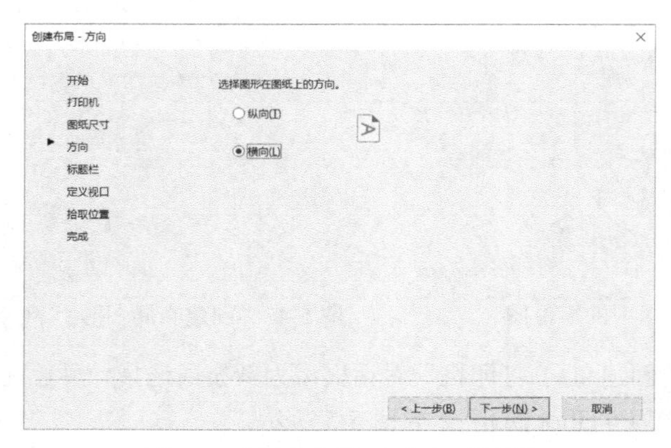

图 5-7 “创建布局-方向”对话框

（6）单击“下一步”按钮，屏幕上又弹出“创建布局-标题栏”对话框，如图 5-8 所示。选择图纸的边框和标题栏的样式为“A3 图框”，在“类型”选项组中，可以指定所选择的图框和标题栏文件是作为块插入，还是作为外部参照引用。

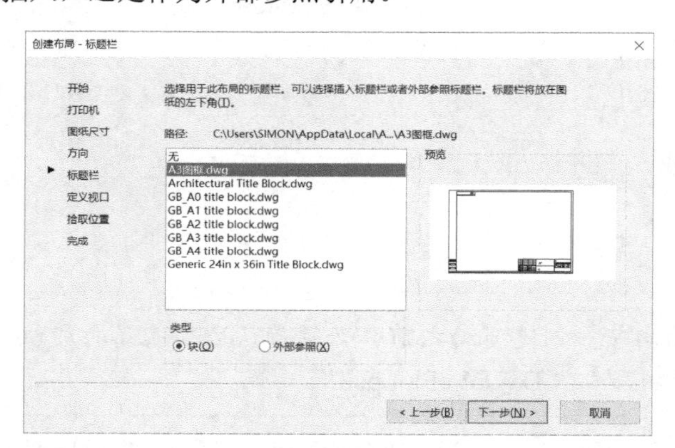

图 5-8 “创建布局-标题栏”对话框

注意

此处的“A3 图框”在默认的文件夹中并不存在，这个标题栏可以通过创建带属性块的方法创建，然后用写块 wblock 命令写入存储样板图文件的路径“C:\Users\USER\AppData\Local\Autodesk\AutoCAD 2021\R23.0\chs\Template”目录中，其中 USER 是当前操作系统登录的用户名。本书下载文件已经保存了 GB 的 A0 至 A4 及“A3 图框”总共 6 个标题栏文件，读者可以将之复制到样板文件夹中使用。

（7）单击“下一步”按钮，弹出“创建布局-定义视口”对话框，如图 5-9 所示。设置新建布局中视口的个数和形式，以及视口中的视图与模型空间的比例关系。对于此文件，设置视口为“单个”，视口比例为“1∶1”，即把模型空间的图形按 1∶1 显示在视口中。

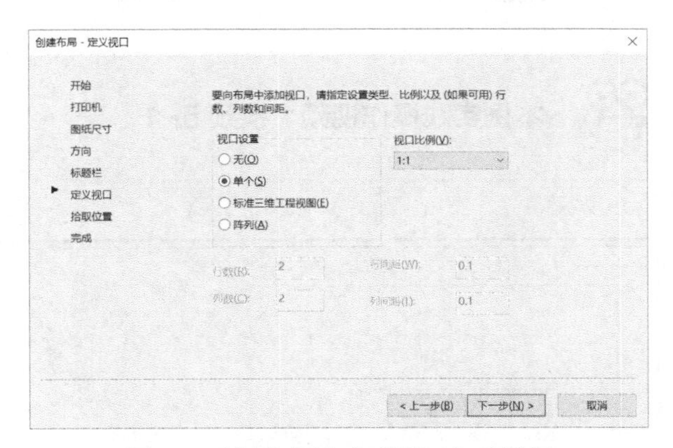

图 5-9 “创建布局-定义视口”对话框

（8）单击“下一步”按钮，弹出“创建布局-拾取位置”对话框，单击“选择位置”按钮，AutoCAD 切换到绘图窗口，通过指定两个对角点指定视口的大小和位置，如图 5-10 所示。之后，直接进入“创建布局-完成”对话框。

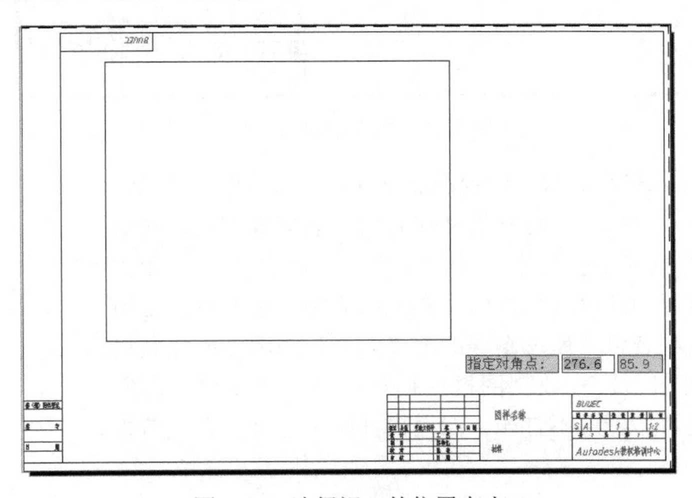

图 5-10 选择视口的位置大小

（9）单击“完成”按钮完成新布局及视口的创建。所创建的布局出现在屏幕上（含视口、视图、图框和标题栏），如图 5-11 所示。此外，AutoCAD 将显示图纸空间的坐标系图标，在这个视口中双击，可以透过图纸操作模型空间的图形，所以，AutoCAD 将这种视口称为“浮动视口”。

注意

读者这样操作完成后，可能会发现图框跑到布局图纸外面去了，这是因为图框和布局图纸的大小完全一样，布局图纸上的虚线框表示可打印的区域，因此，需要将图框缩放调整到虚线框内，这样才能保证全部图线打印出来。但是这样一来，这张图纸势必会不标准，这也是比较遗憾的地方。除非是大幅面的绘图仪，普通的打印机由于受硬件上可打印区域的限制，无法打印所支持的最大幅面的标准图纸。

本例实践操作视频：视频 5-1

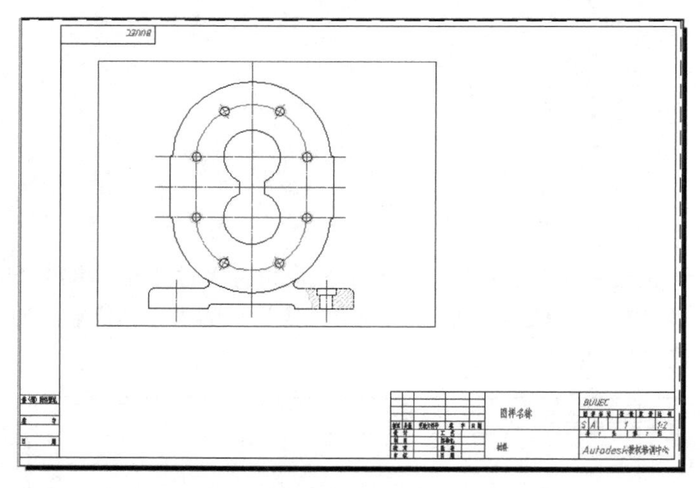

图 5-11　完成创建后的视口

（10）为了在布局输出时只打印视图而不打印视口边框，可以将所在的层设置为“不打印”。这样虽然在布局中能够看到视口的边框，但是打印时边框却不会出现，读者可以将此布局进行打印预览，预览图形中不会出现视口边框。选择标题栏图框的块，使用“图层控制”下拉列表将其所在图层改为“图框”，因为创建布局的当前图层是“视口”，标题栏图框块被直接插入“视口”图层中，这样如果“视口”图层不打印，图框也打印不出来，因此需要更改图框的图层。

AutoCAD 对于已创建的布局可以进行复制、删除、更名、移动位置等编辑操作。实现这些操作方法非常简单，只需在某个“布局”选项卡上单击鼠标右键，从弹出的快捷菜单中选择相应的选项即可，如图 5-12 所示。在一个文件中可以有多个布局，但模型空间只有一个。

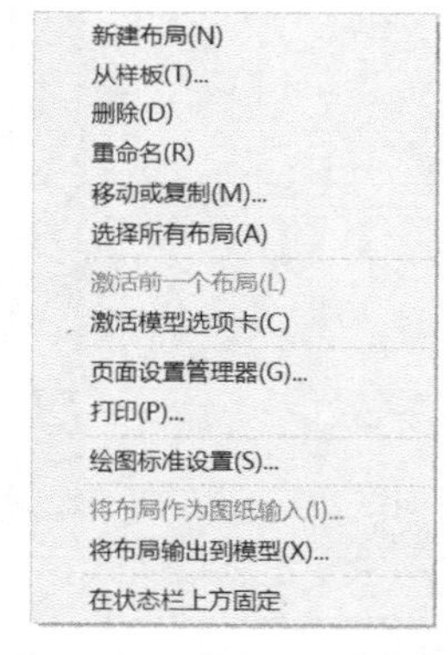

图 5-12　布局右键快捷菜单

5.2.2　建立多个浮动视口

在 AutoCAD 中，布局中的浮动视口可以是任意形状的，个数也不受限制，可以根据需要在一个布局中创建多个新的视口，每个视口显示图形的不同方位，以便清楚、全面地描述模型空间图形的形状与大小。

创建视口的方式有多种。在一个布局中，视口可以是均等的矩形，平铺在图纸上；也可以根据需要，有特定的形状，并放到指定位置。

1．命令操作

创建视口命令的激活方式如下。

- 命令行：输入 VPORTS 并按回车键确认。
- 功能区：依次单击“布局”选项卡→“布局视口”面板，如图 5-13 所示。

“布局视口”面板中有“矩形”下拉式，“命名”“剪裁”“锁定”等按钮。“矩形”下拉式中有“矩形”“多边形”“对象”按钮，如图 5-14 所示。接下来将举例说明如何添加单个视口、多边形视口和将对象转换为视口。

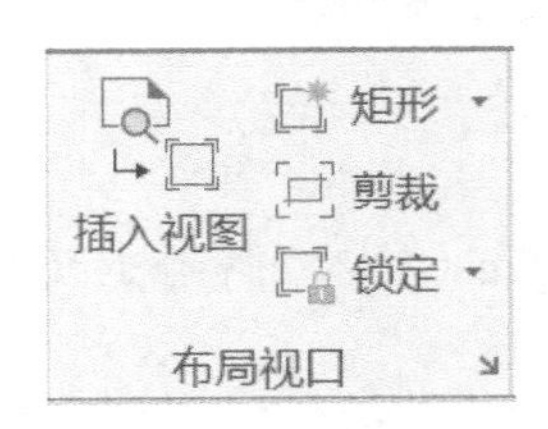

图 5-13 “布局视口”面板

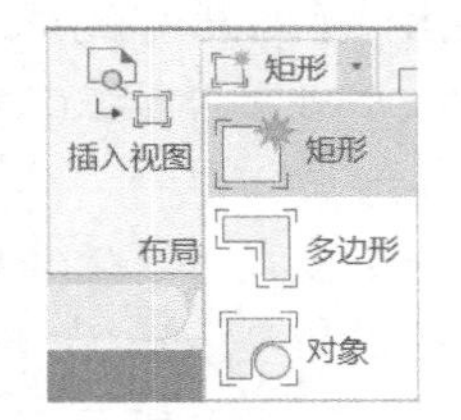

图 5-14 “矩形”下拉列表

2．练习：添加单个视口

下面在前面刚刚创建的布局（见图 5-11）中建立其他视口，打开本书练习文件“5-2.dwg”的“零件图”布局，操作步骤如下。

（1）设置“视口”为当前层。

（2）单击“零件图”选项卡，进入图纸空间。

（3）依次单击“布局”选项卡→“布局视口”面板→“矩形”下拉式→“矩形”按钮，在布局原有视口下方拉出一个矩形区域，操作结果如图 5-15 所示。

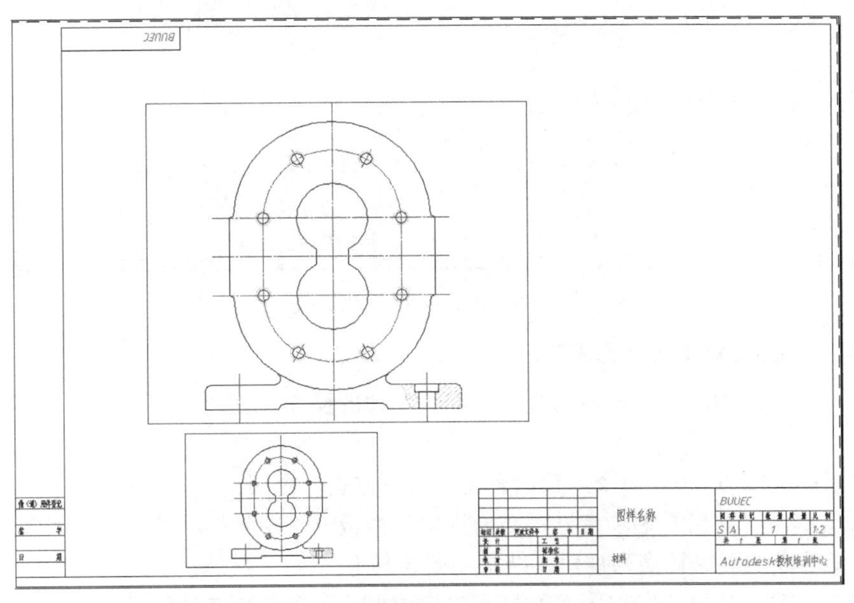

图 5-15　新创建的单个视口

3．练习：创建多边形视口

继续刚才的操作，创建一个多边形的视口。依次单击“布局”选项卡→“布局视口”面板→“矩形”下拉式→“多边形”按钮，命令窗口的提示与响应如下。

命令：_-VPORTS

指定视口的角点或 [开(ON)/关(OFF)/布满(F)/着色打印(S)/锁定(L)/对象(O)/多边形(P)/恢复(R)/图层(LA)/2/3/4]

<布满>: _P

指定起点：（在原有视口右上方依次绘制一个多边形）

指定下一个点或 [圆弧(A)/长度(L)/放弃(U)]:

……

指定下一个点或 [圆弧(A)/闭合(C)/长度(L)/放弃(U)]: c（输入 c 命令封闭此多边形）

正在重生成模型。

操作结果如图 5-16 所示。

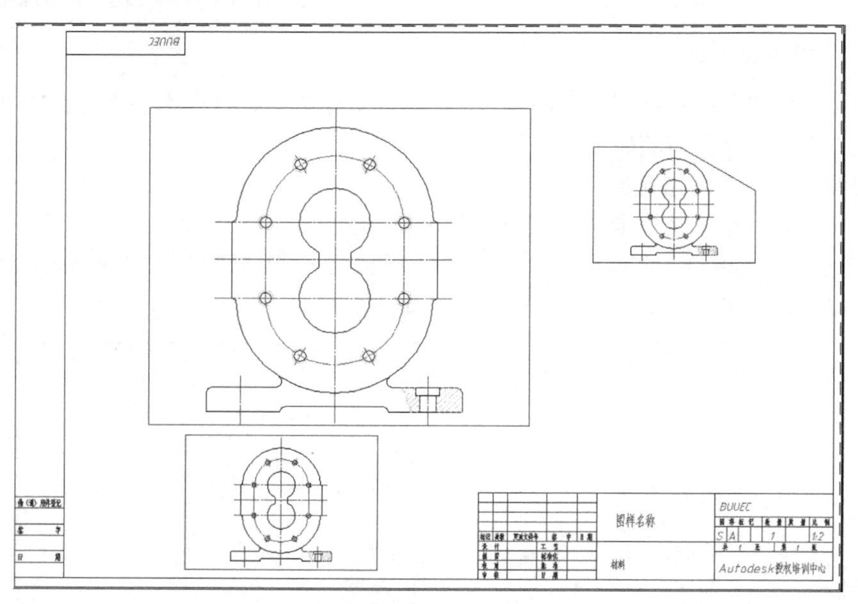

图 5-16　新创建的多边形视口

4．练习：将图形对象转换为视口

还可以将封闭的图形对象转换为视口，继续刚才的操作，创建一个圆形视口，操作步骤如下。

（1）激活圆（CIRCLE）命令，在原有视口右下方画一个圆。

（2）依次单击“布局”选项卡→“布局视口”面板→“矩形”下拉式→“对象”按钮，即可将一个封闭的图形对象转换为视口，结果如图 5-17 所示。

为了在布局输出时只打印视图而不打印视口边框，可以将所在的层设置为“不打印”。这样虽然在布局中能够看到视口的边框，但是打印时边框却不会出现。

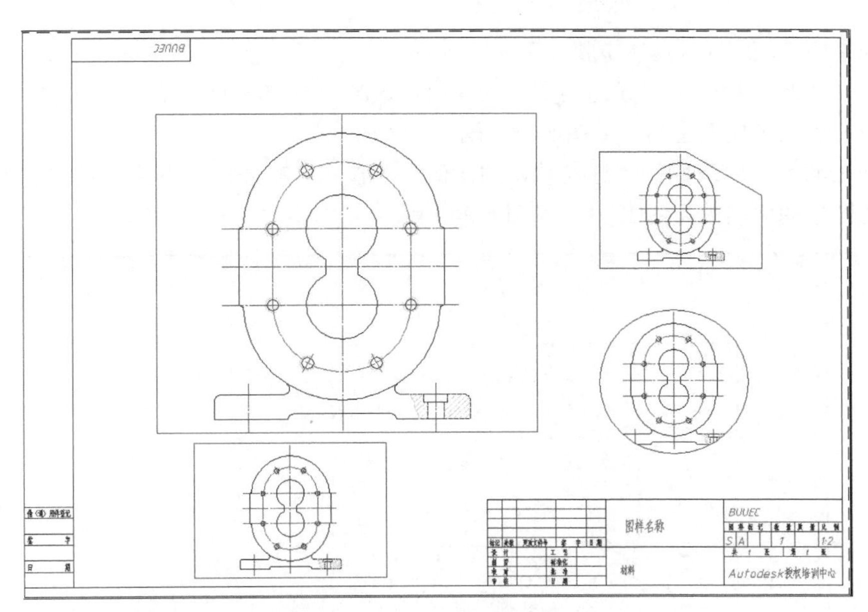

图 5-17　将圆对象转换为视口

本例实践操作视频：视频 5-2

5.2.3　调整视口的显示比例

上一节讲解了如何创建视口，这些新创建的视口默认的显示比例都是将模型空间中全部图形最大化地显示在视口中。对于规范的工程图纸，需要使用规范的出图比例。在状态栏托盘右侧有一个比例下拉列表，使用它可以调节当前视口的比例，也可以选定视口后使用“特性”选项板来调整。

1．命令操作

调整视口比例的方式如下。

- 选择视口边框，单击状态栏右下侧的“选定视口的比例”下拉式，在弹出的下拉列表中选择相应比例。
- 选择视口边框，单击鼠标右键，在弹出的快捷菜单中选择“特性”命令，在“特性”选项板“标准比例”下拉列表中选择相应比例。
- 双击视口，使它成为当前浮动视口，再单击状态栏右下侧的“选定视口的比例”下拉式，在弹出下拉列表中选择相应比例。

2．练习：调整视口的显示比例

打开本书练习文件“5-3.dwg”的“零件图”布局，如图 5-18 所示。调节此布局中两个视口的比例为 1∶1 和 2∶1，具体步骤如下。

（1）双击矩形视口，使它成为当前浮动视口，这时模型空间的坐标系图标出现在该视口的左下角，表明进入了模型空间，如图 5-19 所示。

（2）单击状态栏右下侧的“选定视口的比例”下拉式，在弹出的下拉列表中选择浮动视口与模型空间图形的比例关系为 1∶1，如图 5-20 所示。

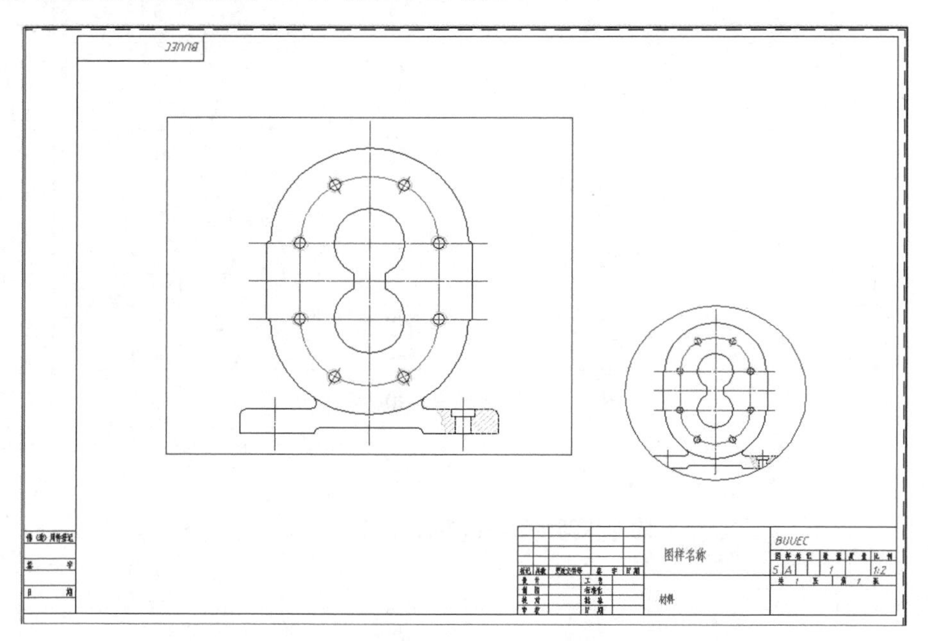

图 5-18　文件“5-3.dwg”中的“零件图”布局

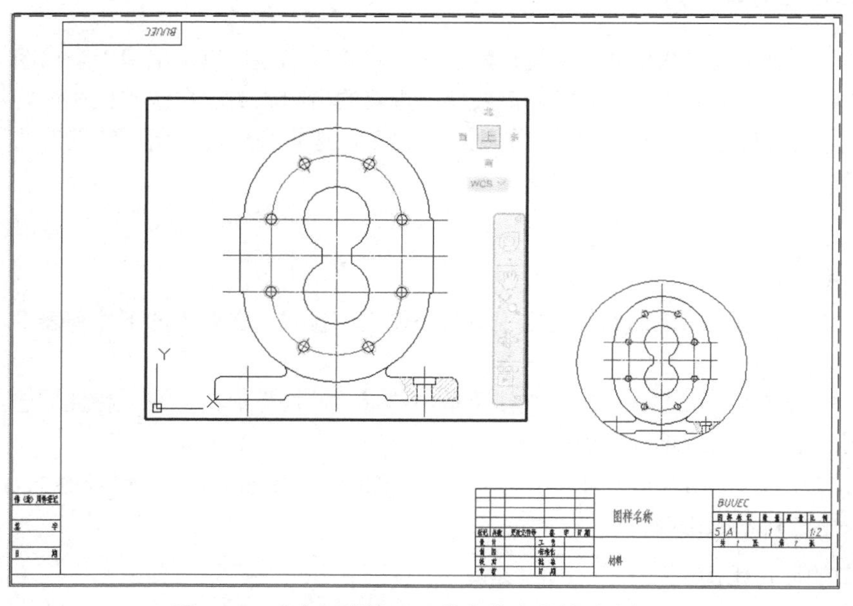

图 5-19　双击矩形视口，使它成为当前浮动视口

按图纸缩放
✓ 1:1
1:2
1:4
1:5
1:8
1:10
1:16
1:20
1:30
1:40
1:50
1:100
2:1
4:1
8:1
10:1
100:1
1/128" = 1'-0"
1/64" = 1'-0"
1/32" = 1'-0"
1/16" = 1'-0"
3/32" = 1'-0"
1/8" = 1'-0"
3/16" = 1'-0"
1:1

图 5-20　“视口比例”下拉列表

（3）在圆形视口中单击，将当前视口切换到圆形视口，单击状态栏右下侧的“选定视口的比例”下拉式，在弹出的下拉列表中选择浮动视口与模型空间图形的比例关系为 2∶1，如图 5-21 所示。

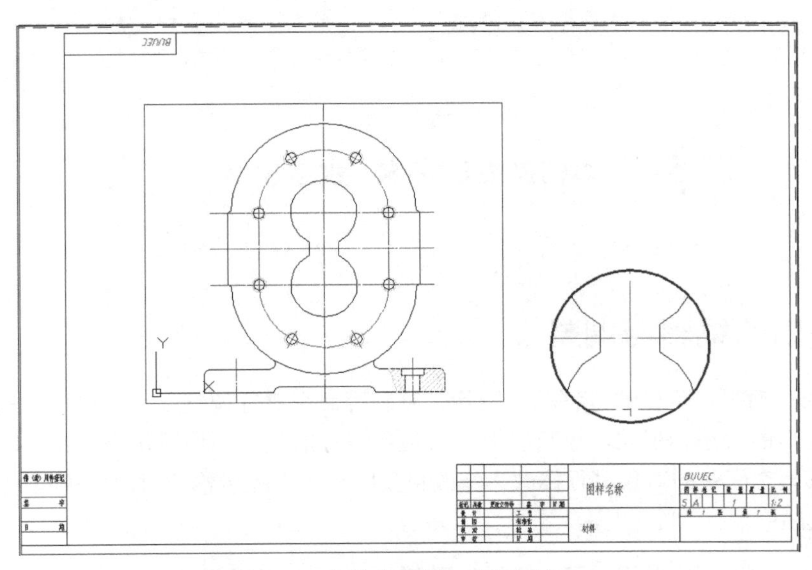

图 5-21　切换当前视口到圆形视口

（4）单击“导航”面板中的“平移”按钮（或者直接按住鼠标滚轮），将右下角剖切部分显示在视口内，使之成为一个局部放大视图。

（5）在没有视口的图纸区域双击，或者单击状态栏上的“模型”按钮，使之由视口模型空间切换回图纸空间，结果如图 5-22 所示。

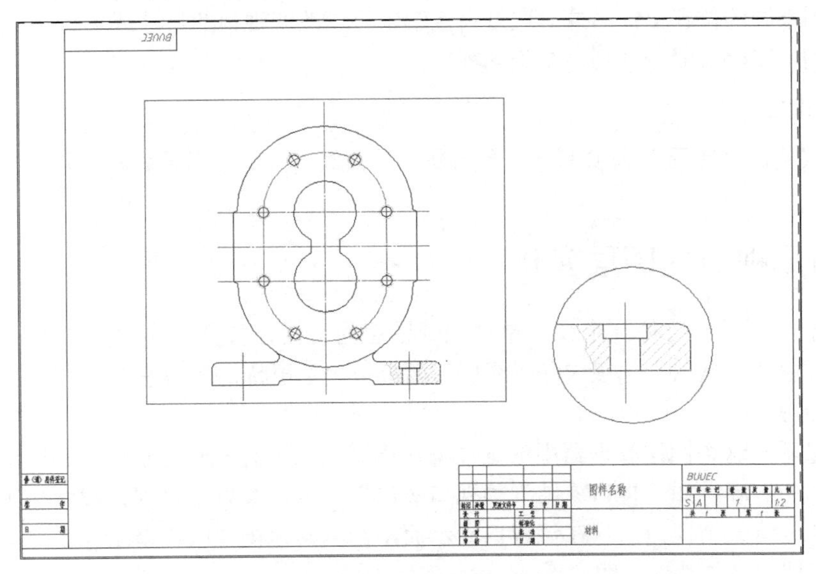

图 5-22　调整好的视口比例

注意

当视口与模型空间图形的比例关系确定好后，通常可以使用“实时平移”命令调整视口中图形显示的内容，但不要使用“实时缩放”命令，那样会改变视口与模型空间图形的比例关系。

本例实践操作视频：视频 5-3

5.2.4 视口的编辑与调整

创建好的浮动视口可以通过移动、删除、复制等命令进行调整复制，也可以通过编辑视口的夹点调整视口的大小、形状，还可以对视口边界进行剪裁。如果双击进入视口的模型空间，可以直接对模型空间中的对象进行修改，修改将反映在所有显示修改对象的视口中。

1．删除视口

在布局中，如果不需要视口了，可以使用 ERASE 命令删除视口，选择视口后按“Delete”键也可以直接删除视口。

删除视口并不会影响到模型空间中的对象。

2．移动、复制、更改视口尺寸

在布局中可以使用 MOVE 命令改变视口在图纸上的位置；也可以通过 COPY 命令复制一个相同的视口到不同的位置上；另外，通过夹点编辑可以改变视口的尺寸或形状。

可以使用 ARRAY 命令阵列多个相同视口。

3．剪裁视口

通过依次单击“布局”选项卡→“布局视口”面板→“剪裁”按钮，可以对视口边界进行剪裁。

5.2.5 布局视口的图层变化

在布局中，可以针对每一个视口单独编辑图层的特性，打开本书的文件“5-3.dwg”，依次单击功能区中的“默认”选项卡→“图层”面板→“图层特性”按钮，打开图层特性管理器，如图 5-23 所示。

在此可以看到这个图层管理器中的选项与在模型空间中有一些区别，多种图层的特性都增加了“视口”的选项，如“视口冻结”“视口颜色”“视口线型”“视口线宽”等。这些特性都可以单独指定给某个视口，只在该视口显示而不影响其他视口或模型空间。这些特性仅在布局选项卡上可用，具体特性说明如下。

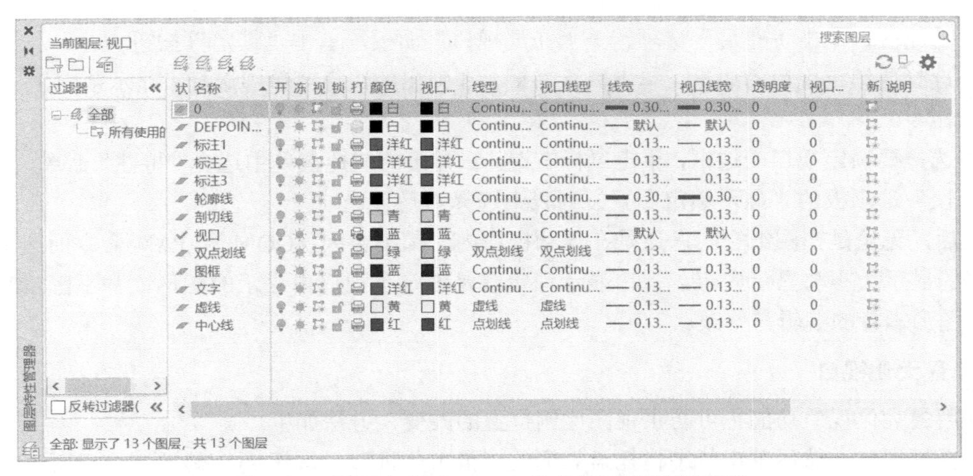

图 5-23　图形文件“5-3.dwg”的图层特性管理器

- 视口冻结：在当前布局视口中冻结选定的图层。可以在当前视口中冻结或解冻图层，而不影响其他视口中的图层可见性。“视口冻结”设置可替代图形中的“解冻”设置，即如果图层在图形中处于解冻状态，则可以在当前视口中冻结该图层，但如果该图层在图形中处于冻结或关闭状态，则不能在当前视口中解冻该图层。当图层在图形中设定为“关”或“冻结”时不可见。
- 新视口冻结：在新布局视口中冻结选定图层。例如，在所有新视口中冻结“标注”图层，将在所有新创建的布局视口中限制该图层上的标注显示，但不会影响现有视口中的“标注”图层。如果以后创建了需要标注的视口，则可以通过更改当前视口设置来替代默认设置。
- 视口颜色：设定与活动布局视口上的选定图层关联的颜色替代。
- 视口线型：设定与活动布局视口上的选定图层关联的线型替代。
- 视口线宽：设定与活动布局视口上的选定图层关联的线宽替代。
- 视口透明度：设定与活动布局视口上的选定图层关联的透明度替代值。
- 视口打印样式：设定与活动布局视口上的选定图层关联的打印样式替代。当图形中的视觉样式设定为“概念”或“真实”时，替代设置将在视口中不可见或无法打印。

5.2.6　锁定视口和最大化视口

利用 AutoCAD 的布局功能可以在一张图纸上自定义视口，通过视口显示模型空间的内容；当激活视口后，还可以编辑、修改模型空间的图形。但在操作过程中，常常会因不慎改变视口中视图的缩放大小与显示内容，破坏了视图与模型空间图形间已建立的比例关系。为此，可以锁定当前视口，以防止视口中的图形对象因被误操作而发生改变，或被 ZOOM、PAN 等显示控制命令改变显示比例或显示方位。

1．锁定视口

锁定视口的方法如下。

- 功能区：单击“布局”选项卡→“布局视口”面板，单击“锁定”按钮。
- 选择要锁定视口的边框，单击鼠标右键，在弹出的快捷菜单中选择“显示锁定”→“是”命令。
- 选择要锁定视口的边框，单击鼠标右键，在弹出的快捷菜单中选择“特性”命令，在“特性”选项板的“显示锁定”下拉列表中选择“是”选项。

此后，无论是在图纸空间，还是在浮动视口内，都不会因 ZOOM 和 PAN 命令而改变视口内图形的显示大小与显示内容。视口显示锁定只是锁定了视口内显示的图形，并不影响对浮动视口内图形本身的编辑与修改。

2. 最大化视口

使用最大化视口功能也可防止视图比例位置的改变，方法如下。

选择好视口，然后单击状态栏托盘右侧的“最大化视口”按钮，修改完成后再单击相同位置的“最小化视口”按钮即可。

5.2.7 视图的尺寸标注

按照制图国家标准，无论图纸上的视图采用什么样的比例表示，标注的永远是形体的真实尺寸；无论图纸上的视图采用什么样的比例表示，同一张图纸上尺寸标注的数字大小要一致，标注样式要一致。在 AutoCAD 中要标注出符合国家标准的尺寸，先要设置好尺寸标注样式。在 AutoCAD 2021 中，可以利用注释性的特性在模型空间中直接标注尺寸或者直接在布局中标注。

根据图纸的大小与图形的复杂程度，设置、选择符合国家标准的尺寸标注样式。这里需要说明如下。

（1）尺寸标注样式中的所有参数按图纸上要标注出的真实大小来设置。例如，尺寸箭头长度为 4、尺寸数字字高为 3.5 等。

（2）在“标注样式管理器”对话框中“调整”选项卡中的“标注特征比例”选项组中，应按图 5-24 所示设置，这样的设置为标注样式增加了注释性（关于注释性的概念，可参照本书第 6 章，标注请参照本书第 7 章）。

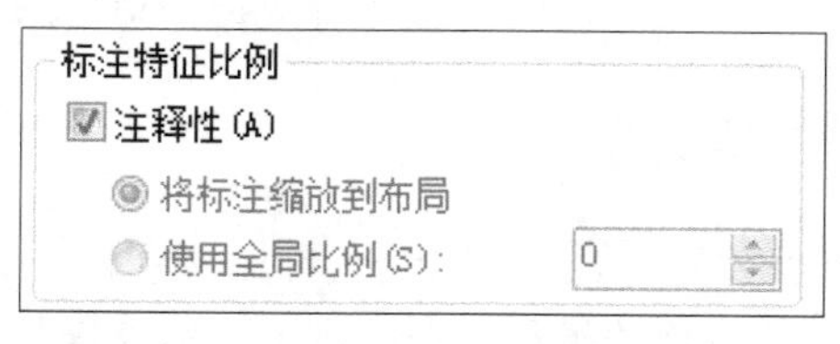

图 5-24　标注特征比例调整

提示

如果要在布局中正确地将线型比例显示出来，需要选择“默认”选项卡→“特性”面板→“线型”下拉列表中的“其他”选项，在打开的“线型管理器”中单击“显示细节”按钮，并勾选“缩放时使用图纸空间单位”复选框。

第 6 章　文字与表格

在工程图中，除了要将实际物体绘制成几何图形外，还需要加上必要的注释，最常见的有技术要求、尺寸、标题栏、明细栏等。利用注释可以将一些用几何图形难以表达的信息表示出来，可以说，这些注释是对工程图形非常必要的补充。在AutoCAD中，所有注释都离不开一种特殊对象——文字。AutoCAD 支持文字的分栏、段落设置等，新增的注释性工具很好地解决了文字在各种非 1∶1 比例图中文字比例缩放的问题，同时注释性工具还可以应用在标注、块、图案填充等对象上，本章将对注释性工具进行简单介绍。

以往想要在 AutoCAD 中绘制表格是比较麻烦的，先要逐条绘制表格线，然后将文字逐个写入表格中，还要花时间让文字与表格线对得比较整齐。从 AutoCAD 2005 开始提供了新的表格工具，一改以往烦琐的绘制方法，让用户可以轻松地完成复杂、专业的表格。在 AutoCAD 2021 中，表格工具还支持表格分段、序号自动生成、更强的表格公式及外部数据链接等。

另外，为了在整个工程项目中更有效率地使用经常变化的文字，AutoCAD 还引入了字段。

完成本章的练习，可以学习到以下知识。

- 文字的使用。
- 表格的使用。
- 字段的使用。

6.1　文字的使用

文字是工程图纸中重要的组成部分，它可以对工程图中几何图形难以表达的部分进行补充说明，在 AutoCAD 2021 中可以很方便地引用文字。

6.1.1　AutoCAD 中可以使用的文字

与一般的 Windows 应用软件不同，在 AutoCAD 中可以使用两种类型的文字，分别是 AutoCAD 专用的形（SHX）字体和 Windows 自带的 TureType 字体。

1．形（SHX）字体

早期的 AutoCAD 是在 DOS 环境下工作的，它使用编译形（SHX）来书写文字。形字体的特点是字形简单，占用计算机资源低，形字体文件的后缀是“.shx”。先前的英文版 AutoCAD 没有提供中文形字体，很多用户使用一些第三方软件开发商提供的中文形字体来解决在英文版 AutoCAD 中使用中文的问题，如“hztxt.shx”等。由于并非所有的 AutoCAD 用户都安装了这样的字体，因此会导致使用了这种字体的文件在其他计算机上显示为问号或乱码，或者一些中西文字体间比例失调等问题。在 AutoCAD 2000 中文版以后的版本中，提供了中国用户专用的符合国标要求的中西文工程形字体，其中有两种西文字体和一种中文长仿宋体工程字。两种西文字体的字体名分别是“gbenor.shx”和“gbeitc.shx”，前者是正体，后者是斜体；中文长仿宋体工程字的字体名是“gbcbig.shx”，如图 6-1 所示。

1234567890abcdeABCDE
1234567890abcdeABCDE
中文工程字

图 6-1　符合国标要求的中西文工程形字体

提示

如果是按国标要求规范绘图的正规图纸，建议大家选用这几种中西文工程形字体，既符合国标，又避免了在其他计算机上显示为问号或乱码的麻烦。

2. TureType 字体

在 Windows 操作环境下，几乎所有的 Windows 应用程序都可以直接使用由 Windows 操作系统提供的 TureType 字体，包括宋体、黑体、楷体、仿宋体等，AutoCAD 也不例外。TureType 字体的特点是字形美观，占用计算机资源较多，图中如果有大量文字的话可能拖慢较低配置的计算机，并且 TureType 字体不完全符合国标对工程图用字的要求，除非是工程图中设计部门的标识等必须使用某些特定的字体，一般情况下不推荐大家使用 TureType 字体。TureType 字体文件的后缀是“.ttf”，字形如图 6-2 所示。

1234567890abcdeABCDE
中文宋体字
中文仿宋字

图 6-2　TureType 字体

6.1.2　写入单行文字

AutoCAD 提供了两种书写文字的工具，分别是单行文字和多行文字，对简短的输入项可以使用单行文字，对带有内部格式的较长的输入项则使用多行文字比较合适。

对于不需要多种字体或多行的内容，可以创建单行文字。单行文字对于标签（也就是简短文字）非常方便。

1. 命令操作

启用写入单行文字命令，可以采用如下方法。

- 命令区：输入 DTEXT（或 TEXT，DT）并按回车键确认。
- 功能区：依次单击“注释”选项卡→“文字”面板→“多行文字”下拉按钮→“单行文字”按钮A。

2．命令选项

在启用单行文字命令之后，在命令区会依次出现如下命令选项。

命令：_TEXT

当前文字样式："Standard" 文字高度:2.5000 注释性:否（显示当前命令的参数）

指定文字的起点或 [对正(J)/样式(S)]:（拾取文字的起点位置。若输入"J"或通过右键快捷菜单选择"对正(J)"命令，则选择文字的对正方式，用于决定字符的哪一部分与指定的基点对齐。默认的对齐方式是左对齐，因此对于左对齐文字，可以不必设置对正选项。AutoCAD 共提供了 13 种对齐方式，如图 6-3 所示。若输入"S"或通过右键快捷菜单选择"样式(S)"命令，则选择单行文字样式）

指定高度 <2.5000>: （指定文字的高度）

指定文字的旋转角度 <0>:（指定文字的旋转角度）

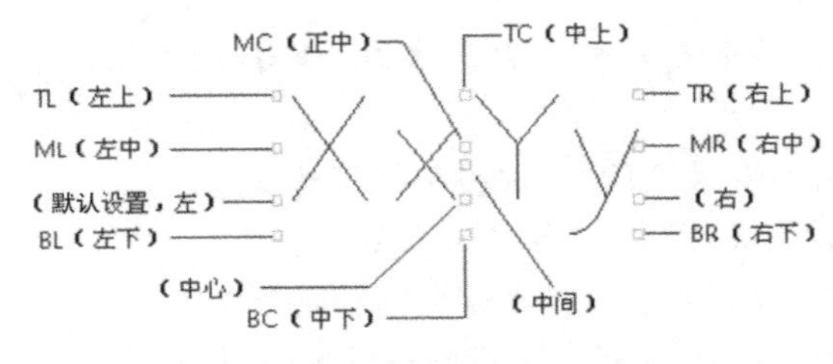

图 6-3 文字的对齐方式

3．TEXT 命令的重点分析

- 如果炸开多行文字会变成单行文字。
- 使用 TEXT 命令，按回车键后会开始新一行的单行文字。
- 按两次回车键可以结束 TEXT 命令。
- 当命令行区空白时，选择单行文字只会显示一个夹点。

4．练习：写入单行文字

通过以下练习，用户可以学会如何写入单行文字。

打开本书练习文件"6-1.dwg"，注写标题栏内的文字，操作如下。

（1）书写文字"设计""审核""批准"，启用单行文字命令，依据命令区给出的选项提示依次操作。

命令：_TEXT

当前文字样式："Standard" 文字高度:2.5000 注释性:否

指定文字的起点或 [对正(J)/样式(S)]:（在标题栏左上角表格内拾取接近左下角点，作为文字输入的左下角基点）

指定高度<2.5000>:（输入"5"，按回车键确认）

指定文字的旋转角度<0>:（按回车键确认）

（2）AutoCAD 会在文字起点位置显示输入文本框，此时输入"设计（按回车键）审核（按回车键）批准（按回车键）"，完成三行文字的输入后，再次按回车键结束命令。

操作完成后，输入了三行字高为 5 的文字。这个单行文字命令执行完成后，看起来输入了三行文字对象，但实际上，这三行文字分别是三个独立的文字对象，如果对它们进行文字编辑，则需要分别进行。

书写文字“图样名称”的操作如下。

（1）按回车键重复刚才的命令，启用单行文字命令，依据命令区给出的选项提示依次操作。

命令：_TEXT

当前文字样式:“Standard”文字高度:2.5000 注释性:否

指定文字的起点或 [对正(J)/样式(S)]:（输入“j”，按回车键确认）

输入选项 [对齐(A)/布满(F)/居中(C)/中间(M)/右对齐(R)/左上(TL)/中上(TC)/右上(TR)/左中(ML)/正中(MC)/右中(MR)/左下(BL)/中下(BC)/右下(BR)]:（输入“c”，指定文字对齐方式为“中心”）

指定文字的中心点:（在标题栏中间大表格内拾取接近中间偏下点，作为文字输入的中心基点）

指定高度 <5.0000>:（输入“10”，按回车键确认）

指定文字的旋转角度 <0>:（按回车键确认）

（2）输入文字：“图样名称”。按两次回车键结束命令。

操作完成后，结果如图 6-4 所示。这次操作过程中用到了单行文字的对齐功能。也就是说，在书写单行文字时，使用对齐功能可以为不同需求的文字指定不同的对齐方式。

设计			图样名称		
审核					
批准					

图 6-4　书写单行文字的操作结果

注意

在这里使用单行文字工具能够直接书写出中文，是因为事先对文字样式进行了中文字体的定义。如果读者新建一个图形文件做这样的操作，输入的中文将显示成问号，因为默认的文字样式设置中没有对中文字体进行设置，AutoCAD 无法识别这样的字体。有关文字样式的定义将在下一节中讨论。

本例实践操作视频：视频 6-1

6.1.3　写入多行文字

对于较长、较复杂的内容，可以创建多行或段落文字。多行文字实际上是一个类似于 Word 软件的编辑器，它是由任意数目的文字行或段落组成的，布满指定的宽度，并可以沿垂直方向无限延伸。多行文字的编辑选项比单行文字多。例如，可以将对下画线、字体、颜色和高度的修改应用到段落中的每个字符、词语或短语，用户可以通过控制文字的边界框来控制文字段落的宽度和位置。

多行文字与单行文字的主要区别在于，无论行数是多少，创建的段落集都被认为是单个对象。

1．命令操作

启用写入多行文字命令，可以采用如下方法。

- 命令区：输入 MTEXT（MT）并按回车键确认。
- 功能区：依次单击“注释”选项卡→“文字”面板→“多行文字”下拉按钮→“多行文字”按钮A。

2．多行文字页面

在启用多行文字命令之后，功能区会开启多行文字选项卡，显示“文字编辑器”选项板，如图 6-5 所示，使用面板上的选项可以控制文字的显示、格式化用户所创建的文字、插入符号及字段。

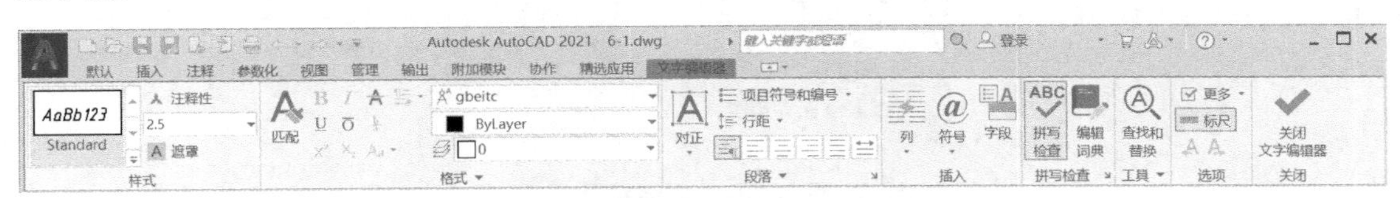

图 6-5　“文字编辑器”选项板

此选项板主要面板的功能如下。

- 样式：控制文字样式和文字高度。
- 格式：控制文字粗体、斜体、底线或顶线，以及文字的字体和颜色。
- 段落：控制对正方式、行距及项目符号或编号。
- 插入：允许插入符号、分栏及字段等功能变量。
- 拼写检查：协助检查拼写是否正确。
- 工具：查找及替换功能，输入文字及自动大写。
- 选项：包括标尺、字符集及编辑器设置。
- 关闭：关闭多行文字编辑器。

3．练习：写入多行文字

通过以下练习，可以学会如何使用多行文字工具书写“技术要求”。

（1）打开本书练习文件“6-2.dwg”。

（2）激活多行文字命令，依据命令区给出的选项提示依次操作。

命令：_MTEXT
当前文字样式："Standard"
当前文字高度：10
注释性：否
指定第一角点：（在标题栏上方拾取一点）
指定对角点或 [高度(H)/对正(J)/行距(L)/旋转(R)/样式(S)/宽度(W)/栏(C)]:（在第一角点的右上角再拾取一点，选取如图 6-6 所示的矩形书写区域）

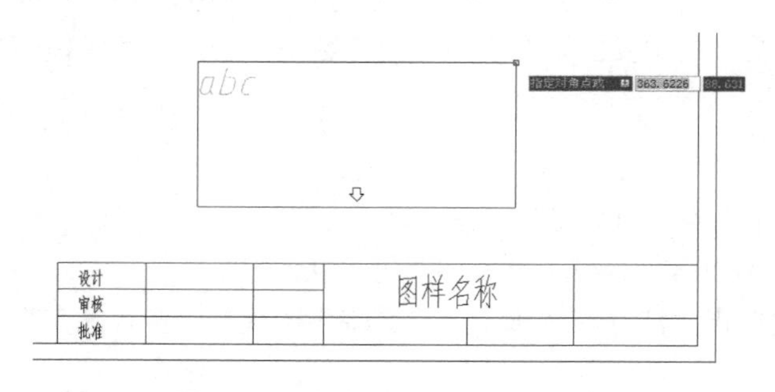

图 6-6　选取多行文字的书写区域

（3）设定好书写区域后，界面切换到"文字编辑器"，在文字编辑区域输入所需文字，如图 6-7 所示，并将其中的"技术要求"字高设置为 7，其他文字字高设置为 5。

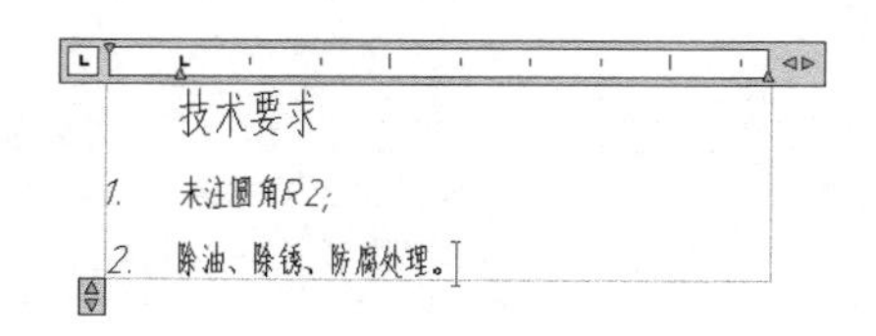

图 6-7　文字编辑器

（4）单击"关闭文字编辑器"按钮，完成多行文字的输入，操作结果如图 6-8 所示。

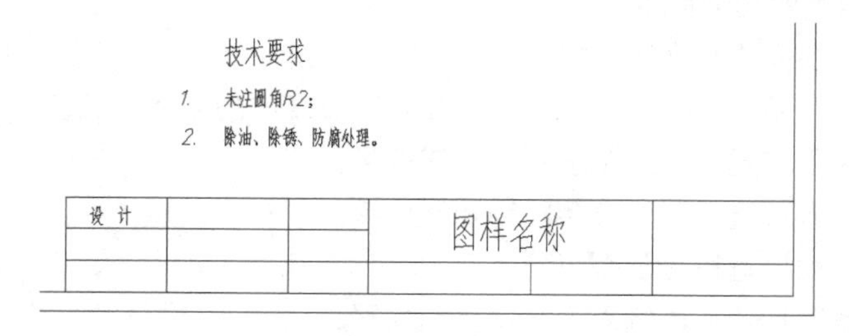

图 6-8　多行文字命令的操作结果

可以看到，多行文字一次可以创建多个段落，还可以对文字设置不同的字高等。

本例实践操作视频：视频 6-2

4．练习：在多行文字编辑器中输入外部文字

AutoCAD 软件的多行文字编辑器可以直接将在其他软件中录入好的含有大段文字的文本文件输入进来，AutoCAD 可以接受的文本格式有纯文本文件（文件后缀为“txt”）和 RTF 格式文本文件（文件后缀为“rtf”）。操作步骤如下。

（1）打开本书练习文件中的“6-3.dwg”。

（2）激活多行文字命令，在输入书写文字区域的提示下拾取一个矩形区域，此时 AutoCAD 界面切换到“文字编辑器”。

（3）在文字编辑区域中单击鼠标右键，在弹出的快捷菜单中选择“输入文字”命令，如图 6-9 所示。此时 AutoCAD 会弹出“选择文件”对话框，确保“文件类型”下拉列表的选择为“文本/样板/提取文件（*.txt）”，找到文件“技术要求.txt”，单击“打开”按钮，完成文件的输入。

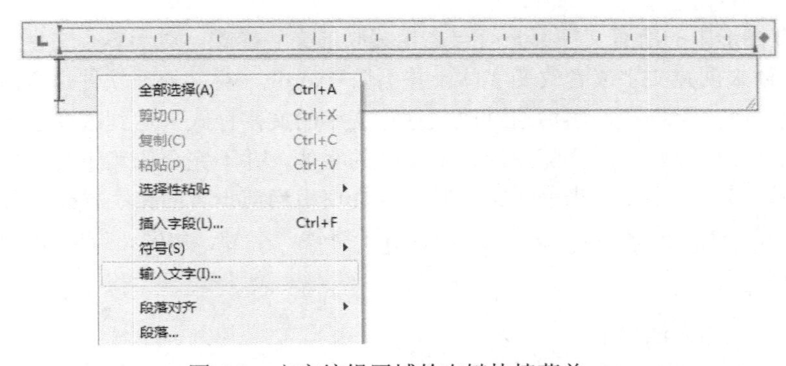

图 6-9　文字编辑区域的右键快捷菜单

（4）此时文件“技术要求.txt”中的内容会全部显示到文本编辑区域，现在可以对一些不合适的格式进行修改。

（5）把“技术要求”一行的字高设置为 7，单击“确定”按钮，完成文本的书写。

这样，所有文字将按照当前文字样式的设置和后来的调整显示到绘图区域，如图 6-10 所示。在 AutoCAD 2021 中，多行文字编辑器更接近于专业的字处理软件，使用起来更加方便。

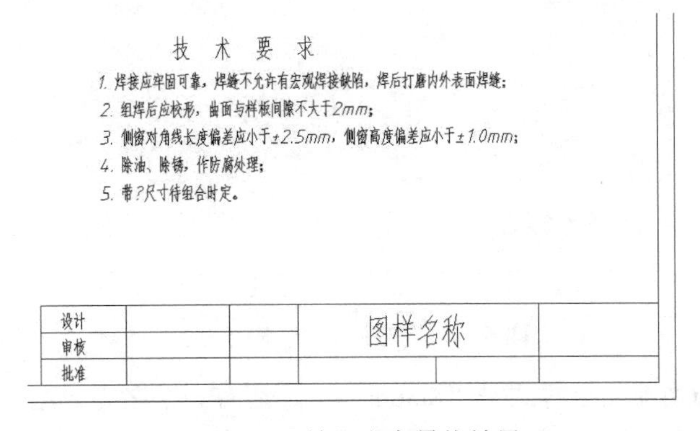

图 6-10　输入文字最终效果

提示

其实对于多行文字编辑器并不一定必须采取这种方法才能输入已经编辑好的大段文字，使用 Windows 系统中的“复制+粘贴”操作，也可以直接将编辑好的多段文字粘贴到多行文字编辑器中。

本例实践操作视频：视频 6-3

6.1.4 定义文字样式

AutoCAD 图形中的所有文字都具有与之相关联的文字样式。对于单行文字工具，如果想要使用其他的字体来创建文字或者改变字体，并不像 Word 一类字处理软件那样简单，必须对每一种字体设置一个文字样式，然后通过改变这行文字的文字样式来达到改变字体的目的。多行文字工具可以像字处理软件一样随意地改变文字的字体，并不完全依赖于文字样式的设置。但实际上，在使用多行文字工具来书写文字时，也会使用当前设置的文字样式进行书写，并且还可以通过文字样式来改变字体。文字样式中包含了字体、字号、角度、方向和其他文字特征。

1. 命令操作

设置文字样式的方法如下。

- 命令区：输入 STYLE（ST）并按回车键确认。
- 功能区：依次单击“注释”选项卡→“文字”面板→“文字样式”按钮 。

2. 命令选项

激活文字样式命令后，弹出“文字样式”对话框，如图 6-11 所示。

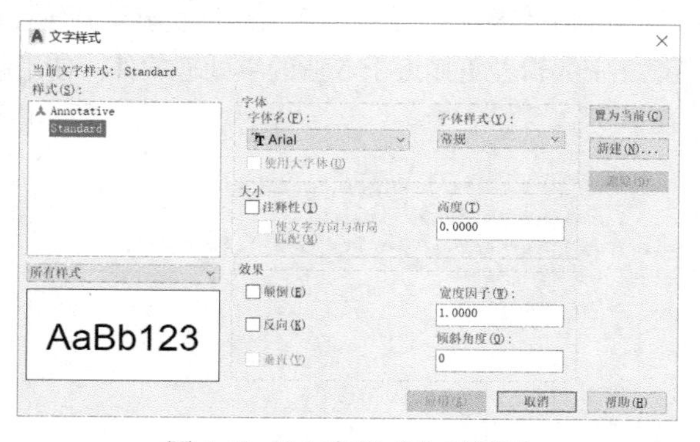

图 6-11 “文字样式”对话框

AutoCAD 默认的当前文字样式是“Standard”，还有一个名为“Annotative”的注释性文字样式。默认的“Standard”文字样式设置了“Arial”为当前文字字体。如果想要使用其他中国 GB 西文字体，则可以直接修改当前“Standard”文字样式的设置。这样做的结果是图形中如果已经使用“Standard”文字样式书写了一些文字，那么这些文字都将随着“Standard”文字样式的修改而改变，也就是说，一个文字样式只能设置一种文字特征；也可以为需要使用的每一种字体或文字特征创建一个文字样式，这样就可以在同一个图形文件中使用多种字体。

3．练习：创建新的文字样式

下面用前面提到的国标字体来创建一个新的文字样式，样式名为“工程字”，方法如下。

（1）在“文字样式”对话框中单击“新建”按钮，弹出“新建文字样式”对话框，在“样式名”文本框中输入“工程字”，如图 6-12 所示，单击“确定”按钮，创建了一个名为“工程字”的新文字样式。

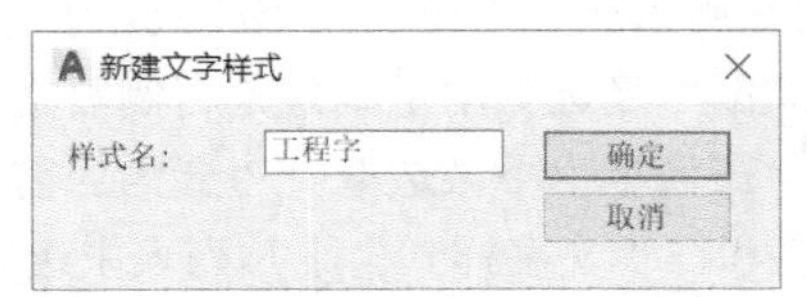

图 6-12　“新建文字样式”对话框

（2）创建完新样式后，需要对样式的字体等特征进行设置，首先来设置字体。前面提到过，AutoCAD 可以使用两类字体，一类是形（SHX）字体，一类是 TrueType 字体。国标字体都属于形（SHX）字体，要想使用的话必须勾选“使用大字体”复选框。所谓大字体是指亚洲国家，如日本、韩国、中国等使用非拼音文字的大字符集字体，AutoCAD 为这些国家专门提供了符合地方标准的形（SHX）字体。字体设置步骤如下。

❶ 在“字体”选项区域的“字体名”下拉列表中选择“gbeitc.shx”选项，如图 6-13 所示。此时“字体名”下拉列表会变更为“SHX 字体”，确保勾选了“使用大字体”复选框。在“大字体”下拉列表中选取“gbcbig.shx”选项。

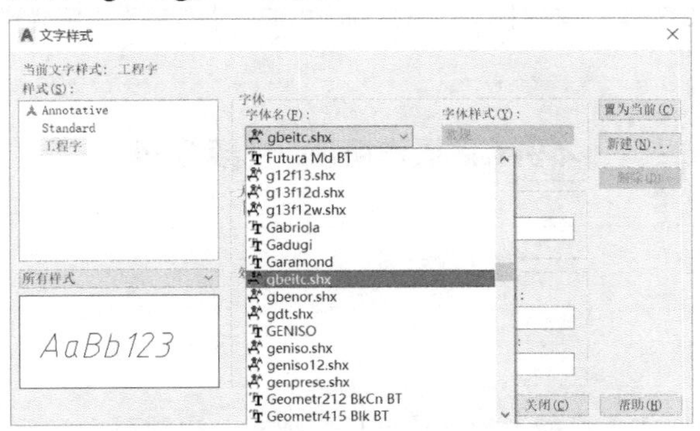

图 6-13　国标文字样式的字体设置

❷ “SHX 字体”下拉列表设定的是西文及数字的字体，前面提到有两种字体，分别是“gbenor.shx”和“gbeitc.shx”，前者是正体，后者是斜体；“大字体”下拉列表设定的是中文等大字符集字体，国标长仿宋体工程字的字体名是“gbcbig.shx”。

❸ 对话框中的“注释性”复选框用于设置文字样式的注释性特性，此处将其勾选，勾选后会发现“工程字”文字样式旁增加了一个比例尺的符号，这表示这个文字样式具有注释性特

性。“高度”文本框用于定义文字的字高，一般情况下最好不要改变它的默认设置“0”。如果在这里修改成其他数值，则以此样式输入单行文字的字高便不会提示了，并且如果在以后的标注中使用了这个文字样式，标注的字高就被固定，就不能在标注设置中更改了。

❹ 对话框中的“宽度因子”文本框用于设置文字的纵横比，默认值为“1”。如果设置为小于1的正数，则压缩文字宽度；若大于1，则放宽文字。国标要求工程用字采用长仿宋体，如果字体是方块字，则可以设置为小于 1。对于“gbcbig.shx”，因为它的字形本身就是长仿宋体，所以这个设置保持默认值“1”就可以了。

❺ 对话框中的“倾斜角度”文本框用于设置文字的倾斜角度，使其变为斜体字，保持其默认设置为“0”。

❻ 对话框中的“删除”按钮用来删除不用的文字样式。要注意的是，“Standard”文字样式不能被删除。对话框中的“颠倒”复选框用于确定是否倒写文字，“反向”复选框用于确定是否反写文字，一般不会使用，在这里也不做选取。“置为当前”按钮用来将选中的文字样式置为当前正在使用的文字样式，和在“文字样式”下拉列表中选取的效果是一样的。

（3）完成上述设置后，单击“应用”按钮，再单击“关闭”按钮，完成对国标文字样式“工程字”的设置。此时“注释”选项卡的“文字”面板中的“文字样式”下拉列表中就有了刚刚新创建的“工程字”文字样式，如图 6-14 所示。

如果将“文字样式”下拉列表中的“工程字”文字样式选中，则“工程字”文字样式为当前的文字样式，使用单行或多行文字工具创建文字时，就会遵照此文字样式的设置书写文字。

图 6-14 “文字样式”下拉列表中的“工程字”文字样式

本例实践操作视频：视频 6-4

6.1.5 编辑文字

文字输入的内容和样式不可能一次就达到用户要求，也需要进行反复调整和修改。此时就需要在原有文字基础上对文字对象进行编辑处理。

AutoCAD 提供了两种对文字进行编辑修改的方法，一种是文字编辑（DDEDIT）命令，另一种就是“特性”工具。

1. 命令操作

激活文字编辑命令的方法如下。

- 命令区：输入 DDEDIT（ED）并按回车键确认。
- 直接在需要编辑的文字上双击是最便捷的方法。

2．命令响应

激活文字编辑命令后，AutoCAD 对于单行文字和多行文字的响应是不同的。共同的地方是：在 AutoCAD 2021 中无论是单行文字还是多行文字，都采用在位编辑的方式，也就是说，被编辑的文字并不离开原来文字在图形中的位置，这样保证了文字与图形相对位置的一致，实现真正的“所见即所得”。

3．练习：编辑单行文字

通过以下练习，可以学会如何编辑单行文字。

（1）打开本书练习文件“6-4.dwg”。

（2）在文字“图样名称”上双击，AutoCAD 会直接将被编辑的文字转化为一个文本编辑器，如图 6-15 所示。

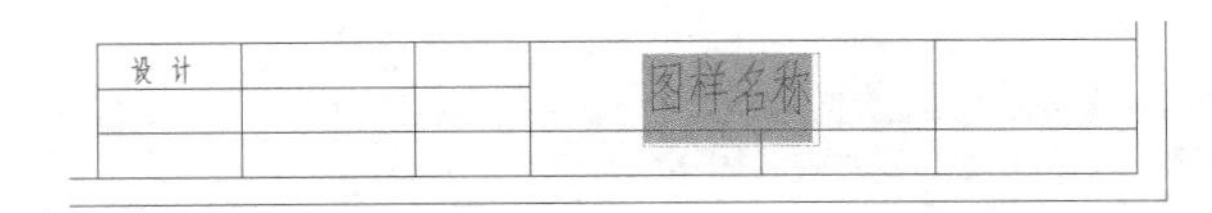

图 6-15　单行文字文本编辑器

在此可以随意编辑文字内容，修改完成后只需要直接按回车键即可进行下一个文字对象的编辑，再按回车键即可结束命令。由此看来，编辑单行文字比写入单行文字要快捷得多。因此，在创建多个特征近似的简短文字时，可以先写入单行文字，然后从相应位置复制到新的位置，再编辑修改成所需内容即可。

（3）单行文字的编辑太过简单，只能修改文字的内容，如果还想要进一步修改其他的文字特性，可以使用 AutoCAD 2021 的“快捷特性”工具或者“特性”工具。先选择文字对象，按快捷键“Ctrl+1”或在右键快捷菜单中选择“特性”选项，弹出“特性”选项板，如图 6-16 所示。

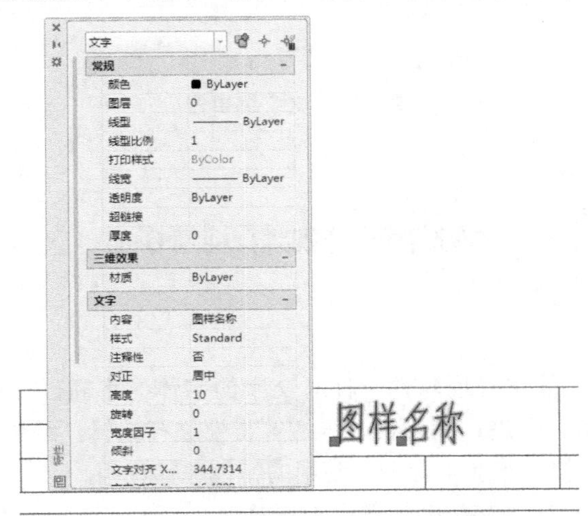

图 6-16　利用“快捷特性”工具编辑单行文字

“特性”选项板，不但可以修改文字的内容、文字样式、注释性、高度、旋转、宽度比例、倾斜、颠倒、反向等文字样式管理器中的全部项目，而且连颜色、图层、线型等基本特性也可以在这里修改。当然，打开“特性”选项板后再选择文字对象也可以实现文字编辑。

本例实践操作视频：视频 6-5

4．练习：编辑多行文字

通过以下练习，可以学会如何编辑多行文字。

（1）同样打开例图“6-4.dwg”。

（2）在多行文字“技术要求……”上双击，AutoCAD 界面将切换为“文字编辑器”，如图 6-17 所示。

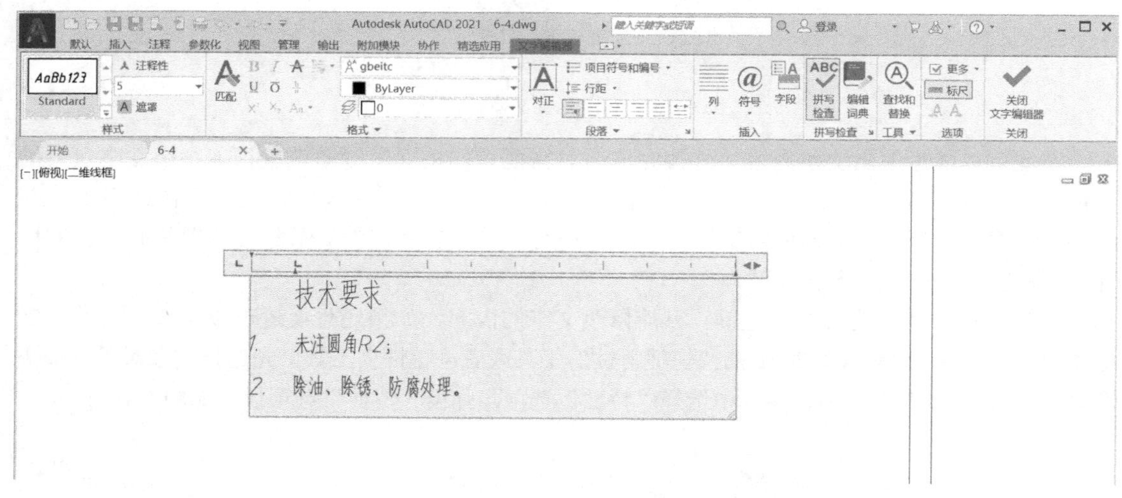

图 6-17 文字编辑器

本例实践操作视频：视频 6-6

在这里可以像 Word 等字处理软件一样对文字的字体、字高、加粗、斜体、下画线、颜色、文字样式，甚至段落、缩进、制表符、分栏等特性进行编辑，编辑完成后只需单击“关闭文字编辑器”按钮即可。接下来对工程图中常用的特性进行说明。

❶ 堆叠特性的应用。在“文字编辑器”中选择包含“^”“/”或“#”的文字，单击鼠标右键，在弹出的快捷菜单中选择“堆叠”命令，这个字符左边的文字将被堆叠到右边文字的上

面，表 6-1 所示为几种堆叠效果。

表 6-1　堆叠效果

输入的内容	堆叠效果
100+0.02^−0.03 （对+0.02^−0.03 应用堆叠）	$100^{+0.02}_{-0.03}$
2/3	$\frac{2}{3}$
2#3	⅔

选择堆叠文字，单击鼠标右键并在弹出的快捷菜单中选择“堆叠特性”命令，即可弹出“堆叠特性”对话框，如图 6-18 所示。在“堆叠特性”对话框中可以编辑堆叠文字，以及修改堆叠文字的类型、对正和大小等设置，读者可以一一修改测试，这里不再赘述。

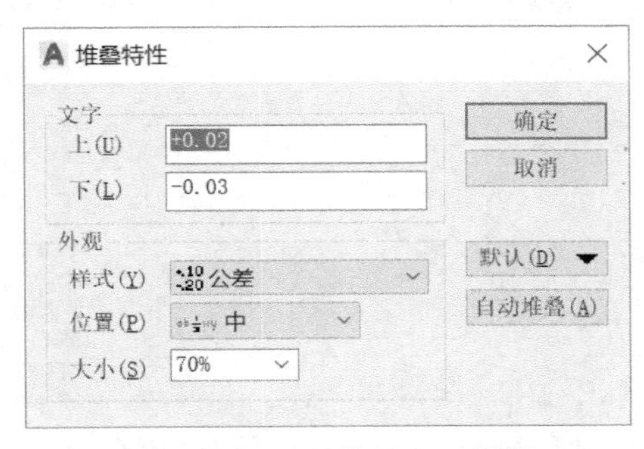

图 6-18　“堆叠特性”对话框

❷ 符号的应用。在 AutoCAD 中输入文字时，偶尔会遇到一些特殊的工程符号不能直接用键盘输入，以往 AutoCAD 采用以“%%”开头的控制码来实现，常用的特殊符号和代码如表 6-2 所示，这些符号常会用到，但是代码并不好记，“符号”按钮可以帮助我们直接输入这样的符号，如图 6-19 所示，通过选择这些菜单项可以完成度符号、公差符号、直径符号等常用符号的输入。

表 6-2　常用的特殊符号代码表

控制代码	结　果
%%d	度符号（°）
%%p	公差符号（±）
%%c	直径符号（ø）
%%%	百分号（%）

（3）对于多行文字，也可以利用“特性”工具对文字进行编辑，方法是先选择文字对象，单击“默认”选项卡“特性”面板中的“特性”按钮，打开“特性”选项板，如图 6-20 所示。对话框中的“文字”选项组就是对多行文字的一些特性进行修改的地方，不过对于文字内容，最好还是在“文字格式”编辑器中进行修改。当然，与单行文字或其他对象一样，打开“特性”选项板后再选择文字对象也可以实现文字编辑。

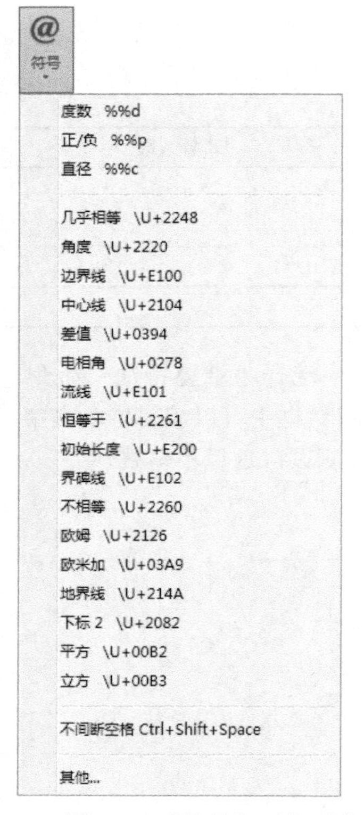

图 6-19 “符号”下拉列表

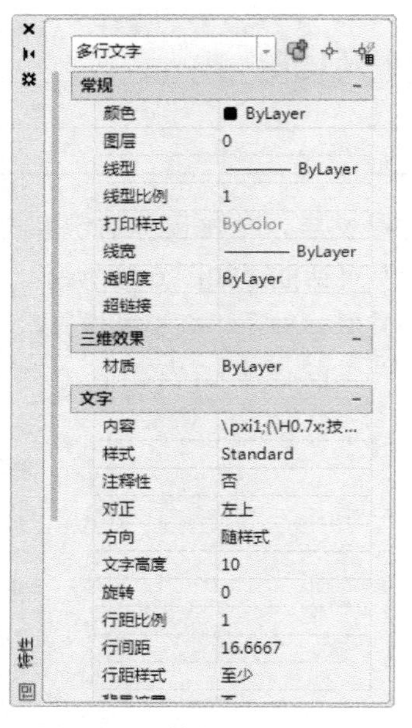

图 6-20 “特性”选项板

6.1.6 注释性特性的应用

在规范的工程图纸中，文字、标注、符号等对象在最终图纸上应该有统一的标准，在AutoCAD 中对这些对象进行大小设置后，对于 1∶1 的出图比例，可以很方便地实现标准的字高、标注及符号的大小，但是在非 1∶1 的出图比例中，就需要为每个出图比例进行单独的缩放调整，这是一个很烦琐的工作，而且有大量的重复劳动，大大降低了设计绘图的效率。注释性特性是 AutoCAD 重要的新功能，注释性特性的作用是非 1∶1 比例出图时不用费尽周折去调整文字、标注、符号的比例。

在前面的文字样式设置中，都进行了注释性的设置，注释性特性究竟如何使用，接下来用一个例子来说明，由于注释性特性必须和布局配合起来使用，因此本章的例子仅仅简单介绍注释性的概念及简单应用，关于打印及布局将在第 11 章中介绍。

1. 练习：注释性特性应用

打开本书的练习文件“6-5.dwg”，然后使用第 1 章介绍的方法，将工作空间切换到“草图与注释”，如图 6-21 所示，在此图中书写一个单行文字对象“Φ8 沉孔”，这个对象的文字字高是 7，目前这个文字对象的注释性未被打开，这样的文字在非 1∶1 出图的视口中将会呈现不同的大小。

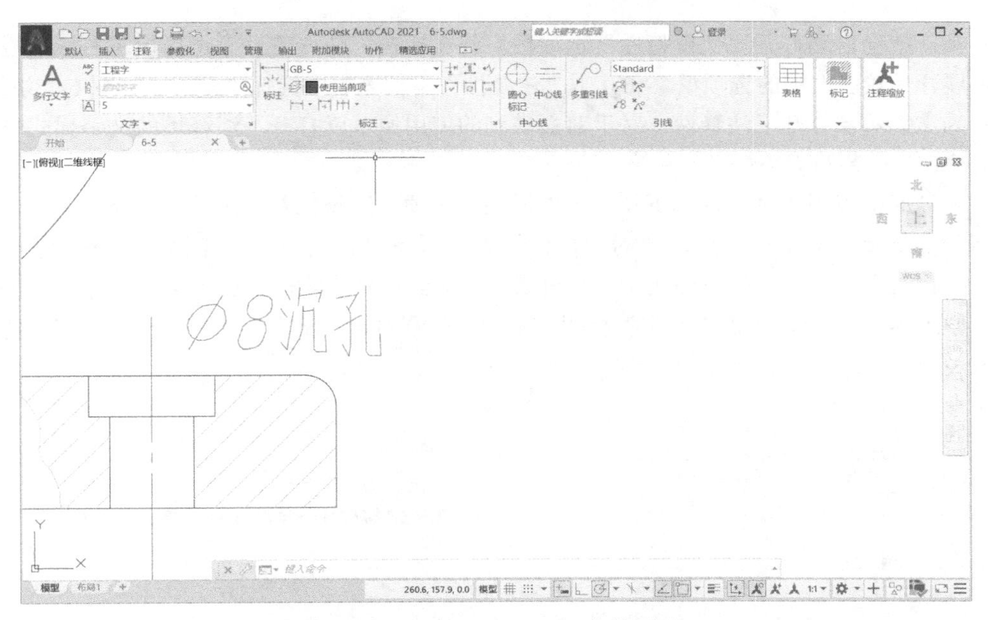

图 6-21　文件“6-5.dwg”中的图形

选择绘图区域左下角的“布局 1”选项卡，在这个布局中有 3 个视口，如图 6-22 所示，显示比例分别是“1∶2”“4∶1”“1∶1”，可以看到在这3个视口中文字对象“Φ8沉孔”显示出的字高是不一致的。如果按照规范的出图标准，只有1∶1出图比例视口中的文字字高是正确的，按照往常的方法其他视口中的文字对象的字高都需要专门为这个视口重新书写并调整字高，还需要设定在其他视口中不显示。这样的方法显然比较烦琐，有时候也采取直接在布局中书写文字的方法，这样保证了出图的字高一致，但这些文字在模型空间中又不可见。AutoCAD的注释性工具提供了很方便的解决方法，步骤如下。

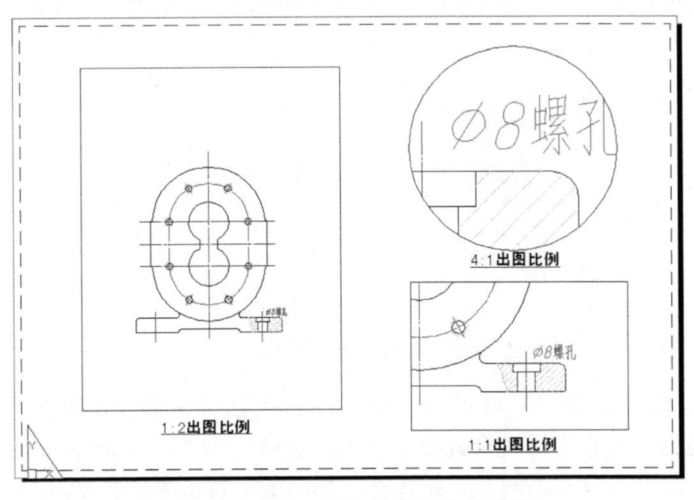

图 6-22　“布局 1”选项卡中的 3 个视口

（1）选择“模型”选项卡，选中文字对象“Φ8 沉孔”，如果打开了状态栏中的“快捷特性”工具，就会自动打开“快捷特性”选项板，将光标在“快捷特性”选项板左右标题栏上停留，会展开为较多选项的选项板，在其中“注释性”下拉列表中选择“是”，如图 6-23 所示，这样就为文字对象打开了注释性。对于前面讲到的使用原本就打开了注释性的文字样式书写的文字对象，这一步可以略去。

（2）此时会发现“注释性”下拉列表中增加了一项“注释比例”选项，选择该选项，弹出“注释对象比例”对话框，此时“对象比例列表中只有“1∶1”这个比例，单击“添加”按钮，将“1∶2”“4∶1”的出图比例添加进去（需要进行什么样的出图比例就添加什么出图比例），如图 6-24 所示，单击“确定”按钮，关闭“注释对象比例”对话框，然后关闭“特性”选项板。

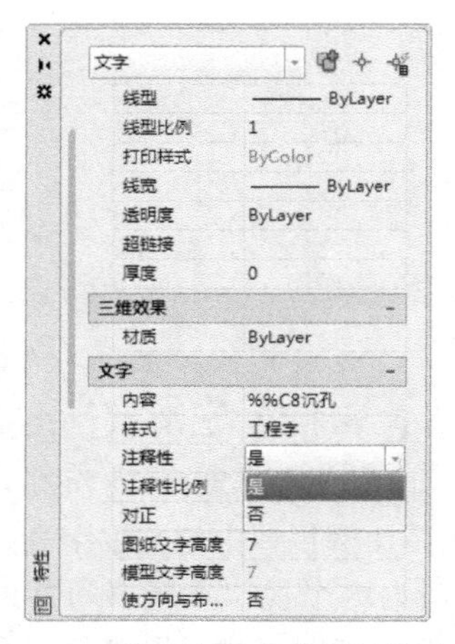

图 6-23　用“特性”选项板修改注释性

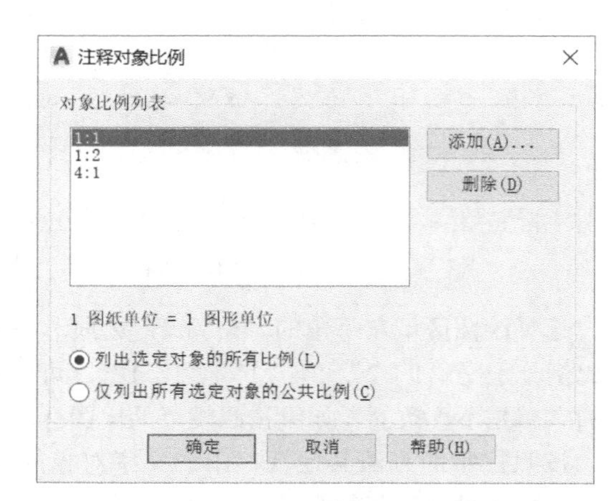

图 6-24　“注释对象比例”对话框

（3）此时再选中文字对象“ Φ8 沉孔”，会发现文字对象变成了多个字高的显示，如图 6-25 所示，移动到文字对象上方的十字光标旁也多了注释性的三角比例尺符号。

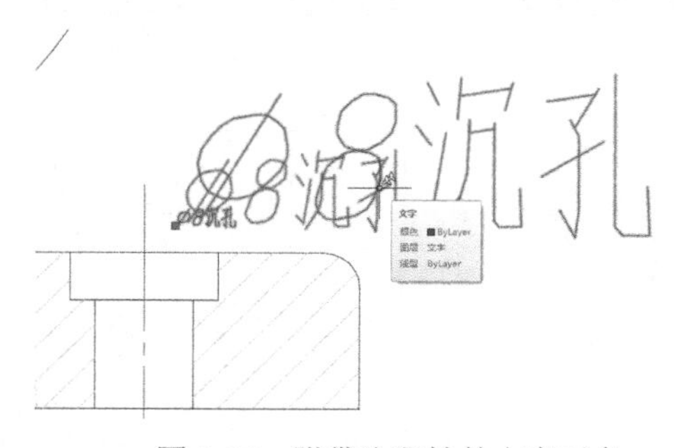

图 6-25　附带注释性的文字对象

（4）此时再选择“布局 1”选项卡，会发现各个视口中的文字对象字高仍无变化，如图 6-22 所示。这是因为没有为视口设置注释比例，选择左侧“1∶2 出图比例”视口边框，然后单击状态栏中的“选定视口的比例”下拉式，在弹出的下拉列表中再次选择“1∶2”，确认此视口的比例（注意原来可能就已经选择了“1∶2”，但那是在没有增加注释性特性、创建视口时选择的，在这里需要再次选择将之确认为注释性的视口比例），如图 6-26 所示。选择完毕后会发现此视口中的文字高度变得和“1∶1 出图比例”视口中的一致了。

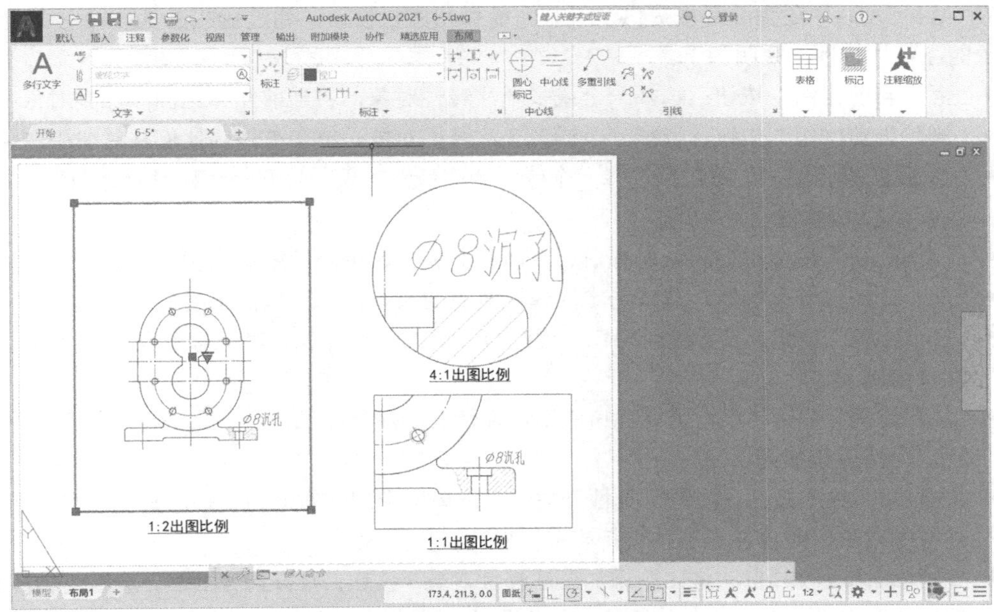

图 6-26　为视口选择视口比例

（5）依次再确认“1∶1 出图比例”“4∶1 出图比例”两个视口的视口比例，最后结果如图 6-27 所示，这样就实现了一个文字对象在多个不同出图比例视口中的正常显示。

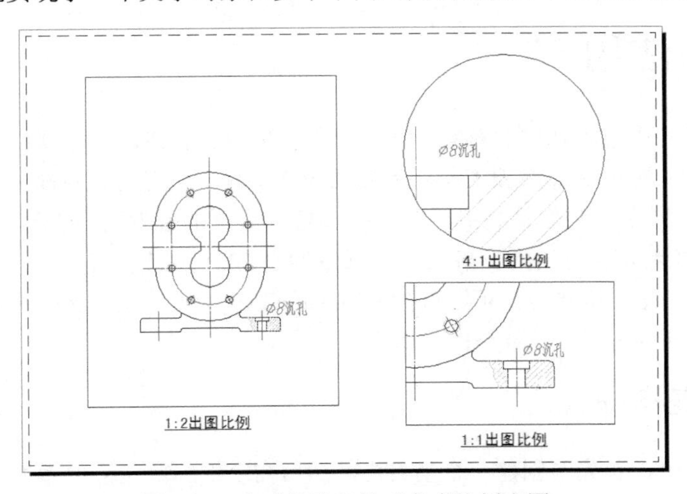

图 6-27　完成的注释性对象多比例出图

本例实践操作视频：视频 6-7

2. 注释性特性工具说明

在 AutoCAD 中还为注释性提供了工具面板和状态栏按钮，通过这些工具可以更方便地应用对象的注释性特性，说明如下。

- “添加当前比例”按钮：选择一个或多个注释性对象，将当前注释比例添加到对象中。
- “删除当前比例”按钮：选择一个或多个注释性对象，将当前注释比例从对象中删除。
- “添加/删除比例…”按钮：选择一个或多个注释性对象，打开“注释对象比例”对话框，进行添加/删除注释比例的操作。
- “比例列表”按钮：控制布局视口、页面布局和打印可用的缩放比例列表。
- “同步比例位置”按钮：重置选定注释性对象的所有换算比例图示的位置。
- “视口比例”按钮：设置当前视口应用注释性时的视口比例，对于每个视口，视口比例和注释比例应该相同。
- “注释比例”按钮：设置当前视口应用注释性时的注释比例，对于每个视口，注释比例和视口比例应该相同。
- “注释可见性”按钮：注释可见性开关，对于模型空间或布局视口，用户可以显示所有的注释性对象，或仅显示那些支持当前注释比例的对象。
- “注释比例更改时自动将比例添加至注释性对象”按钮：打开此开关后，会在当前注释比例更改时自动将更改后的比例添加至图形中所有具有注释性特性的对象中。

对于文字、标注、块、图案填充等可以附加注释性特性的对象都可以方便地应用这些工具，此后章节不再赘述。

6.2 表格的使用

表格是在行和列中包含数据的对象。在工程中大量使用表格，如标题栏和明细栏都属于表格的应用。以前版本的AutoCAD没有提供专门的表格工具，所有的表格都需要先将表格线条绘制出来，然后在里面逐个地写入文字，文字与表格单元框的位置关系都要手工逐个对齐。从AutoCAD 2005 开始新增了专门的表格工具，AutoCAD 2021 支持表格分段、序号自动生成，更强的表格公式及外部数据链接等。可以直接使用AutoCAD的表格工具做一些简单的统计分析。本节将用一个明细栏的例子介绍表格的使用方法。

6.2.1 创建表格样式

创建表格对象时，首先要创建一个空表格，然后在表格的单元格中添加内容。在创建空表格之前先要进行表格样式的设置。

1. 命令操作

激活表格样式命令的方法如下。

- 命令区：输入 TABLESTY（TS）并按回车键确认。
- 功能区：单击“注释”选项卡→“表格”面板→“表格样式”按钮。

2．练习：创建表格样式

打开本书的练习文件“6-6.dwg”，在这个文件中创建一个明细栏。

（1）单击“表格样式”按钮，弹出“表格样式”对话框，如图 6-28 所示。

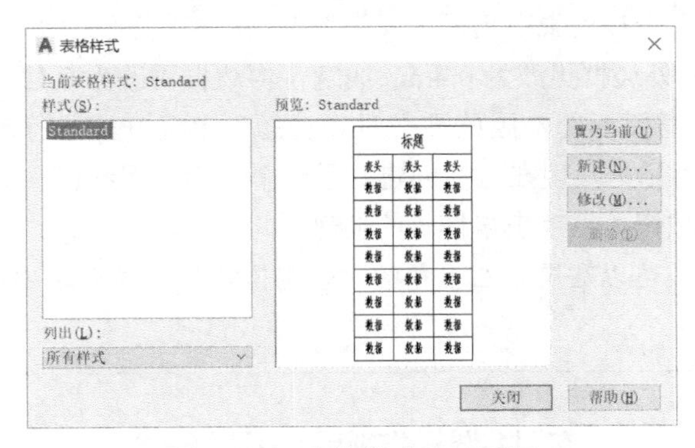

图 6-28　“表格样式”对话框

在“表格样式”对话框的“样式”列表框中有一个名为“Standard”的表格样式，不用改动它，单击“新建”按钮，弹出“创建新的表格样式”对话框，在“新样式名”文本框中输入“明细栏”，表示专门为明细栏新建一个名为“明细栏”的表格样式。

（2）单击“继续”按钮，弹出“新建表格样式：明细栏”对话框，如图 6-29 所示。

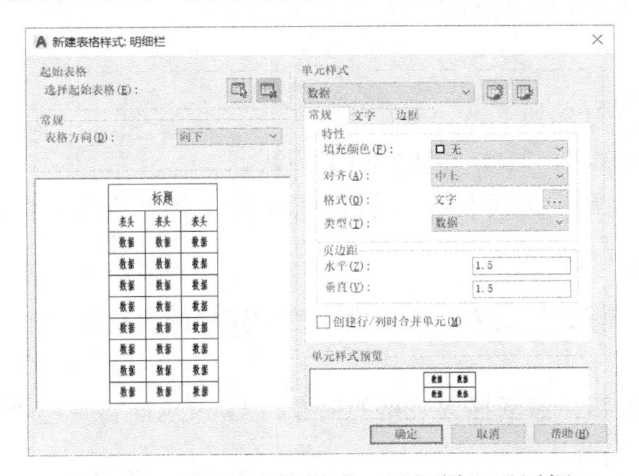

图 6-29　“新建表格样式：明细栏”对话框

（3）在“常规”选项组的“表格方向”下拉列表中选择“向上”选项，这是明细表的形式，数据向上延伸。表格里面有 3 个基本要素，分别是“标题”“表头”“数据”，在“单元样式”下拉列表中控制，在预览图形中可以看见这 3 个要素分别代表的部位。

（4）确保“单元样式”下拉列表中选择了“数据”选项。“常规”选项卡的“页边距”选项组用于控制文字和边框的距离，对于水平距离不用进行更改，垂直距离需要根据明细栏的行高来定，预期的行高为 8，文字高度为 5，但是文字的高度还要加上上下的余量，现在无法准确地估算，因此将垂直距离暂时设置为 0.5。

（5）选择“文字”选项卡，将文字高度更改为 5。

（6）选择“边框”选项卡，此选项卡用于控制表格边框线的特性，将外边框更改为 0.4mm 线宽，内边框更改为 0.15mm 线宽。要注意的是，此处的更改要先选择线宽，然后单击需要更改的边框按钮。

（7）在“单元样式”下拉列表中选择“表头”选项，重复步骤（4）（5）（6）的设置，同样将文字高度更改为 5，将外边框更改为 0.4mm 线宽，内边框更改为 0.15mm 线宽。

（8）由于明细栏不需要标题，因此不必对“标题”单元样式进行设置，单击“确定”按钮，回到“表格样式”对话框，现在已经创建好了一个名为“明细栏”的表格样式。

（9）单击“关闭”按钮，结束表格样式的创建。

创建完表格样式后，可以在屏幕右上角的“表格样式”下拉列表中选择此“明细栏”作为当前的表格样式。

本例实践操作视频：视频 6-8

6.2.2 插入表格

利用插入表格工具可以创建空的表格对象。

1. 命令操作

插入表格命令的激活方式如下。

- 命令区：输入 TABLE（TB）并按回车键确认。
- 功能区：单击“注释”选项卡→“表格”面板→“表格”按钮。

2. 练习：插入表格

继续刚才的练习，在标题栏上方的位置用刚刚创建好的表格样式插入一个表格。

操作步骤如下。

（1）单击“表格”按钮，激活插入表格的命令，AutoCAD 将弹出“插入表格”对话框，在此可以进行插入表格的设置。

（2）确保“表格样式”选择了刚才创建的“明细栏”，将“插入方式”指定为“指定插入点”方式，在“列和行设置”选项组中设置为 7 列 3 行，列宽为 40，行高为 1 行。由于明细栏不需要标题，因此需要在“设置单元样式”选项组中的“第一行单元样式”下拉列表中选择“表头”选项，然后在“第二行单元样式”下拉列表中选择“数据”选项，如图 6-30 所示，然后单击“确定”按钮。

（3）指定标题栏的左上角点为表格插入点，然后在随后提示输入的列标题行中填入“序号”“代号”“名称”“数量”“材料”“重量”“备注”7 项。在“序号”一列向上填入 1～4，可以采用类似 Excel 电子表格中的方法，先填入 1 和 2，然后选择这两个单元格，其他数据采取按住单元格边界右上角夹点拉动的方法完成，AutoCAD 可以自动填入数列。最后效果如图 6-31 所示。

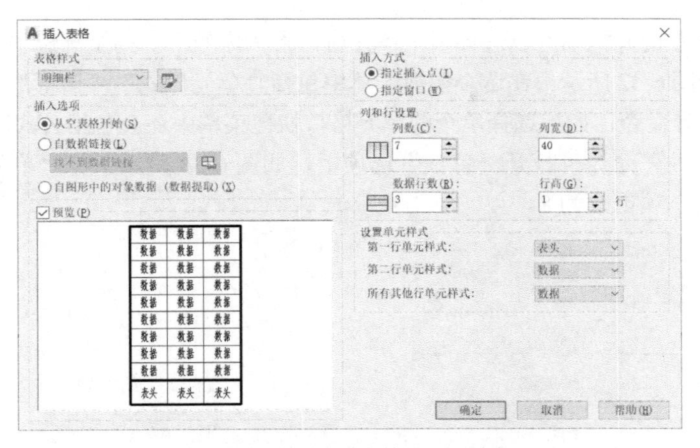

图 6-30 “插入表格”对话框

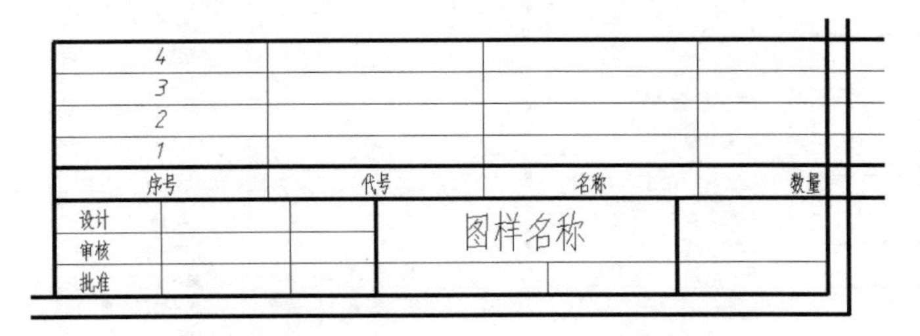

图 6-31　完成插入后的表格

此时已经完成了表格的插入，明细栏已经有了一个雏形，接下来进一步编辑此表格，使其更加完善。

本例实践操作视频：视频 6-9

6.2.3　编辑表格

表格的每一个单元格的高度和宽度都需要设定，对于复杂的表格，也可以像在 Excel 软件中一样合并和拆分单元格。

1．命令操作

插入表格命令的激活方式如下。

- 直接在表格中对表格内容进行修改。
- 利用“特性”选项板对表格的各种参数进行修改。

2．练习：编辑表格

接下来利用“特性”选项板对明细栏进行编辑，操作步骤如下。

（1）按住鼠标左键并拖动可以选择多个单元格，将“序号”一列全部选中，单击鼠标右键，弹出快捷菜单，如图 6-32 所示。在这个快捷菜单中包括“单元样式”“边框”“行”“列”“合并”“数据链接”等命令，如果选择单个的单元格，快捷菜单中还会包括公式等命令。

（2）选择“特性”命令，打开“特性”选项板，如图 6-33 所示。将“单元宽度”项更改为 10，将“单元高度”项更改为 8。

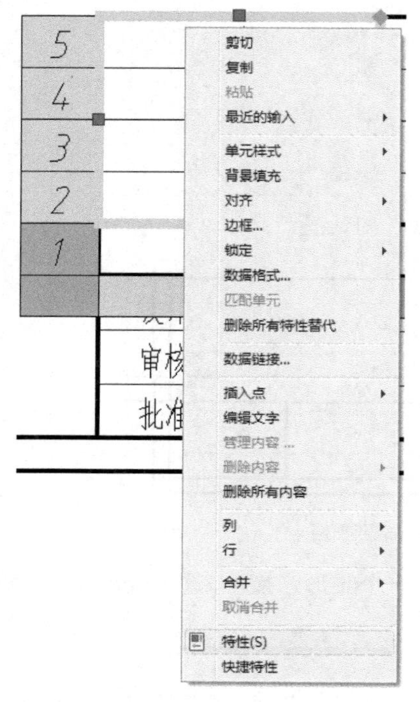

图 6-32　快捷菜单

图 6-33　“特性”选项板

（3）在绘图区域继续选择其他列，分别将“代号”列保持为 40、“名称”列改为 50、“数量”列改为 10、“材料”列保持为 40、“重量”和“备注”列改为 15，最后完成的明细栏如图 6-34 所示。

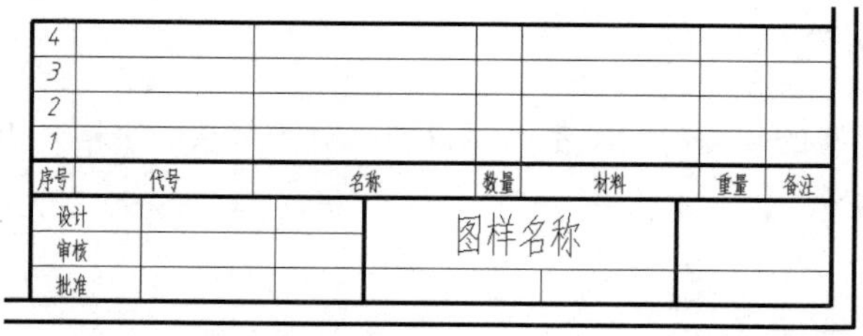

4						
3						
2						
1						
序号	代号	名称	数量	材料	重量	备注

设计			图样名称	
审核				
批准				

图 6-34　完成的明细栏

这样，就创建了一个很专业的表格。接下来应该在里面填写数据，包括应用一些公式进行统计分析或者合并拆分单元格，以及添加或删除行和列等。在这里不再赘述，读者若有兴趣可以将明细栏下面的标题栏也用表格的形式创建出来。

本例实践操作视频：视频 6–10

6.2.4　利用现有表格创建新的表格样式

前面创建的明细栏表格样式，如果要继续用来插入表格，在以前版本的 AutoCAD 中只能重新做一遍单元格的编辑，AutoCAD 2021 的表格工具有了更强大的功能，可以直接利用现有的表格创建出新的表格样式，这一类的表格样式完全保留了修改后的专业表格的所有设置，使用它来创建表格可以直接创建出专业表格，下面举例介绍。

打开本书的练习文件“6-7.dwg”，利用此文件中创建好的明细栏创建新的表格样式。操作步骤如下。

（1）单击“表格样式”按钮，弹出“表格样式”对话框，在“表格样式”对话框的“样式”列表框中有“Standard”“明细栏”两个表格样式，不用改动它，选择“明细栏”作为当前的表格样式，单击“新建”按钮，弹出“创建新的表格样式”对话框。在“新样式名”文本框中输入“明细栏 2”，新建一个基于“明细栏”的新表格样式。

（2）单击“继续”按钮，弹出“新建表格样式：明细栏 2”对话框，如图 6-35 所示。

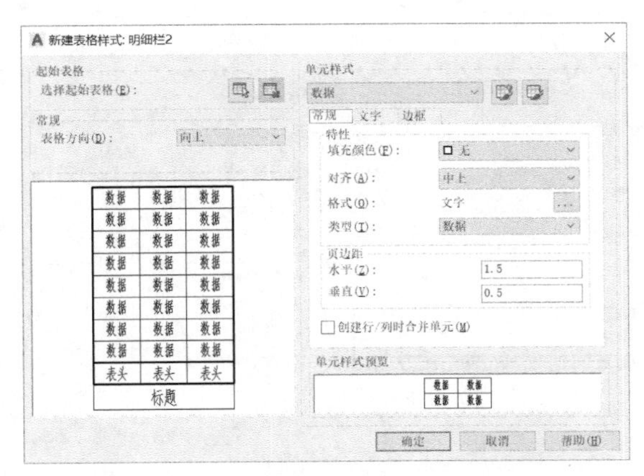

图 6-35　“新建表格样式：明细栏 2”对话框

（3）单击“起始表格”选项组中的按钮，命令行提示选择一个表格用作此表格样式的起始表格，在绘图区域选择下方创建好的明细栏，如图 6-36 所示。

4	选择表格:					
3						
2						
1						
序号	代号	名称	数量	材料	重量	备注

图 6-36　选择下方创建好的明细栏

（4）选择完成后回到“新建表格样式：明细栏 2”对话框，此时表格样式已经基于现有的明细栏表格完成创建，如图 6-37 所示。单击“确定”按钮，回到“表格样式”对话框，表格样式列表框中已经增加了名为“明细栏 2”的样式，单击“关闭”按钮，结束表格样式创建。

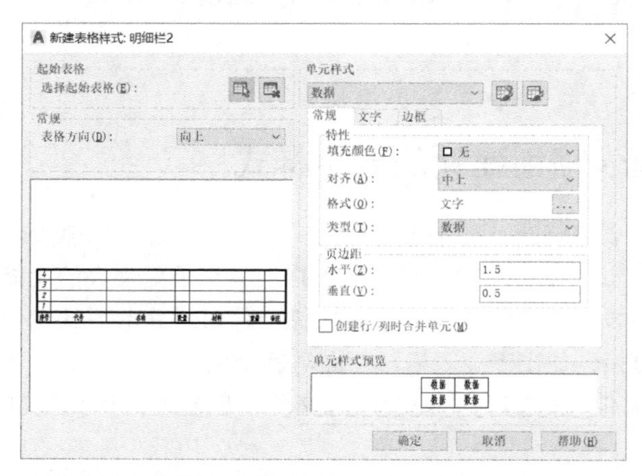

图 6-37　完成新表格样式创建的“新建表格样式：明细栏 2”对话框

（5）单击“表格”按钮，激活插入表格的命令，AutoCAD 将弹出“插入表格”对话框，如图 6-38 所示。可以看到这个对话框和先前自己创建的表格样式的界面有同之处，少了“设置单元样式”选项组而增加了“表格选项”选项组，这个区域设置新插入的表格需要保留那些源表格内的内容。

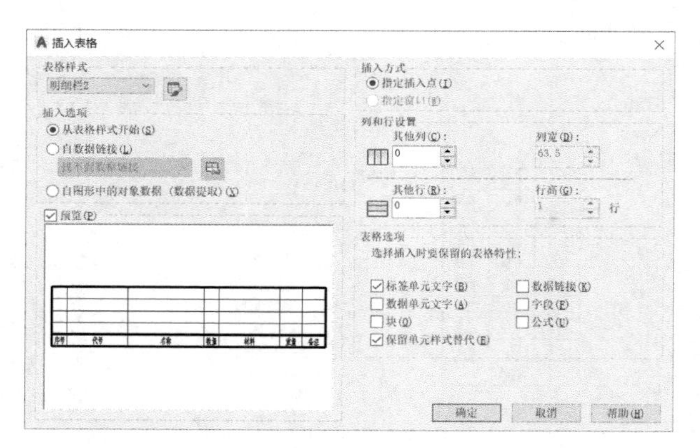

图 6-38　“插入表格”对话框

（6）确保当前表格样式是“明细栏 2”，选择“其他行”值为 15，在“表格选项”选项组中选择“标签单元文字”“数据单元文字”“保留单元样式替代”，单击“确定”按钮，在绘图区域指定标题栏的左上角为插入点插入表格，如图 6-39 所示。可以看到这个表格中保留了源表格中的全部设置，不必重新调整。

（7）由于有更多的增加行，对于增加行可以按先前讲过的方法将行高调整为 8，拉动夹点完成序号的自动填入，对于如此多栏目的明细栏，AutoCAD 2021 可以支持表格的分栏，接下来设置表格分栏。

（8）选择此刚创建的表格，单击鼠标右键，在弹出的快捷菜单中选择“特性”命令，打开“特性”选项板，在“表格打断”选项组的“启用”下拉列表中选择“是”选项，如图 6-40 所示。

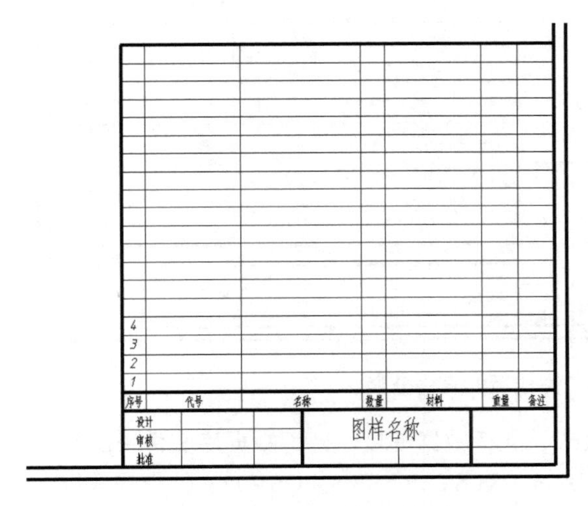

图 6-39　完成后的表格图

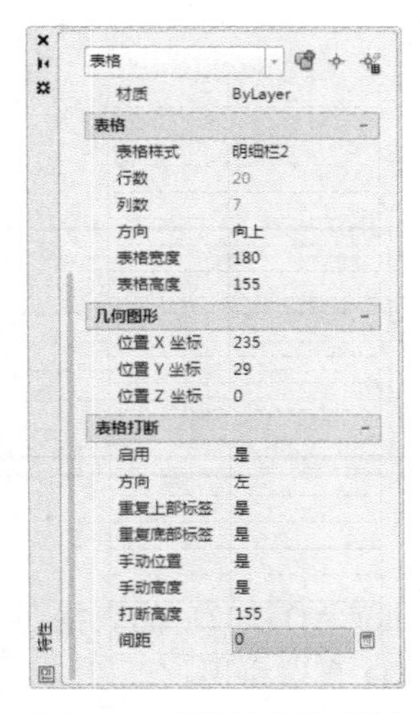

图 6-40 “特性”选项板

（9）将“表格打断”选项组中的“方向”改为“左”，“重复上部标签”“重复底部标签”“手动位置”“手动高度”改为“是”，“间距”改为 0。

（10）关闭“特性”选项板，回到绘图界面，此时表格的顶部夹点如图 6-41 所示。

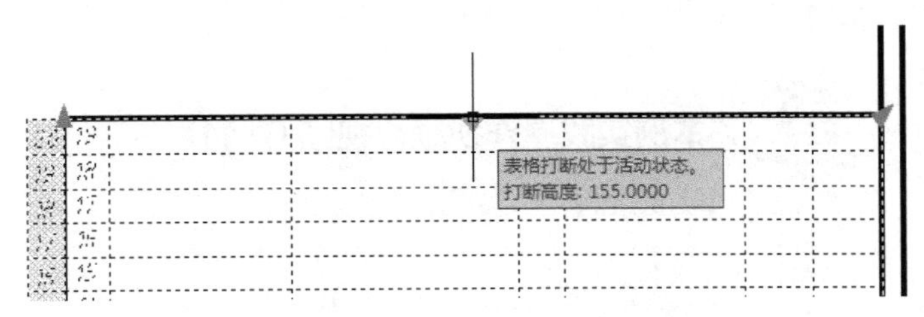

图 6-41　向下拖动表格夹点

（11）向下拉动中间的夹点，修改表格，如图 6-42 所示。

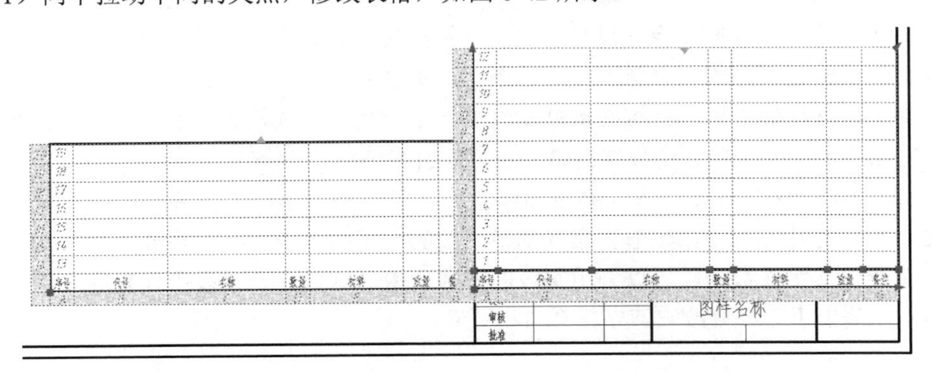

图 6-42　调整后的表格分栏

（12）向下拉动表格左下角的夹点，把左边分栏的起始点调整到与图框底边对齐，最后结果如图 6-43 所示。

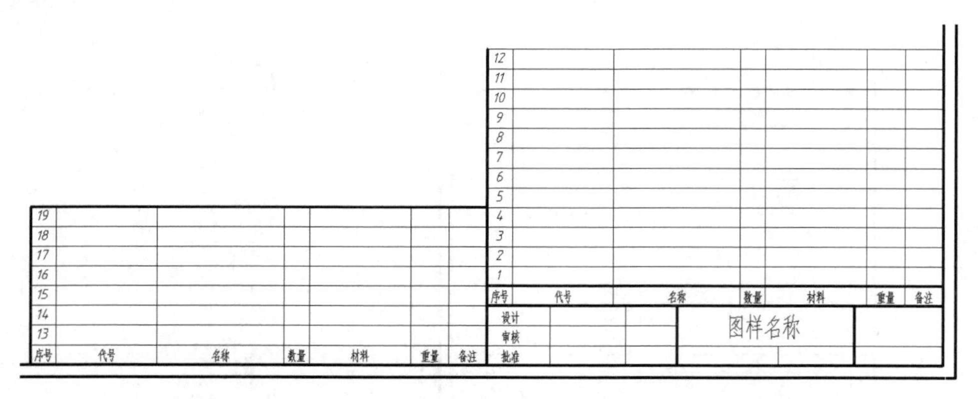

图 6-43　完成后的表格分栏

AutoCAD 2021 的表格还可以应用公式、支持数据链接，外部数据库文件中的数据也能被 AutoCAD 直接引用，可以将表格链接至 Excel（XLS、.XLSX 或 CSV）文件中的数据。可以将其链接至 Excel 中的整个电子表格、各行、列、单元或单元范围（注意必须安装 Microsoft Excel 才能使用 Excel 数据链接。要链接至 XLSX 文件类型，必须安装 Microsoft Excel 2007）。当外部数据库文件修改后，更新表格的数据链接可以看到数据的最新修改。对于表格的应用本节就介绍到这里，有兴趣的读者可以更深入地探究。

本例实践操作视频：视频 6-11

6.3　字段的使用

工程图中经常用到一些在设计过程中发生变化的文字和数据，比如建筑图中引用的视图方向、修改设计后的建筑面积、重新编号后的图纸、更改后的出图尺寸和日期，以及公式的计算结果等。如果有这样的引用，当这些数据发生变化后，我们又做相应的手工修改，就会在图纸中出现一些错误，如果一些关键数据出错，还可能引发事故。

从 AutoCAD 2005 开始引入了字段的概念。字段也是文字，字段等价于可以自动更新的“智能文字”，就是可能会在图形生命周期中修改的数据的更新文字。设计人员在工程图中如果需要引用这些文字或数据，可以采用字段的方式引用，这样，当字段所代表的文字或数据发生变化时，不需要手工去修改它，字段会自动更新。

6.3.1　插入字段

引用字段的方法非常简单，在文字和表格中都可以方便地引用它。

1．命令操作

引用字段方法如下。

- 命令区：输入 FIELD，并按回车键确认。
- 功能区：单击“插入”选项卡→“数据”面板→“字段”按钮。
- 在“文字编辑器”中单击“字段”按钮。
- 在编辑文字的右键快捷菜单中选择“插入字段”命令。
- 在编辑表格单元的右键快捷菜单中选择“插入字段”命令。

2．练习：插入字段

本节将用一个查询房间建筑面积的例子来讲解如何使用字段，打开本书的练习文件“6-8.dwg”，里面是一张建筑平面图，并且创建了一个房间面积表，如图 6-44 所示。

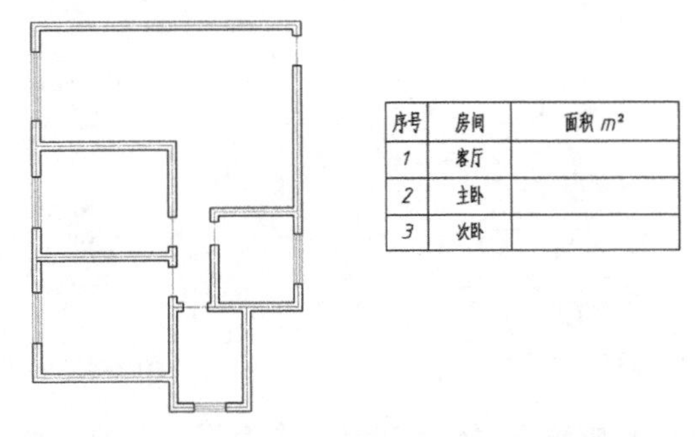

图 6-44　文件“6-8.dwg”中的建筑平面图

使用第 5 章中讲解的查询面积的方法，通过为封闭区域创建一个多段线边界，然后查询多段线面积的方法，将 3 个房间的面积信息以字段的形式添加到表格中。操作步骤如下。

（1）单击功能区的“默认”选项卡→“绘图”面板→“图案填充”下拉按钮→“边界”按钮，激活边界命令，弹出“边界创建”对话框，如图 6-45 所示。单击“拾取点”按钮，然后在图 6-44 中的房间 1、2、3 内部的位置单击拾取点，按回车键结束命令，这样在这 3 个房间中就创建了 3 个封闭多段线边界，这 3 个多段线的面积便是房间的面积。

（2）在表格中“客厅”右侧的单元格中单击，此时 AutoCAD 界面切换为“表格单元”面板，如图 6-46 所示，单击其中的“字段”按钮。

（3）此时弹出“字段”对话框，在“字段类别”下拉列表中选择“对象”选项，然后单击“选择对象”按钮，如图 6-47 所示。

（4）拾取客厅（1 号房间）的多段线边界，返回到“字段”对话框，此时的“对象类型”文本框中将显示为“多段线”，在“特性”列表框中选择面积，然后单击“其他格式”按钮 其他格式(O)...，弹出“其他格式”对话框，如图 6-48 所示。

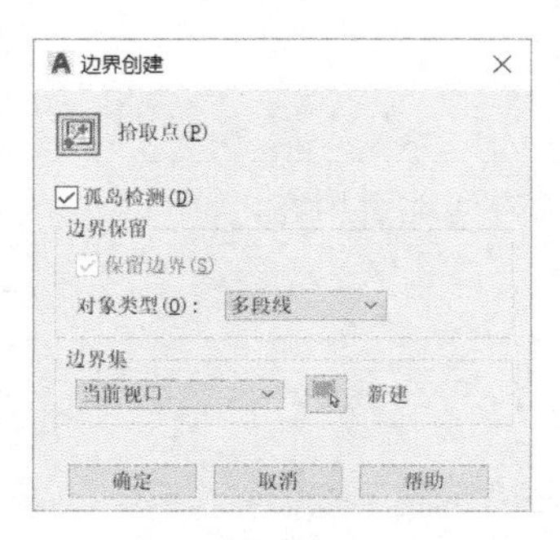

图 6-45 “边界创建”对话框

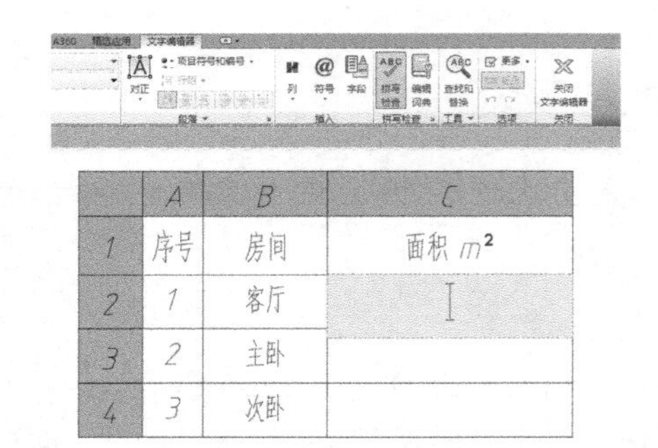

图 6-46 “表格单元”面板

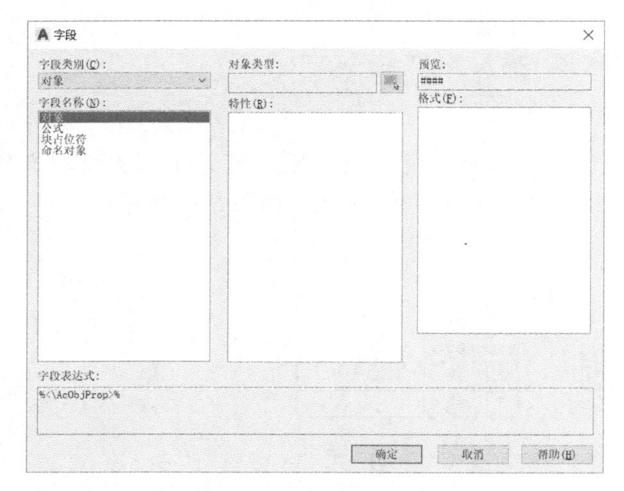

图 6-47 “字段”对话框

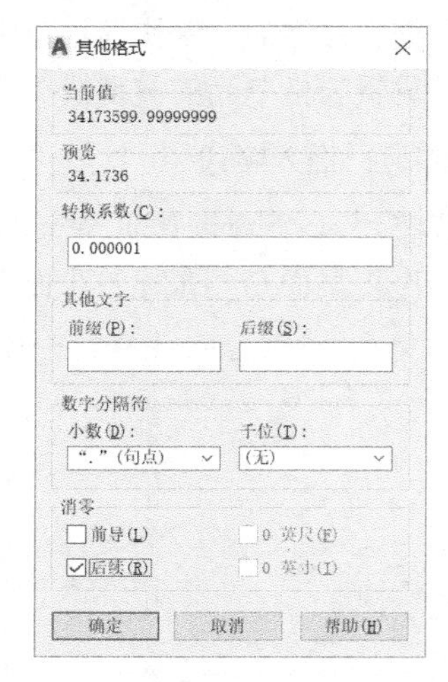

图 6-48 “其他格式”对话框

（5）在“转换系数”文本框中输入“0.000001”作为平方毫米与平方米之间的转换系数，勾选“消零”选项组中的“后续”复选框，删除“后缀”文本框中文字，单击“确定”按钮回到“字段”对话框，再单击“确定”按钮结束此字段的插入。

（6）重复步骤（2）（3）（4）（5），分别将主卧和次卧的面积字段插入到面积表中，如图 6-49 所示。

序号	房间	面积 m^2
1	客厅	34.1736
2	主卧	12.4056
3	次卧	11.3076

图 6-49 完成字段插入后的面积表

本例实践操作视频：视频 6-12

6.3.2　更新字段

在前面例子中完成了字段的插入，那么如何才能显示出字段比普通文字更具优越性呢？接下来尝试改变房间的尺寸，此时房间的面积应该随之变化。当执行了更新字段命令、重新开启文件或者执行重生成命令后，面积表中的字段将会更新为变化后的最新值。

1．命令操作

更新字段的方法如下。

- 命令区：输入 UPDATEFIELD，并按回车键确认。
- 功能区：单击“插入”选项卡→“数据”面板→“更新字段”按钮。
- 选择要更新的字段并单击鼠标右键，在弹出的快捷菜单中选择“更新字段”命令。
- 在打开、保存、打印、重新生成或通过电子传递发送图形时自动更新。

2．练习：更新字段

接着前面文件操作的结果或者直接打开本书的练习文件“6-9.dwg”，尝试将左面 3 个房间的水平尺寸整体向左增大 1000。步骤如下。

（1）单击“常用”选项卡→“修改”面板→“拉伸”按钮，激活拉伸命令，此时命令行提示：

命令：_stretch

以交叉窗口或交叉多边形选择要拉伸的对象……

选择对象：（*从左上角偏右的位置向左下角偏左的位置拉出一个交叉窗口，如图 6-50 所示*）

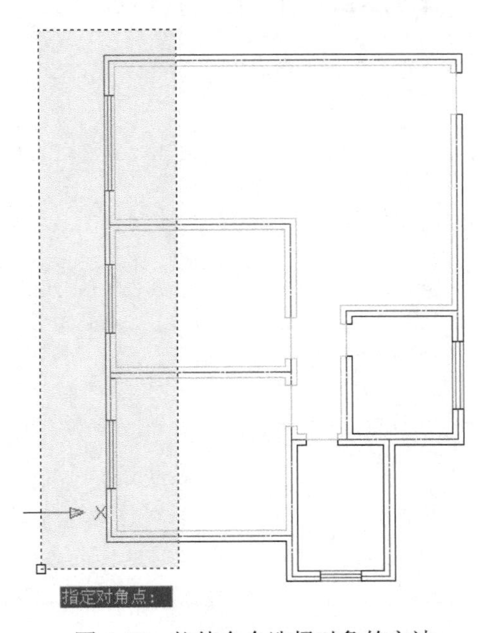

图 6-50　拉伸命令选择对象的方法

指定对角点：找到 50 个

选择对象：（按回车键结束选择）

指定基点或[位移(D)] <位移>：（在屏幕上任意拾取一点）

指定第二个点或<使用第一个点作为位移>：1000（确保正交或极轴在开启的情况下将光标水平向左移，然后再输入位移值）

命令指令完成后，3 个房间的水平尺寸整体向左扩大了 1000，然而面积表中的面积字段并没有发生变化。

（2）单击“插入”选项卡→“数据”面板→“更新字段”按钮，在命令行提示“选择对象：”时直接选择面积表，按回车键结束选择后，面积表中的面积更新为扩大后的面积，如图 6-51 所示。与图 6-49 对比，其字段确实得到了更新。

序号	房间	面积 m^2
1	客厅	37.5336
2	主卧	15.7656
3	次卧	14.3676

图 6-51　更新字段后的面积表

前面的例子为大家简单介绍了字段的应用方法。另外，字段的类型还包括日期、时间、打印、文档、图纸集等，有兴趣的读者可以参考帮助文件进行更深入的学习。

本例实践操作视频：视频 6-13

第 7 章　尺寸标注

对于一张完整的工程图，准确的尺寸标注是必不可少的。标注可以让工程人员清楚地知道几何图形的严格数字关系和约束条件，方便进行加工、制造、检验和备案工作。施工人员和工人是依靠工程图中的尺寸来进行施工和生产的，因此准确的尺寸标注是绘制工程图纸的关键，错误就意味着返工、经济损失，甚至是事故。从某种意义上讲，标注尺寸的正确性甚至比图纸实际尺寸比例的正确性更为重要。AutoCAD 2021 的注释性工具很好地解决了标注在各种非 1：1 比例出图中文字比例缩放的问题。

由于不同行业对于标注的规范要求不尽相同，因此还需要对标注的样式进行多项设置以使其满足不同行业的需求。

完成本章的练习，可以学习到以下知识。

- 创建各种尺寸标注。
- 定义标注样式。
- 标注的编辑与修改。
- 创建公差标注。

7.1　创建各种尺寸标注

AutoCAD 的标注是建立在精确绘图的基础上的。如果图纸尺寸精确，设计人员不必花时间计算应该标注的尺寸，只需要准确地拾取到标注点，AutoCAD 便会自动给出正确的标注尺寸，而且标注尺寸和被标注对象相关联，修改了标注对象，尺寸便会自动得以更新。

一般的标注尺寸由尺寸线、尺寸界线、箭头、标注文字 4 个部分组成，如图 7-1 所示。这 4 个部分一般以块的形式出现（关于“块”将在第 9 章讨论），选择了一个标注时，它们是一个整体。

AutoCAD 中提供了十几种标注命令以满足不同的需求，本节将逐一进行介绍。

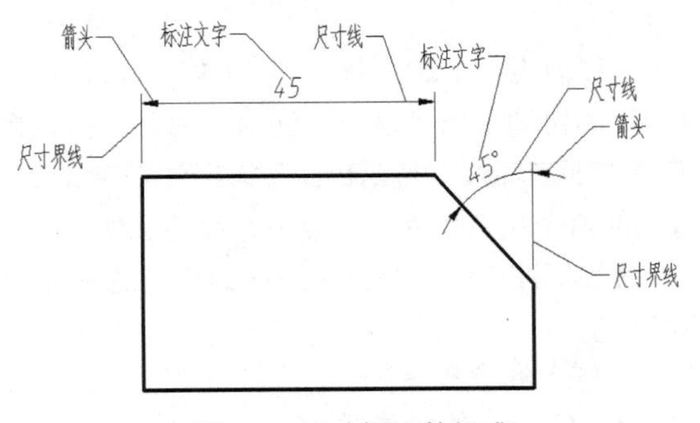

图 7-1　尺寸标注的组成

注意

不要试图用分解的方法来修改一个标注尺寸，因为这样会使所有的标注组成部分都解体为零散的对象，并且标注尺寸的关联性也全部丧失。

7.1.1 线性标注

线性标注命令提供水平或者垂直方向上的长度尺寸标注，如图 7-2 所示。

1. 命令操作

命令的激活方式如下。

- 命令行：输入 DIMLINEAR 并按回车键确认。
- 功能区：单击“注释”选项卡→“标注”面板→“标注”下拉列表→“线性”按钮⊢。

2. 练习：线性标注

打开本书的练习文件“7-1.dwg”，如图 7-3 所示，下面来一步步地完成此线性标注。

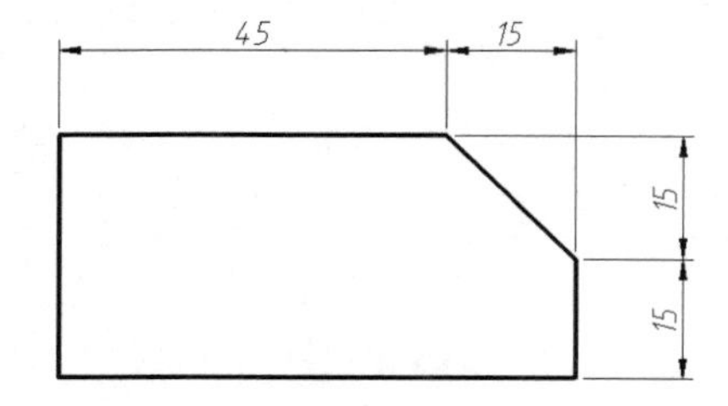

图 7-2 线性标注

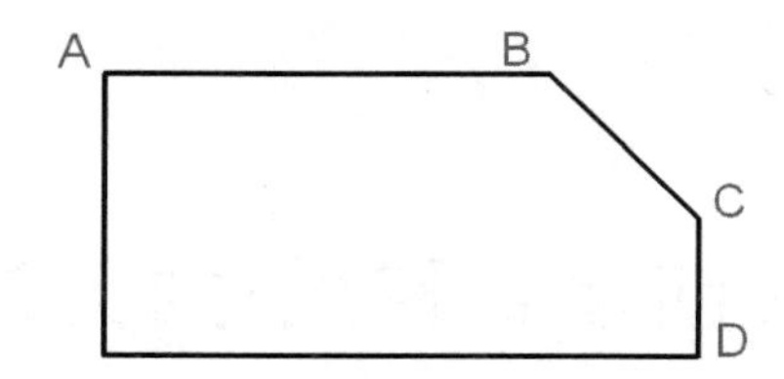

图 7-3 文件“7-1.dwg”中的图形

（1）激活命令，依据命令区给出的选项提示依次操作。

命令：_DIMLINEAR

指定第一条尺寸界线原点或 <选择对象>:

指定第二条尺寸界线原点:

指定尺寸线位置或[多行文字(M)/文字(T)/角度(A)/水平(H)/垂直(V)/旋转(R)]：（向上拉出标注尺寸线，自定义合适的尺寸线位置）

标注文字 =45

大家注意到，最后一行并没有专门去输入标注值“45”，而是由 AutoCAD 根据拾取到的两个标注点之间实际的投影距离自动给出了这个标注值。另外，执行命令时，如果提示指定第一条尺寸界线原点，则直接按回车键，可以激活选择标注对象的方式，只要选取到对象，AutoCAD 会自动将这个对象的两个端点作为标注点进行线性标注。

（2）按回车键继续执行线性标注命令，依据命令区给出的选项提示依次操作。

命令：_DIMLINEAR

指定第一条尺寸界线原点或<选择对象>:

选择标注对象:（选择 B、C 点间的斜线段）

指定尺寸线位置或[多行文字(M)/文字(T)/角度(A)/水平(H)/垂直(V)/旋转(R)]:（向上拉

1 出标注尺寸线，使用对象捕捉工具捕捉到前一个标注的箭头尖端位置，以使标注与前一个标注对齐）

标注文字=15

（3）重复步骤（2），在拉出尺寸线时向右拉，可以拉出垂直方向的线性标注。

（4）按回车键继续执行线性标注命令，对 CD 段进行标注，最后的结果如图 7-2 所示。

需要说明的是，在执行 “指定尺寸线位置或[多行文字(M)/文字(T)/角度(A)/水平(H)/垂直(V)/旋转(R)]：” 这一步时，默认的响应是拉出标注尺寸线，自定义合适的尺寸线位置，其他的各种选项可以自定义标注文字的内容（弹出多行或单行文字编辑器）、角度及尺寸线的旋转角度，一般情况下不推荐大家进行修改。

3．线性标注重点分析

- 线性标注只能标注水平、垂直方向或者指定旋转方向的直线尺寸。可以看到，对图 7-2 中的斜线进行线性标注时，只能拖出水平或垂直方向投影的尺寸线，而无法标注出斜线的长度（使用旋转选项方法除外）。
- 最后的标注文字是 AutoCAD 根据拾取到两点之间准确的距离值自动给出的，不用人工输入，这样的尺寸标注具备关联性，而人工输入尺寸可能会导致关联性的丧失。

注意

在拾取标注点时，一定要打开对象捕捉功能，精确地拾取标注对象的特征点，这样才能在标注与标注对象之间建立关联性，也就是说，标注值会随着标注对象的修改而自动更新。

本例实践操作视频：视频 7-1

7.1.2　对齐标注

对齐标注命令提供与拾取的标注点对齐的长度尺寸标注。

1．命令操作

命令的激活方式如下。

- 命令行：输入 DIMALIGNED 并按回车键确认。
- 功能区：单击“注释”选项卡→“标注”面板→“标注”下拉列表→“已对齐”按钮 。

2．练习：对齐标注

对齐标注与线性标注的使用方法基本相同，它可以标注出斜线的尺寸。同样在“7-1.dwg”文件中，使用对齐标注形式来标注图中的斜线，激活对齐标注命令，依据命令区给出的选项提示依次操作。

命令：_DIMALIGNED

指定第一条尺寸界线原点或<选择对象>：（拾取图 7-3 中的 B 点）

指定第二条尺寸界线原点：（拾取图 7-3 中的 C 点）

指定尺寸线位置或[多行文字(M)/文字(T)/角度(A)]：（拉出标注尺寸线，自定义合适的尺寸线位置）

标注文字=21.21

最后的标注结果如图 7-4 所示。

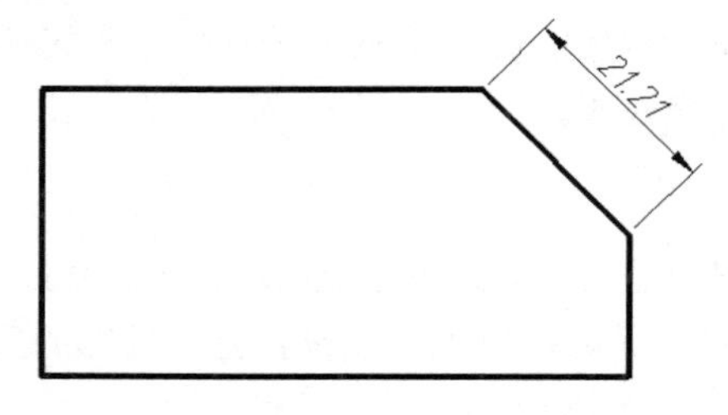

图 7-4　对齐标注

3．对齐标注重点分析

- 对多段线和其他可分解对象，仅标注独立的直线段和圆弧段。
- 如果选择直线或圆弧，其端点将用作尺寸界线的原点。

本例实践操作视频：视频 7-2

7.1.3　半径标注

AutoCAD 对圆或者圆弧可以进行直径和半径的标注。半径标注命令提供对圆或者圆弧半径的标注，标注尺寸值之前会自动加上半径符号“R”。

1．命令操作

命令的激活方式如下。

命令行：输入 DIMRADIUS 并按回车键确认。

功能区：单击“注释”选项卡→“标注”面板→“标注”下拉列表→“半径”按钮 。

2．练习：半径标注

打开本书的练习文件“7-2.dwg”，激活半径标注命令，依据命令区给出的选项提示依次操作。

命令：_DIMRADIUS

选择圆弧或圆：（选择图形左上角的圆弧）

标注文字=7

指定尺寸线位置或[多行文字(M)/文字(T)/角度(A)]：（拉出标注尺寸线，自定义合适的尺寸线位置）

执行后的结果如图 7-5 所示。

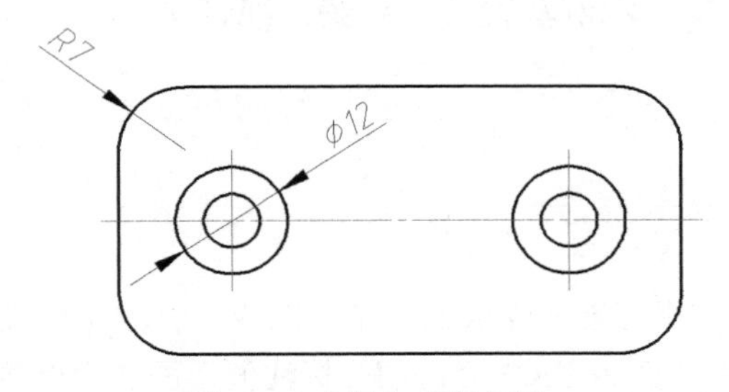

图 7-5　半径与直径标注

本例实践操作视频：视频 7-3

7.1.4　直径标注

直径标注命令提供对圆或者圆弧直径的标注，AutoCAD 会在标注尺寸值之前自动加上直径符号“*Φ*”。

1．命令操作

命令的激活方式如下。

- 命令行：输入 DIMDIAMETER 并按回车键确认。
- 功能区：单击“注释”选项卡→“标注”面板→“标注”下拉列表→“直径”按钮⦸。

2．练习：直径标注

同样还是在文件“7-2.dwg”中，激活直径标注命令，依据命令区给出的选项提示依次操作。

命令：_DIMDIAMETER

选择圆弧或圆：（选择图形左边两个圆中的外圆）

标注文字=12

指定尺寸线位置或[多行文字(M)/文字(T)/角度(A)]：（拉出标注尺寸线，自定义合适的尺寸线位置）

标注完成后的结果如图 7-5 所示。读者可以自己尝试图形中其他圆或圆弧的标注。

3. 半径或直径标注重点分析

- 半径或直径标注的对象既可以是完整的圆，也可以是圆弧。
- 拉出的标注尺寸线可以在圆或圆弧的内部，也可以在圆或圆弧的外部。

本例实践操作视频：视频 7-4

7.1.5 角度标注

AutoCAD 可以对两条非平行直线形成的夹角、圆或圆弧的夹角或者不共线的 3 个点进行角度标注，标注值为度数，因此 AutoCAD 会自动在标注值后面加上度数单位“°”。

1. 命令操作

角度标注命令的激活方法如下。

- 命令行：输入 DIMANGULAR 并按回车键确认。
- 功能区：单击“注释”选项卡→“标注”面板→“标注”下拉列表→“角度”按钮 。

2. 练习：角度标注

打开本书的练习文件“7-3.dwg”，激活直径标注命令，依据命令区给出的选项提示依次操作。

命令：_DIMANGULAR

选择圆弧、圆、直线或 <指定顶点>:（选择斜线段）

选择第二条直线：（选择斜线段下面的垂直线段）

指定标注弧线位置或 [多行文字(M)/文字(T)/角度(A)/象限点(Q)]：（向左上角拉出标注尺寸线，自定义合适的尺寸线位置）

标注文字 ＝45

最后的标注结果如图 7-6 所示。

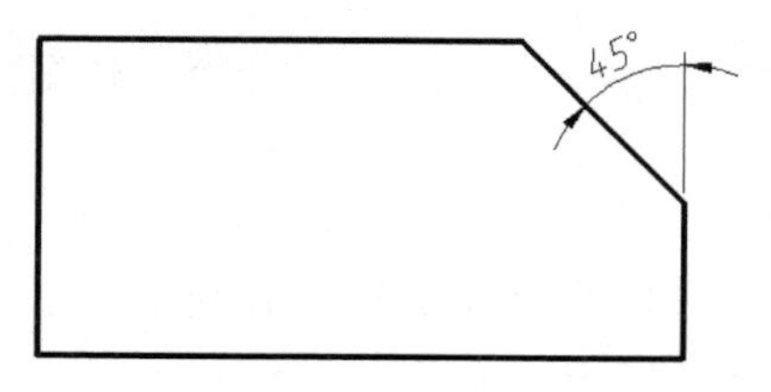

图 7-6　角度标注

本例实践操作视频：视频 7-5

3．角度标注重点分析

- 角度标注所拉出的尺寸线的方向将影响到标注结果，如图 7-7 所示，两条直线段间的角度在不同的方向可以形成 4 个角度值。

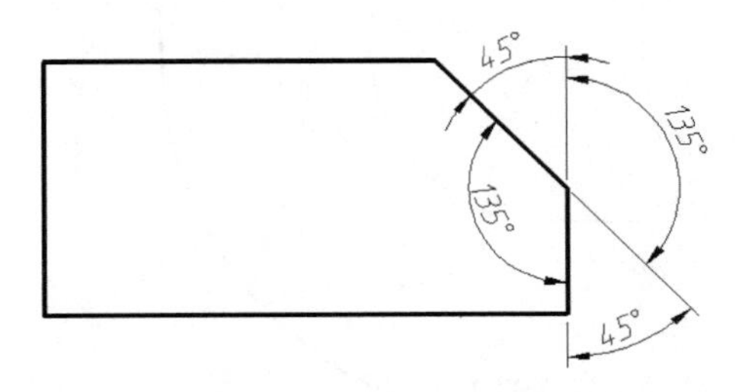

图 7-7　直线段间的 4 个角度标注结果

- 角度标注也可以应用到圆或者圆弧上，在激活命令的第一个提示“选择圆弧、圆、直线或<指定顶点>：”下，用户可以选择圆或者圆弧，然后分别进行下面的操作。
- 如果选择圆弧，AutoCAD 会自动标注出圆弧起点及终点围成的扇形角度。
- 如果选择圆，则标注出拾取的第一点和第二点间围成的扇形角度。标注结果如图 7-8 所示。
- 如果在此提示下直接按回车键，则可以标注三点间的夹角（选取的第一点为夹角顶点）。

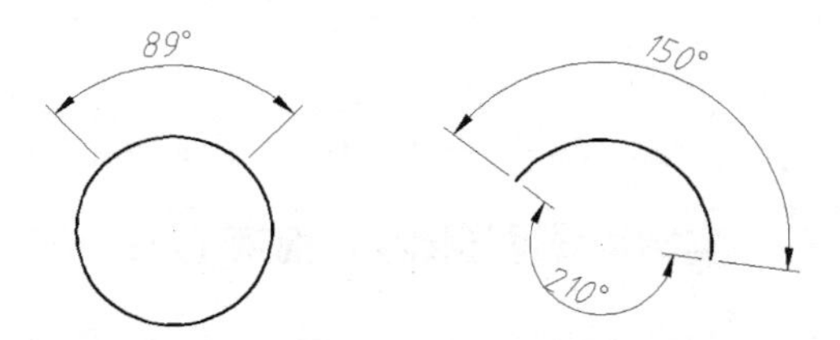

图 7-8　角度标注在圆和圆弧上的应用

7.1.6　弧长标注

绘图时，有时候还需要标注圆弧的弧长，而 AutoCAD 2021 的弧长标注功能可以帮助用户轻松实现。弧长标注可以标注出圆弧沿着弧线方向的长度而不是弦长。

1．命令操作

弧长标注命令的激活方法如下。

- 命令行：输入 DIMARC 并按回车键确认。
- 功能区：单击“注释”选项卡→“标注”面板→“标注”下拉列表→“弧长”按钮 。

2．练习：弧长标注

打开本书的练习文件“7-4.dwg”，标注这条道路中心线中间圆弧的弧长，激活直径标注命令，依据命令区给出的选项提示依次操作。

命令：_DIMARC

选择弧线段或多段线圆弧段：(选择道路中心弧线段)

指定弧长标注位置或 [多行文字(M)/文字(T)/角度(A)/部分(P)/]：（向下拉出合适的尺

寸线长度）

标注文字 =16660.81

标注结果如图 7-9 所示。

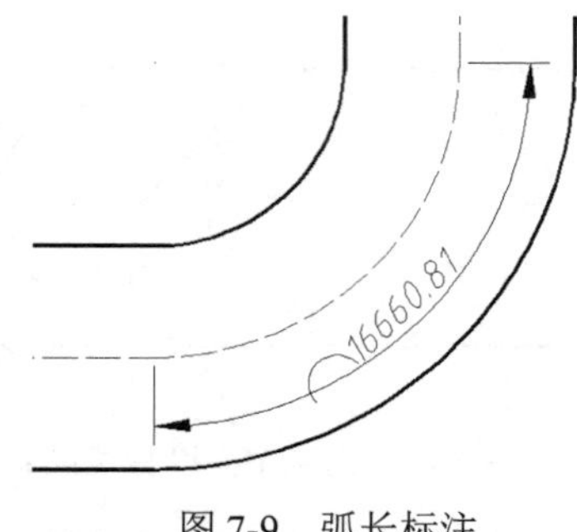

图 7-9 弧长标注

3. 弧长标注重点分析

- 对于包含角度小于 90°的圆弧，弧长标注的两条尺寸界线是平行的，显示为正交尺寸尺寸界线。
- 而对于大于或等于 90°的圆弧，弧长标注的两条尺寸界线是与被标注圆弧垂直的，显示为径向尺寸的界线。

本例实践操作视频：视频 7-6

7.1.7 折弯标注

有些图形中需要对大圆弧进行标注，这些圆弧的圆心甚至在整张图纸之外，此时在工程图中就对这样的圆弧进行省略的折弯标注。AutoCAD 2021 的折弯标注命令对这样的标注方法提供了很好的支持。

1. 命令操作

折弯标注命令的激活方法如下。

- 命令行：输入 DIMJOGGED 并按回车键确认。
- 功能区：单击“注释”选项卡→“标注”面板→“标注”下拉列表→“已折弯”按钮 。

2. 练习：折弯标注

打开本书的练习文件“7-5.dwg”，对道路中心线中间圆弧的半径进行标注，激活命令后，依据命令区给出的选项提示依次操作。

命令：_DIMJOGGED

选择圆弧或圆：（选择道路中心弧线段）

指定图示中心位置：（拾取图 7-10 中的 A 点）
标注文字 ＝32965.43
指定尺寸线位置或 [多行文字(M)/文字(T)/角度(A)]:（拾取图 7-10 中的 B 点）
指定折弯位置：（拾取图 7-10 中的 C 点）
最后的结果如图 7-10 所示。

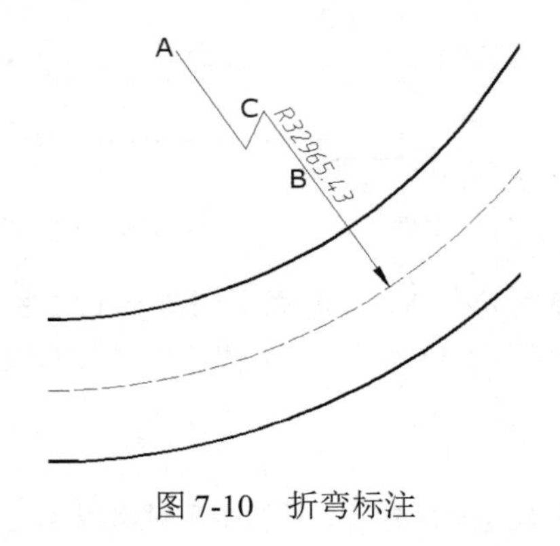

图 7-10　折弯标注

3. 折弯标注重点分析

- 如果由于未将标注放置在圆弧上而导致标注指向圆弧外，则 AutoCAD 会自动绘制圆弧尺寸界线。
- 在 AutoCAD 2021 中还可以对线形标注进行折弯标注，用法是先创建一个线形标注，然后使用菜单中的“标注”→“线形折弯”命令为之添加一个折弯点，读者可以自行尝试。

本例实践操作视频：视频 7−7

7.1.8　基线标注

基线标注与连续标注的实质是线性标注、坐标标注、角度标注的延续，在某些特殊情况下，比如一系列尺寸是由同一个基准面引出的或者是首尾相接的一系列连续尺寸，AutoCAD 提供了专门的标注工具以提高标注的效率。对于由同一个基准面引出的一系列尺寸，可以使用基线标注。

1. 命令操作

基线标注命令的激活方法如下。

- 命令行：输入 DIMBASELINE 并按回车键确认。
- 功能区：单击“注释”选项卡→“标注”面板→“连续”下拉列表→“基线”按钮。

对于基线标注，需要预先指定一个完成的标注作为标注的基准。

2. 练习：基线标注

打开本书的练习文件“7-6.dwg”，文件中是一个阶梯轴图形，如图 7-11 所示。下面一步步对其进行基线标注。

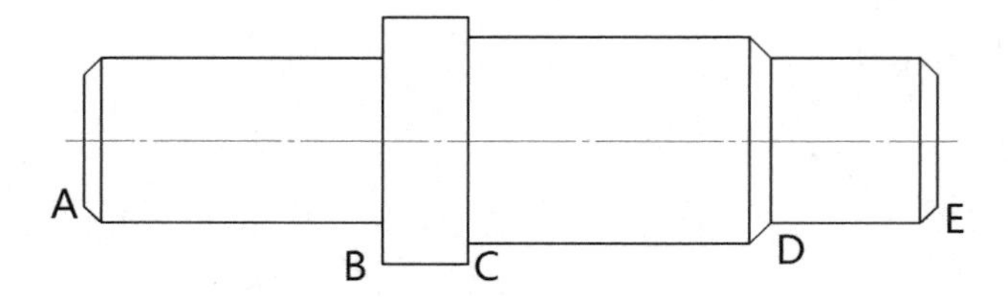

图 7-11　文件“7-6.dwg”中的阶梯轴图形

(1)由于没有基准标注，需要先在 A、B 两点间创建一个线性标注。单击功能区的“注释”选项卡→“标注”面板→“标注”下拉列表→“线性”按钮，激活线性标注命令，依据命令区给出的选项提示依次操作。

命令：_DIMLINEAR

指定第一条尺寸界线原点或<选择对象>：(打开对象捕捉，拾取图 7-11 中的 A 点)

指定第二条尺寸界线原点：(拾取图 7-11 中的 B 点)

指定尺寸线位置或[多行文字(M)/文字(T)/角度(A)/水平(H)/垂直(V)/旋转(R)]：(向下拉出标注尺寸线，自定义合适的尺寸线位置)

标注文字=35

(2)单击功能区的“注释”选项卡→“标注”面板→“连续”下拉列表→“基线”按钮，因为刚刚执行完一个线性标注，AutoCAD 会直接以刚执行完的线性标注作为基准标注，提示输入下一个尺寸点。基准面是这个线性标注选择的第一个标注点，依次选择 C、D、E 点，会得到完整的基线标注。执行过程如下。

命令：_DIMBASELINE

指定第二条尺寸界线原点或[放弃(U)/选择(S)]<选择>：(拾取图 7-11 中的 C 点)

标注文字=45

指定第二条尺寸界线原点或[放弃(U)/选择(S)]<选择>：(拾取图 7-11 中的 D 点)

标注文字=80

指定第二条尺寸界线原点或[放弃(U)/选择(S)]<选择>：(拾取图 7-11 中的 E 点)

标注文字=100

指定第二条尺寸界线原点或[放弃(U)/选择(S)]<选择>：(直接按回车键)

选择基准标注：(直接按回车键结束命令)

最终标注完成的结果如图 7-12 所示。

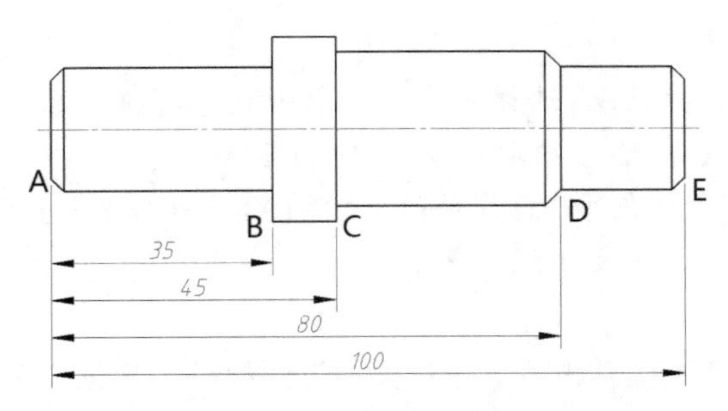

图 7-12　完成的基线标注

本例实践操作视频：视频 7-8

7.1.9　连续标注

对于首尾相接的一系列连续尺寸，可以使用连续标注。

1．命令操作

连续标注命令的激活方法如下。

- 命令行：输入 DIMCONTINUE 并按回车键确认。
- 功能区：单击“注释”选项卡→“标注”面板→“连续”下拉列表→“连续”按钮。

对于连续标注，需要预先指定一个完成的标注作为标注的基准。

2．练习：连续标注

打开本书的练习文件“7-7.dwg”，它是一个建筑平面图，如图 7-13 所示。下面一步步对其进行连续标注。

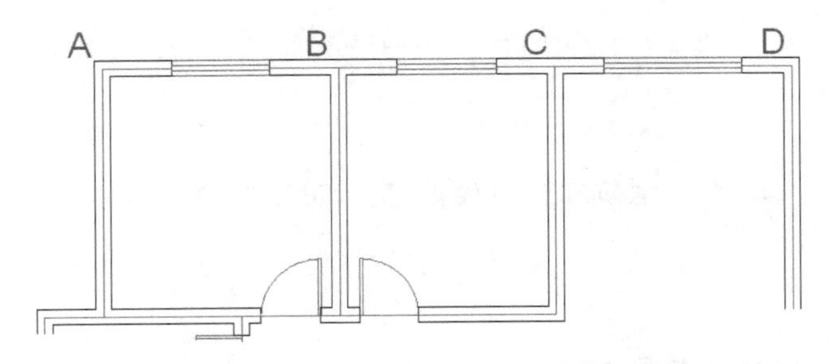

图 7-13　文件“7-7.dwg”中的建筑平面图

（1）由于没有基准标注，需要先在 A、B 两点（注意，所有的标注点都是轴线上的交点）间创建一个线性标注。单击功能区的“注释”选项卡→“标注”面板→“标注”下拉列表→“线性”按钮，激活线性标注命令，依据命令区给出的选项提示依次操作。

命令：_DIMLINEAR

指定第一条尺寸界线原点或<选择对象>：（打开对象捕捉，拾取图 7-13 中的 A 点）

指定第二条尺寸界线原点：（拾取图 7-13 中的 B 点）

指定尺寸线位置或[多行文字(M)/文字(T)/角度(A)/水平(H)/垂直(V)/旋转(R)]：（向上拉出标注尺寸线，自定义合适的尺寸线位置）

标注文字=3600

（2）单击功能区的“注释”选项卡→“标注”面板→“连续”下拉列表→“连续”按钮 ，AutoCAD 会直接以刚才执行完的线性标注作为基准标注，提示输入下一个尺寸点。依次选择 C、D 点，会得到完整的连续标注。执行过程如下。

命令：_DIMCONTINUE

指定第二条尺寸界线原点或[放弃(U)/选择(S)]<选择>：（拾取图 7-13 中的 C 点）

标注文字=3300

指定第二条尺寸界线原点或[放弃(U)/选择(S)]<选择>：（拾取图 7-13 中的 D 点）

标注文字=3600

指定第二条尺寸界线原点或[放弃(U)/选择(S)]<选择>：（直接按回车键）

选择连续标注：（直接按回车键结束命令）

标注完成的结果如图 7-14 所示。

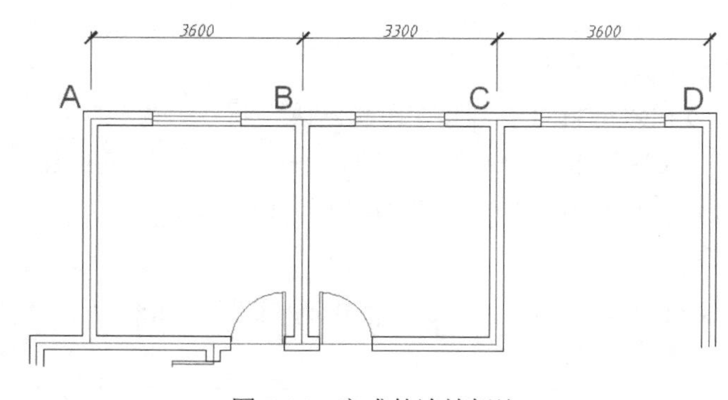

图 7-14　完成的连续标注

本例实践操作视频：视频 7-9

3．基线标注与连续标注重点分析

- 无论是基线标注还是连续标注，都需要预先指定一个完成的标注作为标注的基准，这个标注可以是线性标注、坐标标注、角度标注。一旦指定了基准标注，接下来的基线标注或连续标注也和基准标注形式一样。
- 需要注意，如果刚刚执行了一个标注，那么激活基线标注或连续标注后，会自动以刚刚执行完的线性标注为基准进行标注；如果不是刚执行的线性标注，执行基线标注或连续标注时，命令行会提示选择一个已经执行完成的标注作为基准。

- 如果当前图形中一个标注都没有，那么基线标注或连续标注命令将无法执行下去。

7.1.10　标注

AutoCAD 2021 还提供了一个名为“标注”（DIM）的快速标注命令，此命令非常强大，将光标悬停在标注对象上时，DIM 命令将自动预览要使用的合适标注类型。选择对象、线或点进行标注，然后单击绘图区域中的任意位置绘制标注。

DIM 快速标注的激活方法如下：

- 命令行：输入 DIM 并按回车键确认。
- 功能区：单击“注释”选项卡→“标注”面板→“标注”按钮。

此命令支持的标注类型包括垂直标注、水平标注、对齐标注、旋转的线性标注、角度标注、半径标注、直径标注、折弯半径标注、弧长标注、基线标注和连续标注。如果需要，可以使用命令行选项更改标注类型。

本例实践操作视频：视频 7-10

7.1.11　快速标注

快速标注命令，可以用来快速创建或编辑一系列标注。当需要创建一系列基线、连续或并列标注，或者为一系列圆或圆弧创建标注时，快速命令特别有用。

1．命令操作

快速标注命令的激活方法如下。

- 命令行：输入 QDIM 并按回车键确认。
- 功能区：单击“注释”选项卡→“标注”面板→“快速标注”按钮。

2．练习：对阶梯轴应用快速标注

接下来讲解如何使用快速标注创建一个连续标注。

打开本书的练习文件“7-8.dwg”，文件中有一个阶梯轴的图形，使用快速标注命令为这个阶梯轴创建一个连续标注，方法如下。

单击功能区的“注释”选项卡→“标注”面板→“快速标注”按钮，激活快速标注命令，依据命令区给出的选项提示依次操作。

命令：_QDIM
关联标注优先级=端点

选择要标注的几何图形：（使用窗口选择方式选中阶梯轴下面的全部图线，如图 7-15 所示）指定对角点：找到 5 个

选择要标注的几何图形：（直接按回车键结束选择）

指定尺寸线位置或[连续(C)/并列(S)/基线(B)/坐标(O)/半径(R)/直径(D)/基准点(P)/编辑(E)/设置(T)]<连续>：（确保当前的标注形式为“连续”，如不是，则执行“C”命令调整为连续标注，向下拉出标注尺寸线，自定义合适的尺寸线位置）

完成后的快速连续标注如图 7-16 所示。

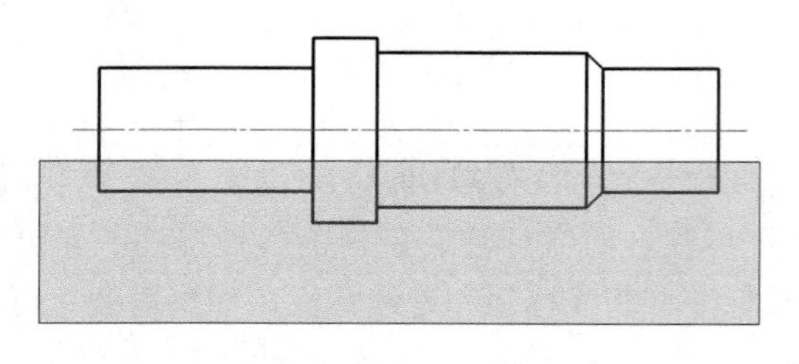

图 7-15　使用窗口选择方式选中阶梯轴下面的全部图线

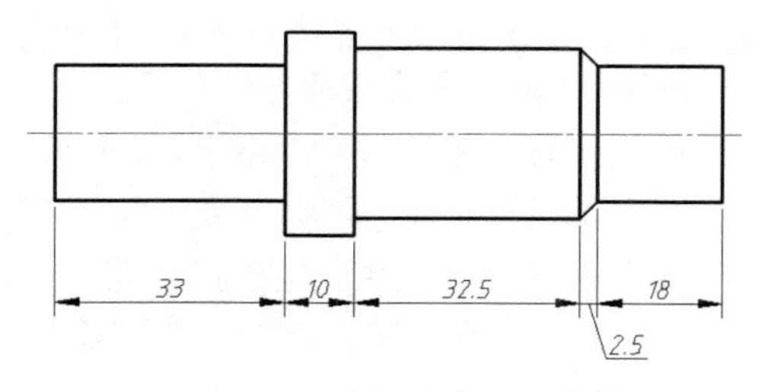

图 7-16　完成后的快速连续标注

本例实践操作视频：视频 7-11

快速标注可应用于基线、连续、并列、坐标、半径、直径等标注形式。快速标注的结果有时候不能完全如用户所想，需要局部进行调整。

7.1.12　标注面板

“注释”选项卡→“标注”面板中，还有一些常用的标注工具，如图 7-17 所示。

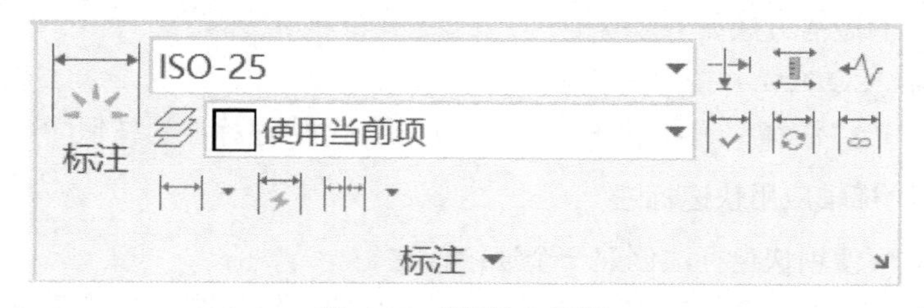

图 7-17　“标注”面板

除了前面讲解的工具外，其他工具功能如下：

打断标注：在标注和尺寸界线与其他对象的相交处打断或恢复标注和尺寸界线；

调整间距：调整线性标注或角度标注之间的间距；

折弯标注：在线性标注或对齐标注中添加或删除折弯线；

检验标注：可让用户在选定的标注中添加或删除检验标注，如图 7-18 所示；

更新标注：用当前的标注样式更新标注对象；

重新关联：将选定的标注关联或重新关联至对象或对象上的点。

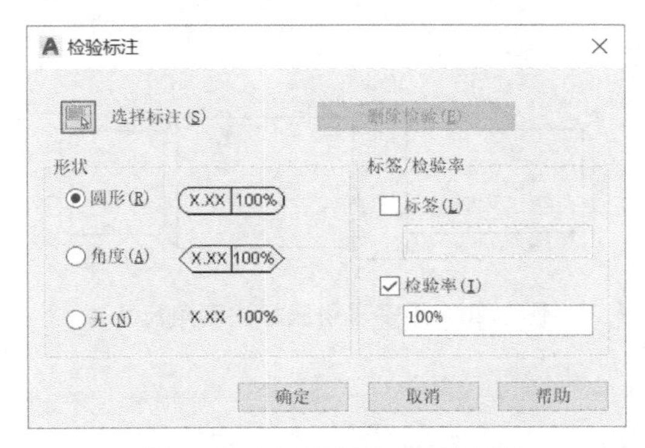

图 7-18 “检验标注”对话框

7.1.13　多重引线标注

如果标注倒角尺寸，或一些文字注释、装配图的零件编号等，需要用引线来标注。在 AutoCAD 2021 中新增了用于取代快速引线标注功能的多重引线标注，可以帮助用户完成这样的工作。多重引线工具主要位于“注释”选项卡→“引线”面板中，如图 7-19 所示。

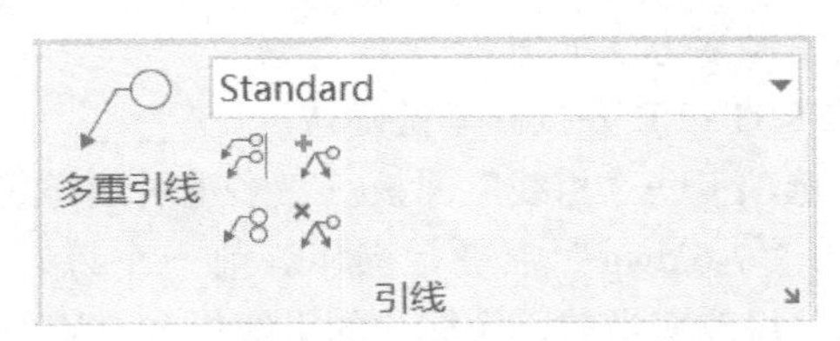

图 7-19 “引线”面板

1. 命令操作

多重引线标注命令的激活方法如下。

命令行：输入 MLEADER 并按回车键确认。

功能区：单击“注释”选项卡→“引线”面板→“多重引线”按钮。

2. 练习：使用多重引线标注

打开本书的文件“7-6.dwg”，对图形中的倒角进行标注。因为需要标注 45°倒角，所以预先在草图中设置 45°作为极轴增量角，然后单击功能区的“注释”选项卡→“引线”面板→“多重引线”按钮，激活命令，依据命令区给出的选项提示依次操作。

命令：_MLEADER

指定引线箭头的位置或 [引线基线优先(L)/内容优先(C)/选项(O)] <选项>:（打开对象捕捉工具，拾取图 7-20 中的 A 点作为引线起点）

指定引线基线的位置：（打开极轴工具捕捉 45°角，拾取 B 点作为引线第二点）

在弹出的多行文字编辑器中输入“C2”（C2 表示倒角 45°，倒角距离为 2），单击“确定”按钮完成。最后完成的引线标注如图 7-20 所示。

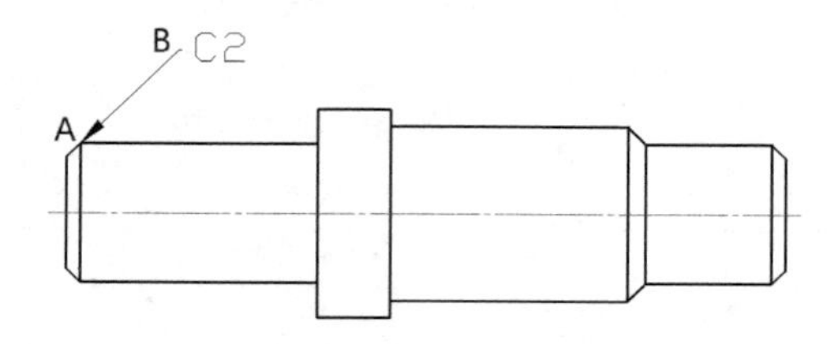

图 7-20　用多重引线标注倒角尺寸

本例实践操作视频：视频 7-12

3. 练习：设置多重引线的标注样式

一般标注样式的设置都在 7.2 节讲到的标注样式中进行，而多重引线标注有专门的多重引线样式，在“多重引线样式管理器”中进行设置。前面进行的引线标注样式显然不符合规范制图的要求，接下来介绍如何设置多重引线。

设置多重引线标注样式的激活方法如下。

命令行：输入 MLEADERSTYLE 并按回车键确认。

功能区：单击“注释”选项卡→“引线”面板→“多重引线样式管理器”按钮。

继续在刚才打开的文件“7-6.dwg”中进行操作。前一个练习已经进行了多重引线的标注，通过设置多重引线样式，将改变当前已经标注的引线样式。操作步骤如下。

（1）单击“引线”面板→“多重引线样式管理器”按钮，弹出“多重引线样式管理器”对话框，如图 7-21 所示。此对话框的“样式”列表框中有一个名为“Standard”的多重引线样式。

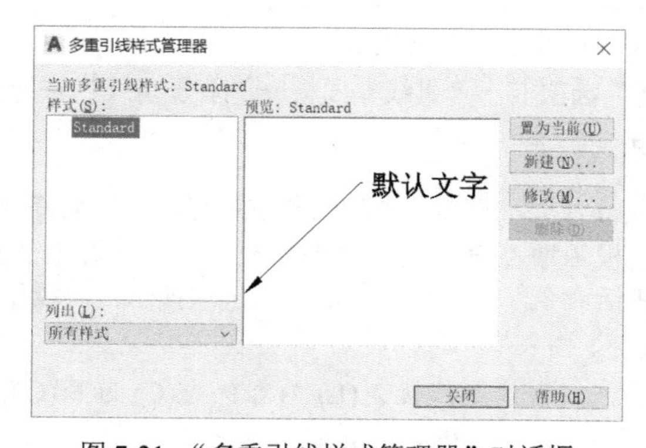

图 7-21　“多重引线样式管理器”对话框

（2）单击“新建”按钮，弹出“创建新多重引线样式”对话框。将“新样式名”设置为“倒角”，单击“继续”按钮，弹出“修改多重引线样式”对话框，此对话框中有 3 个选项卡，打开的是“引线格式”选项卡，如图 7-22 所示。由于倒角引线标注不需要箭头，因此在“箭头”选项组的“符号”下拉列表中选择“无”选项。

图 7-22　“引线格式”选项卡

（3）选择“引线结构”选项卡，如图 7-23 所示，勾选“第一段角度”复选框并设置为 45，这样不必设置极轴也可以自动将第一段引线设置为 45°角。勾选此选项卡中的“注释性”复选框，为多重引线样式添加注释性特性。

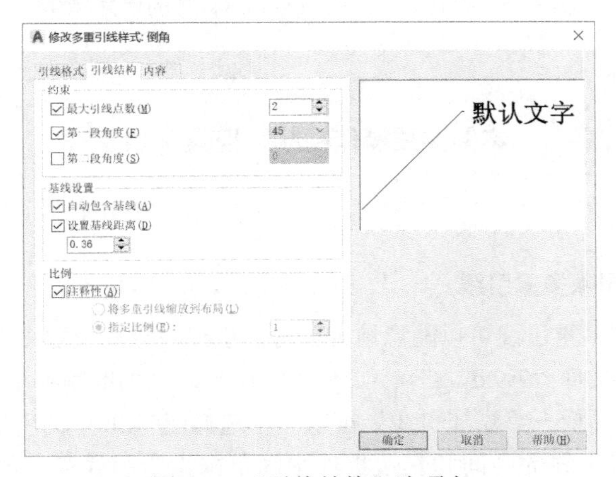

图 7-23　“引线结构”选项卡

（4）选择“内容”选项卡，如图 7-24 所示。将“文字样式”选择为事先设置好的“工程字”，“文字高度”设置为 5，将“引线连接”选项组的“连接位置 – 左”和“连接位置 – 右”都设置为“最后一行加下画线”，“基线间隙”设置为“6”。单击“确定”按钮，回到“多重引线样式管理器”对话框，单击“关闭”按钮，完成设置。

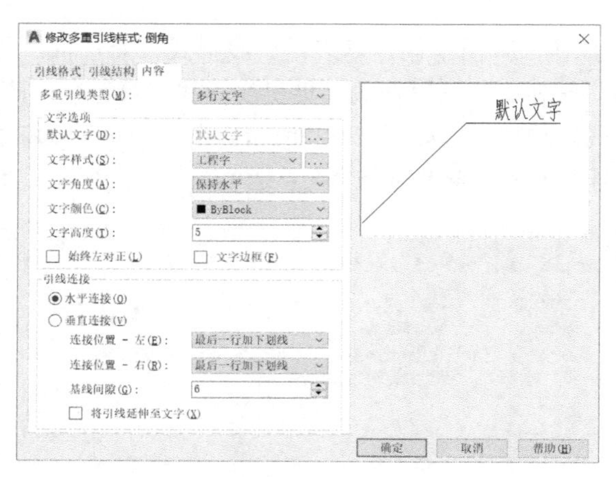

图 7-24 “内容”选项卡

（5）确保“多重引线类型”下拉列表中的当前样式是“倒角”，删除原来标注的引线，重复两次对左右两个倒角进行多重引线标注，最后结果如图 7-25 所示。

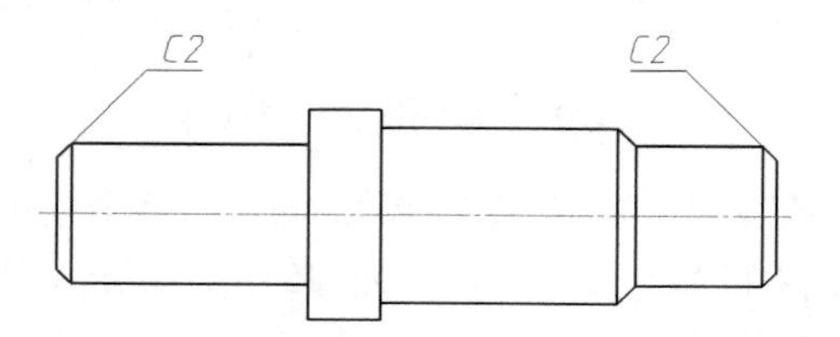

图 7-25 设置完多重引线样式后标注的倒角尺寸

本例实践操作视频：视频 7-13

4．练习：添加或删除多重引线

AutoCAD 2021 的多重引线可以随意地为已有的引线对象添加更多的引线，或者删除不需要的引线。打开本书的文件“7-9.dwg”，如图 7-26 所示，添加或删除引线的步骤如下。

（1）单击“引线”面板→“添加引线”按钮，选择图 7-26 中的引线对象，按回车键结束选择，然后在需要更多引线的中间和左边零件中间单击指定引线箭头的位置，按回车键结束后，引线被添加进去了，结果如图 7-27（左）所示。

（2）单击“引线”面板→“删除引线”按钮，选择图 7-27（左）中的引线对象，按回车键结束选择。然后选取中间那条错误的引线，按回车键结束后，中间引线被删除了，结果如图 7-27（右）所示。

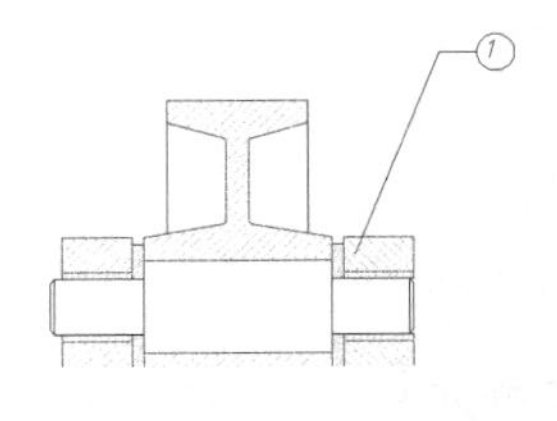

图 7-26　引线标注

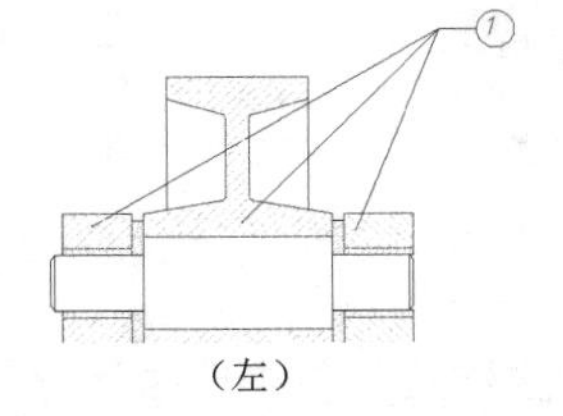

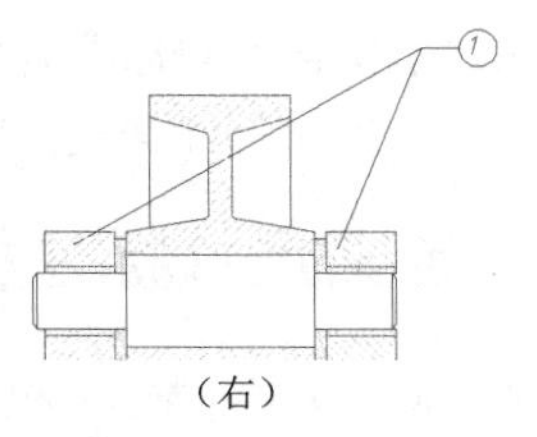

图 7-27　添加或删除多重引线

5．练习：对齐与合并多重引线

AutoCAD 2021 的多重引线可以将原本零乱的引线对象对齐。打开本书的文件“7-10.dwg”，如图 7-28 所示，对齐引线的步骤如下。

（1）单击“引线”面板→“对齐”按钮，选择图 7-28 中的 3 个引线对象，按回车键结束选择。

（2）命令行提示选择要对齐到的多重引线对象，选择序号为“1”的引线。

（3）打开极轴垂直向下拾取一点指定对齐的方向，结果如图 7-29（左）所示。

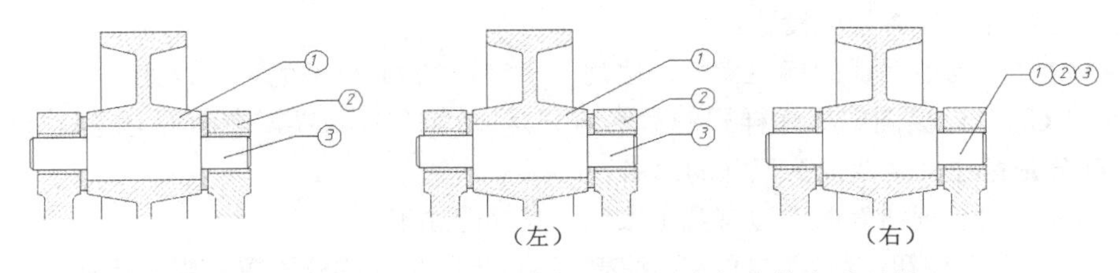

图 7-28　凌乱的多重引线　　　　图 7-29　对齐与合并多重引线

如果是同一个很小的位置引出多条引线，AutoCAD 2021 可以将多条引线合并起来。同样打开本书的文件“7-10.dwg”，合并引线的步骤如下。

（1）单击“引线”面板→“合并”按钮，按 1、2、3 的顺序选择图 7-28 中的 3 个引线对象，按回车键结束选择。

（2）拾取一点指定一个引线放置的位置，结果如图 7-29（右）所示。

本例实践操作视频：视频 7-14

7.2　定义标注样式

7.1 节讲解了标注命令的使用方法。对于使用的标注，都有一个样式，样式中定义了标注的尺寸线与尺寸界线、箭头、文字、对齐方式、标注比例等各种参数。由于不同国家或不同行业对于尺寸标注的标准不尽相同，因此需要使用标注样式来定义不同的尺寸标注标准，在不同的标注样式中保存不同标准的标注设置。

这一节来探讨标注样式的定义方法。

7.2.1 定义尺寸标注样式

在 AutoCAD 中，如果要定义标注样式，首先要激活标注样式管理器。

1. 命令操作

标注样式管理器的激活方法如下。

- 命令行：输入 DDIM 并按回车键确认。
- 功能区：单击“注释”选项卡→“标注”面板→“标注，标注样式”按钮。

2. 命令选项

激活命令后，弹出“标注样式管理器”对话框，如图 7-30 所示。如果使用了 acadiso.dwt 作为样板图来新建图形文件，则在“标注样式管理器”对话框的“样式”列表框中有“ISO-25”“Standard”“Annotative”3 个标注样式，“Annotative”是注释性标注样式，本章不过多讨论注释性，只讲如何设置。

“ISO-25”是当前默认的标注样式，这是一个符合 ISO 标准的标注样式。一般 AutoCAD“ISO”和“GB”样板图中标注样式的命名方式是以“-”号为界，前面部分是执行的标准命名，后面部分是标注文字及箭头尺寸的命名。

在“标注样式管理器”的右边有几个按钮，其功能如下。

- “置为当前”按钮：将在“样式”列表框下选定的标注样式设置为当前标注样式。
- “新建”按钮：创建新的标注样式。
- “修改”按钮：修改在“样式”列表框下选定的标注样式。
- “替代”按钮：设置在“样式”列表框下选定的标注样式的临时替代，这在只是临时修改新建标注设置时非常有用。
- “比较”按钮：比较两种标注样式的特性或列出一种样式的所有特性。

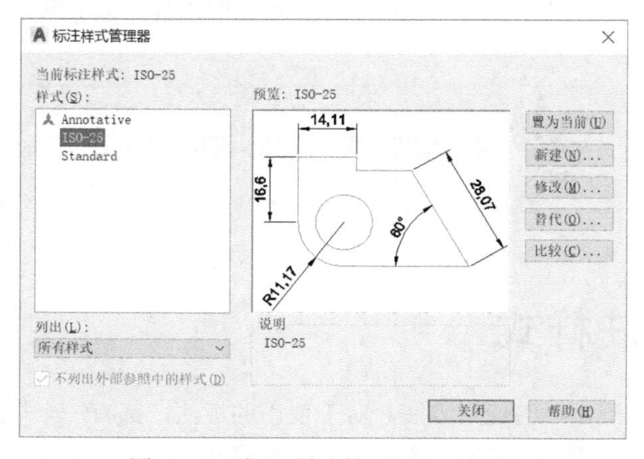

图 7-30 “标注样式管理器”对话框

3．练习：创建新的标注样式

下面将以名为“GB-35”的样式为例，一步步讲解如何创建一个符合中国国家标准 GB 的标注样式，以及标注样式各项设置的含义。

（1）要创建新的标注样式，首先单击“标注样式管理器”对话框中的“新建”按钮，系统将弹出“创建新标注样式”对话框，如图 7-31 所示，在其中的“新样式名”文本框中输入“GB-35”。“基础样式”下拉列表中列出了当前图形中的全部标注样式，选择其中之一作为新建标注样式的基本样式。因为当前图形中只有两个标注样式：“ISO-25”和名为“Annotative”的注释性标注样式，因此在这里不用改动，直接选择“ISO-25”，并勾选“注释性”复选框，这样在“ISO-25”的基础上创建了具有注释性的标注样式。“用于”下拉列表中将会列出标注应用的范围，如果需要设置一个标注子样式，则可以修改它，在这里使用默认设置。关于标注子样式稍后会讨论。

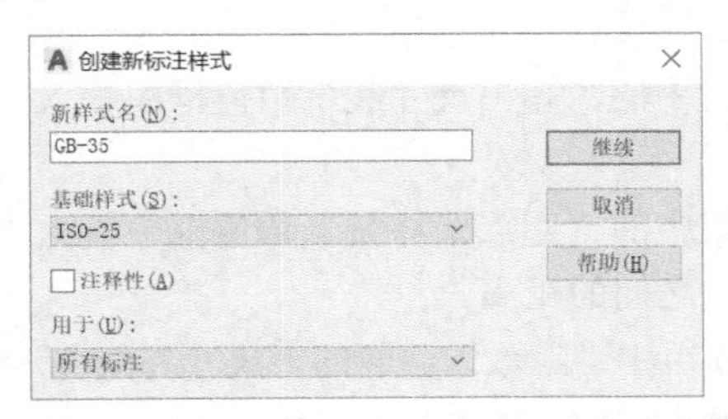

图 7-31　“创建新标注样式”对话框

（2）单击“继续”按钮，继续新标注样式的创建，此时 AutoCAD 弹出“新建标注样式：GB-35”对话框，如图 7-32 所示。

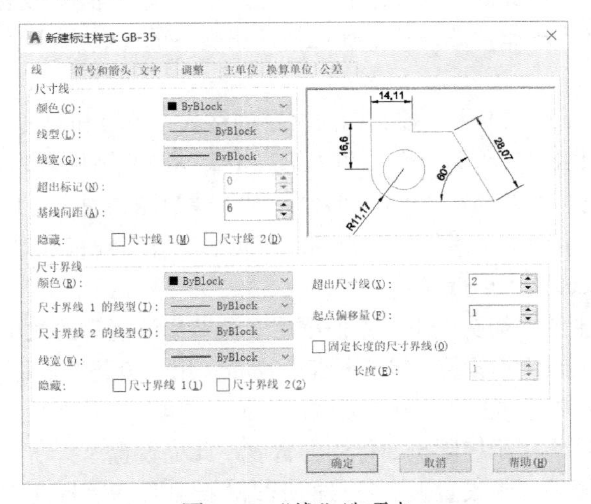

图 7-32　“线”选项卡

在“新建标注样式：GB-35”对话框中有 7 个选项卡，当前打开的是“线”选项卡，这个选项卡用于设置尺寸线、尺寸界线的格式和特性。部分选项的含义如图 7-33 所示。

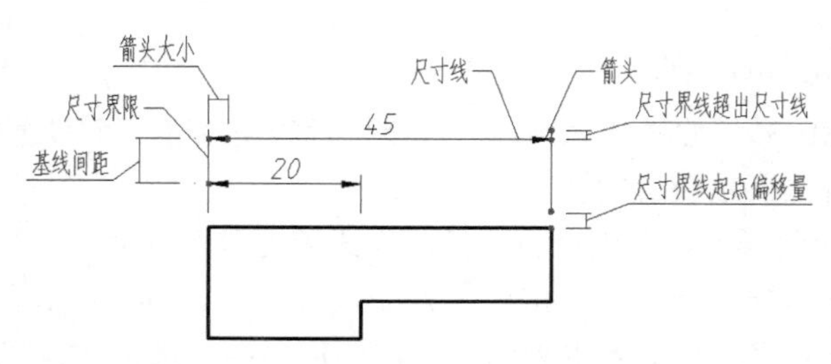

图 7-33　标注样式中部分选项的含义

在制图 GB 中对标注的各部分设置都有规定，如在“线”选项卡中做如下设置。

- 在“尺寸线”选项组的“基线间距”数值框中输入“6”，该值用于在进行基线标注时，调节两条平行尺寸线之间的距离。
- 勾选在“尺寸线”选项组中“隐藏”后面的“尺寸线 1”和“尺寸线 2”复选框，可以省略其中一边的尺寸线。
- 在“尺寸界线”选项组中的“超出尺寸线”数值框中输入“2”，该值用于调节尺寸界线超出尺寸线的长度。
- 在“尺寸界线”选项组中的“起点偏移量”数值框中输入“1”，该值用于调节尺寸界线的起点与拾取的标注点之间的距离。
- 勾选“尺寸界线”选项组中“隐藏”后面的“尺寸界线 1”和“尺寸界线 2”复选框，可以省略其中一边的尺寸界线。
- “固定长度的尺寸界线”复选框用于设置尺寸界线从起点一直到终点的长度。不管标注尺寸线所在位置距离被标注点有多远，只要比这里的固定长度加上起点偏移量更大，那么所有的尺寸线都是按此固定长度绘制的。这对于建筑平面图的连续标注非常有用，无论建筑的外墙多么不平整，总是可以保证标注出整齐的连续型尺寸。在这里并不勾选此复选框。

（3）“符号和箭头”选项卡用于控制标注文字的格式、位置和对齐方式。

- 在“箭头”选项组中的“第一个”和“第二个”下拉列表中可以选择标注箭头的样式，对于机械图来说，可以选择“实心闭合”；对于建筑图来说，可以选择“建筑标记”。
- 在“箭头”选项组中的“引线”下拉列表中可以选择引线标注箭头的样式，在这里选择“无”，有时可以选择“小点”。
- “箭头”选项组中的“箭头大小”数值框用于调节标注箭头的大小，在这里输入“3.5”。
- “圆心标记”选项组用于设置“圆心标记”命令，用于设置圆心标记和中心线的外观。选择“标记”单选按钮，在“大小”数值框中输入“4”。
- “折断标注”选项组用于控制折断标注的宽度，此处设置“折断大小”的值为 6。
- “弧长符号”选项组用于设置弧长符号的形式，此处保留“标注文字的前缀”不变。
- “半径折弯标注”选项组用于控制 Z 型折弯标注的折弯角度，此处设置为 45。
- “线性折弯标注”选项组用于控制线性折弯标注的折弯显示，此处设置“折弯高度因子”为 1.5 倍文字高度，设置完成如图 7-34 所示。

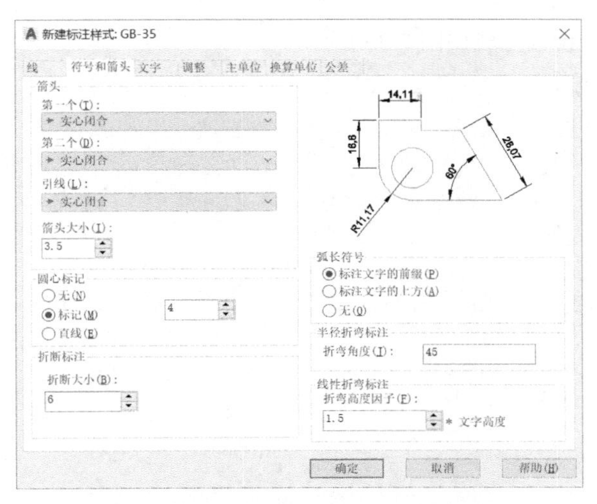

图 7-34 “符号和箭头”选项卡

（4）“文字”选项卡用于控制标注文字的格式、放置位置和对齐方式。

在“文字”选项卡中进行如下设置。

- “文字外观”选项组中的“文字样式”下拉列表用来控制标注文字的样式。在这个下拉列表中列出了当前图形中定义好的文字样式，由于需要定义符合 GB 的标注样式，因此也要使用符合 GB 的文字样式，而当前图形中没有设置符合 GB 的文字样式，则要单击“文字样式”文本框旁边的“...”按钮，直接激活“文字样式”对话框。

在这里新建一个名为“工程字”的文字样式，参考 6.1.3 节中的方法，在“字体名”下拉列表中选择“gbeitc.shx”，勾选“使用大字体”复选框，并在下拉列表中选择“gbcbig.shx”，并勾选“注释性”复选框，应用并关闭此对话框，此时的“文字样式”下拉列表中会有名为“工程字”的文字样式，选择即可。

- 在“文字外观”选项组中的“文字高度”数值框中输入“3.5”，即将标注文字的字高设置为 3.5。
- “文字外观”选项组中的“绘制文字边框”复选框用于将标注文字加上矩形边框。
- “文字位置”选项组中的“垂直”和“水平”两个下拉列表用于控制标注文字相对于尺寸线的垂直位置，以及相对于尺寸线和尺寸界线的水平位置，在此使用默认设置“上”和“居中”。“观察方向”选项组用于控制标注文字的观察方向是按从左到右还是从右到左阅读的方式来放置文字，默认选择“从左到右”。
- 如果在“垂直”下拉列表中选择“上”选项，则“文字位置”选项组中的“从尺寸线偏移”数值框代表文字底部与尺寸线之间的距离，但是如果在“垂直”下拉列表中选择“居中”选项，则这个数值框代表当尺寸线断开以容纳标注文字时标注文字周围的距离。在上一步的设置中已经将“水平”下拉列表设置为“上”，在这里输入“1”。
- “文字对齐”选项组中有 3 个选项，其中“水平”选项表示水平放置文字。“与尺寸线对齐”选项表示文字与尺寸线对齐。“ISO 标准”选项表示当文字在尺寸界线内时，文字与尺寸线对齐；当文字在尺寸界线外时，文字水平排列。在这里选择默认的“与尺寸线对齐”单选按钮，设置完成如图 7-35 所示。

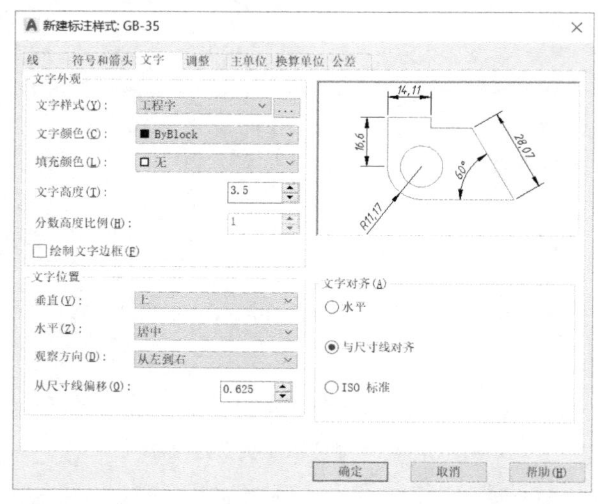

图 7-35 “文字”选项卡

（5）选择“调整”选项卡，在此可以控制标注文字、箭头、引线和尺寸线的放置。

在“调整”选项卡中进行如下设置。

- “调整选项”选项组用于控制基于尺寸界线之间可用空间的文字和箭头的位置，选择其默认选项“文字或箭头（最佳效果）”。
- “文字位置”选项组用于设置标注文字从默认位置（由标注样式定义的位置）移动时的位置，选择“尺寸线上方，带引线”单选按钮。
- “标注特征比例”选项组用于设置全局标注比例或图纸空间比例。所谓特征比例就是前面设置的箭头大小、文字尺寸、各种距离或间距等，在从前版本的 AutoCAD 中是一个很重要的标注设置，因为对于尺寸特别大的图形，由于使用 1∶1 的比例来绘制，这些标注特征尺寸相对图形尺寸来说几乎不可见。此时如果选择“使用全局比例”单选按钮，后面设置的值就代表所有的这些标注特征值放大的倍数。在这里，如果在模型空间采用非 1∶1 出图，比如采用“1∶10”出图，则将该值设置为出图比例的倒数，也就是“10”，默认的情况下采用 1∶1 出图，该值也就使用默认值“1”。如果选择“将标注缩放到布局”单选按钮，则根据当前模型空间视口和图纸空间之间的比例确定比例因子。对于 AutoCAD 2021，可以直接勾选“注释性”复选框，使用注释性方式来简单地解决以上问题，这在第 11 章讲解了打印及布局后大家就可以理解。在此勾选该复选框即可。
- 勾选“优化”选项组中的“手动放置文字”复选框可以忽略所有水平对正设置，并把文字放在“尺寸线位置”提示下指定的位置。勾选“在尺寸界线之间绘制尺寸线”复选框用于控制始终在测量点之间绘制尺寸线，即使 AutoCAD 将箭头放在测量点之外也是如此。在此勾选默认的“在尺寸界线之间绘制尺寸线”复选框，设置完成后如图 7-36 所示。

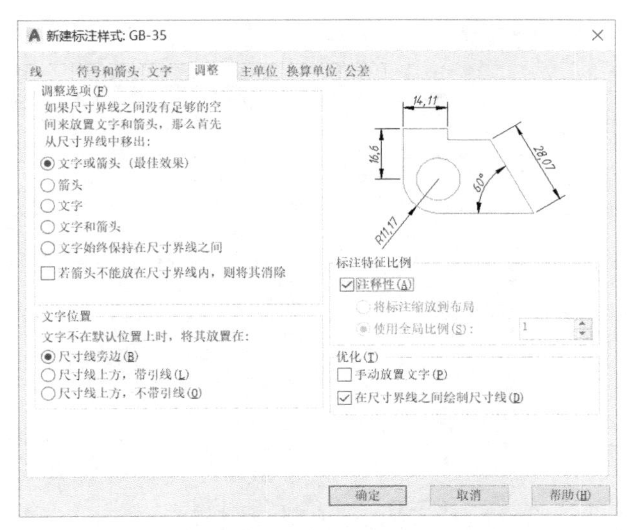

图 7-36　“调整”选项卡

（6）选择“主单位”选项卡，在此可以控制主标注单位的格式和精度，并设置标注文字的前缀和后缀。

在“主单位”选项卡中进行如下设置。

- “线性标注”区域用于设置线性标注的格式和精度。其中，在“单位格式”下拉列表中选择 GB 使用的“小数”选项；“精度”下拉列表用于决定标注线性尺寸的精度，注意此处的精度与“单位”命令对话框中的精度分别控制了标注线性尺寸的精度和工作绘图及查询时使用的线性尺寸精度，在这里仍选择“0.00”；在“小数分隔符”下拉列表中选择 GB 使用的“‘.’（句点）”；“舍入”数值框为“角度”之外的所有标注类型设置标注测量值的舍入规则；“前缀”“后缀”文本框给所有的标注文字指示一个前缀或后缀，前面讲快速标注时曾用到这个设置。
- “测量单位比例”选项组用于控制标注时测量的实际尺寸与标注值之间的比例。如果在绘图时使用了非 1∶1 比例，那么此处的“比例因子”应设置为绘图比例的倒数才能正确标注，比如使用“1∶10”的比例绘图，“比例因子”应该设置为“10”，在这里使用默认值“1”。“仅应用到布局标注”复选框用于控制仅对在布局中创建的标注应用线性比例值。
- “线性标注”区域的“消零”选项组用于控制不输出前导零和后续零，以及零英尺和零英寸部分。
- “角度标注”区域用于设置角度标注的当前角度格式。其中，在“单位格式”下拉列表中选择符合 GB 的“十进制度数”选项；“精度”下拉列表决定标注角度尺寸的精度，注意此处的精度与“单位”命令对话框中的精度分别控制了标注角度尺寸的精度和工作绘图及查询时使用的角度精度，如果使用默认值“0”，那么“0.5°”将会被标注成“1°”。在工程实际应用中这两个角度的偏差是非常大的，所以在这里选择“0.00”。
- “角度标注”区域的“消零”选项组用于控制不输出前导零和后续零，在这里勾选“后续”复选框，设置完成如图 7-37 所示。

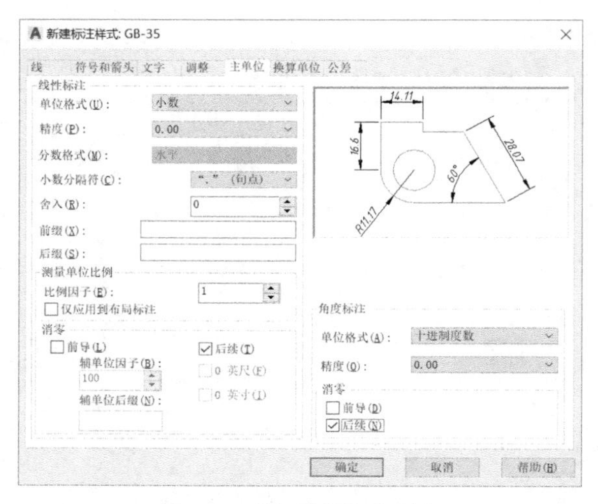

图 7-37 “主单位”选项卡

（7）选择“换算单位”选项卡，在此可以指定标注测量值中换算单位的显示，并设置其格式和精度，如图 7-38 所示。

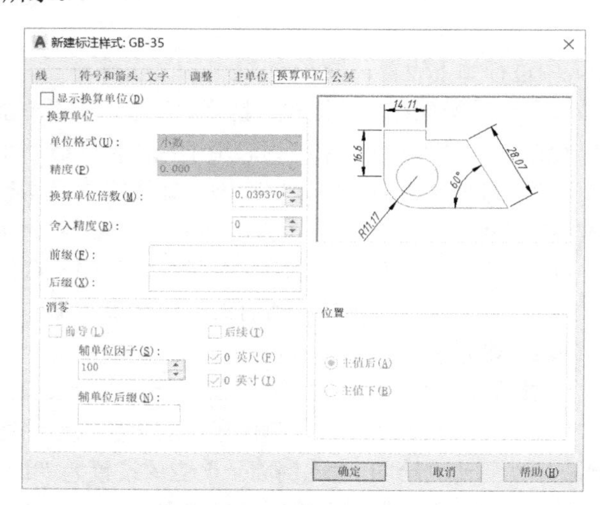

图 7-38 “换算单位”选项卡

如果勾选了“显示换算单位”复选框，则为标注文字添加换算测量单位，此选项卡中所有的选项将被激活。

该选项卡在公、英制图纸之间进行交流时非常有用，可以将所有标注尺寸同时标注上公制和英制的尺寸，以方便不同国家的工程人员进行交流。

在这里使用默认的设置，不勾选“显示换算单位”复选框。

（8）选择“公差”选项卡，在此可以控制标注文字中公差的显示与格式，如图 7-39 所示。

在该选项卡中进行如下设置。

- “公差格式”选项组用于控制公差的格式。其中，“方式”下拉列表中有“无”“对称”“极限偏差”“极限尺寸”“基本尺寸”5 项内容，代表 4 种不同的公差标注方法和不标注；“精度”下拉列表用于控制公差的精度值；“上偏差”“下偏差”文本框用于输入使用“极限偏差”方式时的上下公差值；“高度比例”数值框用于控制公差文字和尺寸文字之间的大小比例；“垂直位置”下拉列表用于控制对称公差和极限公差的文字对正方式。

- “消零”选项组用于控制不输出前导零和后续零，以及零英尺和零英寸部分。

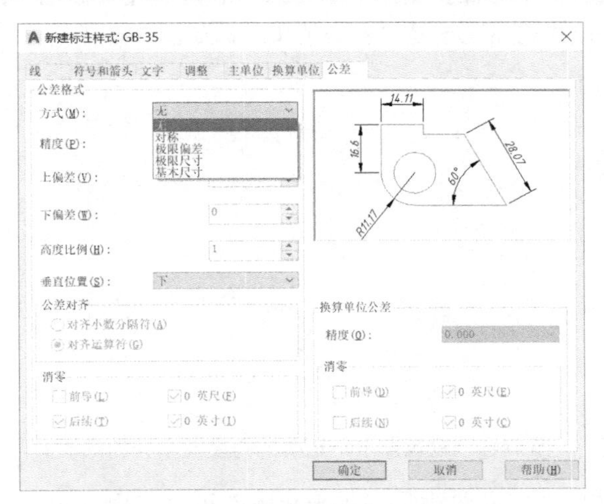

图 7-39 “公差”选项卡

- “换算单位公差”选项组用于设置换算公差单位的精度和消零规则。

由于公差一旦设置后，所有的标注尺寸均会加上公差的标注，因此默认在“方式”下拉列表中选择“无”选项。

（9）所有的设置结束之后，单击“确定”按钮，完成新标注样式的设置，返回到“标注样式管理器”对话框。此时的“样式”列表框中有了一个名为“GB-35”的标注样式，选中这个标注样式，单击“置为当前”按钮，然后单击“关闭”按钮，回到绘图界面。此时在“注释”选项卡的“标注”面板的“标注样式”下拉列表中出现“GB-35”，表明“GB-35”将被作为当前的标注样式，如图 7-40 所示。

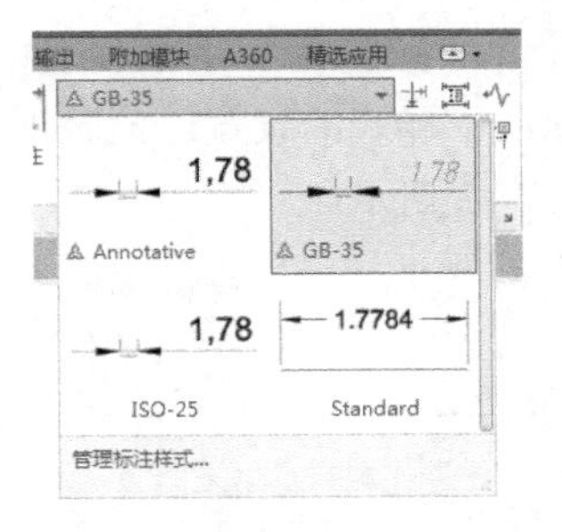

图 7-40 “标注样式”下拉列表

本例实践操作视频：视频 7–15

7.2.2 定义标注样式的子样式

有时，在使用同一个标注样式进行标注时，并不能满足所有的标注规范。比如在对建筑图进行标注时，对于直线一类的标注使用的箭头形式一般是“建筑标记”；而对于角度、半径、直径一类的标注，箭头形式仍然应该是“实心箭头”，如图 7-41 所示，其中的角度及半径的标注都是不正确的。

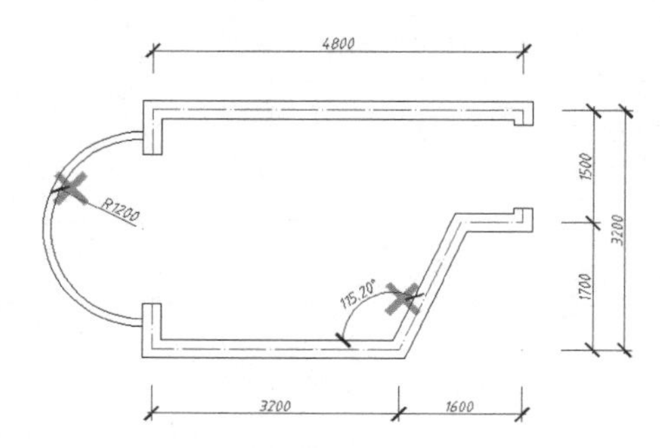

图 7-41 建筑图中不正确的角度及半径的标注

那么，在一个样式中如何同时满足多种需求呢？可以使用 AutoCAD 的标注子样式的功能。打开本书的练习文件“7-11.dwg”，当前以及图形中已经标注的样式都是“GB-35”。现在，为了正确地标注其中的角度及半径，需要为“GB-35”增加针对各种不同标注类型的子样式，操作步骤如下。

（1）单击“标注”面板→“标注，标注样式”按钮，弹出“标注样式管理器”对话框，在“样式”列表框中选中“GB-35”，单击“新建”按钮，弹出“创建新标注样式”对话框，如图 7-42 所示。不用修改样式名，确保“基础样式”下拉列表中选择了“GB-35”，在“用于”下拉列表中选择“角度标注”选项，此时“新样式名”文本框中会出现“GB-35：角度”字样并虚化。

（2）单击“继续”按钮，在弹出的“新建标注样式”对话框中选择“符号和箭头”选项卡，在“箭头”选项组的“第一个”“第二个”下拉列表中都选择“实心闭合”选项。单击“确定”按钮，完成第一个角度标注子样式的设置。此时标注样式列表中的“GB-35”会出现一个名为“角度”的子样式，如图 7-43 所示。

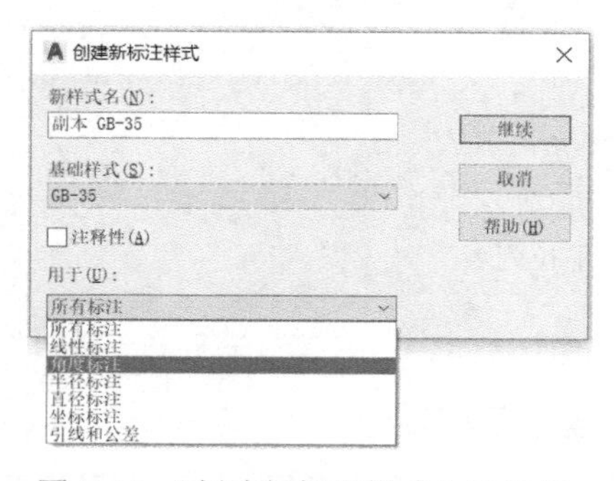

图 7-42 “创建新标注样式”对话框

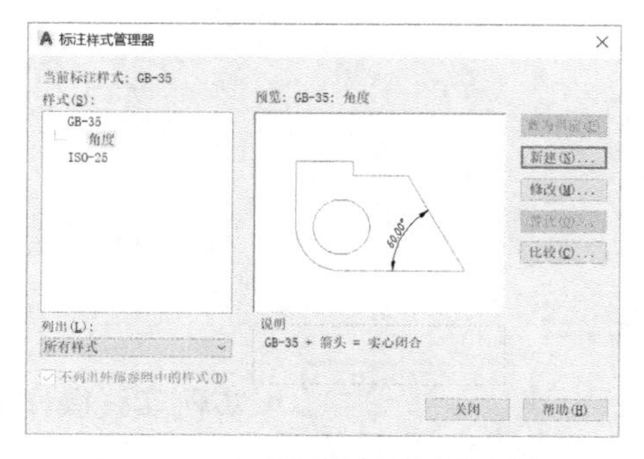

图 7-43 完成标注子样式的创建

（3）重复刚才的步骤，为“GB-35”标注样式创建出“半径”“直径”两个子样式，同样都将箭头“建筑标记”改为“实心闭合”。

（4）完成后单击“关闭”按钮，返回到绘图界面，此时图形中的角度及半径标注应该被更新为正确的样式，如图 7-44 所示。如果当前的标注仍未更新为正确样式，可以单击“注释”选项卡→“标注”面板→“更新”按钮，选中全部标注，执行后可以得到正确的更新标注样式。

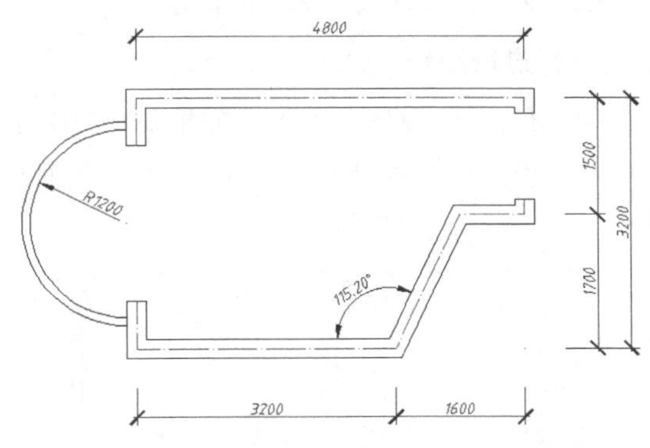

图 7-44　使用标注子样式修改后的标注

本例实践操作视频：视频 7-16

7.2.3　标注样式的编辑与修改

标注样式的编辑与修改都在标注样式管理器中进行，方法是选中“样式”列表框中的样式，然后单击“修改”按钮，在“修改标注样式”对话框中进行修改，方法和新建标注样式相同，这里就不赘述了。

要想删除一个标注样式，可以在“样式”列表框中选中标注样式，然后在右键菜单中选择“删除”命令，或者直接按“Delete”键。需要注意的是，当前的标注样式和正在使用中的标注样式不能被删除。

7.3　标注的编辑与修改

标注完成后，可以通过修改图形对象来修改标注。另外，也可以利用编辑工具直接对标注好的尺寸进行编辑。

7.3.1 利用标注的关联性进行编辑

AutoCAD 中默认的标注尺寸与标注对象之间具有关联性，也就是说，如果修改了标注对象，标注会自动更新。

1. 命令操作

利用关联性修改标注的方法是：直接修改被标注的对象。

2. 练习：利用标注的关联性进行编辑

打开本书的练习文件“7-12.dwg”（见图 7-45），如果要对图中左边长为 35 的一段轴的标注进行编辑，将它的长度更改为 40，则只需使用拉伸命令，将这段轴的实际尺寸更改为 40，那么标注就会自动更新为 40。

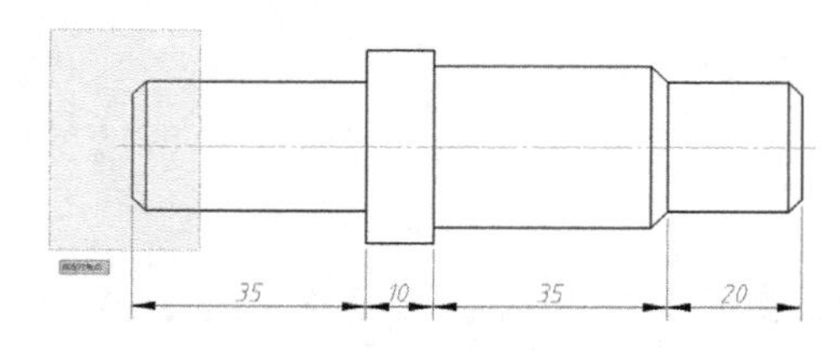

图 7-45　向左拉伸阶梯轴

单击“默认”选项卡→“修改”面板→“拉伸”按钮，激活拉伸命令，依据命令区给出的选项提示依次操作。

命令：_STRETCH

以交叉窗口或交叉多边形选择要拉伸的对象...

选择对象：（用交叉窗口从右到左选取要拉伸的图形对象，如图 7-45 所示）

选择对象：（直接按回车键结束选择）

指定基点或 [位移(D)] <位移>:（拾取任意点作为基点）

指定第二个点或 <使用第一个点作为位移>:　5（在确保向左捕捉到 180°极轴角的情况下输入偏移量 5）

完成拉伸后，发现图形拉长了，标注也更新了，如图 7-46 所示。

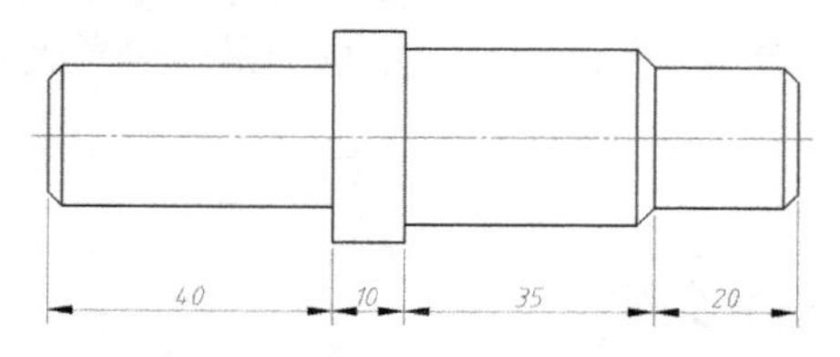

图 7-46　拉伸完成后的标注更新

本例实践操作视频：视频 7–17

7.3.2　编辑标注的尺寸文字

有时候需要对标注好的尺寸文字内容进行修改，比如在线性标注中增加直径符号等，可以利用文字编辑器进行修改。

1．命令操作

编辑标注的尺寸文字的方法如下。

- 命令区：输入 DDEDIT（DE）并按回车键确认。
- 直接在需要编辑的标注文字上双击。

2．练习：编辑标注尺寸文字

打开本书的练习文件“7-13.dwg”，如图 7-47 所示。

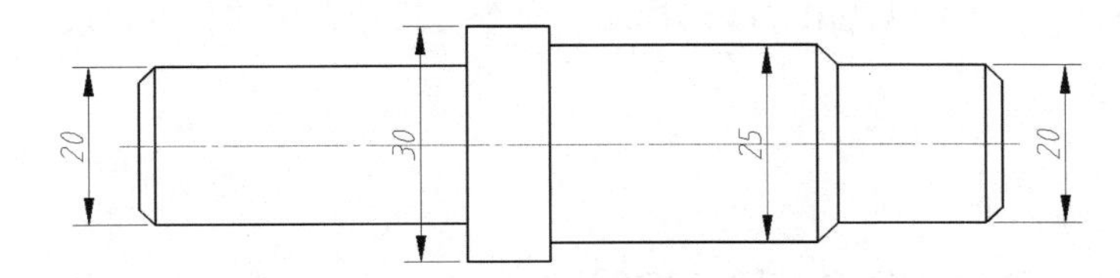

图 7-47　文件“7-13.dwg”中的阶梯轴直径标注

其中，阶梯轴的直径标注部分是采用线性标注完成的，尺寸值前面缺少直径符号。要将直径符号添加进去，操作步骤如下。

（1）在命令行输入文字编辑的简化命令“ED”，在命令行提示选择注释对象时选择左边的标注值为 20 的线性标注，打开文字编辑器。

（2）编辑器中的数字 20 带有背景，它代表关联的标注尺寸，也就是拾取的标注点之间的实际尺寸，不要改动它。在数字前面输入直径符号“*Φ*”的控制码“%%C”（或者单击文字编辑器“插入”面板上的“@”下拉按钮，在下拉列表中选择“直径 %%c”也有同样的效果），此时标注中的文字将会直接预览为“ *Φ*20”，单击“关闭文字编辑器”按钮，为第一个尺寸添加了直径符号，如图 7-48 所示。

（3）在选择注释对象的提示下，继续选择其他几个线性标注，将直径符号添加进去，最后修改的结果如图 7-49 所示。

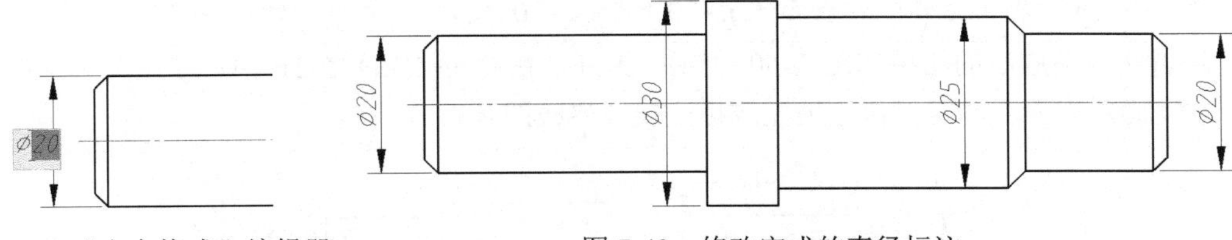

图 7-48　“文字格式”编辑器

图 7-49　修改完成的直径标注

> **注意**
>
> 可以在步骤（2）编辑器中将带有背景的数字 20 删除后直接换成需要的标注值，但是若非万不得已，我们不提倡这样做，因为这样做的结果会使标注的关联性丧失。也就是说，在修改了标注对象后，标注值并不会自动更新。

本例实践操作视频：视频 7–18

7.3.3 编辑标注尺寸

对于完成的标注，还可以使用“编辑标注”命令对尺寸文字的角度、尺寸界线的倾斜角进行修改。

1. 命令操作

命令的激活方法如下。

- 命令行：输入 DIMEDIT 并按回车键确认。
- 功能区：单击“注释”选项卡→“标注”面板展开按钮 → 工具组。

其中包含“倾斜”“文字角度”“左对正”“居中对正”“右对正”等工具。

2. 练习：编辑标注尺寸界线的倾斜角

打开本书的练习文件“7-14.dwg”，或继续 7.3.2 节的标注编辑。如图 7-49 所示，由于直径 30 的标注文字压在了中心线上，可以将标注尺寸线倾斜一下以避免过中心线。

单击“标注”面板展开按钮 →“倾斜”按钮激活命令，依据命令区给出的选项提示依次操作。

命令：_DIMEDIT

输入标注编辑类型 [默认(H)/新建(N)/旋转(R)/倾斜(O)] <默认>: _o

选择对象：（选择直径 30 的标注）找到 1 个

选择对象：（直接按回车键完成选择）

输入倾斜角度 (按回车键表示无):–30（输入–30°表示顺时针方向倾斜 30°）

编辑命令完成后的结果如图 7-50 所示。另外，在 AutoCAD 2021 中，使用菜单中的“标注”→“倾斜”命令，可以快速地完成标注尺寸界线的倾斜。

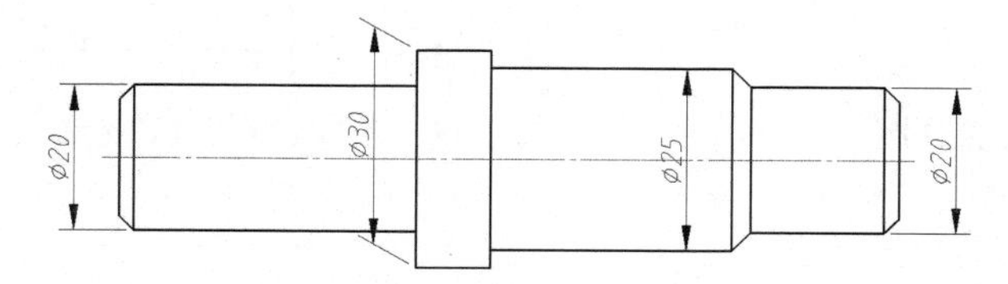

图 7-50 “编辑标注”命令完成后的倾斜尺寸线

3. 练习：编辑标注尺寸文字的对齐方式

继续编辑直径 25，直接修改直径 25 的标注文字使之避开中心线，单击“标注”面板展开按钮 → “右对正”按钮，激活右对正命令。激活命令后，依据命令区给出的选项提示依次操作。

命令：_DIMTEDIT

选择标注:（选择直径 25 的标注）

为标注文字指定新位置或 [左对齐(L)/右对齐(R)/居中(C)/默认(H)/角度(A)]: _r

命令的执行结果如图 7-51 所示。

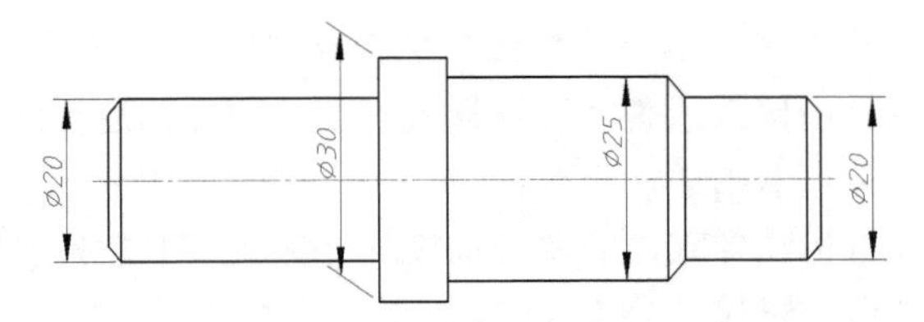

图 7-51　“编辑标注文字”命令的执行结果

注意

如果在“指定标注文字的新位置”的提示下不选择命令选项，可以使用鼠标任意地移动文字的位置。

本例实践操作视频：视频 7-19

7.3.4　利用对象特性管理器编辑尺寸标注

对象特性管理器是非常实用的工具，它可以对任何 AutoCAD 对象进行编辑。对于标注也不例外，任意选择一个完成的标注，在右键菜单中选择“特性”，会弹出“特性”选项板，如图 7-52 所示，可以看到，在这里可以对标注样式到标注文字的几乎全部设置进行编辑。

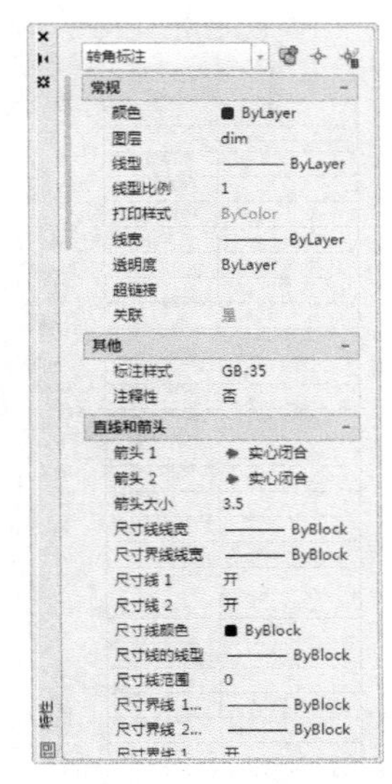

图 7-52　利用特性管理器编辑标注

7.4　创建公差标注

对于机械图来说，经常要对公差进行标注，公差又分为尺寸公差和形位公差，在 AutoCAD 中针对它们提供了不同的解决方法。

7.4.1 尺寸公差标注

在标注样式创建时可以为每一个尺寸都附加上尺寸公差，但公差并非每一个尺寸都需要，一般使用标注替代的方法为即将标注的尺寸设置公差，标注完成后再选择回到根标注。也可以通过“特性”选项板来修改已有标注的公差。另外的方法就是为公差标注专门设置标注样式，需要时直接从“标注”下拉列表中选择。

1. 命令操作

添加尺寸公差的方法如下。

- 功能区：单击“注释”选项卡→“标注”面板→“标注，标注样式”按钮。在“标注样式管理器”对话框中修改或替代标注样式，在“修改标注样式”或“替代当前样式”对话框的“公差”选项卡中进行修改。
- 为公差标注专门设置标注样式，需要时直接从“标注”下拉列表中去选取。
- 利用对象特性管理器编辑尺寸公差标注。

2. 练习：利用对象特性管理器编辑尺寸公差标注

打开本书的练习文件“7-15.dwg”，对左右两个孔的间距标注附加上极限偏差“+0.05”和“–0.02”。直接采用修改标注特性的方法进行，具体步骤如下。

（1）选择完成的线性标注 36，按 Ctrl+1 组合键，弹出“特性”选项板，在“公差”选项组的“显示公差”下拉列表中选择“极限偏差”选项，在“公差精度”下拉列表中选择“0.00”，在“公差上偏差”数值框中输入“0.05”，在“公差下偏差”数值框中输入“0.02”，将“公差文字高度”设置为“0.5”，如图 7-53 所示。

（2）关闭“特性”选项板，按“Esc”键取消标注对象的选择，结果如图 7-54 所示，为线性标注添加了尺寸公差。

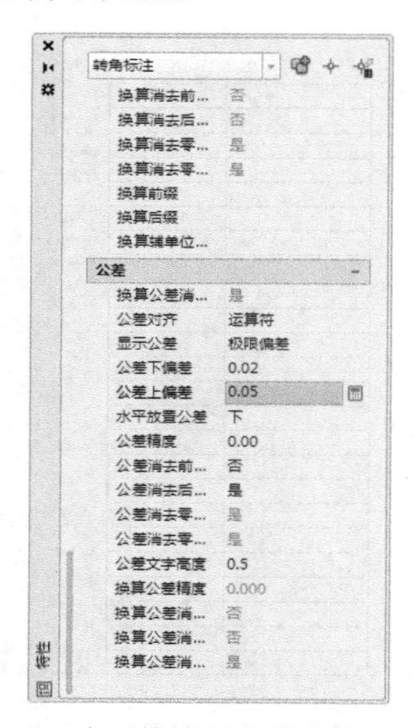

图 7-53 在“特性”选项板中设置公差

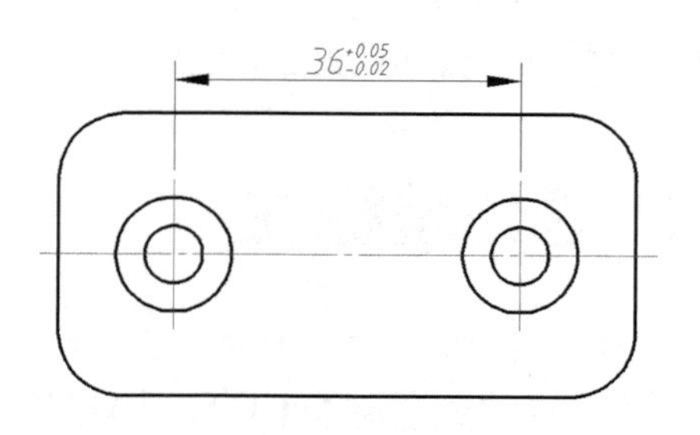

图 7-54 尺寸极限偏差标注

用同样的方法还可以标注“对称”“极限尺寸”“基本尺寸”等形式的带有公差的尺寸。

本例实践操作视频：视频 7-20

7.4.2　形位公差标注

形位公差是机械图中表明尺寸在理想尺寸中几何关系的偏差，比如垂直度、同轴度、平行度等。AutoCAD 提供了专门的形位公差工具。

1．命令操作

命令的激活方式如下。

- 命令行：输入 TOLERANCE 并按回车键确认。
- 功能区：单击“注释”选项卡→“标注”面板展开按钮 →“公差”按钮 。

2．命令选项

命令激活后，AutoCAD 会弹出“形位公差”对话框，如图 7-55 所示。

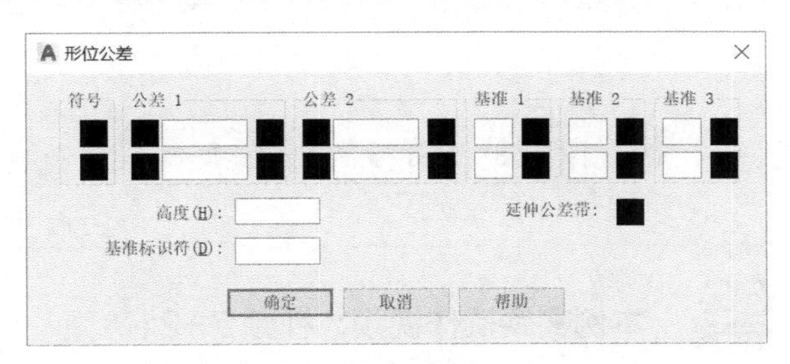

图 7-55　“形位公差”对话框

单击其中的“符号”图像框，弹出“特征符号”对话框，如图 7-56 所示。

单击选取一个同轴度符号，则退出“特征符号”对话框，返回“形位公差”对话框。在其中设置好其他参数，单击“确定”按钮后在图形中拾取一个位置，就可以创建出形位公差，如图 7-57 所示。

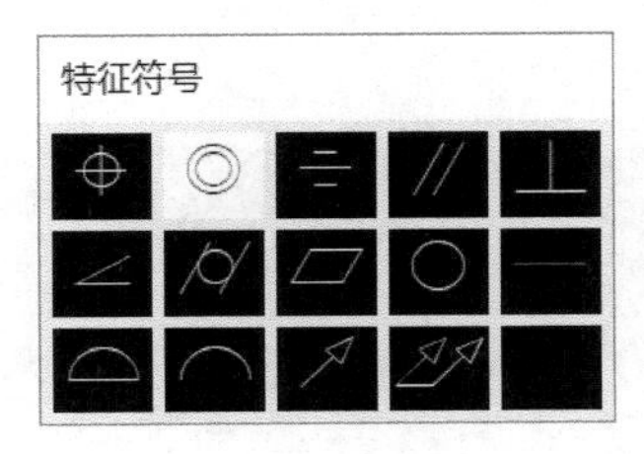

图 7-56　“特征符号”对话框

图 7-57　形位公差

形位公差的具体应用方法可参考机械设计方面的资料。

7.5 综合练习

学习完本章课程后，大家可以打开本书的练习文件“7-16.dwg”，用前面学习的方法进行综合练习。最后完成的图形如图 7-58 所示。

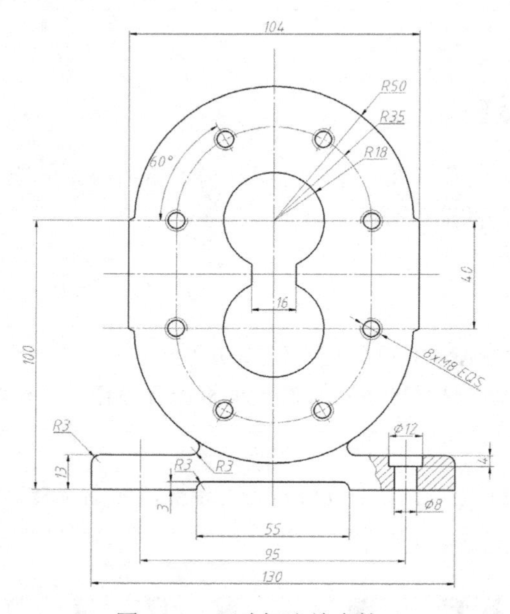

图 7-58　尺寸标注综合练习

本例实践操作视频：视频 7-21

第 8 章　图案填充

用户可以在图形上创建图案填充及渐变色填充，以凸显某个区域或表示某种材质。每次都可以使用同样的模式新建图案填充。

完成本章的练习，可以学习到以下知识。

- 在图形上创建图案及渐变色填充。
- 在图形上编辑图案及渐变色填充。

8.1　图案填充对象

下面讲解如何在图形上使用 HATCH 和 GRADIENT 命令填充某些区域。如图 8-1 所示，屋顶用砖瓦样式的图案填充，墙面用砖墙样式的图案填充，窗户和背景由两色渐变填充。

使用图案填充可以使图形层面清晰，区分表现对象的材质特性，准确表达用户的设计理念。也可以用来标识修改过的图形范围。例如，当用户绘制屋顶砖瓦、地板瓷砖或绘制剖视图时都可以使用图案填充。用户还可以使用图案填充表现建筑结构、钢材或道路等设计。

图 8-1　建筑房屋的图案填充

完成本节的练习后，将学会创建图案填充及渐变色填充，掌握关联性图案填充的特性，学会应用图案填充创建选项卡设置图案填充特性。

8.1.1　创建图案填充

用户可以使用 HATCH 命令创建图案填充。图案填充包括实体填充、渐变填充和填充图案。用户可以根据一个边界的内部点或对象填充整个区域。

当用户执行 HATCH 命令时，可以使用“图案填充创建”专用功能区上下文选项卡，设置图案填充的类型和样式，调整角度、比例和图案填充原点，然后定义填充边界，来创建图案填充。也可以用编辑图案填充的方式更改上述数值。

在设置图案填充特性后，将光标移动到封闭范围内，可以预览图案填充放置的效果，以确认图案填充是否正确。

图 8-2 所示为机械零件的全剖视图，图案填充的区域代表假想其被剖切的部分。

图 8-2　机械零件的图案填充

1．命令操作

- 命令区：输入 HATCH（H）并按回车键确认。
- 功能区：单击“默认”选项卡→“绘图”面板→“图案填充”按钮▨。

2．“图案填充创建”选项卡

在 AutoCAD 2021 版本中，单击“绘图”面板→“图案填充”按钮，AutoCAD 的功能区变成“图案填充创建”专用功能区上下文选项卡，如图 8-3 所示。

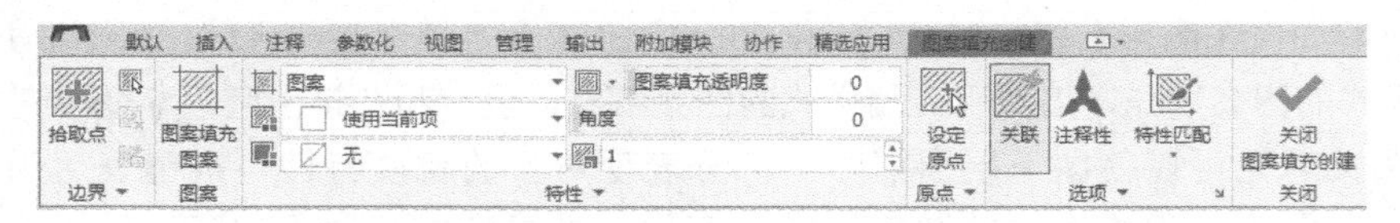

图 8-3　“图案填充创建”选项卡

> **注意**
>
> 该选项卡只有在用户使用图案填充命令或编辑图案填充时才会出现。

在“图案填充创建”选项卡上单击“选项”面板中的对话框启动器按钮↘，弹出“图案填充和渐变色”对话框，如图 8-4 所示，其内容与“图案填充创建”选项卡一样。

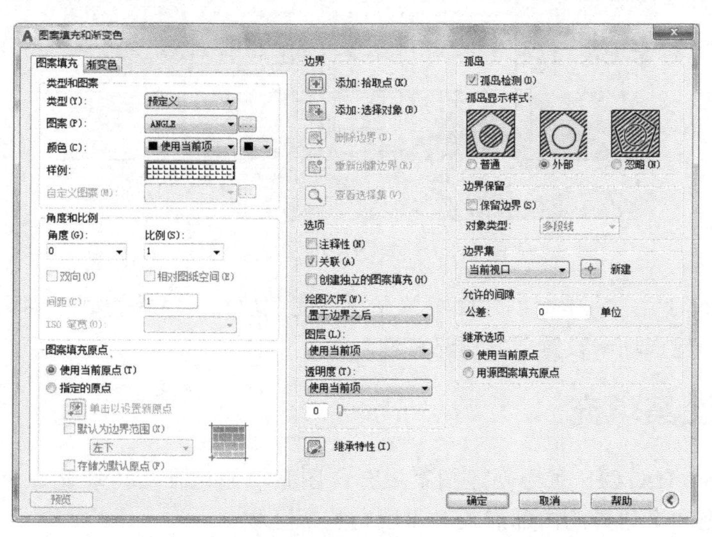

图 8-4　“图案填充和渐变色”对话框

3．各选项卡的主要功能

1）“边界”面板

“边界”面板如图 8-5 所示。每个图案填充或渐变色的创建都是由用户所定义的边界决定的。使用“边界”面板既可以以“拾取点”方式选择边界内部点，也可以以“选择”方式直接选择边界对象，以创建图案填充边界，同时确定是否保留边界。

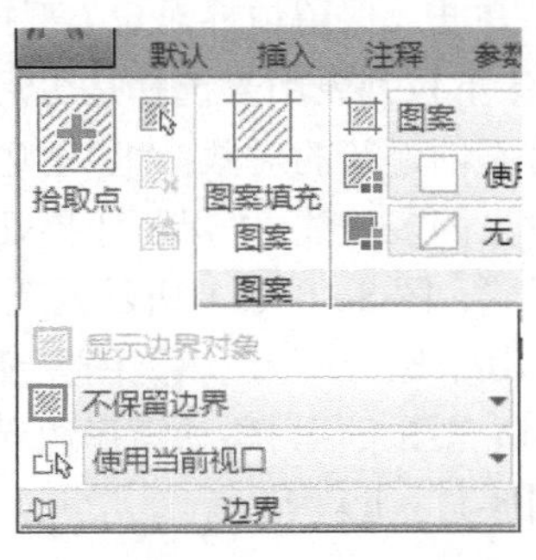

图 8-5 “边界”面板

- “拾取点”按钮：用于指定边界内的任意一点，并在现有对象中检测距该点最近的边界，构成一个闭合区域，如图 8-6（a）所示。在封闭区域拾取光标，则 AutoCAD 亮显填充边界及填充结果，如图 8-6（b）所示。可以继续拾取点，添加新的填充边界，按回车键确认图案填充，如图 8-6（c）所示。通常采用此方法构造填充边界。

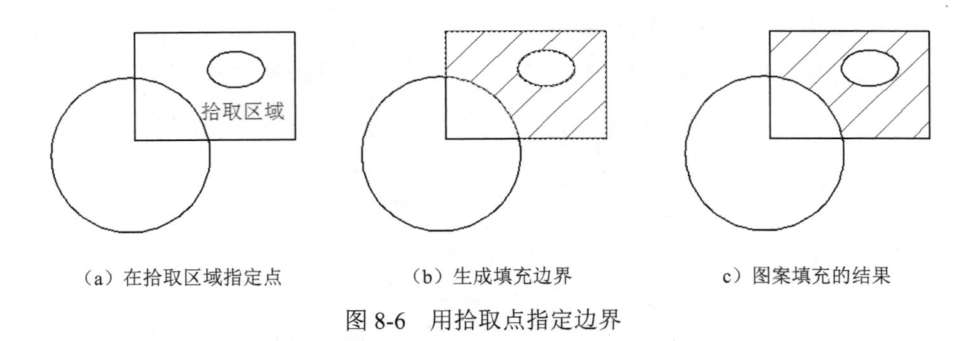

（a）在拾取区域指定点　（b）生成填充边界　c）图案填充的结果

图 8-6　用拾取点指定边界

- “选择”按钮：通过选择边界对象，将指定的图案填充到区域，如图 8-7 所示。

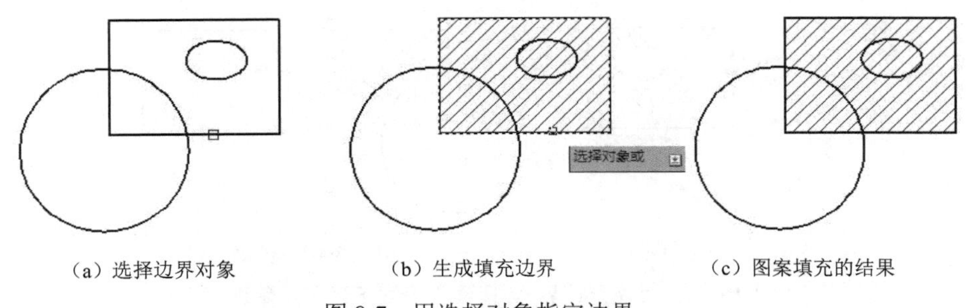

（a）选择边界对象　（b）生成填充边界　（c）图案填充的结果

图 8-7　用选择对象指定边界

选择对象时，可以随时在绘图区域单击鼠标右键以显示快捷菜单。可以利用此快捷菜单更改选择方式，或选择“设置”选项，打开“图案填充和渐变色”对话框，进行相应的设置。

- “删除”按钮：图形中已定义填充边界后，此按钮才可以使用。单击此按钮，选择其中的某些边界对象，则该对象不再作为填充边界，AutoCAD 根据图形关系确定新的填充边界，如图 8-8 所示。
- “保留边界对象”下拉列表：单击“保留边界对象”下拉按钮，系统弹出“保留边界对象”下拉列表，如图 8-9 所示。该下拉列表用来选择是否沿已填充的图案边界创建新的对象。其中“不保留边界”选项将不创建新的对象；“保留边界-多段线”选项沿填充的图案边界创建新的对象，并且该对象为多段线；“保留边界-面域”选项沿填充的图案边界创建新的对象，并且该对象为面域。图 8-10（a）所示为选择“不保留边界”选项，填充图案后，移动矩形边界，如图 8-10（b）所示，填充图案没有边界。图 8-11（a）所示为选择“保留边界-多段线”选项，填充图案后，移动矩形边界，可以看到 AutoCAD 沿填充边界绘制了新的图形边界，如图 8-11（b）所示。

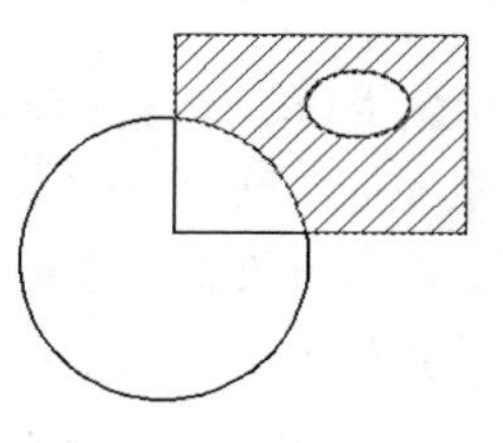

（a）填充边界

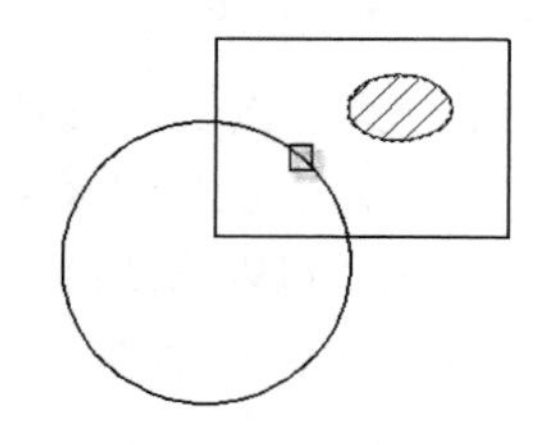

（b）选择圆弧删除原来填充边界

图 8-8 “删除”填充边界

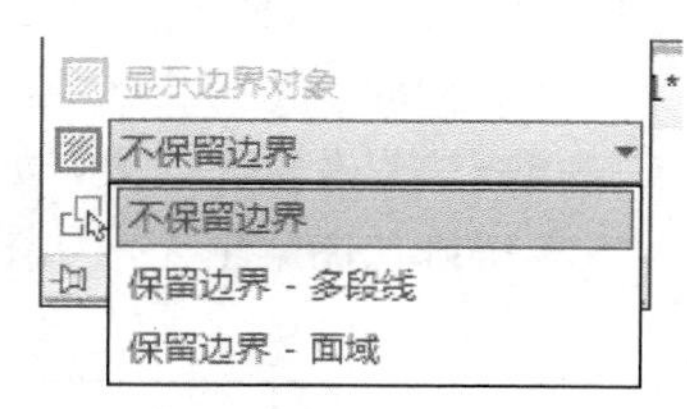

图 8-9 “保留边界对象”下拉列表

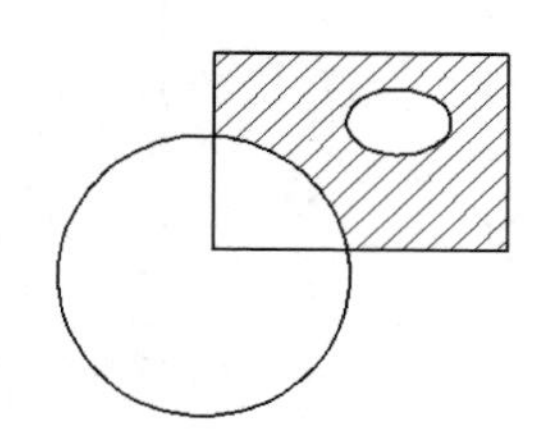

（a）图案填充

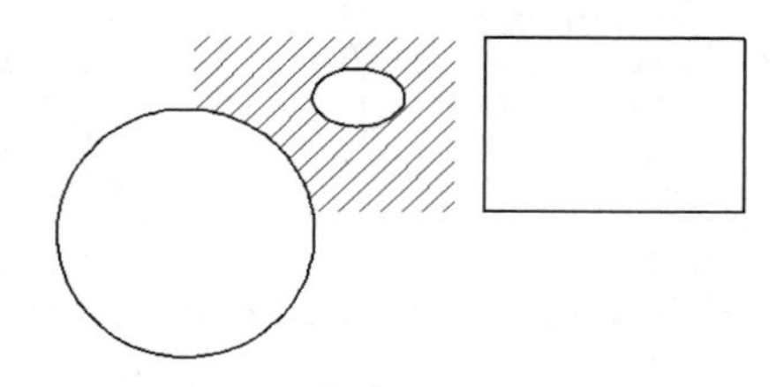

（b）移动矩形边界

图 8-10 “不保留边界”模式下进行图案填充

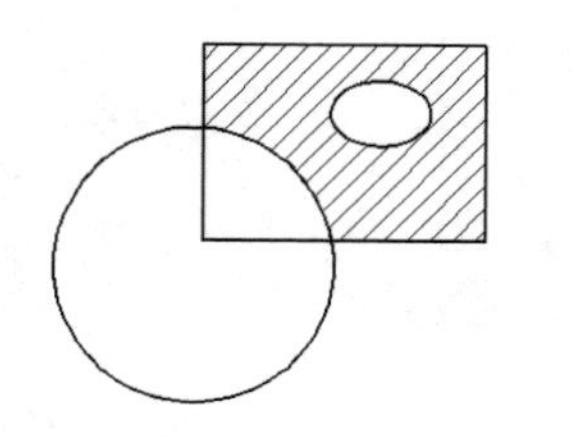

（a）图案填充

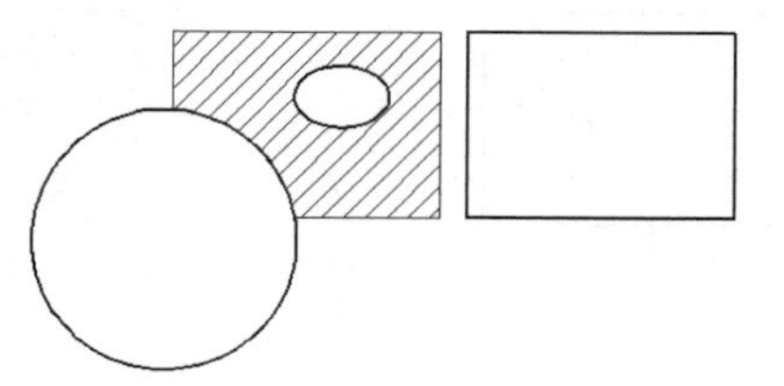

（b）移动矩形边界

图 8-11 “保留边界-多段线”模式下进行图案填充

● “选择新边界集”下拉列表：使用这个选项指定对象的边界集，以便通过创建图案填充时的拾取点进行计算，并同时创建多个封闭区域的图案填充。

2）“图案”面板

“图案”面板显示所有预定义和自定义图案的预览图像，用于设置填充图案。单击右下角箭头展开“图案”面板，显示所有的样式，如图 8-12 所示。用户可以从中选取填充的图案。

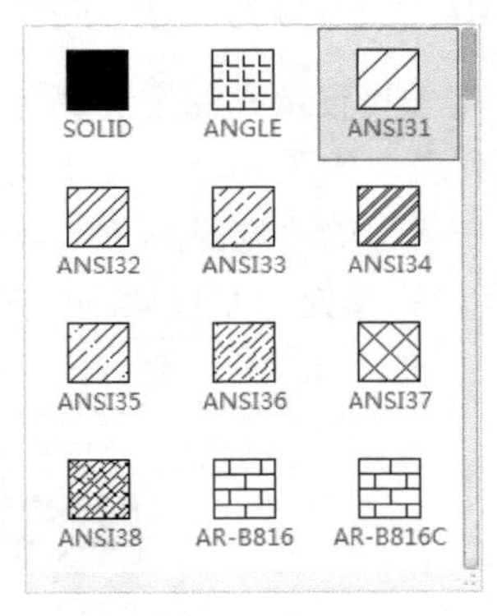

图 8-12　“图案”面板

3）“特性”面板

“特性”面板用于设置填充图案的特性，如图 8-13 所示。

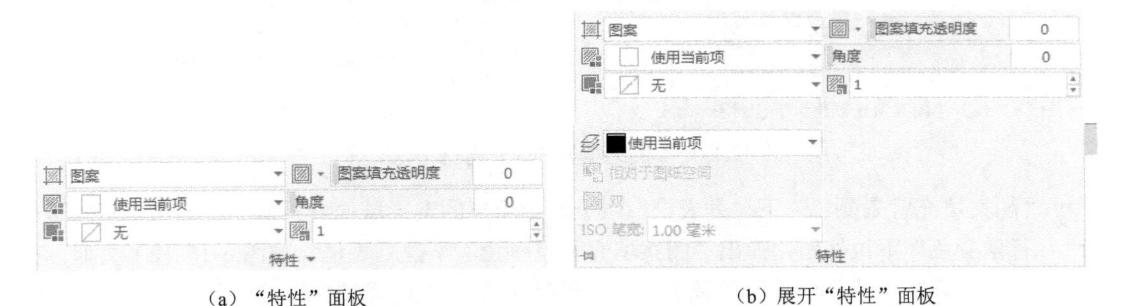

（a）“特性”面板　　（b）展开“特性”面板

图 8-13　“特性”面板

在“特性”面板中，包含图案填充的类型、图案颜色、图案背景颜色、图案的透明度、角度、比例等内容的设置。其主要功能如下。

● “图案填充类型”下拉列表：用于设置填充图案的类型，其中包括“实体”“图案”“渐变色”和“用户定义”4 个选项。单击“图案填充类型”下拉按钮，弹出“图案填充类型”下拉列表，如图 8-14 所示。选择其中任意一种图案类型，则在“图案”面板中显示相应类型的填充图案。“实体”“图案”“渐变色”选项可以让用户使用系统提供的已定义的图案，包括 ANSI、ISO 和其他预定义图案。“用户定义”选项用于基于图形的当前线型创建直线图案，可以使用当前线型定义指定角度和比例，创建自己的填充图案。

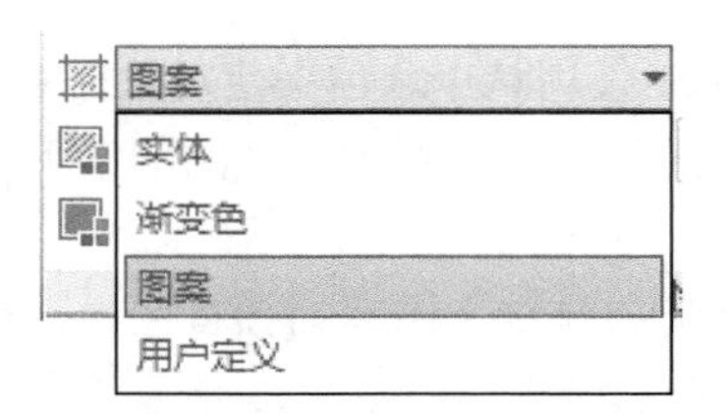

图 8-14 “图案填充类型”下拉列表

- “图案填充颜色”下拉列表：用于设置填充图案的颜色。单击“图案填充颜色”下拉按钮，弹出“图案填充颜色”下拉列表，如图 8-15（a）所示。用户可以在其中选择一种颜色，或选择“更多颜色”选项，在弹出的“选择颜色”对话框中选择一种颜色作为填充图案的颜色，如图 8-15（b）所示，则填充图案以此颜色来填充选定图形。

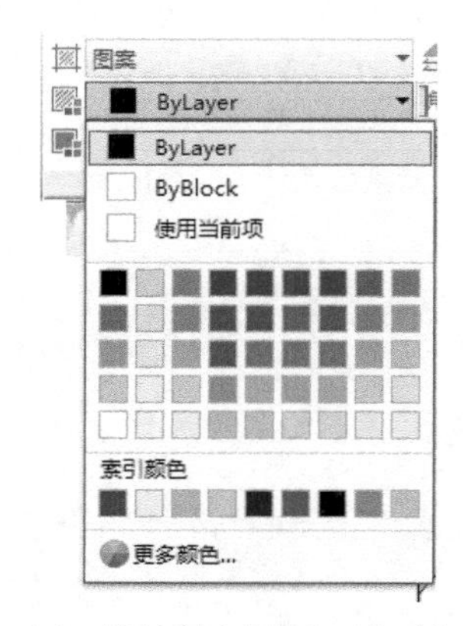

（a）“图案填充颜色”下拉列表

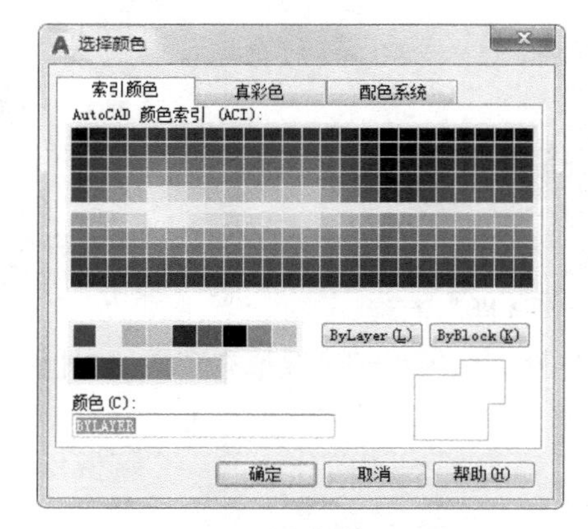

（b）“选择颜色”对话框

图 8-15 图案填充的颜色选择方法

- “图案填充背景颜色”下拉列表框：用于设置填充图案区域的背景颜色。单击“图案填充背景颜色”下拉按钮，弹出“图案填充背景颜色”下拉列表框，与图 8-15（a）类似。在下拉列表框中选择一种颜色或选择“选择颜色”，在“选择颜色”对话框中选择一种颜色作为填充图案背景的颜色。

如建筑物外墙填充时，图案填充使用砖块的样式，图案填充背景使用砖红色，这样更贴近实际样式，如图 8-16 所示。

图 8-16 图案填充背景颜色的设置

- “图案填充透明度”列表框：用于设置新的填充图案的透明度。拖动滑块或直接输入数值指定透明度值。透明度值越大，填充图案颜色越浅；若存在被其遮挡的对象，则该对象显示越清晰。
- “角度”列表框：用于设置填充图案的旋转角度（相对当前 UCS 坐标系的 X 轴）。拖动滑块或直接输入数值指定角度，选择填充图案为“ANSI31”，角度分别为 0°、60°和 90°，填充结果如图 8-17 所示。当填充图案为“实体”时，此项不可用。

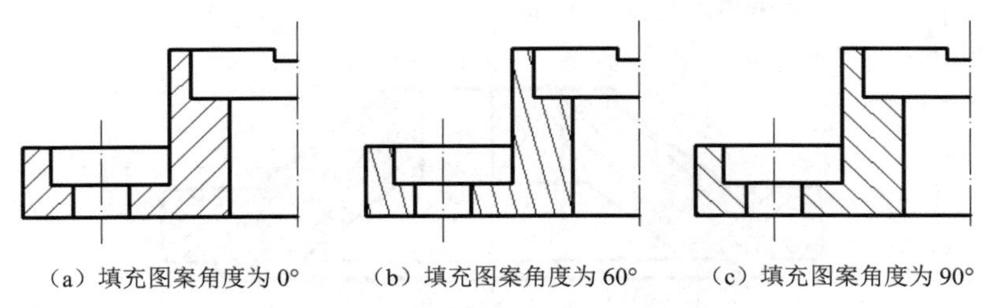

（a）填充图案角度为 0°　（b）填充图案角度为 60°　（c）填充图案角度为 90°

图 8-17　设置填充图案的旋转角度

- “图案填充比例”列表框：放大或缩小预定义或自定义图案，如图 8-18 所示。只有将“图案填充类型”设置为“图案”时，此选项才可使用。

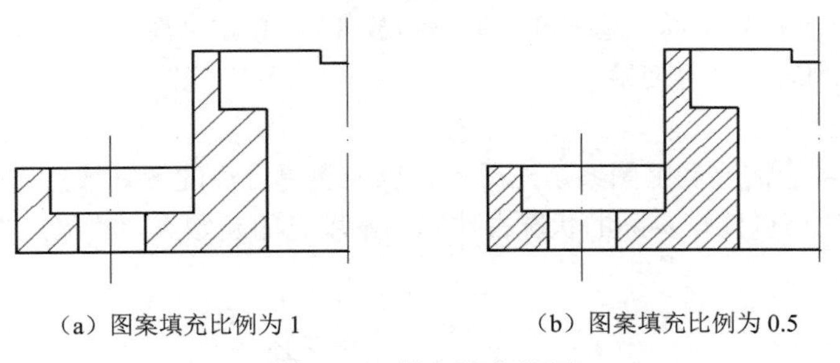

（a）图案填充比例为 1　（b）图案填充比例为 0.5

图 8-18　图案填充比例

- “图案填充间距”列表框：指定用户定义图案中的直线间距。仅当“图案填充类型”设定为“用户定义”时，“图案填充比例”列表框转变为“图案填充间距”列表框，此选项出现并可用。在图 8-19 中，“图案填充类型”设定为“用户定义”，角度为 0°，“图案填充间距”分别为 1 和 3。

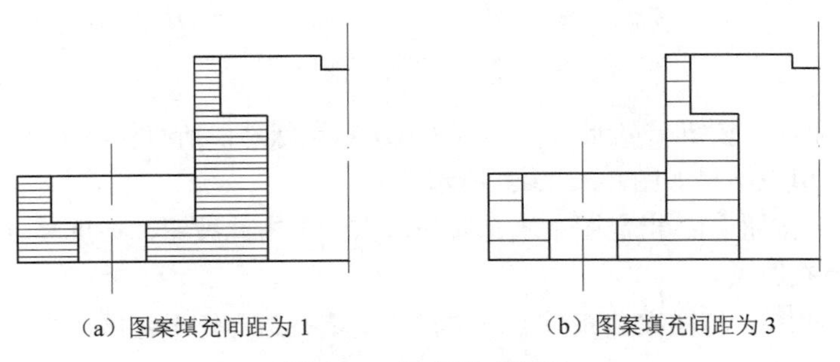

（a）图案填充间距为 1　（b）图案填充间距为 3

图 8-19　图案填充间距

- “图案填充图层替代”下拉列表框：用于设置填充图案所在的图层。默认状态为“使用当前图层”，用户可以在下拉列表框中选择其他图层来替代当前图层。
- “双向”复选框：对于“用户定义”图案，选择此选项将绘制第二组直线，这组直线相对于初始直线成 90°，从而构成交叉填充。只有在“图案填充类型”下拉列表中选择了“用户定义”选项后，此选项才可用。要实现如图 8-20 所示的填充，需要在“图案填充创建”的“特性”面板中设置：“图案填充类型”选择“用户定义”，“角度”设置为 45°，勾选“双向”复选框，“图案填充间距”设置为 2。

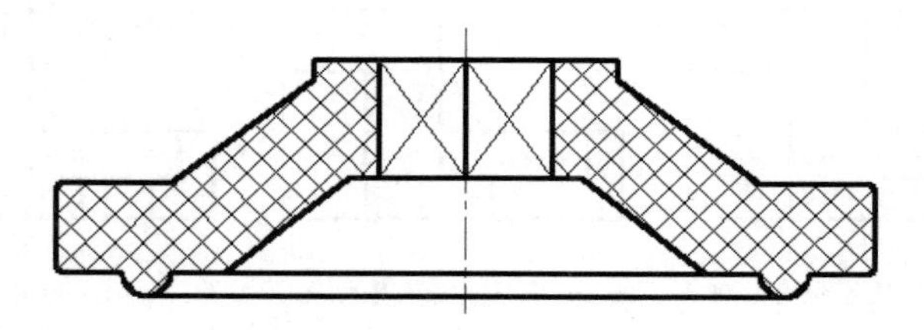

图 8-20　用户自定义填充

- “相对图纸空间”复选框：用于决定是否将比例因子设置为相对于图纸的空间比例。该选项仅适用于布局。
- “ISO 笔宽”下拉列表框：基于选定笔宽缩放 ISO 预定义图案。只有采用 ISO 填充图案时，此下拉列表框才可使用。

4）“原点”面板

某些图案填充可能需要调整图案填充原点，以表现更合适的图案填充排列方式。使用图案填充原点选项，用户可以依据实际的状况去控制图案填充的起始点。“原点”面板如图 8-21 所示，主要功能如下。

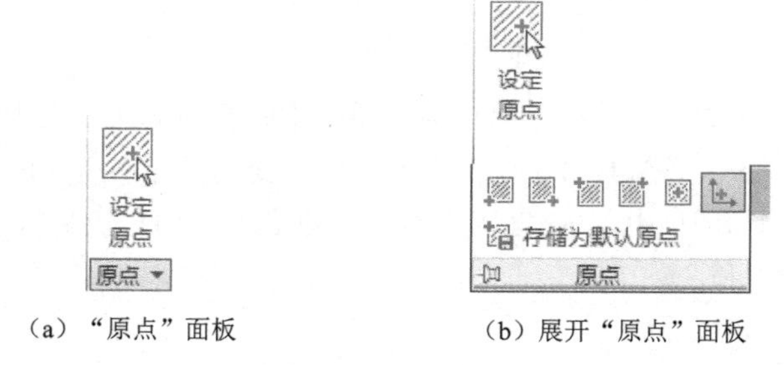

（a）“原点”面板　　（b）展开“原点”面板

图 8-21　“原点”面板

- “使用当前原点”按钮：此项为 AutoCAD 默认状态，所有图案的原点与当前 UCS 坐标系一致。填充结果如图 8-22（a）所示。
- “设定原点”按钮：指定图案填充新的原点。单击此按钮，在屏幕上拾取一个点作为新的图案填充原点。
- “左下”按钮：将图案填充原点设定在图案填充边界矩形范围的左下角。填充结果如图 8-22（b）所示。
- “右下”按钮：将图案填充原点设定在图案填充边界矩形范围的右下角。

- “左上”按钮：将图案填充原点设定在图案填充边界矩形范围的左上角。
- “右上”按钮：将图案填充原点设定在图案填充边界矩形范围的右上角。
- “中心”按钮：将图案填充原点设定在图案填充边界矩形范围的中心。填充结果如图 8-22（c）所示。
- “存储为默认原点”按钮：将新图案填充原点的值存储在 HPORIGIN 系统变量中。HPORIGIN 表示相对于当前用户坐标系为新的图案填充对象设置图案填充原点。

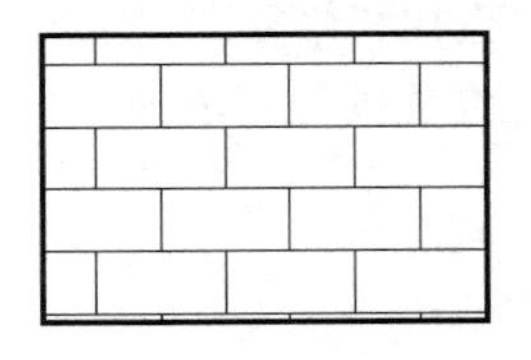
（a）默认图案填充原点

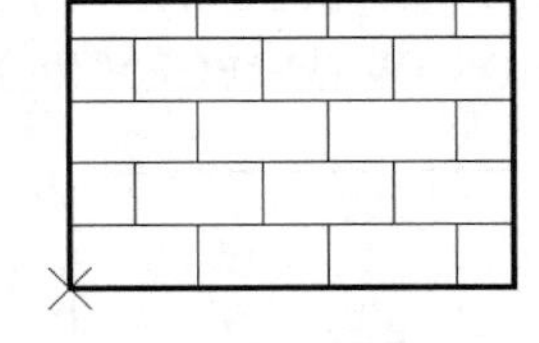
（b）左下角为图案填充原点

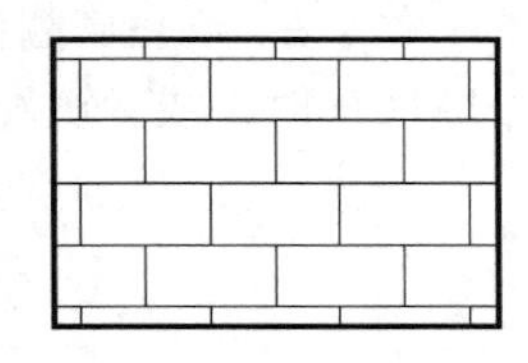
（c）图形中心为图案填充原点

图 8-22　图案填充原点的控制

5）“选项”面板

“选项”面板控制几个常用的图案填充模式或填充选项，如图 8-23 所示。主要功能如下。

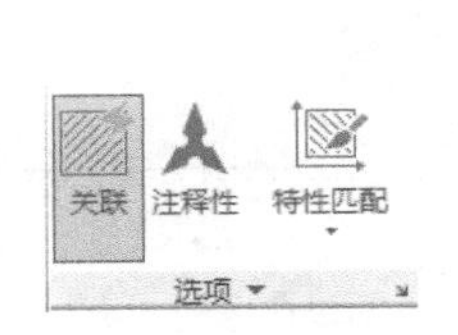

（a）“选项”面板

（b）展开“选项”面板

图 8-23　“选项”面板

- “关联”按钮：单击此按钮即关联填充，新建的图案填充与边界是互相关联的。当修改了关联图案填充的边界对象时，图案填充自动随边界做出关联的改变，以图案自动填充新的边界，如图 8-24（b）所示。若不选择关联填充，则图案填充将不随边界的改变而变化，仍保持原来的形状，如图 8-24（c）所示。

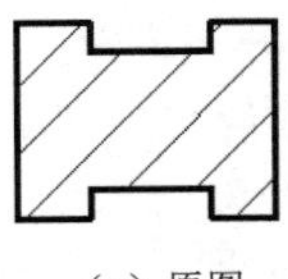
（a）原图

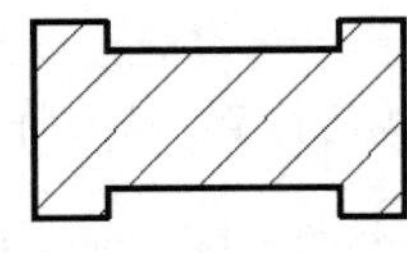
（b）关联填充

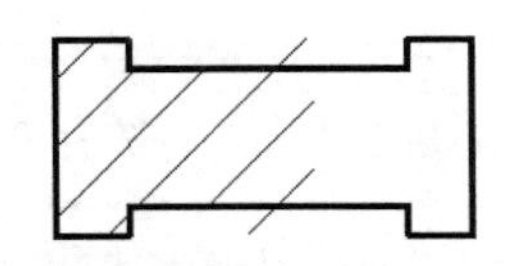
（c）非关联填充

图 8-24　填充图案与边界关联与否

- “注释性”按钮：指定图案填充是否为可注释性的。选择注释性时填充图案显示比例为注释比例乘以填充图案比例。AutoCAD 根据视口比例自动调整填充图案比例。
- “特性匹配”按钮：当用户要创建的图案填充样式已存在于图形上时，可以使用此选项，复制现有图形上图案填充的特性，作为将要新建的图案填充或渐变色的特性。特性匹配有两个选项，选择“使用当前原点”选项时，使用选定图案填充对象的特性但不包括图案填充原点，作为新的图案填充的特性；选择“使用源图案填充的原点”选项时，使用选定图案填充对象的特性，包括图案填充原点，作为新的图案填充的特性。

- “允许的间隙”文本框：如果图案填充边界未完全闭合，AutoCAD 会检测到无效的图案填充边界，不予填充，并用红色圆圈来显示问题区域的位置，如图 8-25 所示。此时退出 HATCH 命令后，红色圆圈仍处于显示状态，有助于用户查找和修复图案填充边界。再次启动 HATCH 时，或者输入 REDRAW 或 REGEN 命令，红色圆圈将消失。

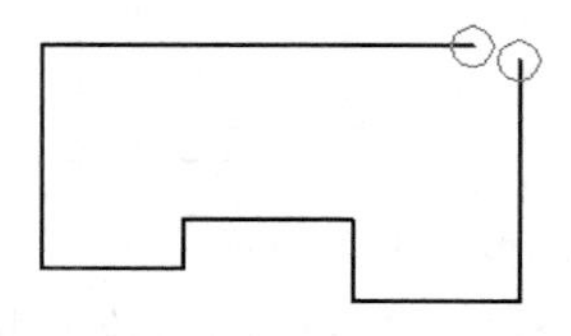

图 8-25　图形不封闭

但是当在“允许的间隙”中用户设置了间隙公差值后，AutoCAD 将填充在允许的间隙范围内的不封闭图形。“允许的间隙”的默认值为 0，范围为 0～5000。建议不进行此项设置。

- “创建独立的图案填充”按钮：单击此按钮，一次创建的多个填充对象为互相独立的对象，可单独进行编辑或删除，如图 8-26 所示，其中图 8-26（a）中的 4 块填充图案为 1 个对象，图 8-26（b）中的 4 块填充图案为 4 个对象。

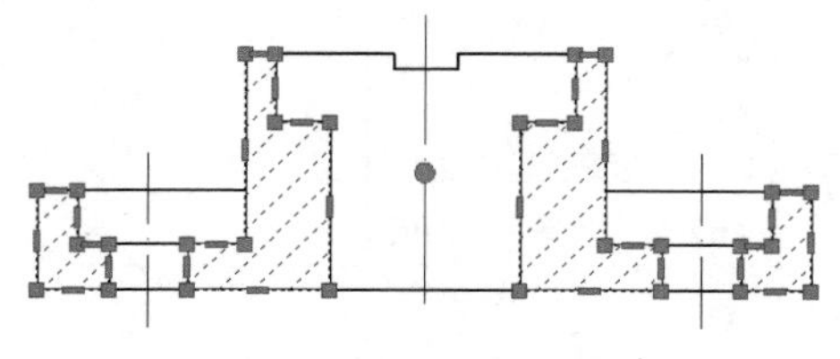

（a）没有选择“创建独立的图案填充”

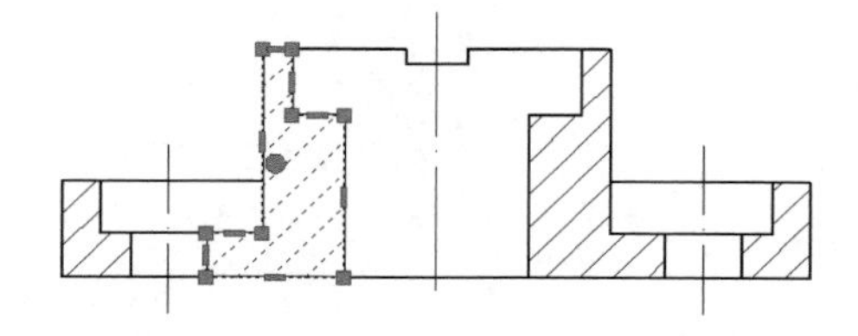

（b）选择“创建独立的图案填充”

图 8-26　是否选择“创建独立的图案填充”

- “孤岛检测”按钮：设置孤岛检测可以计算边界内部的区域。选择普通、外部、忽略或无孤岛检测。

注意

文字对象被视为孤岛。如果打开了孤岛检测，结果将始终围绕文字留出一个矩形空间。

- “绘图次序”列表：为图案填充指定绘图次序，包括不指定、前置、后置、置于边界之前、置于边界之后等多种选项，可以通过不同的选择把填充图案置于指定的层次。

4. 图案填充的重点分析

- 在封闭的边界中进行图案填充和渐变色的设置，边界可以由多种对象组成，包括直线、多段线、圆和圆弧。
- 放大要填充的范围比较容易选择边界。在填充范围内单击一点，即可完成图案填充。

- 删除边界并不会删除图案填充或渐变色。
- 不要使用显示过于浓密的图案填充比例，尽量使用图案填充提供的样式。
- 大面积创建图案填充时，建议开启关联性。
- 激活图案填充命令，并在数个区域创建图案填充或渐变色，会被视为创建一个图案填充对象，除非设置创建独立的图案填充。
- 缩放图案填充与缩放其他文字、标注相同，同时也会缩放图案填充样式的布满比例。例如，如果对象在出图比例中显示 1\4 “=1”，那么图案填充样式比例就应该设置为 48（4×12）。
- 如果布局中有多个不同出图比例的视口，应使用“选项”面板中的注释性，这样可以确保图案填充在每个视口都显示相同的比例。
- 如果用户输入图案填充的角度，将会与定义在样式中的原始角度相加。
- 使用图案填充原点选项，调整图案填充的排列方式。
- 使用绘图顺序功能改变多个图案填充的排列顺序。可包括图案填充和渐变色或填充颜色。
- 在图形特别重要时，应创建图案填充专门的图层。
- 展开样式列表，有多种图案填充样式供选择。
- 可以根据实际需求调整图案填充比例，在命令区中输入 HPSCALE，接着输入指定的比例，这样在对话框中也会显示同样的比例。
- 在 AutoCAD 2021 的“图案填充创建”选项卡中，可设置图案填充的前景色及背景色。

5．练习：图案填充中选择对象的方法

图案填充时，选择对象有两种方法，下面通过练习学习这两种方法的使用。

（1）新建图形文件，练习图案填充。先绘制两个相套的矩形，然后在小矩形内画两个圆，如图 8-27（a）所示。

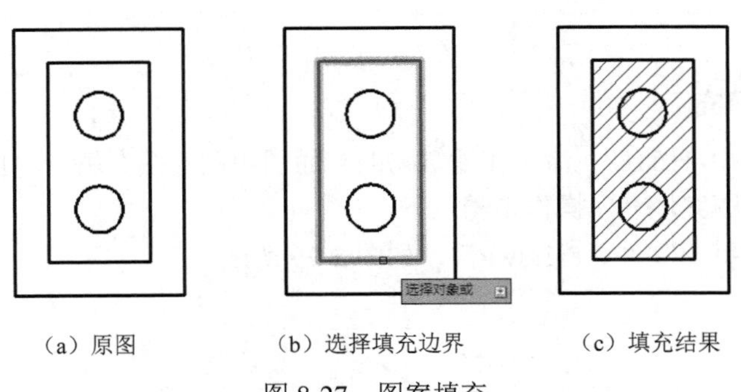

（a）原图　（b）选择填充边界　（c）填充结果

图 8-27　图案填充

（2）用选择对象的方式选择填充边界。

❶ 在功能区中单击“默认”选项卡→“绘图”面板→“图案填充”按钮。

❷ 在“图案填充创建”选项卡的“特性”面板中设置“图案填充类型”为“图案”，然后在“图案”面板中选择“ANSI 31”图案。

❸ 在“特性”面板中设置“角度”为 0，“比例”根据显示的疏密情况自定。

❹ 在“边界”面板中设置填充边界。单击“选择边界对象”按钮，选择图 8-27（b）所示的矩形边框。

❺ 按回车键接受图案填充，结果如图 8-27（c）所示。

（3）用拾取点的方式选择填充边界。

❶ 在功能区中单击“默认”选项卡→“绘图”面板→“图案填充”按钮。

❷ 在“图案填充创建”选项卡的“特性”面板中设置“图案填充类型”为“图案”，然后在“图案”面板中选择“ANSI 31”图案。

❸ 在“特性”面板中设置“角度”为 90，“比例”根据显示的疏密情况自定。

❹ 在“边界”面板中设置填充边界。单击“拾取点”按钮，在图 8-28（b）所示的矩形边框内任意拾取一点。

❺ 按回车键接受图案填充，结果如图 8-28（c）所示。

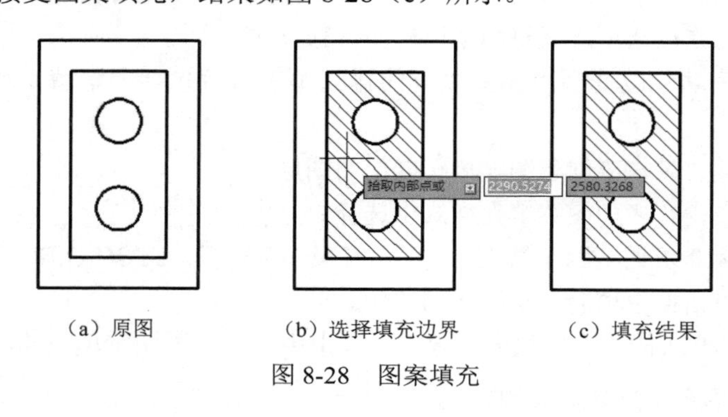

（a）原图　　（b）选择填充边界　　（c）填充结果

图 8-28　图案填充

本例实践操作视频：视频 8-1

6. 练习：图案填充

在此练习中，利用 HATCH 命令在建筑物的立面图中创建图案填充。使用创建独立图案填充选项同时绘制多个图案填充。操作步骤如下。

（1）打开本书的练习文件“8-1.dwg”，如图 8-29 所示。

图 8-29　图形文件“8-1.dwg”

（2）缩放并显示立面图的右下角，如图 8-30（a）所示。

（3）使用 HATCH 命令在建筑物前视图中创建独立图案填充。

❶ 在功能区中单击“默认”选项卡→“绘图”面板→“图案填充”按钮。

❷ 在“图案填充创建”选项卡的“图案”面板中，选择“AR-BRSTD”作为填充图案。

❸ 在“特性”面板中设置比例为 0.05。

❹ 在“选项”面板中单击“创建独立的图案填充”按钮，选择创建独立的图案填充。

❺ 在“边界”面板中单击“拾取点”按钮，单击图 8-30（b）中立面墙上的两个点。

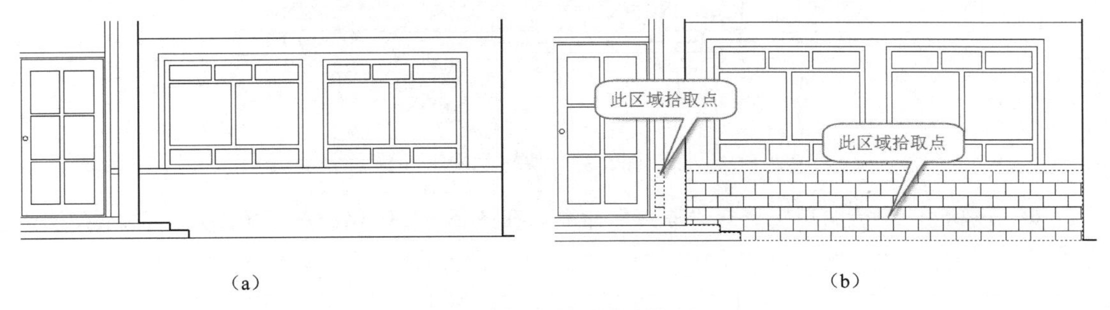

（a）　（b）

图 8-30　填充右侧

（4）完成图案填充。如果显示的图案填充正确，按回车键，完成图案填充，结果如图 8-30（b）所示。

（5）平移到立面图的左边，如图 8-31（a）所示。

（6）用同样的方法填充立面图左下方 3 个区域。

❶ 在功能区中单击“默认”选项卡→“绘图”面板→“图案填充”按钮。

❷ 在“选项”面板中再次单击“创建独立的图案填充”按钮，不选择创建独立的图案填充。

❸ 在“边界”面板中，单击“拾取点”按钮，如图 8-31（b）所示，单击立面图内的 3 个点，定义边界内部点。

（a）　（b）

图 8-31　填充左侧

（7）完成图案填充。

❶ 按回车键，完成图案填充。

❷ 不执行任何命令，选择右下侧填充图案。

❸ 将光标移到圆形夹点处将弹出快捷菜单，如图 8-32 所示。利用此快捷菜单，可以拉伸

填充图案的边界、修改填充图案的原点、比例、旋转角度。

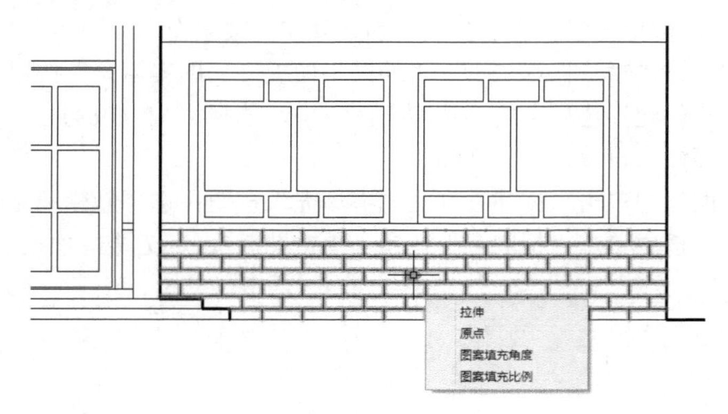

图 8-32　快捷菜单

❹ 在弹出的快捷菜单中选择“原点”命令。在图 8-33 中单击左下角端点，重新填充图案填充点。

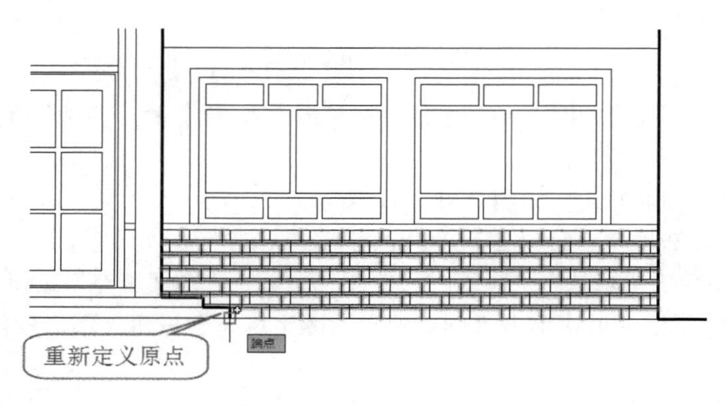

图 8-33　重新定义原点

❺ 按“Esc”键，取消选择。

（8）选择立面图形左下角的图案填充，可以看到所有的边界将显示为一个图案填充对象。

（9）缩放图形实际范围。

（10）单击缩放窗口命令，缩放至如图 8-34 所示的范围，显示屋顶。

图 8-34　缩放至此范围

（11）图案填充，完成房顶部分的填充。

❶ 在功能区中单击“默认”选项卡→“绘图”面板→“图案填充”按钮。

❷ 在“选项”面板中单击“外部孤岛检测”按钮。

❸ 在“选项”面板中单击“创建独立的图案填充对象”按钮。

（12）指定特定样式，填满屋顶。

❶ 在“图案”面板中，选择“AR-B88”作为填充图案样式。

❷ 在“边界”面板中单击“拾取点”按钮，单击立面图屋顶内的 3 个点，如图 8-35 所示。

图 8-35　屋顶的填充

❸ 在“特性”面板中设置比例为 0.02。

❹ 按回车键完成屋顶的填充。

（13）缩放图形实际范围。

（14）完成图案填充，如图 8-36 所示。

图 8-36　填充的结果

本例实践操作视频：视频 8–2

8.1.2 关联图案填充

在系统默认情况下，图案填充与填满的区域具有关联性。也就是说，如果编辑图案填充边界，则图案填充也会跟随调整成新的外形。这个功能的特色是，可以在每次编辑完图案填充对象的外框，或图形里的区域后，不需要再次变更图案填充。

1. 移除关联性

用户可以在对象或区域内设置非关联性的图案填充，在“图案填充创建”选项卡中的“选项”面板中不选择“关联”按钮即可，如图 8-37 所示。

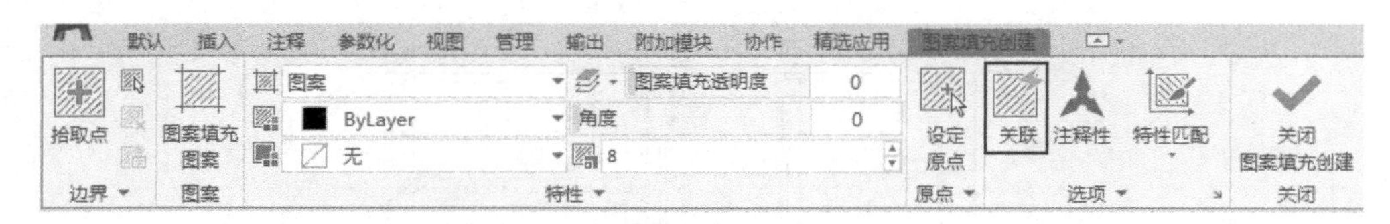

图 8-37 “图案填充创建”选项卡

2. 非关联性图案填充样式

当没有选择关联性时，进行的图案填充均是非关联性的。在不封闭的图形中，使用带有间隙公差功能产生的图案填充也是非关联性的。用户如果编辑这些区域的图案填充边界，则此区域的图案填充必须重做。

3. 关联性图案填充样式

当图案填充有关联性时，如果用户改变了填充图案边界形状，则填充图案会自动调整到新的区域。

4. 关联性图案填充重点

- 默认情况下，在系统中的图案填充与填充的区域具有关联性。也就是说，如果编辑图案填充边界，图案填充会自动调整到新的区域。
- 使用图案填充内的间隙公差功能后，即在非封闭的图形区域内进行了图案填充，该图案填充是非关联性的。也就是说，如果要编辑该区域的图案填充边界，则此区域的图案填充必须重做。

5. 练习：编辑关联的图案填充对象

（1）绘制 8-38（a）图形，并以“关联”方式创建填充图案。

（2）在没有执行命令的情况下，选择以“关联”方式创建的填充图案，如图 8-38(b)所示。

（3）拖曳矩形的两个对角夹点，拖曳圆的半径夹点，如图 8-38（c）所示。

（4）按“Esc”键取消选择对象，结果如图 8-38(d)所示，填充图案随边界变化而变化。

由此可知，如果在“图案填充创建”选项卡的“选项”面板中设置了关联性，只要调整对象外观，图案填充会自动跟着调整变形。

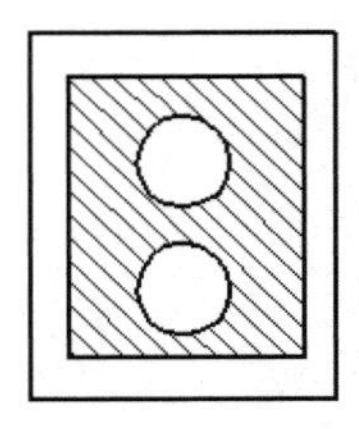

（a）原图

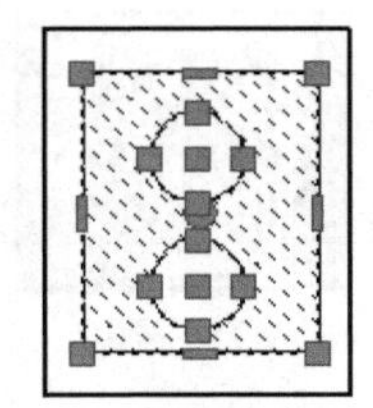

（b）夹点选择

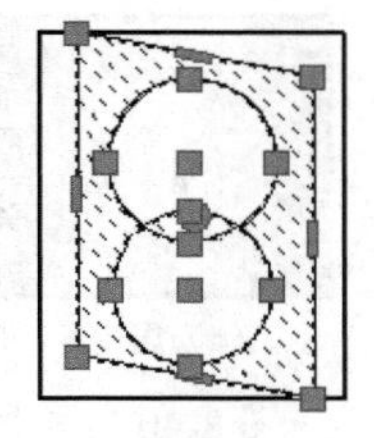

（c）拖动夹点

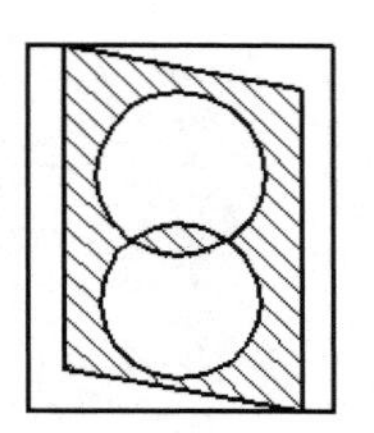

（d）结果

图 8-38　编辑关联图案填充对象

本例实践操作视频：视频 8-3

8.1.3　创建渐变色图案填充

1．GRANDIENT 命令

用户可以使用 GRANDIENT 命令创建渐变色图案填充。

2．命令操作

- 命令区：输入 GRANDIENT 并按回车键确认。
- 功能区：单击“默认”选项卡→“绘图”面板→“渐变色”按钮。

3．“图案填充创建”选项卡——渐变色

用户可以在“图案填充创建”选项卡下“特性”面板的“图案填充类型”中选择“渐变色”，在“渐变色 1”和“渐变色 2”中设置颜色，然后在“图案”面板中调整颜色向外变浅还是向外变深。

（1）渐变色样式共有 9 个预先定义的选项。

（2）在“特性”面板中，如图 8-39 所示，调整渐变色颜色及颜色透明度，渐变方向可由角度调整。

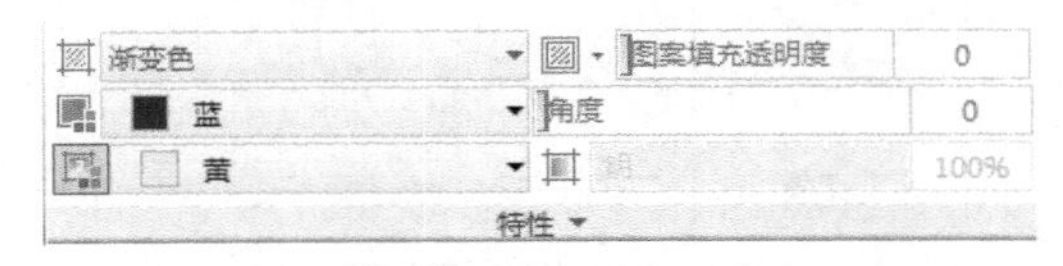

图 8-39　渐变色“特性”面板

（3）在“原点”面板中设置渐变是否居中，图 8-40 所示为居中和不居中的效果。

（a）居中　　（b）不居中

图 8-40　居中和不居中效果对比

4．练习：新建渐变色填充

在此练习中，用户可以新建渐变色填充。使用绘图顺序将渐变色填充放在当前图形的下方，并且使用特性匹配选项复制渐变色填充的样式。

（1）打开本书的练习文件“8-2.dwg”，如图 8-41 所示。

（2）指定一种渐变色给立面图的屋顶。

❶ 在功能区中单击“默认”选项卡→“绘图”面板→“渐变色”按钮。

❷ 在“图案”面板中选择一种渐变色样式，如“GR_CURVED”，将渐变色修改为深浅不同的两种灰色。

图 8-41　图形文件“8-2.dwg”

❸ 单击“边界”面板中的“拾取点”按钮，单击屋顶的内部点，如图 8-42 所示。

图 8-42　渐变色填充

注意

渐变色会覆盖在屋顶图案填充的上方，而将原有的图案填充隐藏。

❹ 将渐变色填充放到屋顶图案填充的下方。在“选项”面板中选择“后置”选项，如图 8-43 所示。此时屋顶上的渐变色应该会显示在图案填充的下方。

❺ 按回车键，完成渐变色填充，如图 8-44 所示。

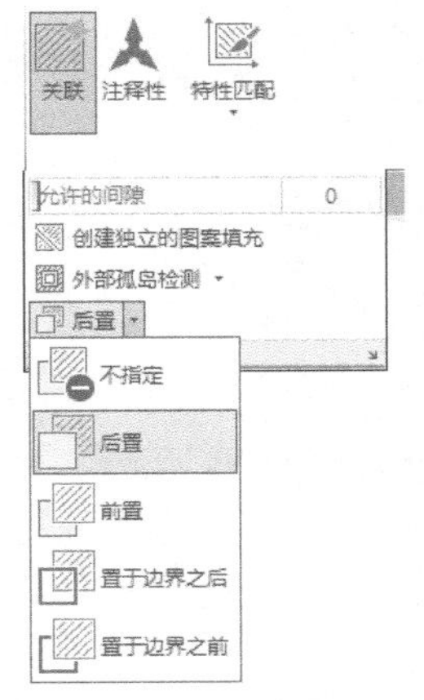

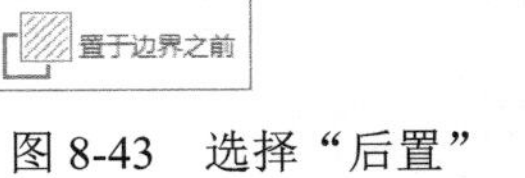

图 8-43　选择“后置”

图 8-44　屋顶渐变色填充

（3）新建渐变色填充，填满立面图的屋顶边缘的装饰边条和立柱。

❶ 在功能区中单击“默认”选项卡→“绘图”面板→“渐变色”按钮。

❷ 在“图案”面板中选择渐变色样式为“GR_CYLIN”。

❸ 在“选项”面板中，在“绘图顺序”下拉列表中选择“后置” 选项。

❹ 单击“边界”面板中的“拾取点”按钮。

❺ 在屋顶边缘，单击内部点。

❻ 观察图案填充放置的情形。如果填入的样式无误，则按回车键完成填充。

（4）重复渐变色命令和实体填充选项，将立面图的砖块、玻璃窗、阶梯等，用渐变色或实体填充，如图 8-45 所示。

图 8-45　渐变色填充房屋

（5）在上方背景处创建一个天空色渐变色。

❶ 在房屋四周用直线封闭。

❷ 在功能区中单击“默认”选项卡→“绘图”面板→“渐变色”按钮。

❸ 在“特性”面板中设置渐变色。选择颜色为“蓝”色和“青”色，如图 8-46 所示。

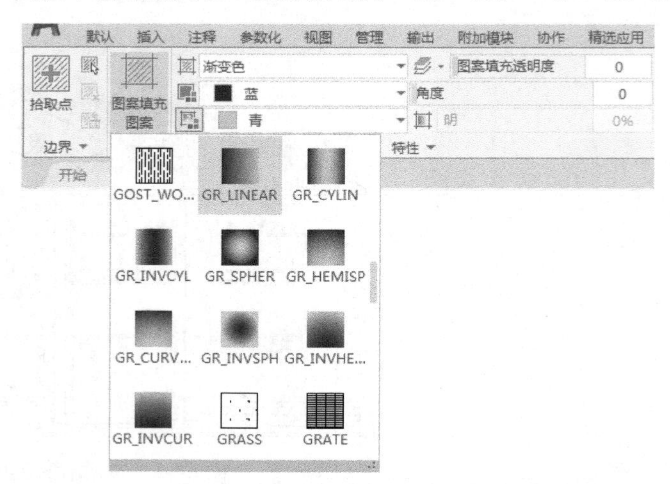

图 8-46　渐变色填充图案

❹ 单击“边界”面板中的“拾取点”按钮，并选择立面图的上方背景区域，按回车键接受此渐变色填充。

（6）重复渐变色命令，这次使用绿色填满立面图下方的区域。

（7）完成渐变色填充，如图 8-47 所示。

图 8-47　房屋填充结果

本例实践操作视频：视频 8-4

8.2　编辑图案填充

本节讲解如何使用 HATCHEDIT 命令编辑图案填充和渐变色的填充边界。

在设计图形的过程中经常需要更改设计，所以学习编辑现有的图案填充显得尤为重要。如同缩放一样，可以方便地改变图案填充的比例。还有一些较为复杂的填充，如修改图案填充边界或重新生成图案填充边界等，如图 8-48 所示。

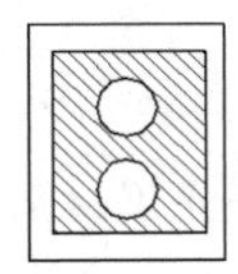
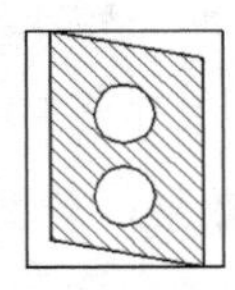
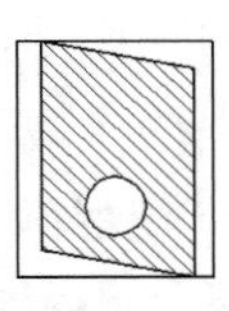
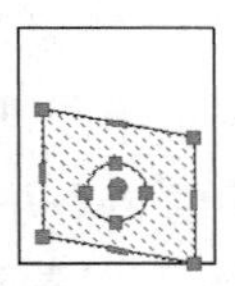

图 8-48　填充图案编辑

完成本课程的练习后，可掌握如下知识。

- 如何通过编辑图案填充创建独立的图案填充。
- 使用 HATCHEDIT 命令编辑图案填充及其边界。

8.2.1　通过编辑图案填充来创建独立的图案填充

1. HPSEPARATE 系统变量

HPSEPARATE 系统变量控制在几个闭合边界上进行操作时，是创建单个图案填充对象，还是创建独立的图案填充对象。HPSEPARATE 为 0 时，创建单个图案填充对象。HPSEPARATE 为 1 时，分别创建各个独立的图案填充对象。用户可以通过“图案填充创建”选项卡的“选项”面板，选择或不选择“创建独立的图案填充”按钮，来设置此系统变量。

当用户使用一种样式在多个区域创建图案填充时，选择“创建独立的图案填充”按钮，可以创建每个边界各自独立的图案填充。同样在编辑图案填充时，选择该按钮，也可以修改已创建的填充图案，且不影响其边界。

2. 命令操作

- 命令区：输入 HPSEPARATE 并按回车键确认。
- 功能区：单击“默认”选项卡→“绘图”面板→“图案填充”或“渐变色”按钮→“选项”面板→“创建独立的图案填充”按钮。

3. 练习：创建独立的图案填充

通过练习理解整体图案填充与独立的图案填充的区别。

（1）打开本书的练习文件“8-2.dwg”。

（2）单击缩放窗口，缩放到图 8-49 所示的范围，显示窗户。

（3）在功能区中单击“默认”选项卡→“绘图”面板→“渐变色”按钮。

（4）在“选项”面板中，不选择“创建独立的图案填充”按钮。

（5）在“特性”面板中选择“青”色和“白”色，设置“角度”为 30°。

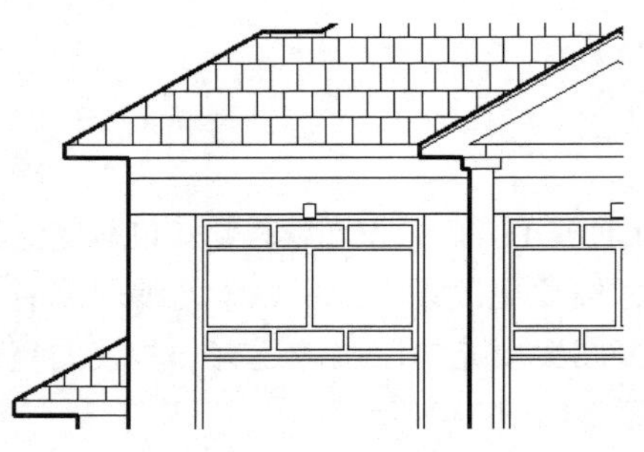

图 8-49　缩放到合适范围

（6）单击“边界”面板中的“拾取点”按钮。

（7）选中窗户图案中的 8 个方格，观察填充效果，若填充正确，则按“Esc”键确认填充。结果如图 8-50（a）所示，可以看到整个图形呈一种渐变趋势。

（8）不执行命令，拾取填充图案，如图 8-51（a）所示，通过填充图案原点显示，可知其为 1 个对象。

（9）在没有任何操作的情况下，单击图 8-50（a）创建的填充区域，在“图案填充编辑器”选项卡的“选项”面板中，单击“创建独立的图案填充”按钮。

（10）按“Esc”键确认填充。结果如图 8-50（b）所示，每个窗口各自呈渐变趋势。

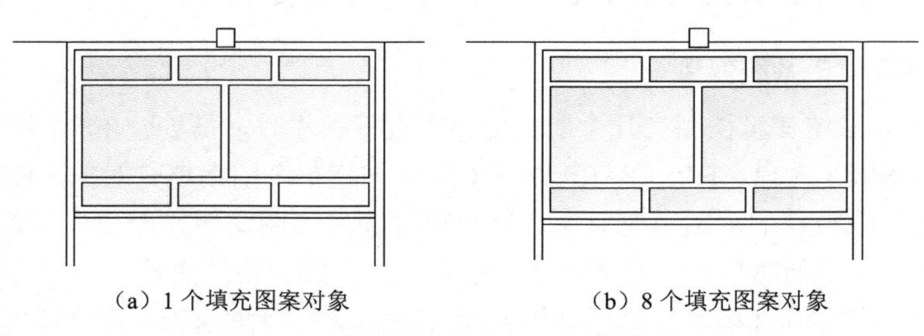

（a）1 个填充图案对象　　（b）8 个填充图案对象

图 8-50　整体图案填充和独立图案填充

（11）不执行命令，拾取填充图案，如图 8-51（b）所示，通过填充图案原点显示，可知其为 8 个对象。

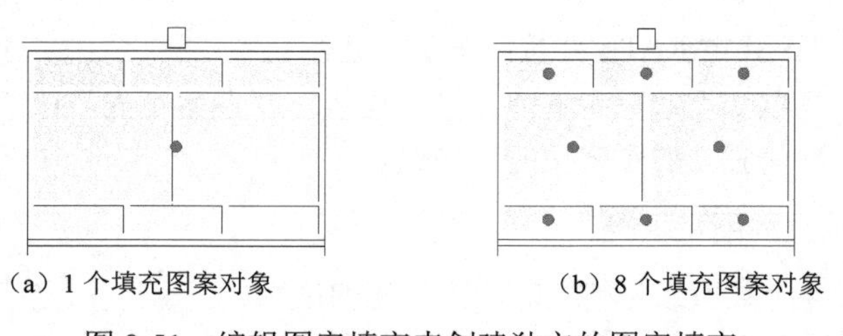

（a）1 个填充图案对象　　（b）8 个填充图案对象

图 8-51　编辑图案填充来创建独立的图案填充

本例实践操作视频：视频 8-5

8.2.2　修改图案填充的边界

“图案填充编辑器”选项卡中的选项和功能与“图案填充创建”选项卡相同。当用户编辑图案填充时，可以修改选项卡中的相关选项。

当用户执行 HATCHEDIT 命令时，系统会提示选择一个图案填充，选择图案填充之后，系统弹出“图案填充编辑”对话框，并显示原图案填充的性质。用户可以调整其任何性质，并可通过“预览”在绘图窗口观察修改效果。

本节主要讲解图案填充边界的编辑，用户可以使用夹点编辑非关联图案填充和关联图案填充边界。

1. 命令操作

- 命令区：输入 HATCHEDIT 并按回车键确认。
- 功能区：单击“默认”选项卡→“修改”面板→“编辑图案填充”按钮。

2. “图案填充编辑器”选项卡

除“边界”面板设置有些不同外，“图案填充编辑器”选项卡中的选项和功能与“图案填充创建”选项卡类似。

3. “图案填充编辑”对话框

“图案填充编辑”对话框如图 8-52 所示。它与“图案填充和渐变色”对话框功能一样，在此不再详细介绍。

图 8-52　“图案填充编辑”对话框

4. 图案填充夹点

图 8-53（a）所示为图案填充的夹点。

将光标移动到夹点时，夹点功能提示出现，显示可以执行的功能。

- 选择边界的端点：拉伸、添加或删除选择点的操作。
- 选择边界的中间点：可以执行拉伸、添加顶点或转换为圆弧（若图形是弧，可以转换为直线）的操作。
- 选择填充图案控制点：填充图案只有一个控制点，可以拉伸、重新选择原点、调整图案填充的比例和角度。

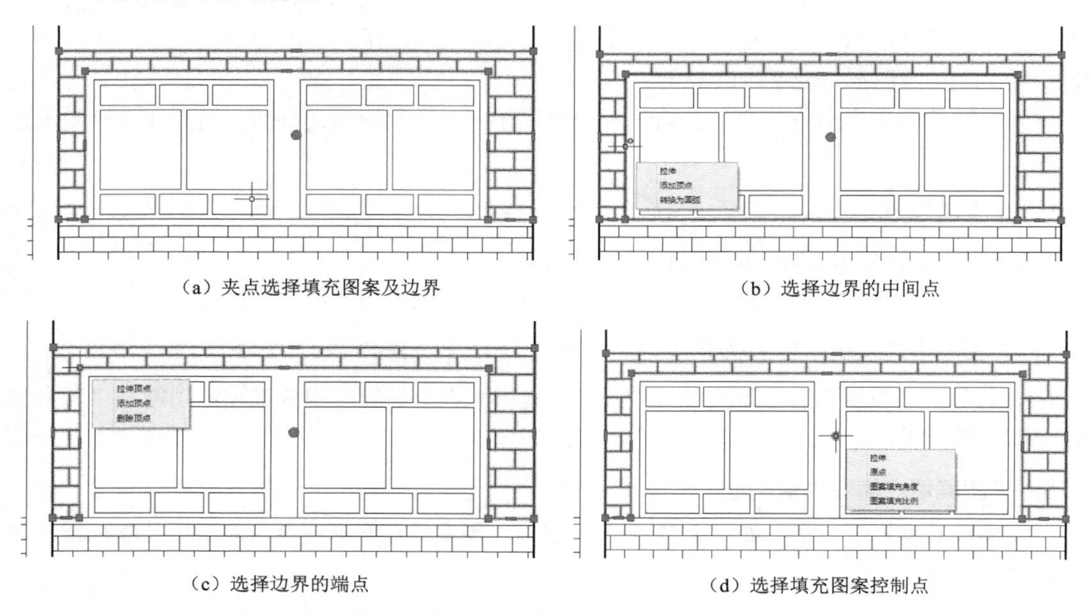

（a）夹点选择填充图案及边界　　（b）选择边界的中间点

（c）选择边界的端点　　（d）选择填充图案控制点

图 8-53　填充图案及边界夹点菜单

5. 编辑图案填充边界的重点提示

- “图案填充编辑器”选项卡中的选项和功能与“图案填充创建”选项卡类似。
- 单击图案填充对象，即可执行图案填充编辑。所以，用户必须按步骤创建图案填充后，才能选择图案填充进行编辑。
- 编辑图案填充边界可使用夹点进行拉伸、添加或删除顶点等操作，对边界形状进行修改。

6. 练习：编辑填充图案的边界

在此练习中，用户可以进一步熟悉如何编辑已创建的图案填充和渐变色的边界，练习使用夹点编辑图案填充边界。

（1）打开本书图形文件“8-3.dwg”，如图 8-54 所示。

（2）缩放到如图 8-55 所示的立面图范围。

单击图案填充，并在“图案填充编辑器”选项卡的“边界”面板中单击“显示边界对象”按钮，显示边界夹点，如图 8-56 所示。

（3）拉伸最左侧和最右侧的中间夹点到如图 8-57 所示的位置。

图 8-54　图形文件“8-3.dwg”

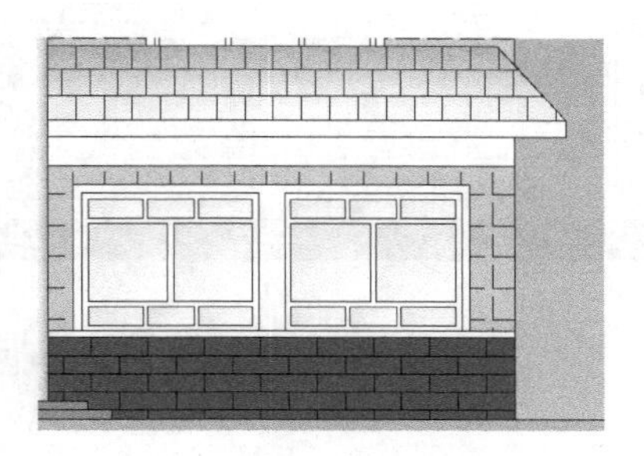

图 8-55　缩放图形

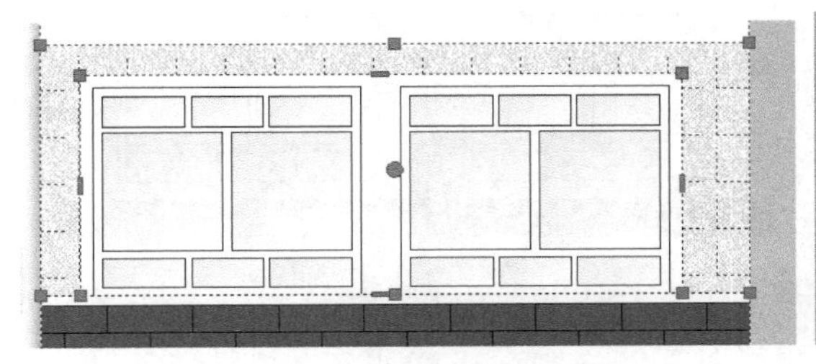

图 8-56　显示图案填充边界夹点

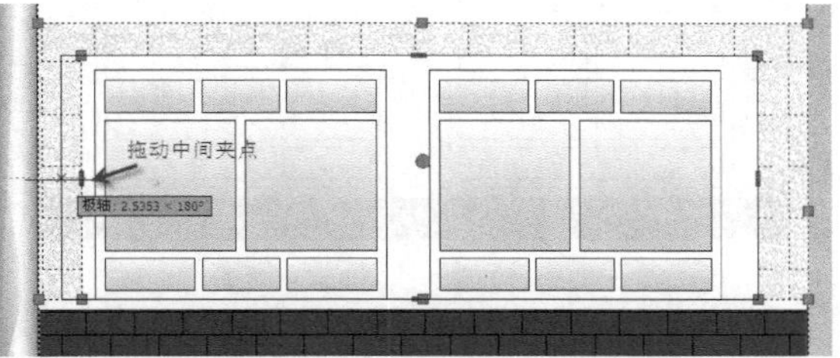

图 8-57　拖动边界中间夹点

（4）按“Esc”键结束编辑。

（5）使用移动命令将右侧的窗户图形向右移，使两窗之间空出一定距离，如图 8-58 所示。

（6）再次显示图案填充的边界夹点。将十字光标放在如图 8-59 所示的位置，并选择“添加顶点”。

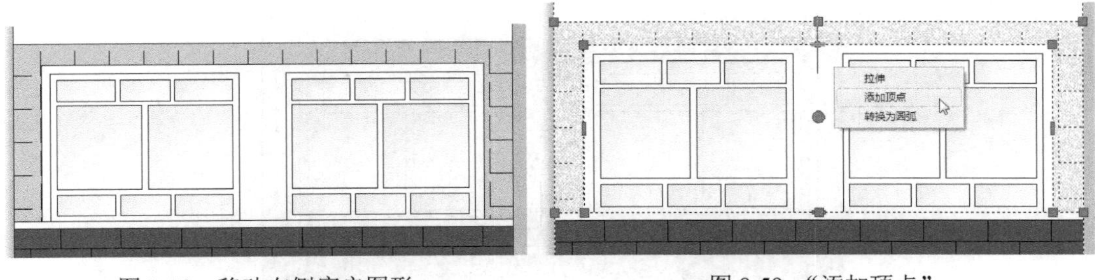

图 8-58　移动右侧窗户图形　　图 8-59　“添加顶点”

（7）将添加的顶点放置在如图 8-60（a）所示的位置。再次选择“添加顶点”，将添加的顶点放置在如图 8-60（b）所示的位置。

（8）接下来按如图 8-61 所示依次添加顶点，达到在两扇窗户之间添加墙面的效果。

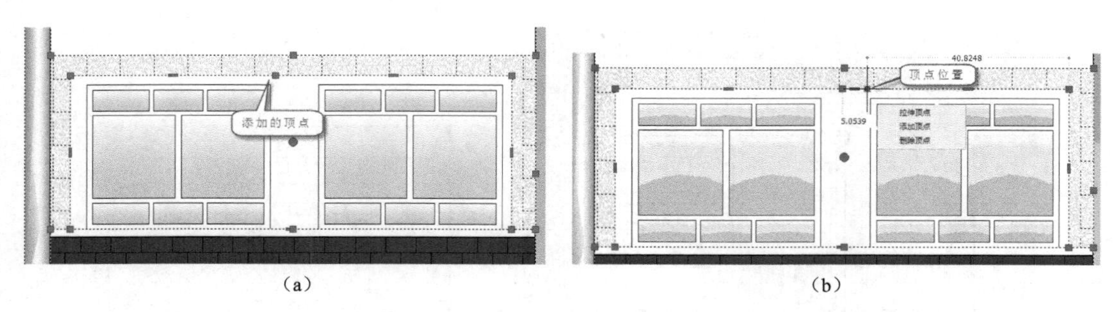

（a）　　（b）

图 8-60　添加顶点

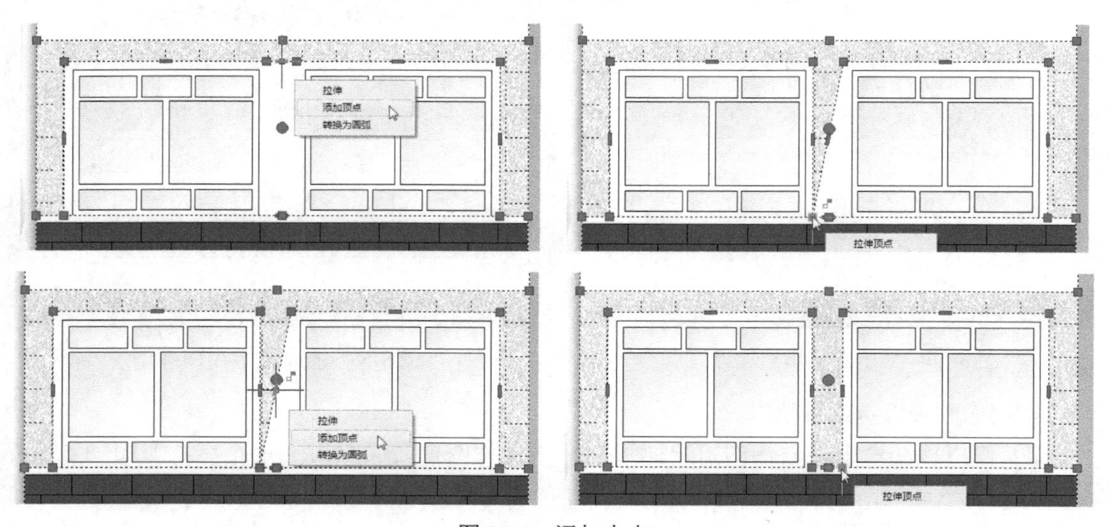

图 8-61　添加夹点

（9）按“Esc”键确认编辑，结果如图 8-62 所示。

图 8-62　编辑结果

本例实践操作视频：视频 8-6

第 9 章　块的使用

在工程设计中，有很多图形元素需要大量重复应用。例如，机械行业中的螺栓、螺母等标准紧固件，建筑行业中的座椅、家具等。这些多次重复使用的图形，如果每次都从头开始设计和绘制，不仅麻烦，而且也没有必要。在AutoCAD中可以将逻辑上相关联的一系列图形对象定义成一个整体，称之为块。

块是组成复杂图形的一组图形对象，块的定义实际上是在图形文件中定义了一个块的库，插入块则相当于在相应的插入点调用块库中的定义。所以，如果在图形中插入了很多相同的块，并不会显著增加图形文件的大小，也就是说，使用块还可以相对减小图形文件的占用空间。

AutoCAD 2021 还支持动态块，动态块在块中增加可变量，比如我们可以将不同长度、角度、大小、对齐方式、个数，甚至整个块图形的样式设计到一个相关块中，插入块后仅需要简单拖动几个变量就能实现块的修改。动态块是AutoCAD的一项革命性创新，它极大地方便了块的使用，提高了绘图效率，并且极大地减少了块图形库创建的工作量，还可以精减块图形库。注释性特性使得块在各种非 1∶1 比例出图中很好地解决了比例缩放的问题。

完成本章的练习，可以学习到以下知识。

- 块的创建与使用。
- 块的编辑与修改。
- 块的属性。
- 动态块。

9.1　块的创建与使用

在 AutoCAD 中使用块可以大大提高绘图的效率，但在使用块之前，首先需要将块创建出来，这实际上就是向块库中增加块的定义。

9.1.1　创建块

创建块的前提是要将组成块的图形对象预先绘制出来。有了绘制好的原始图形对象后，创建块的过程就很简单了。

1．命令操作

创建块命令的激活方式如下。

- 命令行：输入 BLOCK（B）并按回车键确认。
- 功能区：单击“插入”选项卡→“块定义”面板→“创建块”下拉按钮→“创建块”按钮。

2．练习：创建块

下面用一个简单的实例来讲解块的创建过程。打开本书的练习文件“9-1.dwg”，出现一个六角头螺栓和一个法兰盘的图形，如图 9-1 所示。

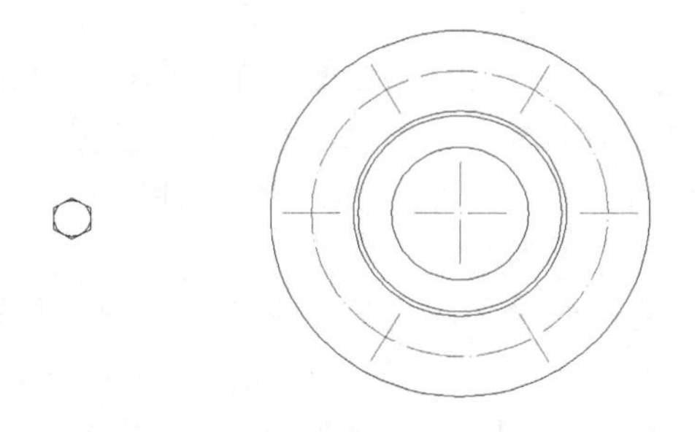

图 9-1　文件“9-1.dwg”中的图形

现在需将六角头螺栓按中心线位置绘制到法兰盘上。如果将六角头螺栓创建成块，就可以方便设计工作。现在将六角头螺栓创建成块，操作过程如下。

（1）单击“插入”选项卡→“块定义”面板→“创建块”下拉按钮→“创建块”按钮，此时 AutoCAD 会弹出“块定义”对话框，在“名称”文本框中输入“六角头螺栓”作为块名，如图 9-2 所示。

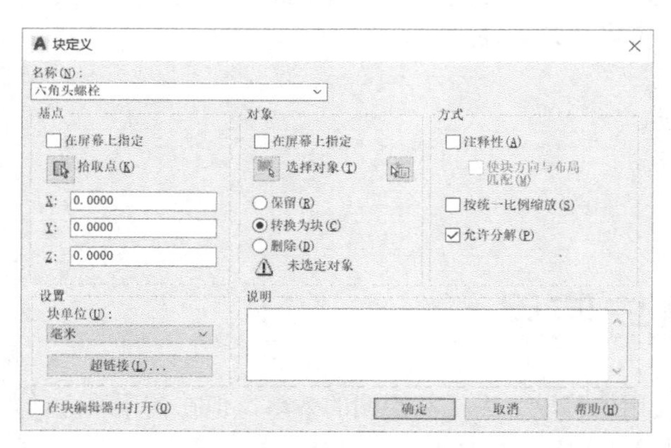

图 9-2　“块定义”对话框

（2）单击“基点”选项组中的“拾取点”按钮，AutoCAD 会提示拾取一个坐标点作为这个块的基点（也就是块的插入点）。单击拾取圆心点，此时应打开对象捕捉功能以确保准确地拾取圆心，如图 9-3 所示。拾取好基点后返回到“块定义”对话框。

（3）单击“对象”选项组中的“选择对象”按钮，AutoCAD 会提示选取组成块的图形对象，这时使用窗口选择模式全部选取螺栓图形对象，如图 9-4 所示。选择完对象后按回车键回到“块定义”对话框，此时的对话框如图 9-5 所示。

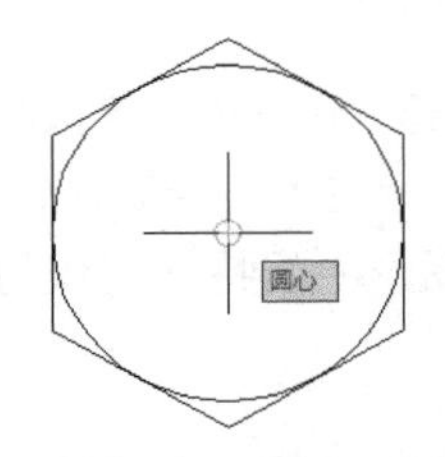

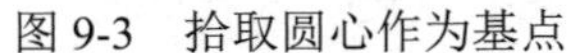

图 9-3　拾取圆心作为基点

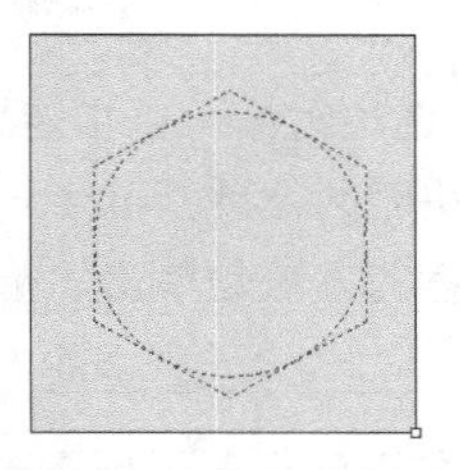

图 9-4　使用窗口选择模式全部选取螺栓图形对象

（4）确保在“对象”选项组中选择“转换为块”单选按钮，注意此处“注释性”复选框不用勾选，因为对于图形块来说，是需要在不同出图比例中进行缩放的，而符号块才需要增加注释性特性。单击“确定”按钮，完成块的定义。此时单击刚刚定义好的块或者将光标移到块图形上，就会发现原本零散的图形对象变成了一个整体，如图 9-6 所示。

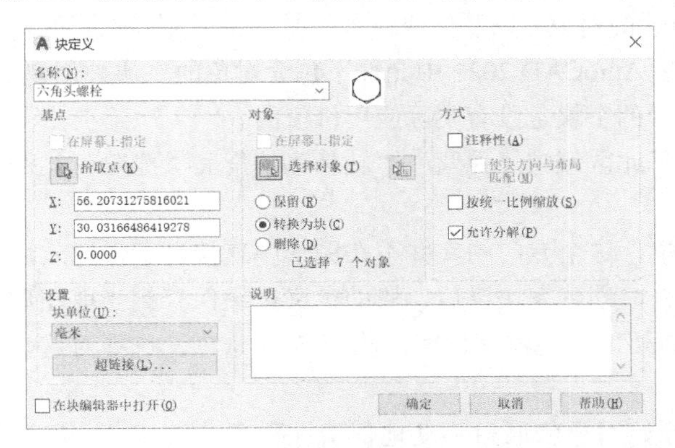

图 9-5　给出名称、基点、对象定义后的“块定义”对话框

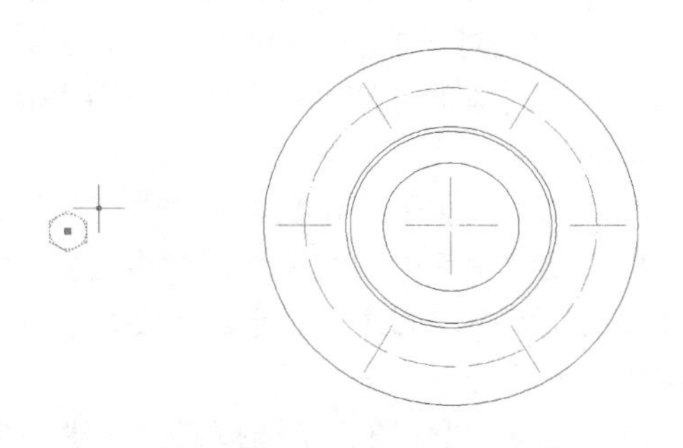

图 9-6　创建完的“六角头螺栓”块

这样就在当前图形中创建了一个名为“六角头螺栓”的块。

本例实践操作视频：视频 9-1

3. 命令选项

块的定义包括 3 个基本要素：名称、基点、对象，这 3 个要素缺一不可。下面对“块定义”对话框中的各选项进行说明。

- “名称”组合框：在相应的文本框中输入块名或者在下拉列表中选取当前图形中已经存在的块名。

提示

如果没有名称，块是无法创建的。推荐读者使用中文来给块命名，并且在名称中尽可能表达清楚这个块的具体用处，而不要使用“aa”“111”等随意输入的名字，这样在创建了多个块定义后仍然能将不同用处的块区分开来以方便使用。

- “基点”选项组：可以指定块的插入基点坐标，默认值为(0,0,0)。定义块时的基点实际上是插入块时的位置基准点，可以在 *X*、*Y*、*Z* 这 3 个坐标文本框中直接输入坐标值。当然，我们推荐的方法是单击“拾取点”按钮选取一个块图形中的特征点作为基点坐标。

提示

如果没有拾取基点，块会以默认值(0,0,0)作为基点来创建块。这样做的结果是：块定义中的对象距离坐标原点有多远，插入块时，这个图块就会跑多远。因此定义块的时候一定不要遗漏基点的定义。正确的做法是：单击“拾取点”按钮，然后拾取块对象中的某个特征点坐标作为基点坐标。注意在拾取坐标的过程中打开状态栏中的“对象捕捉”开关，确保精确拾取到块上的坐标点。

- “对象”选项组：可以指定新块中要包含的对象，以及创建块以后是保留或删除选定的对象，还是将它们转换成块实例。虽然在 AutoCAD 2021 中允许不包含对象的空块被创建，但是对于工程实际应用来讲，没有图形的空块是没有实际应用价值的。

选择对象的方法不做介绍，下面来看一下此区域中“保留”“转换为块”和“删除”3 个选项的含义。

块的定义实际上存在于一个专门的块库中，这个专门的库并不在图形中直接显示，插入块时仅仅是调用库中的块图形，并将之显示出来，创建完块以后，块的定义已经保存到当前图形文件的块库中。创建块的原始对象对用户来讲可能已经没有价值，此处 3 个选项，选择对这些原始对象的处理方法。

- ➢ “保留”单选按钮：创建块的原始对象将原封不动地保留在那里，依然是一组零散的图线，对于想要利用这些对象来创建另外一些比较类似的图块时，只要将它们简单修改就可以使用，这种情况应选择“保留”单选按钮。
- ➢ “转换为块”单选按钮：创建块的原始对象将直接转换成刚刚创建的块，这实际上相当于马上执行了一次插入块的操作，插入的位置就在原来的位置，这也是用户经常要执行的操作。
- ➢ “删除”单选按钮：这也是常常令人感到困惑的一个选项，创建块的原始对象将被从当前图形中删除掉而变得不可见。如果目的是要创建一个块的库，比如在做一个机械零件库，块定义完成后，这些原始对象对用户来讲就没有意义了，此时便可以使用这个选项将对象删除。

- “设置”选项组：可以指定块的一些特性设置。
  - ➢ “块单位”下拉列表：使用设计中心、工具选项板将块拖放到图形时，指定块的缩放单位。在这里最好指定一个单位而不要使用“无单位”，因为在设计中心将块拖放到图块时，AutoCAD 会自动换算单位而不会出现比例问题。
  - ➢ “超链接”按钮：打开“插入超链接”对话框，可用它将超链接与块定义相关联。
- “方式”选项组：可以指定块的行为方式。
  - ➢ “注释性”复选框：指定块为注释性。
  - ➢ “按统一比例缩放”复选框：选择这一选项后，插入块的时候不允许块沿 *X*、*Y*、

Z 方向使用单独的缩放比例。

➢ “允许分解”复选框：指定块是否可以被分解。

另外，块的定义支持嵌套，也就是说，已经是块的图形对象还可以被包含到另一个与之不同名的块定义中。

9.1.2　插入块

前面在当前图形中创建了两个块，如何使用这两个块呢？使用创建好的块有 3 种方法，分别是：

- 使用“插入”命令插入块。
- 使用设计中心插入块。
- 使用工具选项板插入块。

本节介绍使用“插入”命令插入块。

1．命令操作

激活插入块命令的方法如下。

- 命令行：输入 INSERT（I）并按回车键确认。
- 功能区：单击“插入”选项卡→“块”面板→“插入”按钮。

2．练习：插入块

继续以刚才的实例或者以练习文件“9-2.dwg”为例来讲解插入块的方法。现在需要在法兰盘图上插入刚刚创建的“六角头螺栓”块，操作步骤如下。

（1）单击“插入”选项卡→“块”面板→“插入”下拉按钮，会有创建好的块列表，如图 9-7 所示。

图 9-7　块列表

（2）选择“六角头螺栓”块，AutoCAD 提示如下。

命令：_-INSERT 输入块名或 [?] <六角头螺栓>: 六角头螺栓

单位：毫米　转换：1.0000

指定插入点或 [基点(B)/比例(S)/X/Y/Z/旋转(R)/分解(E)/重复(RE)]: _Scale 指定 XYZ 轴的比例因子 <1>: 1 指定插入点或 [基点(B)/比例(S)/X/Y/Z/旋转(R)/分解(E)/重复(RE)]: _Rotate

指定旋转角度 <0.00>: 0

指定插入点或 [基点(B)/比例(S)/X/Y/Z/旋转(R)/分解(E)/重复(RE)]:（打开对象捕捉，拾取如图 9-8 所示的轴线交点，完成块的插入）

（3）重复上述过程，可以再次插入“六角头螺栓”块，插入点都是轴线交点，最后完成的法兰盘图形如图 9-9 所示。

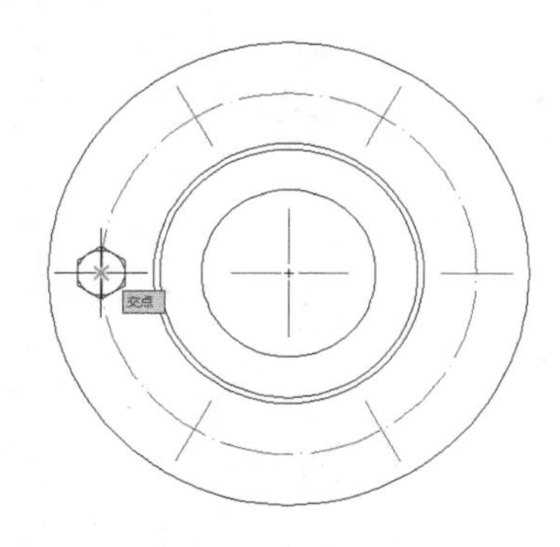

图 9-8　拾取插入点

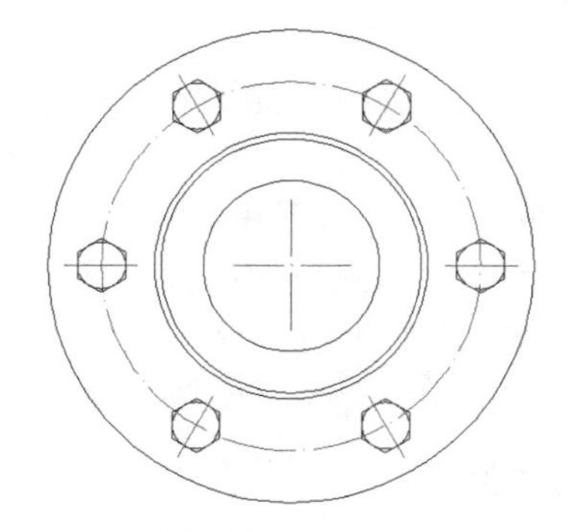

图 9-9　完成插入块后的法兰盘图形

本例实践操作视频：视频 9-2

3. 命令选项

完成块的插入后，再来看看“插入”对话框中各选项的含义（见图 9-7）。

- “名称”下拉列表：指定要插入的块名，或指定要作为块插入的文件名。如果当前图形中有定义好的块，可以直接从下拉列表中选择。另外，AutoCAD 还可以直接将 DWG 图形作为块插入到当前图形中来，方法是使用“浏览”按钮，选择需要插入的文件，完成后“路径”中提示当前插入文件的位置。
- “插入点”选项组：可以指定块的插入点。如果勾选“在屏幕上指定”复选框，则可以用鼠标在绘图区域拾取块的插入点。还可以直接在 *X*、*Y*、*Z* 这 3 个文本框中直接输入坐标值。建议读者采取“在屏幕上指定”方式以便快捷地定出插入点。
- “比例”选项组：可以指定插入块的比例。如果指定负的 *X*、*Y* 和 *Z* 比例因子，则插入块的镜像图形。同样，比例也可以采取“在屏幕上指定”方式，但是一般情况下如果使用 1∶1 精确绘图，很少会采用这种方式。“统一比例”复选框为 *X*、*Y* 和 *Z* 坐标指定单一的比例值，即为 *X* 指定的值也反映在 *Y* 和 *Z* 的值中。
- “旋转”选项组：此区域在当前 UCS 中指定插入块的旋转角度。旋转也可以采取“在屏幕上指定”方式，此时插入块时会提示输入旋转度数以适应图形位置。
- “分解”复选框：控制块插入后是分解成原始的图形对象还是作为一个块对象。

注意

在 AutoCAD 创建块的过程中，“0”图层是一个浮动图层，以此图层中的对象创建成的图块，如果其原始对象的其他特性（如颜色、线型、线宽等）都设置为逻辑属性“ByLayer”（随层），插入后将会随插入图层（也就是当前图层）的特性变化，而用其他图层中的对象创建的图块则保留原始图线所在图层的特性。

了解了这一点后，可以得出这样的经验：如果用户想要创建一个通用的图块库以便在各图层中使用，最好将创建图块的原始图线放到“0”层中，并且将其颜色、线型、线宽等特性都设置为逻辑属性“ByLayer”（随层）。

9.1.3 使用设计中心插入块

如果要想在其他文件中使用当前图形中的块，早前 AutoCAD 使用写块命令将块写入到一个文件中，然后其他文件以插入外部图形作为块来调用，但是如果有大量的块需要在其他文件中使用，这样的操作方法不方便也不直观，因此，从 AutoCAD 2000 开始提供了设计中心，可以很好地解决这样的问题。

在设计中心可以找到并打开任意图形文件（可以是 DWG、DWT、DWS 文件）以获得图形中的块定义，并将缩略图直观地显示出来，通过简单地拖动就可以实现在当前图形中插入其他图形中的块。

1．命令操作

激活设计中心的方法如下。

- 命令行：输入 ADCENTER 并按回车键确认。
- 功能区：单击“视图”选项卡→“选项板”面板→“设计中心”按钮。
- 快捷键：“Ctrl+2”。

2．练习：使用设计中心插入块

打开本书的练习文件“9-2.dwg”和“9-3.dwg”，并确保当前图形文件是“9-2.dwg”，尝试将“9-3.dwg”文件中定义好的块插入到“9-2.dwg”文件中相应的插入点。操作步骤如下。

（1）按“Ctrl+2”组合键，此时 AutoCAD 弹出“DESIGNCENTER”（设计中心）面板，选择“打开的图形”选项卡，展开“9-3.dwg”文件，并选择其中的“块”选项，如图 9-10 所示。

（2）可以看到，“9-3.dwg”文件中定义的块都直观地显示在设计中心了，此时只要选中需要的块，按住鼠标左键拖动就可以将块插入到当前图形中。为了方便拖动，可以将设计中心拖动到屏幕左方，以使当前图形和设计中心都能显示出来：用鼠标左键按住“DESIGNCENTER”（设计中心）面板的标题栏向左边拖动，直到出现一个纵向的矩形框后松手，此时设计中心的位置如图 9-11 所示。选择其中的“侧视座椅”块，按住鼠标左键将其拖动到如图 9-11 所示的地板与定位红线交点位置。注意，拖动时打开对象捕捉以帮助精确定位。

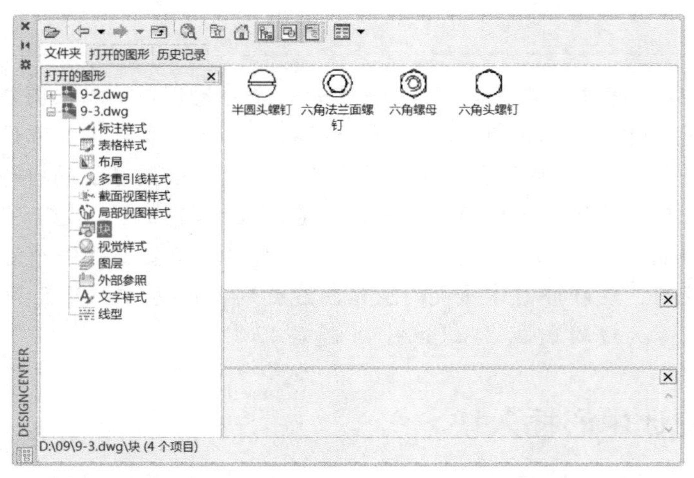

图 9-10 “DESIGNCENTER”面板的“打开的图形”选项卡

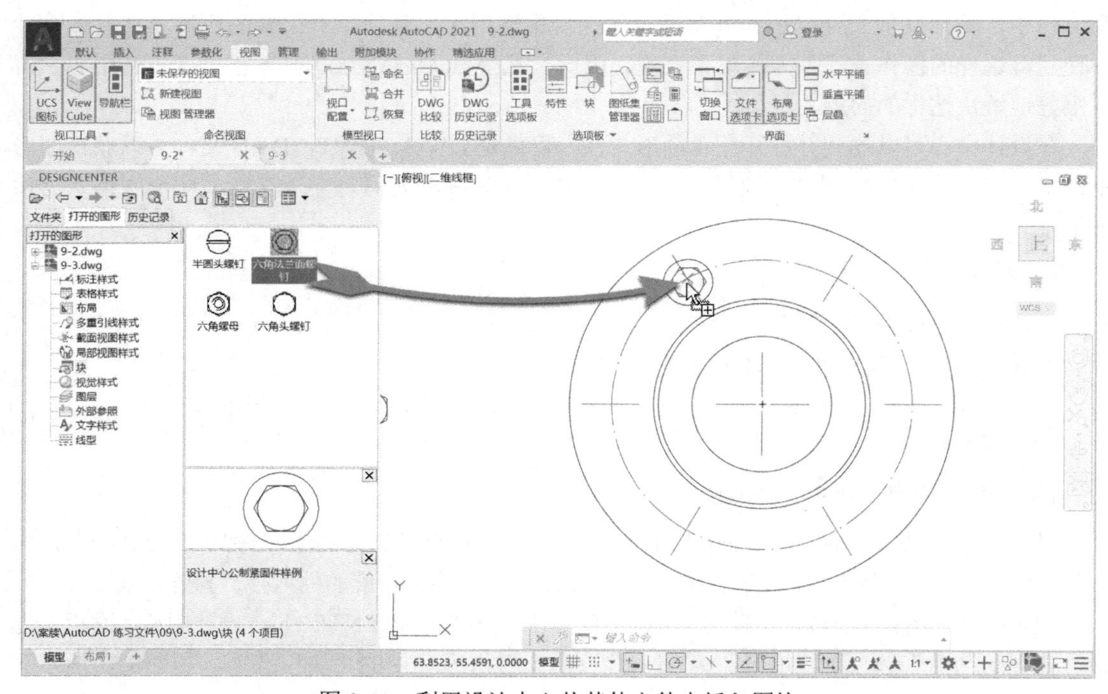

图 9-11 利用设计中心从其他文件中插入图块

（3）重复刚才的操作过程，拖动不同的块到当前图形中，最后的结果如图 9-12 所示。

利用设计中心不但可以插入其他图形中的块，也可以采用这种直观的方式插入当前图形中的块，不一定非要用插入块的命令。设计中心还可以通过拖动的方式应用其他图形中的标注样式、文字样式、线型、图层等元素到当前图形。

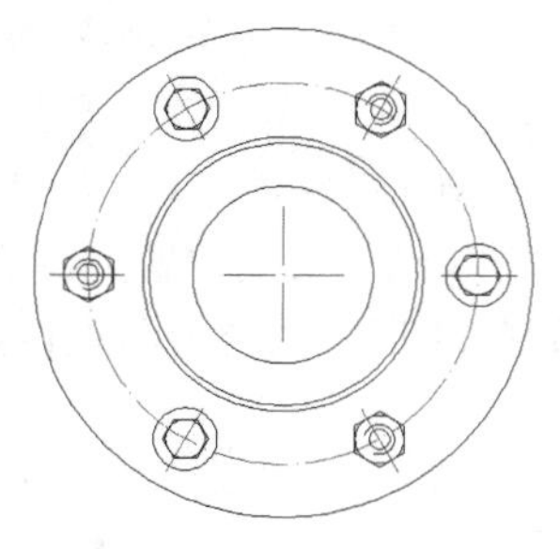

图 9-12 利用设计中心插入图块后的图形

本书的练习文件还有“9-4.dwg”和“9-5.dwg”，分别是创建好的家具库和一个平面布置图，读者可以自行练习使用设计中心将“9-4.dwg”中的家具图块拖动到“9-5.dwg”中，进行家具布置。

注意

使用 Windows 的“复制”“粘贴”命令也可以实现在不同文件间调用块或图形对象，但是“复制”“粘贴”命令将忽略块中的基点定义，使用整个图形对象的左下角点作为基点插入，而在设计中心中块的基点定义依然有效。

本例实践操作视频：视频 9-3

9.1.4　使用工具选项板插入块

工具选项板是从 AutoCAD 2004 开始增加的工具，它将一些常用的块和填充图案集合到一起分类放置，需要时只要拖动它们就可将其插入到图形中，极大地方便了块和填充的使用。AutoCAD 2021 中的工具选项板还可以加入常用的 AutoCAD 命令。

1．命令操作

激活工具选项板的方法如下。

- 命令行：输入 TOOLPALETTES（TP）并按回车键确认。
- 功能区：单击“视图”选项卡→“选项板”面板→“工具选项板”按钮。
- 快捷键：Ctrl + 3。

打开工具选项板后，屏幕上将会显示一个工具选项板窗口，这里面已经定义好了很多按专业分类的块，直接拖动就可以将块插入到当前图形中。

将块放到工具选项板的方法有如下几种：

- 使用设计中心将块拖动到工具选项板。
- 使用设计中心右键菜单直接创建工具选项板。
- 将块复制到剪贴板中，然后粘贴到工具选项板。
- 单击选择块，然后直接拖动到工具选项板。

2．练习：使用工具选项板插入块

接下来还是使用本书的练习文件“9-2.dwg”和“9-3.dwg”，尝试将“9-3.dwg”中的块放到工具选项板中去，然后将之从工具选项板中插入到“9-2.dwg”中。

使用第 4 种方法，选择块，然后直接拖动到工具选项板，步骤如下。

（1）打开本书的练习文件“9-2.dwg”和“9-3.dwg”，确保当前文件是“9-3.dwg”，按“Ctrl+3”组合键，打开工具选项板。

（2）在选项板标签或标题栏位置单击鼠标右键，在弹出的快捷菜单中选择“新建选项板”命令，创建一个名为“紧固件”的选项板。

（3）在“9-3.dwg”图形中的“半圆头螺钉”块上单击选中这个块，然后按住鼠标左键（或右键）将这个块直接拖动到新创建的工具选项板中去，如图 9-13 所示。重复这样的方法，将其他几个块也拖动到工具选项板中。

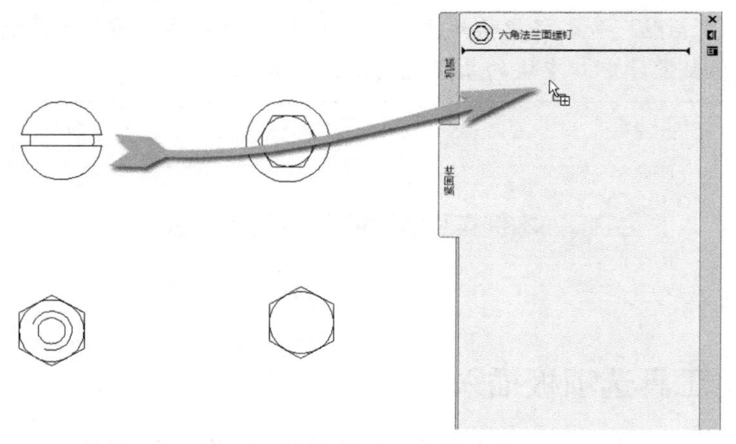

图 9-13　将块直接拖动到工具选项板中

（4）将当前图形切换到“9-2.dwg”中，将工具选项板上的“六角头螺钉”逐个拖动到图形中相应的位置，如图 9-14 所示。

注意

通过工具选项板可以很方便地组织和使用块。但是要注意，工具选项板中的块必须有源图形，也就是说，如果选项板中的块的原始文件发生了变化，比如被删除、移动或修改了，此时虽然工具选项板中仍然有这个块图形，但是已经无法再使用了。

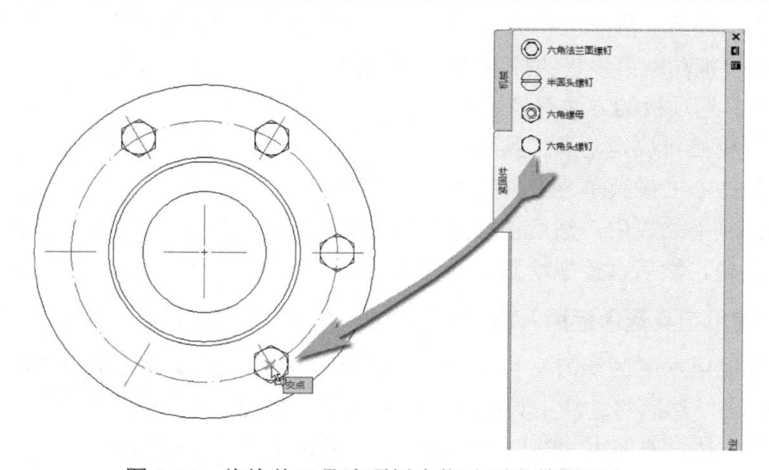

图 9-14　将块从工具选项板中拖动到当前图形中

本例实践操作视频：视频 9-4

9.2　块的编辑与修改

块在插入到图形之后，表现为一个整体，用户可以对这个整体进行删除、复制、镜像、旋转等操作，但是不能直接对组成块的对象进行操作，也就是说不能直接修改块在库中的定义。AutoCAD 提供了 3 种方法对块的定义进行修改，分别是块的分解加重定义、块的在位编辑和块编辑器。

提示

在 AutoCAD 图形中，删除了图块依然可以将块继续插入进来使用。由于块的定义实际上存在于一个专门的块库中，这个库是不依赖于显示在图形中的对象而存在的，因此将文件中所有插入的图块都删除掉，图块的定义依然还保存在块库中，需要时随时可以插入。如果想要将在图形中没有用的块彻底删除，仅仅在画面上删除是不够的，因此，AutoCAD 提供了清理（PURGE）命令，可以清理掉这些没有用的图块。

9.2.1　块的分解

分解命令可以将块由一个整体分解为组成块的原始图线，然后可以对这些图线执行任意的修改，命令的激活方式如下。

1. 命令操作

- 命令行：输入 EXPLODE 并按回车键确认。
- 功能区：单击“默认”选项卡→“修改”面板→“分解”按钮。

2. 命令选项

激活命令后，在命令提示下选择需要分解的块，选择完毕按回车键后，块就被分解成零散的图线，此时可对这些图线进行编辑。一次分解只能分解一级的块，如果是嵌套块，还需要将嵌套进去的块进一步分解才能成为零散的图线。另外必须注意，在创建块时如果不勾选“允许分解”复选框，那么创建出来的块不能被分解。

9.2.2　块的重定义

需要注意的是，对分解后的块的编辑仅仅停留在图面上，而块库中的定义不会有任何变化，也就是说，此时要再次插入这个块，依旧是原来的样子。除非将分解后的块的原始图线编辑修改后重定义成同名块，这样块库中的定义才会被修改，再次插入这个块时，会变成重新定义好的块。

重定义块常常用于批量修改一个块，比如某个图块在图形中被插入了很多次，并且插入到不同的位置和图层，甚至对其他的特性（如颜色、线型、线宽等）也做了大量的调整，而后来发现这个块的图形并不符合要求，需要全部变为另外的样式，这样将绘制好的图块（可以是分解块后经过简单修改的，也可以是完全重新绘制的图形）以相应的插入点重新定义，完成后，图形中全部同名块将会被修改为新的样式。

1. 命令操作

块的重定义实际使用起来很简单，和创建块的过程一样，只是在选择块名时可以选择“名称”下拉列表中的已有块。

重定义块命令的激活方式如下。

- 命令行：输入 BLOCK（B）并按回车键确认。
- 功能区：单击“插入”选项卡→“块定义”面板→“创建块”下拉按钮→“创建块”按钮 。

2. 练习：重定义块

接下来用一个实例来说明如何进行块的重定义操作。

打开本书的练习文件“9-6.dwg”，如图 9-15 所示。

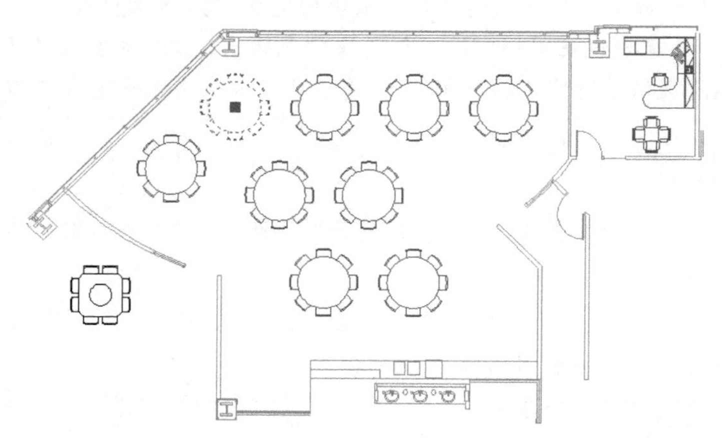

图 9-15　文件“9-6.dwg”中的餐厅布置图

这是一个餐厅的家具布置图，假设这是一项工程的设计阶段，甲方（也就是餐厅的业主）对这个设计不满意，相比圆形餐桌而言，他们更喜欢方形的餐桌（也就是左下角绘制好的方形餐桌）。此时如果要更改设计，则需要在布置好的位置重新插入一遍方形餐桌的块。这是一项很费时的工作，因为餐桌的位置是根据各种人体工学的原理设计出来而非随意布置的。这时如果使用块的重定义，就可以轻而易举地完成这个修改。操作步骤如下。

（1）由于块的重定义是在原来插入点（也就是基点）的位置将块替换掉的，所以对应的插入点显得尤为重要。选择其中一个圆形餐桌的块（如图 9-15 所示的左上角圆形餐桌块），可以看到这个块的插入点在餐桌的中心位置（中心位置显示出一个蓝色夹点，这个夹点便是块的基点），在重定义块时，只需要将基点定到新块的中心位置即可。按两下“Esc”键取消对这个块的选择。

（2）选择桌子图块，按“Ctrl+1”组合键打开“特性”窗口，找到“名称”信息栏，可以看到这个圆形餐桌的块名为“8 座桌”（这个操作可以帮助我们了解重定义块的目标所在），单击“×”按钮，关闭特性窗口。

（3）单击“插入”选项卡→“块定义”面板→“创建块”下拉按钮→“创建块”按钮，此时 AutoCAD 会弹出“块定义”对话框，在“名称”下拉列表中选择“8 座桌”选项，单击“基点”选项组中的“拾取点”按钮，提示拾取一个坐标点作为这个块的基点，拾取左边方形餐桌中间转盘的圆心点（此时应打开对象捕捉），如图 9-16 所示。拾取好基点后会回到“块定义”对话框。

（4）单击“对象”选项组中的“选择对象”按钮，这时使用窗口选择模式全部选取方形餐桌图形对象，选择完后按回车键回到“块定义”对话框，单击“确定”按钮。此时 AutoCAD 会弹出一个名为“块-重新定义块”的警告信息框，如图 9-17 所示，单击“重新定义块”按钮确定所做的操作。

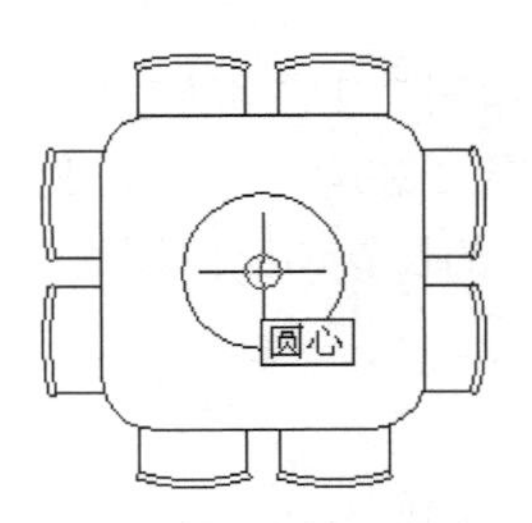

图 9-16　拾取到方形餐桌中间转盘的圆心点作为基点

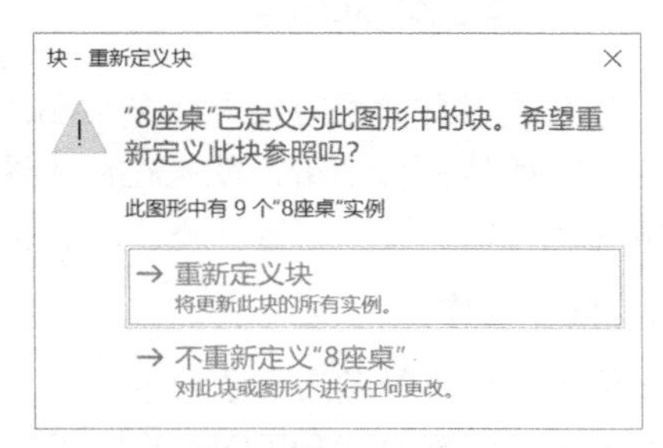

图 9-17　“块-重新定义块”警告信息框

（5）此时会发现，图形中所有的“8 座桌”块由原来的圆形餐桌更新为方形餐桌，如图 9-18 所示。

本例实践操作视频：视频 9-5

通过上述实例可以看到，块的重定义是一个非常实用的工具，利用它可以轻松地完成以往需要大量时间才能完成的工作。

提示

对于块的重定义，除了需要了解基点位置之外，创建块的原始对象所在的图层也很重要。如果原来的块的原始图线所在层是 0 图层，重定义块的原始图线最好也放到 0 图层，这样，如果这个块插入到了其他的图层或者改变了某些特性（如颜色、线型、线宽等）时，重定义的块将一样保留这些更改过的特性。

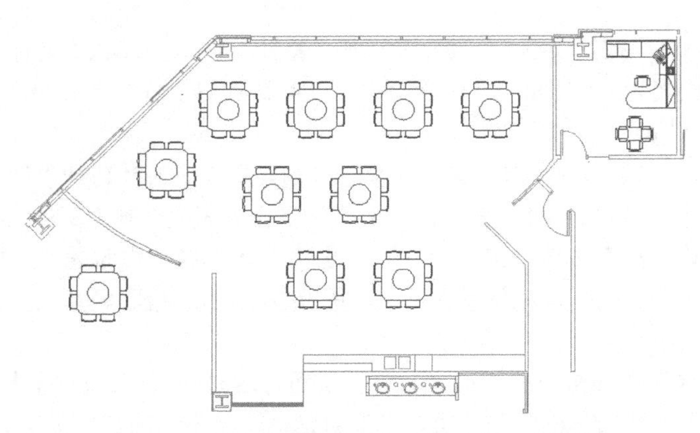

图 9-18　重定义“8 座桌”块后的餐厅布置图

9.2.3　块的在位编辑

除了前面讲到的重定义方法，AutoCAD 还有一个“在位编辑”工具直接供用户修改块库中的块定义。所谓在位编辑，就是在原来图形的位置上进行编辑，这是一个非常便捷的工具，不必分解块就可以直接对它进行修改，而且可以不必理会插入点的位置和原始图线所在图层。

1. 命令操作

在位编辑命令的激活方法如下。

- 命令行：输入 REFEDIT 并按回车键确认。
- 选择块，单击鼠标右键，在弹出的快捷菜单中选择“在位编辑块”命令。

2. 练习：在位编辑块

下面用和上面类似的例子来讲解如何进行块的在位编辑。打开本书的练习文件“9-7.dwg”，同样是这个餐厅的家具布置图，甲方(也就是餐厅的业主)对这个设计基本满意，但是他们提出要在圆形餐桌中间加一个转盘。使用块的在位编辑的方法可以完成这个修改，操作步骤如下。

（1）选择块，单击鼠标右键，在弹出的快捷菜单中选择“在位编辑块”命令，弹出“参照编辑”对话框，如图 9-19 所示。这个对话框中显示出要编辑的块的名字“8 座桌”。

（2）如果块中有嵌套的块，还会将嵌套的树状结构显示出来，这样可以自由选择是编辑当前的根块还是编辑嵌套进去的子块。确保选择了“8 座桌”，然后单击“确定”按钮，此时 AutoCAD 会进入一个参照和块编辑的状态，除了块定义的图形以外，其他图形全部褪色，并且除了当前正在编辑的块图形外，看不到其他插入进去的相同的块，如图 9-20 所示。同时，功能区当前标签右侧会出现“编辑参照”面板。

（3）在命令行输入命令 C 激活画圆命令，以餐桌的圆心为圆心，绘制一个半径为 200 的圆表示转盘。完成对块定义的修改后，单击“编辑参照”面板→“保存修改”按钮，在弹出的警告对话框中单击“确定”按钮，将修改保存到块的定义中。最后完成的餐厅家具布置图如图 9-21 所示。

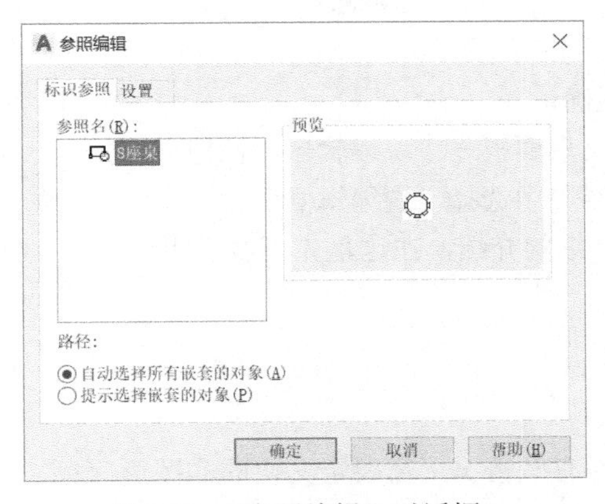

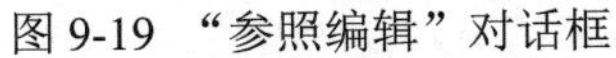
图 9-19 “参照编辑”对话框

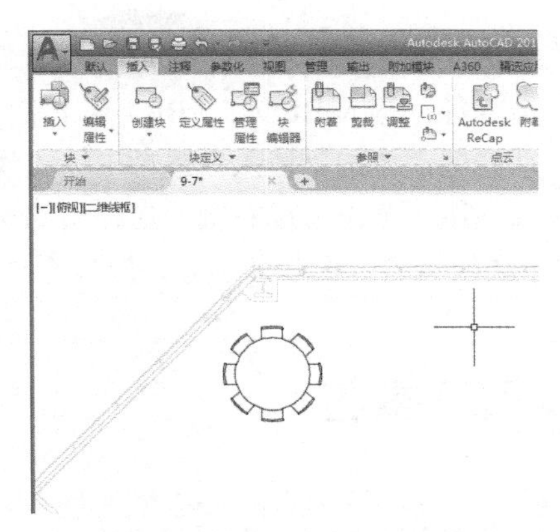

图 9-20 参照和块在位编辑的状态

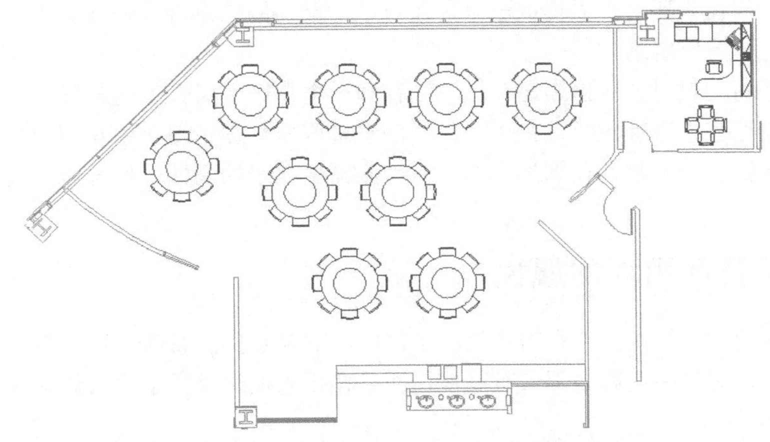

图 9-21 在位编辑“8 座桌”块后的餐厅家具布置图

本例实践操作视频：视频 9-6

通过上述例子可以发现，在位编辑块可以快速地修改块定义。那么什么时候使用重定义或者在位编辑块呢？一般来说，如果已经绘制好了一个可以替代块的图形后，使用重定义块比较方便；如果仅仅是在块上做简单修改而没有一个可以替代块的图形时，使用在位编辑更快捷一些。

9.2.4 块编辑器

块编辑器是更强大的独立编辑块的工具，它的使用方法和块的在位编辑相似，不同的是，它会打开一个专门的编辑器而不是在原来图形的位置上进行编辑。它主要是为了动态块的创建而设计的，是一个功能更强大的编辑器。

该命令的激活方法如下。

- 命令行：输入 BEDIT（BE）并按回车键确认。
- 功能区：单击“插入”选项卡→“块定义”面板→“块编辑器”按钮。
- 选择块，单击鼠标右键，在弹出的快捷菜单中选择“块编辑器”命令。

关于块编辑器，在学习动态块时还会进行详细的介绍，在这里先不做说明。

9.3 块的属性

一般情况下，定义的块只包含图形信息，而有些情况下需要定义块的非图形信息，比如定义的零件图块需要包含零件的重量（质量）、规格、价格等信息，这类信息可以显示在图形中，也可以不显示，但在需要时可以提取出来，还可以对需要的信息进行统计分析。块的属性便可以定义这一类的非图形信息。

打开本书的练习文件“9-14.dwg”，可以看到一个有很多家具块的布置图。这些家具块都带有属性，双击这些带属性的块，可以在打开的“增强属性编辑器”中看到价格、规格、名称等信息，这些属性有些是显示在图形中的，有些不需要显示的属性（如价格、规格等）则没有显示出来。

9.3.1 定义及使用块的属性

要让一个块附带有属性，首先需要绘制出块的图形并定义出属性，然后将属性连同图形对象一起创建成块，这样的块就会附带有属性，而且在插入块时会提示输入这些属性值。使用块属性的步骤如下。

（1）规划哪些对象是块，块需要哪些属性。

（2）创建组成块的对象。

（3）定义所需的各种属性。

（4）将组成块的对象和属性一起定义成块。

（5）插入定义好的包含属性的块，按照提示输入属性值。

1. 命令操作

在绘制好图形后，再来创建属性。激活创建属性命令的方法如下。

- 命令行：输入 ATTDEF 并按回车键确认。
- 功能区：单击“插入”选项卡→“块定义”面板→“定义属性”按钮。

2. 命令选项

激活命令后，会弹出“属性定义”对话框，如图 9-22 所示，其中的选项说明如下。左边的“模式”选项组中列出了属性的 6 种模式，其中：

- “不可见”模式用于设定此属性在图形中不显示。
- “固定”模式用于设定此属性已被预先给出属性值，不必在插入块时输入，并且此属性值不能修改。

- “验证”模式用于设定此属性在插入块时提示验证属性值是否正确。
- “预设”模式用于设定此属性在插入块时将属性值设置为默认值。
- “锁定位置”模式用于设定此属性在块中的位置。
- “多行”模式用于设定此属性可以包含多行文字。

右边的“属性”选项组中有 3 个文本框，其中：

- “标记”指定此属性的代号。
- “提示”指定在插入包含该属性定义的块时显示的提示。
- “默认”指定默认属性值，也可以输入字段。

3．练习：定义块的属性并插入块

打开本书的练习文件“9-8.dwg”，其中保存了一张床的平面图形，现在尝试将此图形定义成块并给块加上名称、规格、价格 3 个属性。

（1）定义属性。单击“插入”选项卡→“块定义”面板→“定义属性”按钮，弹出“属性定义”对话框，如图 9-22 所示。

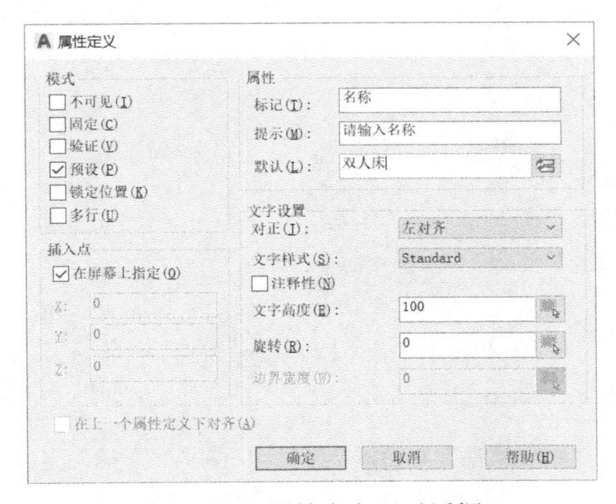

图 9-22　“属性定义”对话框

（2）在“属性”选项组的“标记”文本框中输入属性标记“名称”，在“提示”文本框中输入“请输入名称”，在“默认”文本框中输入“双人床”。勾选“模式”选项组中的“预设”复选框，然后单击“拾取点”按钮，在床中间位置拾取一点。回到“属性定义”对话框中，在“文字设置”选项组的“文字高度”数值框中输入“150”，最后单击“确定”按钮，完成“名称”属性的定义。

（3）按照此方法完成“规格”和“价格”属性的定义，注意定义这两个属性时都只勾选“不可见”复选框，并且勾选“在上一个属性定义下对齐”复选框，“规格”和“价格”属性的值分别为“2000×1500”和“1200”。最后完成的属性定义如图 9-23 所示。

（4）将此图形连同属性一起定义为“双人床”的块。单击“插入”选项卡→“块定义”面板→“创建块”按钮，弹出“块定义”对话框，基点拾取床的左上角，选择对象时将床连同属性一起选中，并选择“删除”单选按钮，最后单击“确定”按钮，完成后屏幕上的图形将消失。此时图形已经被定义成块并存放在文件的块库中，在图形中并不显示。

（5）在当前图形中插入定义好的带属性的块。单击“插入”选项卡→“块”面板→“插入”按钮，如图 9-24 所示，选择“双人床”块，在屏幕上拾取一个插入点，此时弹出“编辑属性”对话框，如图 9-25 所示。此时可以对默认的属性进行修改，在“请输入价格”文本框中输入“1350”，对规格和名称不做修改。最后插入的块如图 9-26 所示。因为规格和价格属性都选择了“不可见”，因此在插入后没有显示出来。

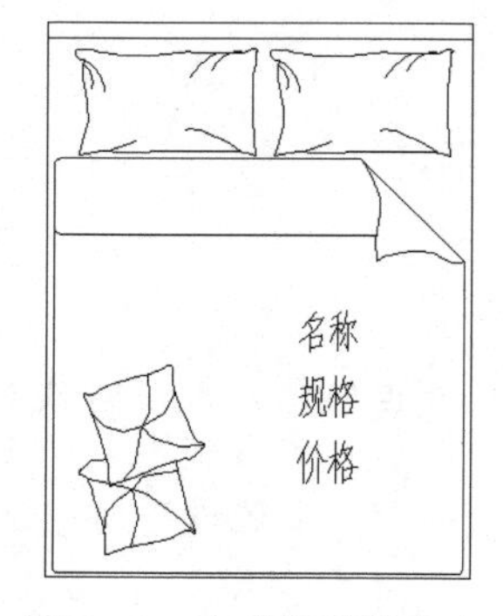

图 9-23　完成的属性定义

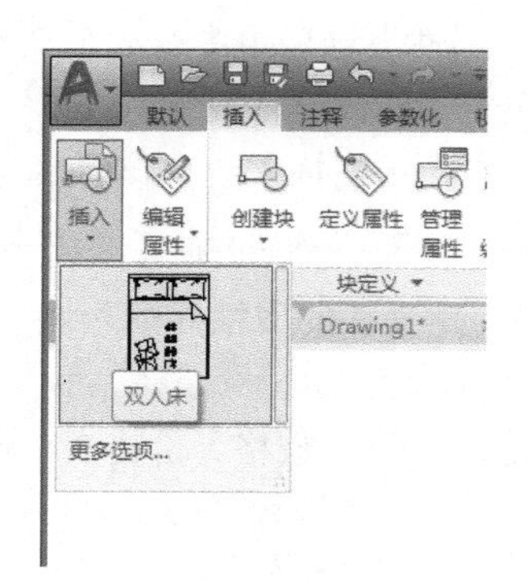

图 9-24 “插入”列表

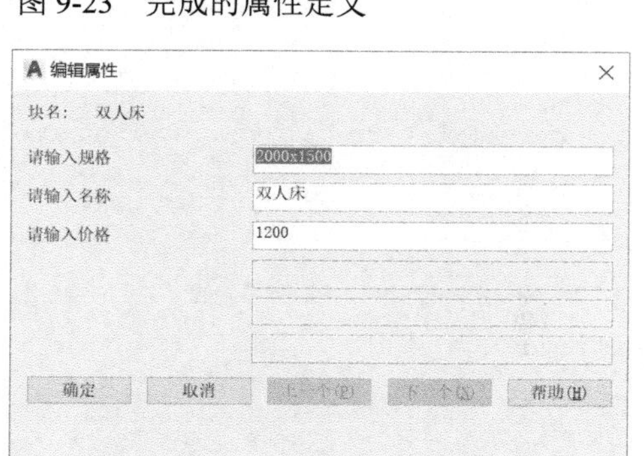

图 9-25 “编辑属性”对话框

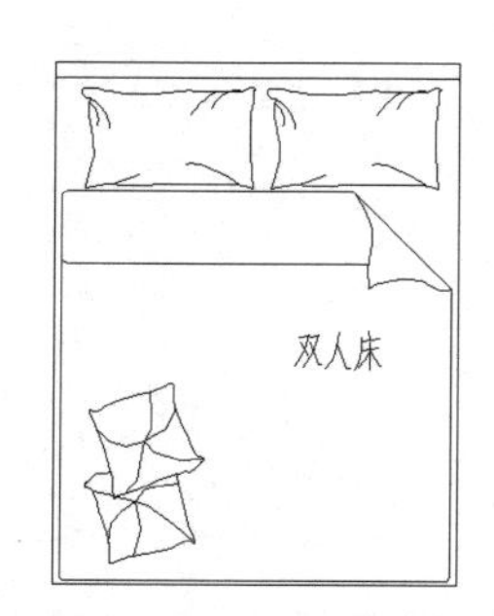

图 9-26　插入完成后的附带属性的块

本例实践操作视频：视频 9-7

利用属性还可以创建一些带参数的符号和标题栏等，AutoCAD 样板图中的标题栏就是用带属性的块来创建的，使用时仅需要按提示输入属性就可以完成标题栏中各项目的填写，有兴趣的读者可以打开本书的练习文件“9-9.dwg”，尝试插入名为“A3 图框标题栏”的图块，在提示下完成标题栏的填写。

4．练习：利用属性创建带参数的符号

下面用一个简单的例子来讲解如何利用属性创建带参数的符号。

打开练习文件“9-10.dwg”，里面有一个创建好的基轴坐标图块、一个创建好属性的粗糙度符号和一个尚未创建属性的建筑标高符号，如图 9-27 所示。

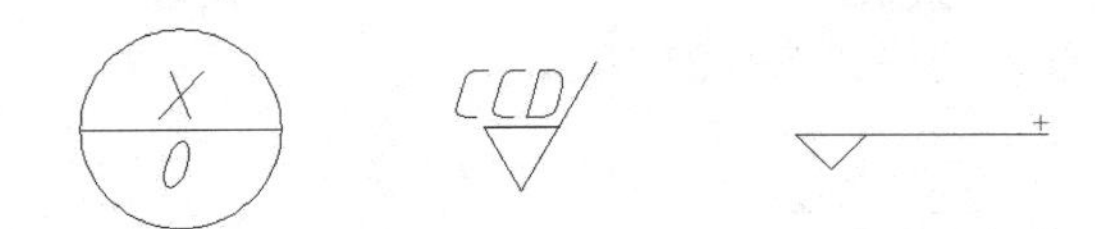

图 9-27　文件“9-10.dwg”中的符号图形

做如下练习。

（1）基轴坐标是大型装配图纸中常用的符号，第一个练习插入基轴坐标图块。这个图块中有两个属性，一个是坐标轴，一个是坐标。单击“插入”选项卡→“块”面板→“插入”按钮，确保在“名称”下拉列表中选择了“基轴坐标”选项，再单击“确定”按钮，在绘图区域拾取任意一点，可能会弹出“选择注释比例”对话框，直接确认即可。在接下来的“编辑属性”对话框中输入坐标轴“*Y*”，输入坐标“1000”。最后，插入的块如图 9-28 所示。

（2）粗糙度是机械图纸中的常用符号，下面练习创建一个加工表面的粗糙度符号。确保打开了文件“9-10.dwg”，如图 9-27 中间的图形，“CCD”是一个创建好的属性，为了保证粗糙度数字位数变化时插入的属性不会压过图线，在创建这个粗糙度属性时，文字选项的对正方式选择了“右”对齐。

（3）单击“插入”选项卡→“块定义”面板→“创建块”按钮，在弹出的“块定义”对话框中的“名称”文本框中输入“加工表面粗糙度”，基点拾取图形底部的角点，在“对象”选项组中选择“删除”选项。由于这些都是符号块，需要打开块的注释性以适应不同的出图比例，确保“注释性”复选框被勾选，单击“确定”按钮，将图形连同属性创建为“加工表面粗糙度”的图块。

然后单击“插入”选项卡→“块”面板→“插入”按钮，确保“名称”下拉列表中选择了“加工表面粗糙度”，单击“确定”按钮，在绘图区域拾取任意一点，在“编辑属性”对话框中输入粗糙度“6.3”，最后插入的块如图 9-29 所示。

图 9-28　插入后的基轴坐标符号块　　　　图 9-29　插入后的粗糙度符号块

（4）建筑标高是建筑图纸中的常用符号，下面练习创建一个建筑标高的符号。确保打开了文件“9-10.dwg”，如图 9-27 中右边的图形，这里标高符号已经绘制好，需要创建一个标高的属性。单击“插入”选项卡→“块定义”面板→“定义属性”按钮，弹出“属性定义”对话框，在“标记”文本框中输入“BG”，在“提示”文本框中输入“标高”，在“默认”文本框中输入“0.0”，插入点拾取图 9-27 右边图形中的“+”号位置，在“文字选项”选项组的“对正”下拉列表中选择“右”选项，在“文字样式”下拉列表中选择“工程字”选项，在“高度”数值框中输入“3.5”。确保“注释性”复选框被勾选，单击“确定”按钮，创建了“标高”属性，如图 9-30 所示。

参照上一个练习，将此图形连同属性一起创建为“建筑标高”块，注意基点拾取到图形底部的角点上。单击“插入”选项卡→“块”面板→“插入”按钮，确保“名称”下拉列表中选择了“建筑标高”，单击“确定”按钮，在绘图区域拾取任意一点，在“编辑属性”对话框中输入标高“2000”，最后插入的块如图 9-31 所示。

图 9-30　定义好属性的建筑标高符号　　图 9-31　插入后的建筑标高符号块

通过上述练习，创建了 3 个经常使用的带参数符号的图块，读者可以利用这些方法根据自己的专业创建出自己的符号库以方便使用。

本例实践操作视频：视频 9-8

需要注意的是，在定义属性时文字的对齐方式要根据需要做出调整，不然使用时可能会出现属性值压过图线的情况。

提示

对于符号块，在定义块时需要打开块的注释性以适应不同的出图比例，确保“注释性”复选框被勾选，这样哪怕是不带注释性的块属性也会随块的注释性适应各种不同的出图比例。而在定义属性时，则不必打开注释性。

9.3.2　创建块之前属性的编辑

属性的编辑分为两个层次，即创建块之前和创建块之后。

1. 命令操作

创建块之前属性的编辑方法如下。

- 命令行：输入 DDEDIT 并按回车键确认。
- 直接在属性上双击。

2. 练习：编辑创建块之前的属性

打开本书的练习文件“9-11.dwg”，这个文件中有 4 个创建好的属性尚未定义到块中，双击其中的“名称”属性，AutoCAD 弹出“编辑属性定义”对话框，如图 9-32 所示。在这里可以对属性的标记、提示、默认 3 个基本要素进行编辑，但是不能对其模式、文字特性等进行编辑。

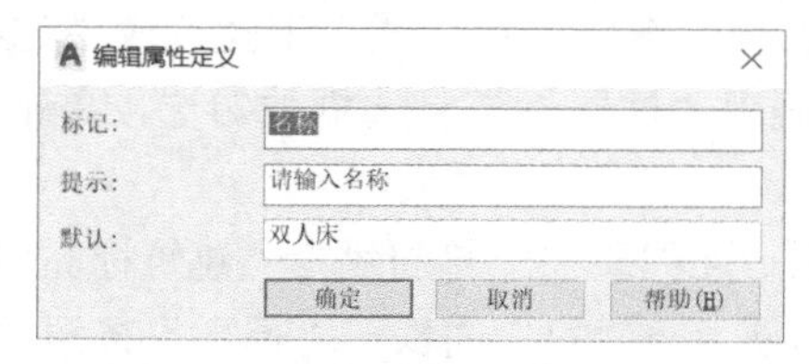

图 9-32　“编辑属性定义”对话框

本例实践操作视频：视频 9-9

9.3.3　创建块之后属性的编辑

创建块之后属性和块已经结合在一起了，对块进行编辑即可。

1．命令操作

激活命令的方法如下。

- 命令行：输入 EATTEDIT 并按回车键确认。
- 功能区：单击“插入”选项卡→“块”面板→“编辑属性”下拉按钮→“单个”按钮。
- 直接在附带属性的块上双击（注意，如果在没有附带属性的块上双击，会打开块编辑器的“编辑块定义”对话框）。

2．练习：编辑创建块之后的属性

打开本书的练习文件“9-12.dwg”，这个文件中有一个附带 4 个属性的块，双击这个块，弹出“增强属性编辑器”对话框，如图 9-33 所示。在这里可以对属性的值、文字选项、特性进行编辑，但是不能对其模式、标记、提示进行编辑。如果修改了属性值，而且这个属性的模式又是可见的，那么图形中显示出来的属性将随之变化。

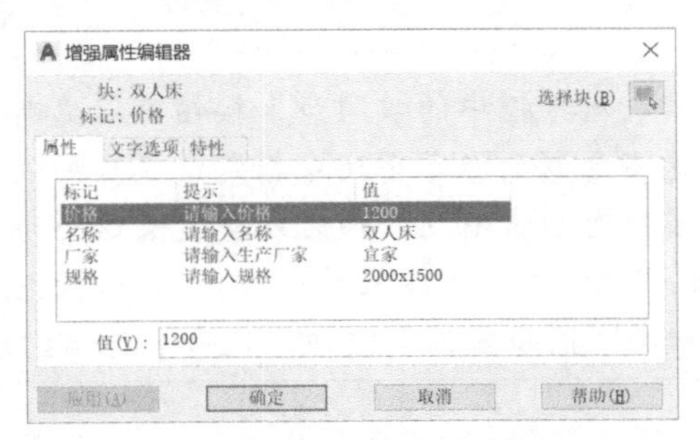

图 9-33　“增强属性编辑器”对话框

本例实践操作视频：视频 9-10

9.3.4　块属性管理器

AutoCAD 还提供了一个“块属性管理器”，这是一个功能非常强的工具，它可以对整个图形中任意一个块中的属性标记、提示、值、模式（除“固定”之外）、文字选项、特性等进行编辑，甚至可以调整插入块时提示属性的顺序。

1．命令操作

块属性管理器的激活方式如下。

- 命令行：输入 BATTMAN 并按回车键确认。
- 功能区：单击“插入”选项卡→“块定义”面板→“管理属性”按钮。

2．练习：利用块属性管理器对插入块属性提示顺序进行调整

打开文件“9-13.dwg”，文件中保存了一张床的块定义，单击“插入”选项卡→“块定义”面板→“管理属性”按钮，弹出如图 9-34 所示的对话框。

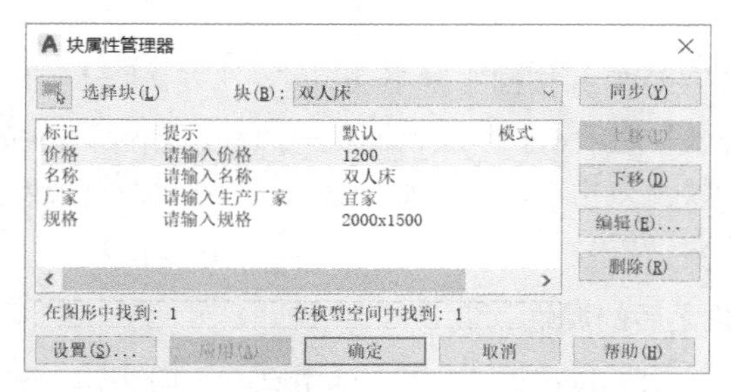

图 9-34 “块属性管理器”对话框

使用“上移”或“下移”按钮可以将顺序调整至“名称”→“规格”→“价格”→“厂家”。重新插入“双人床”块。注意：此时提示输入的顺序便是调整过后的顺序。

提示

单击“块属性管理器”对话框中的“同步”按钮可以更新具有当前定义属性特性的选定块的全部实例，这不会影响在每个块中指定给属性的任何值。实际上，这在向已经插入好的块中增加属性时非常有用，通常在重定义这个块后，已经插入图形的块并不显示新增属性，直到单击“同步”按钮并应用属性修改之后才能显示。这里的“同步”与“修改”工具栏中的“同步属性”按钮及命令行 ATTSYNC 等同。

本例实践操作视频：视频 9-11

9.3.5 属性的提取

带属性的块插入到图形中以后，有时需要将属性提取出来以供参考，最直接的方法就是双击插入的带属性的块，在弹出的“增强属性编辑器”对话框中可以很方便地查看或修改当前块的属性。

但是这样的方法只能提取单个块的属性，有时候需要将整个图形中所有带属性的块的属性提取出来用于统计分析，这就要用到 AutoCAD 提供的“数据提取”工具。在 AutoCAD 2021 中属性提取命令改由“数据提取”工具替代。

1．命令操作

该命令的激活方式如下。

- 命令行：输入 DATAEXTRACTION 并按回车键确认。
- 命令行：输入 EATTEXT 并按回车键确认。
- 功能区：单击“插入”选项卡→“链接和提取”面板→“提取数据”按钮。

2．练习：属性提取

下面用一个实例来讲解如何进行属性提取。打开图形文件“9-14.dwg”，此图中有一个住宅平面布置图，如图 9-35 所示。此图中所有的家具和洁具都采用了带属性的块的形式，现在想计算所有家具和洁具的总价格，具体步骤如下。

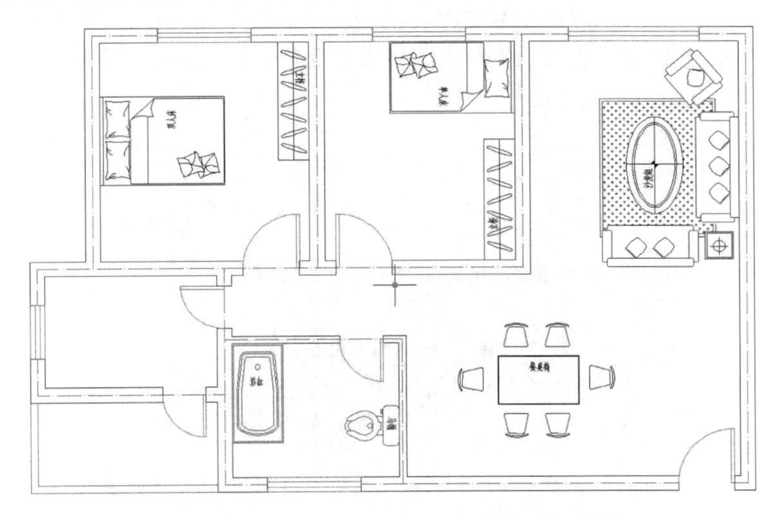

图 9-35　文件“9-14.dwg”中的平面布置图

（1）单击“插入”选项卡→“链接和提取”面板→“提取数据”按钮，打开“数据提取-开始”向导，如图 9-36 所示，确保选择了“创建新数据提取”单选按钮，单击“下一步”按钮。

（2）下一个界面会提示“将数据提取另存为”某个“*.dxe”文件，给出文件名为“9-14.dxe”。

（3）单击“保存”按钮进入“数据提取-定义数据源”界面，确保选择了“数据源”选项组中的“图形/图纸集”单选按钮，并且勾选“包括当前图形”复选框，这可以从当前图形中的所有块中提取信息（如果想要从局部的块或者其他图形中提取属性，可以选择其他选项），单击“下一步”按钮。

（4）进入“数据提取-选取对象”界面，取消勾选“显示所有对象类型”复选框，确保选择“仅显示块”单选按钮，然后单击“下一步”按钮。

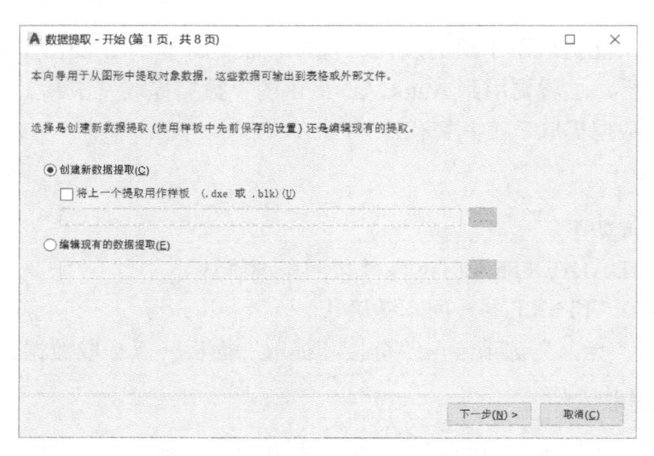

图 9-36 “数据提取-开始”界面

（5）进入“数据提取-选择特性”界面（见图 9-37），在“类别过滤器”列表中取消勾选“常规”“几何图形”“其他”“图形”复选框，仅勾选“属性”复选框，然后在“特性”列表中取消勾选“名称”复选框（这是由于名称属性和块名重复了），单击“下一步”按钮。

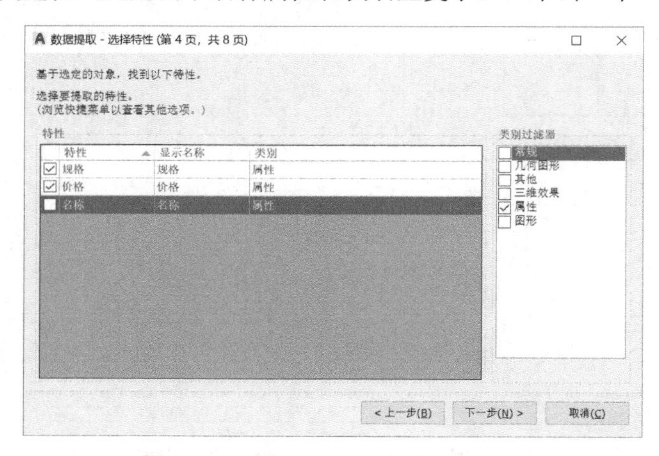

图 9-37 “数据提取-选择特性”界面

（6）进入“数据提取-优化数据”界面（见图 9-38），显示出属性查询的结果。可以在此处调整前后列的位置对其进行重新排序，只需按住列标题左右拖动即可，在此将“名称”及“规格”属性往前移，然后单击“下一步”按钮。

（7）进入“数据提取-选择输出”界面中，勾选“将数据提取处理表插入图形”复选框，可以将属性提取到AutoCAD的表中，再勾选“将数据输出至外部文件”复选框，同时将属性提取到其他的外部文件中，比如 Excel 文件。单击“...”按钮，在弹出的“另存为”对话框的“文件类型”下拉列表中选择“*.xls”选项，在“文件名”文本框中输入保存的路径及文件名，单击“保存”按钮回到“选择输出”界面，然后单击“下一步”按钮。

（8）在“数据提取-表格样式”界面的“输入表格的标题”文本框中输入“外购件清单”，然后选择表样式，如图 9-39 所示，单击“下一步”按钮。

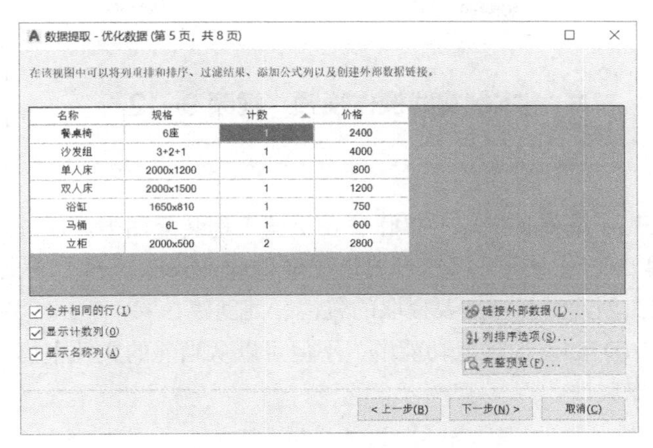

图 9-38 “数据提取-优化数据”界面

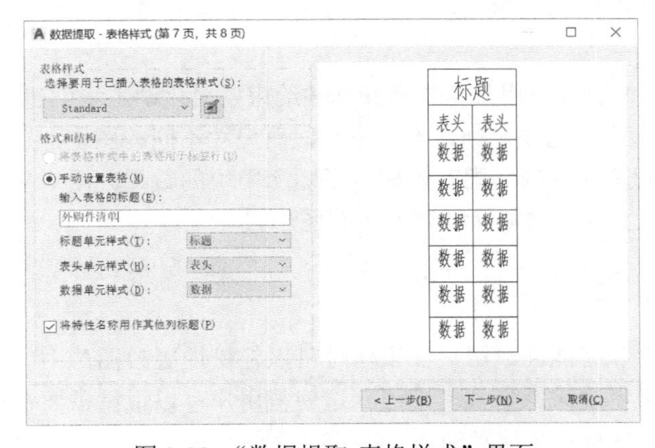

图 9-39 “数据提取-表格样式”界面

（9）在“数据提取-完成”界面中，单击“完成”按钮，以结束属性提取的操作。接下来会提示插入表，直接单击“是”按钮，在图形中选择插入表的位置，结果如图 9-40 所示。

（10）提取属性完成后，打开输出的 Excel 文件，做一个简单的价格统计，如图 9-41 所示。需要注意的是，提取出来的所有数据类型都是文本，如果要对其中的某些数值进行统计，需要将它们更改为数值类型。方法是去掉数据前面的单引号，最后保存到“9-1.xls”文件中。

外购件清单			
名称	规格	计数	价格
双人床	2000x1500	1	1200
浴缸	1650x810	1	750
马桶	6L	1	600
餐桌椅	6座	1	2400
沙发组	3+2+1	1	4000
单人床	2000x1200	1	800
立柜	2000x500	2	2800

图 9-40　属性提取完成后生成的 AutoCAD 表

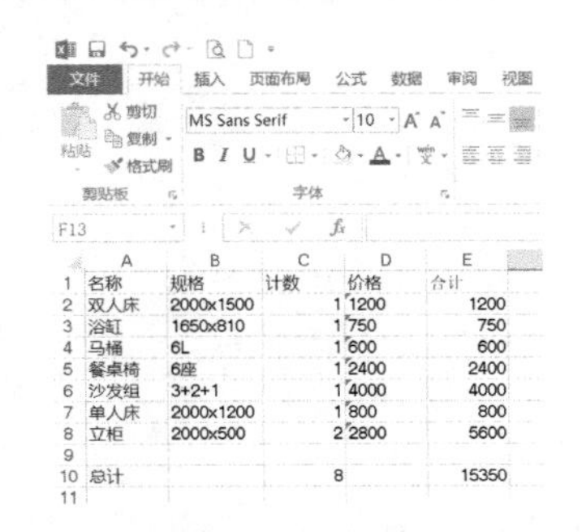

图 9-41　整理后的简单价格统计表

本例实践操作视频：视频 9-12

通过上述实践，可了解属性提取的操作。在机械工程装配图中，通过属性提取可以建立设备表、明细表；在建筑工程中还可以通过属性提取创建 Excel 文件，进行工程的概预算。当然，前提是每一个块在创建时都把需要提取的属性一同创建。

另外，在 AutoCAD 的属性提取功能中，不但可以从当前的文件中提取属性，还可以从其他未打开的文件中提取属性。

9.4 动态块

在 AutoCAD 2021 中可以使用几何约束和标注约束以简化动态块创建。

使用动态块功能，可以无须定制许多外形类似而尺寸不同的图块，这样不仅减少了大量的重复工作，而且便于管理和控制，同时也减少了图库中块的数量。用户只需创建部分几何图形即可定义创建每一形状和尺寸的块所需要的所有图形。

9.4.1 动态块的使用

动态块具有灵活性和智能性。用户在操作时可以轻松地更改图形中的动态块参照；可以通过自定义夹点或自定义特性来操作几何图形。这使得用户可以根据需要在位调整块参照，而不用搜索另一个块以插入或重定义现有的块。

当插入动态块以后，在块的指定位置出现动态块的夹点，单击夹点可以改变块的特性，如块的位置、反转方向、宽度尺寸、高度尺寸、可视性等，还可以在块中增加约束，如沿指定的方向移动等。例如，在墙体中插入动态块门以后，可以选择门，激活动态夹点，如图 9-42 所示，然后通过选择夹点来修改门的开启方向、宽度和高度、位置等参数。用户可以由动态夹点的外形来识别夹点的功能，很方便地调整块的参数。

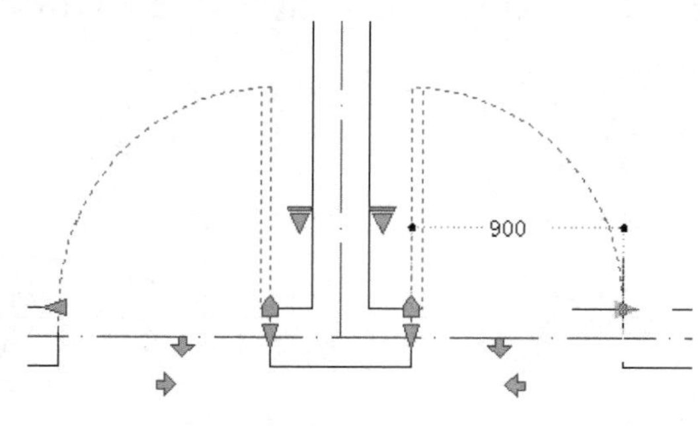

图 9-42　动态块

动态块可以具有自定义夹点和自定义特性。用户能够通过这些自定义夹点和自定义特性来操作块，这取决于块的定义方式。默认情况下，动态块的自定义夹点的颜色与标准夹点的颜色不同。表 9-1 所示为可以包含在动态块中的不同类型的自定义夹点。

表 9-1　动态块夹点类型表

夹 点 类 型	夹 点 标 志	夹点在图形中的操作方式
标准	□	平面内的任意方向
线性	▷	按规定方向或沿某一条轴往返移动
旋转	○	围绕某一轴
翻转	⇨	单击以翻转动态块参照
对齐	▷	平面内的任意方向；如果在某个对象上移动，则使块参照与该对象对齐
查询或可见性	▽	单击以显示项目列表

比较常用的动态块特性有线性特性、对齐特性、旋转特性、翻转特性、可见性特性、查询特性等，下面对这几个常用特性进行介绍。

1. 练习：动态块线性特性的应用

线性特性是动态块最常见的特性，是指动态块可沿着水平或垂直方向进行线性变化。打开本书的练习文件“9-15.dwg”，这里面有一个名为“床”的动态块，它具有线性特性，宽度尺寸有 900、1200、1500、1800 这 4 种，其中 900 和 1200 宽的床是单人床，床上只有一个枕头，而 1500 和 1800 宽的是双人床，床上有两个枕头。单击选择这个动态块，对照表 9-1，可以看到左右两侧的线性特性夹点。单击右边的夹点，可以拖出 900、1200、1500、1800 这 4 个宽度尺寸。同时当宽度尺寸变为 1500、1800 时，床上有两个枕头，如图 9-43 所示。

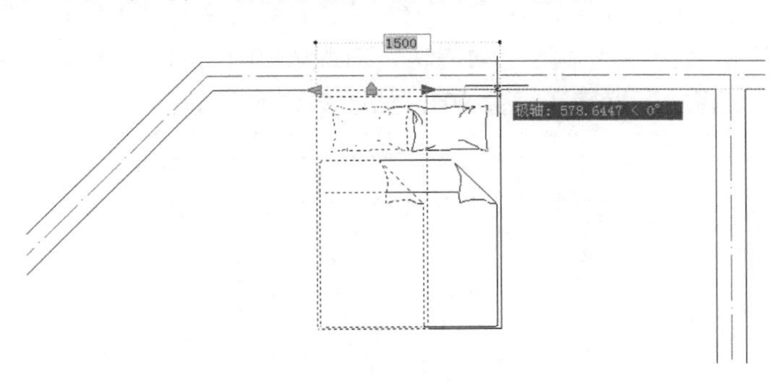

图 9-43　动态块线性特性的应用

本例实践操作视频：视频 9-13

2. 练习：动态块对齐特性的应用

有时设计人员需要将块对齐某些对象，如果这些对象本身并不是水平或垂直的，那么实现起来就比较麻烦。比如将床头与一面斜墙对齐时，动态块的对齐特性可以帮助设计人员方便地实现这个目的。

同样是在“9-15.dwg”文件中的这个动态块，选择这个动态块，对照表9-1可以看到中间的对齐特性夹点，单击并拖动此夹点，可以将床与其他任意一面墙对齐，如图9-44所示。

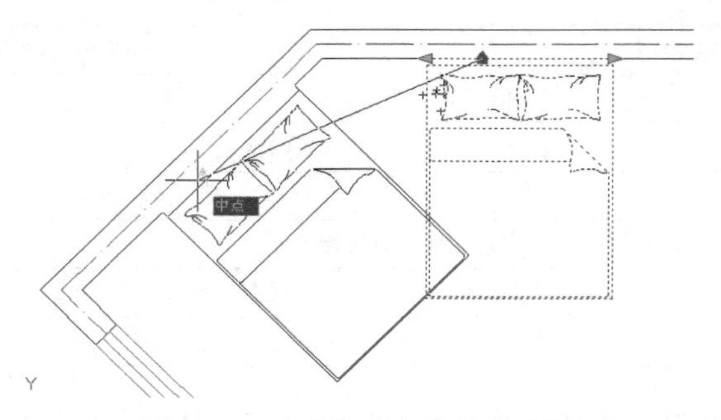

图 9-44　动态块对齐特性的应用

本例实践操作视频：视频 9-14

3．练习：动态块旋转特性的应用

旋转特性可以旋转块中的全部或部分对象，以实现不同角度的块应用，常用于门的块中，可以将不同开度的门合并到一个动态块中。打开本书的练习文件“9-16.dwg”，这里面有一个名为“办公桌椅”的动态块，选择这个动态块，对照表 9-1 可以看到椅子旁边的旋转特性夹点，拖动此夹点，可以将椅子旋转正、负 90°，如图 9-45 所示。

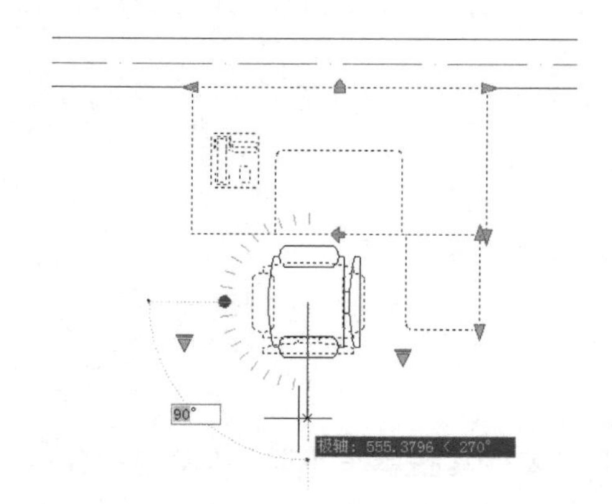

图 9-45　动态块旋转特性的应用

本例实践操作视频：视频 9-15

4．练习：动态块翻转特性的应用

有时插入进来块的位置都很合适，但是左右反了，需要将块镜像处理，此时需要为块添加翻转特性。同样是在文件“9-16.dwg”中，选择这个动态块，对照表 9-1 可以看到桌子内侧旁边的翻转特性夹点，单击此夹点，可以将整个块左右翻转，如图 9-46 所示。翻转特性也可以只翻转块中的部分对象。

本例实践操作视频：视频 9-16

5．练习：动态块可见性特性的应用

有时对于插入的动态块，只想让其中一部分不可见，比如这个办公桌椅，只需要看见桌子而不想看到椅子，因此可以使用可见性特性。同样是在文件“9-16.dwg”中，对照表 9-1 可以看到桌子内侧旁边的查询及可见性特性夹点。单击此夹点，可以打开可见性列表，选择其中的“桌子”，椅子将不可见；选择“桌子和椅子”，则都变得可见，如图 9-47 所示。

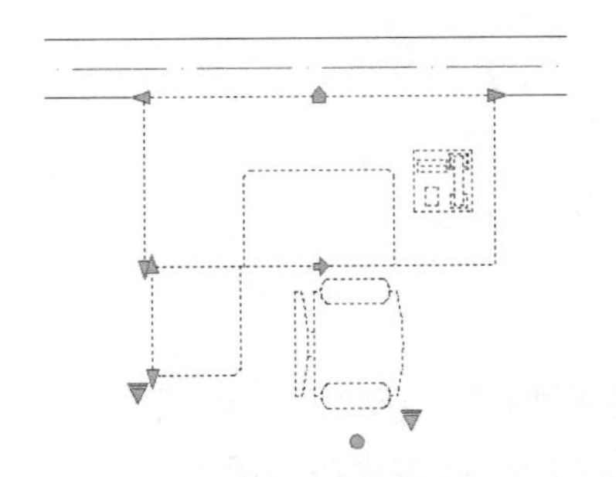

图 9-46　动态块翻转特性的应用

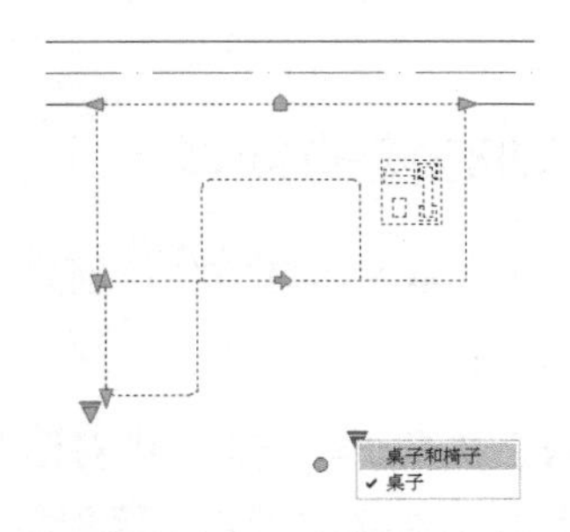

图 9-47　动态块可见性特性的应用

本例实践操作视频：视频 9-17

6．练习：动态块查询特性的应用

有时为块添加了多个特性，每一个特性都有很多变化值，这样的动态块组合起来将会有数十种乃至无穷多种变化，但是标准允许的或者厂家提供的产品只是几种固定的规格，这时想要让块的变化符合标准或厂家提供的产品规格，就需要将允许的参数变化放到固定的查询表中。

同样是在文件“9-16.dwg”中，选择这个动态块，对照表 9-1 可以看到左下角的查询特性夹点，单击此夹点，将会弹出一个特性列表，其中列举了允许使用的 4 种固定规格的办公桌椅组合，如图 9-48 所示。当前动态块所调整的几个参数都不在允许使用的 4 种固定规格当中，所以显示为“自定义”。选择列表中的其他项，可以将动态块自动调整到相应允许使用的固定规格上。

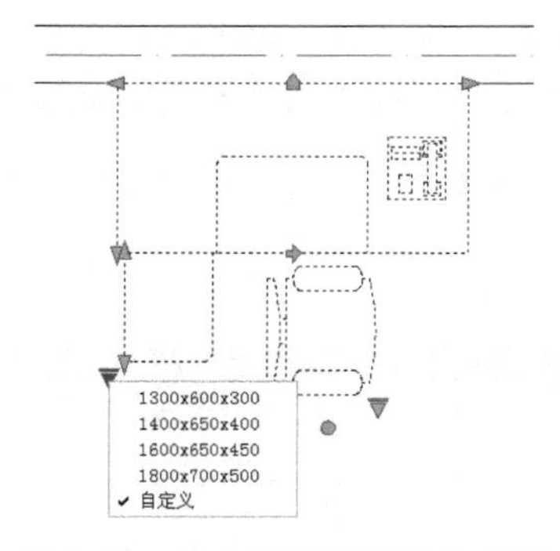

图 9-48　动态块查询特性的应用

本例实践操作视频：视频 9-18

9.4.2　动态块的创建

动态块使用起来非常方便，创建也并不复杂。

1. 命令操作

动态块主要是在块编辑器中对已经创建好的普通块进行进一步加工，激活方法如下。

- 功能区：单击“插入”选项卡→“块定义”面板→“块编辑器”按钮。
- 命令行：输入 BEDIT（BE）并按回车键确认。
- 选择块，在块上单击鼠标右键，在弹出的快捷菜单中选择“块编辑器”命令。

2. 动态块创建的流程

为了创建高质量的动态块，以达到预期效果，首先需要对动态块的创建流程有一个了解。

（1）在创建动态块之前规划动态块的内容。在创建动态块之前，应当了解其外观及在图形中的使用方式。确定当操作动态块参照时，块中的哪些对象会更改或移动，还要确定这些对象将如何更改。这些因素决定了添加到块定义中的参数和动作的类型，以及如何使参数、动作和几何图形共同作用。

（2）绘制几何图形。用户既可以在绘图区域或块编辑器中绘制动态块中的几何图形，也可以直接使用图形中的现有几何图形或现有的块定义。

（3）了解块元素如何共同作用。在向块定义中添加参数和动作之前，应了解它们相互之间及它们与块中的几何图形的相关性。在向块定义添加动作时，需要将动作与参数及几何图形的选择集相关联。

例如，要创建一个包含若干对象的动态块，其中一些对象关联了拉伸动作，同时还希望所有对象围绕同一基点旋转。在这种情况下，应当在添加其他所有参数和动作之后添加旋转动作。如果旋转动作没有与块定义中的其他所有对象（几何图形、参数和动作）相关联，那么块参照的某些部分就可能不会旋转，或者操作块参照时可能会造成意外结果。

（4）添加参数。按照命令行中的提示向动态块定义中添加适当的参数，比如线型、旋转或对齐、翻转等参数。

（5）添加动作。向动态块定义中添加适当的动作，确保将动作与正确的参数和几何图形相关联。需要注意的是，使用块编写选项板的“参数集”选项卡可以同时添加参数和关联动作。

（6）定义动态块参照的操作方式。指定在图形中操作动态块参照的方式。

（7）保存块，然后在图形中进行测试。保存动态块定义并退出块编辑器，然后将动态块参照插入到一个图形中，并测试该块的功能。

由于前面的章节已经讲解了绘制图形的方法和创建普通块的方法，所以对于上述 7 个步骤中的第（1）（2）步不做介绍，这里主要介绍第（3）~（7）步，实际上这几步基本上都是在块编辑器中进行的。前面我们讲到动态块的几种基本特性，接下来我们用实例对其中常用的动态块的几种特性创建进行介绍。下一节会介绍使用几何约束和标注约束简化动态块创建。

3. 练习：动态块线性特性的创建

线性特性需要参数和动作的配合，也就是说，先给动态块添加一个线性参数，然后为这个参数添加需要的动作，如移动、拉伸、阵列等，这一切都是在块编辑器中进行的。打开本书的练习文件“9-17.dwg”，此文件中已经创建了一个名为“床”的块。在实际应用中，可能需要创建单人床、双人床等不同规格的块放到图形库中。有了动态块的功能，只需要创建一个块，就可以实现多个块的应用。假定需要创建的床的宽度尺寸有 900、1200、1500、1800 这 4 种，其中 900 和 1200 宽的床是单人床，床上只有一个枕头，而 1500 和 1800 宽的是双人床，床上有两个枕头，可使用一个块实现这 4 种规格的床的插入。操作步骤如下。

（1）首先需要为这个名为“床”的块添加一个宽度可变的参数。单击“插入”选项卡→“块定义”面板→“块编辑器”按钮，激活块编辑器，弹出“编辑块定义”对话框，如图 9-49 所示。在“要创建或编辑的块”列表中选择“床”选项。

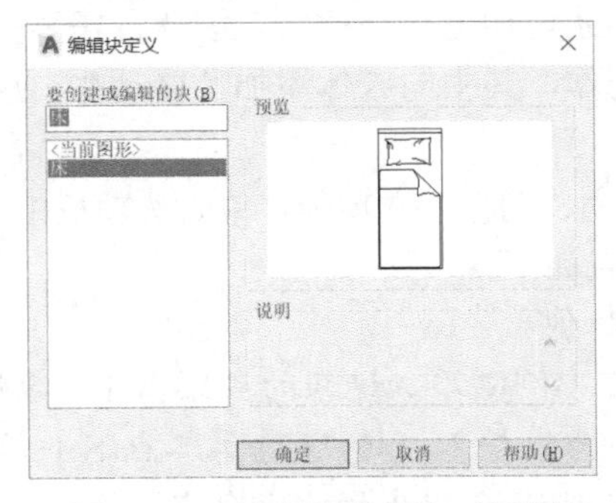

图 9-49　“编辑块定义”对话框

（2）单击“确定”按钮，进入块编辑器状态，如图 9-50 所示。在这个状态中，屏幕颜色变为灰色，功能区自动切换到“块编辑器”选项卡，增加了“块编写”选项板。选项板中有 4 个选项卡，分别是“参数”“动作”“参数集”“约束”。想要为动态块增加什么样的可变量，首先要为这个变量选择一个参数，这个床的宽度变化需要增加一个水平方向线性变化的参数。

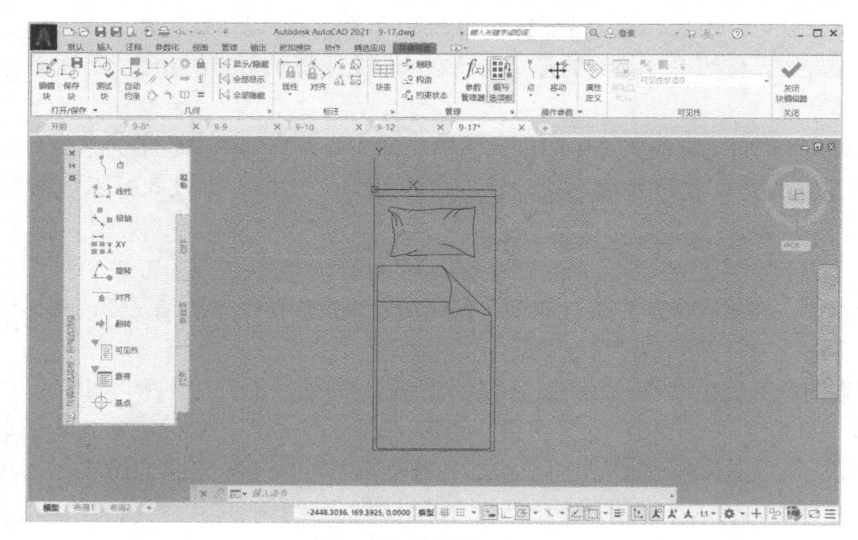

图 9-50　块编辑器状态

（3）单击“块编写”选项板的“参数”选项卡中的“线性”按钮，激活“线性参数”添加命令，命令行提示如下。

命令: _BParameter 线性

指定起点或 [名称(N)/标签(L)/链(C)/说明(D)/基点(B)/选项板(P)/值集(V)]:（确保打开了对象捕捉中的“端点”捕捉，拾取床图形的左上角点作为起点）

指定端点:（拾取床图形的右上角点作为端点）

指定标签位置:（向上拉出一个合适的标签位置）

完成后的图形如图 9-51 所示。

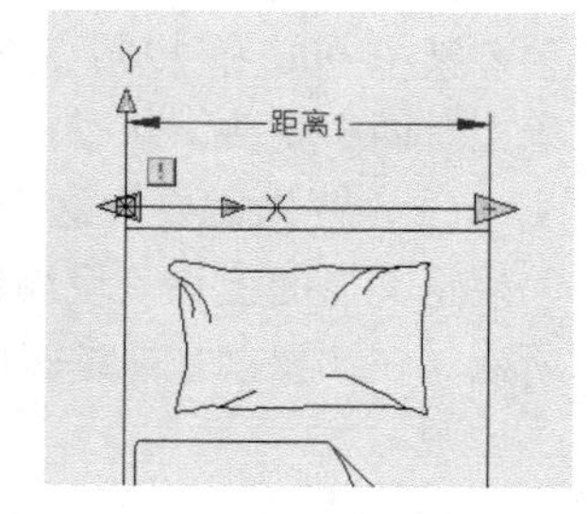

图 9-51　添加完参数的图形

（4）接下来需要为这个水平变化的参数添加动作。对于床体宽度来讲，应该是被拉伸，但是对于床上的枕头而言，仅仅是当床的宽度变化到双人床的宽度后才增加为两个枕头。因此，需要分别为床体和枕头添加不同的动作，其中向床体添加拉伸动作，而向枕头添加阵列动作。

将“块编写”选项板切换为“动作”选项卡，单击选项板中的“拉伸”按钮，激活“拉伸动作”的添加命令，命令行提示如下。

命令: _BACTIONTOOL 拉伸

选择参数:（拾取图 9-52 中刚刚添加进来的“距离 1”参数）

指定要与动作关联的参数点或输入 [起点(T)/第二点(S)] <第二点>:（确保打开了对象捕捉中的“端点”捕捉，拾取图 9-52 中床的右上角点）

指定拉伸框架的第一个角点或[圈交(CP)]:（拾取图 9-52 中最大的长矩形选区的右上角点）

指定对角点:（由右上角向左下角拉出图 9-52 中最大的长矩形选区，将床的右半侧用圈交的形式选择上，注意将床上被子的折角全部选上）

指定要拉伸的对象

选择对象: 指定对角点: 找到 72 个（由右上角向左下角拉出图 9-52 中最大的长矩形内部的长矩形选区，将床的右半侧用圈交的形式选择上，注意将床上被子的折角全部选上）

选择对象: 指定对角点: 找到 84 个，删除 48 个，总计 24 个（按住 Shift 键，由左上角向右下角拉出图 9-52 中枕头位置的小矩形选区，将枕头全部排除到选择集外）

选择对象:（按回车键确认）

（5）单击选项板中的“阵列”按钮，激活“阵列动作”的添加命令，命令行提示如下。

命令: _BACTIONTOOL 阵列

选择参数:（拾取图 9-52 中刚刚添加进来的“距离 1”参数）

指定动作的选择集

选择对象: 指定对角点: 找到 84 个指定对角点: 找到 84 个（由左上角向右下角拉出图 9-52 中枕头位置的小矩形选区，将枕头全部选上）

选择对象:（按回车键确认）

这两个动作添加完成后，会在“距离 1”参数旁显示两个动作的图标，如图 9-53 所示。

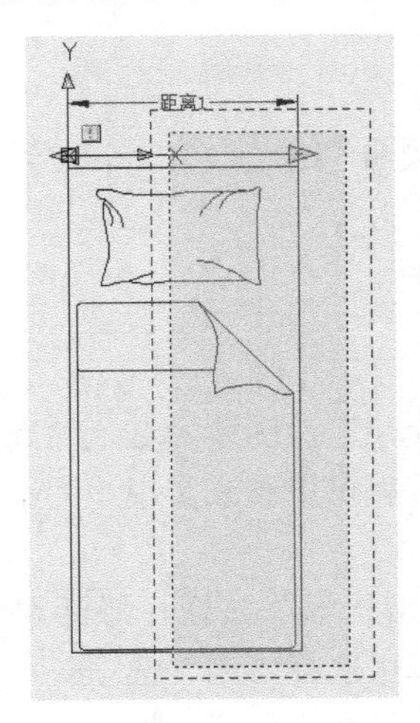

图 9-52　给参数添加动作

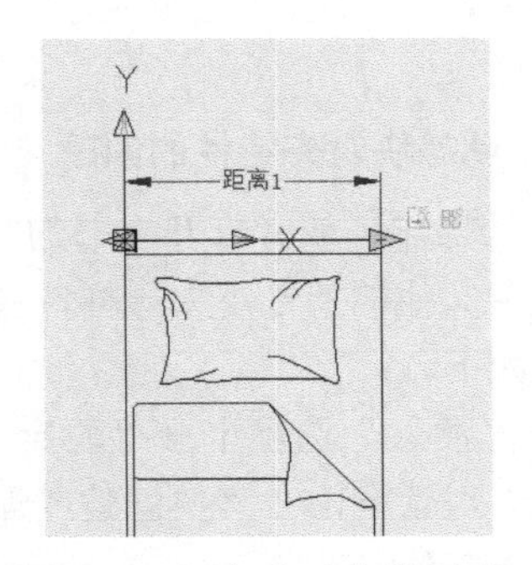

图 9-53　添加完动作的图形

（6）接下来需要为这个线性变化的参数确定几个值，也就是说，让它只能变化为固定宽度尺寸的床，而不是任意宽度。选择图形中的“距离 1”参数，按“Ctrl+1”组合键，打开“特性”窗口，找到“值集”选项组中的“距离类型”，在下拉列表中选择“列表”项，此时的“值集”选项组将变化为只有“距离类型”和“距离值列表”两项。然后单击“距离值列表”旁的“…”按钮，弹出“添加距离值”对话框，将 1000、1200、1500、1800 这 4 个值添加进去，如图 9-54 所示。单击“确定”按钮关闭该对话框。

（7）关闭“特性”窗口，单击“块编辑器”选项卡→“打开/保存”面板→“保存块”按钮，将修改后的块保存起来，然后单击“块编辑器”选项卡→“关闭”面板→“关闭块编辑器”按钮，结束动态块的创建。

创建此动态块后，用户可以选择图形中的块，拖动其中的线性夹点进行动态块修改，如图 9-55 所示。可以看到，床的宽度可以被拉伸为 900、1000、1200、1500、1800 这 5 种，并且在 1500、1800 两种双人床尺寸的状态下，枕头变成了两个。线性特性的动态块除了可以添加拉伸、阵列动作之外，还可以添加移动动作。另外，对于不是在水平或垂直方向变化的特性，可以添加极轴特性，方法大同小异，不再赘述。

图 9-54 “添加距离值”对话框

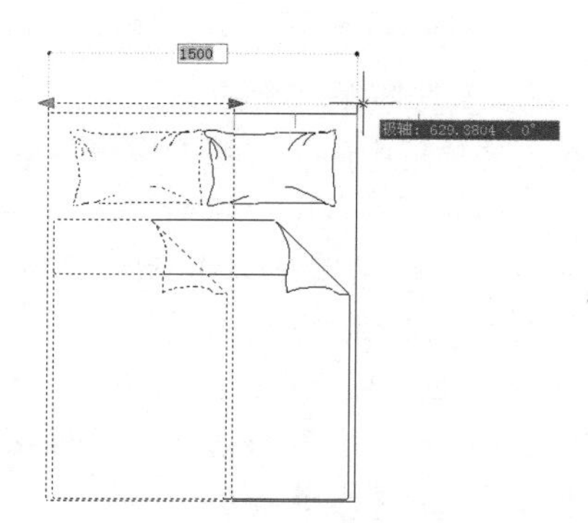

图 9-55 动态修改刚创建的动态块

本例实践操作视频：视频 9-19

4．练习：动态块对齐特性的创建

继续刚才的操作，或者打开本书的练习文件“9-18.dwg”，继续为这个动态块添加对齐特性。对齐特性和其他的特性不太一样，仅仅通过对齐参数就可以独立实现，而不再需要动作配合。具体步骤如下。

（1）单击“插入”选项卡→“块定义”面板→“块编辑器”按钮，激活块编辑器，弹出“编辑块定义”对话框，在“要创建或编辑的块”列表框中选择“床”选项。单击“确定”按钮，进入块编辑器状态。

（2）单击“块编写”选项板的“参数”选项卡中的“对齐”按钮，激活“对齐参数”的添加命令，命令行提示如下。

命令:_BPARAMETER 对齐

指定对齐的基点或 [名称(N)]:（确保打开了对象捕捉中的“中点”捕捉，拾取图 9-56 中床上沿的中点）

对齐类型 = 垂直

指定对齐方向或对齐类型 [类型(T)] <类型>:（确保打开了极轴或正交，在图 9-56 中床上沿中点水平向右合适的位置处拾取第二点）

（3）单击“块编辑器”选项卡→“打开/保存”面板→“保存块”按钮，将修改后的块保存起来，然后单击“块编辑器”选项卡→“关闭”面板→“关闭块编辑器”按钮，结束对齐参数的添加。

将“9-18.dwg”图形向右平移，显示出一个平面图。选择床的动态块，拖动床上沿中点的对齐夹点，使它与平面图中的斜墙中点对齐，如图 9-57 所示。

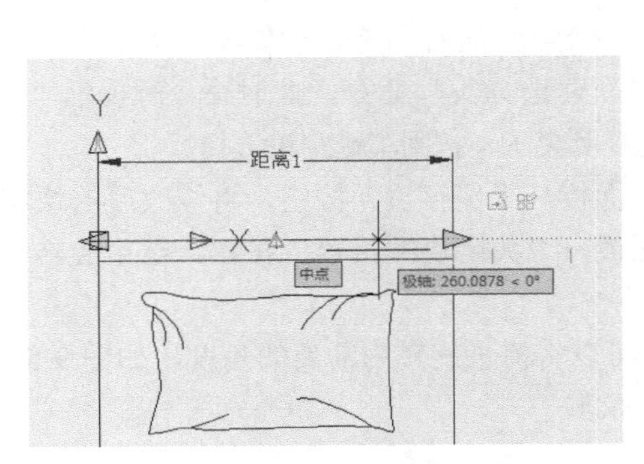

图 9-56　对齐参数的添加

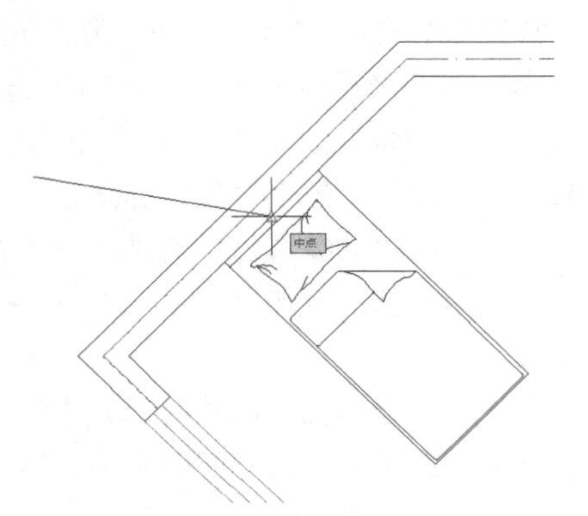

图 9-57　将块与墙对齐

本例实践操作视频：视频 9-20

5. 练习：动态块旋转特性的创建

与线性特性一样，旋转特性需要参数和动作的配合。在“块编写”选项板中，有一个“参数集”选项卡，此选项卡集合了大多数参数与动作的配合，使用这些选项可以不用先添加参数再添加动作这样分两步走，而是一步完成特性的添加。

打开本书的练习文件“9-19.dwg”，其中有一个创建好的“办公桌椅”动态块，此块已经被添加了几个动态块线性和对齐特性。接下来为块中的椅子添加旋转特性，使其可以进行正、负 90°旋转。操作步骤如下。

（1）单击“插入”选项卡→“块定义”面板→“块编辑器”按钮，激活块编辑器，弹出“编辑块定义”对话框，在“要创建或编辑的块”列表框中选择“办公座椅”选项。单击“确定”按钮，进入块编辑器状态。

（2）单击“块编写”选项板的“参数集”选项卡中的“旋转集”按钮，激活“旋转集”的添加命令，命令行提示如下。

命令:_BPARAMETER 旋转

指定基点或 [名称(N)/标签(L)/链(C)/说明(D)/选项板(P)/值集(V)]:（拾取椅子中心作

为旋转基点）

指定参数半径: 300（指定参数半径为 300）

指定默认旋转角度或 [基准角度(B)] <0>: 0（指定默认旋转角度为 0）

这样旋转集添加完毕，如图 9-58 所示。

（3）接下来需要为椅子的旋转角度确定一个范围，并让它按照一定的角度增量旋转。选择“角度 1”参数，按“Ctrl+1”组合键，打开“特性”窗口，找到“值集”选项组中的“距离类型”，在下拉列表中选择“增量”选项，然后在“角度增量”数值框中输入“10”，在“最小角度”数值框中输入“270”，在“最大角度”数值框中输入“90”，然后关闭“特性”窗口。

（4）接下来需要为这个旋转动作选择对象。在图 9-58 的右侧旋转动作图标上单击鼠标右键，在弹出的快捷菜单中选择“动作选择集”→“新建选择集”命令，此时命令行提示“选择对象：”，用窗口模式将椅子全部选上。注意不要选择到桌子，按回车键结束选择。

（5）单击“块编辑器”选项卡→“打开/保存”面板→“保存块”按钮，将修改后的块保存起来，然后单击“块编辑器”选项卡→“关闭”面板→“关闭块编辑器”按钮，结束旋转特性的添加。

完成后，选择块，拖动椅子旁边的旋转夹点，可以将椅子旋转为需要的角度，如图 9-59 所示，但是只能在正、负 90°范围内以 10°的增量进行旋转。

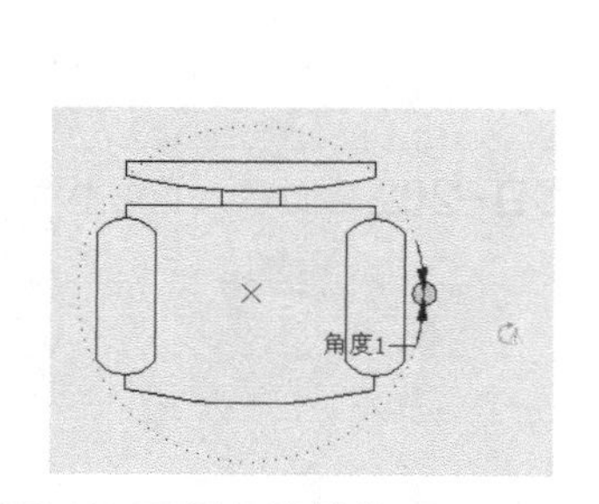

图 9-58　添加旋转集

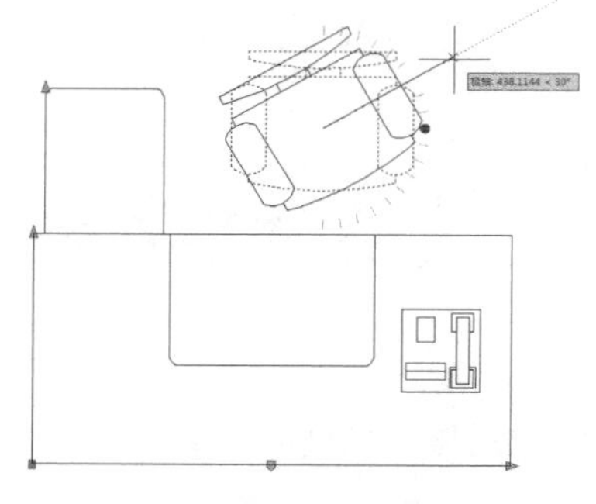

图 9-59　调整椅子的角度

本例实践操作视频：视频 9-21

6．练习：动态块翻转特性的创建

翻转特性一样可以使用参数集来创建，继续刚才的操作或者打开本书的练习文件“9-20.dwg”，现在块已经被添加了线性、对齐和旋转这样一些动态块的特性。接下来为整个块添加翻转特性，使其可以左右翻转，操作步骤如下。

（1）单击“插入”选项卡→“块定义”面板→“块编辑器”按钮，激活块编辑器，弹出“编辑块定义”对话框，在“要创建或编辑的块”列表框中选择“办公座椅”选项。单击“确定”按钮，进入块编辑器状态。

（2）单击“块编写”选项板的“参数集”选项卡中的“翻转集”按钮，激活“翻转集”的添加命令，命令行提示如下。

命令: _BParameter 翻转

指定投影线的基点或 [名称(N)/标签(L)/说明(D)/选项板(P)]:（确保打开对象捕捉中的“中点”捕捉，拾取如图 9-60 所示桌子的内侧中点作为翻转镜像线的基点）

指定投影线的端点:（确保打开了极轴或正交，在图 9-60 中沿桌子内侧的中点垂直向下的合适位置拾取第二点）

指定标签位置:（见图 9-60 所示，指定一个合适的标签位置）

（3）接下来需要为翻转选择对象。在图 9-60 中的“翻转状态 1”参数上面翻转动作图标上单击鼠标右键，在弹出的快捷菜单中选择“动作选择集”→“新建选择集”命令，此时命令行提示“选择对象：”，用窗口模式将桌椅全部选上，按回车键结束选择。

（4）单击“块编辑器”选项卡→“打开/保存”面板→“保存块”按钮，将修改后的块保存起来，然后单击“块编辑器”选项卡→“关闭”面板→“关闭块编辑器”按钮，结束翻转特性的添加。

完成后，选择块，单击桌子内侧的翻转夹点，可以将整个办公桌椅块翻转，如图 9-61 所示。

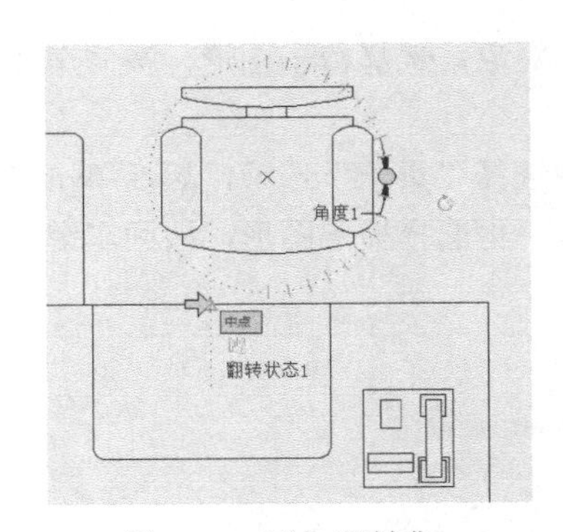

图 9-60　添加翻转集

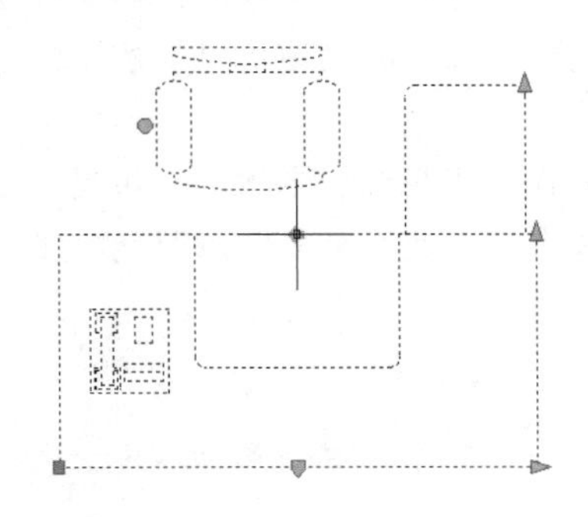

图 9-61　翻转办公桌椅块

本例实践操作视频：视频 9-22

7．练习：动态块可见性特性的创建

一样可以使用参数集来创建可见性特性，继续刚才的操作或者打开本书的练习文件“9-21.dwg”，现在块已经被添加了线性、对齐、旋转和翻转这样一些动态块特性。接下来为椅子部分添加可见性特性，使其可以只显示桌子，操作步骤如下。

（1）单击“插入”选项卡→“块定义”面板→“块编辑器”按钮，激活块编辑器，弹出“编辑块定义”对话框，在“要创建或编辑的块”列表框中选择“办公座椅”选项。单击“确定”按钮，进入块编辑器状态。

（2）单击“块编写”选项板的“参数集”选项卡中的“可见性集”按钮，激活“可见性集”的添加命令，命令行仅仅提示选定可见性集的位置，在块中椅子的右上角位置任意选取一点，结束命令，此时“块编辑器”的“可见性”面板会被激活，如图 9-62 所示。

图 9-62 “可见性”面板

（3）单击“可见性”面板→“可见性状态”按钮，弹出“可见性状态”对话框，如图 9-63 所示，单击其中的“重命名”按钮，将“可见性状态 0”修改为“桌子和椅子”。

（4）单击“新建”按钮，弹出“新建可见性状态”对话框，确保选中了“在新状态中保持现有对象的可见性不变”单选按钮，创建一个名为“桌子”的可见性状态，如图 9-64 所示。单击“确定”按钮结束创建，回到“可见性状态”对话框，再单击“确定”按钮结束可见性状态的编辑。

（5）在“可见性”面板的“可见性状态”下拉列表中选择“桌子和椅子”选项，然后单击“可见性”面板中的“使可见”按钮，命令行提示选择对象，选择椅子图形，按回车键结束命令。

（6）在“可见性”面板的“可见性状态”下拉列表中选择“桌子”选项，然后单击“可见性”面板中的“使不可见”按钮，工具栏提示选择对象，再选择椅子图形，按回车键结束命令，此时椅子从图形中消失了。

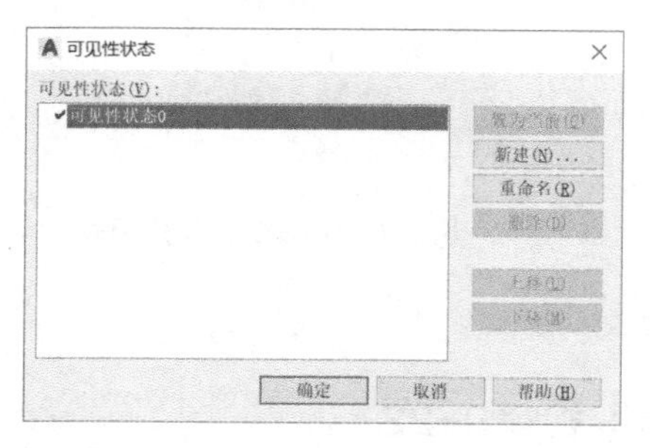

图 9-63 “可见性状态”对话框

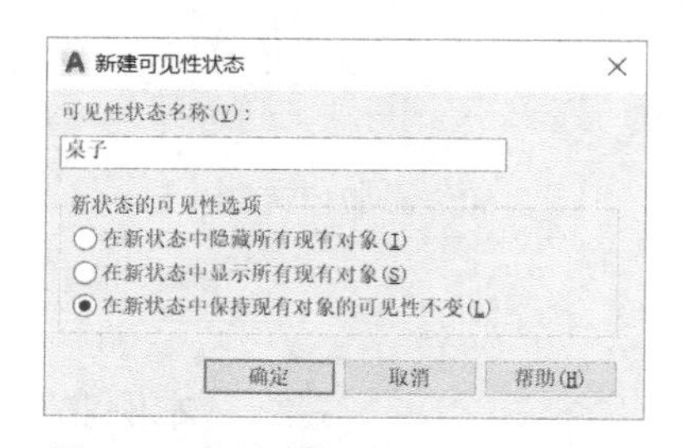

图 9-64 “新建可见性状态”对话框

（7）单击“块编辑器”选项卡→“打开/保存”面板→“保存块”按钮，将修改后的块保存起来，然后单击“块编辑器”选项卡→“关闭”面板→“关闭块编辑器”按钮，结束可见性特性的添加。

完成后，选择块，单击椅子旁边的可见性夹点，将弹出可见性列表，选择其中的“桌子”，则只显示桌子，椅子被隐藏了，如图 9-65 所示。再选择其中的“桌子和椅子”，则桌子和椅子又都显示出来了。

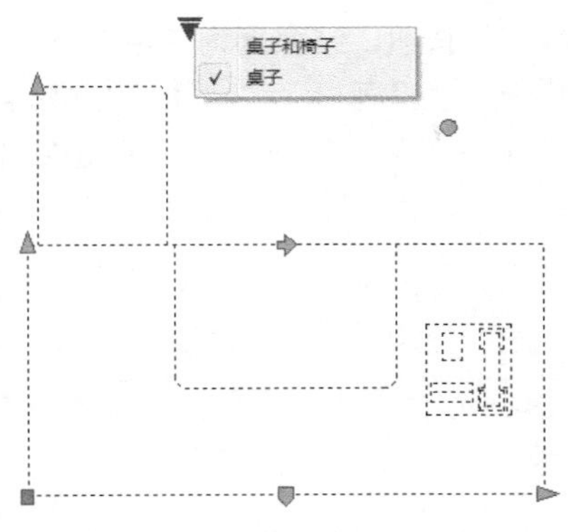

图 9-65 隐藏动态块中的椅子

本例实践操作视频：视频 9-23

8．练习：动态块查询特性的创建

查询特性的创建相对比较复杂，需要将几个参数可能的变化组合一一列出。继续刚才的操作或者打开本书的练习文件“9-22.dwg”，现在块已经被添加了线性、对齐、旋转和翻转等动态块特性，接下来为整个块中添加查询特性。假定厂家提供了 4 种规格的办公桌椅，长度×宽度×矮柜长度分别是 1300×600×300、1400×650×400、1600×650×450、1800×700×500。创建查询特性动态块的步骤如下。

（1）单击“插入”选项卡→“块定义”面板→“块编辑器”按钮，激活块编辑器，弹出“编辑块定义”对话框，在“要创建或编辑的块”列表框中选择“办公座椅”选项。单击“确定”按钮，进入块编辑器状态。

（2）单击“块编写”选项板的“参数集”选项卡中的“查询集”按钮，激活“查询集”的添加命令，命令行仅仅提示选定查询集的位置，在块中椅子的右上角位置任意选取一点，结束命令。

（3）现在需要为查询动作添加参数。在这个动态块中，长度、宽度、矮柜长度都分别被创建为线性拉伸特性，因此只需要将这 3 个特性添加到查询动作中即可。在 “查询 1”参数下面的查询动作图标上单击鼠标右键，在弹出的快捷菜单中选择“显示查询表”命令，此时会弹出“特性查询表”对话框。

（4）单击“添加特性”按钮，弹出“添加参数特性”对话框，按住“Ctrl”键选择参数特性列表中特性名为“长度”“宽度”“矮柜长度”的参数特性选上，然后单击“确定”按钮，回到“特性查询表”对话框。

（5）在“长度”“宽度”“矮柜长度”的参数列表中分别选择厂家提供的值，并将查询的名称一一填写到“查询特性”的查询文本框中，最后如图 9-66 所示。确保将“查询特性”的“查询”列表中的最下面一项设置为“允许反向查询”（如此项设置为“只读”，则在动态块中看不到查询夹点），单击“确定”按钮，结束查询特性的添加。

（6）单击“块编辑器”选项卡→“打开/保存”面板→“保存块”按钮，将修改后的块保存起来。再单击“块编辑器”选项卡→“关闭”面板→“关闭块编辑器”按钮，结束查询特性的添加。

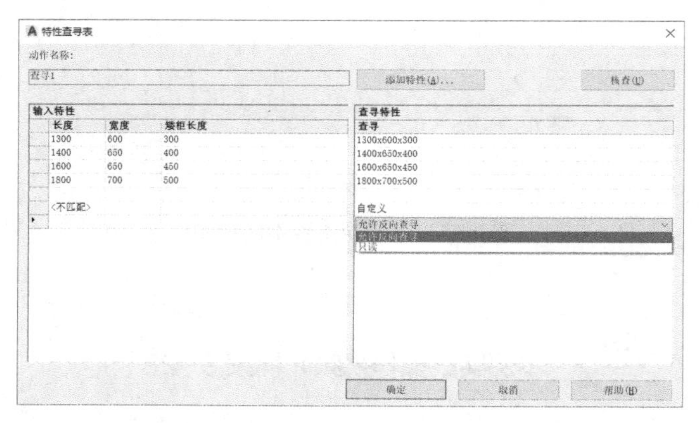

图 9-66 “特性查询表”对话框

完成后，选择块，可以看到查询夹点，单击查询夹点，将会弹出查询列表，如图 9-67 所示，当前动态块所调整的几个参数都不在厂家提供的尺寸中，所以显示为“自定义”。选择列表中的其他项，可以将动态块自动调整到相应厂家提供的规格上。

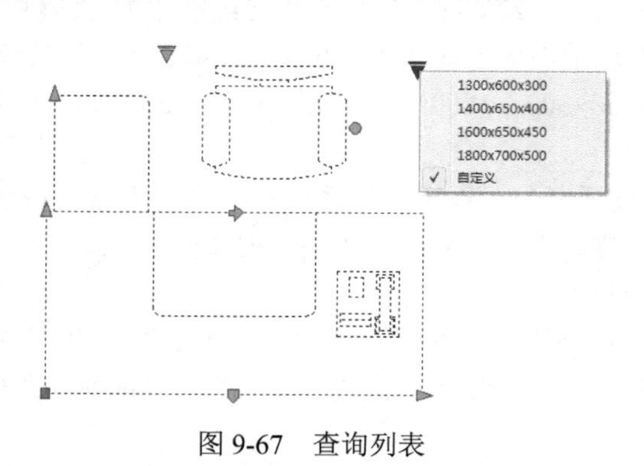

图 9-67 查询列表

本例实践操作视频：视频 9-24

掌握了创建动态块的方法后，我们可以重新规划本设计部门的常用图形库。在机械设计中，可以将螺栓、螺母等标准件定义为动态块；在建筑设计中，可以将楼板、门窗、楼梯、屋顶板、墙体、幕墙等设置为动态块。在设计中还可以定义这些对象和修改对象的特性。

第 10 章　创建复杂对象

在设计中，经常需要用户将直线与圆弧连接，使之成为一个独立对象，以便于测量其面积或周长，也可能需要新建一条平滑的自由曲线或一条特殊的椭圆路径。

完成本章的练习，可以学习到以下知识。

- 使用 PLINE 命令创建多段线。
- 使用 PEDIT 命令编辑多段线。
- 使用 EXPLODE 命令分解多段线。
- 使用 SPLINE 命令创建样条曲线。
- 使用 SPLINEDIT 命令编辑样条曲线。
- 使用 ELLIPSE 命令创建椭圆和椭圆弧。

10.1　多段线的创建与编辑

本节讲解如何创建和编辑多段线。多段线是由许多段首尾相连的直线段和圆弧段组成的一个独立对象，它提供单个直线所不具备的编辑功能。使用多段线相比其他图形，无论是创建还是查询对象的数据，都会比较快速。多段线创建的不规则形状，可以直接计算周长和面积，同时可以方便实现由二维图形生成三维实体。偏移多段线时，不需要在交叉处用延伸或修剪命令修整图形。

10.1.1　关于多段线

使用多段线命令可以创建复合对象，可以将数个对象连接为首尾相接的单一对象，实现更方便地绘图和选择对象。多段线命令、矩形命令、正多边形命令创建的对象均为多段线对象。多段线是包含多种形体的特殊形式对象。例如，多段线可以是由首尾具有不同宽度的多条直线和多个圆弧构成的单一对象，如图 10-1 所示。

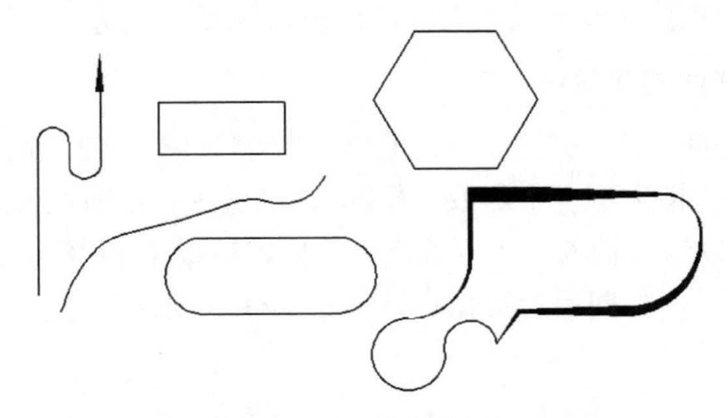

图 10-1　多段线构成的图形

多段线具有与其他对象不同的特殊性质，如：

- 整体宽度。
- 起点宽度。
- 终点宽度。

除上述提到的特性外，多段线还包含其他选项。可以在创建时控制多段线显示的外观，也可以之后使用特殊的工具或选项编辑现有的多段线。

10.1.2 创建多段线

使用 PLINE 命令，可以创建一个连接直线和圆弧的复合图形。在多段线中，每个端点相邻的对象都是相连的，创建多段线时，可以在直线和圆弧之间任意转换，可以把多段线设置为起点、终点等宽，也可以设置为起点、终点不等宽。

1．命令操作

调用绘制多段线命令的方法如下。

- 命令区：输入 PLINE（PL）并按回车键确认。
- 功能区：单击“默认”选项卡→“绘图”面板→“多段线”按钮。

2．命令选项

使用命令选项创建多段线或改变多段线的特性。

使用 PLINE 命令时，在命令区会出现如下提示。

指定起点:

当前线宽为 0.0000

指定下一个点或 [圆弧(A)/半宽(H)/长度(L)/放弃(U)/宽度(W)] ：

多段线命令中各选项的功能如下。

- 圆弧（A）：将绘制直线方式转化为绘制圆弧方式，将圆弧添加到多段线中。
- 半宽（H）：设置多段线的一半宽度值，即输入的数值为宽度的一半。
- 长度（L）：在与前一线段相同的角度方向上绘制指定长度的直线段。
- 放弃（U）：在多段线命令执行过程中，将刚刚绘制的一段直线或圆弧取消。
- 宽度（W）：设置多段线的宽度值，输入多段线的起始宽度和终止宽度。
- 封闭（C）：当绘制两条以上的直线段或圆弧段以后，此选项可以封闭多段线。

3．创建仅包含直线段的多段线

创建仅包含直线段的多段线类似于创建直线。绘制如图 10-2 所示的图形，单击多段线命令，在输入起点后，在“指定下一个点或 [圆弧(A)/半宽(H)/长度(L)/放弃(U)/宽度(W)]: ”提示下，配合极轴追踪，可以连续输入一系列端点，用回车键或 C 结束命令。直接用鼠标拾取刚绘制的多段线对象就会发现，如同用矩形命令、多边形命令创建的对象一样，创建的图形为一个对象。

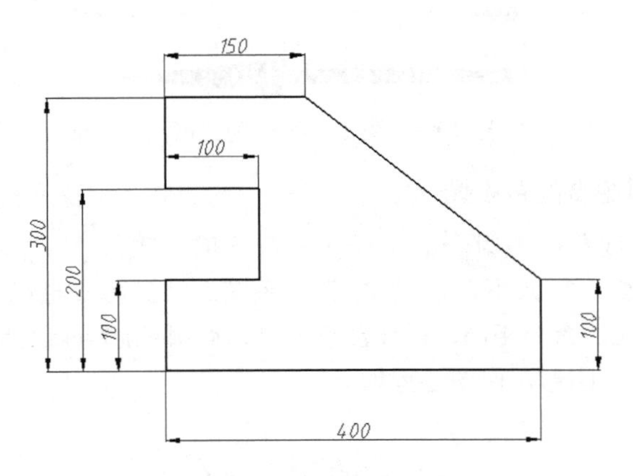

图 10-2　绘制多段线

4．创建具有不同宽度的多段线

创建具有不同宽度的多段线的方法是，首先指定起点，其次输入宽度（W）选项，再按提示输入起点宽度。若要创建等宽度的对象，则在“指定端点宽度”提示下按回车键，若要创建不等宽度的对象，则需要在起点和端点分别输入一个不同的宽度值，然后再指定端点，并根据需要继续指定下一端点，按回车键结束，或者输入 C 闭合多段线。

绘制自定义箭头的步骤如下。

（1）新建文件。

（2）在功能区单击“绘图”面板的“多段线”按钮。依据命令区给出的选项提示依次操作。

命令：_PLINE

指定起点：（拾取 P1 点）

当前线宽为 0.0000

指定下一个点或[圆弧(A)/半宽(H)/长度(L)/放弃(U)/宽度(W)]：（输入“W”，按回车键，选择指定线宽方式）

指定起点宽度<0.0000>：（输入“2”，按回车键，指定起始宽度值）

指定端点宽度<2.0000>：（按回车键确认，采用默认值作为终止宽度值）

指定下一个点或[圆弧(A)/半宽(H)/长度(L)/放弃(U)/宽度(W)]：（拾取 P2 点）

指定下一点或[圆弧(A)/闭合(C)/半宽(H)/长度(L)/放弃(U)/宽度(W)]：（输入“W”，按回车键，选择指定线宽方式）

指定起点宽度<2.0000>：（输入“5”，按回车键，指定起始宽度值）

指定端点宽度<5.0000>：（输入“0”，按回车键，指定终止宽度值）

指定下一点或[圆弧(A)/闭合(C)/半宽(H)/长度(L)/放弃(U)/宽度(W)]：（拾取 P3 点）

指定下一点或[圆弧(A)/闭合(C)/半宽(H)/长度(L)/放弃(U)/宽度(W)]：（按回车键，结束命令）

执行结果如图 10-3 所示。

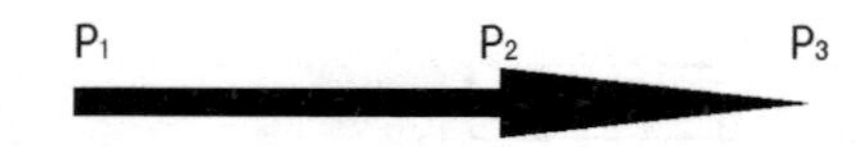

图 10-3　用多段线绘制的箭头

5．创建直线和圆弧组合的多段线

用户可以绘制由直线和圆弧组合的多段线。在选项中输入“A”后，系统切换到画“圆弧”模式。在绘制“圆弧”模式下，输入“L”，系统返回到画“直线”模式。在多段线中绘制圆弧的操作和绘制圆弧的命令相同，需要注意的是，圆弧的起点就是前一条线段的终点。

绘制如图 10-4 所示的图形，作图过程如下。

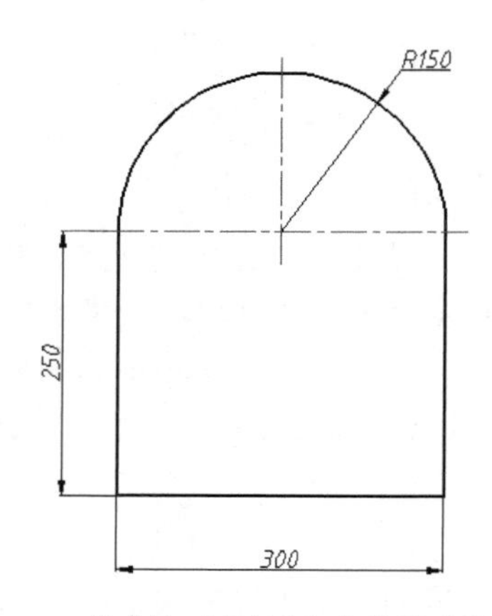

图 10-4　绘制包含圆弧和直线的多段线

（1）新建文件。

（2）在功能区单击“绘图”面板的“多段线”按钮。依据命令区给出的选项提示依次操作。

命令：_PLINE

指定起点：（在绘图区任意拾取一点）

当前线宽为 0.0000

指定下一个点或 [圆弧(A)/半宽(H)/长度(L)/放弃(U)/宽度(W)]：（鼠标光标向右拖曳显示水平追踪线后，输入“300”，按回车键确认）

指定下一点或 [圆弧(A)/闭合(C)/半宽(H)/长度(L)/放弃(U)/宽度(W)]：（鼠标光标向上拖曳显示竖直追踪线后，输入“250”，按回车键确认）

指定下一点或 [圆弧(A)/闭合(C)/半宽(H)/长度(L)/放弃(U)/宽度(W)]：（输入“A”，按回车键，选择绘制圆弧方式）

指定圆弧的端点或[角度(A)/圆心(CE)/闭合(CL)/方向(D)/半宽(H)/直线(L)/半径(R)/第二个点(S)/放弃(U)/宽度(W)]：（鼠标光标向左拖曳显示竖直追踪线后，输入“300”，按回车键确认）

指定圆弧的端点或[角度(A)/圆心(CE)/闭合(CL)/方向(D)/半宽(H)/直线(L)/半径(R)/第二个点(S)/放弃(U)/宽度(W)]：（输入“L”，按回车键，选择绘制直线方式）

指定下一点或 [圆弧(A)/闭合(C)/半宽(H)/长度(L)/放弃(U)/宽度(W)]：（输入“C”，按回车键，选择闭合多段线并结束命令）

10.1.3　多段线的编辑

对于现有的多段线，当形状、控制点等不满足图形要求时，可以通过闭合或打开多段线，以及拉伸、添加或删除顶点来编辑修正。编辑的过程中，可以将直线、圆弧等转化为多段线，可以在任何两个顶点之间拉直多段线。同时既可以为整个多段线设置统一的宽度，也可以分别控制各个线段的宽度。另外，还可以通过编辑多段线来创建样条曲线。

1．命令操作

调用多段线编辑命令的方法如下。

- 命令区：输入 PEDIT（PE）并按回车键确认。
- 功能区：单击“默认”选项卡→“修改”面板→“编辑多段线”按钮。

2．命令选项

使用此命令时，命令行出现如下提示。

选择多段线或[多条(M)]: （选择要编辑的多段线对象）

输入选项[打开(O)/合并(J)/宽度(W)/编辑顶点(E)/拟合(F)/样条曲线(S)/非曲线化(D)/线型生成(L)/反转(R)/放弃(U)]:

各选项的功能如下。

- 闭合（C）：将被编辑的多段线首尾闭合。当多段线开放时，系统提示含此项。
- 打开（O）：将被编辑的闭合多段线变成开放的多段线。当多段线闭合时，系统提示含此项。
- 合并（J）：将直线、圆弧或多段线合并为一条多段线，它们之间可以有间隙。
- 宽度（W）：指定整个多段线统一的宽度。
- 编辑顶点（E）：对构成多段线的各个顶点进行编辑，从而进行顶点的插入、删除、改变切线方向、移动等操作。
- 拟合（F）：用圆弧来拟合多段线，该曲线通过多段线的所有顶点，并使用指定的切线方向。
- 样条曲线（S）：使用选定多段线的顶点作为近似 B 样条曲线的曲线控制点或控制框架，从而生成样条曲线。
- 非曲线化（D）：删除由拟合或样条曲线插入的其他顶点，并拉直所有多段线线段。
- 线型生成（L）：生成经过多段线顶点的连续图案的线型。
- 反转（R）：通过反转方向来更改指定给多段线的线型中的文字的方向。

3．使用 PEDIT 命令将开放图形封闭

（1）打开本书的练习文件“10-1.dwg”，如图 10-5（a）所示。

（2）单击“修改”面板的“编辑多段线”按钮，依据命令区给出的选项提示依次操作。

命令：_PEDIT 选择多段线或 [多条(M)]:（输入“M”，按回车键，选择一次编辑多条多段线方式）;

选择对象：（输入“ALL”，按回车键，选择所有多段线）

选择对象：（回车，结束选择对象）

输入选项 [闭合(C)/打开(O)/合并(J)/宽度(W)/拟合(F)/样条曲线(S)/非曲线化(D)/ 线型生成(L)/反转(R)/放弃(U)]：（输入“C”，按回车键，选择闭合方式，结果如图 10-5（b）所示）

输入选项 [闭合(C)/打开(O)/合并(J)/宽度(W)/拟合(F)/样条曲线(S)/非曲线化(D)/线型生成(L)/反转(R)/放弃(U)]：（输入“F”，按回车键，选择拟合方式，结果如图 10-5（c）所示）

输入选项 [闭合(C)/打开(O)/合并(J)/宽度(W)/拟合(F)/样条曲线(S)/非曲线化(D)/线型生成(L)/反转(R)/放弃(U)]：（输入“S”，按回车键，选择样条曲线方式，结果如图 10-5（d）所示）

输入选项 [闭合(C)/打开(O)/合并(J)/宽度(W)/拟合(F)/样条曲线(S)/非曲线化(D)/线型生成(L)/反转(R)/放弃(U)]：（输入“D”，按回车键，选择非曲线化方式，结果如图 10-5（e）所示）

（3）执行结果如图 10-5 所示。由图 10-5（b）可知，当闭合多段线时，用直线、圆弧还是曲线来闭合多段线是由构成多段线的最后一段多段线来决定的。如最后一段是圆弧，就由圆弧来闭合多段线。

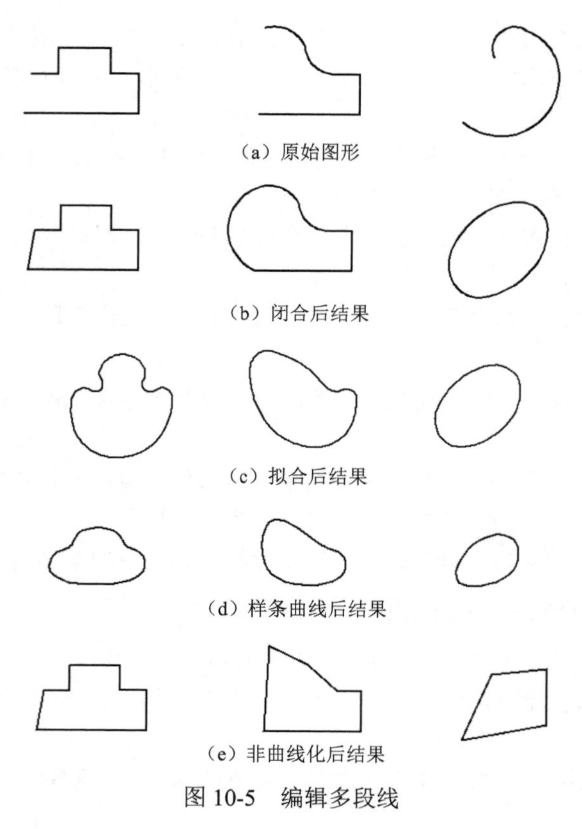

（a）原始图形

（b）闭合后结果

（c）拟合后结果

（d）样条曲线后结果

（e）非曲线化后结果

图 10-5　编辑多段线

（4）在使用 PEDIT 命令时，若选定的对象不是多段线，则系统提示“选定的对象不是多段线，是否将其转换为多段线？”，只有将选定对象转换为多段线，才可以继续执行多段线的编辑。

本例实践操作视频：视频 10-1

4．使用 PEDIT 命令将直线与圆弧连接成多段线

（1）打开本书的练习文件“10-2.dwg”，并用夹点拾取一下，如图 10-6 所示，可以知道，该图形由 4 条直线和 4 段圆弧构成。

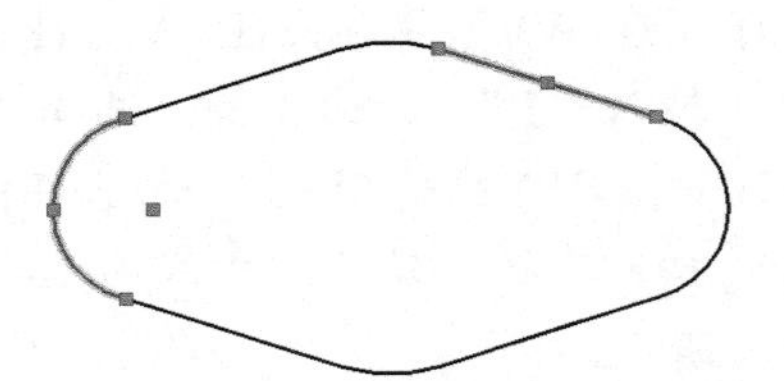

图 10-6　直线和圆弧构成的图形

（2）单击“修改”面板的“编辑多段线”按钮，依据命令区给出的选项提示依次操作。

命令：_PEDIT 选择多段线或 [多条(M)]:（任意选择一条直线或圆弧）

选定的对象不是多段线:

是否将其转换为多段线? <Y> （直接按回车键确认，将选择的对象转换为多段线）

输入选项 [闭合(C)/合并(J)/宽度(W)/编辑顶点(E)/拟合(F)/样条曲线(S)/非曲线化(D)/线型生成(L)/反转(R)/放弃(U)]: （ 输入“J”，按回车键，选择合并方式）

选择对象:（框选全部要合并的对象）

选择对象:（按回车键，结束对象选择）

多段线已增加 7 条线段

输入选项 [打开(O)/合并(J)/宽度(W)/编辑顶点(E)/拟合(F)/样条曲线(S)/非曲线化(D)/线型生成(L)/反转(R)/放弃(U)]:（按回车键，结束多段线编辑命令）

（3）拾取图形，显示如图 10-7 所示，可以看到此时圆弧和直线已合并为一个多段线对象。

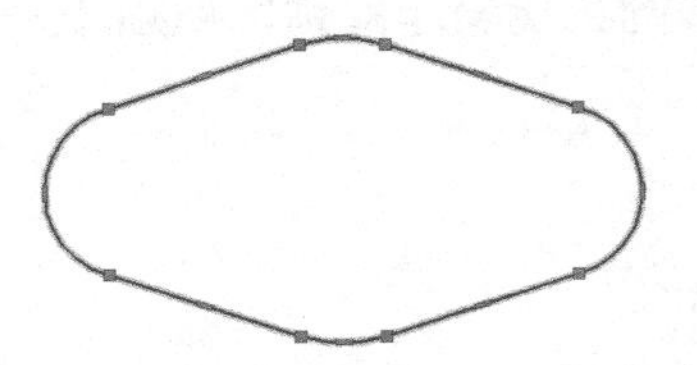

图 10-7　合并后的多段线对象

本例实践操作视频：视频 10-2

5．将多段线拟合为圆弧曲线

圆锥被截切时，投影是一条光滑的曲线。绘制该曲线时，通常的方法是先用 PLINE 命令绘制成折线，再用 PEDIT 编辑，使其光顺。操作方法如下。

（1）打开本书的练习文件“10-3.dwg”，如图 10-8（a）所示。

（2）单击“修改”面板的“编辑多段线”按钮，依据命令区给出的选项提示依次操作。

命令：_PEDIT 选择多段线或 [多条(M)]:（选择图 10-8（a）中的多段线）

输入选项 [闭合(C)/合并(J)/宽度(W)/编辑顶点(E)/拟合(F)/样条曲线(S)/非曲线化(D)/线型生成(L)/反转(R)/放弃(U)]:（输入“F”，按回车键，选择拟合）

输入选项 [闭合(C)/合并(J)/宽度(W)/编辑顶点(E)/拟合(F)/样条曲线(S)/非曲线化(D)/线型生成(L)/反转(R)/放弃(U)]:（按回车键，结束多段线的编辑）

拟合后的结果如图 10-8（b）所示。

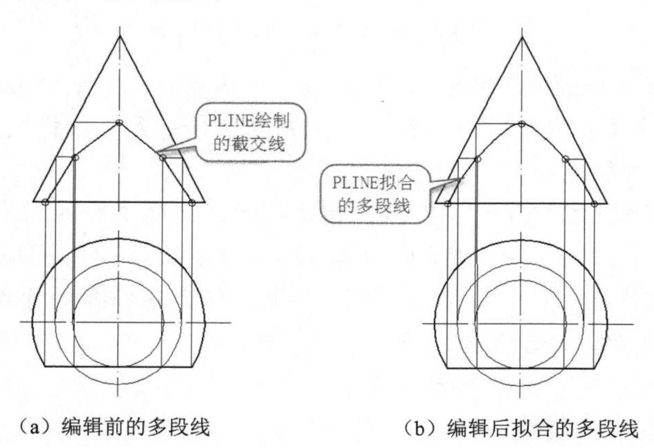

（a）编辑前的多段线　　（b）编辑后拟合的多段线

图 10-8　拟合多段线

本例实践操作视频：视频 10-3

6．利用多功能夹点编辑多段线

用夹点编辑多段线的操作方法如下。

（1）用矩形命令绘制一个矩形。

（2）选择矩形，AutoCAD 显示矩形的控制夹点，如图 10-9（a）所示。

（3）将光标悬停在某一夹点上，AutoCAD 弹出快捷菜单，快捷菜单中有 3 个命令：拉伸、添加顶点、转化为圆弧，如图 10-9（b）所示。

（4）将光标悬停在矩形上方中间夹点上，选择“添加顶点”命令，向下拖曳鼠标光标后再拾取，完成了“拉伸”和“添加顶点”操作，结果如图 10-9（c）所示。

（5）将光标悬停在矩形下方中间夹点上，选择“转换为圆弧”命令，向下拖曳鼠标光标后再拾取，完成了“拉伸”和“转换为圆弧”操作，结果如图 10-9（d）所示。

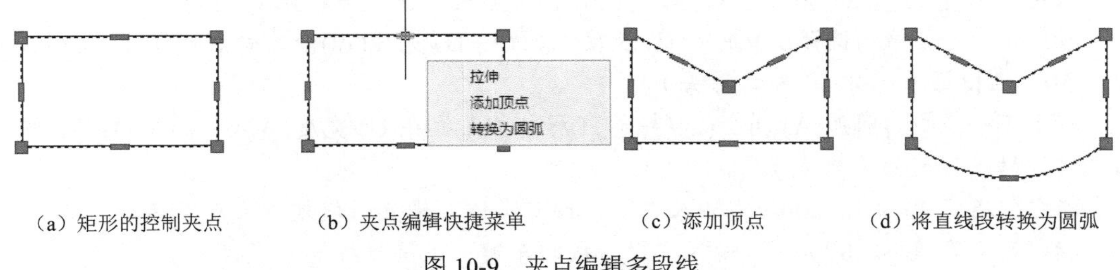

（a）矩形的控制夹点　（b）夹点编辑快捷菜单　（c）添加顶点　（d）将直线段转换为圆弧

图 10-9　夹点编辑多段线

10.1.4　分解多段线

使用 EXPLODE 命令，可以将多段线转换成基本的对象，如直线和圆弧。当多段线分解后，所有多段线的特性包括线宽将消失，多段线被分解为多个单一对象。

1．命令操作

调用分解命令的方法如下。

- 命令区：输入 EXPLODE 并按回车键确认。
- 功能区：单击“默认”选项卡→“修改”面板→“分解”按钮。

2．使用 EXPLODE 命令分解多段线的过程

（1）在功能区单击“修改”面板中的“分解”按钮。

（2）在图形上选择要分解的多段线。

（3）按回车键确认，完成分解多段线。

3．绘制不等线宽多段线并分解（见图 10-10）

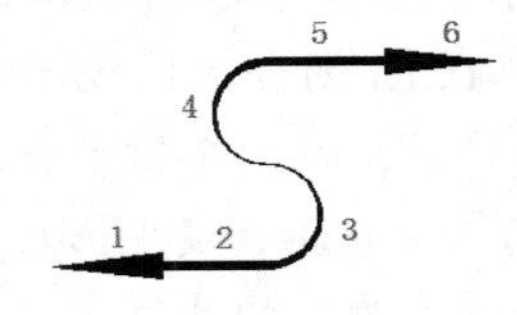

图 10-10　具有不等宽度的多段线

（1）分析图形，该多段线包含 6 部分。其中第 1、6 部分线段的起点和端点设置的线宽不同；第 2、5 部分线段的线宽相同；第 3、4 部分圆弧设置的线宽也不同。

（2）在功能区单击“绘图”面板的“多段线”按钮，依据命令区给出的选项提示依次操作。

命令：_PLINE

指定起点:（拾取任意一点）

当前线宽为 0

指定下一个点或 [圆弧(A)/半宽(H)/长度(L)/放弃(U)/宽度(W)]:（输入“W”，按回车键，转入设置线宽模式）

指定起点宽度 <0.0000>:（输入“0”，按回车键，设置直线起点宽度为 0）

指定端点宽度 <0.0000>: （输入“10”，按回车键，设置直线端点宽度为 10）

指定下一个点或 [圆弧(A)/半宽(H)/长度(L)/放弃(U)/宽度(W)]: （向右捕捉 0 度极轴，输入 50，画出第 1 部分 50 长的箭头）

指定下一点或 [圆弧(A)/闭合(C)/半宽(H)/长度(L)/放弃(U)/宽度(W)]:（输入“W”，按回车键，转入设置线宽模式）

指定起点宽度 <10.0000>:（输入“3”，按回车键，设置线段起点宽度为 3）

指定端点宽度 <3.0000>:（输入“3”，按回车键，设置线段端点宽度为 3）

指定下一点或 [圆弧(A)/闭合(C)/半宽(H)/长度(L)/放弃(U)/宽度(W)]:（向右捕捉 0 度极轴，输入 50，绘制第 2 部分 50 长宽度为 3 的线段）

指定下一点或 [圆弧(A)/闭合(C)/半宽(H)/长度(L)/放弃(U)/宽度(W)]:（输入“A”，按回车键，转入绘制圆弧模式）

指定圆弧的端点或[角度(A)/圆心(CE)/闭合(CL)/方向(D)/半宽(H)/直线(L)/半径(R)/第二个点(S)/放弃(U)/宽度(W)]:（输入“W”，按回车键，转入设置线宽模式）

指定起点宽度 <3.0000>:（输入“3”，按回车键，设置圆弧起始宽度为 3）

指定端点宽度 <3.0000>:（输入“0”，按回车键，设置圆弧端点宽度为 0）

指定圆弧的端点或[角度(A)/圆心(CE)/闭合(CL)/方向(D)/半宽(H)/直线(L)/半径(R)/第二个点(S)/放弃(U)/宽度(W)]: （向上捕捉 90 度极轴，输入 50，绘制第 3 部分的圆弧）

指定圆弧的端点或[角度(A)/圆心(CE)/闭合(CL)/方向(D)/半宽(H)/直线(L)/半径(R)/第二个点(S)/放弃(U)/宽度(W)]:（输入“W”，按回车键，转入设置线宽模式）

指定起点宽度 <0.0000>:（输入“0”，按回车键，设置圆弧起始宽度为 0）

指定端点宽度 <0.0000>: （输入“3”，按回车键，设置圆弧端点宽度为 3）

指定圆弧的端点或[角度(A)/圆心(CE)/闭合(CL)/方向(D)/半宽(H)/直线(L)/半径(R)/第二个点(S)/放弃(U)/宽度(W)]:（向上捕捉 90 度极轴，输入 50，绘制第 4 部分的圆弧）

指定圆弧的端点或[角度(A)/圆心(CE)/闭合(CL)/方向(D)/半宽(H)/直线(L)/半径(R)/第二个点(S)/放弃(U)/宽度(W)]: （输入“1”，按回车键，转入绘制直线模式）

指定下一点或 [圆弧(A)/闭合(C)/半宽(H)/长度(L)/放弃(U)/宽度(W)]: （向右捕捉 0 度极轴，输入 50，绘制第 5 部分 50 长宽度为 3 的线段）

指定下一点或 [圆弧(A)/闭合(C)/半宽(H)/长度(L)/放弃(U)/宽度(W)]:（输入“W”，按回车键，转入设置线宽模式）

指定起点宽度 <3.0000>: （输入“10”，按回车键，设置直线起点宽度为 10）

指定端点宽度 <10.0000>:（输入“0”，按回车键，设置直线端点宽度为 0）

指定下一点或 [圆弧(A)/闭合(C)/半宽(H)/长度(L)/放弃(U)/宽度(W)]:（向右捕捉 0 度极轴，输入 50，结束命令）

（3）选择刚绘制的图形，结果如图 10-11（a）所示，可知该对象是一个独立对象。

（4）单击“修改”面板的“分解”按钮，选择图形对象，按回车键结束。从图形可见，线宽消失，再用鼠标拾取图形，如图 10-11（b）所示，可知该多段线已经分解为 6 个独立对象。

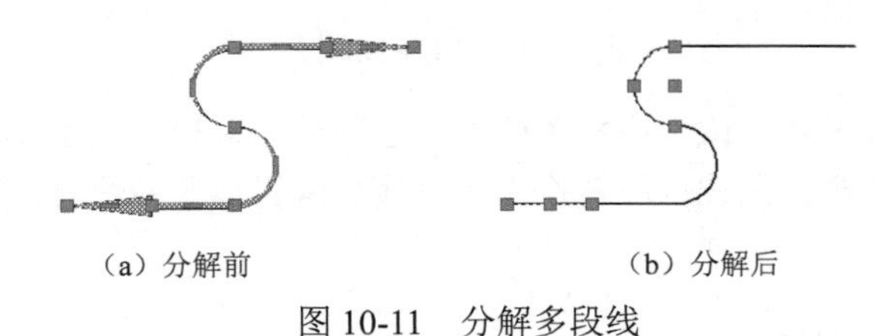

（a）分解前　　　（b）分解后

图 10-11　分解多段线

本例实践操作视频：视频 10-4

10.2　样条曲线的创建与编辑

样条曲线是通过拟合一系列离散的点而生成的光滑曲线， AutoCAD 提供了两种创建样条曲线的方法。

- 使用多段线编辑（PEDIT）命令的“样条曲线”选项创建样条曲线，可以对创建的多段线进行样条曲线拟合。
- 使用样条曲线（SPLINE）命令创建样条曲线（NURBS 曲线），可以容易地将样条曲线拟合的多段线转换为真正的样条曲线。

完成本课程的练习，可以学习到如下功能。

- 样条曲线的概念。
- 创建样条曲线的方法。
- 样条曲线的编辑。

10.2.1　关于样条曲线

使用 SPLINE 命令创建的非均匀有理 B 样条曲线（NURBS）称为样条曲线。样条曲线使用拟合点或控制点进行定义。默认情况下，拟合点与样条曲线重合，而控制点定义控制框。控制框提供了一种便捷的方法，用来设置样条曲线的形状，如图 10-12 所示。

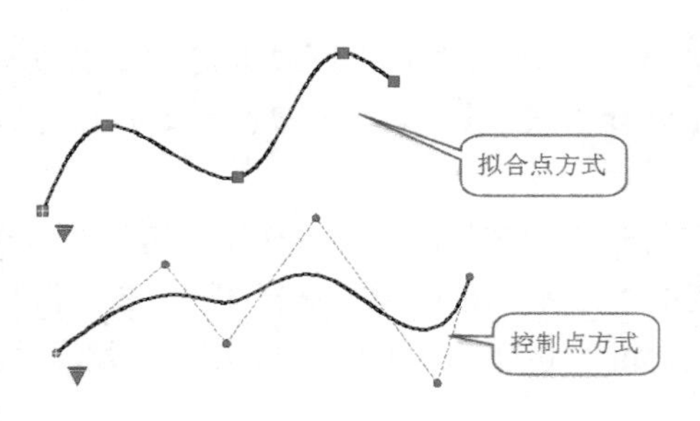

图 10-12　样条曲线

样条曲线可以用夹点编辑，或使用样条曲线的选项进行编辑。使用 AutoCAD 命令，多段线可以转换为样条曲线，样条曲线也能转换为多段线。编辑样条曲线时，可以选择用拟合点或控制顶点方式修改外形。

10.2.2　创建样条曲线

使用 SPLINE 命令，通过或靠近指定点，创建一条平滑的曲线。样条曲线是一个独立对象，“指定点”“拟合公差值”和“相切”都是样条曲线的组成部分。系统根据 NURBS 曲线系数设置弯曲度。

1．命令操作

调用样条曲线绘制命令的方法如下。

- 命令区：输入 SPLINE 并按回车键确认。
- 功能区：单击“默认”选项卡→“绘图”面板→“样条曲线拟合”按钮。
- 功能区：单击“默认”选项卡→“绘图”面板→“样条曲线控制点”按钮。

2．样条曲线选项

创建样条曲线时，输入 SPLINE 命令，在命令行会出现如下提示。

当前设置：方式=拟合　　节点=弦

指定第一个点或 [方式(M)/节点(K)/对象(O)]:

拾取点

…

输入下一个点或 [端点相切(T)/公差(L)/放弃(U)/闭合(C)]:

各选项含义如下。

- 方式（M）：控制是使用拟合点还是使用控制点来创建样条曲线。“拟合”通过指定样条曲线必须经过的拟合点来创建 3 阶 B 样条曲线。在公差值大于 0 时，样条曲线必须在各个点的指定公差距离内。“控制点”通过指定控制点来创建样条曲线。使用此方法创建 1 到 10 阶的样条曲线。通过移动控制点调整样条曲线的形状可以提供比移动拟合点更好的效果。
- 节点（K）：指定节点参数化，它是一种计算方法，用来确定样条曲线中连续拟合点之间的零部件曲线如何过渡。
- 对象（O）：将多段线转换为样条曲线。

- 闭合（C）：可以使最后一点与起点重合，构成闭合的样条曲线。
- 公差（L）：可以修改当前样条曲线的拟合公差。根据新的公差值和现有点重新定义样条曲线。
- 端点相切（T）：指定在样条曲线终点的相切条件。

3. 样条曲线重点分析

- 开放的样条曲线：此种样条曲线的起点和端点没有相连，是单一平滑的连接线。
- 封闭的样条曲线：此种样条曲线使用 SPLINE 命令的封闭选项连接起点和端点。
- 拟合点：新建样条曲线时，必须在图形上指定点的位置。
- 控制顶点：样条曲线的控制顶点可以改变样条曲线的外观。
- 起点端点的切线方向：开放的样条曲线需要定义起点或端点的相切方向。闭合的样条曲线，只需要定义一个点的切线方向。

4. 创建样条曲线

1）创建拟合的样条曲线

单击“绘图”面板的“样条曲线拟合”按钮时，命令行出现如下提示。

当前设置：方式=控制点　　阶数=3

指定第一个点或 [方式(M)/阶数(D)/对象(O)]: _M（系统自动转入方式选项）

输入样条曲线创建方式 [拟合(F)/控制点(CV)] <CV>: _FIT（系统自动选择拟合模式）

当前设置：方式=拟合　　节点=弦（显示当前系统设置方式）

指定第一个点或 [方式(M)/节点(K)/对象(O)]:

用户可以通过指定一系列离散点创建样条曲线，也可以使用选项“对象（O）”将多段线转换为样条曲线。用指定的点创建样条曲线可以在“指定下一点：”提示下继续指定离散的点，一直到完成样条曲线的定义为止，按回车键结束。

2）创建控制点的样条曲线

单击“绘图”面板的“样条曲线控制点”按钮时，命令行出现如下提示。

当前设置：方式=拟合　　节点=弦

指定第一个点或 [方式(M)/节点(K)/对象(O)]: _M（系统自动转入方式选项）

输入样条曲线创建方式 [拟合(F)/控制点(CV)] <拟合>: _CV（系统自动选择控制点方式选项）

当前设置：方式=控制点　　阶数=3 （显示当前系统设置方式）

指定第一个点或 [方式(M)/阶数(D)/对象(O)]:

在“指定下一点：”提示下继续指定离散的点，一直到完成样条曲线的定义为止，按回车键结束。

10.2.3 练习样条曲线

1. 根据已知点绘制开放的样条曲线

打开本书的练习文件“10-4.dwg”，通过给定点绘制样条曲线。操作过程如下。

（1）单击“应用程序状态栏”的“对象捕捉”按钮，在弹出的菜单中设置自动捕捉“节点”，激活“对象捕捉”按钮。

（2）单击“绘图”面板的“样条曲线拟合”按钮，用拟合点方式绘制样条曲线。在“拾取点”提示下，依次拾取 6 个点后按回车键结束，结果如图 10-13 所示。

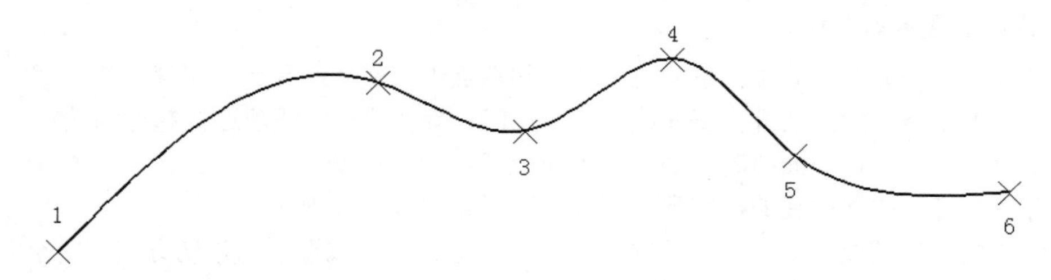

图 10-13　根据已知点用拟合点方式创建样条曲线

（3）单击“绘图”面板的“样条曲线控制点”按钮，用“样条曲线控制点”方式绘制样条曲线。在“拾取点”提示下，依次拾取 6 个点后按回车键结束，结果如图 10-14 所示。

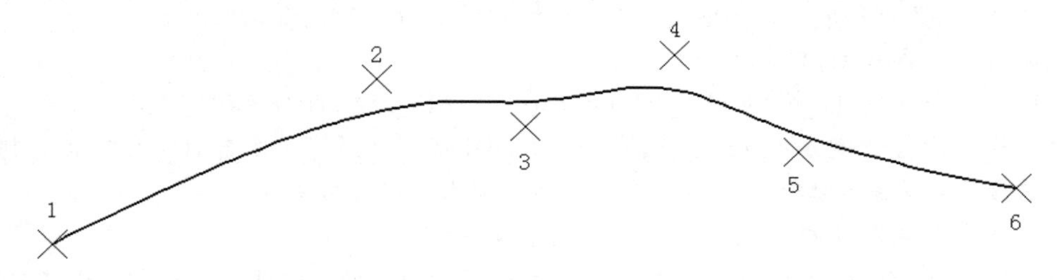

图 10-14　根据已知点用控制点方式创建样条曲线

2．根据已知点绘制封闭的样条曲线

通过点的坐标用样条曲线绘制封闭的凸轮曲线。凸轮各点坐标在本书的“凸轮坐标.txt”文件中。

（1）新建文件。

（2）单击“绘图”面板的“样条曲线拟合”按钮，依据命令区给出的选项提示依次操作。

当前设置：方式=拟合　　节点=弦

指定第一个点或 [方式(M)/节点(K)/对象(O)]:

指定第一个点或 [对象(O)]:（将“凸轮坐标.text”文件中的数据全部复制在此处）

…

指定下一点或 [闭合(C)/拟合公差(F)] <起点切向>: 36.3731,21

指定下一点或 [闭合(C)/拟合公差(F)] <起点切向>:（输入“C”，按回车键，闭合曲线并结束命令）

完成凸轮曲线的作图，如图 10-15（a）所示，如果使用“样条曲线控制点”方式绘制凸轮曲线，结果将如图 10-15（b）所示。

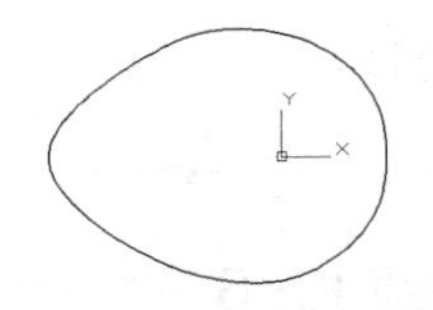

（a）用拟合点方式创建的凸轮曲线　　（b）用控制点方式创建的凸轮曲线

图 10-15　凸轮

注意

在 AutoCAD 提示输入点时，可以将文本文件中表示坐标值的全部数据粘贴到命令行。

本例实践操作视频：视频 10-5

3. 多段线转换为样条曲线

用户通过将多段线转换为样条曲线的方式来创建样条曲线。打开本书的练习文件“10-5.dwg”，如图 10-16 所示，虽然两个图看起来十分相像，通过特性查询可以发现：图 10-16（a）所示为多段线，图 10-16（b）所示为转换后的样条曲线。

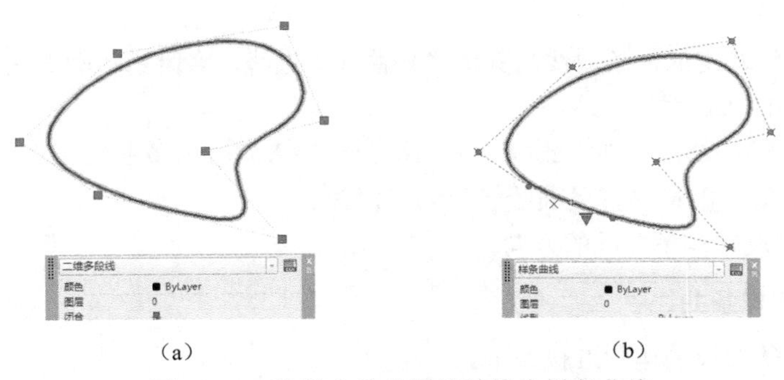

（a）　　（b）

图 10-16　将拟合的多段线转换为样条曲线

将多段线转换为样条曲线的操作过程如下。

（1）单击“绘图”面板的“样条曲线拟合”按钮。

（2）依据命令区给出的选项提示依次操作。

当前设置：方式=拟合　　节点=弦

指定第一个点或 [方式(M)/节点(K)/对象(O)]：（输入“O”，按回车键，转成选择对象方式）

选择样条曲线拟合多段线：（选择要转换为样条曲线的多段线）

选择样条曲线拟合多段线：（按回车键，结束命令）

要注意的是，并不是所有多段线都可以直接转换为样条曲线。只有用 PEDIT 命令进行样条曲线拟合的多段线才可以转换为样条曲线。在转换未拟合的多段线时，系统提示“只有样条曲线拟合的多段线可以转换为样条曲线，无法转换选定的对象”。

本例实践操作视频：视频 10-6

10.2.4　编辑样条曲线

1. 命令操作

调用样条曲线编辑命令的方法如下。

- 命令区：输入 SPLINEDIT 并按回车键确认。
- 功能区：单击“默认”选项卡→“修改”面板→“样条曲线编辑”按钮。

2. 样条曲线选项

编辑样条曲线时，输入 SPLINEDIT 命令，命令行出现如下提示。

选择样条曲线：

输入选项 [闭合(C)/合并(J)/拟合数据(F)/编辑顶点(E)/转换为多段线(P)/反转(R)/放弃(U)/退出(X)] <退出>:

各选项含义如下。

- 合并（J）：将选定的样条曲线与其他样条曲线、直线、多段线和圆弧在重合端点处合并，以形成一条样条曲线。
- 拟合数据（F）：通过添加、删除、移动拟合点等来修改样条曲线。
- 转换为多段线（P）：将样条曲线转换为多段线。
- 反转（R）：反转样条曲线的方向。

3. 用夹点编辑样条曲线

用夹点编辑样条曲线的作图过程如下。

（1）打开本书的练习文件“10-6.dwg”。

（2）不执行命令，选择样条曲线，如图 10-17（a）所示。

（3）单击控制点 1，并向位置 2 拖曳，如图 10-17（b）所示。

（4）拾取鼠标左键，使用夹点完成调整，按“Esc”键退出，结果如图 10-17（c）所示。

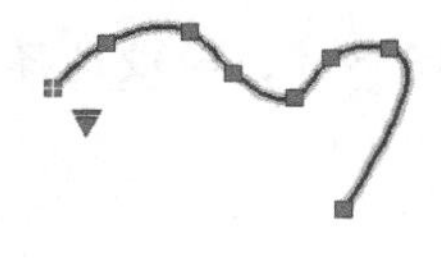

（a） 夹点选择

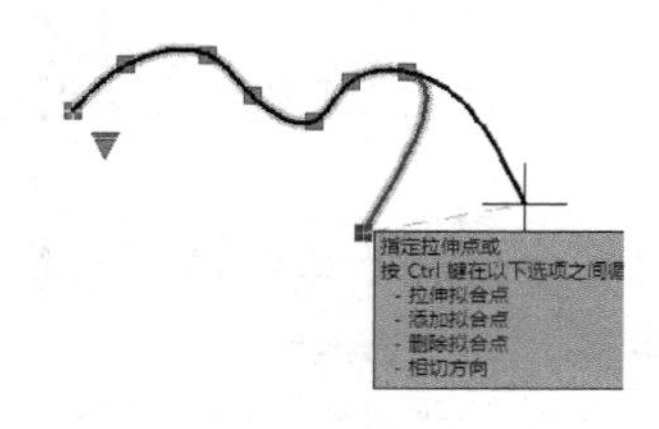

（b）拖曳夹点

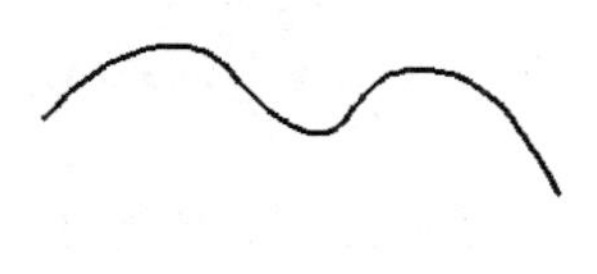

（c）调整到合适位置确定

图 10-17　用夹点编辑样条曲线

注意

使用夹点编辑可以更容易地编辑样条曲线的外观。

本例实践操作视频：视频 10-7

4．将样条曲线修改为多段线

将样条曲线修改为多段线的作图步骤如下。

（1）打开本书的练习文件“10-7.dwg”。

（2）在“应用程序状态栏上”打开“快捷特性”按钮。

（3）不执行命令，选择样条曲线，如图 10-18 所示。从“快捷特性”中可以知道，选择的对象是样条曲线。

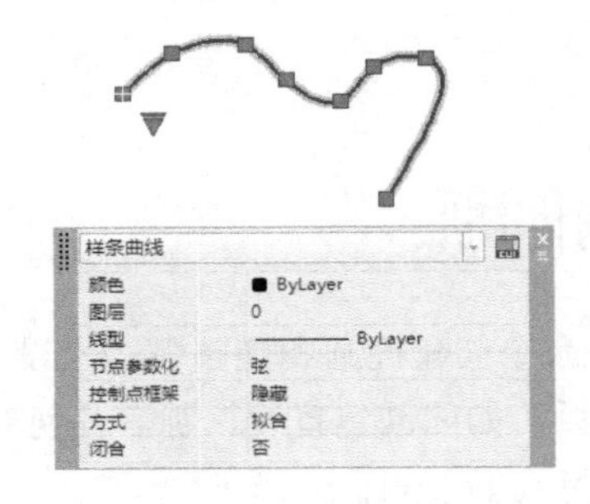

图 10-18　选择样条曲线

（4）单击鼠标右键，在弹出的快捷菜单中选择“样条曲线”→“转换为多段线”命令，如图 10-19 所示。

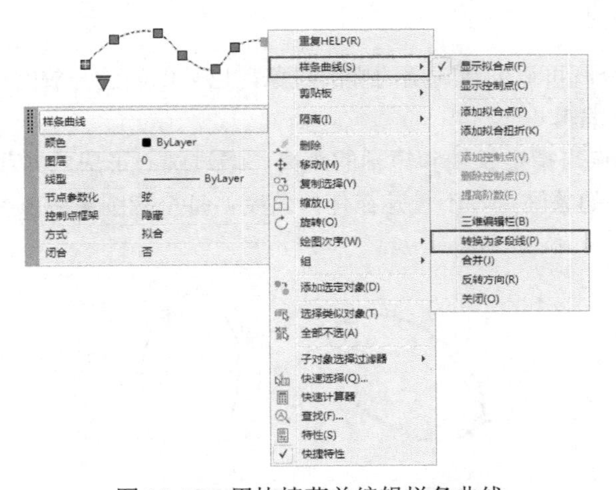

图 10-19　用快捷菜单编辑样条曲线

（5）按命令行提示输入精度值，或按回车键接受默认认值，则样条曲线转换为多段线。

（6）从图形中看不到变化。选择多段线，如图 10-20 所示，从“快捷特性”对话框中可以看到当前对象是多段线，从夹点显示上也可以看到与图 10-18 中的样条曲线的不同。

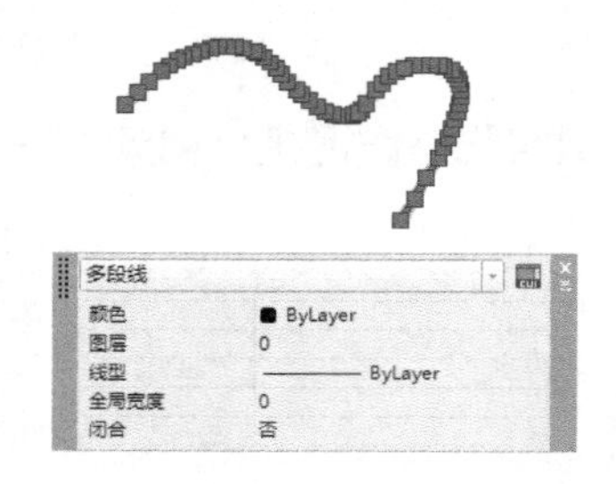

图 10-20　转换后的多段线

本例实践操作视频：视频 10-8

10.3　创建椭圆和椭圆弧

本节讲解如何使用 ELLIPSE 命令创建椭圆和椭圆弧。当设计图需要绘制椭圆形状时，使用 ELLIPSE 命令来创建椭圆及椭圆弧，如同创建直线、圆等几何对象一样便捷。

完成本课程的练习，可以学习到如下知识。

- 椭圆的用途。
- 创建椭圆及椭圆弧的方法。

10.3.1　关于椭圆

使用 ELLIPSE 命令既可以创建封闭的椭圆对象，也可以创建开放的椭圆弧对象，两者都可以像其他对象一样进行编辑。

椭圆是由 4 个端点来指定长轴和短轴的距离，通过圆心形成的封闭曲线。使用对象捕捉时，每个端点都是椭圆的象限点。不管是在任何角度，每个椭圆象限点都是轴线的端点，如图 10-21 所示。

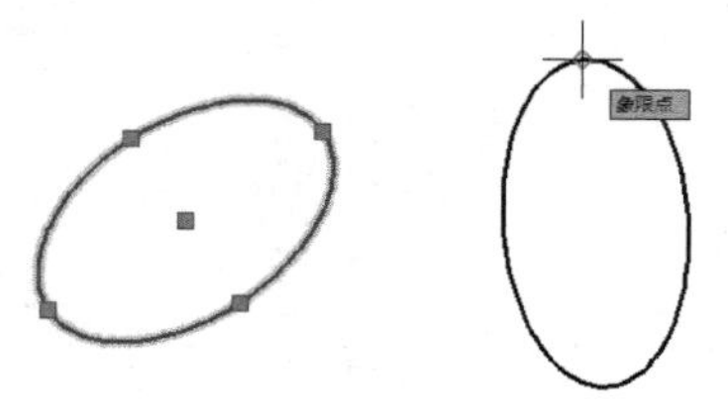

图 10-21　椭圆及其象限点

10.3.2　创建椭圆和椭圆弧

在 AutoCAD 中，根据椭圆方程的定义，椭圆的形状由长、短轴决定。椭圆弧是椭圆的一部分。绘制椭圆的相关命令在“绘图”面板的“椭圆”下拉列表中，如图 10-22 所示。

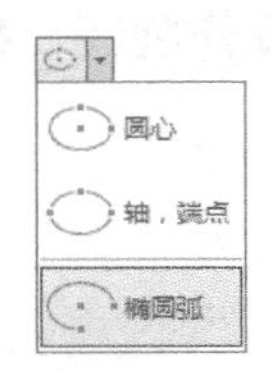

图 10-22　“椭圆”下拉列表

1. 命令操作

调用绘制椭圆和椭圆弧命令的方法如下。

- 命令区：输入 ELLIPSE（EL）并按回车键确认。
- 功能区：单击“默认”选项卡→“绘图”面板→“椭圆”按钮或“椭圆弧”按钮。

2. 命令选项

绘制椭圆常用的方法为：通过指定的中心点和给定一个轴端点及另一个轴的半轴长度创建椭圆；也可以指定长轴或短轴的两个端点和另一个轴的半轴长度来绘制椭圆。

使用创建椭圆或椭圆弧命令时，系统提示如下。

指定椭圆的轴端点或[圆弧(A)/中心点(C)]:

各选项功能如下。

- 圆心：通过指定的中心点和给定一个轴端点及另一个轴的半轴长度创建椭圆。
- 轴、端点：指定长轴或短轴的两个端点和另一个轴的半轴长度来绘制椭圆，如果已知椭圆轴的两个端点，可以直接指定椭圆的轴端点和另一轴的半轴长度生成椭圆。如果已知椭圆的中心和两个半轴的轴长，也可以直接生成椭圆，如图 10-23 所示。
- 椭圆弧：该选项可以绘制椭圆弧。

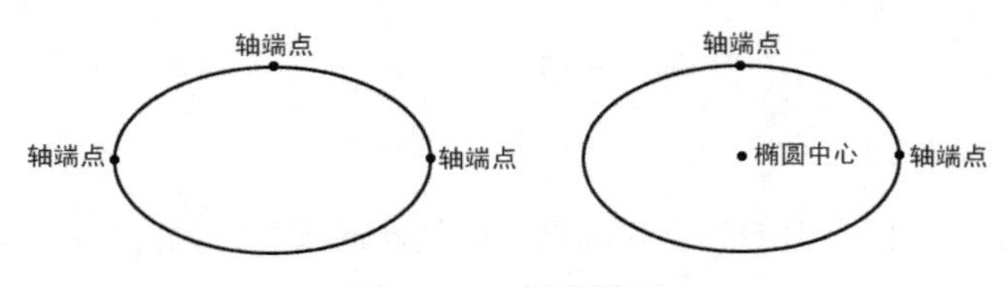

图 10-23　创建椭圆

3. 练习：指定轴线端点绘制椭圆

绘制长轴为 30，短半轴为 7.5 的椭圆，采用给出轴端点的方法绘制椭圆。

（1）单击功能区中“绘图”面板的“椭圆”下拉列表中的“轴、端点”按钮。

（2）依据命令区给出的选项提示依次操作。

指定椭圆的轴端点或 [圆弧(A)/中心点(C)]:（拾取任意一点，指定椭圆的一个轴端点）

指定轴的另一个端点:（输入“30”，按回车键，给出轴长）

指定另一条半轴长度或 [旋转（R）]：（输入“7.5”，按回车键，指定另一半轴长，结束命令）

本例实践操作视频：视频 10-9

4．练习：指定圆心和轴长绘制椭圆

用户可以直接给出另一轴的半轴长度或给出一点，该点到轴中心点的距离为另一半轴的长度。

椭圆的中心和长半轴为 15、短半轴为 7.5，采用“圆心”中心和轴长的方法绘制椭圆。

（1）单击功能区中“绘图”面板的“椭圆”下拉列表中的“圆心”按钮。

（2）依据命令区给出的选项提示依次操作。

指定椭圆的轴端点或[圆弧(A)/中心点(C)]：_C（指定系统自动转入圆心绘制椭圆中心点的方式）

指定椭圆的中心点：（指定椭圆中心点）

指定轴的端点：（输入 15，按回车键，鼠标光标指示轴端点方向，指定半轴长度）

指定另一条半轴长度或[旋转（R）]：（输入 7.5，按回车键，指定另一半轴长，按回车键结束命令）

注意

第一条轴的角度确定了整个椭圆的角度。第一条轴既可以定义椭圆的长轴，也可以定义椭圆的短轴。

本例实践操作视频：视频 10-10

5．创建椭圆弧

使用椭圆弧命令，根据椭圆的起点和端点角度创建椭圆弧，如图 10-24 所示。

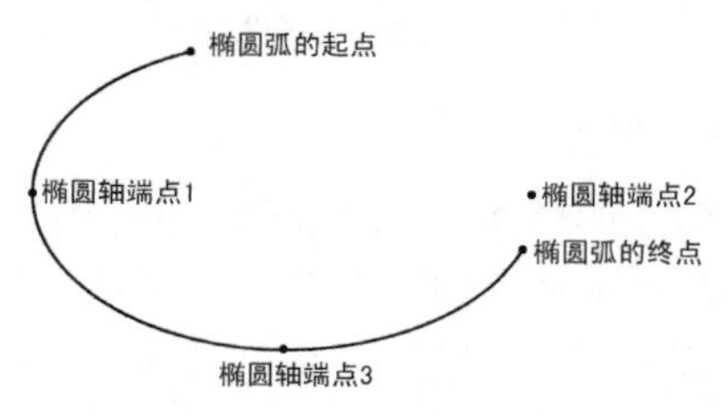

图 10-24　创建椭圆弧

创建椭圆弧的命令执行过程如下。

单击功能区中“绘图”面板的“椭圆”下拉列表中的“椭圆弧”按钮，依据命令区给出的选项提示依次操作。

指定椭圆的轴端点或[圆弧（A）|中心点（C）]：_A（指定系统自动转入绘制椭圆弧的方式）

指定椭圆弧的轴端点或[中心点（C）]：（指定椭圆轴的第一个端点 1）

指定轴的另一个端点：（指定椭圆轴的另一个端点 2）

指定另一条半轴长度或[旋转（R）]：（指定另一半轴长度点 3）

指定起始角度或[参数（P）]：（指定椭圆弧起点角度）

指定终止角度或[参数（P）|包含角度（I）]：（指定椭圆弧终点角度）

从起点到端点按逆时针方向绘制椭圆弧。

本例实践操作视频：视频 10–11

10.3.3　练习绘制椭圆

绘制如图 10-25 所示的图形。本练习作图过程是使用 ELLIPSE 命令和偏移命令创建两个椭圆，并对其中一个椭圆进行修剪，变成椭圆弧，再创建其余圆和直线对象。

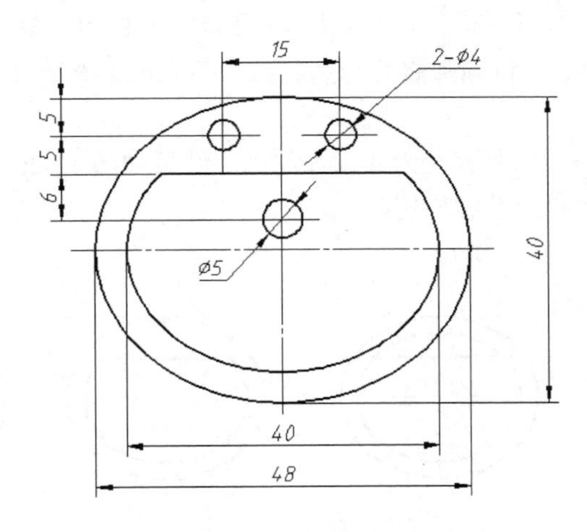

图 10-25　绘制的图形

（1）新建文件。

（2）使用“图层特性管理器”，分别为中心线、轮廓线和尺寸线创建 3 个图层，并设置其相应颜色、线型、线宽等特性。

（3）利用“图层控件”将当前层设置为“中心线”层。

（4）使用“直线”命令，绘制长度为 55 左右的水平和竖直对称中心线。

（5）将当前层设置为“轮廓线”层。

（6）使用“椭圆”命令，用“圆心”方式绘制长轴为 48、短轴为 40 的椭圆。命令执行过程如下。

命令：_ELLIPSE

指定椭圆的轴端点或 [圆弧(A)/中心点(C)]: _C（自动转入圆心绘制椭圆方式）

指定椭圆的中心点：（拾取两直线的交点）

指定轴的端点:（输入“24”，按回车键确认）

指定另一条半轴长度或 [旋转(R)]:（输入“20”，按回车键，结束椭圆命令）

（7）使用“偏移”命令，指定偏移距离为 4，偏移对象为椭圆，向已有椭圆内侧偏移，得到小椭圆，如图 10-26（a）所示。

（8）使用“偏移”命令，绘制如图 10-26（b）所示的实线。命令执行过程如下。

命令：_OFFSET

当前设置：删除源=否　图层=源　OFFSETGAPTYPE=0

指定偏移距离或 [通过(T)/删除(E)/图层(L)] <5.0000>:（输入“L”，按回车键确认）

输入偏移对象的图层选项 [当前(C)/源(S)] <源>:（输入“C”，按回车键，设置当前层为偏移创建的对象所在的图层）

指定偏移距离或 [通过(T)/删除(E)/图层(L)] <5.0000>:（输入“10”，按回车键确认）

选择要偏移的对象，或 [退出(E)/放弃(U)] <退出>:（选择水平中心线）

指定要偏移的那一侧上的点，或 [退出(E)/多个(M)/放弃(U)] <退出>:（在水平中心线上方任意点拾取）

选择要偏移的对象，或 [退出(E)/放弃(U)] <退出>:（按回车键，结束偏移命令）

（9）使用“修剪”命令，将椭圆修剪为椭圆弧，并修剪多余的线段。修剪结果如图 10-26（c）所示。

（10）使用“圆”命令，绘制直径为 4 和 5 的圆。结果如图 10-26（d）所示。

（11）将当前层设置为“尺寸线”层。

（12）标注尺寸，完成图形绘制。

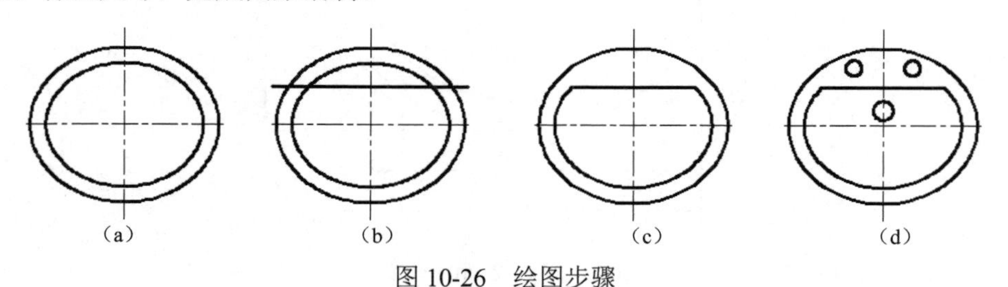

图 10-26　绘图步骤

本例实践操作视频：视频 10−12

第 11 章　打印出图

完成了设计绘图后，接下来需要进行打印输出。AutoCAD 中有两种不同的工作环境，称为模型空间和图纸空间，这在第 5 章已经有所介绍。可以在模型空间中进行打印出图，还可以使用图纸空间——也就是采用布局的方法进行打印出图。

完成本章的练习，可以学习到以下知识。

- 在模型空间中打印图纸。
- 布局中图纸的打印输出。
- 使用打印样式表。
- 管理比例列表。
- 电子打印与发布。

11.1　在模型空间中打印图纸

如果仅仅是创建具有一个视图的二维图形，则可以在模型空间中完整地创建图形，并对图形进行注释，然后直接在模型空间中进行打印，而不使用布局选项卡。这是使用 AutoCAD 打印图形的传统方法。

1．命令操作

激活打印命令的方法如下。

- 命令行：输入 PLOT 并按回车键确认。
- 功能区：单击“输出”选项卡→“打印”面板→“打印”按钮。

2．练习：在模型空间中打印图纸

在模型空间中打印的步骤如下。

（1）打开本书的练习文件“11-1.dwg”，此文件中有一个已经在模型空间中绘制好的图形，如图 11-1 所示。激活打印命令，弹出“打印-模型”对话框，如图 11-2 所示。

（2）在“打印机/绘图仪”选项组的“名称”下拉列表中选择打印机。如果计算机上真正安装了一台打印机，则可以选择此打印机；如果没有安装打印机，则选择 AutoCAD 提供的一个虚拟的电子打印机“DWF ePlot.pc3”。

（3）在“图纸尺寸”选项组的下拉列表中选择纸张的尺寸，这些纸张都是根据打印机的硬件信息列出的。如果在第（2）步选择了电子打印机“DWF ePlot.pc3”，则在此选择“ISO full bleed A3(420.00 × 297.00 毫米)”选项，这是一个全尺寸的 A3 图纸。

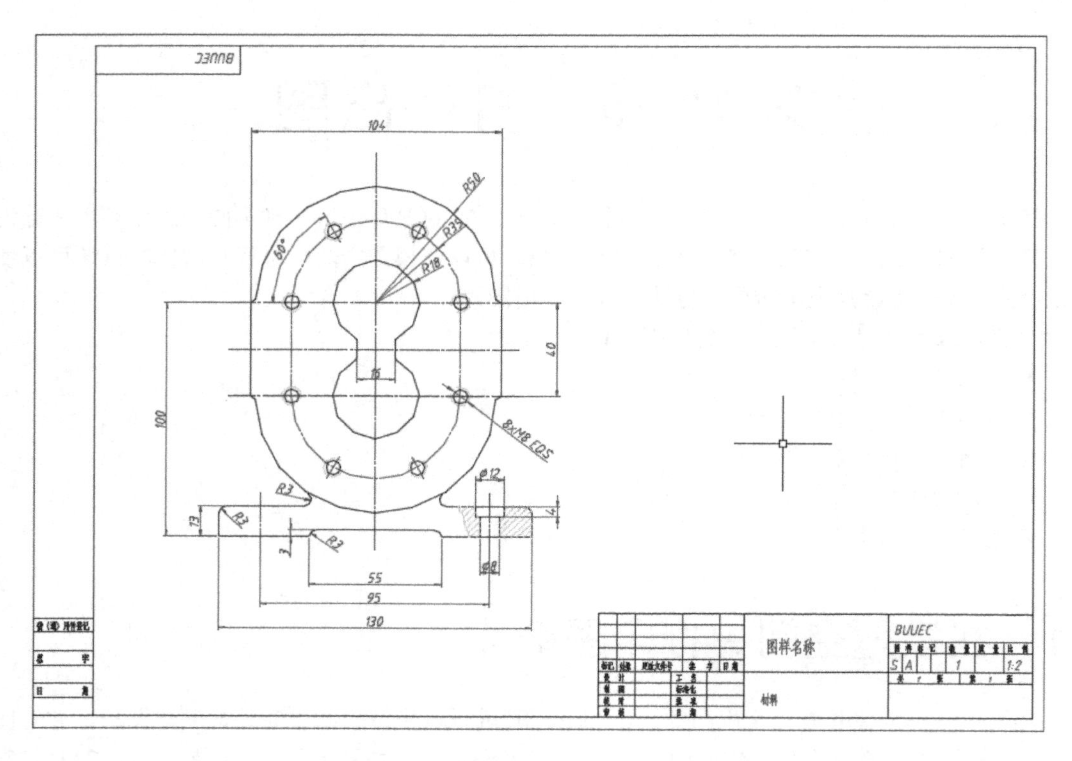

图 11-1　文件“11-1.dwg”中的图形

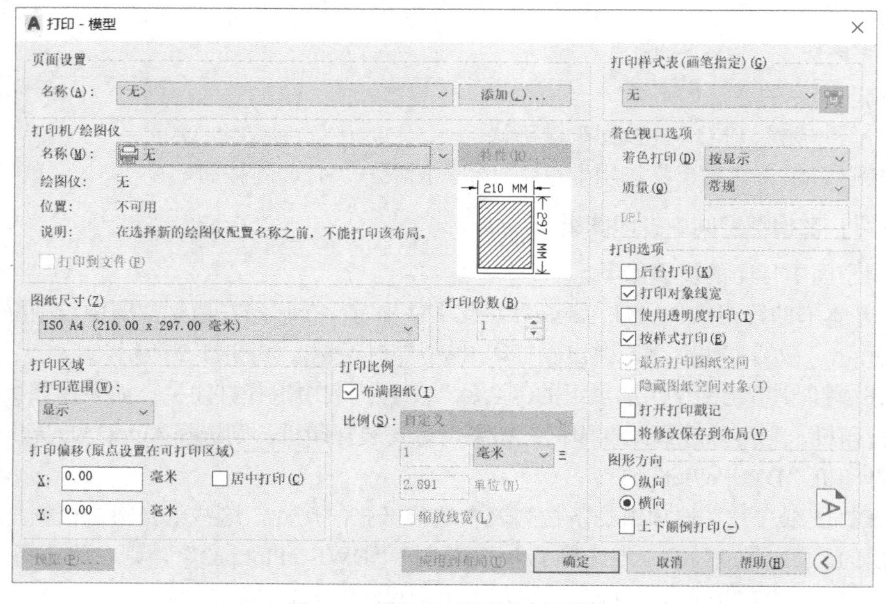

图 11-2　“打印-模型”对话框

（4）在“打印区域”选项组的“打印范围”下拉列表中选择“窗口”选项，如图 11-3 所示。此选项将会切换到绘图窗口供用户选择要打印的窗口范围，确保激活了“对象捕捉”中的

“端点”，选择图形的左上角点和右下角点，将整个图纸包含在打印区域中，勾选“居中打印”复选框。

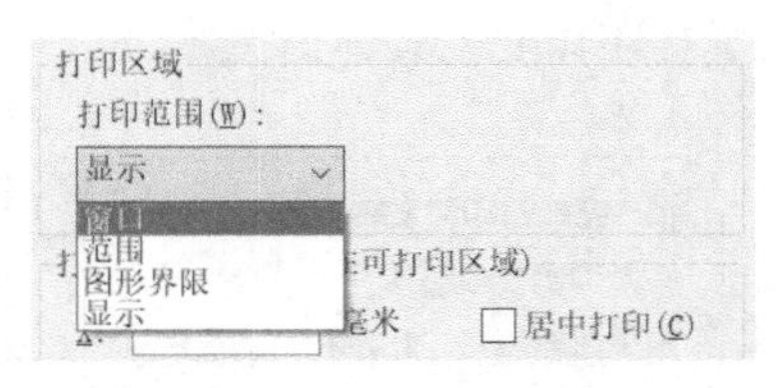

图 11-3　打印范围的选择

（5）取消勾选“打印比例”选项组的“布满图纸”复选框，在“比例”下拉列表中选择“1∶1”选项，这个选项保证打印出的图纸是规范的 1∶1 工程图，而不是随意的出图比例。当然，如果仅仅是检查图纸，可以使用“布满图纸”选项以最大化地打印出图形来。

（6）在“打印样式表”选项组的下拉列表中选择“monochrome.ctb”选项，此打印样式表可以将所有颜色的图线都打印成黑色，确保打印出规范的黑白工程图纸，而非彩色或灰度的图纸。最后的打印设置如图 11-4 所示。

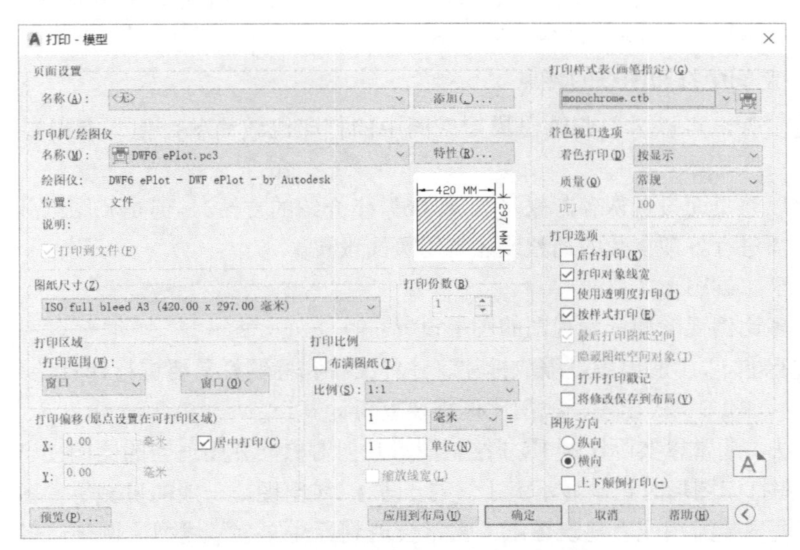

图 11-4　模型空间的打印设置

注意

此时如果单击“页面设置”选项组中的“添加”按钮，将弹出“添加页面设置”对话框，输入一个名字，就可以将这些设置保存到一个命名页面设置文件中，以后打印时可以在“页面设置”选项组的“名称”下拉列表中选择调用，这样就不需要每次打印时都进行设置。

（7）单击“预览”按钮，可以看到即将打印出来的图纸的样子，在预览图形的右键快捷菜单中选择“打印”命令，或者在“打印-模型”对话框中单击“确定”按钮开始打印。由于选择了虚拟的电子打印机，此时会弹出“浏览打印文件”对话框，提示将电子打印文件保存到何处，选择合适的目录后单击“保存”按钮，打印便开始进行，打印完成后，右下角状态栏托盘中会出现“完成打印和发布作业”通知，如图 11-5 所示。单击此通知会弹出“打印和发布详细信息”对话框，里面详细地记录了打印作业的具体信息。

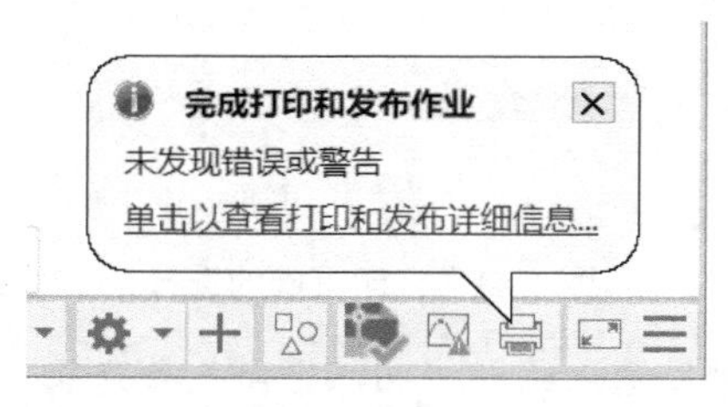

图 11-5 “完成打印和发布作业”通知

本例实践操作视频：视频 11-1

3. 在模型空间中打印图纸的特点

通过上述步骤，可以大致归纳出模型空间中的打印比较简单，但却有很多局限，具体如下。

- 虽然可以将页面设置保存起来（如第（6）步介绍的方法），但是和图纸并无关联，每次打印均需进行各项参数的调整或者调用页面设置。
- 仅适用于二维图形。
- 不支持多比例视图和依赖视图的图层设置。
- 如果进行非 1∶1 的出图，缩放标注、注释文字和标题栏需要进行计算。
- 如果进行非 1∶1 的出图，线型比例需要重新计算。

使用此方法，通常以实际比例 1∶1 绘制图形几何对象，并用适当的比例创建文字、标注和其他注释，以在打印图形时正确显示大小。对于非 1∶1 出图，一般的机械零件图并没有太多体会，如果绘制大型装配图或者建筑图纸，常常会遇到标注文字、线型比例等诸多问题，比如模型空间中绘制 1∶1 的图形想要以 1∶10 的比例出图，在书写文字和标注时就必须将文字和标注放大 10 倍，线型比例也要放大 10 倍才能在模型空间中正确地按照 1∶10 的比例打印出标准的工程图纸。这一类的问题如果使用图纸空间出图便迎刃而解。

11.2 布局中图纸的打印输出

同样是打印出图，在布局中进行要比在模型空间中进行方便许多，因为布局实际上可以看作一个打印的排版。在创建布局时，很多打印时需要的设置（比如打印设备、图纸尺寸、打印方向、出图比例等）都已经预先设定了，在打印时就不需要再进行设置。

11.2.1　布局中打印出图的过程

在布局中打印出图的命令和在模型空间中一样，注意选项卡位置切换到布局。

1．命令操作

激活打印命令的方法如下。

- 命令行：输入 PLOT 并按回车键确认。
- 功能区：单击“输出”选项卡→“打印”面板→“打印”按钮。

2．练习：在布局中打印出图

接下来以本书的练习文件“11-2.dwg”为例，介绍在布局中进行打印输出的过程。操作步骤如下。

（1）切换到布局“零件图”。

（2）激活 PLOT 命令后，绘图窗口弹出“打印-零件图”对话框，如图 11-6 所示，其中“零件图”是要打印的布局名。

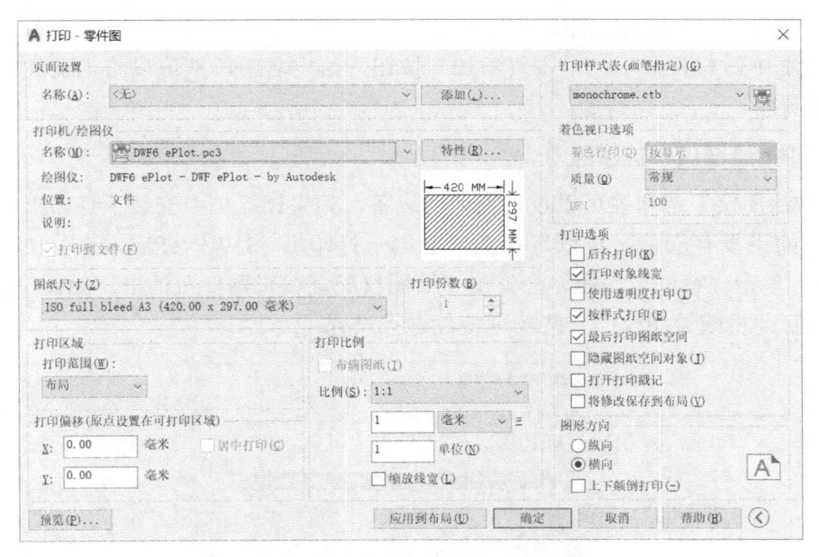

图 11-6　“打印-零件图”对话框

（3）可以看到，打印设备、图纸尺寸、打印区域、打印比例都按照布局中的设定设置好了，无须再进行设置，布局就像是一个打印的排版，所见即所得。打印样式表如果没有设置，可以在此进行，将打印样式表设置为“monochrome.ctb”，然后单击“应用到布局”按钮，所做的打印设置修改就会保存到布局设置中，下次打印时就不必重复设置。

（4）单击“确定”按钮，就会开始打印，由于选择了虚拟的电子打印机，此时会弹出“浏览打印文件”对话框，提示将电子打印文件保存到何处，选择合适的目录后单击“保存”按钮，打印便开始进行。

与在模型空间中打印一样，打印完成后，右下角状态栏托盘中会出现“完成打印和发布作业”通知。单击此通知会弹出“打印和发布详细信息”对话框，里面详细地记录了打印作业的具体信息。可以看到，在布局中进行打印的步骤要比在模型空间中进行打印简单得多。

本例实践操作视频：视频 11-2

11.2.2 打印设置

下面对“打印”对话框中的部分内容进行进一步的说明。

1. “页面设置”选项组

“页面设置”选项组保存了打印时的具体设置，可以将设置好的打印方式保存在页面设置文件中，供打印时调用。在模型空间中打印时，没有一个与之关联的页面设置文件，而每一个布局都有自己专门的页面设置文件。

在此对话框中做好设置后，单击“添加”按钮，给出名字，就可以将当前的打印设置保存到命名页面设置中。

2. “打印机/绘图仪”选项组

“打印机/绘图仪”选项组可以设定打印的设备，如果计算机中安装了打印机或者绘图仪，可以选择它；如果没有安装，可以选择虚拟的电子打印机“DWF ePlot.pc3”，将图纸打印到 DWF 文件中。单击“特性”按钮，会弹出“绘图仪配置编辑器”对话框，如图 11-7 所示。此对话框可以对打印机或绘图仪的一些物理特性进行设置。

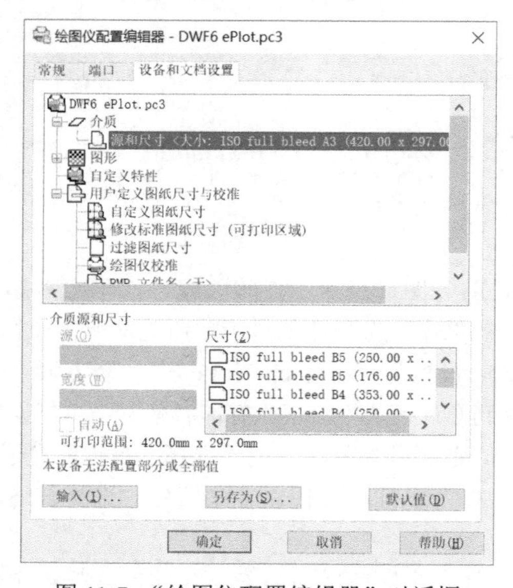

图 11-7 “绘图仪配置编辑器”对话框

3. “图纸尺寸”选项组

在“图纸尺寸”下拉列表中确认图纸的尺寸；在“打印份数”数值框中确定打印份数。

如果选定了某种打印机，AutoCAD 会将此打印机驱动中的图纸信息自动调入“图纸尺寸”下拉列表中供用户选择。

如果需要的图纸尺寸不在“图纸尺寸”下拉列表中，可以自定义图纸尺寸，方法是在如图 11-7 所示的“绘图仪配置编辑器”对话框中选择“自定义图纸尺寸”选项，但是要注意，自定义的图纸尺寸不能大于打印机所支持的最大图纸幅面。

另外，在定义可打印区域时，要注意打印机硬件的限制，每一个打印机都有自己的不能打印到的页边距（很少数的打印机支持无边距打印），因此，如果自定义的图纸页边距超过了打印机的限制，虽然能定义出来，但也无法完全打印出来。

> **注意**
>
> 如果想要改变现有图纸尺寸的页边距，布局中的虚线框尺寸会做相应的调整，即便将此可打印区域虚线框改得更大，到一定程度，打印机硬件上也无法完全支持打印出来，绘制在调整前的虚线框外的图形一样无法打印出来。也可以这么说，一个只支持 A3 幅面的打印机是无法用 A3 大小的纸张打印出一张完整的标准的 A3 图纸的，只能将图纸缩放到可打印范围内才能完整打印，但此时图框已经并不标准了。

4. “打印区域”选项组

在“打印区域”选项组中可以确定打印范围。默认设置为“布局”（当“布局”选项卡激活时），或为“显示”（当“模型”选项卡激活时）。其中：

- 布局——图纸空间的当前布局。
- 窗口——用开窗的方式在绘图窗口指定打印范围。
- 显示——当前绘图窗口显示的内容。
- 图形界限——模型空间或图纸空间“图形界限（LIMITS）命令”定义的绘图界限。

5. “打印比例”选项组

在“打印比例”选项组的“比例”下拉列表中选择标准缩放比例，或在下面的数值框中输入自定义值。

> **注意**
>
> 这里的“比例”是指打印布局时的输出比例，与“布局向导”中的比例含义不同。通常选择 1：1，即按布局的实际尺寸打印输出。

通常，线宽用于指定对象图线的宽度，并按其宽度进行打印，与打印比例无关。若按打印比例缩放线宽，则需勾选“缩放线宽”复选框。如果图形要缩小为原尺寸的一半，则打印比例为 1：2，这时线宽也将随之缩放。

6. “打印偏移”选项组

在“打印偏移”选项组内输入 X、Y 偏移量，以确定打印区域相对于图纸原点的偏移距离；若勾选了“居中打印”复选框，则 AutoCAD 可以自动计算偏移值，并将图形居中打印。

7. “打印样式表”选项组

在“打印样式表”下拉列表中选择所需要的打印样式表（有关如何创建打印样式见 11.3 节）。

8. “着色窗口选项”选项组

在“着色窗口选项”选项组中，可从“质量”下拉列表中选择打印精度；如果打印一个包含三维着色实体的图形，还可以控制图形的“着色”模式。具体模式的含义如下。

- 按显示：按显示打印设计，保留所有的着色。
- 线框：显示直线和曲线，以表示对象边界。
- 消隐：不打印位于其他对象之后的对象。
- 渲染：根据打印前设置的“渲染”选项，在打印前要对对象进行渲染。

9. “打印选项”选项组

在“打印选项”选项组中勾选或取消勾选“打印对象线宽”复选框，以控制是否按线宽打印图线的宽度。若勾选“按样式打印”复选框，则使用为布局或视口指定的打印样式进行打印。通常情况下，图纸空间布局的打印优先于模型空间的图形，若勾选“最后打印图纸空间”复选框，则先打印模型空间图形。若勾选“隐藏图纸空间对象”复选框，则打印图纸空间中删除了对象隐藏线的布局。若勾选“打开打印戳记”复选框，则在其右边出现“打印戳记设置...”按钮；打印戳记是添加到打印图纸上的一行文字（包括图形名称、布局名称、日期和时间等）。单击这一按钮，弹出“打印戳记”对话框，如图 11-8 所示，可以为要打印的图纸设计戳记的内容和位置，打印戳记可以保存到（*.pss）打印戳记参数文件中供以后调用。

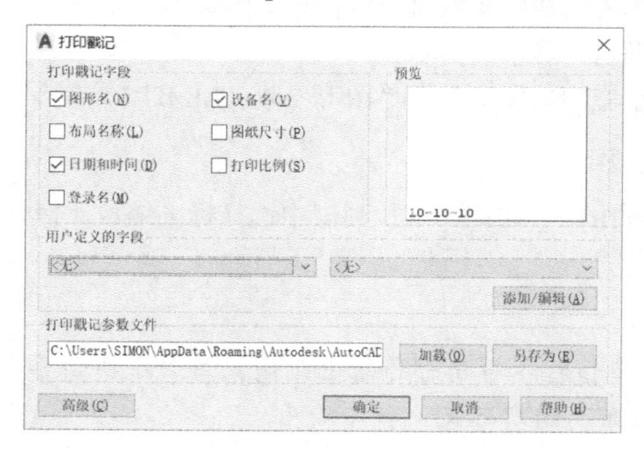

图 11-8 “打印戳记”对话框

注意

如果在正式出图纸前要出几次检查图，可以将打印戳记中的日期和时间打开，这样在多次修改后可以了解修改的先后顺序。

10. “图形方向”选项组

在“图形方向”选项组中可以确定图形在图纸上的方向，以及是否“反向打印”。

11.2.3 页面设置

11.2.2 节讲到的打印设置内容全部都可以保存到页面设置中，AutoCAD 使用“页面设置管理器”对这些设置进行管理，将设置好的打印方式保存在页面设置文件中，供打印时调用。

在模型空间中打印时，只有一个与之关联的页面设置文件，对打印方式的任何修改都需要专门进行保存，否则以默认方式进行打印。

而每一个布局都有自己专门的以布局名命名的页面设置文件，打印时会自动调用。

1. 命令操作

激活页面设置管理器的方法如下。

- 命令行：输入 PAGESETUP 并按回车键确认。
- 功能区：单击“输出”选项卡→“打印”面板→“页面设置管理器”按钮。
- 在“模型”或“布局”选项卡上单击鼠标右键，在弹出的快捷菜单中选择“页面设置管理器”命令。

2. 命令选项

激活页面设置管理器命令后，会弹出“页面设置管理器”对话框，如图 11-9 所示。

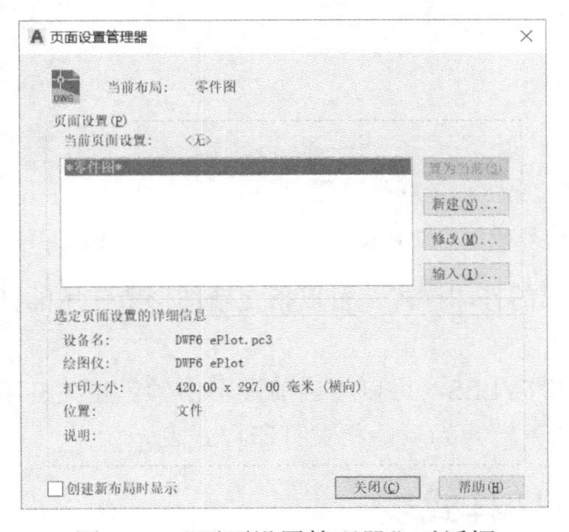

图 11-9 “页面设置管理器”对话框

对话框中的各选项说明如下。

- “当前页面设置”列表框：列出当前文件中已有的页面设置，每一个页面设置都保存了前一节所介绍的全部打印设置，双击某个页面设置文件可将此设置指定给当前的布局。
- “新建”按钮：可以新建一个页面布局，在布局中对页面进行打印设置。
- “修改”按钮：可以修改选中的页面设置。
- “输入”按钮：可以从外部 DWG 文件中输入页面设置。

11.3 使用打印样式表

前面的打印设置中都提到了打印样式表的设置，所谓打印样式表，是通过确定打印特性（如线宽、颜色和填充样式）来控制对象或布局的打印方式。打印样式类型有两种：颜色相关打印样式表和命名打印样式表。一个图形只能使用一种打印样式表，它取决于开始画图以前采用的是与颜色相关的样板文件，还是与命名打印样式有关的样板文件，如图 11-10 所示，如果选择的样板图文件名后有“Named Plot Styles”字样，就是命名打印样式样板文件。

通过“选项（OPTIONS）”命令可以查看默认的打印样式的类型，方法如下。

（1）在绘图区域单击鼠标右键，在弹出的快捷菜单中选择“选项”命令，激活“选项”命令，打开“选项”对话框，选择“打印和发布”选项卡。

（2）单击“打印样式表设置...”按钮，弹出“打印样式表设置”对话框，如图 11-11 所示。

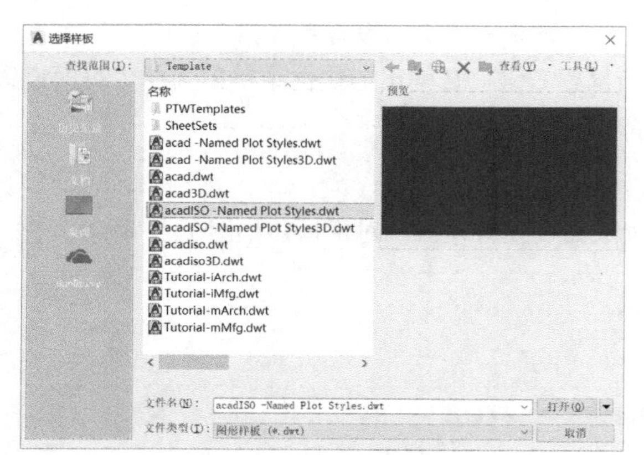

图 11-10 “选择样板”对话框

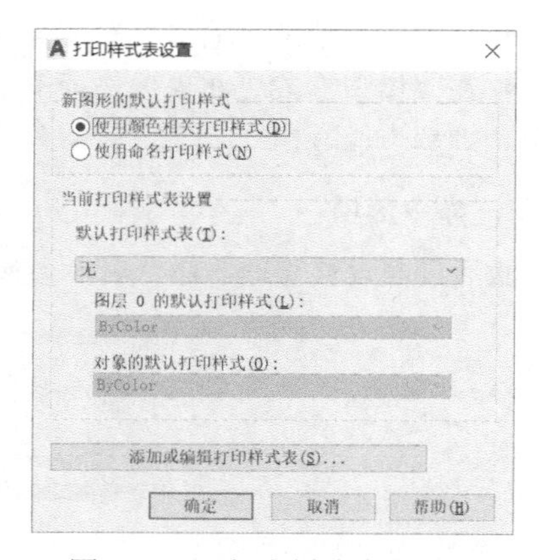

图 11-11 “打印样式表设置”对话框

在图 11-11 中选择不同的打印样式，可以指定新图形所使用的打印样式是颜色相关打印样式表还是命名打印样式表。

使用命令 CONVERTPSTYLES，可以将当前图形由颜色相关打印样式表转换为命名打印样式表，或者将命名打印样式表转换为颜色相关打印样式表。

11.3.1 颜色相关打印样式表

对于颜色相关打印样式表，对象的颜色决定打印方式。这些打印样式表文件的扩展名为.ctb。不能直接为对象指定颜色相关打印样式。相反，要控制对象的打印颜色，必须修改对象的颜色。例如，图形中所有被指定为红色的对象均以相同打印方式打印。

通过使用颜色相关打印样式来控制对象的打印方式，可以确保所有颜色相同的对象以相同的方式打印。

- 当图形使用颜色相关打印样式表时，用户不能为某个对象或图层指定打印样式。要为单个对象指定打印样式特性，必须修改对象或图层的颜色。例如，图形中所有被指定为红色的对象均以相同打印方式打印。

- 可以为布局指定颜色相关打印样式表。可以使用多个预定义的颜色相关打印样式表、编辑现有的打印样式表或创建用户自己的打印样式表。颜色相关打印样式表存储在 Plot Styles 文件夹中，其扩展名为.ctb。
- 使用颜色相关打印样式表的方法是：在“打印”对话框中选择“打印设备”选项卡，在“打印样式（笔指定）”下拉列表中选择自定义的颜色相关打印样式表，应用到要打印的图形中。

注意

使用 monochrome.ctb 颜色相关打印样式表可以实现纯粹黑白工程图的打印。

11.3.2　命名打印样式表

命名打印样式表使用直接指定给图层或对象的打印样式。这些打印样式表文件的扩展名为.stb。使用这些打印样式表可以使图形中的每个对象以不同颜色打印，可与对象本身的颜色无关。

通过“图层特性管理器”为对象所在的图层设置打印样式，方法如下。

（1）单击打印样式图标，弹出“选择打印样式”对话框，如图 11-12 所示，前提是使用命名打印样式表的样板文件。

（2）在“活动打印样式表”下拉列表中可以看到可使用的 AutoCAD 预定义的打印样式表文件，从中选择一个打印样式表文件，如 monochrome.stb，这时该文件中的所有可用的打印样式就显示在上面的“打印样式”列表框中。

（3）再从中为这一图层指定一种打印样式，如 Style 1。这样，只要该层上的图形对象打印样式的特性是“随层”的，则打印时就会按照 Style 1 所定义的样式去打印。

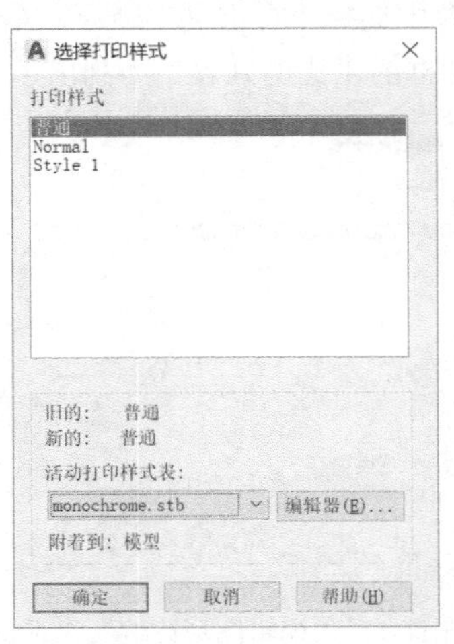

图 11-12　“选择打印样式”对话框

注意

与颜色打印样式表一样，使用 monochrome.stb 打印样式表可以实现纯粹黑白工程图的打印。

（4）在“打印”对话框的“打印样式表”区中可以看到当前的打印样式表就是 monochrome.stb，从下拉列表中可以调换为其他打印样式表；或单击“编辑”按钮，弹出“打印样式表编辑器”对话框，根据需要修改当前打印样式表中的打印样式。

11.4 管理比例列表

在 AutoCAD 中，有时会用到比例列表，比如创建视口、注释性比例和打印出图时。 工程图纸的大小幅面是有限的，为了在出图时将大尺寸的图形在小幅面的图纸上表现出来而设定了出图比例。国标中对比例也有一定的规定，在 AutoCAD 默认的比例列表中也列入了大多数的比例，如“1：1”“1：2”“1：10”等，在公制图形中，比例的前后数值表示图纸上尺寸与实际图形尺寸的比值，比例列表也可以自己进行定义。

1. 命令操作

激活命令的方法如下。

- 命令行：输入 SCALELISTEDIT 并按回车键确认。
- 功能区：单击“注释”选项卡→“注释缩放”面板→“ 比例列表”按钮。
- 在状态栏的“视口比例”快捷菜单中选择“自定义”命令。

2. 练习：编辑比例列表

编辑比例列表的步骤如下。

（1）在“视口比例”快捷菜单中选择“自定义”命令，AutoCAD 将弹出“编辑图形比例”对话框，如图 11-13 所示，此对话框的“比例列表”中列出了已有的常用比例。

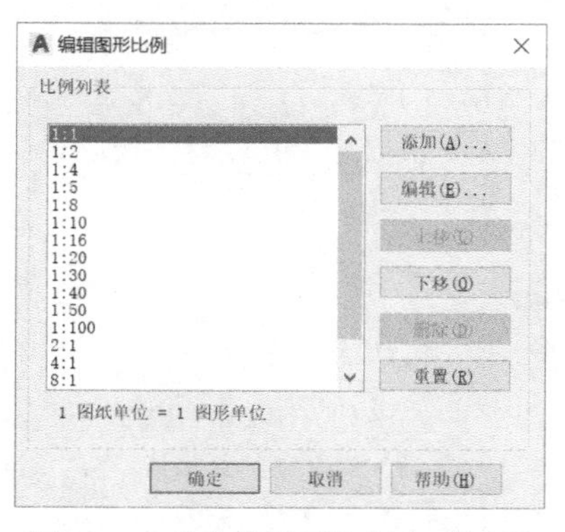

图 11-13 “编辑图形比例”对话框

（2）单击“添加”按钮，弹出“添加比例”对话框，如图 11-14 所示。在“比例名称”选项组的“显示在比例列表中的名称”文本框中输入“1∶3”，然后将“比例特性”选项组中的“图形单位”文本框的值改为“3”。

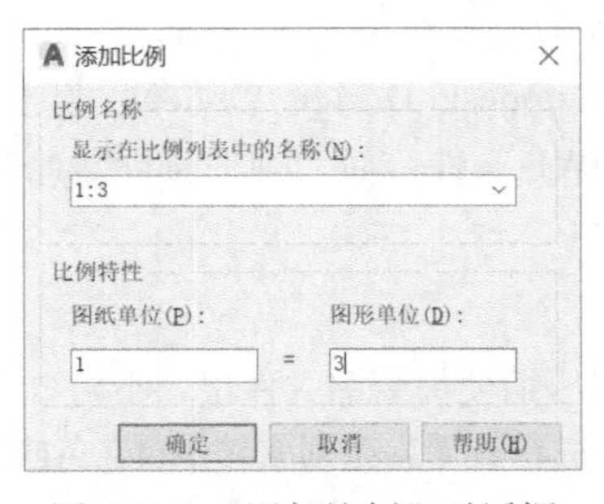

图 11-14 “添加比例”对话框

（3）单击“确定”按钮，返回“编辑图形比例”对话框，此时“比例列表”中增加了“1∶3”这个比例。

在添加视口或者打印图形时，比例列表中就会增加“1∶3”这个列表项，如果选择它，将使用 1∶3 的比例创建视口或打印图形。

本例实践操作视频：视频 11-3

11.5　电子打印与发布

11.5.1　电子打印

在项目组内部可以通过电子传递的技术以 DWG 图形文件的形式与设计伙伴交流图形信息，但如果与客户或甲方的图形信息进行交流，就不能直接采用 DWG 源图形文件的形式。因为设计师提供给客户的图形应该是既可以浏览，但又不能由客户随意编辑、改动的。以往都是将打印好的图纸交给客户进行沟通，现在可以通过 DWF 电子打印的方式向对方或更多客户发布图形集，既省去了纸介质，也大大缩短了传递速度。

从 AutoCAD 2000 开始提供了新的图形输出方式可以进行电子打印，可把图形打印成一个 DWF 文件，用特定的浏览器进行浏览。前面几节使用的“DWF6 ePlot.pc3”打印机就是进行电子打印的。

DWF（Web 图形格式）文件格式为共享设计数据提供了一种简单、安全的方法。可以将它视为设计数据包的容器，它包含了在可供打印的图形集中发布的各种设计信息。DWF 格式的文件是一种矢量图形文件，与其他格式的图形文件不同，它只能阅读，不能修改；相同之处是可以实时放大或缩小图形，不影响其显示精度。

DWF 使用户可以完全控制设计信息，确保用户发布的信息即为用户的大型团队成员将看到的信息。DWF 非常灵活，它保留了大量压缩数据和所有其他种类的设计数据。DWF 是一种开放的格式，可由多种不同的设计应用程序发布。它同时又是一种紧凑的、可以快速共享和查看的格式。使用免费的 Autodesk Design Review，甚至平板电脑和手机上的 Autodesk 360 软件，任何人都可以查看 DWF 文件，而无须拥有创建此文件的 AutoCAD 软件。

1. 电子打印的特点

电子打印具有如下特点。

- 小巧：受专利保护的多层压缩使矢量图文件很“小巧”，便于在网上交流和共享。
- 方便：通过特定的浏览器进行查看，无须安装 AutoCAD 软件就可以完成缩放、平移等显示命令，使看图更加方便。
- 智能：DWF 包含具有内嵌设计智能（如测量和位置）的多页图形。
- 安全：以 DWF 格式发布设计数据可以在将设计数据分发到大型评审组时保证原始设计文档不变，若涉及商业机密，还可以为图形集设置口令保护，以便供有关人员查阅。
- 快速：通过 Autodesk 软件应用程序创建 DWF 的过程非常快速简便。
- 节约：交流图纸时无须打印设备，节约资源。

2. 练习：电子打印

打开本书的文件“11-2.dwg”，对此文件进行电子打印。操作步骤如下。

（1）单击“输出”选项卡→“打印”面板→“打印”按钮，弹出“打印-零件图”对话框。

（2）在“打印机/绘图仪”选项组的“名称”下拉列表中选择打印设备为“DWF6 ePlot.pc3”，如图 11-15 所示。

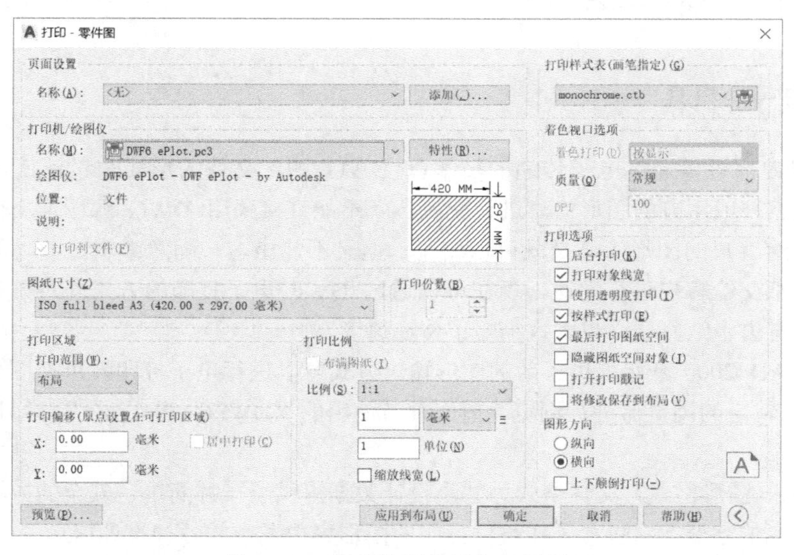

图 11-15 “打印-零件图”对话框

（3）单击“确定”按钮，弹出“浏览打印文件”对话框。默认情况下，AutoCAD 将当前图形名后加上“-模型”（在“模型”选项卡中打印时）或“-布局”（打印某布局时）作为打印文件名，扩展名为.dwf。设置好文件存储目录后，单击“保存”按钮，将文件打印到“11-2-零件图.dwf”中，完成电子打印的操作，如图 11-16 所示。

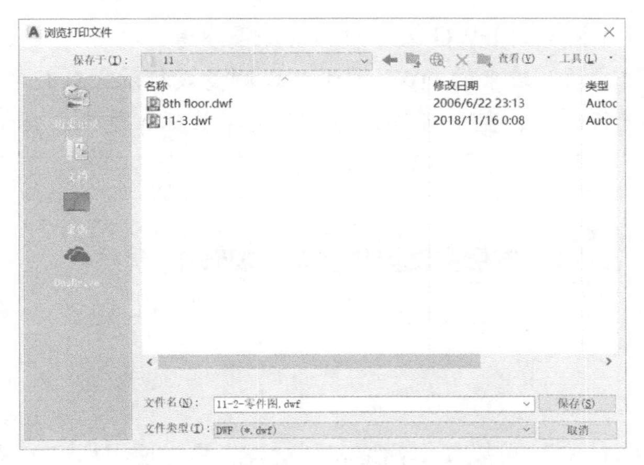

图 11-16 “浏览打印文件”对话框

3．浏览电子打印文件

打印完成的电子图纸可以通过免费的 Autodesk Design Review 进行浏览，可以在 Autodesk 官方网站上下载免费的 Autodesk Design Review 安装到计算机中， DWF 文件将自动关联到这个程序上，因此，直接双击 DWF 文件就可以用 Autodesk Design Review 来浏览图形，如图 11-17 所示。在 Autodesk Design Review 中可以像在 AutoCAD 中一样对图形进行缩放、平移等浏览，也可以将之打印出来。

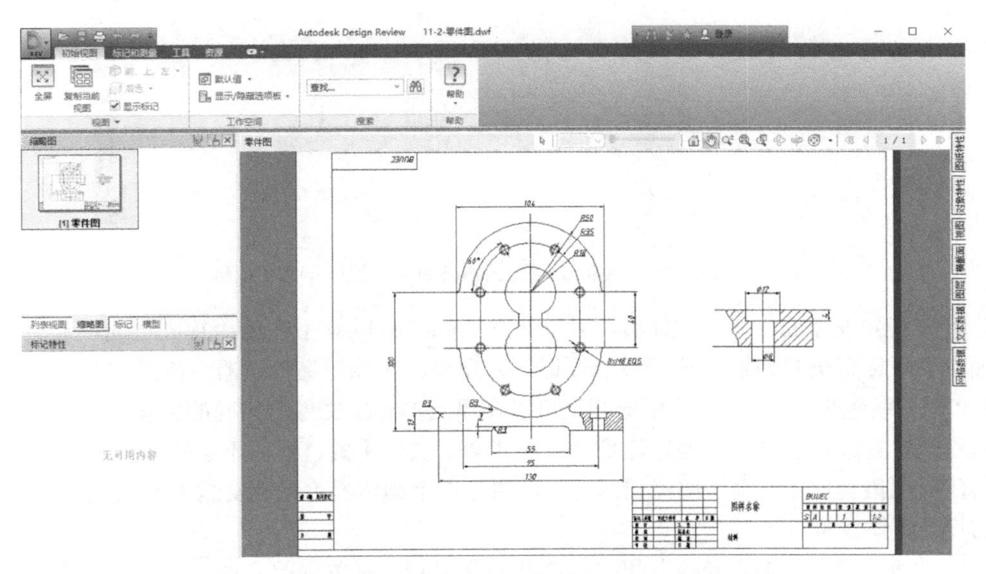

图 11-17　使用 Autodesk Design Review 浏览 DWF 文件

另外，如果安装了 Autodesk Design Review，将会自动在 Internet Explorer（IE 浏览器）中安

装 DWF 插件。通过 Internet Explorer 也可以浏览 DWF 图形，操作方法和 Autodesk Design Review 一样，这样就便于 DWF 图形发布到互联网上。

注意

可以将 DWF 文件插入到 DWG 文件中作为底图参考，单击“插入”选项卡→“参照”面板→“附着”按钮，插入进来的 DWF 图形可以测量或标注大致尺寸，还可以像光栅图像一样对图形边界进行修改，整个文件作为一个链接被插入进来，类似于外部参照。

本例实践操作视频：视频 11-4

4．使用标记集

Autodesk Design Review 版可以使用标记和测量等工具，使用标记工具可以对 DWF 图纸提出修改意见，然后保存起来发还给设计者，如图 11-18 所示。

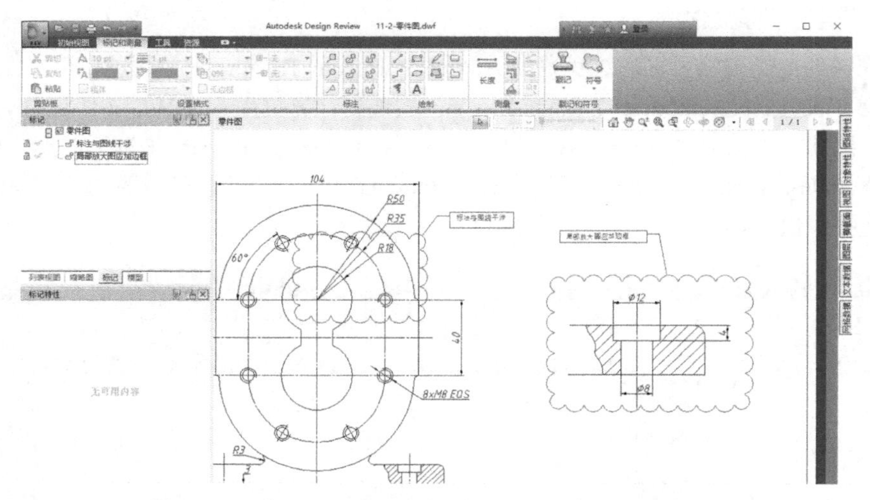

图 11-18 使用 Autodesk Design Review 修改 DWF 图纸

设计者得到发还的 DWF 文件后，可以通过 AutoCAD 2021 中的“视图”选项卡→“选项板”面板→“标记集管理器”按钮激活标记集管理器，在标记集管理器中将之打开并和原始的 DWG 文件关联起来。DWF 文件中的标记可以在原始 DWG 文件中相同的位置显示，设计者根据这些修改意见进行修改，因为标记是保存在 DWF 文件中的，所以不会对 DWG 文件产生影响，关闭标记集管理器就会关闭标记的显示。通过这个浏览器可以不安装AutoCAD就能完成无纸化的设计审图流程。

本书的练习文件“11-2.dwg”和“11-2-零件图.dwf”是关联的文件，“11-2-零件图.dwf”保存了使用 Autodesk Design Review 添加的标记，读者可以将下载的文件目录复制到本地硬盘“D:”盘中，尝试打开“11-2.dwg”文件后使用标记集管理器浏览此 DWF 文件中的标记。

本例实践操作视频：视频 11−5

11.5.2　批处理打印

批处理打印又称为发布，在打印时选择“DWF6 ePlot.pc3”电子打印机这种方式可以将图纸打印到单页的 DWF 文件中，批处理打印图形集技术还可以将一个文件的多个布局，甚至是多个文件的多个布局打印到一个图形集中。这个图形集可以是一个多页 DWF 文件或多个单页 DWF 文件。若涉及商业机密，还可以为图形集设置口令保护，以便供有关人员查阅。

对于在异机或异地接收到的 DWF 图形集，使用 Autodesk Design Review 浏览器，就可以浏览图形。若接上打印机，就可将整套图纸通过这一浏览器打印出来。

1. 命令操作

激活发布图形集命令的方法如下。

- 命令行：输入 PUBLISH 并按回车键确认。
- 功能区：单击“输出”选项卡→“打印”面板→“批处理打印”按钮。

2. 练习：发布图形集

（1）打开 AutoCAD 样图文件“8th floor.dwg”。这是张多布局的建筑设计图，其中包含了不同专业的设计图纸。

（2）单击“输出”选项卡→“打印”面板→“批处理打印”按钮，激活发布图形集命令，弹出“发布”对话框，如图 11-19 所示。

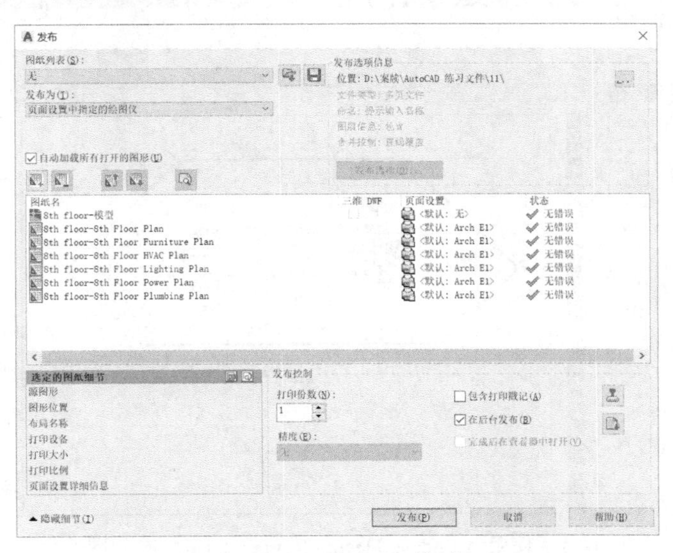

图 11-19　“发布”对话框

在这个对话框的图纸列表中，当前图形模型和所有的布局选项卡都列在其中，我们需要把当前图形中的所有布局发布到同一个 DWF 文件中去。

（3）将不需要发布的“8th floor-模型”选中，然后单击鼠标右键，在弹出的快捷菜单中选择“删除”命令。如果想要将其他图纸一起发布，可以单击“添加图纸”按钮，这样还可以将多个 DWG 文件发布到一个 DWF 文件中。

（4）列表中的排列顺序将是发布完的多页 DWF 图纸的排列顺序，此时如果对这个顺序不满意，还可以选中某个布局，单击“上移图纸”按钮、“下移图纸”按钮进行调整。

（5）单击“发布”按钮将图纸发布到文件，此时 AutoCAD 会弹出“选择 DWF 文件”对话框，以确定 DWF 文件保存的位置；之后弹出“发布-保存图纸列表”对话框，如图 11-20 所示，单击“是”按钮；继而弹出“列表另存为”对话框，可以将列表保存到一个扩展名为“.dsd”的发布列表文件中，以备下次更改图形后再次发布时调用。

（6）单击“保存”按钮后，AutoCAD 将图形打印到 DWF 文件，直到状态行托盘出现“完成打印和发布作业”的通知，单击这一通知查看打印和发布信息。

图 11-20 “发布-保存图纸列表”对话框

（7）启动 Autodesk Design Review，直接将刚刚发布的图形集打开，如图 11-21 所示。单击左侧“缩略图”选项卡中的图纸，可以分页浏览图形，如果将这个 DWF 文件传递到异地，任何人都可以使用 Autodesk Design Review 浏览此文件，不必安装 AutoCAD 2021。如果接上大幅面打印机，还可以将整套图纸直接通过 Autodesk Design Review 打印到纸张上。

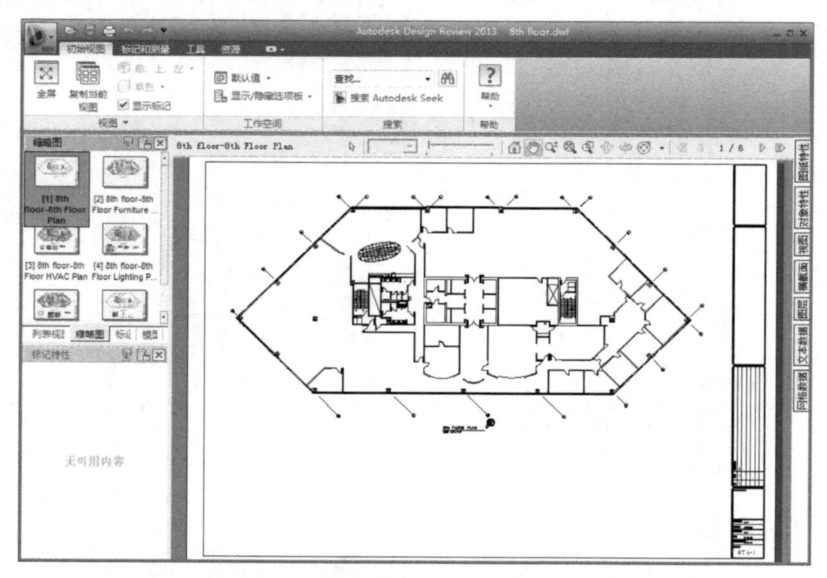

图 11-21 使用 Autodesk Design Review 浏览发布的图形集

多页 DWF 文件同样可以使用 Autodesk Design Review 进行标记，每个标记的位置将会记录到相应的布局中。在 AutoCAD 2021 中通过标记集管理器可以方便地查看这些标记和批注，从而更方便地进行图纸的审阅与修改。

本例实践操作视频：视频 11-6

11.5.3　三维 DWF 图形发布

电子打印及发布最后得到的 DWF 图形文件都是二维的，在 AutoCAD 2021 中还可以使用三维 DWF 图形发布工具，可以将三维实体 DWG 文件发布为三维的 DWF 文件。

1．命令操作

激活三维发布的方法如下。

- 命令行：输入 3DDWF 并按回车键确认。
- 命令行：输入 3DDWFPUBLISH 并按回车键确认。

2．练习：发布三维 DWF 图形

打开本书的练习文件“11-3.dwg”，发布步骤如下。

（1）在命令行输入 3DDWF 并按回车键确认，AutoCAD 弹出“输出三维 DWF”对话框，如图 11-22 所示。

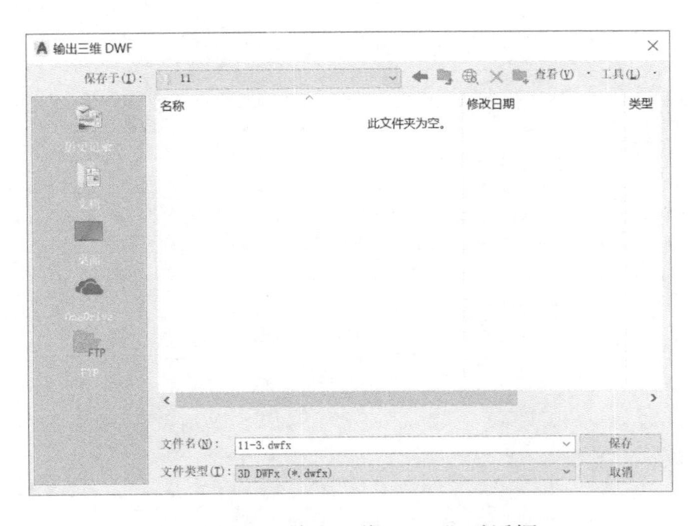

图 11-22　“输出三维 DWF”对话框

（2）给出输出文件名，单击“保存”按钮，AutoCAD 进行三维发布，发布完成后弹出“查看三维 DWF”对话框，询问是否立刻查看发布成功的三维 DWF 文件，如图 11-23 所示。

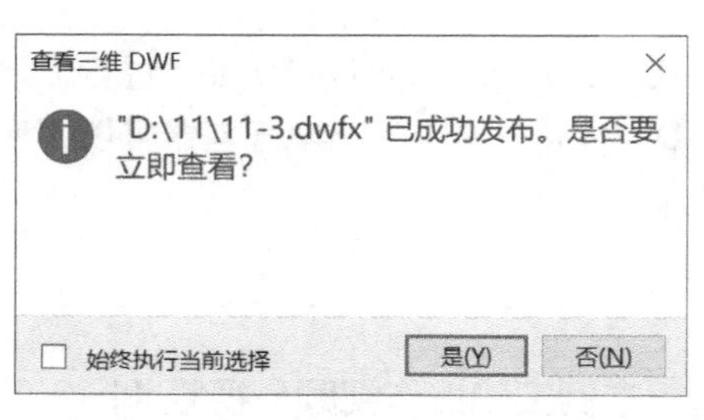

图 11-23 “查看三维 DWF”对话框

（3）单击“是”按钮，系统将会自动使用 Autodesk Design Review 软件打开三维 DWF 文件进行浏览。

在浏览器中可以像在 AutoCAD 中一样使用各向视图或动态观察器观察三维模型，还提供了剖切工具方便观察三维实体的剖切效果。

本例实践操作视频：视频 11-7

第 12 章　创建三维模型

传统的工程设计图纸只能表现二维图形，即使是三维轴测图也是设计人员利用轴测图画法把三维模型绘制在二维图纸上的，本质上仍然是二维的。

现在，在计算机上，能够通过计算机辅助设计软件真实地创建出和现实生活中一样的模型，这些模型对工程设计有着重要的意义，可以在具体生产、制造、施工前，通过其三维模型仔细地研究其特性，如进行力学分析、运动机构的干涉检查等，及时发现设计时的问题并加以优化，最大限度地降低设计失误带来的损失。

AutoCAD 中有三类三维模型：三维线框模型、三维曲面模型和三维实体模型。三维线框模型是由三维直线和曲线命令创建的轮廓模型，没有面和体的特征；三维曲面模型是由曲面命令创建的没有厚度的表面模型，具有面的特征；三维实体模型是由实体命令创建的具有线、面、体特征的实体模型，AutoCAD 提供了丰富的实体编辑和修改命令，各实体之间可以进行多种布尔运算命令，从而可以创建出复杂形状的三维实体模型。

AutoCAD 2021 的三维设计能力比之前的版本有着质的飞跃，提供了更利于创建三维对象的工作空间，配合动态输入，让简单三维模型更接近参数化，并且增加了动态 UCS 等工具，让 AutoCAD 三维建模变得更加简单容易。

本章重点介绍创建和编辑三维实体模型（不介绍三维线框模型和三维曲面模型），可以通过本章内容来掌握创建三维实体模型的方法。

完成本章的练习，可以学习到以下知识。

- 设置三维环境。
- 创建三维实体模型。
- 由三维实体模型生成二维平面图形。

12.1　设置三维环境

AutoCAD 2021 专门为三维建模设置了三维的工作空间，需要使用时，只要从状态栏的工作空间的下拉列表中选择“三维建模”即可，如图 12-1 所示。

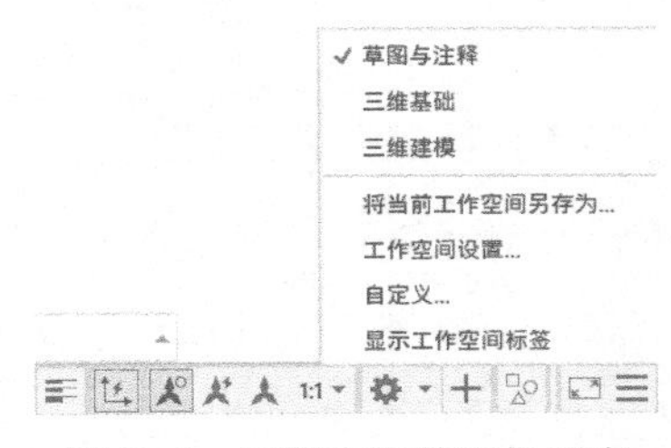

图 12-1　工作空间的下拉列表

新建图形时使用“acadiso3D.dwt”样板图，并且选择了“三维建模”工作空间后，整个工作界面成为专门为三维建模设置的环境，如图 12-2 所示，绘图区域成为一个三维的视图，上方的按钮标签变为一些三维建模常用的设置。

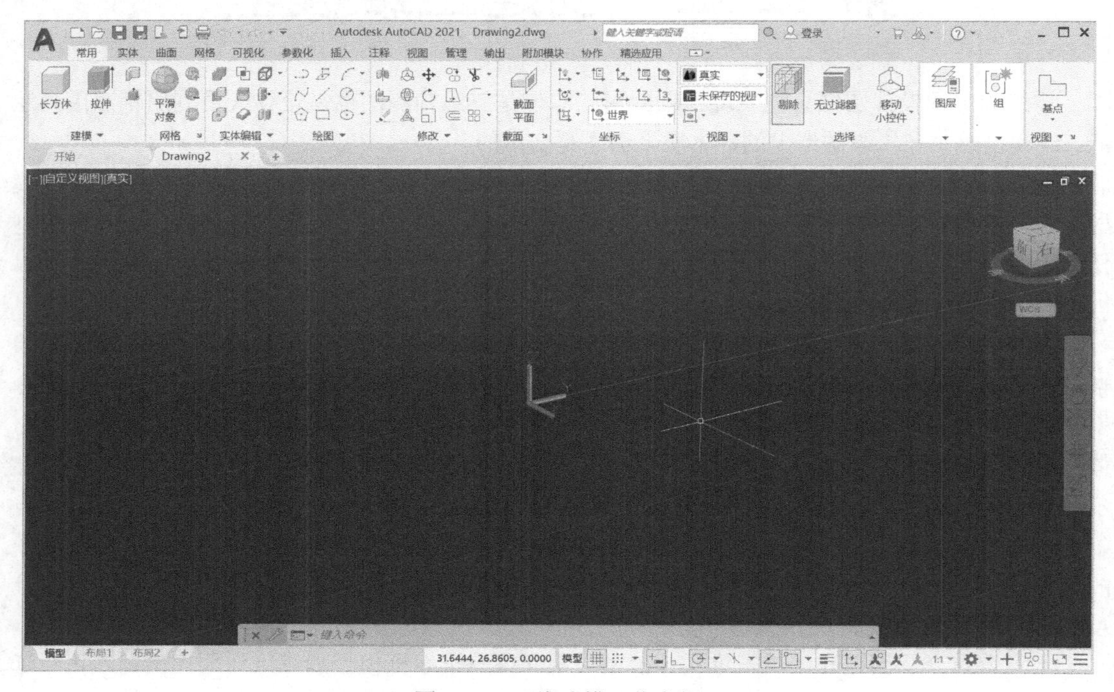

图 12-2　三维建模工作空间

12.1.1　三维建模使用的坐标系

在第 1 章中曾经介绍过 AutoCAD 中的坐标划分，对于笛卡儿坐标系（直角坐标）和极坐标系，在三维空间中应该有所扩展。

1. 三维笛卡儿坐标系

笛卡儿坐标系在三维空间扩展为三维笛卡儿坐标系，增加了 Z 轴，坐标表示为：(X,Y,Z)，如图 12-3 所示。

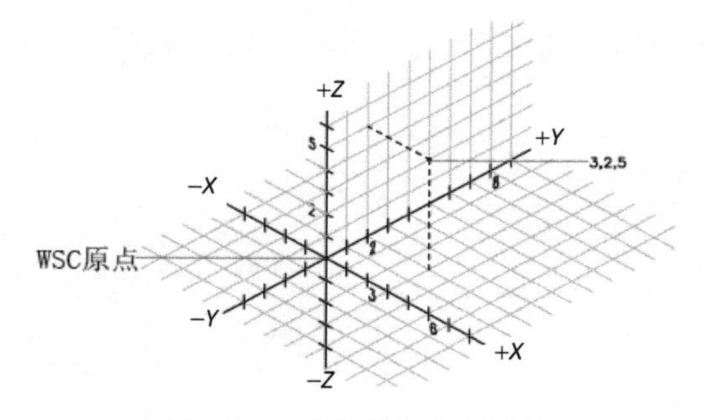

图 12-3　三维笛卡儿坐标系

2．柱坐标系与球坐标系

对于极坐标系在三维空间中有两种扩展，一种是增加了 *Z* 轴的柱坐标系，另一种是增加了与 *XY* 平面所成的角度的球坐标系，如图 12-4 所示。柱坐标表示为：（*X*<[与 *X* 轴所成的角度], *Z*），而球坐标将表示为：（*X*<[与 *X* 轴所成的角度] < [与 *XY* 平面所成的角度]）。

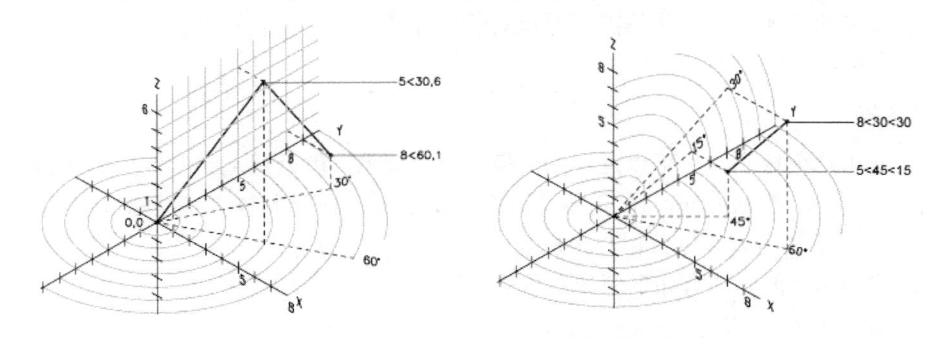

图 12-4　柱坐标系（左图）与球坐标系（右图）

3．世界坐标系与用户坐标系

还有一种坐标分类：一个是被称为世界坐标系（WCS）的固定坐标系；一个是用户根据绘图需要，也可以自己建立的被称为用户坐标系（UCS）的可移动坐标系。系统初始设置中，这两个坐标系在新图形中是重合的，系统一般只显示用户坐标系。

在 AutoCAD 三维建模中，主要使用的都是用户坐标系，如图 12-5 所示。如果默认的坐标系在图形中下的位置，AutoCAD 通常是在基于当前坐标系的 *XOY* 平面上进行绘图的，如果想要在立方体的两个侧面绘制圆形，就需要将当前的用户坐标系变换到需要绘制圆形的平面上去，如图 12-5 所示，变换到 UCS1 后可以在左侧立面绘制圆形，变换到 UCS2 后则可以在右侧立面绘制圆形。

坐标轴在三维建模环境中默认显示于绘图区域的右下角，如图 12-6 所示，根据选择的视觉样式的不同而有所区别，左图使用的是“二维线框”视觉样式的坐标轴显示，右图是“三维隐藏”“三维线框”“概念”“真实”等视觉样式的坐标轴显示。这几个视觉样式可在图 12-2 所示的“视图”面板的“视觉样式”下拉列表中切换。

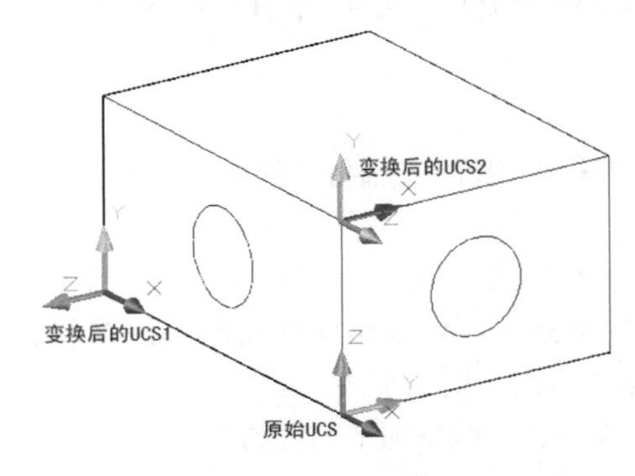

图 12-5　用户坐标系

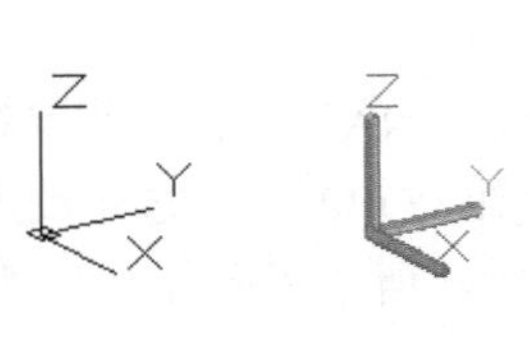

图 12-6　不同视觉样式的坐标轴显示

12.1.2 创建用户坐标系

AutoCAD 通常是在基于当前坐标系的 *XOY* 平面上进行绘图的，这个 *XOY* 平面称为构造平面。在三维环境下绘图需要在三维模型不同的平面上绘图，因此，要把当前坐标系的 *XOY* 平面变换到需要绘图的平面上，也就是需要创建新的坐标系——用户坐标系，这样可以清楚、方便地创建三维模型。

1．命令操作

所谓创建用户坐标系，也可以理解为变换用户坐标系，就是要重新确定坐标系新的原点和新的 *X* 轴、*Y* 轴、*Z* 轴方向。用户可以按照需要定义、保存和恢复任意多个用户坐标系。AutoCAD 提供了多种方式来创建用户坐标系。

创建用户坐标系的方式有如下两种。

- 命令行：输入 UCS。
- 功能区：单击“常用”选项卡（或“视图”选项卡）→“坐标”面板，如图 12-7 所示。

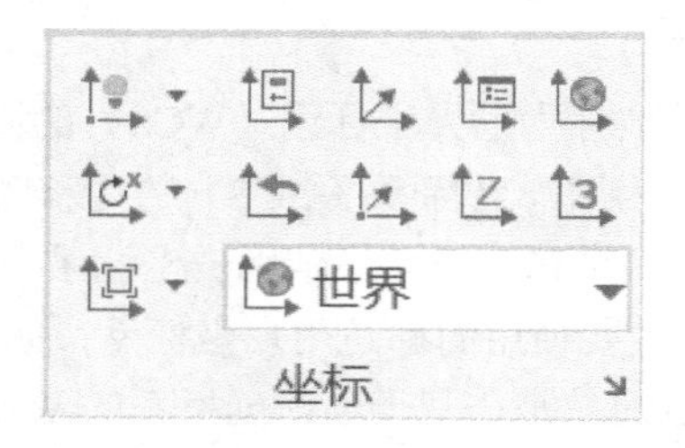

图 12-7 “坐标”面板

使用“坐标”面板命令按钮或命令行输入命令比较方便快捷。

2．命令选项

激活 UCS 命令后，命令行响应如下。

命令：UCS

当前 UCS 名称: *世界*

指定 UCS 的原点或 [面(F)/命名(NA)/对象(OB)/上一个(P)/视图(V)/世界(W)/X/Y/Z/Z 轴(ZA)] <世界>:

命令选项的说明如下。

（1）面（F）：将 UCS 与实体对象的选定面对齐。UCS 的 *X* 轴将与找到的第一个面上最近的边对齐。

（2）命名（NA）：按名称保存并恢复通常使用的 UCS 方向。

（3）对象（OB）：在选定图形对象上定义新的坐标系。AutoCAD 对新原点和 *X* 轴正方向有明确的规则。所选图形对象不同，新原点和 *X* 轴正方向规则也不同。

（4）上一个（P）：恢复上一个 UCS。程序会保留在图纸空间中创建的最后 10 个坐标系和在模型空间中创建的最后 10 个坐标系。

（5）视图（V）：以垂直于观察方向（平行于屏幕）的平面为 *XY* 平面，建立新的坐标系。

UCS 原点保持不变。在这种坐标系下，用户可以对三维实体进行文字注释和说明，如图 12-8 所示。

（6）世界（W）：将当前用户坐标系设置为世界坐标系。

（7）X（X）：将当前 UCS 绕 *X* 轴旋转指定角度。

（8）Y（Y）：将当前 UCS 绕 *Y* 轴旋转指定角度。

（9）Z（Z）：将当前 UCS 绕 *Z* 轴旋转指定角度。

（10）*Z* 轴（ZA）：用指定新原点和指定一点为 *Z* 轴正方向的方法创建新的 UCS。

3. 动态 UCS

在 AutoCAD 2021 中提供了动态 UCS 工具，如图 12-8 所示，这个工具在状态栏上有一个开关，可以通过"自定义"按钮激活，使用动态 UCS 功能，可以在创建对象时使 UCS 的 *XY* 平面自动与实体模型上的平面临时对齐。

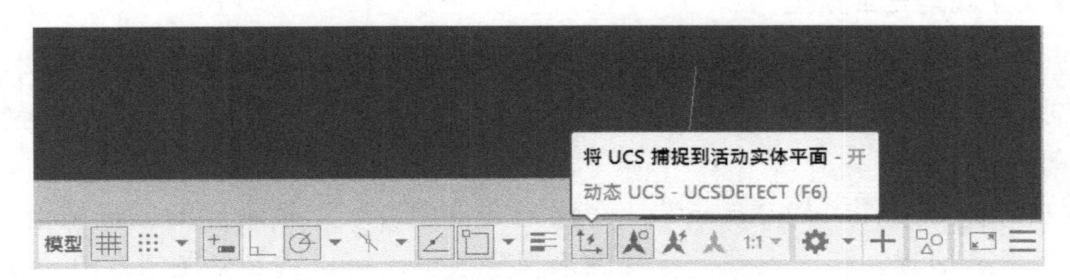

图 12-8 动态 UCS 状态栏开关

实际操作时，先激活创建对象的命令，然后将光标移动到想要创建对象的平面，该平面就会自动亮显，表示当前的 UCS 被对齐到此平面上，接下来就可以在此平面上继续创建命令完成创建。

注意

动态 UCS 实现的 UCS 创建是临时的，当前的 UCS 并不是真正切换到这个临时的 UCS 中，创建完对象后，UCS 还是回到创建对象前所在的状态。

本例实践操作视频：视频 12−1

打开本书的练习文件"12-1.dwg"，尝试用 UCS 命令或动态 UCS 将当前的 UCS 修改到左、右两个侧面上，并在中心绘制半径为 50 的圆，如图 12-5 所示。

12.1.3　观察显示三维模型

创建三维模型要在三维空间进行绘图，不但要变换用户坐标系，还要不断变换三维模型显示方位，也就是设置三维观察视点的位置，这样才能从空间不同的方位来观察三维模型，使得创建三维模型更加方便快捷。

在三维建模环境中，可以通过三维建模环境绘图区域右侧的“导航栏”进行控制，导航栏中有“全导航控制盘”“平移”“缩放”、动态观察等工具，如图 12-9 所示。

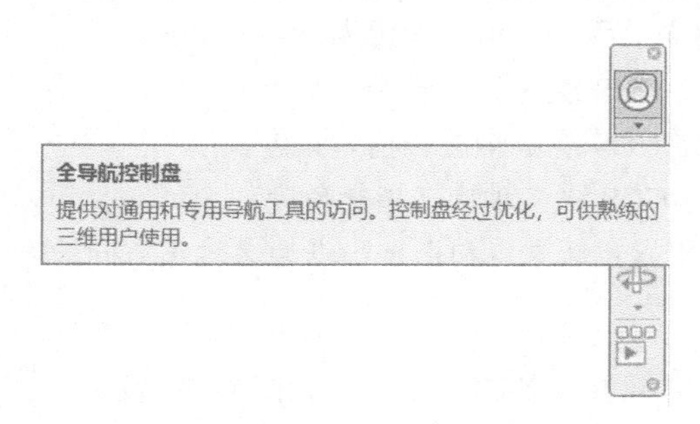

图 12-9　导航栏

1. 特殊视图观察三维模型

在“常用”选项卡中，“视图”面板的视图列表中列举了一些特殊的观察视图，有工程图的 6 个标准视图方向，如“俯视”“主视”等，还有 4 个轴测图方向，如“西南等轴测”“东南等轴测”等。

打开本书的练习文件“12-2.dwg”，在这个文件中有一个轴承座的三维模型，在视图列表中选择“西南等轴测”和“主视”等视图来观察模型，可以看到如图 12-10 所示的观察效果。

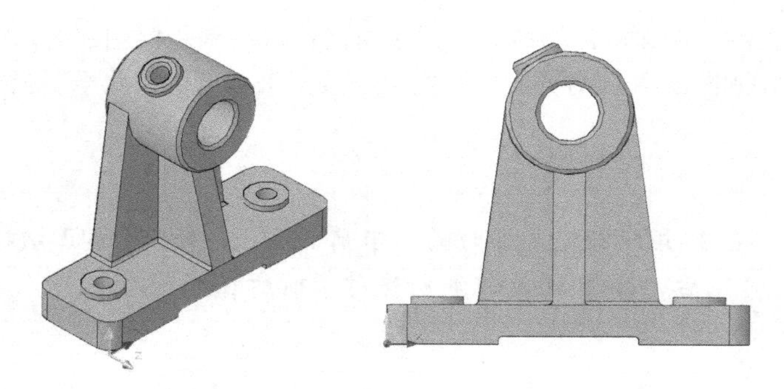

图 12-10　特殊视图观察三维模型

提示

在变换 6 个标准视图方向时，当前的 UCS 会随着变换。也就是说，当前的视图平面与 UCS 的 *XOY* 平面平行；而变换 4 个轴测图视图时，UCS 不会变化，下面会谈到动态观察不会改变 UCS。

本例实践操作视频：视频 12-2

2. 使用动态观察查看三维模型

AutoCAD 的动态观察可以动态、交互式、直观地观察显示三维模型，从而使创建三维模型更加方便。

在默认的 AutoCAD 三维建模环境中，绘图区域右侧的“导航栏”上有一个“动态观察”下拉按钮，单击此按钮会弹出下拉列表，在下拉列表中有 3 个按钮，分别是“动态观察”按钮、“自由动态观察”按钮和“连续动态观察”按钮，如图 12-11 所示。

图 12-11　“动态观察”下拉列表

打开本书的“12-2.dwg”文件，对此模型进行动态观察，步骤如下。

（1）单击“动态观察”下拉列表中的“自由动态观察”按钮，进入自由动态观察状态，如图 12-12 所示。三维动态观察器有一个三维动态圆形轨道，轨道的中心是目标点。当光标位于圆形轨道的 4 个小圆上时，光标图形变成椭圆形，此时拖动鼠标光标，三维模型将会绕中心的水平轴或垂直轴旋转；当光标在圆形轨道内拖曳时，三维模型绕目标点旋转；当光标在圆形轨道外拖曳时，三维模型将绕目标点顺时针方向（或逆时针方向）旋转。

（2）单击“动态观察”下拉列表中的“连续动态观察”按钮，进入连续观察状态，按住鼠标左键拖动模型旋转一段后松开鼠标键，模型会沿着拖动的方向继续旋转，旋转的速度取决于拖动模型旋转时的速度。可通过再次单击并拖动来改变连续动态观察的方向或者单击一次来停止转动。

（3）单击“动态观察”下拉列表中的“动态观察”按钮，进入受约束的动态观察状态，如图 12-13 所示。这是更易用的观察器，基本的使用方法和自由动态观察差不多。与自由动态观察不同的是，在进行动态观察时，垂直方向的坐标轴（通常是 Z 轴）会一直保持垂直，这对工程模型特别是建筑模型的观察非常有用，这个观察器将保持建筑模型的墙体一直是垂直的，不至于将模型旋转到一个很不易理解的倾斜角度。

在进行这 3 种动态观察时，随时可以通过右键快捷菜单切换到其他观察模式。

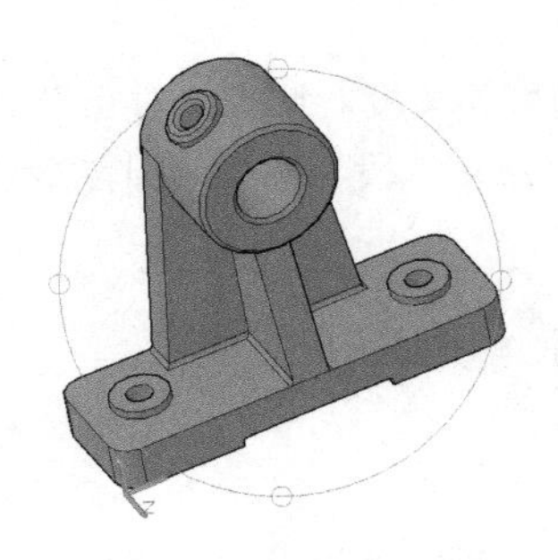

图 12-12　自由动态观察

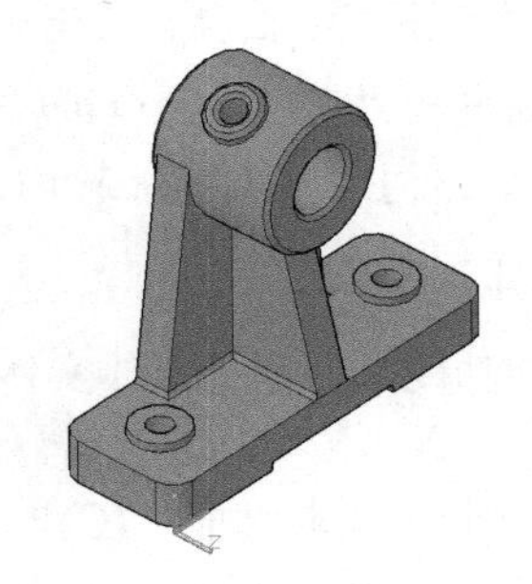

图 12-13　动态观察

12.2 创建和编辑三维实体模型

创建三维实体模型是学习 AutoCAD 的重要部分。AutoCAD 提供多种创建、编辑三维实体模型的命令。三维实体模型可以由基本实体命令创建，也可以由二维平面图形生成三维实体模型。用户可以编辑三维实体模型的指定面，编辑三维实体模型的指定边，还可以编辑三维实体模型中的体。使用对基本实体的布尔运算可以创建出复杂的三维实体模型。

12.2.1 可直接创建的 8 种基本形体

AutoCAD 2021 可直接创建出 8 种基本形体，分别是多段体、长方体、楔体、圆锥体、球体、圆柱体、棱锥面、圆环体，如图 12-14 所示。在“常用”选项卡→“建模”面板上可以找到这些命令的按钮，包括“多段体”按钮和“长方体”下拉按钮。下面介绍创建 8 种基本形体的操作要点，这些基本形体的创建命令按钮都集中在工作界面右侧的三维制作控制台中。

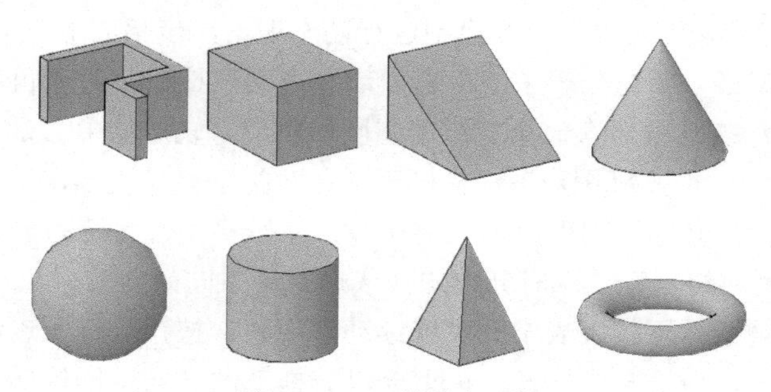

图 12-14　8 种基本形体

1．多段体（POLYSOLID）

该命令的功能是创建矩形轮廓的实体，也可以将现有直线、二维多线段、圆弧或圆转换为具有矩形轮廓的实体，类似建筑墙体，主要命令行提示选项如下。

命令：_POLYSOLID 高度 = 80.0000, 宽度 = 5.0000, 对正 = 居中

指定起点或 [对象(O)/高度(H)/宽度(W)/对正(J)] <对象>:

指定下一个点或 [圆弧(A)/放弃(U)]:

指定下一个点或 [圆弧(A)/放弃(U)]:

指定下一个点或 [圆弧(A)/闭合(C)/放弃(U)]:

通过“高度”“宽度”命令可以调整墙体的当前高度和宽度，通过“对正”命令可以选择墙体的对正方式，通过“对象”命令可以将现有的直线、二维多线段、圆弧或圆转换为墙体。

2．长方体（BOX）

该命令的功能是创建长方体实体，主要命令行提示选项如下。

命令：_BOX

指定第一个角点或 [中心(C)]:

指定其他角点或 [立方体(C)/长度(L)]:

指定高度或 [两点(2P)] <100>:

该命令可通过指定空间长方体两对角点的位置来创建长方体实体，在选取命令的不同选项后，根据相应的提示进行操作或输入数值即可。应当注意的是，该命令创建的实体边或长、宽、高方向均与当前 UCS 的 *X*、*Y*、*Z* 轴平行。输入数值为正时，则沿着坐标轴正方向创建实体，输入数值为负时，则沿着坐标轴的负方向创建实体，尖括号内的值是上次创建长方体时输入的高度。

3．楔体（WEDGE）

该命令的功能是创建楔体实体，主要命令行提示选项如下。

命令：_WEDGE

指定第一个角点或 [中心(C)]:

指定其他角点或 [立方体(C)/长度(L)]:

指定高度或 [两点(2P)] <100>:

创建楔体命令和创建长方体命令操作方法类似，只是创建出来的对象不同，指定高度时尖括号内的值是上次创建楔体时输入的高度。

4．圆锥体（CONE）

该命令的功能是创建圆锥体或椭圆形锥体实体，主要命令行提示选项如下。

命令：_CONE

指定底面的中心点或 [三点(3P)/两点(2P)/切点、切点、半径(T)/椭圆(E)]:

指定底面半径或 [直径(D)] <100.0000>:

指定高度或 [两点(2P)/轴端点(A)/顶面半径(T)] <100.0000>:

创建圆锥体命令和创建圆柱体命令的操作方法类似，只是创建出来的对象不同，指定高度时尖括号内的值是上次创建圆锥体时输入的高度。

5．球体（SPHERE）

该命令的功能是创建球体实体，主要命令行提示选项如下。

命令：_SPHERE

指定中心点或 [三点(3P)/两点(2P)/切点、切点、半径(T)]:

指定半径或 [直径(D)] <100.0000>:

系统变量 ISOLINES 的大小反映了每个面上的网格线段，这只是显示上的设置，在 AutoCAD 中保存的是一个真正几何意义上的球体，并非网格线。按提示输入半径或直径就可以生成球体，指定半径时尖括号内的值是上次创建球体时输入的半径。

6．圆柱体（CYLINDER）

该命令的功能是创建圆柱体或椭圆柱体实体，主要命令行提示选项如下。

命令：_CYLINDER

指定底面的中心点或 [三点(3P)/两点(2P)/切点、切点、半径(T)/椭圆(E)]:

指定底面半径或 [直径(D)] <100.0000>:

指定高度或 [两点(2P)/轴端点(A)] <200.0000>:

创建圆柱体需要先在 *XOY* 平面中绘制出圆或椭圆，然后给出高度或另一个圆心，指定半径时尖括号内的值是上次创建圆柱体时输入的半径，而指定高度时尖括号内的值是上次创建圆柱体时输入的高度。

7．棱锥面（PYRAMID）

该命令的主要功能是可以创建实体棱锥体。创建时可以定义棱锥体的侧面数，主要命令行提示选项如下。

命令：_PYRAMID
4 个侧面　外切
指定底面的中心点或 [边(E)/侧面(S)]: s
输入侧面数 <4>: 6
指定底面的中心点或 [边(E)/侧面(S)]: e
指定边的第一个端点:
指定边的第二个端点:
指定高度或 [两点(2P)/轴端点(A)/顶面半径(T)] <200.0000>:

创建棱锥体命令操作的前面部分类似创建二维的正多边形（POLYGON 命令）的操作，不同的是，完成多边形创建后还需要指定棱锥面的高度，指定高度时尖括号内的值是上次创建棱锥面时输入的高度。

8．圆环体（TORUS）

该命令的主要功能是创建圆环形实体，主要命令行提示选项如下。

命令：_TORUS
指定中心点或 [三点(3P)/两点(2P)/切点、切点、半径(T)]:
指定半径或 [直径(D)] <100.0000>:
指定圆管半径或 [两点(2P)/直径(D)] <25>:

创建圆环体时，首先需要指定整个圆环的尺寸，然后指定圆管的尺寸，指定半径时尖括号内的值是上次创建圆环体时输入的半径，而指定圆管半径时尖括号内的值是上次创建圆环体时输入的圆管半径。

12.2.2　由平面图形生成三维实体的方法

AutoCAD 提供了 4 种由平面封闭多段线（或面域）图形作为截面，在“常用”标签的“建模”面板的“拉伸”下拉列表中可以找到这些命令的按钮。通过拉伸、旋转、扫掠、放样创建三维实体的方法，操作要点如下。

1．拉伸（EXTRUDE）

该命令主要用于由二维平面创建三维实体，主要命令行提示选项如下。

命令：_EXTRUDE
当前线框密度: ISOLINES=4，闭合轮廓创建模式 = 实体
选择要拉伸的对象或 [模式(MO)]: _MO 闭合轮廓创建模式 [实体(SO)/曲面(SU)] <

实体>: _SO

选择要拉伸的对象或 [模式(MO)]: 找到 1 个

选择要拉伸的对象或 [模式(MO)]:

指定拉伸的高度或 [方向(D)/路径(P)/倾斜角(T)/表达式(E)] <200.0000>:

指定高度时尖括号内的值是上次创建拉伸模型时输入的高度。若选取“路径（P）”，则出现提示：

选择拉伸路径或 [倾斜角]:

用于拉伸的二维对象应该是封闭的，默认按照直线拉伸。也可以选择按路径曲线拉伸，路径可以封闭，也可以不封闭。模式（MO）用于确定拉伸的对象是实体或曲面，默认是实体。图 12-15 与图 12-16 所示为该命令路径拉伸的图例说明，相关的练习图形在本书的练习文件“12-3.dwg”“12-4.dwg”“12-5.dwg”“12-6.dwg”中。

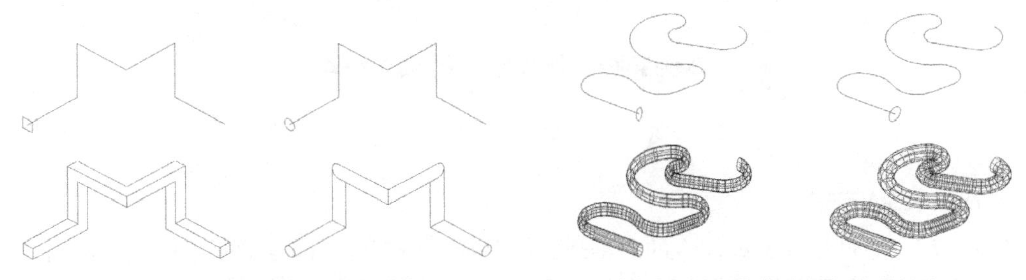

图 12-15　直线路径拉伸的图例　　图 12-16　曲线路径拉伸的图例

本例实践操作视频：视频 12-3

2．旋转（REVOLVE）

该命令的主要功能是由二维平面绕空间轴旋转来创建三维实体。主要命令行提示选项如下。

当前线框密度: ISOLINES=4，闭合轮廓创建模式 = 实体

选择要旋转的对象或 [模式(MO)]: _MO 闭合轮廓创建模式 [实体(SO)/曲面(SU)] <实体>: _SO

选择要旋转的对象或 [模式(MO)]: 找到 1 个（选择如图 12-17（a）所示的封闭轮廓线）

选择要旋转的对象或 [模式(MO)]:（按回车键结束选择）

指定轴起点或根据以下选项之一定义轴 [对象(O)/X/Y/Z] <对象>:（按回车键选择对象）

选择对象:（选择如 12-17（a）所示中轴线）

指定旋转角度或 [起点角度(ST)/反转(R)/表达式(EX)] <360>:（按回车键接受 360°）

执行旋转命令的时候一定要注意，旋转截面不能横跨旋转轴两侧。模式（MO）用于确定拉伸的对象是实体或曲面，默认是实体。打开本书的练习文件“12-7.dwg”，将如图 12-17（a）所示的

截面沿下方轴线旋转 360°，然后用“西南等轴测”视图来观察，图 12-17（b）所示为该命令的执行结果。

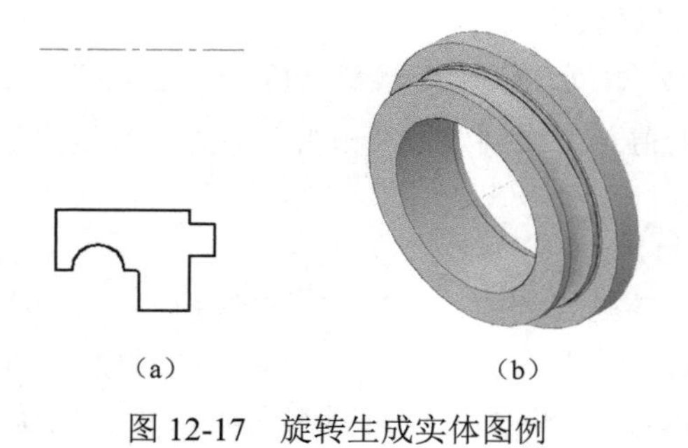

（a）　　（b）

图 12-17　旋转生成实体图例

本例实践操作视频：视频 12-4

3．扫掠（SWEEP）

该命令可以通过沿开放或闭合的二维或三维路径扫掠开放或闭合的平面曲线（截面轮廓）来创建新的实体或曲面。打开本书的练习文件“12-8.dwg”，如图 12-18（a）所示，执行扫掠命令。

命令：_SWEEP

当前线框密度：ISOLINES=4，闭合轮廓创建模式 = 实体

选择要扫掠的对象或 [模式(MO)]: _MO 闭合轮廓创建模式 [实体(SO)/曲面(SU)] <实体>: _SO

选择要扫掠的对象或 [模式(MO)]: 找到 1 个（选择图 12-18（a）所示的小圆）

选择要扫掠的对象或 [模式(MO)]:

选择扫掠路径或 [对齐(A)/基点(B)/比例(S)/扭曲(T)]:（选择图 12-18（a）所示的螺旋线）

执行的结果如图 12-18（b）所示，模式（MO）用于确定拉伸的对象是实体或曲面，默认是实体。扫掠和拉伸的区别是，当沿路径拉伸轮廓时，如果路径未与轮廓相交，拉伸命令会将生成的对象的起始点移到轮廓上，沿路径扫掠该轮廓。而扫掠命令会在路径所在的位置生成新对象。

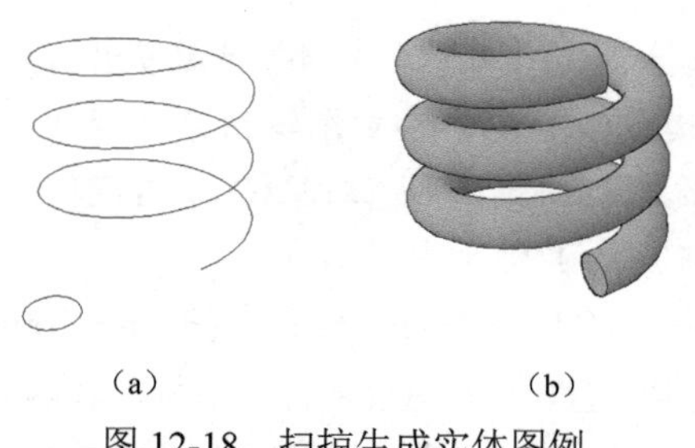

（a）　　（b）

图 12-18　扫掠生成实体图例

本例实践操作视频：视频 12-5

4．放样（LOFT）

该命令可以通过对包含两条或两条以上横截面曲线的一组曲线进行放样（绘制实体或曲面）来创建三维实体或曲面。打开本书的练习文件“12-9.dwg”，如图 12-19（a）所示，单击“常用”选项卡→“建模”面板→“拉伸”下拉按钮→“放样”按钮，执行放样命令。

命令：_LOFT

当前线框密度：ISOLINES=4，闭合轮廓创建模式 = 实体

按放样次序选择横截面或 [点(PO)/合并多条边(J)/模式(MO)]: _MO 闭合轮廓创建模式 [实体(SO)/曲面(SU)] <实体>: _SO

按放样次序选择横截面或 [点(PO)/合并多条边(J)/模式(MO)]: 找到 1 个（如图 12-19（a）所示，从下向上依次选择曲线）

按放样次序选择横截面或 [点(PO)/合并多条边(J)/模式(MO)]: 找到 1 个，总计 2 个

按放样次序选择横截面或 [点(PO)/合并多条边(J)/模式(MO)]: 找到 1 个，总计 3 个

按放样次序选择横截面或 [点(PO)/合并多条边(J)/模式(MO)]: 找到 1 个，总计 4 个

按放样次序选择横截面或 [点(PO)/合并多条边(J)/模式(MO)]: 找到 1 个，总计 5 个

按放样次序选择横截面或 [点(PO)/合并多条边(J)/模式(MO)]:

选中了 5 个横截面（回车）

输入选项 [导向(G)/路径(P)/仅横截面(C)/设置(S)] <仅横截面>: s（选择放样设置）

最后会弹出“放样设置”对话框，如图 12-20 所示。直接单击“确定”按钮，接受默认的设置，最后结果如图 12-19（b）所示。

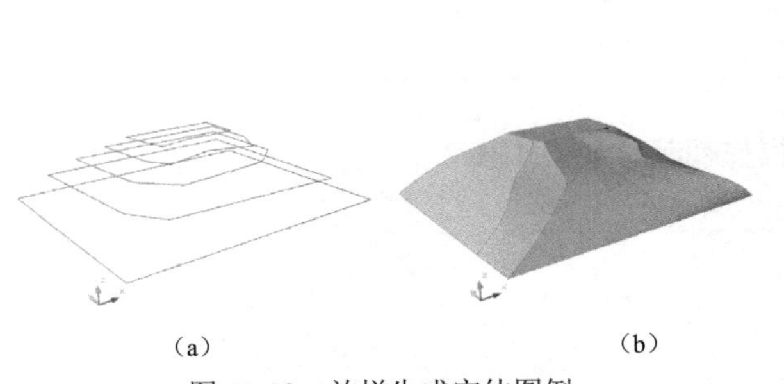

（a）　　　　　　（b）

图 12-19　放样生成实体图例

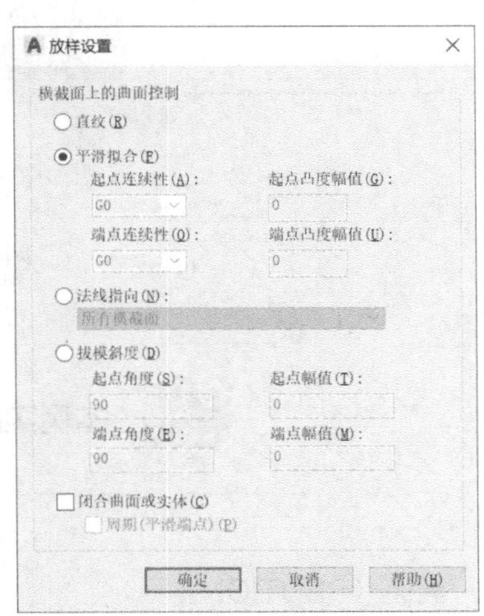

图 12-20　“放样设置”对话框

本例实践操作视频：视频 12-6

12.2.3 剖切三维实体并提取剖切面

AutoCAD 提供了剖切三维实体、从实体中提取剖面的方法。

1. 剖切（SLICE）

该命令的主要功能是指定平面剖切实体，单击“常用”标签→“实体编辑”面板→“剖切”按钮可以激活该命令，主要命令行提示选项如下。

选择要剖切的对象:

指定切面的起点或 [平面对象(O)/曲面(S)/Z 轴(Z)/视图(V)/XY(XY)/YZ(YZ)/ZX(ZX)/三点(3)] <三点>:

指定平面上的第二个点:

在所需的侧面上指定点或 [保留两个侧面(B)] <保留两个侧面>:

剖切命令可将实体切开，切开面是沿着指定的轴、平面或三点确定的面，切开后的实体沿切开面变成了两个，可以保留两个，也可以只保留一侧。本书的练习文件“12-10.dwg”可以用来做这个练习，图 12-21（a）所示为剖切之前的图形，图 12-21（b）所示为沿 *YZ* 平面剖切后的结果。

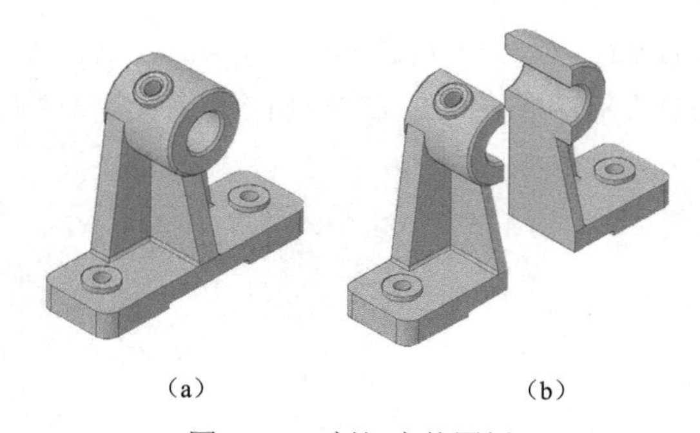

（a）　　　　（b）

图 12-21　剖切实体图例

本例实践操作视频：视频 12-7

2. 截面（SECTION）

该命令的主要功能是在实体内创建截面面域，可从命令行输入 SECTION 激活命令，主要提示选项如下。

选择对象：

指定截面上的第一个点，依照 [对象(O)/Z 轴(Z)/视图(V)/XY(XY)/YZ(YZ)/ZX(ZX)/三点(3)] <三点>:

使用截面命令可以创建实体沿指定面切开后的截面，切开面是沿着指定的轴、平面或三点确定的面。本书的练习文件“12-11.dwg”可以用来做这个练习，图 12-22（a）所示为创建截面之前的效果，图 12-22（b）所示为沿 *YZ* 平面创建截面之后的效果，图 12-22（c）所示为创建的截面。

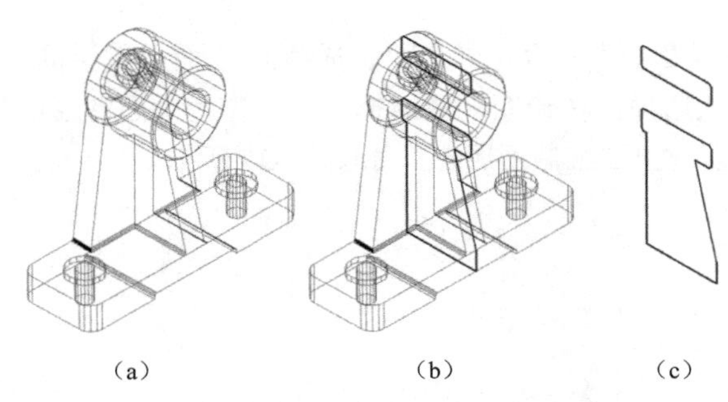

（a）　　（b）　　（c）

图 12-22　创建剖面面域图例

3．截面平面（SECTIONPLANE）

截面平面是功能更强的截面命令，使用该命令可以创建截面对象，可以通过该对象查看使用三维对象创建的模型内部细节。单击“常用”标签→“截面”面板→“截面平面”按钮，可以激活该命令。

创建截面对象后，可以移动并操作截面对象以调整所需的截面视图。打开本书练习文件中的“12-12.dwg”文件，如图 12-23（a）所示，执行该命令，命令行显示如下。

命令：_SECTIONPLANE 选择面或任意点以定位截面线或 [绘制截面(D)/正交(O)]: O（选择正交方式）

将截面对齐至: [前(F)/后(A)/顶部(T)/底部(B)/左(L)/右(R)] <顶部>: R（选择右视图）

执行完的结果如图 12-23（b）所示，单击截面平面，还可以激活截面平面的夹点，如图 12-24 所示，通过这几个夹点可以改变截面的位置、方向及截面的形式。

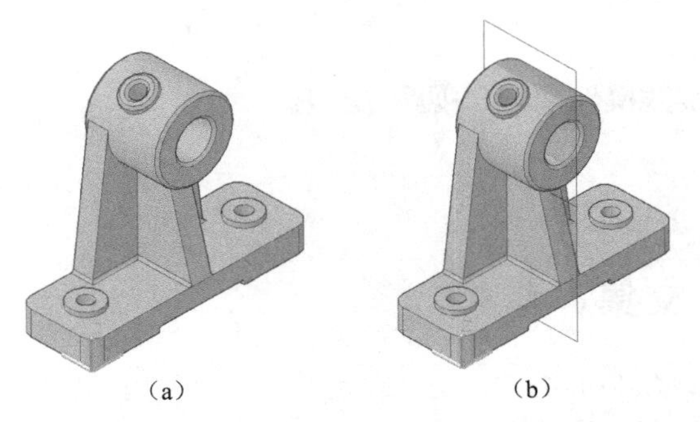

（a）　　（b）

图 12-23　使用截面平面命令创建的剖面面域图例

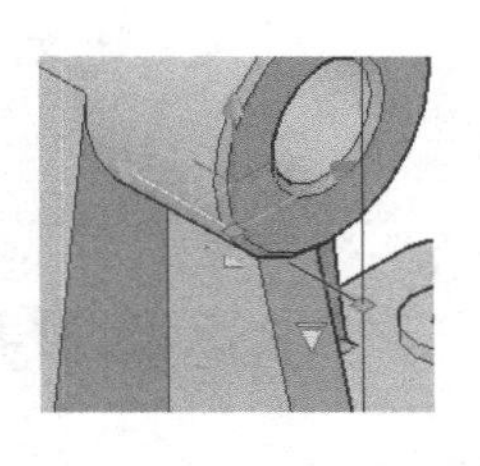

图 12-24　截面平面的夹点

选择截面平面，然后单击鼠标右键，可以弹出截面平面的快捷菜单，这个快捷菜单中有一些特殊命令，如图 12-25 所示，通过这些命令可以实现显示切除的几何体、生成截面、为截面添加折弯等功能。

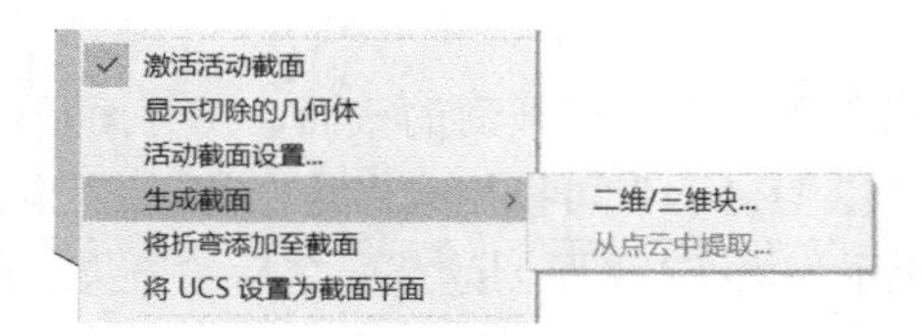

图 12-25　截面平面的快捷菜单

选择“生成二维/三维截面”命令，弹出“生成截面/立面”对话框，如图 12-26 所示。单击“创建”按钮，接受默认选项，在绘图区域选择一个点作为截面图形的插入点，按回车键接受默认的插入比例，可以创建出二维截面图形，如图 12-27 所示。

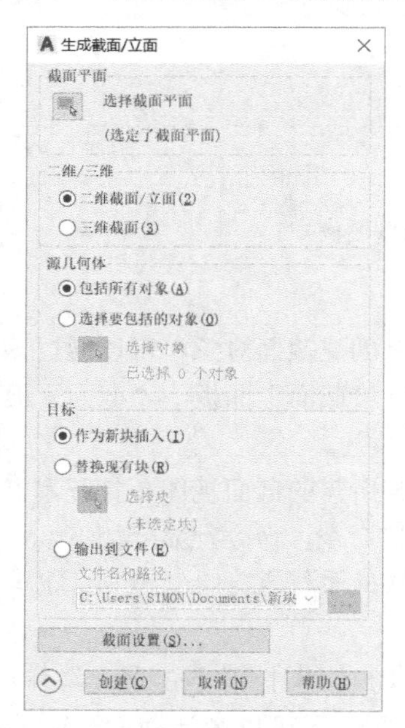

图 12-26　“生成截面/立面”对话框

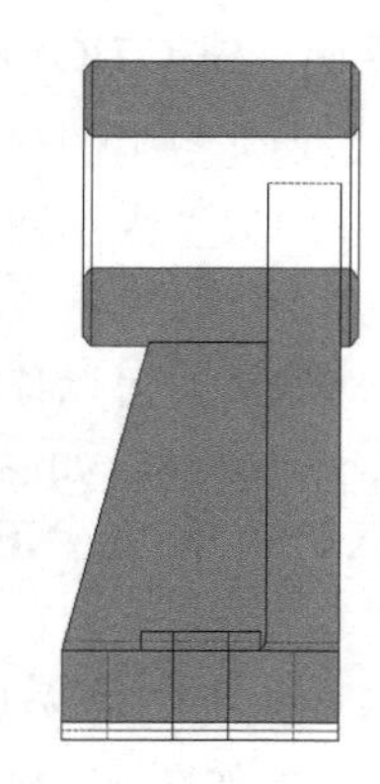

图 12-27　截面平面命令生成的二维截面图形

本例实践操作视频：视频 12-8

12.2.4　布尔运算求并集、交集、差集

实体编辑的布尔操作命令可以实现实体间的并、交、差运算，在“常用”选项卡的“实体编辑”面板上可以找到这些命令的按钮。

- 并集：能把实体组合起来，创建新的实体。操作时比较简单，只要将要合并的实体对象一一选择上即可。
- 差集：从实体中减去另外的实体，从而创建新的实体，主要命令行选项提示如下。

```
命令：_SUBTRACT 选择要从中减去的实体、曲面和面域...
选择对象：
选择对象：选择要减去的实体、曲面和面域...
选择对象：
```

第一次提示选择的对象是要从中删除的实体或面域，从一般意义上理解，就是那个比较大的对象，选完后按回车键；第二次选择的对象是要删除的实体或面域，从一般意义上理解，就是那个比较小的对象（当然这样的情况并不绝对，有时候要删除的实体或面域会比要从中删除的实体或面域大），选择后按回车键即可。

- 交集：将实体的公共相交部分创建为新的实体，操作时也比较简单，只需要将要求交集的实体对象一一选择上即可。

打开本书的练习文件“12-13.dwg”，可以对这两个长方体一一尝试并集、差集与交集。采用“概念”视觉样式来观察，图 12-28（a）所示为并集结果，图 12-28（b）所示为差集结果，图 12-28（c）所示为交集结果。

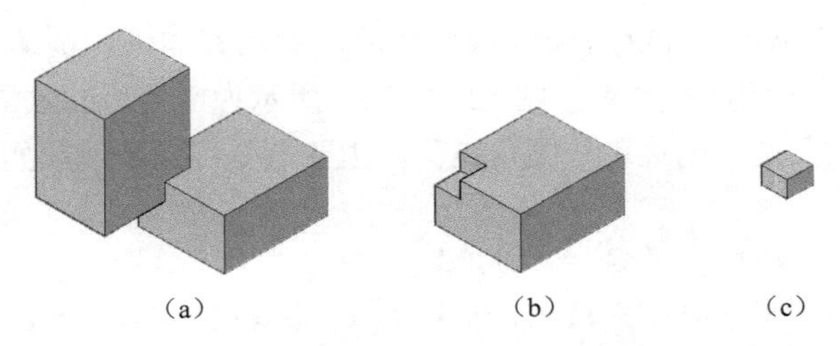

图 12-28　布尔操作命令图例

本书的练习文件“12-14.dwg”中有一个餐叉的两个方向的截面拉伸实体，对这两个实体应用交集，可以创建出餐叉的实体模型，如图 12-29 所示。

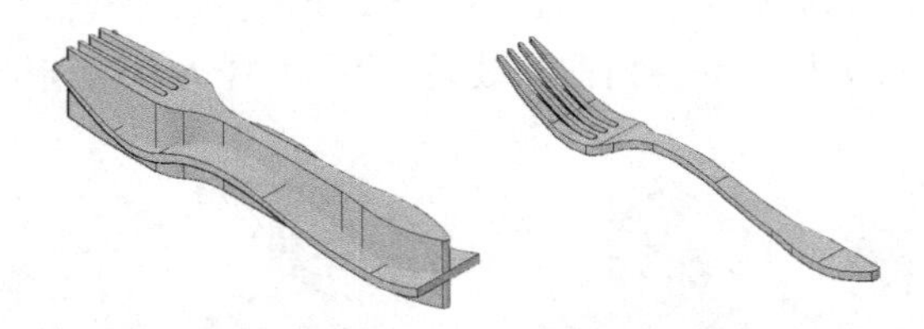

图 12-29　使用布尔运算差集创建的餐叉

本例实践操作视频：视频 12-9

12.2.5 倒角和圆角命令

使用在“常用”选项卡的“修改”面板的“倒角”下拉列表中的“倒角”和“圆角”命令除了能对二维图形进行倒角、圆角操作外，还能够对三维实体进行倒角、圆角操作，不过操作过程有些区别。当选择到三维对象时，AutoCAD 会自动切换为三维倒角、圆角操作。

- 倒角：对实体的外角、内角进行倒角操作，主要命令行提示选项如下。

命令：_CHAMFER

(“修剪”模式) 当前倒角距离 1 = 0.0000，距离 2 = 0.0000

选择第一条直线或 [放弃(U)/多段线(P)/距离(D)/角度(A)/修剪(T)/方式(E)/多个(M)]:

基面选择...

输入曲面选择选项 [下一个(N)/当前(OK)] <当前(OK)>:

指定 基面 倒角距离或 [表达式(E)]: 8

指定 其他曲面 倒角距离或 [表达式(E)] <8.0000>:

选择边或 [环(L)]:

由于存在倒角的距离不一致的可能性，所以倒角时首先要选择倒角的基面，然后给出倒角的两个距离，接下来可以对内角和外角进行倒角，也可以一次选择对一个封闭的环进行倒角。本书的练习文件“12-15.dwg”可以用来做这个练习，对此实体进行倒角操作，两个距离均为8，图 12-30（a）所示为倒角前的效果，图 12-30（b）所示为倒角后的效果。

- 圆角：对实体的凸边、凹边进行圆角操作，主要命令行提示选项如下。

命令：_FILLET

当前设置：模式 = 修剪，半径 = 0.0000

选择第一个对象或 [放弃(U)/多段线(P)/半径(R)/修剪(T)/多个(M)]:

输入圆角半径或 [表达式(E)]: 8

选择边或 [链(C)/半径(R)]:

圆角相对倒角命令要简单，首先要选择圆角的棱边，然后给出圆角的半径，接下来对内角和外角进行圆角。本书的练习文件“12-15.dwg”可以用来做这个练习，对此实体进行圆角操作，半径为 8，图 12-31（a）所示为圆角前的效果，图 12-31（b）所示为圆角后的效果。

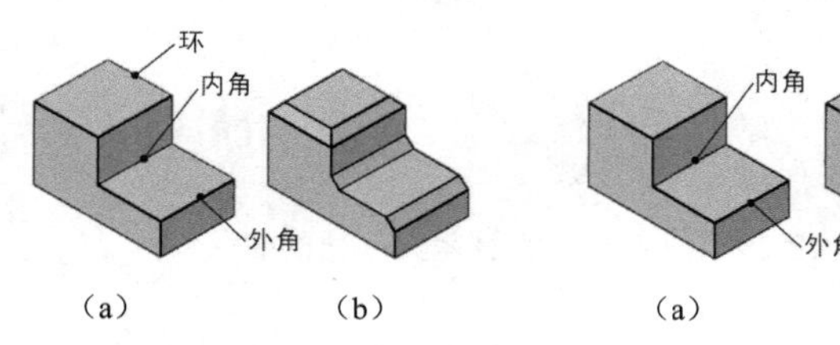

图 12-30　对实体进行倒角操作

图 12-31　对实体进行圆角操作

本例实践操作视频：视频 12-10

12.2.6　编辑三维实体的面、边、体

使用在“常用”选项卡的“实体编辑”面板的“拉伸面”下拉列表中的“拉伸面”“移动面”及“分割”下拉列表中的“抽壳”等命令可对实体的面、边、体进行编辑操作，命令中各选项功能说明如下。

- 拉伸面：按指定距离或路径拉伸实体的指定面，主要命令行提示选项如下。

选择面或 [放弃(U)/删除(R)]:

指定拉伸高度或 [路径(P)]:

指定拉伸的倾斜角度 <0>:

拉伸面可以对实体上的某个面进行拉伸。本书的练习文件“12-15.dwg”可以用来做这个练习。对此实体进行顶面拉伸，高度为 20，倾斜角度 15，图 12-32(a)所示为拉伸面前的效果，图 12-32（b）所示为拉伸面后的效果。

- 移动面：按指定距离移动实体的指定面，主要命令行提示选项如下。

选择面或 [放弃(U)/ 删除(R)]:

指定基点或位移：

指定位移的第二点：

移动面可以像移动二维对象一样移动实体上的面，实体会随之变化。本书的练习文件“12-15.dwg”可以用来做这个练习。向上移动此实体顶面 30，图 12-33（a）所示为移动面前的效果，图 12-33（b）所示为移动面后的效果。

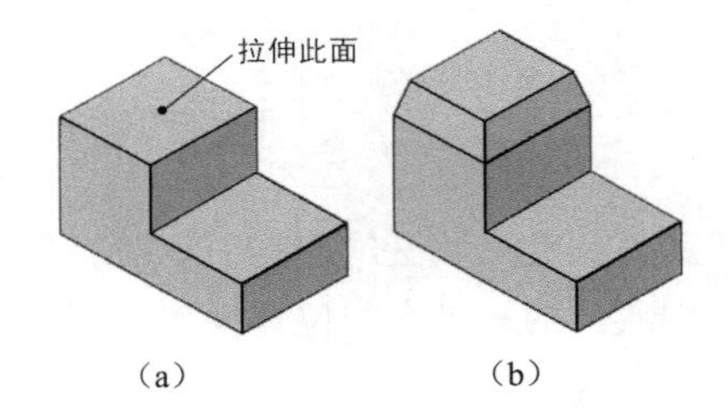

（a）　　（b）

图 12-32　拉伸实体的指定面

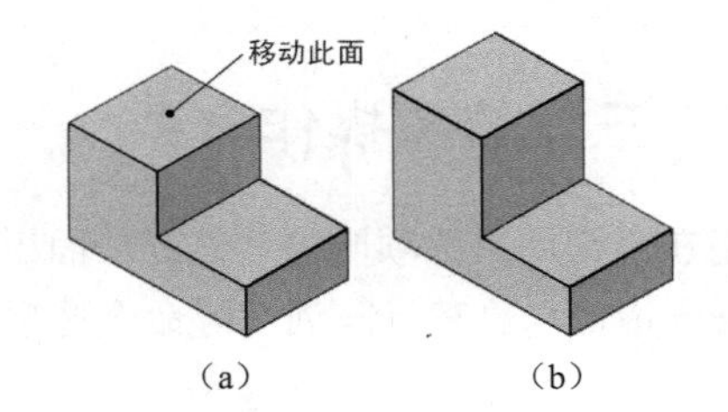

（a）　　（b）

图 12-33　移动实体的指定面

- 偏移面：用于等距离偏移实体的指定面，主要命令行提示选项如下。

选择面或 [放弃(U)/ 删除(R)]:

选择偏移距离：

偏移面可以像偏移二维对象一样偏移实体上的面，实体会随之变化。本书的练习文件“12-15.dwg”可以用来做这个练习。偏移此实体的两个面各 20，图 12-34（a）所示为偏移面前的效果，图 12-34（b）所示为偏移面后的效果。

- 抽壳：用于将规则实体创建成中空的壳体，主要命令行提示选项如下。

选择三维实体：

删除面或[放弃(U)/添加(A)/全部(ALL)]:

输入抽壳偏移距离：

抽壳是三维实体造型中重要的命令之一，实际的设计中经常需要创建一些壳体，抽壳时会

提示删除部分面以使抽壳后的空腔露出来。注意，删除完需要删除的面以后，不要再删除其他面，否则可能导致一些面的丢失。另外，实体上有倒角或圆角的，要注意距离或半径不要小于抽壳厚度，否则可能抽壳失败。本书的练习文件“12-15.dwg”可以用来做这个练习，抽壳时删除左侧面，抽壳偏移距离为 5，图 12-35（a）所示为抽壳前的效果，图 12-35（b）所示为抽壳后的效果。

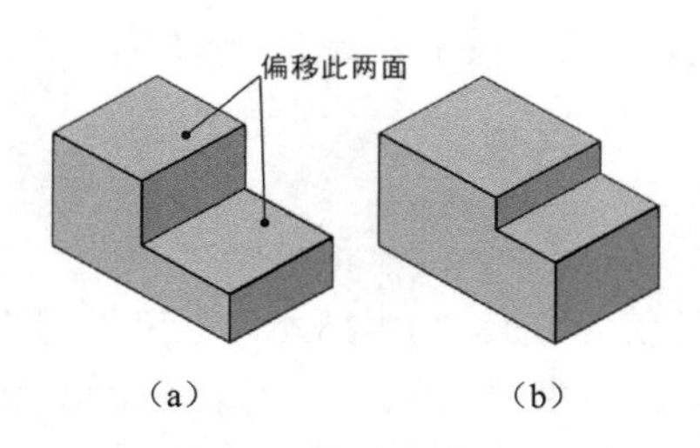

（a）　（b）

图 12-34　偏移实体的指定面

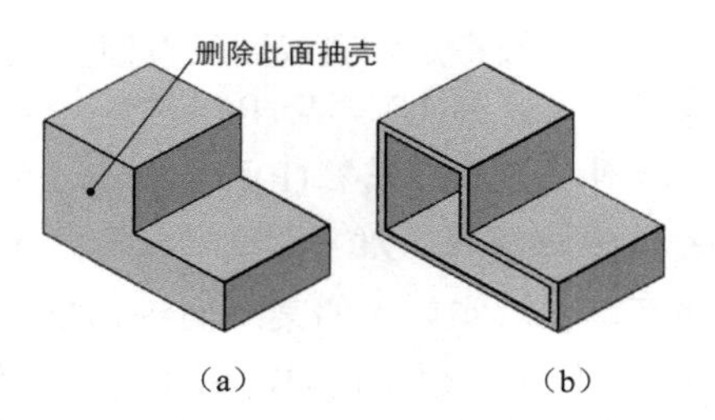

（a）　（b）

图 12-35　实体抽壳图例

除了可以对面进行操作，在实体编辑命令中还可以对体、边进行操作。读者有兴趣可以在执行上述命令时选择其他相应选项进行实践。

本例实践操作视频：视频 12-11

12.2.7　三维位置操作命令

使用在“常用”选项卡的“修改”面板中的“三维移动”“三维旋转”“对齐”“三维对齐”“三维镜像”“三维阵列”等命令选项，可实现实体的三维空间位置操作，各命令功能要点说明如下。

- 三维移动：这个工具可以将移动约束到轴上，有两种操作方式：一种是三维移动命令的方式，操作起来类似二维的移动，增加了一项约束轴的选择；另外一种操作方式是选中对象后进行移动，坐标轴变化如图 12-36 所示，可以选中某个坐标轴或两个坐标轴，然后将移动约束到选中的坐标轴中，图 12-36（a）所示为选中对象后坐标轴的变化，图 12-36（b）所示为约束到其中一个坐标轴的变化，图 12-36（c）所示为约束到其中两个坐标轴的变化。

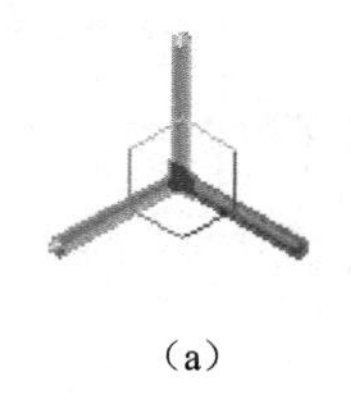

（a）

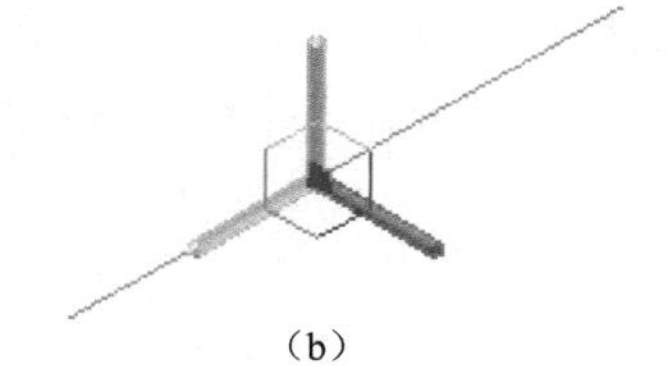

（b）

（c）

图 12-36　三维移动的坐标轴变化

- 三维旋转：这个工具用于将三维模型绕空间指定轴旋转一定角度，执行此命令后，提示指定旋转基点，指定基点后坐标轴也有所变化，图 12-37（a）所示为尚未选择旋转轴，图 12-37（b）所示为约束到某个旋转轴上。

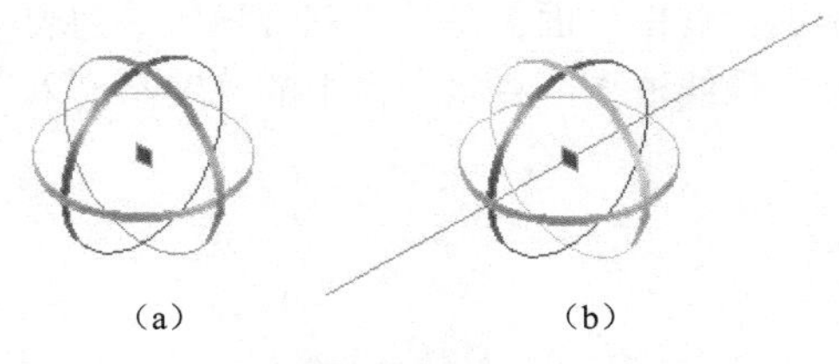
（a）　（b）

图 12-37　三维旋转的坐标轴变化

- 三维缩放：这个工具用于在三维视图中显示三维缩放小控件，以协助调整三维对象的大小。通过三维缩放小控件，用户可以沿轴、沿平面或统一调整对象的大小。图 12-38（a）所示为按同一比例缩放，图 12-38（b）所示为将缩放约束至 *YZ* 平面，图 12-38（c）所示为将缩放约束至 *Y* 轴。

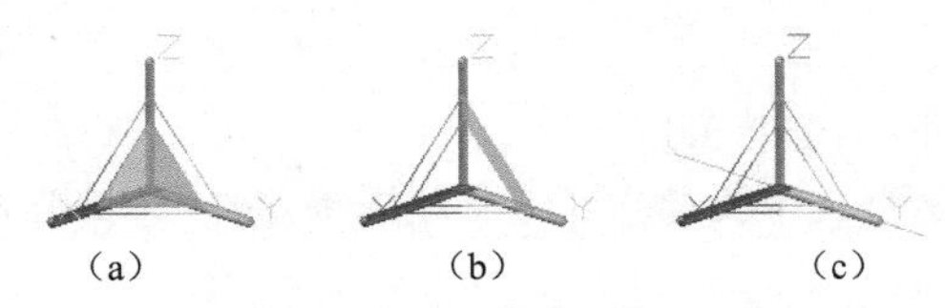

（a）　（b）　（c）

图 12-38　三维缩放的坐标轴变化

- 三维对齐：这个命令操作方式与“对齐”有些区别，可以为源对象指定一个、两个或三个点。然后，可以为目标指定一个、两个或三个点。移动和旋转选定的对象，使三维空间中的源和目标的基点、*X* 轴和 *Y* 轴对齐。三维对齐可以用于配合动态 UCS（DUCS），可以动态地拖动选定对象并使其与实体对象的面对齐。
- 三维镜像：用于创建对称于选定平面的三维镜像模型。此命令与二维“镜像”命令类似，只不过不是选择镜像对称线，而是选择镜像对称面。
- 三维阵列：用于创建实体模型三维阵列。此命令与二维“阵列”命令类似，只是多了一个 *Z* 轴高度方向的阵列层数。

上述介绍了创建和编辑修改三维实体的命令，AutoCAD 还可以对实体进行复制、移动、旋转、分解、干涉、实体查询和列表等操作。

本例实践操作视频：视频 12-12

12.2.8　创建三维机械实体模型综合实例

下面创建如图 12-39 所示的轴承座的三维机械实体模型，通过此创建过程来体会创建和编辑三维实体模型命令的使用。在这个操作示例中可以看到创建和编辑三维实体命令的使用，也可以看到由二维平面图形生成三维实体模型的操作方法。

（1）使用 acadiso.dwt 样板图新建一个文件，设置绘图基本环境。

（2）在“常用”选项卡的“视图”面板中的“三维导航”列表中选择“西南等轴测”，在“视觉样式”列表中选择“二维线框”，将状态栏中的“动态输入”按钮弹起，关闭“动态输入”功能。

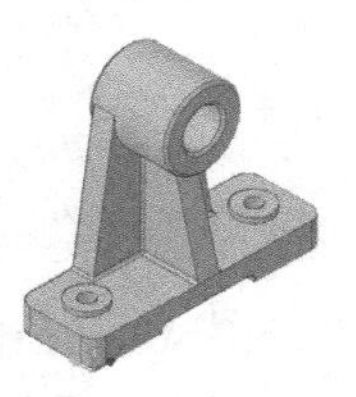

图 12-39　轴承座三维实体模型

（3）单击“常用”选项卡→“建模”面板→“长方体”下拉按钮→“长方体”按钮，命令行提示如下。

命令：_BOX

指定第一个角点或 [中心(C)]: 0,0

指定其他角点或 [立方体(C)/长度(L)]: L（输入命令 L 选择长度方式创建长方体）

指定长度 <0.0000>: 90

指定宽度 <0.0000>:30

指定高度或 [两点(2P)] <0.0000>:10

这样以（0,0,0）为基准点创建出一个 90×30×10 的长方体，用同样的方法创建出一个 36×30×3 的长方体，如图 12-40 所示，这将作为轴承座的底板。

（4）如图 12-40 所示，以小长方体底边中点为基点，将小立方体移动到大立方体底边中点位置，使两个立方体中间对齐，如图 12-41 所示。

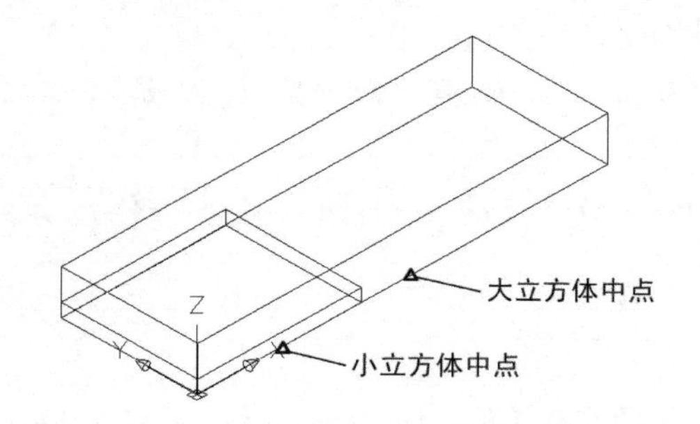

图 12-40　绘制出大小两个立方体

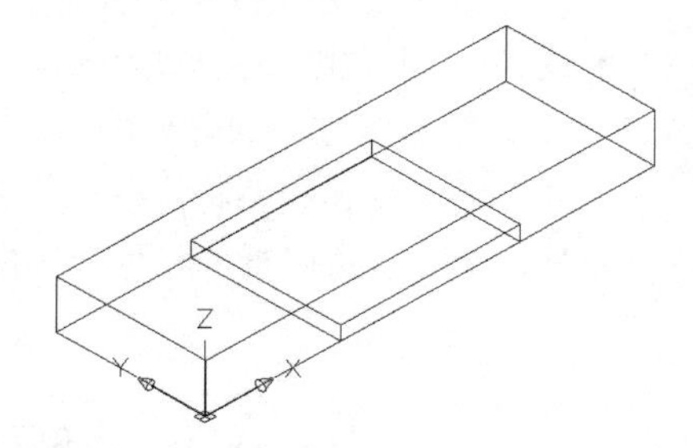

图 12-41　对齐后的两个立方体

（5）单击“常用”选项卡→“实体编辑”面板→“差集”按钮，使用布尔运算差集，将小立方体从大立方体中抠去，如图 12-42 所示。

（6）对如图 12-42 所示的轴承座底板的 4 个立边倒 R5 的圆角，两个内边倒 R2 圆角，在命令行中输入圆角命令 F，命令行提示如下。

命令：_FILLET
当前设置：模式 = 修剪，半径 = 0.0000
选择第一个对象或 [放弃(U)/多段线(P)/半径(R)/修剪(T)/多个(M)]:（选择如图 12-42 所示的 4 个立边中的一个）
输入圆角半径或[表达式(E)]: 5
选择边或 [链(C)/半径(R)]:（依次选择如图 12-42 所示的 4 个立边中的另外 3 个边）
选择边或 [链(C)/半径(R)]:
…
已选定 4 个边用于圆角。

对两个内边倒圆角的操作不再赘述，结果如图 12-43 所示。

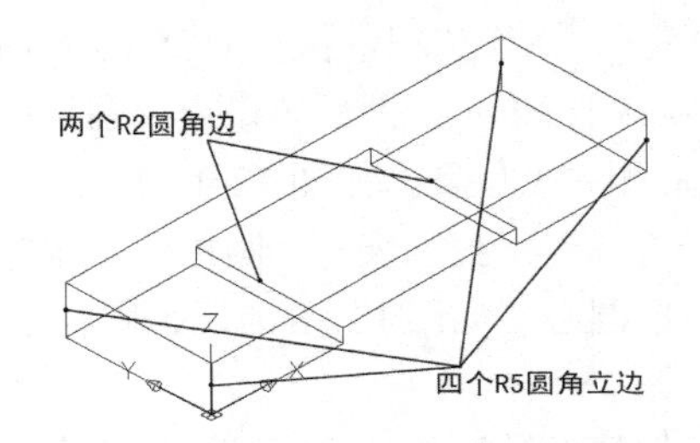

图 12-42　抠去小立方体后的轴承座底板

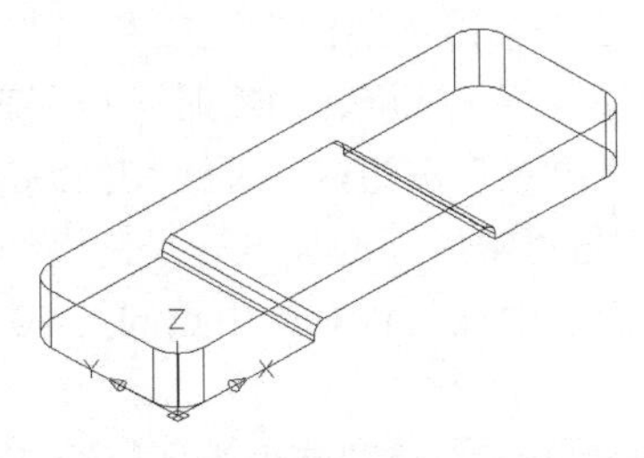
图 12-43　对边圆角后的轴承座底板

（7）单击状态栏中的“动态输入”按钮，打开“动态输入”功能，确保“对象捕捉”工具选择了“中点”，然后确保“对象捕捉”和“对象追踪”打开。

（8）单击“常用”选项卡→“建模”面板→“长方体”下拉列表→“圆柱体”按钮，追踪到底座顶面一边的中线，相对此中点 12.5 的位置拾取圆心，如图 12-44 所示，圆柱半径为 7，高度为 2。

（9）接下来以此刚创建的圆柱顶面圆心为圆心继续创建一个半径为 3，高度为 12 的圆柱，结果如图 12-45 所示。

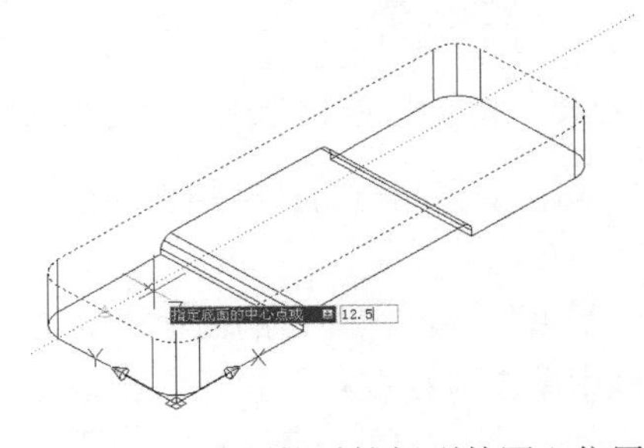

图 12-44　创建圆柱时捕捉到的圆心位置

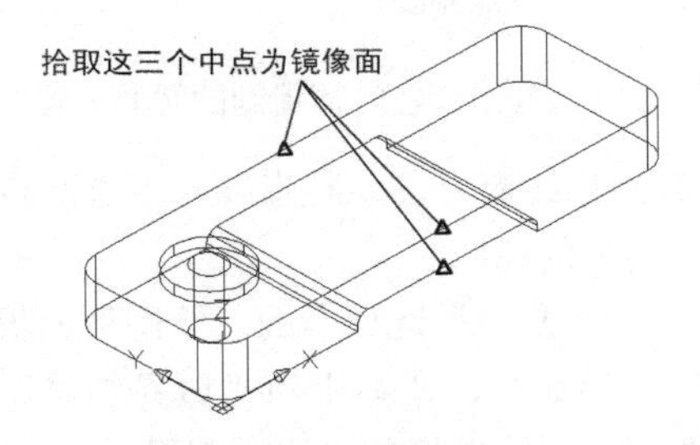

图 12-45　创建完成的圆柱和镜像面的拾取

（10）接下来单击“常用”选项卡→“修改”面板→“三维镜像”按钮，执行三维镜像命令，选择如图 12-45 所示的 3 个中点作为镜像面，不删除源对象将两个圆柱镜像复制到底座的另一端，结果如图 12-46 所示。

（11）单击“常用”选项卡→“实体编辑”面板→“并集”按钮，将底座与两个高度为 2

的扁圆柱执行布尔运算并集，接下来再单击三维制作控制台中的“差集”按钮，将两个高度为12的长圆柱使用布尔运算差集从底座上抠去，然后将视觉样式修改为“概念”，结果如图12-47所示。

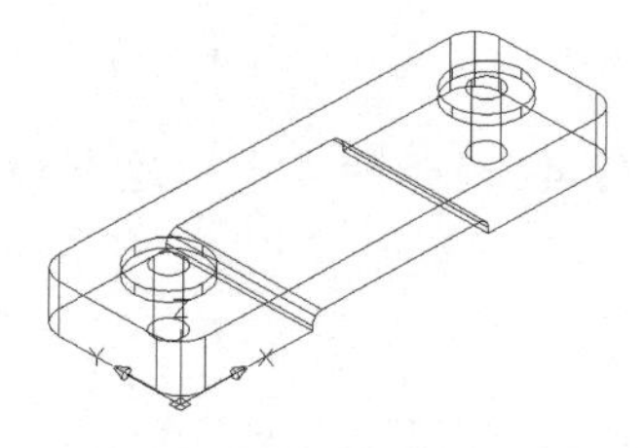
图 12-46　将圆柱镜像到底座另一端

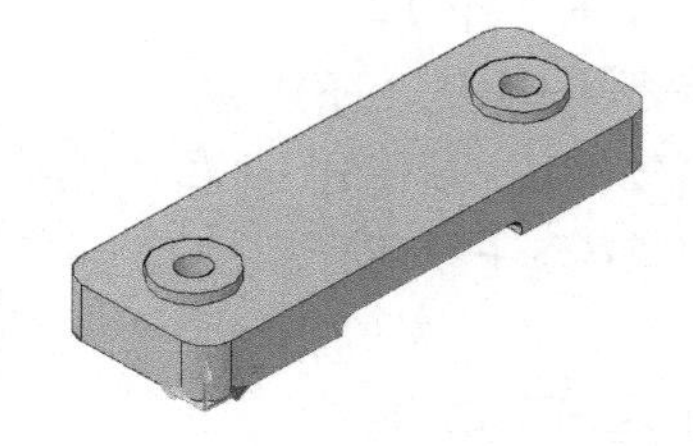
图 12-47　执行完布尔运算后的底座

（12）接下来单击“视图”选项卡→“坐标”面板→“X”按钮，执行UCS的X轴变换，在命令行提示输入绕X轴旋转角度时，按回车键接受默认的90°角，然后单击“视图”标签→“坐标”面板→“原点”按钮，将原点切换到底板上端后侧中点位置，如图12-48所示。

（13）单击“常用”选项卡→“建模”面板“长方体”下拉列表→“圆柱体”按钮，追踪到底座上端面的中线，相对此中点向上50的位置拾取圆心，如图12-48所示，圆柱半径为15，高度为30。

（14）继续以刚创建圆柱后端面圆心作为圆心，创建半径为7.5，高度为30的小圆柱，然后用布尔运算差集将小圆柱从大圆柱中抠去，如图12-49所示。

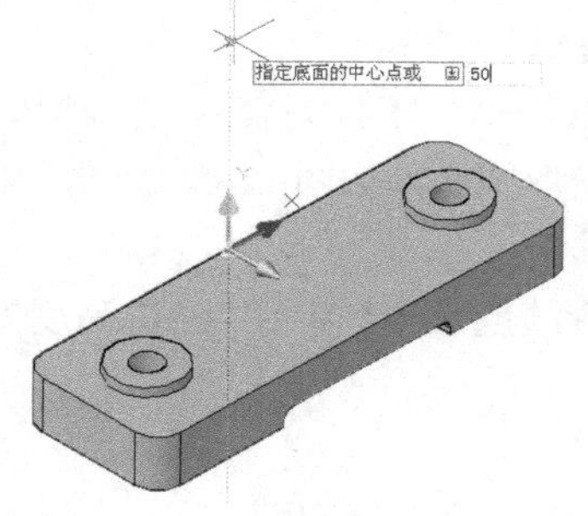

图 12-48　创建圆柱时捕捉到的圆心位置

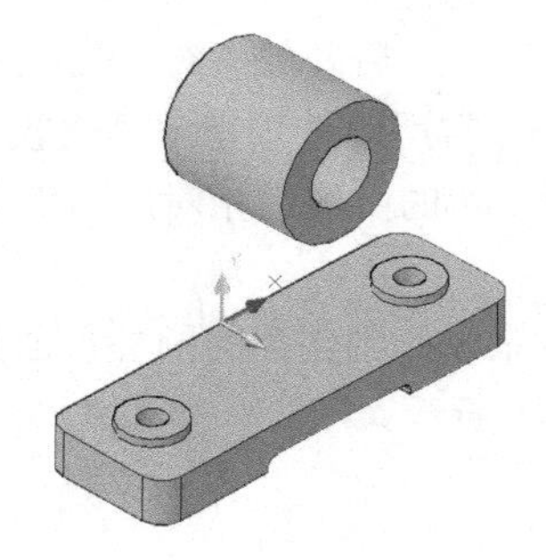
图 12-49　创建完成两个圆柱并进行布尔运算

（15）激活直线命令，绘制直线，下方两点距离为46，上方端点与圆柱相切，如图12-50所示，绘制出筋板的轮廓。

（16）单击“常用”选项卡的“绘图”面板的向下扩展箭头，在弹出的面板中单击“边界”按钮，激活边界命令，在弹出的“边界创建”对话框中单击“拾取点”按钮，拾取如图12-51所示的位置，创建出筋板的多段线截面。

（17）单击“常用”选项→“建模”面板→“拉伸”下拉按钮→“拉伸”按钮，选择刚刚创建的筋板截面作为拉伸对象，拉伸高度为8，创建筋板实体，如图12-52所示。

（18）在“常用”选项卡的“视图”面板的“三维导航”列表中选择“左视”，然后将视觉样式更改为“二维线框”，把上方圆筒向左移动2，将对象捕捉设置为只有“中点”方式，使用多段线命令直接创建另一块筋板的截面，并将上部圆筒向后移动2，截面的尺寸如图12-53所示。

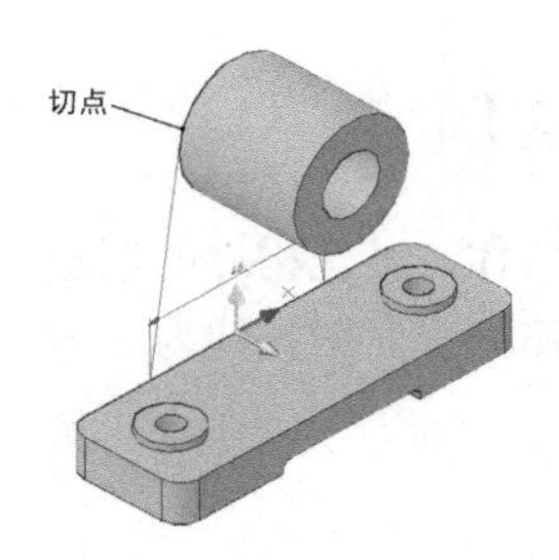

图 12-50　绘制筋板的轮廓

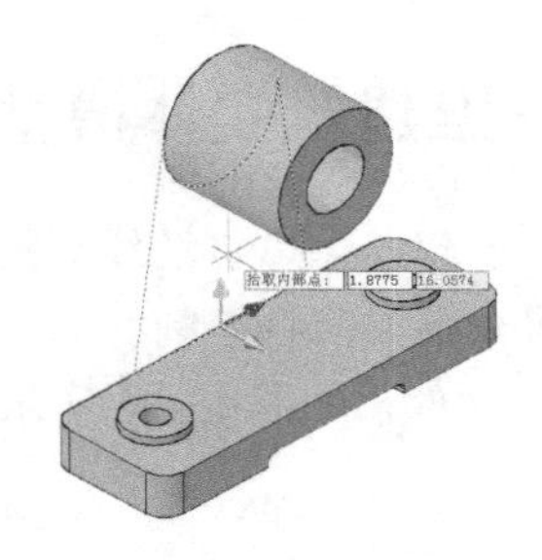

图 12-51　用边界命令创建筋板截面

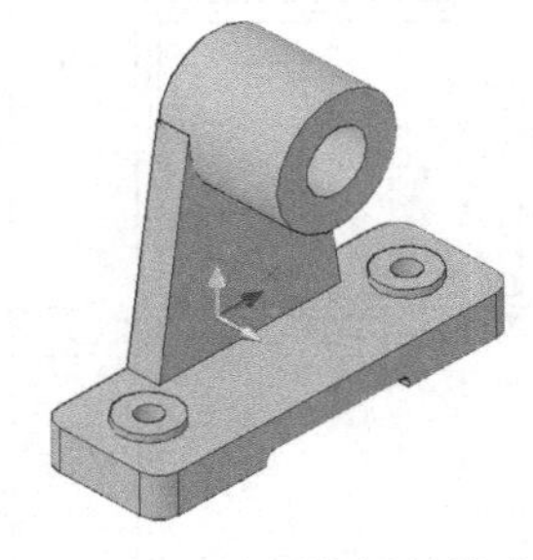

图 12-52　绘制筋板的轮廓

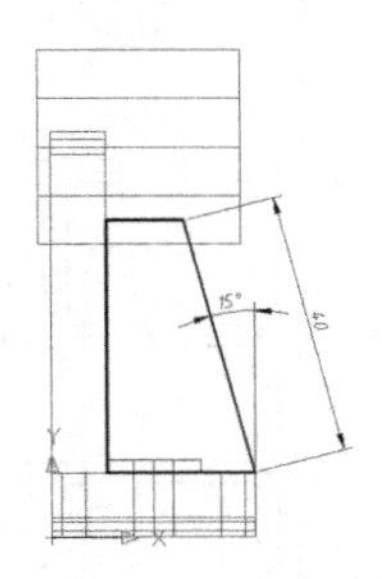

图 12-53　用边界命令创建筋板截面

（19）创建完成后，在“常用”选项卡的“视图”面板的“三维导航”列表中选择“西南等轴测”，回到轴测视图，然后将视觉样式改回“概念”方式显示。单击“常用”选项卡→“建模”面板→“拉伸”下拉按钮→“拉伸”按钮，选择刚刚创建好的另一块筋板截面作为拉伸对象，拉伸高度为 8，如图 12-54 所示。

（20）此时的筋板偏向一侧，使用移动命令，将筋板中点移至如图 12-53 所示的底座中点，然后单击“常用”选项卡→“实体编辑”面板→“并集”按钮，使用布尔运算并集命令将底座、圆柱、两块筋板全部合并到一起，如图 12-55 所示。

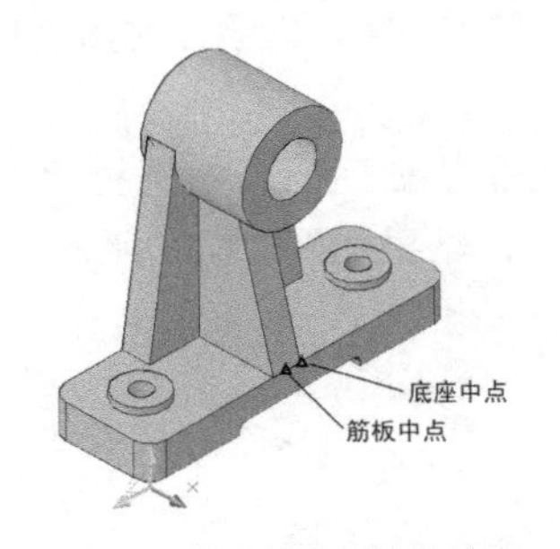

图 12-54　拉伸创建筋板并移位

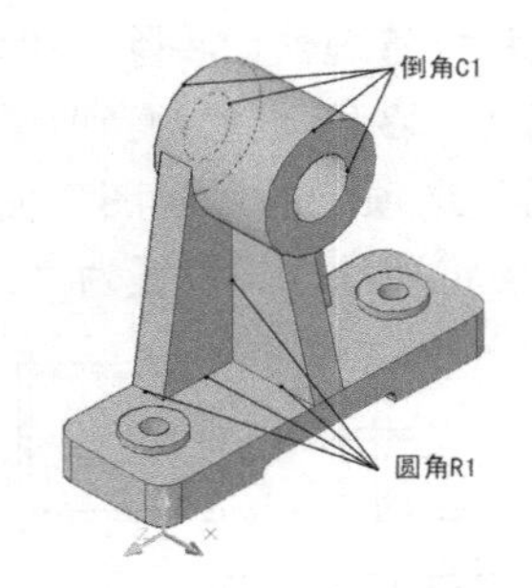

图 12-55　合并后的轴承座及倒角、圆角位置

（21）最后使用倒角和圆角命令，将如图 12-55 所示的棱边及后面对称的隐藏边进行倒角和圆角，最后结果如图 12-39 所示，或参考本书的练习文件“12-16.dwg”。

本例实践操作视频：视频 12–13

12.2.9 创建三维建筑实体模型综合实例

对于建筑模型的创建，可以将墙线直接拉伸成墙体，其他构件的创建方法如同搭积木，只是简单堆砌。本书将介绍如何将绘制好的一幅二维住宅平面图拉伸为三维实体。打开本书的练习文件“12-17.dwg”文件，如图 12-56 所示。

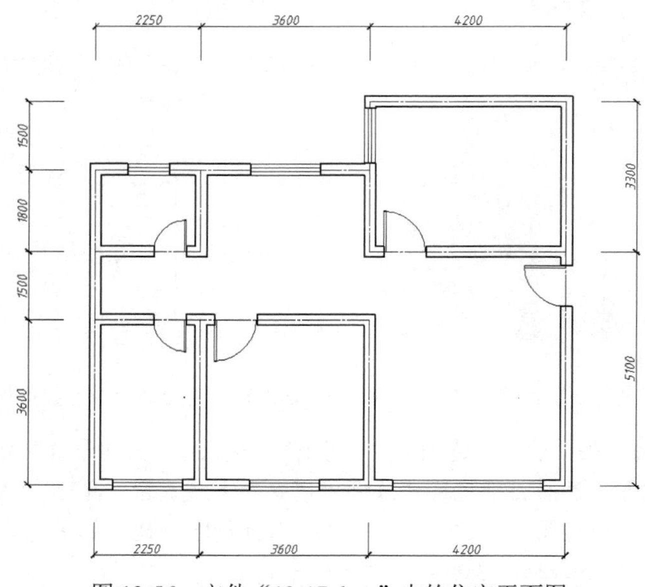

图 12-56 文件“12-17.dwg”中的住宅平面图

在这个文件中，专门为创建三维模型新建了一个名为“3d”的图层，三维模型将创建在这个图层中，具体创建过程如下。

（1）打开图层特性管理器，将除了“墙线”和“3d”两个图层外的所有图层均关闭，如图 12-57 所示，并将图层“3d”设置为当前层。

（2）在“常用”选项卡的“视图”面板的“三维导航”列表中选择“西南等轴测”，在“视觉样式”列表中将视觉样式设置为“二维线框”，结果如图 12-58 所示。

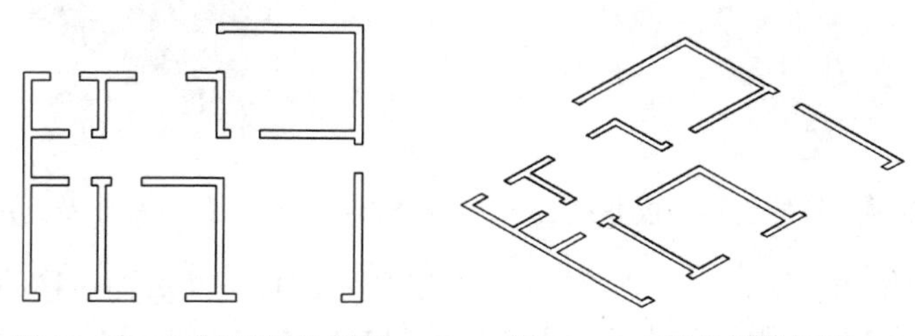

图 12-57 关闭不用的图层　　图 12-58 西南等轴测图

（3）单击“常用”选项卡的“绘图”面板，展开区域中的“边界”按钮，激活边界命令，在弹出的“边界创建”对话框中单击“拾取点”按钮，拾取如图 12-59 所示的每一段墙线内的位置，创建出墙线的多段线截面。

（4）打开图层特性管理器，将“墙线”图层关闭，然后单击“常用”选项卡→“建模”面板→“拉伸”下拉按钮→“拉伸”按钮，选择刚刚创建的全部墙线截面作为拉伸对象，拉伸高度为 2800，创建出墙体，如图 12-60 所示。

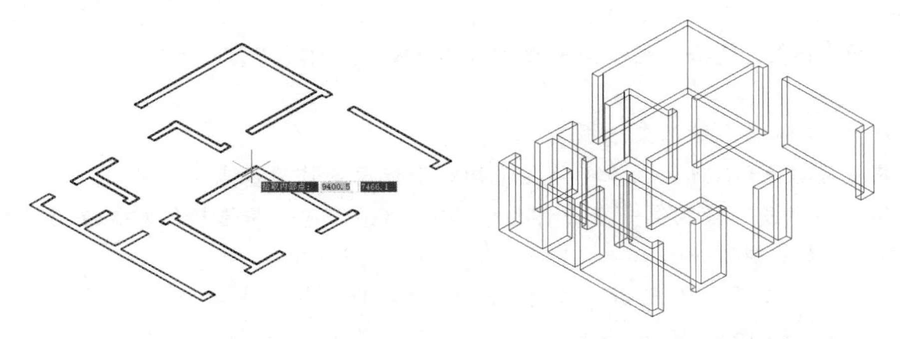

图 12-59　用边界命令创建墙线截面　　　　图 12-60　用拉伸命令创建出墙体

（5）在“常用”选项卡的“视图”面板的“三维导航”列表中选择“俯视”，在命令行输入 REC，使用矩形命令在 1、2、3、4、5 处创建出门的拉伸截面，以及在 A、B、C、D、E、F 处创建出窗的拉伸截面，如图 12-61 所示。

（6）然后单击“常用”选项卡→“建模”面板→“拉伸”下拉按钮→“拉伸”按钮，选择刚刚创建的门的截面作为拉伸对象，拉伸高度为 700，创建出门楣，如图 12-62 所示。

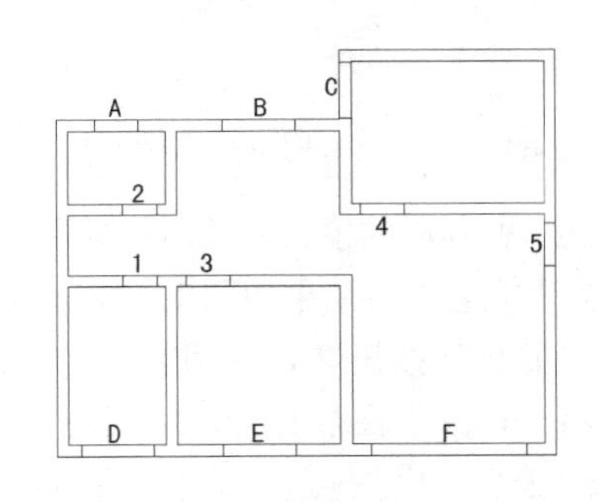

图 12-61　为门窗创建矩形拉伸截面

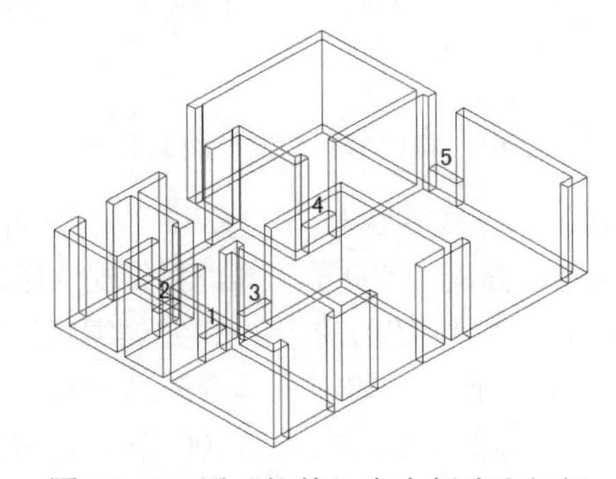

图 12-62　用“拉伸”命令创建出门楣

（7）接下来需要将门楣实体的位置向上移动 2100，使之与墙体上端齐平，在命令行输入移动命令 M，命令行提示如下。

MOVE
选择对象：（依次选择如图 12-62 所示的 1、2、3、4、5 五个实体）
…
选择对象：（回车结束选择）
指定基点或 [位移(D)] <位移>:　0,0（指定坐标原点作为基点）
指定第二个点或 <使用第一个点作为位移>: @0,0,2100（将选择的对象沿 *Z* 轴方向移动 2100）

移动的结果如图 12-63 所示。

（8）窗户分两部分，一个是下面部分的窗台，另一个是上面的窗楣，需要为这两部分都创建拉伸截面，因此要将窗户的拉伸截面复制一套，在命令行中输入复制命令 CP，命令行提示如下。

COPY

选择对象：（依次选择如图 12-63 所示的 A、B、C、D、E、F 六个矩形）

…

选择对象：（按回车键结束选择）

指定基点或 [位移(D)] <位移>: 0,0（指定坐标原点作为基点）

指定第二个点或 <使用第一个点作为位移>: @0,0,2300（将选择的对象在沿 Z 轴方向距离 2300 的位置复制了一套）

指定第二个点或 [退出(E)/放弃(U)] <退出>:（按回车键结束命令）

复制的结果如图 12-64 所示。

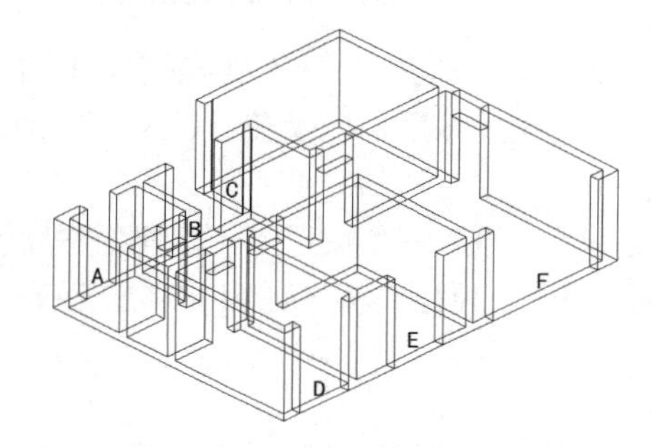

图 12-63　将门楣移动到与墙上端齐平

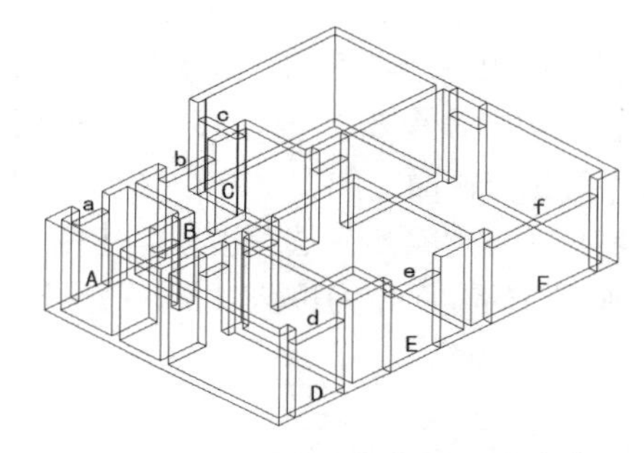

图 12-64　为窗台窗楣复制出拉伸截面

（9）接下来先将矩形 A、B、C、D、E、F 拉伸为高度为 1000 的窗台，然后将矩形 a、b、c、d、e、f 拉伸为高度为 500 的窗楣，再将视觉样式修改为“概念”，结果如图 12-65 所示。

（10）单击“常用”选项卡→“实体编辑”面板→“并集”按钮，使用布尔运算并集命令将墙体、门楣、窗台、窗楣全部合并到一起。还可以将“门窗”图层打开，将门的截面在当前的“3d”图层拉伸为高度为 2100 的门，最后完成的墙体模型可以参考本书的练习文件“12-18.dwg”，如图 12-66 所示。

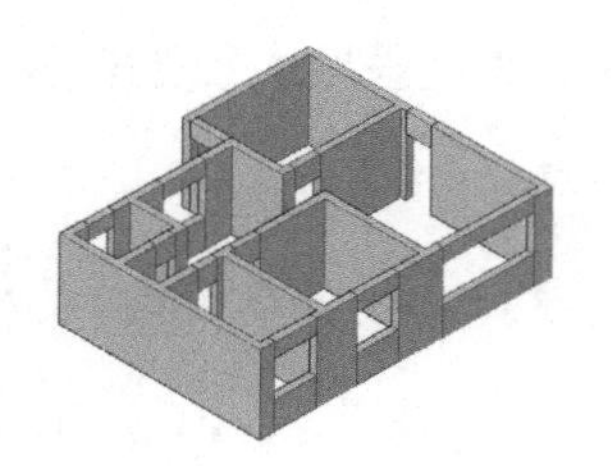
图 12-65　创建出窗台和窗楣

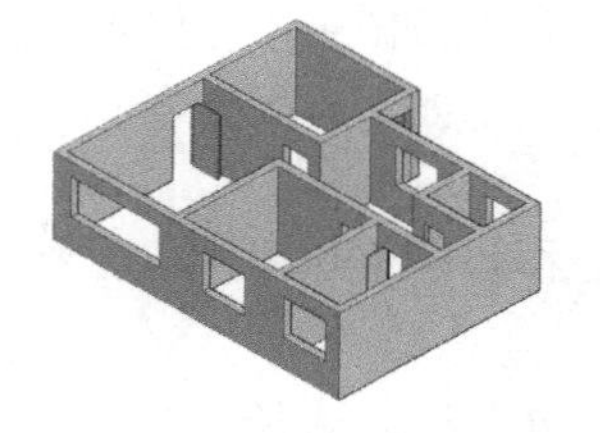
图 12-66　最后完成的墙体模型

本例实践操作视频：视频 12−14

12.3　由三维实体模型生成二维平面图形

创建好三维实体模型后，可以在 AutoCAD 中将其转换生成二维平面图形。在“常用”选项卡的“建模”面板向下扩展面板中的“实体视图”“实体图形”“实体轮廓”命令可实现这一功能，各命令选项的功能要点说明如下。

- 实体视图（SOLVIEW）：用正投影法由三维实体创建多面视图和截面视图。
- 实体图形（SOLDRAW）：对截面视图生成二维轮廓并进行图案填充。
- 实体轮廓（SOLDPROF）：创建三维实体图像的轮廓。

所谓的由三维实体模型生成二维平面图形，是利用了多视口视图和正投影法生成平面三视图轮廓。这里结合前面创建的三维实体，通过使用“实体视图”“实体图形”“实体轮廓”命令得到平面视图，然后进行尺寸标注等操作，如图 12-67 所示。

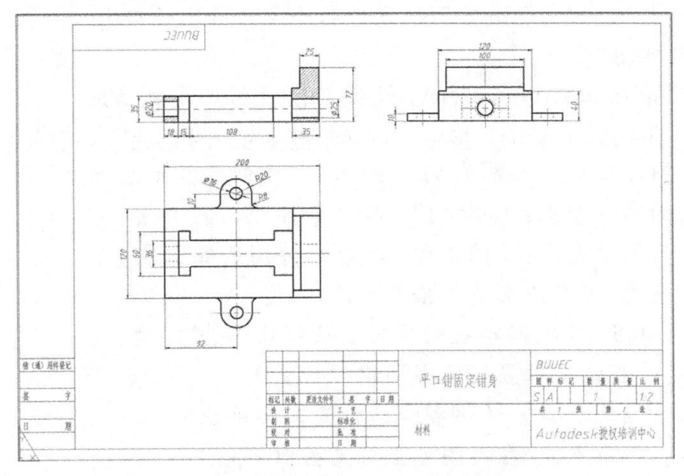

图 12-67　生成二维平面图形

打开本书的练习文件“12-19.dwg”，这是一个平口钳固定钳身三维实体模型，对其进行二维平面图的生成，具体操作步骤如下。

（1）设置三维绘图环境，创建三维实体模型。

（2）在“常用”选项卡的“视图”面板中的“视觉样式”列表中选择为“二维线框”，三维实体模型将将以二维线框显示，在“常用”选项卡的“视图”面板中的“三维导航”列表中选择“俯视”，如图 12-68 所示。

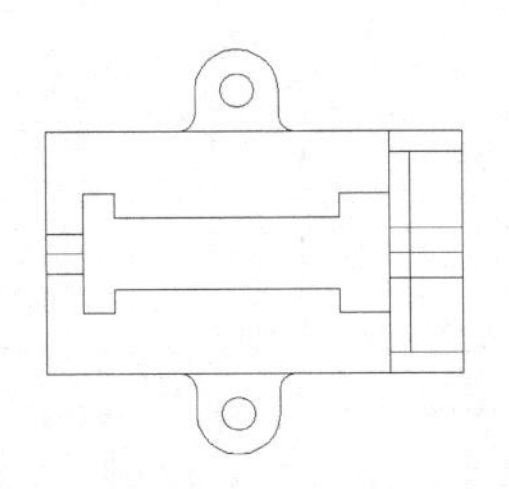

图 12-68　三维实体俯视图

（3）选择屏幕窗口下方的“布局 1”选项卡，AutoCAD 切换到图纸空间的布局模式。删除在“布局 1”中的当前视口，修改“页面设置管理器”，将布局的打印机设置为“DWF6 ePlot.pc3”，将图纸尺寸更改为“ISO full bleed A3（420.00×297.00 毫米）”图幅。

（4）单击“常用”选项卡的“建模”面板向下扩展面板中的“实体视图”按钮，命令行提示如下。

命令：_SOLVIEW
输入选项 [UCS(U)/正交(O)/辅助(A)/截面(S)]: u（用户坐标系创建视口）
输入选项 [命名(N)/世界(W)/?/当前(C)] <当前>:（按回车键确定）
输入视图比例 <1>: 0.5（选择当前视图比例为 1：2）
指定视图中心：（在适当位置指定视图中心位置）
指定视图中心 <指定视口>:（调整合适位置按回车键确认）
指定视口的第一个角点：（在视图左中位置拾取一点）
指定视口的对角点：（在视图中下位置拾取一点，确定视口大小位置）
输入视图名:俯视图
输入选项 [UCS(U)/正交(O)/辅助(A)/截面(S)]：（按回车键结束）

（5）操作结果如图 12-69 所示，接下来按回车键重复刚才的命令创建前截面视图。

输入选项[UCS(U)/正交(O)/辅助(A)/截面(S)]: S（创建截面图视口）
指定剪切平面的第一个点：（捕捉图 12-69 零件图左侧中点）
指定剪切平面的第二个点：（捕捉图 12-69 零件图右侧中点）
指定要从哪侧查看：（在图形下方拾取一点）
输入视图比例 <0.5>:（按回车键选择当前视图比例为 1：2）
指定视图中心：（在适当位置指定视图中心位置）
指定视图中心 <指定视口>：（调整合适位置回车确认）
指定视口的第一个角点：（在视图左上位置拾取一点）
指定视口的对角点：（在视图中间拾取一点，确定截面图视口大小位置）
输入视图名：前视图
输入选项 [UCS(U)/正交(O)/辅助(A)/截面(S)]：（按回车键结束）

最后的操作结果如图 12-70 所示。

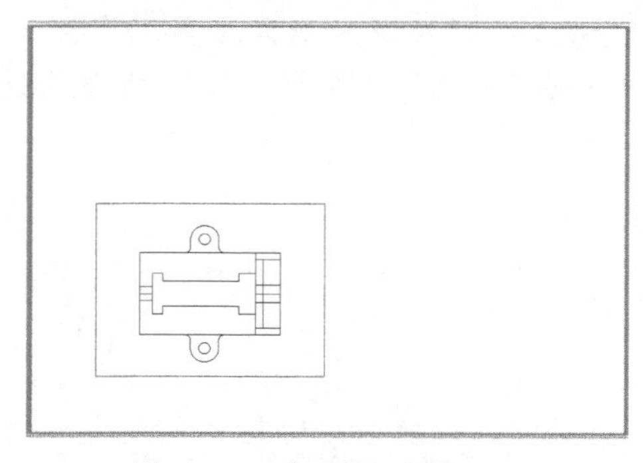

图 12-69　生成俯视图视口

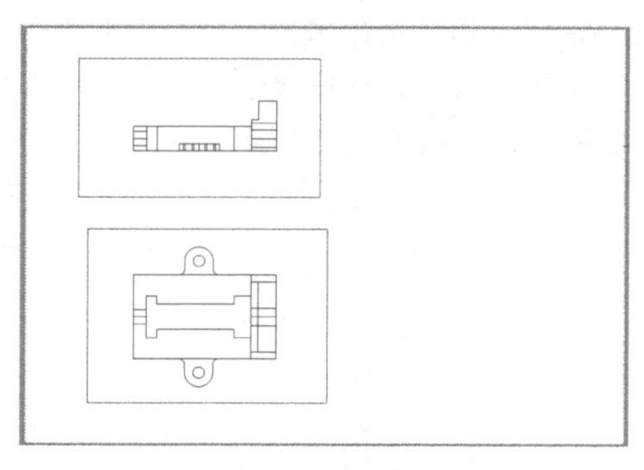

图 12-70　生成俯视图与前视图视口

（6）接下来按回车键重复刚才的命令创建左视图。

输入选项[UCS(U)/正交(O)/辅助(A)/截面(S)]: o（创建左视图视口）

指定剪切平面的第一个点:（捕捉图 12-70 上方视口左侧中点）

指定视口要投影的那一侧:

指定视图中心:（在视图右上适当位置指定视图中心位置）

指定视图中心 <指定视口>:（调整合适位置，按回车键确认）

指定视口的第一个角点:（在视图中上位置拾取一点）

指定视口的对角点:（在视图右下角拾取一点，确定截面图视口大小位置）

输入视图名: 左视图

输入选项 [UCS(U)/正交(O)/辅助(A)/截面(S)]:（按回车键结束）

最后的操作结果如图 12-71 所示。

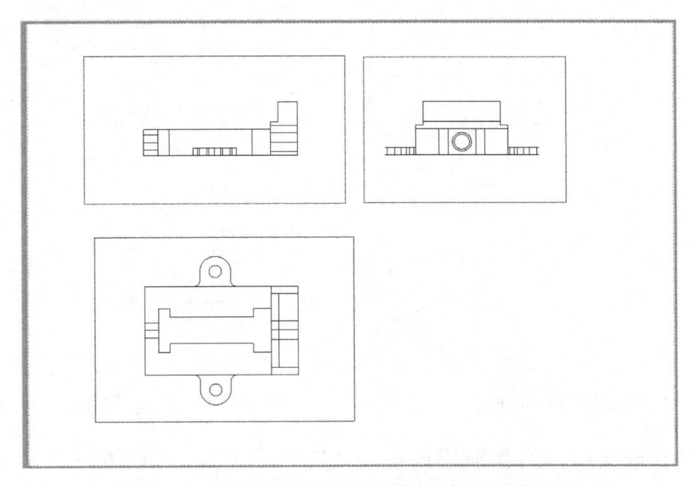

图 12-71　生成俯视图、前视图、左视图视口

（7）单击“常用”选项卡的“建模”面板向下扩展面板中的“实体图形”按钮，命令行提示如下。

命令：_SOLDRAW

选择要绘图的视口…

选择对象:（单击左边前视图视口边框）

选择对象:（按回车键确认）

按回车键重复刚才的命令，命令行提示如下。

命令：_SOLDRAW

选择要绘图的视口…

选择对象:（单击右边左视图视口边框）

选择对象:（按回车键确认）

按回车键重复刚才的命令，命令行提示如下。

命令：_SOLDRAW

选择要绘图的视口…

选择对象：(单击下边俯视图视口边框)

选择对象：(按回车键确认)

这样就生成了各个轮廓图和剖视图，如果剖切填充图案不是预期的效果，可以双击进入左视图视口，并双击填充图案进行修改，将填充图案的类型改为“用户定义”，角度改为“45”，间距改为“3”，最后操作结果如图 12-72 所示。

(8) 打开图层特性管理器，发现系统自动生成了“VPORTS”“俯视图-DIM”“俯视图-HID”“俯视图-VIS”“左视图-DIM”“左视图-HAT”“左视图-HID”“左视图-VIS”等图层，改变图层“俯视图-VIS”和“左视图-VIS”这两个轮廓线图层的线宽为“0.6mm”，改变“俯视图-HID”和“左视图-HID”这两个隐藏线图层的线型为虚线线型。操作结果如图 12-73 所示。

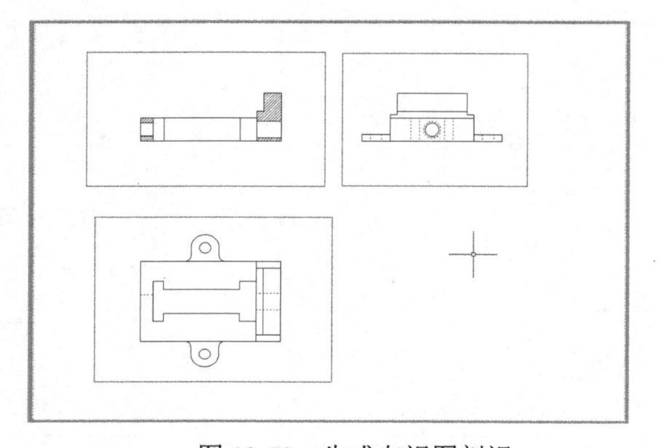

图 12-72　生成左视图剖视

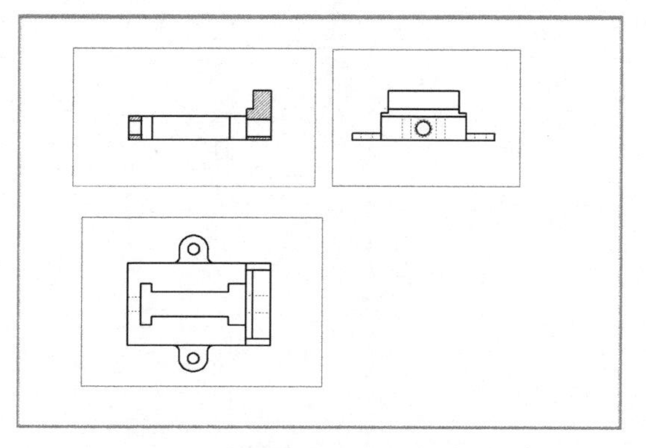

图 12-73　改变轮廓线线宽和隐藏线的线型

(9)在图层特性管理器中，将当前层设置为 0 图层，关闭“VPORTS”图层，这样可以关闭视口边框的显示，再加上中心线，在图纸空间标注尺寸，继续插入图框、标题栏，写入文字。最终结果如图 12-67 所示。完成后图形保存在本书的练习文件“12-20.dwg”中。

本例实践操作视频：视频 12-15

AutoCAD 的三维设计功能较为有限，但也不仅仅是本章中所介绍的这么简单，特别是 AutoCAD 2021 为三维设计增加了诸多功能。本章讲解的这些方法实际应用起来可能会有一些不便，主要是因为AutoCAD基本不支持参数化的三维建模。本章的目的是让读者对三维建模的思路有一个大致了解，如果想要更深入地学习三维建模，针对不同的专业，读者可学习 Autodesk 公司的 Inventor（三维机械设计软件）或 Revit（三维建筑工程软件）等软件。